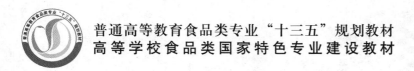

普通高等教育食品类专业"十三五"规划教材

高等学校食品类国家特色专业建设教材

食品微生物学 （第二版）

SHIPIN WEISHENGWUXUE

樊明涛　赵春燕　雷晓凌◎主编

U0340623

郑州大学出版社

郑 州

内容提要

　　食品微生物学主要研究与食品生产、食品安全有关的微生物的特性,研究如何更好地利用有益微生物为人类生产各种各样的食品以及改善食品的质量,防止有害微生物引起的食品腐败变质、食物中毒,并不断开发新的食品微生物资源。近年来,随着分子生物学技术的不断发展,许多新技术也越来越多地应用到食品微生物学的学科领域,并取得了可喜的成绩。

图书在版编目(CIP)数据

　　食品微生物学/樊明涛,赵春燕,雷晓凌主编. —2 版. —郑州:
郑州大学出版社,2018.3
　　普通高等教育食品类专业"十三五"规划教材
　　ISBN 978-7-5645-5270-1

　　Ⅰ.①食…　　Ⅱ.①樊…②赵…③雷…　　Ⅲ.①食品微生物-微生物学-高等学校-教材　　Ⅳ.①TS201.3

　　中国版本图书馆 CIP 数据核字(2018)第 024846 号

郑州大学出版社出版发行
郑州市大学路 40 号
出版人:张功员
全国新华书店经销
郑州市诚丰印刷有限公司印制
开本:787 mm×1 092 mm　1/16
印张:27.75
字数:677 千字
版次:2018 年 3 月第 1 版

邮政编码:450052
发行部电话:0371-66966070

印次:2018 年 3 月第 1 次印刷

书号:ISBN 978-7-5645-5270-1　　　　定价:49.00 元

本书作者

主　　编　樊明涛　赵春燕　雷晓凌

副主编　陈宏伟　秦翠丽　王永霞
　　　　　贺　江

编　　委　（按姓氏笔画排序）
　　　　　王永霞　尤丽新　朱新鹏
　　　　　刘变芳　李　斌　陈宏伟
　　　　　孟　晓　赵春燕　郝鲁江
　　　　　贺　江　秦翠丽　董晓颖
　　　　　焦凌霞　雷晓凌　樊明涛
　　　　　魏新元

前言（第二版）

食品微生物学是基础微生物学一个非常重要的分支，属于应用微生物学的范畴，它主要研究与食品生产、食品安全有关的微生物的特性，研究如何更好地利用有益微生物为人类生产各种各样的食品以及改善食品的质量，防止有害微生物引起的食品腐败变质、食物中毒，并不断开发新的食品微生物资源。近年来，随着分子生物学技术的不断发展，许多新技术也越来越多地应用到食品微生物学的学科领域，并取得了可喜的成绩。

食品微生物学也是高等院校食品科学与工程、食品质量与安全等相关专业很重要的一门专业基础课，在该门课程中，学生不但要掌握基础微生物学的知识，更要学会在食品加工中如何利用有益微生物、如何防止有害微生物。所以食品微生物学更强调微生物在食品工业中的具体应用。

《食品微生物学》（第一版）出版 6 年多以来，受到了各方面的关注和好评，采用院校也比较多，也提出了相应的修改意见，加之生物技术的日益发展，有必要对第一版内容进行修改，吸收微生物学发展的最新技术，使教材更加跟上时代的前沿，我们联合国内十多所院校长期从事微生物学教学和科研工作的同志，共同编写了本教材。

本书具体编写分工如下：西北农林科技大学樊明涛编写第 1 章，广东海洋大学雷晓凌编写第 2 章，徐州工程学院陈宏伟编写第 3 章，成都中医药大学孟晓编写第 4 章，沈阳农业大学赵春燕和铁岭卫生职业学院董晓颖共同编写第 5 章，河南科技大学秦翠丽编写第 6 章，长春科技学院尤丽新编写第 7 章，齐鲁工业大学郝鲁江编写第 8 章，河南科技学院焦凌霞编写第 9 章，湖南文理学院贺江编写第 10 章，河北工程大学王永霞编写第 11 章，安康学院朱新鹏编写第 12 章，商洛学院李斌编写第 13 章，西北农林科技大学魏新元和刘变芳共同编写第 14 章。

由于编者水平有限，书中难免有不当、疏漏甚至错误之处，恳请使用本书的专家、教师和广大学生读者批评指正，以便我们及时修补、改正，使教材的质量不断提高。

编　者

2017 年 12 月

前言（第一版）

食品微生物学是基础微生物学一个非常重要的分支，属于应用微生物学的范畴，它主要研究与食品生产、食品安全有关的微生物的特性，研究如何更好地利用有益微生物为人类生产各种各样的食品、改善食品的质量，以及如何防止有害微生物引起的食品腐败变质、食物中毒，并不断开发新的食品微生物资源。近年来，随着分子生物学技术的不断发展，许多新技术也越来越多地应用到食品微生物学的学科领域，并取得了可喜的成绩。

食品微生物学也是高等院校食品科学与工程、食品质量与安全等相关专业一门很重要的专业基础课，在该门课程中，学生不但要掌握基础微生物学的知识，更要学会在食品加工中如何利用有益微生物、如何防控有害微生物，所以食品微生物学更强调微生物在食品工业中的具体应用。我们联合国内十多所院校长期从事微生物学教学和科研工作的教师，共同编写本教材。

本书由西北农林科技大学食品学院樊明涛编写第 6 章；广东海洋大学食品科技学院雷晓凌编写第 1 章；徐州工程学院食品工程学院陈宏伟编写第 2 章；郑州轻工业学院食品与生物工程学院董彩文编写第 3 章和第 12 章；沈阳农业大学食品学院赵春燕编写第 4 章；河南科技大学食品与生物工程学院秦翠丽编写第 5 章 5.1 和 5.2；吉林农业大学发展学院尤丽新编写第 5 章 5.3 和第 9 章；陕西师范大学食品工程与营养科学学院刘柳编写第 6 章和第 8 章；山东轻工业学院食品与生物工程学院刘新利、赵林编写第 7 章；河南科技学院食品学院焦凌霞编写第 8 章；河南农业大学食品科学技术学院黄现青编写第 9 章；西南大学食品科学学院杜不英编写第 10 章；河北工程大学农学院王永霞编写第 11 章和第 12 章；安阳工学院生物与食品工程学院杨利玲编写第 11 章；武汉工业学院食品学院伍金娥编写第 12 章；西北农林科技大学食品学院魏新元、刘变芳编写第 13 章。

由于编者水平有限，书中难免有不当、疏漏甚至错误之处，恳请专家和广大读者批评指正，以便我们及时修补，使教材的质量不断提高。

编　者
2010 年 7 月

目录

第1章 绪论

微生物是指肉眼看不到须借助显微镜放大才能观察到的一群微小生物的总称,它们是一些个体微小、结构简单的低等生物,这些微小生物的结构、代谢都有其自身的特点,主要包括原核细胞结构的真细菌、古细菌和有真核细胞结构的真菌(酵母菌、霉菌等)及无细胞结构、不能独立生活的病毒、亚病毒(类病毒、拟病毒、朊病毒),有些藻类、原生动物也包括在微生物中。微生物的大小一般约几微米或更小,但 1998 年德国科学家 Eokajander 等发现目前为止世界上最大的细菌——纳米比亚硫磺珍珠菌(Thiomargarita namibiensis),其大小为 0.1 ~ 0.3 mm,有些甚至可达 0.7 mm,可见任何概念都是相对的,随着时代的发展也需要不断完善。

1.1 微生物的特点

与其他生物相比,微生物除了具有新陈代谢、遗传、繁殖等基本的生命特征外,还具有一些其他生物不具有的特点。

1.1.1 体积微小,比表面积大

微生物的大小一般用微米(μm)、纳米(nm)表示,人裸眼看不到,每个细胞的质量也非常轻,据估计每个细菌的质量只有 $10^{-10} \sim 10^{-12}$ mg,即 $10^9 \sim 10^{10}$ 个细菌的总质量才有 1 mg。这样小的细胞,比表面积很大,使微生物与外界物质的交换能力非常强。

1.1.2 生长旺盛,繁殖快

生长旺盛和繁殖快是微生物最重要的特点之一,单个微生物细胞很快就会发展成为一个细胞种群。细菌细胞的繁殖代时是 20 ~ 30 min,如 E. coli 的代时大约是 20 min,即一个细胞经 20 min 就裂殖为 2 个细胞。假设每个繁殖的后代子细胞都具有相同的繁殖能力,一个细胞经过 24 h 繁殖后,其细胞数目理论上应该为 2^{72},即大约 4.7×10^{22} 个细胞。按每 10^{12} 个细胞重 1 mg 计算,则上述细菌的质量超过 47 t,这是不可想象的,但实际上由于空间、营养、细胞死亡等各种原因,这样的繁殖速度客观上是不存在的,只在细菌的对数生长期才有几何扩增的繁殖速度。微生物如此高速繁殖的特点已经被人们所利用,各种发酵工业的产品主要来源于微生物的中间产物或菌体。例如,酵母菌合成蛋白质的速度是动物、植物合成蛋白质速度的 $10^2 \sim 10^4$ 倍;每个乳酸菌细胞产生的乳酸是其体重的 $10^3 \sim 10^4$ 倍。这种繁殖和消耗物质的速度为生产带来了便利,但也易于造成微生物的危害。

1.1.3 分布广泛,种类繁多

微生物在地球上几乎无处不在,无孔不入,在我们人类能想象的任何一个地方或区

域,例如我们人体的皮肤上、口腔里,甚至胃肠道里,百十千米的高空、十多千米深的海底、2 000多米深的地层、近100 ℃的温泉、零下250 ℃的环境中,均有微生物存在,这些都属极端环境微生物。至于人们正常生产、生活的地方,微生物更是不计其数,但人们往往是"身在菌中不知菌"。

土壤是各种微生物生长繁殖及聚集的大本营,任意取一把土或一粒土,就是一个微生物的微生态世界,存在着大量的微生物。在肥沃的土壤中,每克土大约含有20亿个微生物,即使是贫瘠的土壤,每克土中也含有3亿~5亿个微生物。空气里悬浮着无数细小的尘埃和水滴,它们是微生物在空气中的藏身之地。哪里的尘埃多,哪里的微生物就多。一般来说,陆地上空比海洋上空的微生物多,城市上空比农村上空的微生物多,杂乱肮脏地方的空气里比整洁卫生地方的空气里的微生物多,人烟稠密、家畜家禽聚居地方空气里的微生物最多。现已发现的微生物种类多达10万种以上,但有学者估计,目前发现的微生物种类还不到实际存在的1/5,还有大量的未知微生物有待我们开发利用。

1.1.4　适应性强,代谢途径多,易变异

微生物对外界环境适应能力特别强,原因有两方面:一方面,和微生物的一些特殊结构有一定的关系,如有些细菌有荚膜、有些细菌产芽孢,放线菌和真菌能产生各种各样的孢子,据报道,有些孢子可以在特殊环境中存活几百年;另一方面,一些极端环境的微生物都能产生相应特殊结构的蛋白质、酶和其他物质,使之适应恶劣环境,使物种能延续。微生物代谢途径多也是适应性强的一个很重要的原因,这使得微生物在许多其他生物不能生存的环境下都能生存。例如,一些微生物能够利用大多数生物不能利用的物质(如纤维素、塑料甚至有毒的有机农药),还有一些化能自养菌能够利用NH_4^+、NO_2^-、Fe^{2+}、S^{2-}等获得能量而生存。

由于微生物的比表面积大,与外界环境的接触面大,因而受环境影响也大,一旦环境条件不适于微生物生长时,大多数微生物细胞死亡,少数存活下来的细胞可能发生一定的变异,利用这一特点,人们可以对微生物进行各种各样的处理,促使微生物发生变异,再进行筛选,最终得到目标菌。

总之,微生物的这些特点,使它在生物界中占据特殊的位置。它不仅广泛应用于生产实践,而且成了生物科学研究的理想材料,推动和加速了生命科学研究的迅猛发展。在当今高新技术革命的浪潮中,以细菌和酵母菌等为模式菌,研究其核酸组成和基因功能,调控微生物的代谢,使其更加符合人类的生产要求,同时对人类基因功能的探索以及一些疾病的治疗都具有重要的借鉴作用。

1.2　微生物的发展史

微生物的发展同其他科技的发展是分不开的,都经历了漫长的过程,但从观察到微生物的存在到现在却只有300多年的历史,国内学者大多认为将微生物的发展分为五个时期较为科学。

1.2.1　史前期——微生物利用的朦胧阶段

这一时期经历了漫长的过程,大多处于朦胧的利用阶段,积累了一些利用微生物和

防止微生物的经验。例如,我国民间利用微生物进行酿酒,可以追溯到 4000 多年前,而在古文明发源地埃及,民间酿酒和酿醋的时期大约在 3000 年前,比我国要晚将近 1000 年。在古希腊的石刻上,记有酿酒的操作过程。古埃及人很早就掌握了面包制作和果酒酿制技术。北魏贾思勰的《齐民要术》(约成书于公元 533—534 年间)中,列有谷物制曲、制酱、酿酒、造醋和腌菜等工艺,这些都说明人类已经在日常生活中控制和利用微生物,以满足人类日常生活的需要。我国在春秋战国时期(公元前 770 年—公元前 221 年)就有利用微生物沤粪积肥的记载。在 2000 年前,也发现豆科植物的根瘤有增产作用,并能采取相应的措施来利用和控制有益微生物的生命活动,从而提高作物产量。这一时期最显著的特点是凭经验利用微生物的有益活动。

1.2.2　初创期——微生物的形态学描述阶段

微生物发展史上具有划时代意义的大事是首次观察到了微生物。大约 1676 年,荷兰人列文虎克(Antonie van Leeuwenhoek)用自制的单式显微镜首次观察到了细菌的个体,初步揭开了微生物世界的奥秘。列文虎克用他自己制造的显微镜观察了河水、雨水、牙垢等样本,发现了运动的微小生物,并将观察到的杆状、球状、螺旋状细菌的图形描画出来,但限于当时的条件,列文虎克并不知道这些生物是什么,这一发现并未引起重视。在之后近 200 年的时间里,人们对微生物的研究仅停留在对它们形态描述的原始水平上,而对它们的生理活动及其与人类实践活动的关系知之甚少,因此,在这一时期微生物学还不能作为一门独立的学科。

1.2.3　奠基期——微生物的生理学阶段

从 1861—1897 年,这一时期虽然短暂,但却涌现了几个对微生物发展做出重要贡献的人物,其中法国的巴斯德和德国的柯赫功不可没,使人类对微生物的认识有了突破性的进展。巴斯德(L. Pasteur,1822—1895 年)的主要贡献有以下几方面。

(1)彻底否定了自然发生说　在人类对微生物还没有完全认识之前,人们对好多现象没法解释,认为是自然发生的。1861 年,巴斯德把营养基质装在长颈的玻璃瓶内,然后将瓶内的营养基质予以加热并将长颈在热的作用下拉成细弯曲状,营养基质将在瓶内长期保存而不腐败变质,而不经过加热或虽然经过加热但瓶颈较短、较粗的瓶内所装营养基质很容易腐败变质(颈口较短、较粗的瓶子和外界的空气实际上是连通的),这个简单的实验以无可辩驳的事实彻底推翻了长期以来大家公认的自然发生说,证明空气中含有微生物。

(2)创立了巴氏消毒技术　这一技术解决了当时法国酒变质和家蚕微粒子病的问题,推动了病原学的发展,也为后续许多食品和饮料的消毒奠定了基础,到现在还在广泛应用,是蛋白质饮料、奶制品以及酱油、食醋最常用的消毒方法。

(3)证明发酵是微生物作用的结果　巴斯德认为一切发酵都与微生物的生长、繁殖有关,经过大量的工作,他分离得到许多与发酵有关的微生物,并证明酒精发酵是由酵母菌引起的,乳酸发酵、醋酸发酵和丁酸发酵是由不同的细菌引起的,这为微生物的生理生化研究和微生物许多分支学科的诞生奠定了一个坚实的基础。随后,微生物的研究很快进入生理生化阶段并相应建立了许多分支学科,如工业微生物学、酿造学、食品微生物学、医学微生物学等。

（4）预防接种提高机体免疫功能　虽然人们很早就利用一些技术来预防天花，但一直不知道其机制，实际还是一种经验的传承。1798年，英国的Jenner医生发明了接种痘苗预防天花，但对其机制还是知之甚少。1877年，巴斯德研究了禽霍乱，发现病原菌经过减毒处理可以产生免疫，从而预防禽霍乱病。随后，他又研究了炭疽病和狂犬病，首次制成狂犬疫苗用于防治狂犬病，为人类防治传染病做出了杰出的贡献。

德国的柯赫（R. Koch,1842—1910年）是同时期另一位著名的微生物学家，他的主要贡献有以下几方面。

（1）建立了微生物的纯培养技术　他用固体培养基进行细菌的分离纯化，使这一过程变得简便易行，也是获得微生物纯培养的前提。随后，柯赫分离出炭疽杆菌、结核杆菌、链球菌和霍乱弧菌（1877—1883年）的纯培养物，并对这些病原菌进行了相应的研究。

（2）提出了著名的柯赫法则　柯赫法则主要内容：①病原微生物总是存在于患传染病的动物中，不存在于健康个体中；②可自原患病寄主获得病原微生物的纯培养；③将病原微生物的纯培养人工接种健康寄主，必然诱发寄主患病，且症状相同；④可以从人工接种后发病的寄主中再次分离出同一病原微生物的纯培养。他的工作特别是纯培养技术的提出，为研究微生物的代谢活动和生理生化奠定了坚实的科学基础。

在同一时期，其他研究工作者也对微生物的发展做出了显著的贡献。1865年，英国外科医生李斯特（J. Lister）提出了外科手术无菌操作方法，创立了外科消毒术。1888年，贝叶林克（M. Beijerinck）在研究土壤细菌各个生理类群的生命活动时分离出了豆科植物的根瘤菌；1895年，贝叶林克又发现了硝化细菌，进一步揭示了微生物参与土壤物质转化的各种作用，为土壤微生物学的发展奠定了基础。1892年，俄国学者伊万诺夫斯基（D. Ivanowsky）首先发现了烟草花叶病毒（TMV），奠定了病毒学研究的里程碑，使微生物学步入快速发展的轨道。

1.2.4　生物化学阶段——微生物的快速发展期

这一时期大约从20世纪初开始到50年代结束，历时虽短，但却是微生物的快速发展时期，这一时期主要研究微生物的生理生化机制、代射及代射机制，基本搞清了微生物代谢的几条主要路径。这一时期取得的主要成果：①证明了使碳水化合物发酵的是酵母菌所含的各种酶而不是酵母菌本身；②通过无细胞的酵母菌汁液，证明了辅酶的存在；③发现了细菌的转化现象和抗细菌的物质——"Penicillin"（青霉素）；④提出了生物呼吸作用的三羧酸循环；⑤分离纯化了青霉素，并使青霉素得到了真正的应用，随后又相继发现了其他抗生素；⑥获得了烟草花叶病毒的结晶体，并证实该结晶为核蛋白，它具有感染力；⑦提出了"一个基因一个酶"假说，并被以后的研究所证实；⑧证明细菌对噬菌体产生的抗性由基因发生自发突变所致，与它们是否同噬菌体接触无关；⑨证明遗传物质的化学本质是DNA；⑩发现了细菌基因重组的另一方式——接合作用，随后又发现基因的连锁现象，至20世纪50年代初，又发现F因子这种细菌质粒。

微生物学、遗传学和生物化学的相互渗透与作用导致了现代分子遗传学的诞生与发展。

1.2.5 分子生物学阶段——微生物发展的成熟期

从 20 世纪 50 年代开始,由于对微生物生理生化尤其是对遗传变异规律的研究,使人们清楚地知道,生物界不论是多细胞生物、单细胞生物还是非细胞的分子生物,它们在基本生物学规律上有着惊人的一致。由于微生物特别是原核微生物的结构简单,营养要求低,培养迅速,生理类型多,且多数为单倍体,容易发生变异,容易累积中间代谢产物,具有许多选择性的遗传标记和存在多种原始的遗传重组类型等优点,使微生物在解决当代生物学基本理论问题中发挥着越来越大的作用,于是微生物的研究进入了分子生物学水平。

这一时期有几个划时代的重大成果:①1953 年,沃森和克里克发现了 DNA 双螺旋的结构,开启了分子生物学时代,使遗传的研究深入到分子层次,"生命之谜"被打开,开始揭开遗传信息复制和转录的奥秘,初步阐明了生物大分子三维结构与功能的关系;②提出并证实了 DNA 半保留复制的原则;③提出了遗传信息传递的中心法则,阐明了遗传信息核酸和生物功能表现者蛋白质之间的关系;④提出了大肠杆菌乳糖代谢的操纵子学说,阐明了遗传信息传递与表达的关系,开创了基因表达调节机制研究的新领域;⑤用大肠杆菌的离体酶系证实了三联体遗传密码的存在,阐明了遗传信息的表达过程;⑥从流感嗜血菌 Rd 的提取液中发现并提纯了限制性内切酶,该酶被誉称为 DNA 定向切除的"手术刀";⑦首次将重组质粒成功地转入大肠杆菌中并予以表达,开创了基因工程崭新的历程;⑧提出了生物分类的三域学说,根据该学说,可以将自然界的生物分为细菌、古细菌和真核生物三域,阐述了各生物之间的系统发育关系,创立了在分子和基因水平上进行分类鉴定的理论与技术;⑨完成了 ΦX174 噬菌体 DNA 全序列分析;⑩发明聚合酶链反应技术,使 DNA 的体外扩增成为可能;发现了目前为止世界上最大的细菌——纳米比亚硫磺珍珠菌和最大的病毒,又分离到生长温度可以达到 121 ℃的古细菌。

总之,从 20 世纪 50 年代开始,微生物学的发展日新月异,新理论、新技术层次不穷。到目前为止,已完成全基因测序的微生物大约有 200 种,使人类对微生物的认识上升到一个新的高度。

1.3 微生物的分类鉴定与命名

微生物种类繁多,性质差异很大,给研究和利用带来了很大困难,只有将性质相同或相近的微生物进行归类,才能对纷繁的微生物类群有一个清晰的认识,为人类开发利用微生物提供有用的依据和更多的便利。在这种背景下,微生物分类学应运而生。微生物分类学是一门以微生物亲缘关系远近、性质差异大小为依据,把数量庞大的微生物分布不同类群或小单元的学科,它的具体任务就是鉴定(identification)、分类(classification)和命名(nomenclature)。鉴定是指对一个新分离的微生物培养物,在充分了解其性质的基础上,判断是否可以归属于一个已经命名的分类单元中或需要另外新建一个单元的过程。鉴定是从一般到特殊或从抽象到具体的过程,亦即通过详细观察和描述一个未知名称的纯种微生物的各种性状特征,并同现有分类系统中已经存在的微生物予以对照,以辨明未知菌的真实身份。分类指的是将亲缘关系比较近或相似性比较高的一类微生物放在一个单元中的过程,分类和鉴定密切相关,不可分开。分类是从个别到一般或从具体到抽象的过程,亦即通过大量描述有关个体的文献资料和数据,经过科学的归纳,整理成为一个小的单元。命名则是根据国际命名法,给已经鉴定的微生物一个科学、合理的名称的过程,亦即当有一个新发现的菌种后,经过查找权威性的分类鉴定手册,与现有的菌种性状确实有差异,是一个从未记载过的新种,则按照国际命名法给该种一个新的学名。

1.3.1 微生物分类鉴定的依据

(1)形态特征 早期细菌鉴定主要依据个体形态,镜检细胞形状、大小、排列,革兰氏染色反应,运动性,鞭毛位置、数目,有无芽孢、形状及部位,荚膜,细胞内含物等进行;放线菌和真菌依据菌丝结构、孢子丝、孢子囊或孢子穗的形状和结构,孢子的形状、大小、颜色及表面特征等。

(2)培养特征 在固体培养基平板上的菌落(colony)和斜面上菌苔(lawn)的性状(形状、光泽、透明度、颜色、质地等);在半固体培养基中穿刺接种培养的生长情况;在液体培养基中的混浊程度,液面有无菌膜、菌环,管底有无絮状沉淀,培养液颜色等。

(3)生理生化特征 能量代谢是利用光能还是化学能;对 O_2 的要求是专性好氧、微需氧、兼性厌氧或专性厌氧等;营养和代谢所需碳源、氮源的种类,有无特殊营养需要,所含酶的种类等。

(4)生态习性 生长温度,酸碱度,嗜盐性,致病性,寄生、共生关系等。

(5)血清学反应 用已知菌种或菌株制成抗血清,然后根据它们与待鉴定微生物是否发生特异性的血清学反应,来确定未知菌种、型或菌株。

(6)噬菌反应 菌体的寄生有专一性,在有敏感菌的平板上产生噬菌斑,斑的形状和大小可作为鉴定的依据;在液体培养中,噬菌体的侵染液由混浊变为澄清。噬菌体寄生的专一性有差别,寄生范围广的为多价噬菌体,能侵染同一属的多种细菌;单价噬菌体只侵染同一种的细菌;极端专业化的噬菌体甚至只对同一种菌的某一菌株有侵染力,故可寻找适当专业化的噬菌体作为鉴定各种细菌的生物试剂。

(7)细胞壁成分 革兰氏阳性菌的细胞壁含肽聚糖多、脂类少,革兰氏阴性菌与之相反。链霉菌属(*Streptomyces*)的细胞壁含丙氨酸、谷氨酸、甘氨酸和2,6-二氨基庚二酸,而诺卡菌属(*Nocardia*)的细胞壁则含有阿拉伯糖,霉菌细胞壁则主要含几丁质,酵母菌细胞壁则常含有甘露聚糖,这些都是微生物分类的依据。

(8)红外吸收光谱 利用红外吸收光谱技术测定微生物细胞的化学成分,了解微生物的化学性质,也常作为分类依据之一,这方面的研究目前正在开展,作为菌种鉴定依据还有许多工作要完善。

(9)G+C含量 生物信息遗传的物质基础是核酸,核酸组成上的异同反映生物之间的亲缘关系。就一种生物的DNA来说,碱基中G+C含量是相对固定的。亲缘关系相近的微生物,它们的G+C含量相同或近似,测定G和C所占的摩尔分数,就可作为判断微生物亲缘关系远近的依据之一。

(10)DNA杂交 要判断微生物之间的亲缘关系,需要比较它们DNA的碱基顺序,最常用的方法是DNA杂交法。杂交率越高,表示两个DNA链之间的碱基顺序越相似,它们间的亲缘关系也就越近。

（11）核糖体核糖酸相关度测定（rRNA-DNA 分子杂合试验）　rRNA 的同源性能在 DNA 相关度低的细菌之间显示它们的亲缘关系，从而弥补 DNA 相关度测定的缺陷。

（12）rRNA 的碱基顺序　RNA 的碱基顺序是由 DNA 转录来的,故完全具有相对应的关系。提取并分离细菌内标记的 16S rRNA,用核酸酶酶解,可获得各种寡核苷酸,测定这些寡核苷酸上的碱基顺序,可作为细菌分类学的一种标记。

（13）核糖体蛋白的组成分析　分离被测细菌的 30S 和 50S 核糖体蛋白亚单位,比较所含核糖体蛋白的种类及其含量,可将被鉴定的菌株分为若干类群,并绘制系统发生图。

（14）其他　如脂类分析、核磁共振（NMR）谱、细胞色素类型以及辅酶 Q 的种类等都是分类的依据。

1.3.2　微生物的分类

1.3.2.1　微生物的分类单元

现在通行的规则是七级分类单元（taxon,复数 taxa）,从上到下分类单元依次为界（kingdom）、门（phylum）、纲（class）、目（order）、科（family）、属（genus）、种（species）；如有必要,可在两级之间添加辅助单元,如亚门、亚纲等。界、门、纲、目、科拉丁文用正体书写,第一个字母必须大写；属、种拉丁文用斜体书写,属的第一个字母必须大写；种的所有字母都用小写。

种是一个基本的分类单位,是指亲缘关系极其接近、表型特征高度相似、与同属内其他种有着明显差异的一组菌株的总称,所以微生物学中的"种"很难用一个具体的微生物来代表,常用最能代表该种典型性状的一个菌株（strain）代表该种微生物的性状,该菌株就是该类群微生物的模式种（species）。随着分类知识的不断更新以及研究的深入细化,原先已经确定的种还可能发生变化。

对一个新发现的微生物经鉴定为一个新种并按"法规"命名发表时,应在其学名后附上"sp. nov."符号, sp 表示 species（种）, nov 表示 novel（新）。例如, *Corynebacterium pekinense* sp. nov. AS1.299（北京棒杆菌 AS1.299,新种,由我国学者筛选到的谷氨酸发酵新菌种）和 *Corynebacterium crenatum* sp. nov. AS1.542（钝齿棒杆菌 AS1.524,新种,氨基酸生产常用菌）等。

1.3.2.2　种以下的分类单元

除国际上公认的分类单元等级外,在细菌分类中,还常常使用一些非正式的分类术语。这些分类术语相对比较混乱,也容易使人产生误解,特予以简要介绍。

（1）亚种（subspecies,subsp. ,ssp.）或变种（variety,var）　当某一个种内的不同菌株存在少数明显而稳定的变异特征或遗传性而又不足以区分成新种时,可以将这些菌株细分成两个或更多小的分类单元,这些分类单元就是亚种。亚种大多是由于培养条件的不同而引起的变异或者是从不同环境中获得的菌株。变种是亚种的同义词,因"变种"一词易引起词义上的混淆,1976 年后,细菌分类不再使用变种这一名词,但有部分学者还习惯使用。

（2）菌株（strain）　菌株又称品系（在病毒中则称毒株或株）,是指从自然界分离得到的任何一种微生物的纯培养物。用某种诱变方法所获得的某一菌株的变异型,也可以称为一个新的菌株,以便与出发菌株相区别。菌株是微生物分类和研究工作中最基本的一个单元,科学研究中用到的微生物材料一般都用菌株来表示。即使同种或同一亚种的不同菌株之间,某些非鉴别性特征(不是定种或界定亚种的特征)可能存在很大的差别,因此在实际工作中,除了注意菌株的种名外,还要注意菌株的名称和编号。菌株名称常用数字、字母、人名、地名等表示。如 *Bacillus subtilis* AS 1.398(AS 是 Academy of Sciences 的首字母)和 *B. subtilis* BF 7658(BF 是北京纺织科学研究所)分别代表枯草杆菌的两个菌株,前者用于生产蛋白酶,后者则用于生产 α-淀粉酶。

(3)培养物(culture) 是指一定时间、一定空间内微生物的细胞群或生长物。如微生物的斜面培养物、摇瓶培养物等。如果某一培养物是由单一微生物细胞繁殖产生的,就称之为该微生物的纯培养物(pure culture)。

(4)型(form) "型"曾用于表示细菌菌株的同义词,但目前已废除,仅作若干变异型的后缀,如血清变异型(serovar)、生物变异型(biovar)、形态变异型(morphvar)。

1.3.2.3 微生物的命名

同其他生物一样,每一种微生物都有一个自己的名字,名字有俗名和学名两种。俗名根据地方的风俗习惯命名,具有通俗、易懂、简明、大众化的优点,但往往含义不够确切,易于重复,使用范围有一定的局限性,例如"结核杆菌"用于表示 *Mycobacterium tuberculosis*,"绿脓杆菌"用于表示 *Pseudomonsa aeruginosa* 等;学名则指按照"国际细菌命名法规"命名的、国际学术界公认的科学名字,学名的命名常用双名法。

(1)学名的双名命名法 采用双名命名法时,学名由属名和种名加词组成。书写顺序为属名+种名加词,属名的第一个字母要大写,种名加词全部小写;翻译时,种名加词在前,属名在后;印刷时,学名用斜体;手写时,因难以区分正体和斜体,故常在学名下加一横线,例如,*Aspergillus niger* 表示黑曲霉,其中 *Aspergillus* 表示曲霉属,*niger* 是一个形容词,表示黑。有时还需要写上首次定名人以及定名年份。

当有两个以上的微生物学名排在一起时,在属名相同的情况下,后一学名中的属名可缩写成一个大写字母加逗点的形式,如 *Bacillus* 可缩写成 *B.*,*Penicillium* 可以缩写成 *P.*。若可能产生混淆,也可写成二至三个字母,如 *Bacillus* 可缩写成 *Bac.*。当然对于大家都熟悉的微生物的名字,属名往往就用属名的第一个大写字母表示。

(2)属名 是一个表示微生物主要形态特征、生理特征的名词,由拉丁语、希腊语或其他语言的词汇组合而成,也有以研究者的人名表示的,单数,字首大写。例如,*Rhizopus*(根霉属)、*Mucor*(毛霉属)——形态特征,*Lactobacillus*(乳酸杆菌属)——生理特征+形态特征,*Salmonella*(沙门杆菌属)——研究者的人名+形态特征。

(3)种名加词 种名加词说明微生物的次要特征,如颜色、形状、用途、功能等,是一个形容词或名词,有时也用人名、地名、微生物寄生的宿主名称和致病的性质来表示,全部字母要小写。例如,*Staphyloccocus aureus*(金黄色葡萄球菌,*aureus* 表示黄色)——颜色;*Aspergillus niger*(黑曲霉,*niger* 表示黑色)——颜色;*Saccharomyces pasteur*(巴斯德酵母,*pasteur* 表示人名)——人名;*Corynebacterium pekinense*(北京棒杆菌,*pekinense* 表示地名)——地名;*Salmonella choleraesuis*(猪霍乱沙门菌,*choleraesuis* 表示致病性质)——宿主名称和致病性质。

在实际工作中,还经常遇到自己筛选到一株或一批有用菌株,属名很容易确定,但种名一时还不好确定,可以采用属名加 sp.(正体书写,是 species 单数形式)或 spp.(正体书写,是 species 复数形式)表示。例如,*Bacillus* sp. 表示一株芽孢杆菌,*Bacillus* spp. 表示若干株芽孢杆菌。

(4)亚种的命名 亚种常用三名法命名,顺序为:属名+种名+(subsp. 或 var.)+亚种。subsp. 是亚种 subspecies 的缩写,var. 是变种 variety 的缩写,subsp 和 var 必须用正体书写,其他用斜体书写。例如,*Saccharomyces cerevisiae* var. *ellipsoideus*(酿酒酵母椭圆变种),*Bacteroides fragilis* subsp. *ovatus*(脆弱拟杆菌卵形亚种),*Bacillus thuringiensis* subsp. *galleria*(苏云金芽孢杆菌蜡螟亚种)。

(5)新种的命名 用属名+种名+sp. nov 表示新种,例如,*Corymebacterium pekinense* sp. nov. AS1.299,北京棒杆菌 AS1.299 新种,菌株的名称放在学名的后面,可用字母、符号、编号、研究机构或菌种保藏机构的缩写来表示。

1.4 食品微生物学的研究内容

食品微生物学属于应用微生物学的范畴,它主要研究与食品生产、食品安全有关的微生物特性,研究如何更好地利用有益微生物为人类生产各种各样的食品以及改善食品质量,防止有害微生物引起的食品腐败变质、食物中毒,并不断开发新的食品微生物资源。近年来,随着分子生物学的不断发展,许多新技术也越来越多地应用到食品和发酵领域,例如,利用代谢调控技术特别是缺陷菌株提高发酵液中某一成分的产量,利用细胞(酶)固定化技术来提高食品加工的经济效益都是新技术在食品加工领域的具体应用。

食品微生物学所涉及的研究范围广,学科种类也很多,农产品、畜产品等的加工都涉及特定的微生物。总之,凡是和食品以及食品原料有关的对象都和微生物学有关。食品微生物学也是实践性很强的一门学科,有些研究内容也很难归属于某一具体的学科。

1.5 微生物与食品生产

微生物与食品的生产有密切的关系,许多传统食品和调味品的生产都要利用微生物,如泡菜、食醋、酱油、酸奶、果酒、白酒、味精等都是微生物发酵的结果。微生物还可以改善食品的营养和风味,如纳豆、豆腐乳、发酵香肠等就是利用微生物可以水解蛋白质的特性,将原料中的蛋白质部分水解,有利于人体消化与吸收,同时增加产品的风味。另外,还可以直接利用微生物的菌体,例如,人们普遍食用的大型真菌、酵母单细胞蛋白等;还可以利用微生物生产具有功能性质的多糖类、食品添加剂等。

微生物在给我们人类带来益处的同时,还会带来各种各样的危害,例如,由微生物引起的食品腐败变质,不仅造成巨大的经济损失,有时还会引起食物中毒,严重的甚至导致人畜死亡。细菌性食物中毒是食物中毒中最常见的一类,通常有明显的季节性,气温高时发病率也高,但一般不会有生命危险;真菌性食物中毒一般是由于真菌毒素引起的,地域性较强,危害性较大。近年由病毒引起的食物中毒事件也时有发生,应引起高度的重视。所以,我们在利用微生物的同时,也要防止微生物带来的损失。

1.6 食品微生物的发展与展望

1.6.1 微生物资源的开发和利用

同农产品一样,微生物也是一类重要的资源,对人类的作用越来越大,也越来越受到人们的重视。微生物资源极其丰富,虽然人们已经掌握和了解了好多微生物,但未知者仍然甚多,有人估计人类已知的微生物种类仅占实际总数的5%~10%。在已知的微生物中,真正利用的还不到1%。

微生物在生长过程中产生许多活性物质,目前这些活性物质大多已被人类利用,要从这些微生物中再获取新的活性物质难度越来越大,而目前人类未知的微生物含有新化合物的可能性较大。因此,稀有微生物、海洋微生物、未培养微生物、极端环境微生物越来越受到人们的重视。

未培养微生物(uncultured microorganism)是指自然界确实存在的一大类微生物,但迄今为止利用人工的微生物培养基以及方法还不能获得其纯培养物,据估计,这类未培养微生物资源(uncultured microbial resources)可能要占到微生物总资源的80%以上,而这部分微生物无论在多样性、新陈代谢途径、生理生化反应、新产物等方面都可能和已知微生物有很大差异,因此必然蕴藏着有开发价值的资源。但随着科技的发展,特别是对微生物基因组学、蛋白质组学、代谢组学、遗传学等理论的深入了解和发展,必将越来越多地了解未培养微生物的特性,终究会获得这些微生物的纯培养,在此基础上,在深入研究这些未培养微生物的过程中,必然获得编码具有特殊功能化合物的新基因、特殊代谢产物、特殊代谢途径、特殊代谢调控,这些将对人类改造自然和更好地利用自然起到不可小觑的作用,例如,特殊途径的发现,有可能利用这些微生物对环境中的污染物进行分解,达到净化环境的目的;一些特殊代谢产物的发现可能有助于治疗某些疾病。

1.6.2 基因工程与菌种改良

人类研究和使用微生物的目的无非有两个方面:一方面是利用微生物为人类服务,例如生产各种产品,分解有毒有害物质,满足人类的需要;另一方面是防止有害微生物引起的各种危害。在利用微生物生产有用产品的过程中,尽管人们优化微生物生长的各种条件,使微生物最大限度地发挥其作用,按人的意志生产食品和高效表达,人们总是希望微生物生产的产量高,质量好,生产成本低,但往往却不能满足人们的要求,这就需要对菌种进行改良,以获得具有优良性状的新菌种。在食品工业和发酵工业中,常用的表达生物是细菌或酵母。用基因工程的方法获得的新种往往具有许多优良的性状:①微生物的抗性提高,如通过基因工程的方法可以获得高抗噬菌体的乳酸发酵菌,减少发酵工业因噬菌体污染而造成的损失;②产量提高和改善食品的风味;③可以获得特殊构型的化合物,如用化学合成的乳酸往往是内消旋型的混合物,而用乳酸菌发酵则可以获得特殊构型的乳酸单体;④工程菌还可能利用一些特殊的化合物,这在食品企业废物处理和环境净化中特别重要。

转基因食品是近年来世界范围内的热点问题之一,对此褒贬声音不断。所谓转基因食品(genetically modified food)是指利用生物技术改良的动物、植物和微生物所制造或生产的食品、食品原料及食品添加剂等。针对某一或某些特性,以生物技术为手段改变动物、植物基因或微生物基因,使动物、植物或微生物具备或增强此特性,以降低生产成本并使其性状、营养品质、消费品质向人们所需要的目标转变,增加食品或食品原料的价值。目前,还没有明确的证据对转基因食品的安全问题下一个定论,各国政府对转基因食品的态度也不同,需要大家的注意。2016 年中央一号文件专门强调要加强农业转基因技术的研发和监管,在确保安全的基础上慎重推广。

微生物因为基因组较小,容易利用基因工程进行菌种改良以获得优良性状。目前全世界范围内已经完成 200 多种微生物的全基因组测序,对这些微生物的基因功能越来越清楚,对其改良的目的性也越来越明晰,加之易于培养、受地域环境影响小,因此,微生物基因工程将会为人类利用自然和改造自然提供一个强有力的工具和手段,前景非常广阔。

1.6.3 利用代谢工程优化生产过程

代谢工程(metabolic engineering)也叫途径工程(pathway engineering),是生物工程的一个新分支,就是利用 DNA 重组技术修饰与特定生化反应有关的基因或引进新生化反应的基因,直接改善产物的形成或细胞的性能。代谢工程强调比较确切的目标性,实际上,代谢工程把量化代谢流及其控制的工程分析方法和精确制订并实施遗传修饰方案的分子生物学技术结合起来,以过程分析、修饰后的表型评价和参数优化为基础,采取"分析-综合"反复交替操作、螺旋式逼近目标的方式,在较广范围内改善细胞性能和生产性能,使生物尽可能满足人类的需求。

DNA 重组的分子生物学技术的开发把代谢操作引入了一个新的层面。遗传工程使人们有可能对代谢途径的指定酶反应进行精确的修饰而构建精心设计的遗传背景。要实施对特定基因的修饰,最关键的是先要找到目标基因或酶,一旦找准了目标,就可以用分子生物学技术去扩增、抑制、删除或转入相应的基因,或者解除对相应的基因或酶的调节,以达到我们需要的目的。尽管在所有的菌种改良中都希望能做到"定向"(所谓定向就是满足人类的目的和需求),但往往不一定能很好地做到定向,这就需要进行大量的实验,从诱变获得的突变株性状的实验结果来提取途径及其控制的判断信息(critical information)。有时还需要借助"逆向代谢工程"(reverse metabolic engineering)来进行推理以获得有用的代谢信息。

与所有传统的工程领域一样,代谢工程也包含"分析"和"综合"两个基本步骤。在代谢工程的分析方面,首先要确定生化反应的状态参数,怎样用这些信息解释代谢控制的结构体系,进而对某个目标提出合理可行的修饰,如何对修饰后的遗传信息和真实的生化反应进行评估,以便进一步修改参数,达到目的;在综合方面,如何更好地将代谢单元集成与组合是代谢工程关注的另一个焦点,因此代谢工程考察的是整个反应体系而不是一个个孤立的反应单元,从这个意义上说,代谢工程对代谢和细胞功能的了解更全面。

代谢工程强调对代谢流的控制,基本目标是阐明代谢流控制的因素和机制,研究代谢流及其控制机制有三大基本步骤:①建立一种能尽可能多地观察途径并测定其流量的方法,测定细胞外代谢物的浓度进行物料平衡是最常用的方法。但要注意,一个代谢途径的代谢流并不等于该途径中一个或多个酶的活性,酶法分析也并不能提供途径真正的代谢流信息。②在代谢网络中施加一个明确的扰动,以确定在系统达到新的稳态时的途径代谢流。一种扰动往往能提供多个节点上的信息,这对于精确描述代谢网络控制结构所必需的最小实验量是至关重要的。常用的扰动方式包括启动子的诱导、底物脉冲补加、特定碳源消除或物理因素变化等,虽然任何有效的扰动对代谢流的作用都是可以接受的,但扰动应该定位于紧邻途径节点的酶分子上。③系统分析代谢流扰动的结果。如果某个代谢流的扰动对其下游代谢流未能造成明显可观察的影响,那么该节点对上游扰动的反应是刚性的,与之相反的情况则是柔性的。在刚性节点,扰动对上游酶活性作用很小,几乎不会影响到下游代谢流的改变。

1.6.4 微生物在农产品深加工中的作用

微生物在各行各业应用范围越来越大,从传统的酿酒、酿醋、酿酱、面包制作、酸奶、奶酪、酱泡菜到现代发酵生产氨基酸、有机酸、维生素、酶、生物农药、生物肥料等,每年产生的价值难以估计,今后更要对微生物进行深度开发,特别是如何更好地开发能产生特殊功能成分的微生物为人类服务则显得更加紧迫,这就需要去研究,去探索。

我国是农业大国,尽管农副产品资源极其丰富,但和发达国家相比,农副产品的价格波动较大,从事农业生产的广大农民获得的经济利益有限,只有对农副产品进行深加工,延长产业链,才能使广大从业人员真正获得利益。利用微生物进行转化是重要途径之一,已经有很多成熟的经验。例如以碳水化合物为原料,经糖化和酒精发酵,再进行醋酸发酵可以生产酒类、食醋等调味品;蛋白类的原料经过发酵以后,不仅风味增加,还提高了营养价值,例如发酵乳制品、发酵豆制品都是很好的例子。我国人均消费乳制品的量相对还较低,随着乳产量增加,发酵乳制品无论在产量或花色品种方面都有诱人的前景,需要广大科技人员共同努力,生产出更富营养的功能乳制品;发酵肉在我国还属于起步阶段,无论是产量还是花色品种都很少,这方面还有大量的研发工作要做,需要选育出优良的微生物发酵菌种。

我国还是一个能源消费大国,石油、煤炭、天然气等不可再生资源日渐短缺,开发和利用新的能源势在必行。在这些新能源中,酒精是最具开发前景的能源之一,而生产酒精需要碳水化合物,如果用淀粉等可食用碳水化合物做原料,这必然引起我国粮食的短缺,显然是不行的,但纤维类碳水化合物不仅量大,而且还是再生资源,特别是农作物秸秆,是取之不尽、用之不竭的自然资源,如果能在酒精的生产中发挥更大的作用,将在一定程度上缓解我国能源紧张的局面。秸秆生产酒精的关键问题是纤维素酶的活性不高,水解纤维素的效率低,这直接导致生产酒精的效益,如果在不久的将来,通过基因工程技术或其他生物技术获得高活性的纤维素水解酶菌株,这一问题就会迎刃而解。

当然在利用微生物的同时,还要特别关注因微生物引起的腐败变质以及由此引起的不安全事故。在食品加工和生产过程中,为了保证产品的质量和安全,必须按照规范的加工工艺,在有条件的加工企业还要实施良好操作规范(good manufacturing practice,GMP)、危害分析与关键控制点(hazard analysis ctitical control point,HACCP)、卫生标准操作程序(sanitation standard operating procedure,SSOP)等质量控制体系,并通过相关的质量保障认证,以确保产品的质量。

相信随着我国加工企业实施 GMP、HACCP 和 SSOP 等质量管理体系,结合微生物的栅栏技术、预报技术,将会使我国生产的食品因微生物引起的各种问题越来越少,同时,随着研究的深入,对各种食品中腐败微生物的种类和特性越来越清楚,采取的措施也会更加有效,确保生产出安全、优质的食品。

思考题

1. 什么是微生物? 有何特点?
2. 在微生物学的发展过程中,都有哪些人物做出了重要贡献?
3. 如何对一个新发现的微生物进行鉴定和命名?
4. 微生物学的研究内容都有哪些?
5. 试述微生物与食品加工、食品安全的关系。

第2章　原核微生物的形态、结构和功能

按照各种微生物进化水平的不同和结构、性状上的明显差别,可将微生物分成三大类群:①原核微生物,细胞核不具核膜,核物质裸露,不进行有丝分裂,包括真细菌和古细菌;②真核微生物,细胞核有核膜,进行有丝分裂,如酵母菌、霉菌、蕈菌(大型真菌)、藻类和原生动物;③非细胞型生物,没有细胞结构,指的是各种病毒。

2.1　细菌

细菌(bacteria)是一类细胞细短、结构简单、胞壁坚韧、多以二分分裂方式繁殖和水生性较强的原核生物。细菌是原核生物的代表类群,分布广,种类多,数量大,与人和食品的关系尤为密切。

2.1.1　细菌的个体形态及大小

2.1.1.1　细菌的个体形态

细菌按其个体形态基本上可分为球状、杆状、螺旋状3种,分别称为球菌、杆菌和螺旋菌。

(1)球菌(coccus)　细胞呈球形或椭圆形。根据其繁殖时分裂面和分裂后排列方式的不同,可分为6种主要类型:①单球菌,细胞分裂后产生的两个子细胞立即分开,如脲微球菌(*Micrococcus ureae*);②双球菌,细胞分裂一次后产生的两个子细胞不分开而成对排列,如肺炎双球菌(*Diplococcus pneumoniae*);③链球菌,细胞按一个平行面多次分裂产生的子细胞不分开,形成链状排列,如乳酸链球菌(*Streptococcus lactis*);④四联球菌,细胞按两个互相垂直分裂面各分裂一次,产生的4个细胞不分开,并连接成四方形,如四联微球菌(*Micrococcus tetragenus*);⑤八叠球菌,细胞沿3个相互垂直的分裂面连续分裂三次,形成含有8个细胞的立方体,如尿素八叠球菌(*Sarcina ureae*);⑥葡萄球菌,细胞经多次不定向分裂形成的子细胞聚集体,形状像葡萄串状,如金黄色葡萄球菌(*Staphylococcus aureus*)(图2.1)。

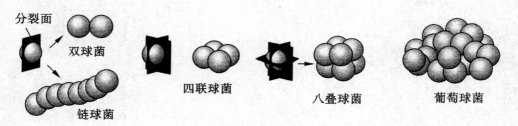

图2.1　球菌

（2）杆菌（bacillus）　细胞呈杆状或圆柱形的细菌（图 2.2）。杆菌的长度与直径的比值差异较大,细胞形态比球菌复杂,有直杆状、弯杆状、短杆状、长杆状、棒杆状、梭杆状和分支状等。

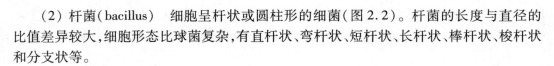

单杆菌　　双杆菌　　链杆菌　　球杆菌

图 2.2　杆菌

杆菌的直径一般较为稳定,而长度变化较大。不同杆菌的端部形态各异,一般钝圆,有的平截。杆菌常按一个平面分裂,分裂后大多数杆菌呈单个分散状态,但也有少数杆菌分裂后呈链状、栅状或八字形排列,这些排列方式与菌体的生长阶段或培养条件有关。由于杆菌的排列方式既少又不稳定,命名时常结合其他特征,如是否产芽孢,命名为芽孢杆菌;是否产毒素,命名为肉毒杆菌等。杆菌长度受环境条件的影响变化较大,粗细较稳定。在细菌的 3 种主要形态中,杆菌的种类最多,作用也最大。

（3）螺旋菌（spirilla）　细胞呈螺旋状,但不同的菌体,在长度、弯曲度、螺旋度、螺旋形式和螺距等方面有显著差异,一般有鞭毛,可细分为 3 种形态（图 2.3）:①弧菌,菌体只有一个弯曲,螺旋不满一圈,呈 C 字形或逗号形,如霍乱弧菌;②螺旋菌,菌体螺旋数在一圈至几圈的小型螺旋状菌体,如干酪螺旋菌;③螺旋体,菌体呈现较多弯曲,螺旋数多达六圈以上的较大型螺旋状细菌,如梅毒密螺旋体。

弧菌　　　　螺旋菌　　　　螺旋体

图 2.3　螺旋菌

除了上述球菌、杆菌、螺旋菌 3 种基本形态外,还有少数其他形态的细菌,如三角形、方形、星形等。

细菌的形态明显受培养温度、时间、培养基的组成与浓度等环境条件的影响。一般幼龄细胞的形态较正常、整齐,在不正常条件下,细胞可能出现不正常形态,如梨形、分枝、丝状等异常形态,条件适宜可恢复原状。

2.1.1.2　细菌的大小

细菌种类繁多,大小各异。例如,乳酸菌的直径一般小于 1 μm,而与棕色刺尾鱼共生的费氏刺骨鱼菌（*Epulopiscium fishelsoni*）的直径为 80 μm,长度为 600 μm,比一般的真核细胞还要大。但总体来说,原核生物与真核生物相比,个体细胞是比较小的。

细菌的大小一般用显微测微尺来测量,并以多个菌体的平均值或变化范围来表示。其中,球菌大小以直径来表示,杆菌和螺旋菌以宽×长表示。长度单位有微米（μm）、纳米(nm),一般球菌的大小为 0.5~2 μm,杆菌为(0.5~1)μm×(1~3)μm,螺旋菌为(0.3~1)μm×(1~50)μm(长度为两端点间距离)。几种代表性细菌的大小见表 2.1。

表 2.1 不同类型细菌的大小

形状	菌种名称	直径/μm 或(宽×长)/(μm×μm)
球菌	亮白微球菌(*Micrococcus candidus*)	0.5~0.7
	乳链球菌(*Streptococcus lactis*)	0.5~1.0
	金黄色葡萄球菌(*Staphylococcus aureus*)	0.8~1.0
杆菌	大肠埃希菌(*Escherichia coli*)	(0.4~0.7)×(1.0~3.0)
	嗜乳酸杆菌(*Lactobacillus acidophilus*)	(0.6~0.9)×(1.5~6.0)
	枯草芽孢杆菌(*Bacillus subtilis*)	(0.8~1.2)×(1.5~4.0)
	巨大芽孢杆菌(*Bacillus megaterium*)	(0.9~1.7)×(2.4~5.0)
螺旋菌	霍乱弧菌(*Vibrio cholerae*)	(0.3~0.6)×(1.0~3.0)
	迂回螺菌(*Spirillum volutans*)	(1.5~2.0)×(10~20)

影响形态变化的因素也会影响细菌的大小。除少数例外,一般幼龄菌比成熟或老龄的细菌大得多。例如枯草杆菌,培养 4 h 比培养 24 h 的细胞长 5~7 倍,但宽度变化不明显。细菌大小随菌龄的变化可能与代谢废物积累有关。另外,培养基中渗透压增加也会导致细胞变小。

细菌的重量微乎其微,若以每个细胞的湿重约 10^{-12} g 计,则大约 10^9 个 *E. Coli* 细胞的重量才只有 1 mg。

2.1.2 细菌细胞的结构及功能

细菌细胞的结构可分为一般结构和特殊结构(图 2.4),一般结构是指细菌细胞共同具有的结构,主要包括细胞壁、细胞质膜、细胞质、细胞核等,特殊结构是指仅某些细菌细胞才具有的或仅在特殊条件下才能形成的结构,包括荚膜(糖被和黏液层)、鞭毛、菌毛和芽孢等。

2.1.2.1 细菌细胞的一般结构

(1)细胞壁 细胞壁(cell wall)是位于细胞表面,内侧紧贴细胞膜的一层较为坚韧、略具弹性的结构,占细胞干重的 10%~25%。用电子显微镜直接观察细菌的超薄切片,可以清楚地看到细胞壁。

细胞壁的主要功能有以下几种:①维持细胞外形,保护细胞免受外力(机械性或渗透压)的损伤;②作为鞭毛运动的支点;③为细胞的正常分裂增殖所必需;④具有一定的屏障作用,对大分子或有害物质起阻拦作用;⑤与细菌的抗原性、致病性及对噬菌体的敏感性密切相关。

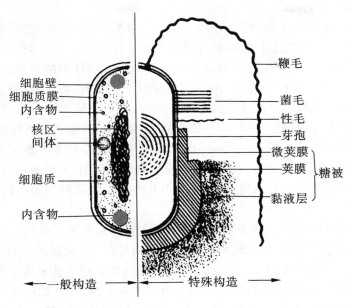

图 2.4　细菌细胞的模式结构

　　丹麦人 Gram(1884 年)用鉴别染色法将细菌区分为革兰氏阳性菌(G^+)和革兰氏阴性菌(G^-)两大类型。进一步的研究表明,这两类细菌的染色反应不同主要是由于细胞壁的结构和化学组成成分(图 2.5)上的显著差别所引起。革兰氏阳性细菌的细胞壁较厚(20～80 nm),机械强度较高,只有一层结构,化学组成较简单,主要含肽聚糖和磷壁酸;而革兰氏阴性细菌细胞壁较薄,机械强度较低,但层次较多,成分较复杂,主要成分除肽聚糖、蛋白质和脂多糖外,还有磷脂质、脂蛋白等。

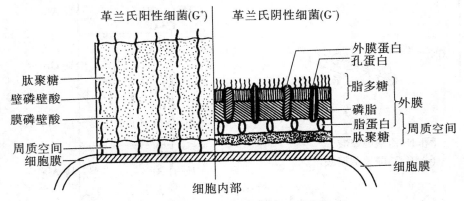

图 2.5　革兰氏阳性和阴性细菌细胞壁结构和组成的比较

　　肽聚糖(peptidoglycan)是原核生物细胞壁所特有的成分,是由许多肽聚糖单体聚合而成的大分子复合物。G^+ 与 G^- 细菌肽聚糖差别主要在于短肽中氨基酸组成及聚糖间短肽的交联方式。金黄色葡萄球菌(G^+)肽聚糖中短肽间的交联度达到 70% 以上;大肠杆菌(G⁻)肽聚糖中短肽间的交联度较低,约30%。

每个肽聚糖单体由3部分组成(图2.6):①双糖单位,由N-乙酰葡糖胺(NAG)与N-乙酰胞壁酸(NAM)通过β-1,4-糖苷键相连形成双糖单位,这一双糖单位中的β-1,4-糖苷键易被分布于卵清、人泪和鼻涕以及部分细菌和噬菌体中的溶菌酶水解;②短肽尾(四肽尾,四肽侧链),在G⁺细菌中,由4种氨基酸即丙氨酸、谷氨酸、赖氨酸和丙氨酸按照L、D、L、D型构型连接而成,该短肽连接在N-乙酰胞壁酸(NAM)上,由乙酰胞壁酸上的羧基和短肽中L-丙氨酸上的氨基之间形成一个肽键。在金黄色葡萄球菌中接在NAM上的四肽尾为L-Ala→D-Glu→L-Lys→D-Ala,其中2种D型氨基酸仅在细菌细胞壁上存在;③肽桥(肽间桥),起着连接前后2个短肽分子的作用,其组成成分具有多样性,如金黄色葡萄球菌的肽桥为甘氨酸五肽[—(Gly)₅—],而大肠杆菌的肽桥为—CO·NH—(图2.7)。

在金黄色葡萄球菌中,甘氨酸五肽的氨基端与前一肽聚糖单体肽"尾"中的第4个氨基酸——D-丙氨酸的羧基相连接,而它的羧基端则与后一肽聚糖单体肽"尾"中的第3个碱性氨基酸——L-赖氨酸的-ε-氨基相连接,从而使前后两个肽聚糖单体连接起来。而在 *E. coli* 中,肽"尾"的第3个氨基酸变为内消旋二氨基庚二酸(2,6-diaminopimelic acid 或 2,6-diaminoheptanedioic acid,简称 meso-DAP),也没有肽桥存在,其前后两个单体间的联系仅由甲肽尾的第4个氨基酸D-丙氨酸的羧基与乙肽尾第3个氨基酸 meso-DAP 的氨基直接连接而成。

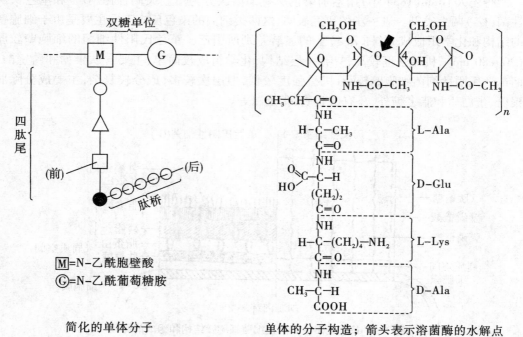

简化的单体分子　　　　　　　　单体的分子构造;箭头表示溶菌酶的水解点

图2.6　G⁺细菌肽聚糖的单体图解

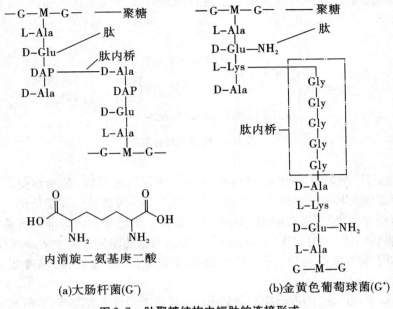

(a)大肠杆菌(G⁻)　　　　　　　(b)金黄色葡萄球菌(G⁺)

图 2.7　肽聚糖结构中短肽的连接形式

　　G⁺细菌和 G⁻细菌的细胞壁结构和成分间的显著区别不仅反映在染色反应上,更反映在一系列形态、构造、化学组分、生理生化和致病性等的差别上(表2.2),从而对生命科学的基础理论研究和实际应用产生了巨大的影响。

表 2.2　G⁺细菌与 G⁻细菌一些生物学特性的比较

项目	G⁺细菌	G⁻细菌
革兰氏染色反应	能阻留结晶紫而染成紫色	可经脱色而复染成红色
肽聚糖层	厚,层次多	薄,一般单层
磷壁酸	多数含有	无
外膜	无	有
脂多糖(LPS)	无	有
类脂和脂蛋白含量	低(仅抗酸性细菌含类脂)	高
鞭毛结构	基体上着生两个环	基体上着生四个环
产毒素	以外毒素为主	以内毒素为主
对机械力的抗性	强	弱
细胞壁抗溶菌酶	弱	强
对青霉素和磺酸	敏感	不敏感

　　虽然细胞壁是一切原核生物的最基本构造,但在自然界长期进化中和在实验室菌种的自发突变中都会产生少数缺细胞壁的种类。此外,在实验室中,还可用人为方法通过

抑制新生细胞壁的合成或对现成细胞壁进行酶解而获得人工缺壁细菌。四类缺壁细菌图解见图2.8。

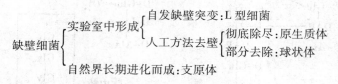

图2.8   缺壁细菌的类型

（2）细胞膜   细胞膜（cell membrane）又称原生质膜或质膜,是细胞壁以内包围着细胞质的一层柔软而具有弹性的半透性膜,是生物体生存所必需的细胞结构。用电镜观察细菌的超薄切片,可清楚地观察到它的双层膜结构。细胞膜向内延伸或折叠形成一种管状、层状或囊状结构,称为间体（mesosome）。细菌细胞的能量代谢主要在间体上进行,所以人们又称间体为拟线粒体,还可能与细胞壁合成、核质分裂、细菌呼吸和芽孢形成有关。

细胞膜厚7~8 nm,约占细胞干重的10%,其化学组成主要是蛋白质（50%~70%）和脂质（20%~30%）,还有少量的核酸和糖类。脂质主要是磷脂,每个磷脂分子由一个带正电荷的亲水极性头（含氮碱、磷酸、甘油）和两条不带电荷的疏水非极性尾（长链饱和与不饱和脂肪酸）组成。非极性尾的长度和饱和度因细菌种类和生长温度而异。

细胞膜的结构可表述为液态镶嵌模型（fluid mosaic model）,即由具有高度定向性的磷脂双分子层中镶嵌着可移动（构象变化）的膜蛋白构成。具体地说,细胞质膜由两层磷脂分子整齐地排列而成,亲水的极性头朝向膜的内外两个表面,疏水的非极性尾相对朝向膜的内层中央。磷脂双分子层中间和内外表面镶嵌着各种可移动（构象变化）的膜蛋白质（如转运蛋白、电子传递蛋白、多种酶类）,从而形成一种独特的液态磷脂双分子层镶嵌结构（图2.9）。

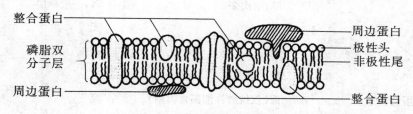

图2.9   细胞膜的结构示意图

细胞膜的生理功能主要有以下几点:①具有高度的选择通透性,控制营养物质的吸收及代谢产物的排出,是维持细胞内正常渗透压的结构屏障;②含有各种呼吸酶系,是氧化磷酸化或光合磷酸化产生 ATP 的部位;③细胞膜是合成细胞壁和糖被各种组分的场所;④质膜上的间体与 DNA 的复制、分离及细胞间隔的形成密切相关;⑤细胞膜是鞭毛的着生点并为其运动提供能量。

（3）细胞质和内含物   细胞质（cytoplasm）是指被细胞膜包围的除核区以外的一切

半透明、胶体状、颗粒状物质的总称。其主要化学成分是水(约占80%)、蛋白质、核酸、脂质、少量糖类及无机盐类。与真核生物明显不同的是原核生物的细胞质是不流动的,其细胞质的主要成分是核糖体、储藏物、酶类、中间代谢产物、质粒、各种营养物质和大分子的单体等,少数细菌还含类囊体、羧酶体、磁小体、气泡或伴胞晶体等有特定功能的细胞组分。

核糖体是由核糖核酸和蛋白质组成的颗粒,由50S大亚基和30S小亚基组成,每个细胞约含10 000个,是合成蛋白质(酶)的场所。

细胞内含物(inclusion body)指细胞质内一些形状较大的颗粒状构造,主要是由不同化学成分累积而成的不溶性颗粒,主要功能是储存营养物,种类很多,如糖原颗粒、聚β-羟基丁酸颗粒(PHB)、硫颗粒、藻青蛋白和异染粒等。此外,还有磁小体、羧酶体、气泡等。

(4)核质体　核质体(nuclear body),又称核区(nuclear region)、原核、拟核等。细菌属于原核生物,其核比较原始、简单,没有核膜包围,不具核仁和典型染色体,也没有固定形态,故称为核质体。其主要功能是储存遗传信息和传递遗传性状。正常情况下一个菌体内只有一个核质体,但处于快速生长繁殖的细菌,一个菌体往往有2～4个核质体。

核质体实际上是一条很长的由环状双链DNA与少量组蛋白及RNA结合的一团丝状结构,高度压缩并缠绕,通常称之为细菌染色体(图2.10)。细菌染色体中心有膜蛋白核心构架,构架上结合着几十个超螺旋结构的DNA环,而类核小体环不规则地分布在DNA链上(图2.11)。细菌染色体DNA长度为0.25～3 mm,例如,*E.coli*的核区1.1～1.4 mm,已测得其基因组大小为4.64 Mb(百万碱基对),共由4 300个基因组成。

图2.10　细菌染色体DNA

(从破裂 *E.coli* 细胞中逸出的缠绕环状双链DNA)

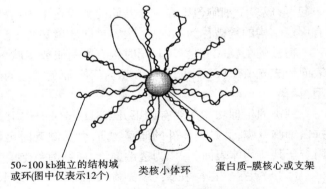

50～100 kb独立的结构域或环(图中仅表示12个)　　类核小体环　　蛋白质-膜核心或支架

图2.11　大肠杆菌染色体结构

在很多细菌细胞质中,除染色体外,还存在一种共价闭合环状双链的小型DNA分子,称为质粒。质粒的分子量较细菌染色体小得多,每个菌体内有一个或多个质粒,每个质粒上有几十个基因。因此质粒可以自主复制,也可插入外源DNA片段共同复制增殖,还可通过转化作用转移到受体细胞。质粒已作为基因工程中的重要载体。

2.1.2.2 细菌的特殊结构

特殊结构是指仅某些细菌细胞才具有的或仅在特殊环境条件下才能形成的细胞结构,主要有以下几种类型。

(1)糖被 有些细菌在生长过程中,会在细胞壁表面分泌一层透明胶状或黏液状的物质称为糖被(glycocalyx)。糖被的有无、厚薄除与菌种的遗传性相关外,还与环境尤其是营养条件密切相关。糖被可分为荚膜(capsule)、菌胶团(zoogloea)和黏液层(slime layer)(图2.12)。

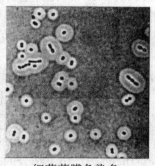 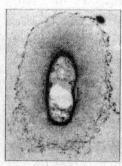 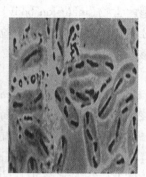

细菌荚膜负染色 荚膜电镜切片 细菌的黏液层

图2.12 细菌的糖被

在细胞壁外有固定结构,含水量相对小的糖被称为荚膜,多包裹在单个细胞上,依其厚薄不同又可细分为大荚膜(macrocapsule,厚度>200 nm)和微荚膜(microcapsule,厚度<200 nm);有些细菌在细胞分裂后,其子细胞不立即分开,或多个细胞的荚膜互相融合在一起,形成多个细胞包围在一个共同的荚膜之中的结构,称为菌胶团。含水量相对高、没有固定结构的糖被称为黏液层,很容易向环境基质中扩散。

糖被的主要成分是多糖,同时含有蛋白质或多肽。能产生糖被的细菌在琼脂培养基表面形成光滑型(Smooth,简称S型)菌落,而无糖被的细菌则形成粗糙型(Rough,简称R型)菌落。

糖被的生理功能主要有以下几点:①起保护作用,使细菌能抗干燥、抗噬菌体吸附、抗白细胞吞噬;②是菌体外的储存物质,营养缺乏时可作为碳源和能源利用;③可使菌体附着于某些物体表面;④作为透性屏障,使细菌免受重金属离子毒害。

(2)鞭毛 生长在某些细菌表面的一种细长、波曲状的丝状物,称为鞭毛(flagellum)。鞭毛的数目为一条至几十条,因其可以伸缩,故具有运动功能。鞭毛长15~20 μm,直径为0.01~0.02 μm。鞭毛的化学成分主要是蛋白质(占90%),有的还含有多糖以及类脂、RNA、DNA等。

鞭毛的着生位置和数目可作为菌种分类鉴定的重要依据,可分为一端单毛菌、一端丛毛菌、两端单毛菌、两端丛毛菌、周毛菌等数种(图2.13、图2.14)。

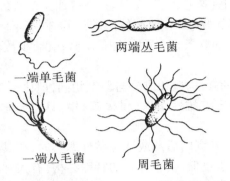

两端丛毛菌

一端单毛菌

一端丛毛菌

周毛菌

图 2.13　细菌鞭毛的着生位置和基本形态

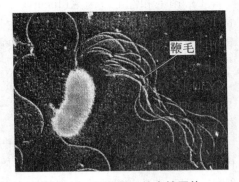

鞭毛

图 2.14　细菌鞭毛的电镜图片

用特殊的鞭毛染色法,能在显微镜下观察到细菌的鞭毛。弧菌和螺旋菌一般都长有鞭毛,杆菌中有的不生鞭毛,而球菌中绝大多数不生鞭毛。通过半固体琼脂穿刺培养及悬滴法制片观察,可初步判断某种细菌是否长有鞭毛。

鞭毛的结构大体上可分为基体(埋于细胞膜和细胞壁中)、钩形鞘(靠近细胞表面)和鞭毛丝(伸出细胞外面)3 部分(图 2.15),其超微结构在 G^+ 细菌和 G^- 细菌中稍有不同。

鞭毛的生理功能是伸缩,鞭毛的伸缩引起菌体的运动,以实现其趋向性。生物体对其环境中的不同物理、化学或生物因子作有方向性的应答运动称为趋向性。这些因子往往以浓度差的形式存在。若生物向着高梯度方向运动,就称正趋性,反之则称负趋性。按环境因子性质的不同,趋向性又可细分为趋化性、趋光性、趋氧性和趋磁性等。鞭毛的运动方式有泳动、滑动、滚动和旋转。鞭毛逆时针旋转,菌体翻腾;鞭毛顺时针旋转,菌体前进(图 2.16)。鞭毛细菌的运动速度惊人,如极生鞭毛菌每秒达 $20 \sim 80~\mu m$,最高达 $100~\mu m$,相当于自身长度的数十倍。

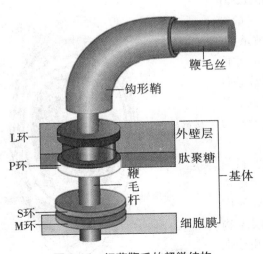

鞭毛丝

钩形鞘

L环　　　外壁层

P环　　　肽聚糖

　　　　鞭毛杆　　基体

S环

M环　　　细胞膜

图 2.15　细菌鞭毛的超微结构

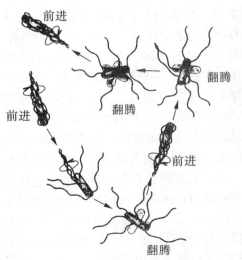

前进

前进

翻腾

翻腾

前进

翻腾

图 2.16　鞭毛细菌的运动方式

（3）菌毛和性毛 菌毛（fimbria），又称纤毛、伞毛、线毛或须毛，是一种长在细菌体表的纤细、中空、短直且数量较多的蛋白质类附属物，具有使菌体附着于物体表面上的功能，直径一般为 3～10 nm，每个菌一般有 250～300 条。多数存在于 G⁻ 致病菌，少数 G⁺ 菌也有菌毛。

性毛（pilus），又称性菌毛（sex-pili 或 F-pili），构造和成分与菌毛相同，但比菌毛长，且数目少，每个细胞仅一至少数几根，一般见于 G⁻ 雄性菌株（供体菌）中，具有向雌性菌株（受体菌）传递遗传物质的作用。

（4）芽孢 芽孢（spore）是某些细菌在生长发育的后期或环境条件恶劣时，在其细胞内形成的一个圆形、椭圆形或圆柱形、厚壁、含水量低、抗逆性强的特殊结构，有人称休眠结构。因为细菌的芽孢存在于细胞内，所以又称内生孢子（endospore）。而未形成芽孢的菌体称为繁殖体或营养体。

能否形成芽孢是细菌鉴定的依据之一，芽孢杆菌科内的好氧性芽孢杆菌属和厌氧性梭菌属内的细菌都能形成芽孢，而球菌和螺旋菌则很少形成芽孢。芽孢的形状、大小和着生位置依不同细菌而异，由此造成细菌形成芽孢后呈现出梭状、鼓槌状和保持原状等形态。因此，芽孢的有无、形态、大小和着生位置可作为细菌分类鉴定的依据（图 2.17）。

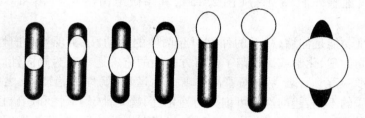

图 2.17 细菌芽孢的着生位置

芽孢是生命世界中抗逆性最强的一种构造，在抗热、抗化学药物和抗辐射等方面十分突出。例如，肉毒梭菌（*Clostridium botulinum*）的芽孢在沸水中要经 5.0～9.5 h 才被杀死；一般细菌的营养细胞在 50～70 ℃经短时间即可被杀死，但形成芽孢后，一般要在120 ℃经 5～15 min 才能被杀死。芽孢的休眠能力更为惊人，在正常条件下，芽孢可以保持几年到数千年仍然具有活性。最极端的例子是在美国的一块有 2 500 万～4 000 万年历史的琥珀，还可分离到有生命力的芽孢。

为什么芽孢具有如此惊人的抗逆性呢？目前对芽孢具有高度耐热性的解释有多种理论，"渗透调节皮层膨胀学说"便是其中之一。其主要原因有以下几种：①芽孢具有复杂而独特的多层结构（图 2.18），它主要由芽孢衣、芽孢壳、皮层和芽孢壁等包着核心（原生质体）构成，这种结构使芽孢

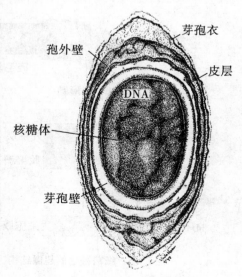

芽孢衣
孢外壁
皮层
DNA
核糖体
芽孢壁

图 2.18 成熟芽孢的电镜图

整个外壳厚而致密,不易渗透,折光性强,不易受外界条件的影响;②芽孢中水分含量低(约为40%),而且大部分以结合水方式存在,使芽孢的代谢处于一个低极限的状态;③芽孢中含有特殊成分吡啶二羧酸钙(DPA-Ca),含量达芽孢干重的5%~12%,这极大加大了芽孢对外界因素的抵抗力;④酶类含量少且具有抗热性。

在实践中,芽孢的存在有利于对产芽孢细菌的长期保藏与筛选。此外,灭菌是否彻底也常以某些代表菌的芽孢是否被杀死作为主要判断指标。当然,细菌生成芽孢也增加了发酵生产、食品生产以及医疗上灭菌的困难和成本。

2.1.3 细菌的繁殖

任何生物细胞,在合适的条件下,都要进行生长与繁殖,才能将生物信息代代相传,才会出现斑斓多彩的世界。细菌细胞也是一样,当一个细菌生活在合适条件下时,其体内会发生一系列的生物化学变化,细胞体积、质量不断增大,最终细胞数量增加,这就是繁殖。细菌一般进行无性繁殖,最主要的无性繁殖方式是裂殖,即一个细胞通过分裂(二分分裂或折断分裂),由一个母细胞形成大小基本相等的两个子细胞。

细菌的裂殖过程大致如下:菌体细胞延长→核质体伸长并分裂→中间的细胞膜向中心作环状推进→形成细胞质隔膜→中间的细胞壁向内缢陷形成横隔壁,并把细胞膜分成两层→横隔壁逐渐分成两层→两个子细胞分离(图2.19)。

右侧图示：

母细胞 → DNA复制 → 细胞伸长 → DNA分配 → 隔膜开始形成 → 隔膜完全形成 → 子细胞分离

图2.19 杆菌二分裂过程
图中DNA均为双链

有少数芽生细菌能像酵母菌一样进行芽殖,即在母细胞一端先形成一个小突起,待其长大后再与母细胞分离。此外,还有极少数细菌(主要是大肠杆菌),在实验室条件下能通过性菌毛进行有性接合。

2.1.4 细菌的群体形态

细菌的群体形态又称细菌的培养特征。细菌在固体培养基上生长形成的菌落、菌苔,或在半固体培养基穿刺线上的生长状态,或在液体培养基中形成的菌膜、絮状沉淀物和悬浊液等,都是群体生长形态的表现。这种形态有一定的稳定性和专一性,是细菌细胞的表面状况、排列方式、代谢产物、好氧性和运动性等的反映。注意观察细菌的群体形态有助于对细菌菌种的辨认、鉴定及对菌种纯度的掌握。

2.1.4.1 细菌的菌落形态

细菌接种在固体培养基后,在适宜的条件下以母细胞为中心迅速生长繁殖所形成的肉眼可见的子细胞堆团,称为菌落(colony)。理论上,每个菌落应该是由一个单细胞繁殖而成的后代,也可以称为细菌的纯培养物,但在实际中,很难判定一个菌落就是一个单细胞的后代,所以常用菌落形成单位表示(colony forming unit,简称cfu)。当在固体培养基中接种密度大时,细菌长成的菌落都连在了一起,这种菌落则称为菌苔(lawn)。在液体培育基的表面,往往有大量的细菌细胞群,形成一个乳白色的膜,称为菌膜。

在一定的培养条件下,各种细菌在固体培养基表面所形成的菌落具有一定的形态、构造等特征(图2.20),包括菌落的大小、形状(如圆形、近圆形、假根状及不规则等),隆起状(如扩展、台状、低凸及乳头状等),边缘特征(如整齐、波状、裂叶状及圆锯齿状等),表面形状(如光滑、皱褶、颗粒状、龟裂状及同心环状),有无光泽(如闪光、不闪光、金属光泽等),质地(如黏、脆、油脂状、膜状等),颜色,透明度(不透明、半透明)等。

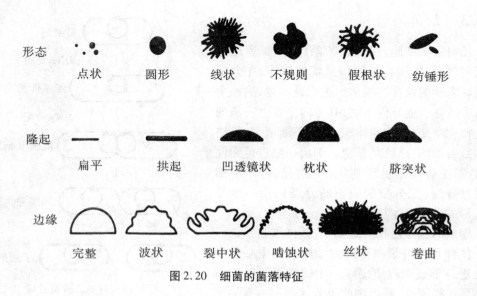

图2.20 细菌的菌落特征

多数细菌的菌落一般呈现湿润、光滑、较透明、较黏稠、易挑取、质地均匀及颜色较一致等共同特征。其原因是细菌属单细胞生物,一个菌落内的细胞并没有形态、功能上的分化,细胞间充满着毛细管状态的水等。不过不同细菌细胞在个体形态结构上和生理类型上的各种差异,则其菌落形态必然有一定的差异。例如,有糖被的细菌菌落通常较大,呈透明的蛋清状;有芽孢细菌的菌落往往外观不透明,表面干燥粗糙;无鞭毛、不能运动的球菌通常都形成小而厚、边缘整齐的半球形菌落;长有鞭毛、有运动性的细菌一般都长成大而平、边缘缺刻的不规则形菌落等。细菌在个体形态与群体形态之间存在的明显相关性,对许多微生物学实验和研究工作有重要参考价值。菌落对微生物学工作也有很大作用,例如,可用于微生物的分离、纯化、鉴定、计数、选种和育种等。

2.1.4.2 细菌的其他群体形态

(1)细菌的斜面培养特征 采用划线接种的方法,将菌种接种到试管斜面上,在适宜的条件下经过1~3 d的培养后,每个细胞长成的菌落相互连成一片,称为菌苔。可像菌落观察那样描述菌苔的特征,如菌苔的形状、生长程度、光泽、质地、透明度、颜色、隆起和表面状况等。斜面培养物一般用于菌种的转接和保藏。

(2)细菌的半固体培养特征 纯种细菌在半固体培养基上生长时,会出现许多特有的培养性状,对菌种鉴定十分重要。用接种针取细菌细胞在试管的半固体培养基上进行穿刺接种和培养,可鉴定细菌的运动特征。没有鞭毛、不能运动的细菌只能沿穿刺线生长,而有鞭毛的细菌则向穿刺线周围扩散生长,且不同细菌的运动扩散不同。若用明胶半固体培养基做实验,还可根据明胶柱液化层中呈现的不同形状来判断某细菌能否产生蛋白酶和某些其他特征。

(3)细菌的液体培养特征 将细菌接入液体培养基中,培养 $1 \sim 3$ d 后,可观察其液体培养特征。细菌会因其对氧的要求、细胞特征、密度、运动能力等的不同,而形成各种不同的群体形态,多数表现为混浊,部分表现为沉淀,一些好氧性细菌则在液面上大量生长,形成有特征性的、厚薄有差异的菌醭、菌膜或菌环、小片不连续的菌膜等,有些还有气泡和不同的色泽等。

2.1.5 食品中常见的细菌

2.1.5.1 革兰氏阴性杆菌

(1)大肠埃希菌(*Escherichia coli*) 俗称大肠杆菌,菌体呈短杆或长杆状,$(0.4 \sim 0.7)\mu m \times (1.0 \sim 4.0)\mu m$,周生鞭毛,可运动或不运动。菌落呈白色至黄白色,扩展,光滑,闪光。存在于人类及牲畜的肠道中,是肠道的正常寄居菌,在肠道中一般不致病,但侵入某些器官时,可引起炎症,是条件致病菌。在水、土壤中也极为常见,是食品中重要的腐生菌,在合适条件下使牛乳及乳制品腐败产生一种不洁净物或产生粪便气味。大肠杆菌的用途主要是多种氨基酸和酶的产生菌,可作为基因工程受体菌,也可作为食品卫生的检验指标。

(2)假单胞杆菌(*Pseudomonas*) 直或微弯杆菌,单个,卵圆到短杆,有的长杆,多数为$(0.5 \sim 1.0)\mu m \times (1.5 \sim 4.0)\mu m$,极生鞭毛,可运动,少数种不运动。化能有机营养型,需氧,在自然界分布很广。某些菌株具有很强的分解脂肪和蛋白质的能力。可在食品表面迅速生长,一般产生水溶性色素、氧化产物和黏液,引起食品产生异味及变质,很多在低温下能良好地生长,所以在冷藏食品的腐败变质中起主要作用。如荧光假单胞(*Ps. fluorescens*)在低温下可使肉、牛乳及乳制品腐败,腐败假单胞菌(*Ps. putrefacicus*)可使鱼、牛奶及乳制品腐败变质,可使牛奶的表面出现污点。假单胞杆菌可用于生产维生素 C、抗生素和多种酶等。

(3)醋酸杆菌(*Acetobacter*) 菌体从椭圆至杆状,单个、成对或成链,运动(周毛)或不运动,好氧,在液体培养基表面形成皮膜。可将乙醇氧化成醋酸,也可氧化醋酸盐和乳酸盐成为 CO_2 和 H_2O。醋酸杆菌分布很普遍,一般从腐败的水果、蔬菜及变酸的酒类、果汁等食品都能分离出醋酸杆菌。醋酸杆菌在日常生活中常常危害水果与蔬菜,使酒、果汁变酸。醋酸杆菌可用于生产各种食用醋、多种有机酸、山梨糖等。

(4)沙门菌(*Salmonella*) 沙门菌为无芽孢杆菌,不产荚膜,通常可运动,具有周生鞭毛,也有无动力的变种。该菌属常常污染鱼、肉、禽、蛋、乳等食品,特别是肉类,是人类重要的肠道致病菌。误食由此菌污染的食品,可引起肠道传染病或食物中毒。

2.1.5.2 革兰氏阳性菌

(1)乳酸杆菌(*Lactobacillus*) 乳酸杆菌大小一般为 $(0.5 \sim 1.0)\mu m \times (2.0 \sim 10.0)\mu m$,形成长丝,单个或成链、无芽孢,多数不运动。可利用葡萄糖进行同型发酵或异型发酵,多数种可发酵乳糖,都不利用乳酸。乳酸杆菌为微好氧菌,较难培养,液体深层培养比固体培养生长好,固体培养的菌落生长小而慢。可用于生产乳酸、乳制品、药用乳酸菌制剂等,也用于其他乳酸发酵食品,如乳酸发酵蔬菜和肉制品等。

(2)双歧杆菌(*Bifidobacterium*) 菌体呈现多形态,呈较规则短杆状、纤细杆状或长而弯曲状,有些呈各种分支形、棒状或匙形,单个或链状、V形、栅状排列,或聚集成星状。不形成芽孢,不运动、厌氧,在有氧条件下不能在平皿上生长,但不同种对氧的敏感性不同。主要用于生产微生态制剂及含活性双歧杆菌的乳制品。

(3)葡萄球菌(*Staphylococus*) 葡萄串状,直径0.5~1.3 μm,不运动,不生芽孢,兼性厌氧,菌落不透明,白色到奶酪色,有时黄到橙色。普遍存在于人类和动物的鼻腔、皮肤及机体的其他部位,常常分离自食品、尘埃和水,有的种是人和动物的致病菌,或产生外毒素,从而引起食物中毒或腐败变质。该属代表菌为金黄色葡萄球菌(*Staphylococus aureus*),主要存在于鼻黏膜、人及动物的体表上,可引起感染。污染食品产生肠毒素,使人食物中毒。

(4)链球菌(*Streptococcus*) 细胞呈球形或卵圆形,直径0.5~2.0 μm,在液体培养基中成对或链状出现。不运动、不生芽孢,有的种有荚膜,兼性厌氧,生长需要丰富的培养基,发酵代谢主要产乳酸,但不产气,通常溶血,常寄生于脊椎动物的口腔和上呼吸道。有的种对人和动物致病,如肺炎链球菌(*S. pneumoniae*);有的能引起食品腐败变质,如粪链球菌(*S. faecalis*)、液化链球菌(*S. liquefaciens*)等;有些则是食品工业中的重要发酵菌株,如乳链球菌(*S. lactis*)、嗜热链球菌(*S. thermophilus*)等,主要用于乳制品工业及传统食品工业中。

(5)芽孢杆菌(*Bacillus*) 细胞杆状,大小为(0.3~2.2)μm×(1.2~7.0)μm,以单个、成对或短链状存在。端生或周生鞭毛,运动或不运动,好氧或兼性厌氧,可产生芽孢,在自然界中广泛分布,在土壤、水中尤为常见。该属中的炭疽芽孢杆菌是毒性很大的病原菌,能引起人类和牲畜共患的烈性传染病——炭疽病。蜡状芽孢杆菌(*B. cereus*)污染食品可引起食物变质,还可引起食物中毒。枯草芽孢杆菌(*B. subtilis*)常常引起面包腐败,产生蛋白酶的能力强,常用作蛋白酶产生菌。

(6)梭状芽孢杆菌(*Clostridium*) 有芽孢,芽孢大于菌体宽,故芽孢囊膨大成为梭状、棒状或鼓槌状等,以周毛运动或不运动,多数种为专性厌氧菌。该属菌是引起罐装食品腐败的主要菌种,其中肉毒梭状芽孢杆菌(*C. botulinum*)产生的毒素有很强的致病作用。解糖嗜热梭状芽孢杆菌(*C. thermosaccharolyticum*)可分解糖类引起罐装水果、蔬菜等食品产气性变质。腐败梭状芽孢杆菌(*C. putrefaciens*)可以引起蛋白质食物的变质。有些种可用于生产丙酮、丁醇、丁酸或己酸等。

2.2 放线菌

放线菌(actinomycetes)是一类主要呈菌丝状生长和以孢子繁殖的陆生性较强的原核生物,因早期发现该类群的菌落呈放射状而得名。大部分丝状放线菌的DNA中(G+C)的摩尔分数为63%~78%,属于高(G+C)类群。

放线菌广泛分布在含水量较低、有机物较丰富和呈碱性的土壤中。土壤中放线菌最多,数量可达 $10^5 \sim 10^6$ 个/克,多数种类能产生土腥味素(geosmins),而使土壤带有特征性的气味。

放线菌与人类的关系极其密切,绝大多数属有益菌,对人类健康的贡献尤为突出,首要作用是能产生各种抗生素。近年来筛选到的许多新生化药物都是放线菌的次生代谢产物,包括抗癌剂、酶抑制剂、抗寄生虫剂等,放线菌还是许多酶、维生素等的产生菌。此外,放线菌在甾体转化、石油脱蜡和污水处理中也有重要作用。由于许多放线菌有极强的分解纤维素、石蜡、角蛋白、琼脂和橡胶等能力,故它们在环境保护、提高土壤肥力和自然界物质循环中起着重大作用。只有极少数放线菌能引起人和动植物病害。

2.2.1 放线菌的形态结构

放线菌的种类很多,形态、构造、生理类型和生态类型多样。这里先以分布最广、种类最多、形态特征最典型以及与人类关系最密切的链霉菌属(*Streptomyces*)为例来阐明放线菌的一般形态、构造和繁殖方式。

链霉菌属是典型放线菌的代表,个体形态为单细胞多核的分枝丝状体,菌丝直径与杆菌的宽度相当,一般为 1 μm。细胞壁含有与其他细菌相同的 N-乙酰胞壁酸和二氨基庚二酸(DPA),绝大多数为革兰氏阳性菌。菌丝由于形态与功能的不同分为 3 类(图 2.21)。

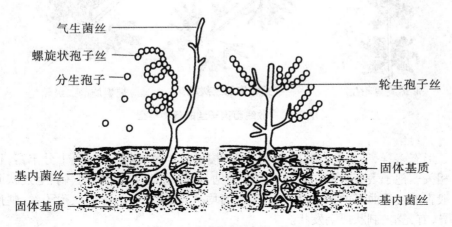

图 2.21 链霉菌的形态、构造

(1)基内菌丝又称营养菌丝 是生长在营养基质内部和表面的菌丝,其功能是吸收水分和营养物质。基内菌丝一般无隔膜,直径为 0.2 ~ 1.2 μm,能多次分枝,无色,或能产生水溶性或非水溶性色素,从而使培养基质或菌落底层带有特征性的颜色。

(2)气生菌丝 基内菌丝特别是培养基表面的菌丝发育到一定时期,就要向培养基上部的空间生长,这部分菌丝就是气生菌丝,直形、弯曲或分枝。直径比基内菌丝粗,为 1.0 ~ 1.4 μm,有些类群可产生色素。

(3)孢子丝 由气生菌丝逐步成熟时分化而成,又称产孢丝或繁殖菌丝,位于气生菌丝的顶部。孢子丝的形态和排列方式是重要的分类特征。链霉菌孢子丝的形态多样,有直形、波曲形、钩形及螺旋形等。孢子丝的排列方式有交替着生、丛生和轮生等(图

2.22），螺旋的大小、疏密、数目和方向等均为种的特征。孢子丝通过横隔分裂形成单个或成串的分生孢子。

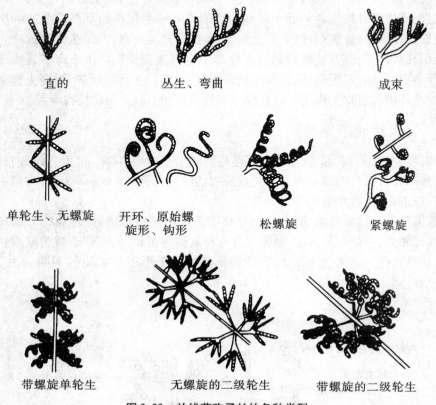

直的　　　　　丛生、弯曲　　　　　成束

单轮生、无螺旋　　开环、原始螺　　　松螺旋　　　紧螺旋
　　　　　　　　旋形、钩形

带螺旋单轮生　　无螺旋的二级轮生　　带螺旋的二级轮生

图 2.22　放线菌孢子丝的各种类型

孢子形态多样，有球形、椭圆形、圆柱形、梭形或半月形等，其颜色十分丰富，且与表面纹饰相关。孢子表面纹饰在电镜下清晰可见，表面呈光滑、褶皱、疣、刺、毛发状或鳞片状。一般直形或波曲形的孢子丝，其孢子表面均呈光滑状，若为螺旋状孢子丝，则孢子会因种而异，有光滑、刺状或毛发状。

2.2.2　放线菌的繁殖

放线菌主要以形成各种孢子进行无性繁殖，仅少数种类是以基内菌丝分裂形成孢子状细胞进行繁殖。放线菌处于液体培养基时很少形成孢子，但其各种菌丝片段都有繁殖功能，这一特性对发酵工业非常重要。

放线菌孢子的形成以往曾认为有横隔分裂和凝聚分裂 2 种方式，后经电镜超薄切片观察发现只有横隔分裂一种，并通过 2 种途径进行：①细胞膜内陷，再由外向内逐渐收缩，最后形成一完整的横隔膜，从而把孢子丝分割成许多分生孢子；②细胞壁和细胞膜同时内陷，再逐步向内缢缩，最终将孢子丝缢缩成一串分生孢子。有些放线菌，如链孢囊菌和游动放线菌，还形成孢子囊，长在气生菌丝或基内菌丝上，孢子囊内产生有鞭毛、能运动或无鞭毛、不运动的孢囊孢子。

2.2.3 放线菌的群体特征

（1）放线菌的固体培养特征 多数放线菌有基内菌丝和气生菌丝的分化，气生菌丝成熟时又会进一步分化成孢子丝并产生成串的干粉状孢子，于是就使放线菌产生与细菌有明显差别的菌落：干燥、不透明、表面呈致密的丝绒状，上有一薄层彩色的干粉；菌落和培养基的连接紧密，难以挑取；菌落的正反面颜色常不一致，并常有辐射状皱褶等。但少数原始的放线菌如诺卡菌属（*Nocardia*）等缺乏气生菌丝或气生菌丝不发达，因此其菌落外形与细菌极其相似，结构松散并易于挑取。

（2）放线菌的液体培养特征 放线菌在液体培养基内进行摇瓶培养时，其菌丝翻滚交织形成珠状菌丝团（或菌丝球），小型菌丝球悬浮于液体培养基中，大型菌丝球则沉于瓶底。此外，与液面交界的瓶壁处常生长着一圈菌苔。

2.2.4 常见的放线菌

（1）链霉菌属（*Streptomyces*） 链霉菌的气生菌丝和基质菌丝有各种不同的颜色，有的菌丝还产生可溶性色素分泌到培养基中，使培养基呈现各种颜色。链霉菌的许多种产生对人类有益的抗生素，如链霉素、红霉素、四环素等都是链霉菌中的一些种产生的。

（2）诺卡菌属（*Nocardia*） 诺卡菌只有基内菌丝，没有气生菌丝或只有很薄一层气生菌丝，靠菌丝断裂进行繁殖，该属产生多种抗生素，如对结核分枝杆菌和麻疯分枝杆菌有特效的利福霉素。

（3）小单胞菌属（*Micromonospora*） 菌丝体纤细，只形成基内菌丝，不形成气生菌丝，在基内菌丝上长出许多小分枝，顶端着生一个孢子，也是产生抗生素较多的一个属，如庆大霉素就是由该属的绛红小单胞菌和棘孢小单胞菌产生的。

（4）放线菌属（*Actinomyces*） 菌丝直径小于 1 μm，有横隔，可断裂成 V 形或 Y 形体，不形成气生菌丝，也不产生孢子，通常为厌氧或兼性厌氧。放线菌属多为致病菌，可引起人畜疾病。如衣氏放线菌（*A. israelii*）寄生于人体，可引起后颚骨肿瘤和肺部感染；牛型放线菌（*A. bovis*）可引起牛颚肿病。

（5）链轮丝菌属（*Streptoverticillum*） 气生菌丝对称轮生，孢子链很短，二级轮生，孢子光滑。在生物制药工业上主要用于生产各种抗肿瘤、抗霉菌、抗结核等抗生素，如博莱霉素、结核放线菌素、柱晶白霉素等。

（6）链孢囊菌属（*Streptosporangium*） 基内菌丝分支很多，横隔很少，气生菌丝成丛、散生或同心环排列，主要特征是能形成孢子囊和孢囊孢子，有时还可形成螺旋孢子丝。很多种可产生广谱抗生素，主要有多霉素、孢绿菌素、西伯利亚霉素。

2.3 蓝细菌

蓝细菌（cyanebacteria），曾被称为蓝藻或蓝绿藻，由于发现它们与细菌同为原核生物而改称为蓝细菌。蓝细菌是一类进化历史悠久、革兰氏染色阴性、无鞭毛、含叶绿素 a（但不形成叶绿体）、能进行产氧性光合作用的大型原核生物。

蓝细菌广泛分布于自然界，包括各种水体、土壤中和部分生物体内外，甚至在岩石表面和其他恶劣环境(高温、低温、盐湖、荒漠和冰原等)中都可找到它们的踪迹,因此有"先锋"生物之美称。

2.3.1 蓝细菌的形态结构与功能

2.3.1.1 蓝细菌的形态结构与大小

蓝细菌的形态多样,可简单分为单细胞和丝状体两大类(图 2.23),结合其繁殖方式可细分为 5 类:①由二分裂形成的单细胞,如黏杆蓝细菌属(*Gloeothece*);②由复分裂形成的单细胞,如皮果蓝细菌属(*Dermocarpa*);③有异形胞丝状体,如鱼腥蓝细菌属(*Anabaena*);④无异形胞丝状体,如颤蓝细菌属(*Oscillatoria*);⑤分枝状丝状体,如飞氏蓝细菌属(*Fischerella*)。

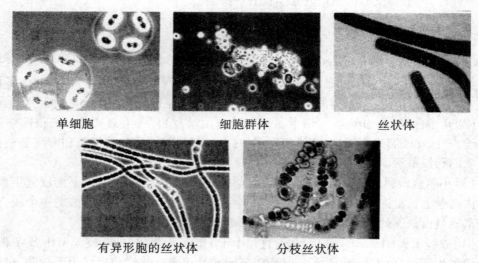

图 2.23 蓝细菌的各种形态

蓝细菌的细胞大小差别很大,其直径或宽度通常为 $3 \sim 10~\mu m$,但有的小到与细菌相近,为 $0.5 \sim 1~\mu m$,而大的则可达到 $60~\mu m$。当许多个体聚集在一起时,可形成肉眼可见的蓝色群体。

2.3.1.2 蓝细菌的细胞结构

蓝细菌的构造与 G^- 细菌相似,细胞壁分内外两层,外层为脂多糖层,内层为肽聚糖层,并含有氨基庚二酸,革兰氏染色呈阴性反应,对溶菌酶和青霉素敏感。不少种类,尤其是水生种类在其壁外还有黏质糖被或鞘,把细胞或丝状体结合在一起。蓝细菌不具鞭毛,但大多数通过丝状体的旋转、逆转和弯曲可以"滑行",有的还可进行光趋避运动。

细胞质周围有复杂的光合色素层,通常以类囊体(thylakoid)形式存在,其中含叶绿素 a 和藻胆素(phycopilin,一类辅助光合色素)。细胞内还有能固定 CO_2 的羧酶体。在水生性种类的细胞中常有气泡构造。细胞中的内含物有糖原、PHB、蓝细菌肽和聚磷酸盐等。蓝细菌内的脂肪酸较为特殊,含有两个至多个双键的不饱和脂肪酸,而其他原核生物通常只含饱和脂肪酸和单个双键的不饱和脂肪酸。

异型胞、静息孢子和链丝段是某些蓝细菌所特有的结构。

2.3.2 蓝细菌的繁殖

蓝细菌的单细胞类群以裂殖方式繁殖。丝状类群除能通过裂殖使丝状体加长外,还能通过形成含有 5 ~ 15 个细胞的连锁体脱离母体后形成新的丝状体。一些单细胞和假丝状体的蓝细胞能在细胞内形成许多球形或三角形的内孢子,并以释放成熟的内孢子方式繁殖。少数类群也可以在母细胞顶端缢缩分裂形成小的单细胞,以类似于芽殖的方式繁殖。

2.3.3 应用

蓝细菌是一类较古老的原核生物,在 21 亿 ~ 17 亿年前已形成,它的发展使整个地球大气从无氧状态发展到有氧状态,从而孕育了一切好氧生物的进化和发展。在人类生活中蓝细菌有着重大的经济价值,有些种类可开发为食物或营养品,如近年开发的“螺旋藻”产品,就是由盘状螺旋蓝细菌(*Spirulina platensis*)和最大螺旋蓝细菌(*Spirulina maxima*)等开发的。另外我们熟悉的普通木耳念珠蓝细菌(*Nostoc commune*,即葛米仙,俗称地耳)以及发菜念珠蓝细菌(*Nostoc flagelliforme*)等都是可食用的蓝细菌。

许多蓝细菌类群具有固定空气中氮元素的能力,一些蓝细菌能与真菌、苔藓、蕨类和种子植物共生,如地衣(lichen)就是蓝细菌与真菌的共生体,红萍是固氮鱼腥藻(*Anabaena azotica*)和蕨类植物满江红(*Azolla*)的共生体。目前已知的固氮蓝细菌有 120 多种,它们在岩石风化、土壤形成及保持土壤氮元素营养水平上有重要作用。

有的蓝细菌是受氮、磷等元素污染后发生富营养化的海水“赤潮”和湖泊中“水华”的元凶,给渔业和养殖业带来严重的危害。此外,还有少数水生种类,如微囊蓝细菌属(*Microcystis*)会产生可诱发人类肝癌的毒素。

2.4 古菌

根据当代系统发育学的观点和核糖体 RNA 的碱基序列分析,生物被划分为古菌、细菌和真核生物 3 个原界。其中古菌和细菌同属原核生物,具有相似的形态、大小和细胞结构。

古菌(archaea)也属于原核微生物,在系统发育上与细菌不同,通常生活在地球上极端的环境(如超高温、高酸碱度、高盐)或生命出现初期的自然环境中(如无氧状态)。古菌是一个表型很不相同的集合类群,在形态和生理特征上均有很大差异,为革兰氏染色阳性或阴性,为好氧菌、兼性厌氧菌或严格厌氧菌,能进行化能无机营养或化能有机营养。

2.4.1 古菌的细胞形态和菌落

古菌的细胞形态差异较大,包括球状、杆状、裂片状、螺旋状和扁平状等,也存在单细胞、多细胞的丝状体和聚集体。其单细胞直径为 0.1 ~ 15 μm,丝状体长度可达 200 μm。图 2.24 为一些产甲烷古菌的形态。

古菌菌落颜色多样,有红色、紫色、粉红色、橙褐色、黄色、绿色、绿黑色、灰色和白色等。

亨氏甲烷螺菌
(*Methanospirillum hungatei*)

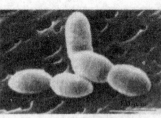
史氏甲烷短杆菌
(*Methanobrevibacter smithii*)

巴氏甲烷八叠球菌
(*Methanosarcina barkeri*)

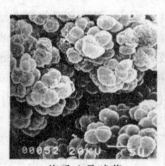
梅氏八叠球菌
(*Methanosarcina mazei*)

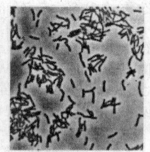
布氏甲烷杆菌
(*Methanobacterium bryantii*)

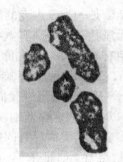
黑海产甲烷菌
(*Methanogenium marisnigri*)

图2.24　产甲烷古菌的形态

2.4.2　古菌细胞结构与组成

古菌细胞具有独特的细胞结构,其细胞壁的组成、结构,细胞膜类脂成分,核糖体的RNA碱基顺序以及生活环境等都与其他生物有很大区别。

(1)细胞壁　古菌的细胞壁结构与细菌细胞壁有显著不同。许多 G^+ 古菌与 G^+ 细菌相似,有一个较厚的细胞壁,但 G^- 古菌则缺乏外壁层和复杂的肽聚糖网状结构。其化学组成也有较大差异,在古菌的细胞壁中不含胞壁酸和 D-氨基酸。G^+ 菌种细胞壁含有复杂的聚合物,如具有由假磷壁酸(假肽聚糖)、甲酸软骨素和杂多糖组成的细胞壁;而 G^- 菌种具有由晶体蛋白或糖蛋白亚单位(S层)构成的单层细胞胞被。

(2)细胞膜　古菌独有的特征是在细胞膜上存在聚异戊二烯甘油醚类脂。在细菌和真核生物的膜类脂的合成中,脂肪酸组成的主链与甘油相连,而古菌的膜类脂则是通过醚键将分支的烃链与甘油连接,组成疏水尾部的烃链是异戊二烯重复单位。在细菌和真核生物的细胞质膜中,其结构都是双分子层,在古菌中则存在着单分子层或单双分子层混合膜。

2.4.3　古菌的繁殖和应用

古菌的繁殖多样,包括二分裂、芽殖、缢裂、断裂和未明的机制。

目前对古菌的研究较少,主要作为系统发育、微生物生态学及进化、代谢等实验材料,作为寻找和开发全新结构生物活性物质的新资源等。

2.4.4　古菌与细菌、真核生物的异同

古菌在菌体大小、结构及基因组结构方面与细菌相似,但其在遗传信息传递和可能标志系统发育的信息物质方面(如基因转录和翻译系统)却更类似于真核生物。也就是说,古菌的外观表现跟细菌相似,但其遗传信息则更接近真核生物。

2.5　其他类型的原核微生物

支原体、立克次氏体和衣原体是形态、结构或生理等特征较为特殊的其他原核生物类群,这几类原核生物革兰氏染色阴性,类似于 G^- 细菌,但代谢能力差,主要营细胞内寄生。从支原体、立克次氏体至衣原体其寄生性逐步增强,因此也可以认为它们是介于细菌与病毒间的一类原核生物。表2.3 为它们之间的比较。

表 2.3　支原体、立克次氏体、衣原体与细菌、病毒的比较

特征	细菌	支原体	立克次氏体	衣原体	病毒
直径/μm	0.5~2.0	0.15~0.30	0.2~0.5	0.2~0.3	<0.25
过滤性	不能过滤	能过滤	不能过滤	能过滤	能过滤
革兰氏染色	G^+ 或 G^-	G^-	G^-	G^-	无
细胞壁	有坚韧的细胞壁	缺	有(含肽聚糖)	有(不含肽聚糖)	无细胞结构
繁殖方式	二均分裂	二均分裂	二均分裂	二均分裂	复制
培养方法	人工培养基	人工培养基	宿主细胞	宿主细胞	宿主细胞
核糖体	有	有	有	有	无
大分子合成	有	有	进行	进行	只利用宿主机器
产 ATP 系统	有	有	有	无	无
入侵方式	多样	直接	昆虫媒介	不清楚	决定宿主细胞性质
对抗生素	敏感	敏感(青霉素例外)	敏感	敏感	不敏感
对干扰素	某些菌敏感	不敏感	有的敏感	有的敏感	敏感

黏细菌和蛭弧菌也属 G^- 细菌,但黏细菌能产生子实体,具有复杂的行为模型和生活周期,蛭弧菌可以寄生和裂解其他细菌。

2.5.1　支原体

支原体(mycoplasma)又名类菌质体,是介于细菌与病毒之间的一类无细胞壁、可以独立生活的最小细胞生物。1898 年,E. Nocard 等首次从患肺炎的牛胸膜液中分离得到,后来人们又从其他动物中分离到多种类似的微生物。

支原体的主要特点:①无细胞壁,菌体表面为细胞膜,故细胞柔软,形态多变;②球状体直径 150～300 nm,能通过细菌滤器,对渗透压、表面活性剂和醇类敏感,对抑制细胞壁合成的青霉素、环丝氨酸等抗生素不敏感,革兰氏染色阴性;③菌落微小,直径 0.1～1.0 mm,呈特有的"油煎荷包蛋"状,中央厚且颜色深,边缘薄而透明,色浅;④一般以二等分裂方式进行繁殖。

支原体广泛分布于土壤、污水、温泉等温热环境,以及昆虫、脊椎动物和人体中。一般为腐生或无害共生菌,少数为致病菌。支原体可寄生在人或脊椎动物黏膜表面,并导致肺炎、关节炎等疾病。

2.5.2 立克次氏体

立克次氏体(Rickettsia)是一类只能寄生在真核细胞内的 G⁻原核微生物。1909 年,美国医生 H. T. Ricketts(1871—1910 年)首次发现落基山斑疹伤寒的病原体,并于 1910 年殉职于此病,故后人称这类病原菌为立克次氏体。

立克次氏体的特点:①细胞呈球状、杆状或丝状,球状直径 0.2～0.5 μm;②有细胞壁,G⁻;③通常在真核细胞内专性寄生;④二等分裂方式繁殖;⑤对青霉素和四环素等抗生素敏感;⑥具有不完整的产能代谢途径;⑦不耐热,但耐低温。

立克次氏体的宿主为虱、蚤、蜱、螨等节肢动物。立克次氏体的寄生过程包括 2 个阶段,先寄生于啮齿动物或节肢动物中,然后再通过这些媒介动物的叮咬或排泄物感染人和其他动物,可引起疾病。如普氏立克次氏体(*R. prowazeki*)借虱传播斑疹伤寒,恙虫热立克次氏体(*R. tsutsugamushi*)借螨传播恙虫热。

立克次氏体对热、干燥、光照和化学药剂的抗性较差,在室温中仅能存活数小时至数日,100 ℃时很快死亡;但耐低温,-60 ℃时可存活数年。立克次氏体随节肢动物粪便排出,在空气中自然干燥后,其抗性显著增强。

2.5.3 衣原体

衣原体(chlamydia)是一类在真核细胞内营专性能量寄生的小型革兰氏阴性原核生物。1907 年两位捷克学者在患沙眼病人的结膜细胞内发现了包涵体,1970 年在美国波士顿召开的沙眼及有关疾病的国际会议上,正式将这类病原微生物称为衣原体。

衣原体的特点:①具有细胞构造,有胞壁但缺肽聚糖;②细胞内同时含有 DNA 和 RNA;③酶系统不完整;④二等分裂方式繁殖;⑤通常对抑制细菌的一些抗生素如青霉素和磺胺等都很敏感;⑥衣原体可以培养在鸡胚卵黄囊膜、小白鼠腹腔或组织培养细胞上。

衣原体具有特殊的生活史。具有感染力的细胞称为原体,呈小球状、细胞壁厚、致密,不能运动和生长,抗干旱,有传染性。能通过接触或排泄物等方式传播,经胞饮作用而进入寄主细胞,并随之转化成无感染力的细胞,称为始体或网状体,呈大形球状,细胞壁薄而脆弱,易变形,无传染性,生长较快,通过二分裂可在细胞内繁殖成一个微菌落即"包涵体",随后每个始体细胞又重新转化成原体。整个生活史约需 48 h。

衣原体一般不需要媒介而能直接感染人或动物。例如,鹦鹉热衣原体(*C. psittaci*)能引起鸟的鹦鹉热;沙眼衣原体(*C. trachomatis*)是人类砂眼的病原菌;肺炎衣原体(*C. pneumoniae*)能引起各种呼吸综合征。

2.5.4 黏细菌

黏细菌(myxobacteria),又名子实黏细菌,为滑行、产子实体细菌(gliding and fruiting bacteria),具有在固体表面或液、气界面滑行运动的能力。在原核生物中,典型黏细菌具有独特的生活史,生活周期可以分为营养细胞和休眠体(子实体)两个阶段,表现出较为复杂的模式和生活周期。细胞 DNA 中的 G+C 摩尔分数很高(67% ~71%)。

黏细菌的营养细胞呈单细胞、杆状,有的细长、弯曲和顶端逐渐变细,称为细胞 I 型;或是圆柱形,较坚韧,具有钝圆的末端,称为细胞 II 型。营养细胞除缺乏坚硬的细胞壁外,其他均类似于细菌细胞。菌体直径小于 1.5 μm,无鞭毛,G⁻,菌体能向体外分泌多糖黏液,将细胞团包埋于黏液中,并借助黏液在固体或气液界面上滑行。在适宜条件下,一群流动的营养细胞彼此向对方移动(可能是趋化反应),在一定的位置聚积成团,形成肉眼可见的子实体。子实体的颜色因菌种而异,但常为红、黄等鲜艳的颜色。

黏细菌是专性好氧的化能有机营养型细菌,主要分布在土壤表层、树皮、腐烂的木材、堆厩肥和动物粪便上。草食动物的粪粒是几乎所有黏细菌生长的良好基质,常把灭菌的兔粪置于土壤上以分离黏细菌。

黏细菌是原核生物中生活周期和群体变化最为复杂的类群,在研究微生物的进化发育等方面有重要价值。黏细菌是尚未得到有效重视和充分利用的微生物资源,其分离、纯化较困难,研究方法也具有特殊性,使该方面的研究受到一定限制。

2.5.5 蛭弧菌

蛭弧菌(bdellovibrio)是寄生于其他细菌并能导致其裂解的一类细菌,是一类能"吃掉"细菌的细菌,有类似于噬菌体的作用,但不是病毒,具有细菌的基本特征。

菌体大小为(0.3 ~0.6)μm×(0.8 ~1.2)μm,能通过细菌滤器。菌体呈弧状、逗点状,有时呈螺旋状。蛭弧菌有一根粗的鞘鞭毛,比其他细菌鞭毛粗 3 ~4 倍。菌体 DNA 中(G+C)摩尔分数为 42% ~51%。

蛭弧菌借助一根极生的鞭毛运动,菌体很活跃,能吸附在寄生细胞的表面,借助于特殊的"钻孔"效应,进入寄主细胞。蛭弧菌侵入后就杀死寄主细胞,失去鞭毛,形成螺旋状结构,然后进行均匀分裂,形成许多带鞭毛的子细胞。

蛭弧菌是专性好氧菌,能侵染各种 G⁻细菌,但不侵染 G⁺细菌,对寄主细菌的寄生具有特异性。蛭弧菌生活方式多样,有专性寄生,也有兼性寄生,极少数营腐生。

蛭弧菌广泛存在于自然界的土壤、河流、近陆海洋水域及下水道污水中。蛭弧菌的溶菌作用在动植物细菌性病害的防治以及环境污水的净化方面具有一定的应用价值。

2.6 原核微生物的分类系统

原核生物包括古菌与细菌两个域,其中古菌域至今已记载过 208 种,细菌域为 4 727 种(2000 年)。编制一部原核生物的分类手册学术意义十分重大,同时又是一件艰难且工作量极其浩大的基础性工作。在整个 20 世纪中,原核生物分类体系的权威著作比较少,主要有:①19 世纪末德国 Lehmann 和 Neumann 的《细菌分类图说》;②美国的《伯杰氏鉴定细菌学手册》;③苏联的克拉西尔尼可夫的《细菌与放线菌的鉴定》;④法国普雷沃的《细菌分类学》;⑤由 M. P. Starr 等编写介绍原核生物的生境、分离和鉴定等内容的大型手册《原核生物》(1981 年第 1 版,1992 年第 2 版)等。

目前比较全面的分类系统为美国宾夕法尼亚大学的细菌学教授伯杰(D. Bergy)及其同事编写的《伯杰氏鉴定细菌学手册》(Bergey's Manual of Determinative Bacteriology),简称《伯氏手册》,是目前国际较通用的细菌分类方法。

由于各种现在微生物分类鉴定新技术的发明和新指标的引入,原核生物的分类体系逐渐转向鉴定遗传型的系统进行分类新体系。从 1984 年开始至 1989 年,《伯杰氏手册》编委会又组织了国际上近 20 个国家 300 多位专家,合作编写了 4 卷本的新手册,并改名为《伯杰氏系统细菌学手册》(第 1 版),简称《系统手册》(第 1 版)。《系统手册》(第 2版)对其第 1 版又进行了修订,更多地依靠系统发育资料对细菌分类群的总体安排进行了较大的调整,内容极其丰富,从 2000 年开始分成 5 卷陆续发行。

2.6.1 《伯杰氏鉴定细菌学手册》简介

从 1923 年出版第 1 版以来,现在这个手册已有第 9 版。1974 年出版的第 8 版,有美、英、德、法、日等 15 个国家,多达 130 多位细菌学家参与撰写,被认为是一个较有代表性和参考价值的分类系统。

第 8 版和以前的版本有所不同,没有从纲到种的分类,只是从目到种进行了分类,并对每一属和每一个种都做了较详尽的属性描述。在目之上,根据形态、营养型等分成 19部分,把细菌、放线菌、黏细菌、螺旋体、支原体和立克次氏体等 2 000 多种微生物都归于原核生物界细菌门。

《伯氏手册》第 9 版于 1994 年正式发行。该版手册对细菌属的编排顺序严格地以细菌表型作排列,有助于对细菌的鉴定。著者将细菌分为 4 大类目、35 个群。这 4 大类目是:①革兰氏阴性有细胞壁真细菌(1~16 群);②革兰氏阳性有细胞壁真细菌(17~29群);③缺乏细胞壁的真细菌(支原体群);④古细菌(31~35 群)。

2.6.2 《伯杰氏系统细菌学手册》简介

2.6.2.1 《系统手册》第 1 版

《系统手册》第 1 版是在《伯杰氏鉴定细菌学手册》第 8 版的基础上,根据 10 多年来细菌分类所取得的进展修订的,并从原来的鉴定手册改为系统手册。在一些类群中增加了不少有关系统发育方面的资料,特别是许多新的分类单元的规划,都是经过比较核苷酸序列后提出的。但《系统手册》第 1 版未能按照界、门、纲、目、科、属、种系统分类体系进行安排,分为 4 卷,而从实用需要出发,主要根据表型特征将整个原核生物(包括蓝细菌)划分为 33 组。每个组细菌有少数容易鉴定的共同特性,每个组题目或描述这些特征或给出所含细菌的俗名,用来定义组特性多用普通特性,如一般形态、革兰氏染色性质、氧关系、运动性、内生孢子的存在、产生能量方式等。细菌类群按以下方式分成 4 卷:①普通、医学或工业革兰氏阴性细菌;②除放线菌纲外的革兰氏阳性细菌;③具显著特征的革兰氏阴性细菌、蓝细菌和古菌;④放线菌纲(革兰氏阳性丝状细菌)。

在这种表型性分类中革兰氏染色特性扮演一个格外重要的角色,它们甚至决定一个

种放进哪卷中。革兰氏染色通常反映出细菌细胞壁结构的基本特征,革兰氏染色特性也与许多细菌其他特性相关联。典型 G^- 细菌、G^+ 细菌和支原体有许多不同特征。由于这些及其他原因,细菌传统地分为 G^+ 细菌和 G^- 细菌,这个方法在许多系统分类中仍保留着。

2.6.2.2　《系统手册》第 2 版

自从 1984 年《伯杰氏系统细菌学手册》第 1 版出版以来,原核生物分类学已经取得了巨大进步。《伯杰氏系统细菌学手册》第 1 版主要描述的是细菌的一般特性,但之后,生物技术飞速发展,rDNA、DNA 和蛋白质的测序技术已至臻完善,利用系统发育分析对原核微生物进行分类的可行性大大增加,因此,《伯杰氏系统细菌学手册》第 2 版做了较大修改,在很大程度上依据系统发育而不是表型性的特征对原核生物进行分类。

表 2.4 总结了《伯杰氏系统细菌学手册》第 2 版的基本内容。

表 2.4　《伯杰氏系统细菌学手册》第 2 版的基本内容

分类等级	代表属
第 1 卷　古菌、深分支的属和光合细菌	
古菌域	
泉古菌门	热变形菌属、热网菌属、硫化叶菌属
广古菌门	
纲 I 甲烷杆菌纲	甲烷杆菌属
纲 II 甲烷球菌纲	甲烷球菌属
纲 III 盐杆菌纲	盐杆菌属、盐球菌属
纲 IV 热原体纲	热原体属、嗜酸菌属
纲 V 热球菌纲	热球菌属
纲 VI 古球菌纲	古球菌属
纲 VII 甲烷嗜高热菌纲	甲烷嗜高热菌属
细菌域	
产液菌门	产液菌属、氢杆菌属
栖热孢菌门	栖热孢菌属、地孢菌属
热脱硫杆菌门	热脱硫杆菌属
异常球菌-栖热菌门	异常球菌属、栖热菌属
金矿菌门	金矿菌属
绿屈挠菌门	绿屈挠菌属、滑柱菌属
热微菌门	热微菌属
硝化螺菌门	硝化螺菌属
铁还原杆菌门	地弧菌属
蓝细菌门	原绿蓝细菌属、聚球蓝细菌属、宽球蓝细菌属、颤蓝细菌属、鱼腥蓝细菌属、念珠蓝细菌属、真枝蓝细菌属
绿菌门	绿菌属、暗网菌属

续表2.4

分类等级	代表属
第2卷 变形杆菌	
变形杆菌门	
纲Ⅰα-变形杆菌	红螺菌属、立克次氏体属、柄杆菌属、根瘤菌属、布鲁菌属、硝化杆菌属、甲基杆菌属、拜叶林克菌属、生丝微菌属
纲Ⅱβ-变形杆菌	奈瑟球菌属、伯克霍尔德菌属、产碱杆菌属、丛毛单胞菌属、亚硝化单胞菌属、嗜甲基菌属、硫杆菌属
纲Ⅲγ-变形杆菌	着色菌属、亮发菌属、军团菌属、假单胞菌属、固氮菌属、弧菌属、埃希菌属、克雷伯氏菌属、变形菌属、沙门菌属、志贺菌属、耶尔森菌属、嗜血杆菌属
纲Ⅳδ-变形杆菌	脱硫弧菌属、蛭弧菌属、黏球菌属、多囊菌属
纲Ⅴε-变形杆菌	弯曲杆菌属、螺杆菌属
第3卷 低 G+C 含量的革兰氏阳性菌	
厚壁菌门	
纲Ⅰ梭菌纲	梭菌属、消化链球菌属、真杆菌属、脱硫肠状菌属、韦荣球菌属、螺旋杆菌属
纲Ⅱ 柔膜菌纲	支原体属、尿原体属、螺原体属、无胆甾原体属
纲Ⅲ 芽孢杆菌纲	芽孢杆菌属、显核菌属、类芽孢杆菌属、高温放线菌属、乳杆菌属、链球菌属、肠球菌属、李斯特菌属、明串珠菌属、葡萄球菌属
第4卷 高 G+C 含量的革兰氏阳性菌	
放线杆菌门	
放线杆菌纲	放线菌属、微球菌属、节杆菌属、棒杆菌属、分支杆菌属、诺卡菌属、流动放线菌属、丙酸杆菌属、链霉菌属、高温单孢菌属、弗兰克菌属、马杜拉放线菌属、双歧杆菌属
第5卷 泛霉状菌,螺旋体,丝杆菌,拟杆菌和梭杆菌	
浮霉状菌门	浮霉状菌属、出芽菌属
衣原体门	衣原体属
螺旋体门	螺旋体属、疏螺旋体属、密螺旋体属
丝状杆菌门	丝状杆菌属
酸杆菌门	酸杆菌属
拟杆菌门	拟杆菌属、卟啉单胞菌属、普雷沃菌属、黄杆菌属、鞘氨醇杆菌属、屈挠杆菌属、噬纤维菌属
梭杆菌门	梭杆菌属、链杆菌属
疣微菌门	疣微菌属
网球菌门	网球菌属

➡ **思考题**

1. 名词解释:荚膜、芽孢、菌落、菌苔、古菌。

2. 细菌有哪几种基本形态? 其大小及繁殖方式如何?

3. 试比较 G^+ 细菌和 G^- 细菌的细胞壁结构,简要说明其特点和化学组成的区别。

4. 试述细菌细胞的一般结构、化学组成及其主要生理功能。

5. 细菌细胞的特殊结构包括哪些部分? 各有哪些生理功能?

6. 什么是菌落? 试讨论细菌的细胞形态与菌落形态间的相关性。

7. 试述放线菌的形态结构和细胞的结构。

8. 比较细菌和放线菌的形态异同。

9. 伯杰氏分类系统主要针对哪一类微生物? 简述《伯杰氏系统细菌学手册》第 2 版的主要构成部分。

第3章 真核微生物的形态、结构和功能

真核微生物(eukaryotic microorganism)是指具有明显核膜,能进行有丝分裂,细胞质中含有线粒体等多种细胞器的一大类微生物。它主要包括属于菌物界的真菌(fungi)、植物界的显微藻类(algae)和动物界的原生动物(protozoa)及黏菌(myxomycota)、假菌(chromista)等,其中真菌是最重要的真核微生物,包括单细胞的酵母菌(yeast)和丝状的霉菌(mould),这也是和食品加工及食品安全关系最密切的真核微生物,本章的主要内容只涉及酵母和丝状霉菌。

3.1 酵母菌

酵母菌(yeast)不是生物学上的分类术语,通常是指能发酵糖类、一般以芽殖或裂殖进行无性繁殖的单细胞真菌的统称。它不形成分枝菌丝体,有时因芽殖速度快,新形成的细胞还没有脱离母体又产生下一代子细胞,形成一个串状细胞群,俗称假菌丝。

酵母菌分布广泛,种类较多,主要分布在偏酸性含糖较多的环境中,如水果、蔬菜、花蜜以及植物叶子上,尤其是果园的上层土壤中,故有"糖菌"之称。大多数为腐生,有的酵母菌与动物特别是昆虫共生,如球拟酵母菌属(Torulopsis)存在于昆虫肠道、脂肪体及其他内脏中,也有少数种类寄生,引起人、动物、植物的病害。酵母菌已知约有56个属500多个种,分属于子囊菌亚门、担子菌亚门和半知菌亚门。

酵母菌的基本特点:①多数为单细胞;②主要以出芽的形式进行繁殖;③可以发酵糖类产能;④细胞壁含有甘露聚糖;⑤多在含糖量较高的偏酸性环境中生活;⑥生长过程微需氧或非严格厌氧。

3.1.1 酵母菌的形态结构

3.1.1.1 酵母菌的个体形态及大小

酵母菌大多数为单细胞,形状因种而异,其基本形状为球形、卵圆形和圆柱形。有些酵母菌形状特殊,可呈柠檬形、瓶形、三角形、弯曲形等(图3.1)。有的酵母菌,例如热带假丝酵母(Candida tropicalis),在无性繁殖过程中子细胞不与母细胞脱离,其间以极狭小的面积相连,这种藕节状的细胞串,称为"假菌丝"(图3.2)。该丝状结构与霉菌的丝状结构不同,霉菌细胞与细胞相连的横隔面与细胞直径基本一致。

球形　　卵圆形　　长形　　　尖顶形　三角形　长颈瓶形　柠檬形　弯曲形

图3.1　酵母菌的各种形状

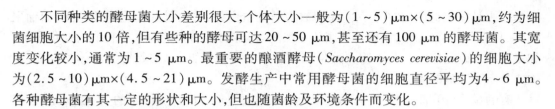

不同种类的酵母菌大小差别很大,个体大小一般为$(1\sim5)\,\mu m\times(5\sim30)\,\mu m$,约为细菌细胞大小的 10 倍,但有些种的酵母可达 $20\sim50\,\mu m$,甚至还有 $100\,\mu m$ 的酵母菌。其宽度变化较小,通常为 $1\sim5\,\mu m$。最重要的酿酒酵母(*Saccharomyces cerevisiae*)的细胞大小为$(2.5\sim10)\,\mu m\times(4.5\sim21)\,\mu m$。发酵生产中常用酵母菌的细胞直径平均为 $4\sim6\,\mu m$。各种酵母菌有其一定的形状和大小,但也随菌龄及环境条件而变化。

3.1.1.2　酵母菌的细胞结构和功能

酵母菌是典型的真核微生物,细胞结构与其他真核微生物相似。酵母菌的细胞有细胞壁、细胞膜、细胞核、细胞质、线粒体、内质网、液泡和核糖体等结构,有些种还具有荚膜、菌毛等结构。酵母菌的形态结构见图 3.3。

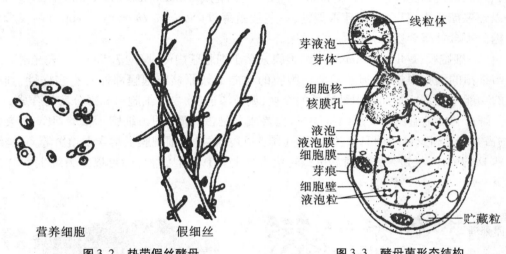

营养细胞　　　　假细丝

图 3.2　热带假丝酵母　　　　　　　　图 3.3　酵母菌形态结构

（1）细胞壁（cell wall）　细胞壁在细胞的最外层,幼龄时较薄,有弹性,以后逐渐变硬、变厚,成为一种坚韧的结构。有些出芽繁殖的酵母菌,芽体脱落后,在母细胞的壁上留下痕迹,叫芽痕（bud scar）。每产生一个芽,就在母细胞的壁上产生一个芽痕,通过计算芽痕的数目,可确定某一细胞已产生过的芽体数,测定细胞菌龄。

细胞壁厚 $25\sim70\,nm$,约占细胞干重的 25%。细胞壁的主要成分是葡聚糖和甘露聚糖,均为分枝状聚合物,共占细胞壁干重的 75% 以上,还含有 8%～10% 的蛋白质,8.5%～13.5% 的脂类。几丁质(chitin,N-乙酰葡糖胺的多聚物)含量因种而异。酿酒酵母(*Saccharomyces cerevisiae*)约含 1% 几丁质,有些假丝酵母含几丁质超过 2%,多分布在芽痕周围,裂殖酵母属(*Schizosaccharomyces*)一般不含甘露聚糖而含较多的几丁质。葡聚糖是细胞壁的主要结构成分,位于壁的内层,赋予酵母细胞一定的机械强度,将它除去细胞壁就会完全解体。它分为两类:其中一类占细胞壁含量的 85%,分子量为 2.4×10^5,呈长扭曲的链状,由 β-1,3-糖苷键连接;另一类葡聚糖含量较低、呈分支的网状分子,以 β-1,6-糖苷键方式连接。甘露聚糖是甘露糖分子以 α-1,6 相连的分支状聚合物,位于细胞壁外侧,呈网状,除去甘露聚糖不改变细胞外形。蛋白质夹在葡聚糖和甘露聚糖中间,呈三明治状,它连接着葡聚糖和甘露聚糖,在细胞壁中起着重要作用(图 3.4)。蛋白质含量一般仅占甘露聚糖的 1/10。它们除少数为结构蛋白外,多数是起催化作用的酶,如葡聚糖酶、甘露聚糖酶、蔗糖酶、碱性磷脂酶和酯酶等;有的与细胞壁的扩增和结构变化有关,如蛋白质二硫还原酶。几丁质在酵母细胞壁中的含量很低,仅在其形成芽体时合成,也主要分布于芽痕的周围。

有的酵母菌细胞壁外有荚膜,如汉逊酵母属(*Hansenula*)的碎囊汉逊酵母(*H. capsulata*)荚膜的化学成分为磷酸甘露聚糖。少数子囊菌的酵母菌细胞表面有发丝状的结构,称作真菌菌毛(fimbriae)。菌毛的化学成分是蛋白质,起源于细胞壁下面,可能与有性繁殖有关。

不同种属酵母菌的细胞壁成分差异也很大,且并非各种酵母菌都含有甘露聚糖。例如,点滴酵母(*Saccharomyces guttulatus*)和荚膜内孢霉(*Endomyces capsulata*)的细胞壁成分以葡聚糖为主,只含少量甘露聚糖,一些裂殖酵母(*Schizosaccharomyces* spp.)则仅含葡聚糖而不含甘露聚糖。

(2)细胞膜(cell membrane)　细胞膜紧贴于细胞壁内侧,厚约 7.5 nm,外表光滑。结构与细菌的细胞膜相似,但酵母菌细胞膜的功能不如原核细胞膜那样具有多样性,细胞膜的功能主要是控制细胞内外物质的交换,调节渗透压,参与细胞壁和部分酶的合成。

酵母菌的细胞膜由 3 层结构构成,主要成分是蛋白质(约占细胞干重的 50%),类脂(约占 40%)和少量的糖类以及甾醇等(图 3.5)。酵母菌细胞膜上富含麦角甾醇,它是维生素 D 的前体,经紫外线照射后可以转化为维生素 D_2,所以酵母菌可以作为维生素 D 的来源。

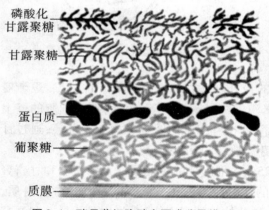

图 3.4　酵母菌细胞壁主要成分及排列

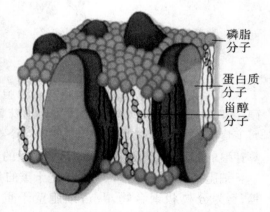

图 3.5　酵母菌细胞膜结构

(3)细胞核(nucleus)　酵母菌具有核膜包被的细胞核,细胞核呈球形,多在细胞中央与液泡相邻,有核膜、核仁和染色体。核膜是一种双层膜,在细胞的整个生殖周期中保持完整状态,外层与内质网紧密相接。核膜上有许多直径为 40~70 nm 的核孔,这是细胞核与细胞质交换大分子物质的通道,能让核内制造的核糖核酸转移到细胞质中,为蛋白质的合成提供模板等。核内有新月状的核仁和半透明的染色质部分,由 DNA 与组蛋白结合而成。核仁是核糖体 RNA 合成的场所。在核膜外有中心体,与出芽和丝分裂有关。细胞核载有酵母菌的遗传信息,是代谢过程的控制中心。

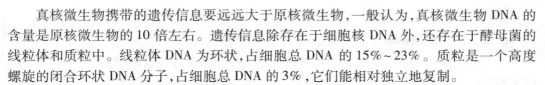

真核微生物携带的遗传信息要远远大于原核微生物,一般认为,真核微生物 DNA 的含量是原核微生物的 10 倍左右。遗传信息除存在于细胞核 DNA 外,还存在于酵母菌的线粒体和质粒中。线粒体 DNA 为环状,占细胞总 DNA 的 15%~23%。质粒是一个高度螺旋的闭合环状 DNA 分子,占细胞总 DNA 的 3%,它们能相对独立地复制。

(4)细胞质 细胞质是细胞膜包裹的一种透明、黏稠、流动的胶体溶液,细胞器均匀分布其中,是细胞进行新陈代谢、代谢物储存和运输的场所。幼小细胞的细胞质稠密而均匀,老龄细胞的细胞质则出现较大的液泡和各种储藏物质。

(5)核糖体(ribosome) 酵母菌的核糖体沉降系数为 80S,由 60S 大亚基和 40S 小亚基组成。大多数核糖体形成多聚核糖体,是合成蛋白质的场所。在繁殖旺盛时其含量可达细胞干重的 15% 以上。一部分核糖体与 mRNA 结合,形成多核糖体;另一部分是 80S 的单核糖体状态,分别以内质网结合型和游离型两种形式存在。

(6)线粒体(mitochonda) 线粒体通常呈杆状或球状,一般位于核膜及中心体表面。细胞内线粒体数量变化较大,从数十个至数百个不等,长 1.5~30 μm,直径为 0.5~1.0 μm。线粒体具双层膜,内膜向内卷曲折叠成脊,脊上有许多排列整齐的圆形颗粒——基粒,它是线粒体上传递电子的基本功能单位。线粒体是能量转化的场所,也是氧化还原的中心,含有呼吸所需要的各种酶。酵母菌只有在有氧代谢时才需要线粒体,在厌氧条件下或葡萄糖过多时线粒体的形成被阻遏,只能形成简单无脊线粒体,不能进行氧化磷酸化。线粒体内还含一个长达 25 μm 的环状双链 DNA 分子。

(7)内质网 内质网(endoplasmic reticulum,ER)是一个复杂的双层膜系统,由管状或囊状结构组成。内质网外与细胞膜相连,内与核膜相通。内质网起物质传递和通信联络作用,还有合成脂类和脂蛋白的功能,也可以认为是重要的细胞器。这种细胞内的膜性管道系统一方面构成细胞内物质运输的通路,另一方面为细胞内各种各样的酶反应提供广阔的反应面积。

(8)其他细胞质结构

1)液泡(vacuole) 酵母细胞中有一个或几个大小不一的液泡。幼龄细胞的液泡很小,老龄细胞液泡较大,位于细胞中央,外具一层液泡膜。液泡内含有盐类、糖类、脂类、氨基酸,有的种类含蛋白酶、酪酶、核糖核酸酶。液泡是离子和代谢产物交换、储藏的场所,并调节细胞渗透压。

2)微体 是酵母细胞质中由一层膜所包围的颗粒,比线粒体小,内含 DNA。酵母菌在葡萄糖上生长时微体较少,而以烃为碳源时微体较多。从热带假丝酵母分离获得的微体中含有 13 种酶。微体可能在以烃和甲醇为碳源的代谢中起作用。

3)储藏物质 主要包含 3 类化合物:多糖、脂质和多磷酸,它们可作为碳源和能源的特殊储备物,在光学显微镜下呈现为颗粒状内含物。

4)异染颗粒 在老龄细胞中形成的折光性较强的颗粒结构,为细胞的营养储藏物,主要成分为高能磷酸盐,对碱性染料有极强的亲和力。

3.1.2 酵母菌的繁殖

酵母菌的繁殖方式主要以无性繁殖为主,有的酵母菌进行有性繁殖。无性繁殖方式主要包括芽殖、裂殖和无性孢子繁殖;有性繁殖主要是产生有性的子囊孢子和接合孢子。

3.1.2.1 无性繁殖

酵母菌的无性繁殖方式主要是芽殖,少数为芽裂,个别为裂殖。

(1)芽殖(budding) 芽殖是酵母菌最普遍的一种繁殖方式,各属酵母菌都存在。通过芽殖产生的个体为芽体,又称为芽孢子(budding spore)。酵母菌生长到一定阶段,在邻近细胞核的中心体产生一个小突起,在将要形成芽体的部位,细胞壁变薄,在细胞表面形成一个小的突起,新合成的细胞物质堆积在芽体的起始部位。然后,细胞遗传物质复制,母细胞核分裂成两个子核,一个随母细胞的部分细胞质进入芽体,芽体开始膨大,当芽体长大到接近母细胞的大小时,即成为一个子细胞,子细胞从母细胞得到一套完整的遗传信息、线粒体、核糖体等细胞物质,待芽体长大后便在与母细胞交界处形成由葡聚糖、甘露聚糖和几丁质组成的隔壁。最后,子细胞与母细胞在隔壁层处分离成为独立的新个体(图3.6)。

芽体成熟后脱离母体,在母细胞上留下一个痕迹,即芽痕(bud scar)。在子细胞相应的位置上留下一个痕迹,即蒂痕(birth scar)。芽痕可以有多个,而蒂痕只有一个。在生长良好的酵母菌芽体上还可以生出新的芽体。长大的芽体与母细胞不立即分离,而是以一个狭小的面积相连,形成类似藕节状的细胞串,即假菌丝(pseudohyphae)。如产朊假丝酵母(*Candida utilis*)。出芽生殖可以分为多边出芽、三边出芽、两端出芽、单边出芽等形式(图3.7)。

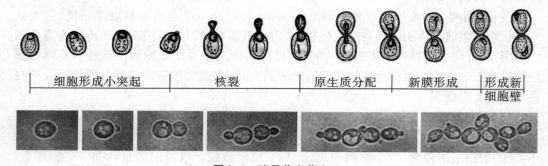

| 细胞形成小突起 | 核裂 | 原生质分配 | 新膜形成 | 形成新细胞壁 |

图3.6 酵母菌出芽生殖

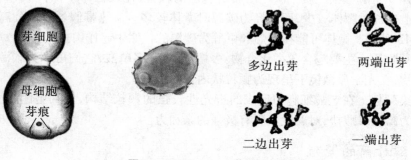

芽细胞

母细胞
芽痕

多边出芽　　两端出芽

二边出芽　　一端出芽

图3.7 *S. Cerevisiae* 芽殖过程

（2）裂殖（fission）　少数种类的酵母菌像细菌一样进行二分裂繁殖，如裂殖酵母属（*Schizosaccharomyces*）的八孢裂殖酵母（*Schizosaccharomyces octosporus*），当球形或卵圆形细胞长到一定大小后，细胞伸长，核分裂为二，细胞中间形成隔膜，然后两个子细胞分离，末端变圆，形成两个新个体。在快速生长时期，细胞可以没有形成隔膜而核分裂，或者形成隔膜而子细胞暂时不分开，形成细胞链，类似于菌丝，但最后细胞仍然会分开（图 3.8）。

（3）芽裂　有的酵母菌在一端出芽，并在芽基处形成隔膜，把母细胞与子细胞分开，子细胞呈瓶状。这种在出芽的同时又产生横隔膜的方式称为芽裂或半裂殖。

（4）孢子繁殖　有的酵母菌可产生掷孢子（ballistospore）、厚垣孢子（chlamydospore）、节孢子（arthrospore）或在小梗上形成无性孢子等。

1）掷孢子　有的酵母菌在营养细胞上长出小梗，其上产生肾型的孢子，成熟后射出，如地霉属（*Geotricum*）的酵母产生掷孢子（图 3.9）。

2）厚垣孢子　有的酵母菌如白色念珠菌（*Candida albicans*）等能在假菌丝的顶端产生厚壁的孢子。

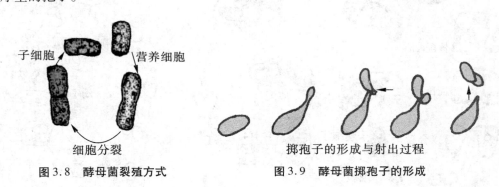

子细胞　营养细胞

细胞分裂

掷孢子的形成与射出过程

图 3.8　酵母菌裂殖方式　　　图 3.9　酵母菌掷孢子的形成

3.1.2.2　有性繁殖

凡能进行有性繁殖的酵母菌称为真酵母，尚未发现有性繁殖的称假酵母。真酵母以形成子囊孢子（ascospore）的方式进行有性繁殖。

酵母菌可以通过形成子囊（ascus）和子囊孢子（ascospore）进行繁殖。酵母菌发育到一定阶段，两个性别不同的细胞（用 a 和 b 加以区别，实际上两个细胞的性别很难区别）接近，各伸出一小突起而相接触，接触处的细胞壁变薄、溶解，并形成一个通道，两个细胞内的细胞质通过通道相互融合，这个过程称为质配。这时两个细胞核还是单独存在的，可以称为细胞的双核时期。随后两个单倍体的核移到融合管道中融合形成一个二倍体核，这个过程称为核配。二倍体接合子可在融合管的垂直方向形成芽，然后二倍体核移入芽内。此二倍体芽可以从融合管道脱离下来，再开始二倍体营养细胞的出芽繁殖。很多酵母菌的二倍体细胞可以进行多代的营养生长繁殖。

通常二倍体营养细胞较大，生活力强，故发酵工业上多采用二倍体细胞进行生产。在合适条件下，接合子（二倍体）的核进行减数分裂，成为 4 个或 8 个核（一般形成 4 个核），以核为中心的原生质浓缩，在其表面形成一层孢子壁而成为孢子。原来的接合子称为子囊，其内的孢子称为子囊孢子。子囊破裂，释放出子囊孢子，萌发成单倍体营养细胞。

酵母菌形成子囊孢子需要一定的条件。生长旺盛的幼龄细胞容易形成孢子，老龄细胞不易形成,还需要适宜的培养基和良好的生长条件。酵母菌产生的子囊孢子形状因菌种不同而异,有球形、椭圆形、半球形、帽子形、柑橘形、柠檬形、肾形、镰刀形、针形等。孢子表面有平滑的、刺状的,孢子的皮膜有单层的、双层的,这些都是酵母菌分类鉴定的重要依据。

3.1.2.3 酵母菌的生活史

生活史(life history)是指上一代个体经生长发育产生下一代个体的全部过程。不同酵母菌的生活史不同。有的营养体只能以单倍体形式存在,如八孢裂殖酵母(*Schizosaccharomyces octosporus*);有的只能以二倍体形式存在,如路德酵母(*Saccharomycodes ludwigii*);有的营养体既可以单倍体形式存在,也可以二倍体形式存在,如酿酒酵母(*Saccharomyces cerevisiae*),见图3.10。

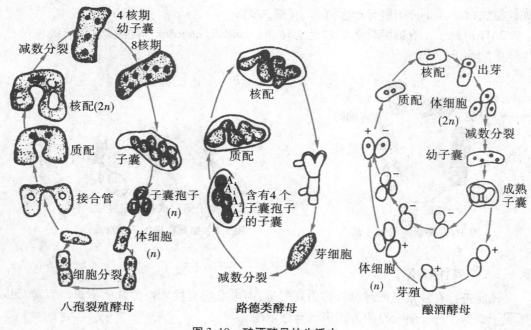

图3.10 酿酒酵母的生活史

(1)单倍体型 八孢裂殖酵母在生活史中单倍体阶段较长,二倍体细胞不能独立生活,故二倍体阶段很短。其过程要点:①单倍体营养细胞进行裂殖繁殖,两个营养细胞接触发生质配,质配后立即核配;②二倍体核通过减数分裂形成4个或8个单倍体子囊孢子。

(2)二倍体型 路德酵母在生活史中,单倍体不能独立生活,仅以子囊孢子形式存在于子囊中,单倍体阶段较短,二倍体营养阶段较长。其过程要点:①单倍体子囊孢子在囊内成对结合,发生质配和核配,形成二倍体细胞;②该二倍体细胞萌发形成的芽管穿过子囊壁而成为芽生菌丝,在此菌丝上长出芽体,子细胞与母细胞间形成横隔后迅速分开,这些二倍体细胞转变为子囊,每个囊内的核通过减数分裂产生4个单倍体的子囊孢子。

(3)单双倍体型 酿酒酵母在生活史中,在一般情况下都以营养体状态进行出芽繁殖,营养体既可以单倍体的形式存在,也能以二倍体的形式存在,在特定的条件下可以进行有性繁殖。其过程要点:①子囊孢子在适宜条件下发芽产生单倍体营养细胞;②单倍体营养细胞进行出芽繁殖;③两个性别不同的营养细胞彼此结合,在质配后立即发生核配,形成二倍体营养细胞;④二倍体营养细胞不进行核分裂,而是不断进行出芽繁殖;⑤在特定条件下二倍体营养细胞转变成子囊,细胞核进行减数分裂,形成 4 个子囊孢子;⑥子囊破壁后其中的子囊孢子释放出来。

3.1.3　酵母菌的群体培养特征

3.1.3.1　固体培养

酵母菌在固体培养基上形成类似细菌的菌落,一般菌落表面湿润、透明、光滑、容易挑起、菌落质地均匀,正反面、边缘与中央部位的颜色一致,有些菌落稍微显黄色。酵母菌细胞比细菌大,细胞内颗粒较明显,细胞间隙含水量相对较少,不能运动,故酵母菌菌落较大、较厚、外观较稠和较不透明,颜色也比较单调,一般为乳白色、土黄色、红色。不产假菌丝的酵母菌,菌落都隆起,边缘圆整,产生假菌丝的酵母菌,菌落扁平,表面及边缘粗糙。菌落的颜色、光泽、质地、表面和边缘等特征都是酵母菌菌种鉴定的依据。酵母菌的菌落一般有酒香气,是因为酵母菌可发酵糖类产生酒精。

3.1.3.2　液体培养

在液体培养基上,不同酵母菌生长的情况不同:好气性酵母菌可在培养基表面上形成菌膜或菌醭,其厚度因种而异;有的酵母菌在生长过程中始终沉淀在培养基底部;有的酵母菌在培养基中均匀生长,使培养基呈浑浊状态。

3.1.4　酵母菌与人类的关系

酵母菌与人类的关系极为密切,多数是人类重要的有益微生物,少数种类对人类有害。酵母菌是人类利用最早的微生物之一,在食品工业中占有十分重要的地位,利用酵母菌可以生产出营养丰富的调味品、饮料、酒类和面包等;在医药方面可以生产酵母片、核糖核酸、核黄素、细胞色素、维生素、氨基酸、脂肪酶等;在化工方面可以利用酵母菌生产甘油、有机酸等;在农业方面可以生产动物饲料,如单细胞蛋白等。酵母菌属于单细胞真核微生物,其细胞结构和高等生物单个细胞的结构基本相同,同时它具有世代时间短、容易培养、单个细胞能完成全部生命活动等特性,因此成为分子生物学、分子遗传学等重要理论研究的良好材料,在生物工程方面,酵母菌可以作为基因工程的受体菌等。

少数酵母菌可以引起人或动植物的病害,腐生性酵母菌能使食物、纺织品和其他原料腐败变质;少数耐高渗的酵母菌和鲁氏酵母、蜂蜜酵母可使蜂蜜和果酱等败坏;有的酵母菌是发酵工业的污染菌,影响发酵的产量和质量;某些酵母菌会引起人和植物的病害,例如白假丝酵母(白色念珠菌)可引起皮肤、黏膜、呼吸道、消化道等多种疾病。

3.1.5　常见的酵母菌

酵母菌与人类的关系极为密切,多数对人类有益,在此主要介绍几种工农业生产中常用的酵母菌。

(1)啤酒酵母(*Sac. cerevisiae*)　啤酒酵母在麦芽汁琼脂上菌落呈乳白色,有光泽,平坦,边缘整齐。在加盖玻片的玉米琼脂上不生假菌丝或有不典型的假菌丝。营养细胞可直接变为子囊。每囊有 1 ~ 4 个圆形光面的子囊孢子。能发酵葡萄糖、麦芽糖、半乳糖及蔗糖,不能发酵乳糖和蜜二糖,不同化硝酸盐。啤酒酵母是啤酒生产上常用的典型的上面发酵酵母,可用于酿造啤酒、酒精饮料、发酵面包等。菌体中维生素、蛋白质含量高,可作食用、药用和饲料酵母,又可提取细胞色素 C、核酸、麦角固醇、谷胱甘肽、凝血质、辅酶A、三磷酸腺苷。在维生素的微生物测定中,常用啤酒酵母测定维生素、泛酸、硫胺素、比多醇、肌醇等。

(2)卡尔斯伯酵母(*Sac. carlsbergensis*) 卡尔斯伯酵母是由丹麦卡尔斯伯(Carlsberg)啤酒厂分离出来的,因此而得名,是啤酒酿造业中的典型下面酵母,俗称卡氏酵母。

该酵母菌在麦芽汁中 25 ℃培养 24 h 后,细胞呈椭圆形或卵形,大小为(3 ~ 5)μm×(7 ~ 10)μm,出芽的幼细胞连续生长,培养 3 d 后产生沉淀,培养 2 个月后产生薄皮膜,在麦芽汁琼脂斜面培养基上,菌落呈浅黄色,软质,有光泽,产生微细的皱纹,边缘产生细的锯齿状,不易形成孢子。

卡氏酵母与酿酒酵母在外形上的区别:卡氏酵母细胞的细胞壁有一端为平齐。另外,温度对两类酵母的影响也不同。在高温时,酿酒酵母比卡氏酵母生长更快,但在低温下,卡氏酵母生长得较快,酿酒酵母繁殖速度最快时的温度为 37 ~ 40 ℃,而卡氏酵母为31 ~ 34 ℃。

卡氏酵母发酵葡萄糖、蔗糖、半乳糖、麦芽糖及棉籽糖,不同化硝酸盐。

卡尔斯伯酵母除酿造啤酒外,还可做食用、药用和饲料酵母,麦角固醇含量较高,也可用于泛酸、硫胺素、吡哆醇和肌醇等维生素的测定。

(3)异常汉逊酵母(*H. anomala*) 异常汉逊酵母细胞为圆形(直径 4 ~ 7 μm)、椭圆形或腊肠形,大小(2.5 ~ 6)μm×(4.5 ~ 20)μm,有的甚至长达 30 μm,属于多边芽殖。液体培养时,液面有白色菌醭,培养基混浊,有菌体沉淀于底部。生长在麦芽汁琼脂斜面上的菌落平坦,乳白色,无光泽,边缘呈丝状。在加盖玻片的马铃薯葡萄糖琼脂培养基上培养时,能生成发达的树状分枝的假菌丝。子囊由细胞直接生产,每个子囊内有 1 ~ 4 个(一般为 2 个)礼帽形子囊孢子,子囊孢子由子囊内放出后常不散开。从土壤、树枝、储藏的谷物、青贮饲料、湖水、溪流、污水及蛀木虫的粪便中,都曾分离到异常汉逊酵母。

异常汉逊酵母能产生乙酸乙酯,在调节食品风味中起一定作用:可用于发酵生产酱油,增加酱油的香味;可参与以薯干为原料的白酒酿造,采用浸香和串香法可酿造出比一般薯干白酒味道更为醇厚的白酒。它能以酒精为碳源,在饮料表面形成干皱的菌醭,是酒精生产中的有害菌。它氧化烃类的能力较强,可以利用煤油、甘油,还能积累 L-色氨酸,但不能发酵乳糖和蜜二糖,对麦芽糖和半乳糖或弱发酵或不发酵。

(4)产朊假丝酵母(*Candidautilis*) 产朊假丝酵母细胞呈圆形、椭圆形和圆柱形,大小(3.5 ~ 4.5)μm×(7 ~ 13)μm。液体培养不产醭,有菌体沉淀,能发酵。麦芽汁培养基上的菌落为乳白色,平滑、有光泽或无光泽,边缘整齐或呈菌丝状。在加盖玻片的玉米粉琼脂培养基上,仅能生成一些原始的假菌丝或不发达的假菌丝,或无假菌丝。从酒坊的酵母沉淀、牛的消化道、花、人的唾液中曾分离到产朊假丝酵母,它也是人们研究最多的产单细胞蛋白的微生物之一。产朊假丝酵母的蛋白质和 B 族维生素含量均比啤酒酵母高。它能以尿素和硝酸作氮源,在培养基中不需加任何生长因子即可生长。它能利用五碳糖和六碳糖,可以利用造纸工业的亚硫酸纸浆废液,也能利用蜜糖、土豆淀粉废料、木

材水解液等,生产人畜可食用的单细胞蛋白。

3.2　丝状真菌——霉菌

霉菌(mould)不是分类学上的名词,是丝状真菌(filamentous fungi)的一个通称,是指在固体营养基质上生长,形成绒毛状、蜘蛛网状或棉絮状的菌丝体,而不产生大型肉质子实体结构的真菌。在分类学上,霉菌分布于鞭毛菌亚门、接合菌亚门、子囊菌亚门和半知菌亚门,约有 4 万种。

霉菌在自然界分布极为广泛,存在于土壤、空气、水体和生物体内外等处,它们同人类的生产、生活关系极为密切,是人类认识和利用最早的一类微生物。

霉菌除应用于传统的酿酒、制酱、食醋、酱油和制作其他的发酵食品外,在发酵工业中还广泛用来生产酒精、有机酸(柠檬酸、葡萄糖酸、延胡索酸等)、抗生素(青霉素、灰黄霉素、头孢霉素等)、酶制剂(淀粉酶、蛋白酶、纤维素酶等)、维生素(核黄素)等;在农业上用于生产发酵饲料、植物生长刺激素(赤霉素)、杀虫农药(白僵菌剂)等;利用真菌提取生物活性物质,如从某些真菌中提取麦角碱、核苷、甘露醇,从红豆杉树内生真菌中提取紫杉醇(taxol)等,也可以利用某些霉菌能转化甾族化合物的特性生产甾体激素类药物;腐生型霉菌具有分解复杂有机物的能力,在自然界物质转化和环境净化中具有重要作用;霉菌也可以作为基因工程的受体菌,在理论研究中具有重要价值,如对粗糙脉孢菌(*Neurospora crassa*)的研究为生化遗传学的建立提供了大量资料。

霉菌对人类也有有害的一面。霉菌是造成谷物、水果、食品、衣物、仪器设备及工业原料发霉变质的主要微生物。有些霉菌能产生毒素,严重威胁人和动物的健康和安全。目前已知的真菌毒素达300多种,其中毒性最强的是黄曲霉毒素,在霉变的花生、大米、玉米中最多,可引起实验动物致癌。此外,霉菌还是人和动植物多种疾病的病原菌,引起植物和动物疾病,如马铃薯晚疫病、小麦锈病、稻瘟病和皮肤病等。

3.2.1　霉菌细胞的形态结构

菌丝是构成霉菌的基本单位,在功能上有一定的分化。其直径一般为 2~10 μm,比细菌和放线菌菌丝粗几倍到十几倍。分枝或不分枝的菌丝交织在一起,构成菌丝体。幼龄菌丝体一般无色透明。有的霉菌菌丝产生色素,呈现不同的颜色。

霉菌细胞由细胞壁、细胞膜、细胞质、细胞核、核糖体、线粒体和其他内含物组成。幼龄菌丝的细胞质均匀透明,充满整个细胞;老龄菌丝的细胞质黏稠,出现较大的液泡,内含许多储藏物质,如肝糖粒、脂肪滴及异染颗粒等。

3.2.1.1　霉菌的细胞壁

细胞壁厚 100~250 nm。除少数低等的水生霉菌细胞壁中含有纤维素外,大部分霉菌的细胞壁由几丁质组成(占细胞干重的2%~26%)。几丁质与纤维素结构很相似,由数百个 N-乙酰葡萄糖胺分子以 β-1,4-糖苷键连接而成。几丁质和纤维素分别构成了高等和低等霉菌细胞壁的网状结构,它包埋在基质中,细胞壁中还有脂类等复杂物质。

粗糙脉孢菌(*Neurospora crassa*)的细胞壁,其最外层由 β-1,3 和 β-1,6 无定形葡聚糖组成(厚度为 87 nm),接着是由糖蛋白组成的、嵌埋在蛋白质基质层中的粗糙网(厚

49 nm),再下为蛋白质层(厚 9 nm),最内层的壁由放射状排列的几丁质微纤维丝组成(厚 18 nm)(图 3.11)。

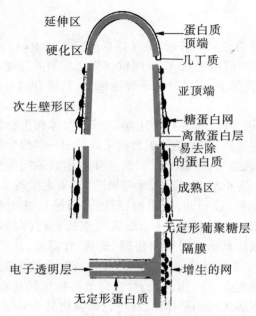

图 3.11　粗糙脉孢菌菌丝细胞壁结构

3.2.1.2　霉菌的细胞膜

细胞膜厚 7~10 nm,其结构和功能与酵母菌等真核细胞相似。

在细胞壁与细胞膜之间还有一种由单层膜包围而成的特殊结构——膜边体(lomasome),其形状为管状、囊状、球状、卵圆或多层折叠状,分布于细胞周围,类似于细菌的间体,膜边体与细胞壁的形成有关。

3.2.1.3　霉菌的细胞核及其他细胞器

细胞核的直径为 0.7~3 μm,有核膜、核仁和染色体。核膜上有直径 40~70 nm 的核膜孔,核仁的直径约 3 nm。在有丝分裂时,核膜、核仁不消失,这是与其他高等生物的不同之处。

霉菌细胞中还有与其他高等生物相似的线粒体和核糖体等细胞器,其他结构与酵母菌细胞基本相同。

3.2.1.4　霉菌的菌丝体

霉菌营养体的基本单位是菌丝,当霉菌孢子落在适宜的基质上后,就发芽生长并产生菌丝。由许多菌丝构成了相互分支交错的霉菌菌丝集团,即菌丝体。

霉菌的菌丝有两类:一类菌丝中无横隔,主要是低等真菌产生,整个菌丝体就是一个单细胞,含有多个细胞核,如藻状菌纲中的毛霉、根霉、犁头霉等的菌丝属于这种类型;另一类菌丝有横隔,主要是高等真菌产生,每一隔段就是一个细胞,整个菌丝体是由多个细胞构成,横隔中央留有极细的各类小孔,使细胞间的细胞质、养料、信息等互相沟通,属多个细胞体。子囊菌纲、担子菌纲和半知菌类的菌丝皆有横隔,如曲霉属和青霉属真菌。

霉菌菌丝类型如图 3.12。

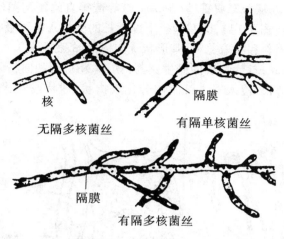

核

无隔多核菌丝

隔膜

有隔单核菌丝

隔膜

有隔多核菌丝

图 3.12　霉菌菌丝类型

霉菌的菌丝根据生长部位和功能可以分为 3 种类型:①营养菌丝或基内菌丝,是指生长在固体培养基的基质中的那部分菌丝,主要功能是吸收养料;②气生菌丝,是指向空中延伸生长的菌丝;③繁殖菌丝,是指有的气生菌丝生长发育到一定阶段,可以形成特殊分化且具有繁殖能力的菌丝。有的菌丝为了适应环境形成了许多特化形态,如营养菌丝体可形成假根、吸器、附着胞、附着枝、菌核、菌索、菌环、菌网、匍匐菌丝等。气生菌丝体可形成各种形态的子实体。菌丝体特化的形态见图 3.13。

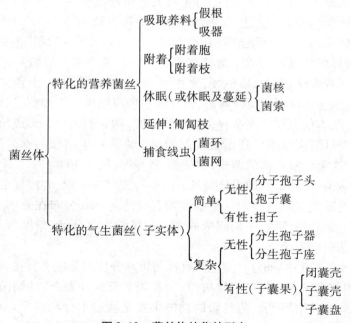

图 3.13　菌丝体特化的形态

（1）营养菌丝体的特化形态

1）假根（rhizoid）　从根霉属霉菌（*Rhizopus*）等低等真菌匍匐菌丝与固定基质接触处分化出来的根状结构（图3.14），即在菌丝下部生长的能伸入基质吸收营养物质并支撑上部的菌丝体，功能为固着和吸取养料，其形状犹如树根，故称假根。

2）吸器（haustorium）　专性表面寄生真菌（锈菌、霜霉菌和白粉菌等），常从菌丝的某处生出球形、掌形的旁枝，侵入寄主细胞内分化成指状、球状或丝状的变态结构，称为吸器（图3.15）。

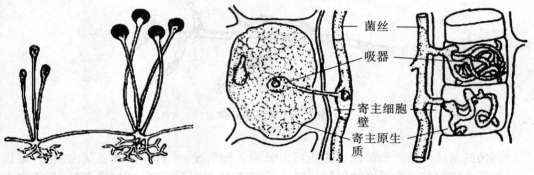

图3.14　根霉及假根　　　　　　　　图3.15　特化营养菌丝-吸器

3）附着胞（adhesive cell）　有些植物寄生真菌在其芽管或者菌丝顶端发生膨大，并分泌黏状物，借以牢固地黏附在宿主的表面，该结构就是附着胞。附着胞上再形成纤细的针状感染菌丝，以侵入宿主的角质层吸取养料。

4）附着枝（adhesive branch）　有些寄生真菌的菌丝细胞生出长为1~2个细胞的短枝，其作用是将菌丝附着于宿主上，该特殊结构称为附着枝。

5）菌核（sclerotium）　由真菌菌丝扭结形成的一种坚实的、能抵抗不良环境的块状或其他形状的一种休眠的菌丝组织。菌核在不良环境条件下可存活数年之久。菌核一般为圆形、长圆或不规则状，深色，质地硬，大小不一，大者如婴儿头，小者如鼠粪或在显微镜下才能看到。从菌核横断面可以看出，菌核外层为厚壁深色小细胞，致密，中部为薄壁浅色大细胞，疏松，有的菌核中夹杂有少量植物组织，称为假菌核。形成菌核时菌丝首先大量分枝并增加横隔，菌丝细胞逐渐变成圆桶状。许多产生菌核的真菌是植物病原菌，也有许多真菌产生有经济价值的菌核，如茯苓、猪苓等（图3.16）。

6）菌索（rhizomorphs）　真菌大量菌丝纵向平行聚结在一起，并高度分化形成的绳索状、根状结构的特殊组织称为菌索。整根菌索直径达4 mm，分布在地下或树皮下，肉眼可见，呈白色或其他各种色泽，主要起吸收、蔓延、抵抗不良环境、帮助菌丝生长等作用。如伞菌、假密环菌等都有菌索。

7）菌丝束（mycelial strands）　有些没有任何特殊分化的菌丝平行排列并聚集在一起形成的束状结构称为菌丝束。在菌丝束内，菌丝相互交织和融合，外侧菌丝常卷曲成疏松的一层，外观如同一绺粗毛。菌丝束的功能主要是输送水分和养分。在子囊菌、担子菌和半知菌中均可发现菌丝束。某些栽培蘑菇形成的菌柄就是菌丝束。

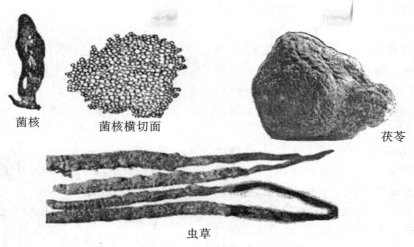

菌核　　　　　菌核横切面　　　　　　　　　　　茯苓

虫草

图 3.16　真菌的菌核

8）匍匐菌丝（stolon）　毛霉目真菌形成的具有延伸功能的匍匐状菌丝，称为匍匐菌丝。在固体基质表面上的营养菌丝分化为匍匐状菌丝，隔一段距离在其上长出假根，伸入基质，假根之上形成孢囊梗，新的匍匐菌丝不断向前延伸，以形成不断扩展的、长度无限制的菌落。根霉具有典型的匍匐菌丝。

9）捕捉菌丝（hyphal traps）　真菌中一些具有捕食能力的菌种产生的特殊菌丝结构，它们多数是捕虫霉目和半知菌类真菌（图 3.17）。该结构可以捕捉微小动物、原生动物、根足虫和线虫等。它们的捕虫方式有两种，一种靠黏着，一种靠机械捕捉，或者两者兼有。靠机械捕捉的真菌，其菌丝侧生短分枝，短分枝末端膨大成拳头状，当线虫通过该部位时被抓住。有的真菌由 3 个膨大细胞组成环状圈套，当线虫不慎落入这个套环时，这 3 个细胞立即缩紧将线虫卡住。套环内表面对摩擦特别敏感，虫子越扭动，3 个菌丝细胞越膨大，菌丝内环越小，对线虫卡得越紧，使线虫难以逃脱。靠黏着功能捕食的真菌无特殊的菌丝构造，仅靠菌丝表面分泌黏液黏捕线虫等微小生物。有些菌种同时具备两种能力，它们的侧菌丝弯曲，彼此结合，交织成三维网状结构，同时分泌黏液，使落入网内的微小生物逐渐被消化。

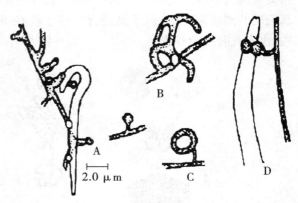

图 3.17　真菌的捕捉菌丝
A. 侧生膨大分枝的菌丝及扑捉的线虫；B. 菌网；
C. 菌环；D. 菌环和被菌环卡住的线虫

（2）气生菌丝体的特化形态　气生菌丝体主要特化成各种形状和结构的菌丝体组织，常称为子实体（sporocarp 或 fruiting body），在其内部或上面（气生菌丝体）可产生无性孢子或有性孢子。

1)结构简单的子实体　产生无性孢子的简单子实体主要有两种:一种是分生孢子头(conidial head),代表霉菌为青霉属(Penicillium)和曲霉属(Aspergillus);另一种为孢子囊(sporangium),根霉属(Rhizopus)和毛霉属(Mucor)的无性孢子由孢子囊产生(图3.18)。

担子(basidium)是担子菌产生有性孢子的简单子实体,它是由双核菌丝的顶端细胞膨大形成的。担子内的两性细胞核经过核配后形成一个双倍体细胞核,再经减数分裂便产生4个单倍体核,担子顶端同时长出4个小梗,小梗顶端稍膨大,4个单倍体核分别进入小梗的膨大部位,形成4个外生的单倍体担孢子(basidiospore)。

2)结构复杂的子实体　产生无性孢子的子实体主要有分生孢子器(pycnidium)、分生孢子座(sorodochium)和分生孢子盘(acervulus)(图3.19)。分生孢子器是一个球形或瓶形结构,在其内壁四周表面或底部长有极短的分生孢子梗,在梗上产生分生孢子;分生孢子座是由分生孢子梗紧密

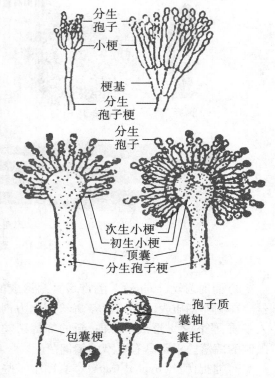

图3.18　结构简单的子实体

聚集成簇而形成的垫状结构,分生孢子长在梗的顶端,这是瘤座孢科(Tuberculariaceae)真菌的共同特征;分生孢子盘是分生孢子梗在寄主角质层或表皮下簇生形成的盘状结构,盘中有时夹杂有刚毛。

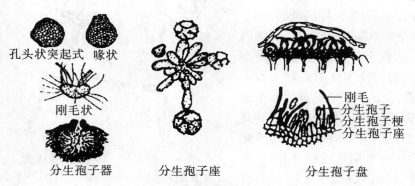

图3.19　结构复杂的子实体

产生有性孢子、结构复杂的子实体称为子囊果(ascocarp)。在子囊与子囊孢子发育过程中,从原来的雄器和雌器下面的细胞上生出许多菌丝,它们有规律地将产囊菌丝包围,形成有一定结构的子囊果。子囊果按其外形可分为3类(图3.20):①闭囊壳,为完全

封闭式,呈圆球形,是不整囊菌纲(部分青霉和曲霉)的特征;②子囊壳,形状如烧瓶,子囊果封闭,仅留有小孔口,是核菌纲真菌的典型构造;③子囊盘,开口的盘状子囊果称为子囊盘,是盘菌纲真菌的特有结构。

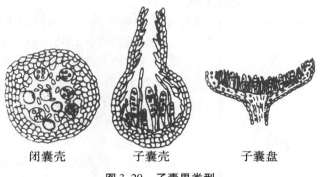

闭囊壳　　　　子囊壳　　　　子囊盘

图 3.20　子囊果类型

3.2.2　霉菌的繁殖

　　霉菌的繁殖能力一般都很强,而且方式多样,除了菌丝断片可以生长成新的菌丝体外,还可通过无性繁殖或有性繁殖的方式产生多种孢子。霉菌的孢子具有小、轻、干、多、休眠期长、抗逆性强等特点。根据孢子的形成方式、孢子的作用以及本身的特点,又可分为多种类型。霉菌的繁殖类型(图 3.21)。

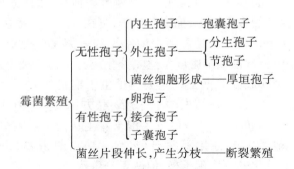

图 3.21　霉菌的繁殖类型

3.2.2.1　无性繁殖

　　无性繁殖是霉菌的主要繁殖方式,不经过两性细胞的结合,通过营养细胞的分裂或营养菌丝的分化而形成同种新个体的过程。霉菌的无性繁殖可以分为 3 种类型:①菌丝断裂,是指菌丝体的断裂片段可以产生新个体,大多数真菌都能进行这种无性繁殖;②营养细胞分裂,是指营养母细胞分裂,一分为二,产生两个子细胞,类似细菌的二分裂;③产生无性孢子,是指菌丝分化成无性孢子,每个孢子在适宜的环境下可产生一个新个体。霉菌主要以无性孢子进行繁殖,菌丝不具隔膜的霉菌一般形成孢囊孢子,菌丝具隔膜的霉菌多数产生分生孢子。霉菌产生的孢子主要有以下 5 种类型。

（1）游动孢子（zoospore）　鞭毛菌的菌丝可直接形成或发育成各种形状的游动孢子囊，游动孢子囊内的原生质体分割成许多小块，小块逐渐变圆，围以薄膜而形成游动孢子。游动孢子呈肾形、梨形或球形，具一根或二根鞭毛，在水中游动一段时间后，鞭毛收缩，产生细胞壁进行休眠，然后萌发形成新个体。

（2）孢囊孢子（sporangiospore）　这种孢子形成于囊状结构的孢子囊中，故称孢囊孢子。霉菌发育到一定阶段，气生菌丝加长，顶端细胞膨大成圆形、椭圆形或梨形的"囊状"结构。囊的下方有一层无孔隔膜与菌丝分开而形成孢子囊，并逐渐长大。在囊中的核经多次分裂，形成许多密集的核，每一核外包围原生质，囊内的原生质分化成许多小块，每一小块的周围形成孢子壁，将原生质包起来，发育成一个孢囊孢子。膨大的细胞壁就成了孢子囊壁。孢子囊下方的菌丝叫孢子囊梗。孢子囊与孢子囊梗之间隔膜是凸起的，使孢子囊梗伸入到孢子囊内部，伸入到孢子囊内的膨大部分叫囊轴。孢囊孢子成熟后，孢子囊壁破裂，孢子飞散出来（图3.22）。有的孢子囊壁不破裂，孢子从孢子囊上的管或孔口溢出。孢子在适宜的条件下，可萌发成为新个体。

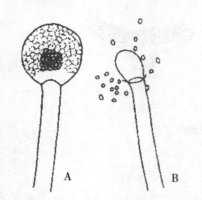

图3.22　高大毛霉的孢子囊和孢囊孢子
A.孢子囊梗和幼年孢囊孢子；
B.孢子囊破裂后露出囊轴和孢囊孢子

孢囊孢子按其运动性可分为2类：①水生霉菌产生的具鞭毛、在水中能游动的孢囊孢子，称为游动孢子，可随水传播；②陆生霉菌所产生的无鞭毛、不能游动的孢囊孢子，称不动孢子，可在空气中传播。

（3）分生孢子（conidium）　这是霉菌中最常见的一类无性孢子，大多数霉菌以此方式繁殖。分生孢子是由菌丝顶端细胞或菌丝先分化成分生孢子梗，分生孢子梗的顶端细胞分割缢缩而形成单个或成簇的孢子。这类孢子生于细胞外，故称为外生孢子，可借助空气传播。分生孢子的形状、大小、结构、着生方式是多种多样的。红曲霉属（*Monascus*）、交链孢霉属（*Alternaria*）等的分生孢子着生在菌丝或其分枝的顶端，单生、成链或成簇排列，分生孢子梗的分化不明显（图3.23）。曲霉属（*Aspergillus*）和青霉属（*Penicillium*）具有明显分化的分生孢子梗，但两者分生孢子着生情况又不相同，曲霉的分生孢子梗顶端膨大形成顶囊，顶囊的表面着生一层或两层呈辐射状排列的小梗，小梗末端形成分生孢子链；青霉的分生孢子梗顶端多次分枝成帚状，分枝顶端着生小梗，小梗上形成串生的分生孢子（图3.23）。

（4）节孢子（arthrospore）　又叫粉孢子，它是由菌丝断裂形成的孢子（图3.24），类似一节一节的微小菌丝，所以称为芽孢子。节孢子的形成过程：菌丝生长到一定阶段，菌丝上出现许多横隔膜，然后从横隔膜处断裂，产生许多短柱状、筒状或两端呈钝圆形的节孢子。如白地霉（*Geotrichum candidum*）幼龄菌体多细胞，丝状，老龄菌丝内出现许多横隔膜，然后自横隔膜处断裂，形成成串的节孢子。

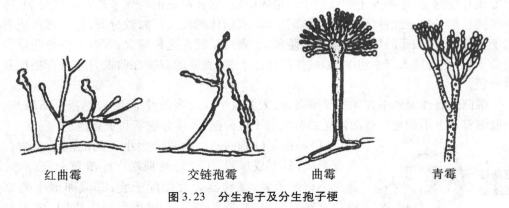

| 红曲霉 | 交链孢霉 | 曲霉 | 青霉 |

图 3.23　分生孢子及分生孢子梗

图 3.24　地霉属的节孢子和厚垣孢子

（5）厚垣孢子（chlamydospore）　这种孢子具有很厚的壁,故又叫厚壁孢子,很多霉菌能形成这类孢子。其形成过程是:在菌丝中间或顶端的个别细胞膨大,原生质浓缩、变圆,类脂物质密集,然后在四周生出厚壁或者原来的细胞壁加厚,形成圆形、纺锤形或长方形的厚垣孢子（图 3.24）。它是霉菌抵抗热与干燥等不良环境的一种休眠体,寿命较长,当条件适宜时,能萌发成菌丝体。但有的霉菌在营养丰富、环境条件正常时照样形成厚垣孢子,这可能与遗传特性有关。毛霉中有些种,特别是总状毛霉（*Mucor racemosus*）,常在菌丝中间部分形成厚垣孢子。

3.2.2.2　有性繁殖

经过两个性细胞结合而产生新个体的过程称为有性繁殖。霉菌有性孢子的形成过程一般分为 3 个阶段:①质配,即两个性细胞接触后细胞质融合在一起,但两个核不立刻结合,每一个核的染色体数目都是单倍的,这个细胞称双核细胞;②核配,即质配后双核细胞中的两个核融合,产生二倍体接合子核,其染色体数是双倍的;③减数分裂,即核配以后,双倍体核通过减数分裂,细胞核中的染色体数目又恢复到单倍体状态。

霉菌形成有性孢子有 3 种不同方式:①经过核配以后,含有双倍体核的细胞直接发育形成有性孢子,这种孢子的核处于双倍体阶段,它在萌发的时候才进行减数分裂,卵孢子和接合孢子属于此种情况;②在核配以后,双倍体的核进行减数分裂,然后再形成有性孢子,这种有性孢子的核处于单倍体阶段,子囊孢子就是这种情况;③两个性细胞结合形成合子后,直接侵入寄主组织,形成休眠体孢子囊,囊内的双核在萌发时才进行核配和减数分裂。

霉菌的有性繁殖不如无性繁殖普遍,大多发生在特定条件下,在自然条件下较少,在一般培养基上不常见。霉菌常见的有性孢子有卵孢子、接合孢子和子囊孢子。

(1)卵孢子(oospore) 由两个大小不同的配子囊结合后发育而成,其形成过程:①在菌丝顶端产生雄器和藏卵器,雄器为小型配子囊,藏卵器为大型配子囊;②藏卵器中的原生质与雄器配合以前,收缩成一个或数个原生质团,成为单核卵球,有的藏卵器原生质分化为两层,中间的原生质浓密,称为卵质,其外层叫周质,卵质所形成的团就是卵球;③当雄器与藏卵器配合时,雄器中的细胞质和细胞核通过授精管进入藏卵器与卵球配合,此后卵球生出厚的外壁即成为卵孢子(图3.25)。卵孢子的成熟过程较长,约需数周或数月。刚形成的卵孢子没有萌发能力,要经过一个时期的休眠。卵孢子是双倍体,许多形成卵孢子的菌种在其整个营养时期都为双倍体,在发育雄器和卵球时才进行减数分裂。

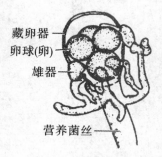

藏卵器——
卵球(卵)——
雄器——

营养菌丝——

图3.25 水霉的卵孢子

(2)接合孢子(zysospore) 接合孢子是由菌丝生出的结构基本相似、形态相同或略有不同的两个配子囊接合而成。接合孢子的形成过程:①两条相近的菌丝各自向对方伸出极短的侧枝,称为接合子梗,两个接合子梗成对地相互吸引,并在它们的顶部融合形成融合膜,两个接合子梗顶端膨大成为原配子囊;②每个原配子囊中形成一个横隔膜,使其分隔成两个细胞,即一个顶生的配子囊和配子囊柄细胞,随后融合膜消失,两个配子囊发生质配与核配,成为原接合孢子囊;③原接合孢子囊再膨大发育成具有厚而多层的壁、颜色很深、体积较大的接合孢子囊,在其内部产生一个接合孢子。接合孢子经过一段休眠后,在适宜的条件下才能萌发,长成新的菌丝体(图3.26)。接合孢子的核是双倍体,其减数分裂有的在萌发前进行,有的在萌发时才发生。

根据产生接合孢子菌丝来源和亲和力的不同,一般可分为同宗接合和异宗接合,凡是由同一个体的两个配子囊所形成的接合孢子叫同宗接合,如有性根霉(*R. sexualis*)同一菌丝上不同的分枝间也会接触形成接合孢子。凡是由不同个体的两个配子囊所形成的接合孢子叫异宗接合,如匍枝根霉(*R. stolonifer*)、高大毛霉(*M. mucedo*)等均以此方式形成接合孢子。这两种不同质的菌丝,在形态上无法区别,但生理上有差异,一般用"+"和"-"符号来表示。

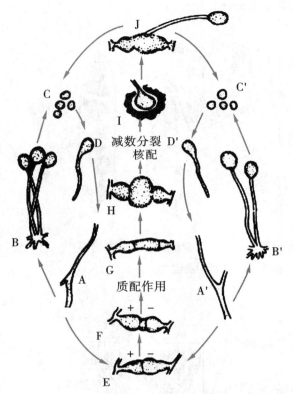

A(A').菌丝
B(B').假根、孢子囊梗
C(C').孢囊孢子
D(D').孢囊孢子萌发
E.原配子囊
F.配子囊
G.原接合孢子囊
H.成熟接合孢子
I.接合孢子萌发
J.接合孢子长出新的菌丝体

J
C　　　　　　　　C'
I
减数分裂
核配
D　　　D'
H
B
A　质配作用　A'
G
B'
F + -
+ -
E

图 3.26　匍枝根霉生活史

　　（3）子囊孢子（ascospore）　在子囊中形成的有性孢子叫子囊孢子。形成子囊孢子是子囊菌的主要特征。子囊是一种囊状结构,有圆球形、棒形、圆筒形、长形、长方形等多种形状(图 3.27)。

　　不同的子囊菌形成子囊的方式不同。最简单的是两个单倍体营养细胞互相结合后直接形成,如酿酒酵母。霉菌形成子囊孢子的过程较复杂:①同一或相邻的两个菌丝形成两个异形配子囊,即产囊器和雄器,两者配合,经过质配和核配后,形成子囊;②子囊中的二倍体细胞核经过减数分裂形成 8 个核,每个核的周围环绕一团浓厚的原生质并产生孢壁,形成一个子囊孢子。每个子囊内通常含有 8 个子囊孢子,虽有数量变化,但总数为 $2n$ 个。子囊孢子的形态有很多类型,其形状、大小、颜色、纹饰等为子囊菌的分类依据。

　　子囊和子囊孢子发育过程中,在多个子囊的外部由菌丝体形成共同的保护组织,整个结构成为一个子实体,称为子囊果。子囊果成熟后,子囊顶端开口或开盖射出子囊孢子,也有的子囊壁溶解放出子囊孢子。在适宜条件下,子囊孢子萌发成新的菌丝体。

　　霉菌的生活史是指霉菌从一种孢子开始,经过一定的生长发育,最后又产生同一种孢子的过程,它包括有性繁殖和无性繁殖两个阶段。典型的生活史包括 2 个阶段:①霉菌的菌丝体(营养体)在适宜条件下产生无性孢子,无性孢子萌发形成新的菌丝体,如此重复多次,这是霉菌生活史中的无性阶段;②霉菌生长发育的后期,在一定的条件下,出现有性繁殖,即从菌丝体上形成配子囊,质配、核配形成双倍体的细胞核,之后经过减数分裂产生单倍体孢子,孢子萌发成新的菌丝体(图3.28)。

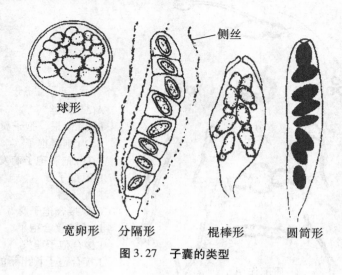

图 3.27　子囊的类型

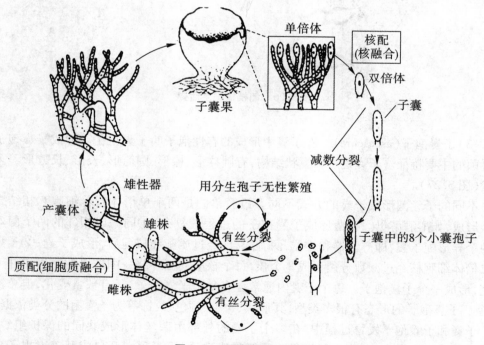

图 3.28　子囊菌的生活史

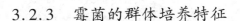

3.2.3 霉菌的群体培养特征

3.2.3.1 霉菌固体培养特征

霉菌菌落是由分枝状菌丝组成的,在固体培养基上形成营养菌丝(基内菌丝)和气生菌丝。气生菌丝间无毛细管水,所形成的菌落与细菌和酵母菌的菌落不同,与放线菌的菌落接近。霉菌菌落形态较大,质地比放线菌疏松,外观干燥,不透明,呈现或紧或松的蛛网状、绒毛状或棉絮状。菌落与培养基连接紧密,不易挑取。少数霉菌,如根霉、毛霉、脉孢菌生长很快,菌丝生长没有局限,可在固体培养基表面蔓延以至扩展到整个培养皿,看不到单独菌落。在固体培养基上菌落最初常呈浅色或白色,当菌落产生各种颜色的孢子后,菌落表面往往呈现出肉眼可见的不同结构和颜色,如绿、青、黄、棕、橙等。菌落正反面的颜色及边缘与中心的颜色常不一致。菌落正反面颜色不同是由于气生菌丝及其分化出来的子实体(孢子等)的颜色比分散于固体基质内的营养菌丝的颜色较深所致。菌落中心气生菌丝的生理年龄大于菌落边缘的气生菌丝,其发育分化和成熟度较高,颜色较深,形成菌落中心与边缘气生菌丝在颜色与形态结构上的明显差异。

同一种霉菌,在不同成分的培养基上和不同条件下培养,形成的菌落特征有所变化,但各种霉菌在一定的培养基上和一定的条件下形成的菌落大小、形状、颜色等却相对稳定。霉菌菌落特征是鉴定霉菌的重要依据之一。

3.2.3.2 霉菌液体培养特征

当霉菌在液体培养基中进行通气搅拌或振荡培养时,霉菌的菌丝体会呈现特化形态,它们的菌丝体会相互紧密扭结,纠缠成一种特殊构造,呈颗粒状的菌丝球(mycelial bead),均匀地悬浮在发酵液中且不会长得过密,因而发酵液外观较稀薄,有利于发酵的进行。在静止培养时,菌丝常生长在培养液表面,培养液不混浊,有时可用来检查培养物是否被细菌所污染。

3.2.4 常见的霉菌

霉菌的种类繁多,目前已知的就超过4万多种,在此主要介绍几类最常见、与人类关系最密切的霉菌。

(1)毛霉(*Mucor*) 毛霉属于接合菌亚门、接合菌纲、毛霉目、毛霉属真菌,它外形呈毛发状,菌丝为白色,为管状分枝的无隔多核菌丝,是低等的单细胞真菌。以有性的接合孢子和无性的孢囊孢子进行繁殖。

毛霉广泛存在于土壤、蔬菜、水果和富含淀粉的食品中,毛霉菌丝发达,生长迅速,是引起食物等物品霉变的常见污染菌。毛霉分解蛋白质的能力较强,可用于豆腐乳的酿造,有的霉菌具有较强的糖化能力,可用于淀粉类原料的糖化和发酵,如常见的高大毛霉。

(2)根霉(*Rhizopus*) 根霉属于毛霉目、根霉属真菌,形态与毛霉相似,菌丝无隔,无性繁殖产生孢囊孢子,有性繁殖产生接合孢子。根霉菌丝在固体培养基上伸向内部,形成分枝状的假根和匍匐菌丝。靠培养基表面匍匐生长,称为匍匐菌丝。

根霉菌能产生高活性的淀粉酶,是工业上重要的发酵菌种,有的是甾体化合物转化的重要菌株。根霉菌分布广泛,也是淀粉类食物、药品等霉变的主要污染菌。如常见的黑根霉。

（3）曲霉（*Aspergillus*）　曲霉多数为半知菌类，未发现有性繁殖阶段。菌丝有隔，以分生孢子进行繁殖，分生孢子梗常从营养菌丝分化的足细胞上长出，其顶端膨大成顶囊，在其顶囊表面呈辐射状长出 1~2 层小梗，小梗顶端长出一串圆形的分生孢子。曲霉菌属各菌的菌丝和孢子常呈不同的颜色，故菌落的颜色各不相同，且较稳定，是分类鉴定的主要依据。

曲霉分解有机物能力极强，是发酵工业的重要菌种，可应用曲霉菌的糖化作用和分解蛋白质的能力制曲、酿酒、造酱。医药工业上利用曲霉菌生产柠檬酸、葡萄糖酸等有机酸，以及酶制剂、抗生素等。曲霉也是引起食物、药品霉变的常见污染菌。常见的有黑曲霉、黄曲霉、米曲霉等。

（4）青霉（*Penicillium*）　青霉与曲霉形态相似，菌丝有隔，但无足细胞，孢子结构与曲霉菌不同，分生孢子梗有多次分枝，产生一轮至数轮分叉，在最后分枝的小梗上长出成串的分生孢子，形似扫帚状。不同种的分生孢子具有不同的颜色。

青霉分布极广，在一切潮湿的物品上均能生长。分解有机物的能力很强，有的菌株可生产柠檬酸、延胡索酸、草酸等有机酸。青霉菌可使工农业产品及生物制剂和药物霉败变质，有的菌株产生的真菌毒素对人和畜的健康具有较大危害。常见的有产生青霉素的产黄青霉，产生灰黄霉素的灰黄青霉。

3.2.5　原核微生物与真核微生物的比较

原核微生物相对结构简单，细胞外形较小也，但两者的区别主要体现在细胞内部结构上，特别是细胞器上，表 3.1 所示是原核微生物与真核微生物的主要区别。

表 3.1　原核微生物与真核微生物的主要区别

细胞结构	原核微生物	真核微生物
细胞壁	由肽聚糖、其他多糖、蛋白质和糖蛋白组成	通常为多糖组成，包括纤维素
质膜	不含固醇	含固醇
核糖体	70S	80S（线粒体和叶绿体中的核糖体为70S）
具单位膜的细胞器	无	有几种细胞器
呼吸系统	在部分质膜和内膜中	在线粒体中
光合色素	在内膜或绿色体中，无叶绿体	在叶绿体中
细胞核	拟核	完整的核
核仁	无	有
DNA	通常为一个环状大分子，也存在于质粒中	同组蛋白结合，存在于染色体中
细胞分裂	缺有丝分裂	进行有丝分裂
有性生殖	不具备	具备，进行减数分裂
鞭毛结构	鞭毛较细（中空管状结构）	鞭毛较粗（"9+2"结构）
细胞大小	1~10 μm	10~100 μm

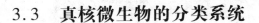

3.3 真核微生物的分类系统

真菌的分类系统很多,各派分类论点各不相同,下面就其中两种较有代表性的真菌分类系统做一介绍。

3.3.1 安斯沃思(G. C Ainsworth 1971,1973)的分类系统

安斯沃思(G. C Ainsworth 1971,1973)的分类系统在 Whittake 分类系统将真菌独立成界的基础上,将真菌界分为两个门(真菌门和黏菌门),在真菌门内根据有性孢子的类型、菌丝是否有隔膜等性状分为 5 个亚门,即鞭毛菌亚门、接合菌亚门、子囊菌亚门、担子菌亚门和半知菌亚门。这一分类系统在 20 世纪较有影响,但显然这一系统仍属"人为分类"而非真正按亲缘关系和客观反映系统发育关系对真菌的"自然分类"。

3.3.2 《真菌字典》的分类系统

1995 年,根据 18S RNA 序列、生物化学和细胞壁组分以及 DNA 序列分析的结果,国际真菌学研究的权威机构——英国国际真菌研究所(International Mycological Institute)出版的第 8 版《真菌字典》(Dictionary of Fungi)中,将原来的真菌界划分为原生动物界、藻界和真菌界。真菌界仅包括了 4 个门,即壶菌门、接合菌门、子囊菌门和担子菌门。研究发现,卵菌、丝壶菌和网黏菌与硅藻类和褐藻类亲缘关系较近,这一类群被称为藻界,而其他黏菌被认为属于原生动物界。《真菌字典》的分类系统较安斯沃思的分类系统有了进步,但是否是代表了真正的"自然分类"则仍需探讨。

表 3.2 比较了 2 个分类系统。

表 3.2　真菌分类系统比较

安斯沃思(1973)	真菌字典(1995)	安斯沃思(1973)	真菌字典(1995)
真菌界	真菌界(Fungi)	真菌界	真菌界(Fungi)
黏菌门(裸菌门)	壶菌门	核菌纲	原生动物界(Protozoa)
真菌门	接合菌门	腔菌纲	集胞菌门
鞭毛菌亚门	接合菌纲	虫囊菌纲	网柄菌门
壶菌纲	毛菌纲	盘菌纲	黏菌门
真菌界	真菌界(Fungi)	真菌界	真菌界(Fungi)
丝壶菌纲	子囊菌门	担子菌亚门	根肿菌门
根肿菌纲	担子菌门	冬孢菌纲	
卵菌纲	担子菌纲	层菌纲	
接合菌亚门	冬孢菌纲	腹菌纲	
接合菌纲	黑粉菌纲	半知菌亚门	

续表 3.2

安斯沃思(1973)	真菌字典(1995)	安斯沃思(1973)	真菌字典(1995)
毛菌纲	藻界(Chromista)	芽孢纲	
子囊菌亚门	丝壶菌门	丝孢纲	
半子囊菌纲	网黏菌门	腔孢纲	
不整囊菌纲	卵菌门		

➡ 思考题

1. 真菌有哪些主要特征?
2. 简述真菌细胞壁的化学成分、真菌的繁殖方式及无性孢子、有性孢子的主要类型。
3. 简述酵母菌的主要构造、生理功能、繁殖特点。
4. 简述酿酒酵母的生活史。
5. 简述真核微生物细胞的结构、成分特点。
6. 酵母菌与人类的关系如何?
7. 霉菌与人类的关系如何?
8. 试述霉菌的形态结构及其功能。
9. 什么是真菌、酵母菌、霉菌、吸器、假根、菌索、菌核、菌环、子实体、质配、核配、同宗结合、异宗结合?
10. 什么是菌丝、菌丝体、菌丝球、真酵母、假酵母、芽痕、蒂痕、真菌丝、假菌丝?

第4章　非细胞微生物——病毒

病毒(virus)属于非细胞型生物,它是一类微小的具有部分生命特征的分子病原体。人们对病毒的认识主要经历了如下几个阶段:①1892年Ivanofsky将其发现的烟草花叶病毒(tobacco mosaic virus,TMV)称为滤过性致病因子;②1957年Lwoff认为病毒是一类具有严格细胞内寄生和潜在感染性的病原体,并且还指出病毒只含有一种核酸;③1978年Luria和Darnell进一步确认了Lwoff的关于"病毒只含有一种核酸"的理论;④1971年Dienner发现了类病毒(viroid),1981年在澳大利亚发现了类病毒样的拟病毒(virusoid),1982年Prusiner发现了朊病毒(prion virus)。随着这些不具备完整病毒结构的病毒陆续被发现,病毒又被重新划分为真病毒和亚病毒两大类。

病毒种类多样,在有细胞生物生存的地方,都有与之相对应的病毒存在。病毒学就是建立在此基础上,以病毒为研究对象,结合分子生物学形成的一门新兴学科。通过病毒学的研究,熟悉病毒的特性,了解病毒的传染机制,对防治病毒给人类带来的健康危害、防止其对食品加工过程造成的污染和经济损失具有十分重要的意义和价值。

4.1　病毒的形态结构和化学成分

4.1.1　病毒的基本特点

病毒在细胞外环境以成熟的病毒颗粒——毒粒的形式存在。拥有一定的大小、形态、化学组成和理化性质,不表现出任何生命特征,但具备感染力。病毒与已知的其他生物相比具有其独特的特征,主要表现在以下方面:①个体极其微小,病毒的直径一般为10~300 nm,必须借助电子显微镜才能观察到它的形态。例如动物痘病毒[(300~450)nm×(170~260)nm]是最大的病毒;烟草坏死病毒的卫星病毒个体最小(15~18 nm)(表4.1),病毒的大小通常可以采用超滤法、电子显微镜法、超速离心沉降法、电泳法等进行测定。②病毒没有细胞结构,病毒主要由核酸和蛋白质组成。病毒的核酸组成单一,即只含脱氧核糖核酸(DNA)或核糖核酸(RNA)。③病毒自身仅能产生少数简单的酶系,既无产能酶系也无蛋白质合成系统,因此,病毒不能独立进行生命代谢活动,只能寄生于宿主细胞中,在宿主细胞协助下合成核酸和蛋白,最后装配成完整的病毒颗粒。④病毒也能够以化学大分子颗粒的形式在活体外存活较长时间。⑤病毒对一般抗生素不敏感,但对干扰素敏感。⑥部分病毒的核酸可以通过与宿主的基因组整合达到诱发潜伏性感染的目的。

表 4.1　常见病毒的大小比较

病毒名称	直径/nm
痘病毒	(300~450)×(170~260)
疱疹病毒	100~150
腺病毒	70~90
流感病毒	80~85
脊髓灰质炎病毒	27~30
乙肝病毒	42
诺如病毒	26~35
烟草花叶病毒	300×15
马铃薯 Y 病毒	750×12
番茄矮丛病毒	30
大肠杆菌噬菌体 T4	头部(90×60),尾部(100×20)

4.1.2　病毒的结构

病毒主要由蛋白质外壳和核酸组成(图4.1)。病毒的蛋白质外壳称为壳体或衣壳,通常由单一的壳体蛋白分子组成的亚单位通过次级键结合而成。这些构成病毒衣壳的蛋白质亚单位也被称为衣壳粒。核酸位于病毒的中心,构成了核心,它携带了病毒的全部基因,决定病毒的遗传特性,因此也称其为基因组。病毒的核酸有多种存在形式,其组成是 RNA 或 DNA。病毒核酸的形状有线状或环状,其结构为单链或双链。核心和衣壳合在一起称为核衣壳,它是任何具有感染性的病毒(真病毒)必须具备的基本结构。但是,有些病毒的结构更为复杂,它们在核衣壳的外部还有一层由类脂或脂蛋白组成的膜,称为包膜。包膜主要由脂类和糖蛋白组成,其是包裹在病毒核衣壳外面的一层膜状结构。有的包膜病毒表面还长有刺突或突起等附属结构。这些结构能与细胞表面的受体结合,使病毒黏附于靶细胞表面,构成病毒的表面抗原,其与病毒分型、致病性和免疫性有关。

4.1.3　病毒的形状

尽管已经发现和命名的病毒种类有上千种,病毒间的形状和大小均有一定的差别,但多数病毒的形状特征可归纳为以下几种类型:①球形病毒。人、动物和真菌的病毒多为此形状。球形病毒有特定数目的形态学单位,常见的球形病毒有脊髓灰质炎病毒、腺病毒、疱疹病毒等。②杆形病毒。杆形是某些植物病毒的固有特征,例如烟草花叶病毒(TMV)具有棒状的颗粒。而另一些杆形病毒如昆虫杆状病毒,具有可弯曲的颗粒。③丝状病毒。大肠杆菌的 f1、fd、M13 噬菌体属于这一类病毒。④弹状病毒。整体呈圆筒形,如狂犬病毒。⑤砖形病毒。该类病毒呈砖形,例如痘病毒。⑥复合形病毒。通常是球形、杆形等的复合体,典型的如大肠杆菌 T4 病毒(图 4.2)等。它的基本形态由二十面对称的头部和螺旋对称的尾部构成,其中病毒的核酸位于头部中间。另外有些复合形病毒还有尾丝、基板、刺突等附属结构。

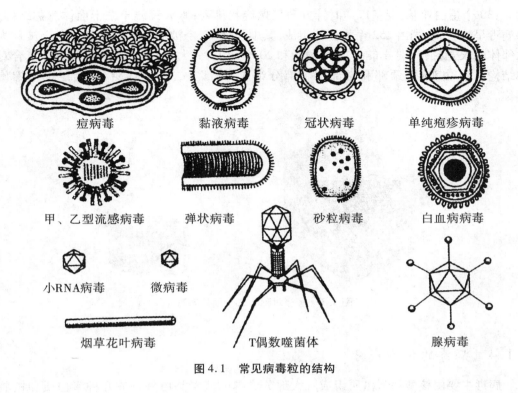

痘病毒　　　黏液病毒　　　冠状病毒　　　单纯疱疹病毒

甲、乙型流感病毒　　弹状病毒　　　砂粒病毒　　　白血病病毒

小RNA病毒　　微病毒

烟草花叶病毒　　　T偶数噬菌体　　　腺病毒

图 4.1　常见病毒粒的结构

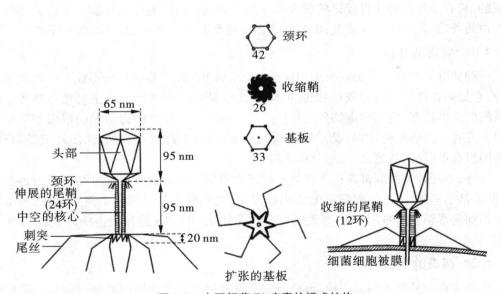

颈环
42

收缩鞘
26

基板
33

65 nm

头部

颈环
伸展的尾鞘
(24环)
中空的核心

刺突
尾丝

95 nm

95 nm

20 nm

扩张的基板

收缩的尾鞘
(12环)

细菌细胞被膜

图 4.2　大肠杆菌 T4 病毒的模式结构

　　另外,根据病毒结构的对称性又可将所有病毒的结构大致分为两类——螺旋对称和二十面体对称(图4.3)。而其他结构复杂的病毒则是将上述两种对称结构相结合,称为复合对称。例如,烟草花叶病毒就属于螺旋对称结构。烟草花叶病毒呈直杆状,其衣壳

含 2 130 个蛋白亚基,亚基以逆时针方向呈螺旋状排列;腺病毒属于二十面体对称结构。腺病毒呈球状,衣壳由 252 个衣壳粒组成,其中包括 12 个被称为五邻体和 240 个被称为六邻体的衣壳粒,分别分布在 12 个顶角和 20 个面上;而大肠杆菌 T4 病毒就属于复合对称结构。T4 由头部、颈部和尾部 3 个部分组成,头部呈二十面体对称,而尾部呈螺旋对称。

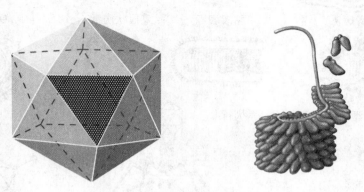

图 4.3　螺旋对称和二十面体对称

4.1.4　病毒的化学成分

病毒主要由核酸和蛋白质组成。大部分成熟的病毒是由一种或几种蛋白质和核酸组成的,只有少数几种病毒仅以核酸形式存在(如类病毒)。有些有包膜的病毒除含核酸和蛋白质外,还含有脂类和糖类;某些病毒还含有聚胺类化合物、无机阳离子等组分。

4.1.4.1　病毒的核酸

一种病毒只含有一种特定类型的核酸(DNA 或 RNA)。核酸是病毒粒子中最重要的成分,它是病毒遗传信息的载体和传递体,因此也是病毒生命活动的主要物质基础。病毒核酸的类型较多,它为病毒的分类提供了可靠的分子基础。病毒核酸的组成和结构常有以下几种:①DNA 或 RNA;②单链结构或双链结构;③线状或环状;④闭环或缺口环;⑤基因组有单组分、双组分、三组分或多组分。

另外,不同种类的病毒其核酸含量也有较大差别。病毒核酸的含量与病毒的种类有关,并且基本呈正比关系,即病毒的结构越复杂,其核酸含量就越多。例如,流感病毒的核酸不到病毒颗粒质量的 1%;而大肠杆菌噬菌体 T2、T4、T6 的核酸占病毒颗粒的 50% 左右。

4.1.4.2　病毒的蛋白质

病毒含有一种以上的蛋白质,每种蛋白质通常都由许多相同的亚单位组成。根据病毒蛋白质是否存在于毒粒中,可将病毒蛋白质分为结构蛋白质和非结构蛋白质:①结构蛋白质指构成一个形态成熟的有感染性的病毒颗粒所必需的蛋白质,包括壳体蛋白、包膜蛋白和存在于毒粒中的酶等;②非结构蛋白质指由病毒基因组编码的、在病毒复制过程中产生并具有一定功能,但不结合于毒粒中的蛋白质。

(1)壳体蛋白　是构成病毒壳体结构的蛋白质,由一条或多条多肽链折叠形成蛋白

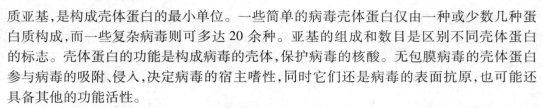

质亚基,是构成壳体蛋白的最小单位。一些简单的病毒壳体蛋白仅由一种或少数几种蛋白质构成,而一些复杂病毒则可多达 20 余种。亚基的组成和数目是区别不同壳体蛋白的标志。壳体蛋白的功能是构成病毒的壳体,保护病毒的核酸。无包膜病毒的壳体蛋白参与病毒的吸附、侵入,决定病毒的宿主嗜性,同时它们还是病毒的表面抗原,也可能还具备其他的功能活性。

（2）包膜蛋白　构成病毒包膜结构的蛋白质包括包膜糖蛋白和基质蛋白两类。包膜糖蛋白是由多肽链骨架与寡糖侧链,通过 N-糖苷键将糖链的 N-乙酰葡萄糖胺与肽链的天冬酰胺残基连接形成的。根据寡糖链中单糖残基组成的区别,包膜糖蛋白又分为简单型糖蛋白和复合型糖蛋白两类。

包膜糖蛋白多为病毒吸附蛋白,是病毒的主要表面抗原,它们与细胞受体相互作用,启动病毒感染发生,有些病毒的包膜糖蛋白还可介导病毒的侵入,此外它们还可能具有凝集脊椎动物红细胞、细胞融合以及酶等活性。基质蛋白构成膜脂双层与核壳之间的亚膜结构,具有支撑包膜,维持病毒结构的作用。更重要的是它介导核壳与包膜糖蛋白之间的识别,在病毒成熟过程中发挥重要作用。

4.1.4.3　病毒的脂类

有包膜病毒的包膜内含有来源于细胞的脂类化合物。在纯化的病毒中已发现有许多种脂类化合物,包括磷脂、糖脂、中性脂肪、脂肪酸、脂肪醛、胆固醇。病毒脂质的主要成分是磷脂,它在许多病毒中具有某些结构上的功能。由于病毒包膜的脂类来源于细胞,所以其种类与含量均具有宿主细胞的特异性。脂类构成了病毒包膜的脂双层结构。此外,在少数无包膜病毒的毒粒中也发现脂类的存在,如 T 系噬菌体、λ 噬菌体以及虹彩病毒科的某些成员。

4.1.4.4　病毒的糖类

核糖是病毒一个不可缺少的组分,无论是 RNA 或 DNA 均含有一定量核糖。有些病毒(多数是包膜病毒)还含有少量的糖类。这些糖类主要是以寡糖侧链存在于病毒糖蛋白和糖脂中,或以黏多糖形式存在。另外,某些复杂病毒的毒粒还含有内部糖蛋白或者糖基化的壳体蛋白。

4.1.4.5　其他组分

在一些动物病毒、植物病毒和噬菌体的毒粒内,存在一些如丁二胺、亚精胺、精胺等阳离子化合物。在某些植物病毒中还发现有金属阳离子的存在。这些含量极微的有机阳离子或无机阳离子与病毒核酸呈无规则的结合,对核酸的构型产生一定的影响。它们的结合量仅与环境中相关离子浓度有关,是病毒装配时从环境中获得的不恒定成分。另外,在某些病毒体内还存在一些小分子组分如 ATP。

4.2　病毒的分类

4.2.1　病毒分类的原则

病毒分类是指将自然界存在的病毒种群,按照它们的性质和亲缘关系加以归纳编排,以了解病毒的共性与个性特点。一个好的分类系统必须建立在完善命名的基础上,并能形成稳固的分类系统,不仅要满足严密的设想,还能提供一个有条理、容纳相当数据的信息存取系统,以便于查考、交流、认识和利用各种病毒。病毒分类的主要依据是病毒形态、毒粒结构和性质、基因组复制的类型、化学组成、病毒的抗原性质以及生物学性质等。

国际病毒分类委员会(International Committee on Taxonomy of Viruses,ICTV)主要依据以下原则对病毒进行分类:①核酸的类型、结构及分子量病毒核酸为 DNA 或 RNA,单链或双链,线状或环状,核酸的分子量是多少,核酸分子量占病毒体总量的百分比,鸟嘌呤加胞嘧啶(G+C)的含量等;②病毒的形状和大小,病毒体的形状是杆状、球状、弹状、砖形还是蝌蚪状等;病毒体的长度和宽度、病毒体的直径等;③病毒体的形态结构,包括壳体的对称性,为立体对称、螺旋对称或复合对称;有无囊膜;二十面体壳体的壳粒数目和直径、螺旋壳体的直径等;④病毒体对乙醚、氯仿等脂溶剂的敏感性;⑤血清学性质和抗原关系;⑥病毒在细胞培养上的特性;⑦除脂溶剂外,病毒对其他化学和物理因子的敏感性;⑧流行病学特点。

为了实际应用和描述的方便,也可按照宿主的不同将病毒分为动物病毒、植物病毒和微生物病毒。

(1)动物病毒 动物病毒可以分为脊椎动物病毒(vertebrate virus)和无脊椎动物病毒(invertebrate virus)。其中,脊椎动物病毒寄生于脊椎动物细胞内,为多种人和其他脊椎动物传染病的病原。脊椎动物病毒呈砖形、球形或椭圆形,核酸为 RNA 或 DNA。目前,人传染病中有 70%~80% 是由病毒引起的。例如流行性感冒、肝炎、水痘、腮腺炎、脊髓灰质炎、萨斯(SARS)、艾滋病、埃博拉病毒等。在上述传染病中,埃博拉病毒(Ebola virus,EBOV)的生物安全等级最高(4 级),高于艾滋病和 SARS(3 级)。埃博拉病毒属于丝状病毒,外形似中国的"如意"。EBOV 外有包膜,病毒颗粒直径约为 80 nm,长度有 970 nm,其核酸为单股负链 RNA,分子量为 4.17×10^6(图 4.4)。1976 年,在苏丹南部和刚果(金)的埃博拉河地区首次爆发,"埃博拉"也因此而得名;1979 年,EBOV 在肆虐苏丹后销声匿迹 15 年,但又在 1994 年到 2012 年多次小规模爆发。此后直到 2014 年,EBOV 发生较大规模爆发,疫情先后波及几内亚、利比里亚、塞拉利昂、尼日利亚、塞内加尔、美国、西班牙、马里等国家。其中,利比里亚、塞拉利昂和几内亚等西非三国的感染病例(包括疑似病例)达 19 031 人,死亡 7 373 人。EBOV 在每次爆发后潜伏的位置以及每一次疫情爆发时的感染源至今仍是一个未解之谜,导致病人一旦感染,既没有疫苗注射,也没有其他治疗方法。

无脊椎动物病毒寄生于节肢动物的昆虫纲中,例如昆虫病毒(insect viruses)。昆虫病毒呈杆状或球状,核酸为 RNA 或 DNA。在宿主细胞内,此类病毒粒子包埋于蛋白质基质中形成包涵体(inclusions)。包涵体是寄主细胞被病毒感染后形成的蛋白质结晶体,其中包含单个或数个病毒颗粒。包涵体能够保护病毒粒子不易被蛋白酶分解,因此性质较为稳定。根据有无包涵体及其在细胞中的位置及形状,又可将昆虫病毒分为核型多角体病毒(nuclear polyhedrosis virus,NPV)、质型多角体病毒(cytoplasmic polyhedrosis virus)、颗粒体病毒(granulosis virus,GV)和无包涵体病毒。

核型多角体病毒的病毒粒子呈杆状,核酸为双链 DNA。该病毒在宿主细胞核内被呈多面体的包涵体包裹,该病毒通过口器传染;质型多角体病毒的病毒粒子为球形,核酸为多面体双链 RNA。该病毒粒子进入肠道后,在细胞质内增殖,形成多角体,不能侵入其他组织;颗粒体病毒被呈圆形或椭圆形的包涵体包裹,其病毒颗粒呈颗粒状,含双链 DNA。颗粒体病毒粒子在肠道内释放后侵入真皮、脂肪组织、气管和中肠皮层,随后进入细胞核内进行繁殖,最后释放到细胞质中形成只含一个病毒粒子的包涵体;无包涵体病毒的病毒粒子呈球形,不形成包涵体。

　　登革病毒(dengue virus)就是具有一定代表性的昆虫病毒。登革病毒属于黄病毒科黄病毒属的一个血清型亚群(图 4.5)。登革热(dengue fever)就是由携带该病毒的埃及伊蚊和白纹伊蚊传播的一种急性传染病。与埃博拉病毒不同的是,登革病毒疫苗的研究已有近 70 年的历史。2012 年,法国疫苗生产商赛诺菲—巴斯德公司研发的"CYD-TDV"活性减毒登革热疫苗通过二期临床试验,相关研究报告发表在英国医学刊物《柳叶刀》上。该临床试验结果显示此种疫苗对 3 种登革热病毒株都有预防效果,是一种安全有效的登革热疫苗。2013 年,中国和新加坡科学家合作开发出对抗登革热的一种新疫苗。如果该疫苗临床试验获得成功,它将成为首个可同时预防登革热所有四种常见亚型的疫苗。

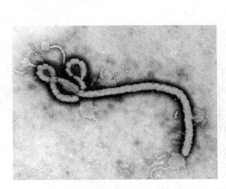

图 4.4　埃博拉病毒的形态结构

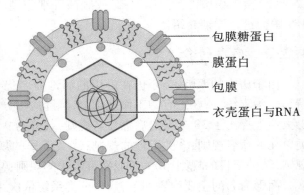

包膜糖蛋白
膜蛋白
包膜
衣壳蛋白与RNA

图 4.5　登革病毒的形态结构

　　(2)植物病毒　很多植物病毒(plant virus)都是含单链 RNA 的病毒。按照植物病毒粒子的形态可以将其分为杆状、线状或近球形的多面体。一种植物病毒通常能寄生在不同的科、属、种的栽培植物或野生植物上。其可通过昆虫的刺吸式口器刺破植物表面或植物创口直接侵入宿主细胞内部后脱壳,进而发生核酸复制和衣壳蛋白合成,在此基础上进一步完成植物病毒的装配工作。植物病毒的传播感染途径有以下几种:①通过昆虫进行传播;②病株的汁液接触无病植株的伤口感染;③植株间的嫁接传播病毒。例如,烟草花叶病毒就是植物病毒中的典型代表。烟草花叶病毒是烟草上发生的最为普遍的一类病毒。感染该病毒的烟草叶绿素受破坏,光合作用减弱,叶片生长受到抑制,严重影响烟叶的品质和产量。除此之外,大蒜病毒也是对大蒜危害性较大的一种病毒。大蒜病毒病是由多种病毒复合侵染引起的,主要有大蒜花叶病毒(GMV)和大蒜潜隐病毒(GLV)。此外,还有烟草花叶病毒、韭葱黄条病毒(LYSV)、马铃薯 A 病毒(PVA)、马铃薯 S 病毒(PVS)、马铃薯 M 病毒(PVM)等进行单独或复合侵染。病毒侵入植株体内不仅会对当代产品有影响,还会使其鳞茎母体带毒从而以垂直传染的方式传递给后代,导致大蒜的种性退化。除了这种传播方式外,通过田间的传毒媒介,如蚜虫、蓟马、线虫及瘿螨等,又可将病株中的病毒传给健康的植株,直接导致病毒传染率不断扩大。被病毒感染的大蒜叶片会出现黄色条纹、扭曲、开裂、折叠,叶尖干枯,萎缩等症状。另外,整个大蒜植株矮小、瘦弱,呈黄褐色,同时还会出现不抽薹或抽薹后蒜薹上有明显的黄色斑块等不正常的现象。严重时甚至有蒜果变小、变僵硬等情况出现。除了上述两种比较典型的植物病毒外,还有一种值得一提的植物病毒就是郁金香碎色病毒。郁金香碎色病毒主要寄生于郁金香内,但同时也会寄生在百合属的植物中。在郁金香生长的温带地区,特别是在生长季节早期、蚜虫介体丰富的欧洲南部普遍存在郁金香碎色病毒。虽然它是一种对郁金香植株生长有害的病毒,但有意思的是,早在18世纪人们就利用这种病毒感染引起的植物叶和花的变色,创造新的花卉品种。因为感染郁金香碎色病毒的郁金香花瓣会呈现白色花斑和条纹。类似这样感染现象的还有感染香石竹斑驳病毒的杂色花,也因单色花质地颜色的不同,分为白色、黄色、浅绿色、浅红色等杂色花类型;虞美人植株经病毒感染后,在花瓣上也会出现白色的细条纹,条纹间距不均,该颜色与其本身花瓣的颜色参杂在一起,色彩显得尤为鲜艳美丽。

(3)微生物病毒 侵染细菌、放线菌等细胞型微生物的病毒多称为噬菌体。在本章4.5中会进行详细介绍。

4.2.2 病毒的命名

由于历史的原因,至今仍在沿用的病毒命名仍十分混乱,完全不能反映病毒的种属特征。为求统一,在已有的工作基础上,国际病毒分类委员会于1996年在第10届国际病毒大会上提出了38条新的病毒命名规则,共分为9个部分,包括:①一般规则;②关于分类单元的命名规则;③关于种的规则;④关于属的规则;⑤关于亚科的规则;⑥关于科的规则;⑦关于目的规则;⑧关于亚病毒因子的规则;⑨关于书写的规则。

病毒命名的主要内容如下:病毒分类系统依次采用目、科、属、种为分类等级,在未设立病毒目的情况下,科则为最高病毒分类等级。病毒"种"是构成一个复制系、占据特定的生态环境并具有多原则分类特征(包括基因组、毒粒结构、理化特性和血清学性质等)的病毒。病毒种的命名应由几个有实际意义的词组成,种名与病毒株名一起应有明确含义,不涉及属或科名。已经广泛使用的数字、字母及其组合可以作为种名的形容语,但不再接受新提出的数字、字母及其组合。病毒"属"是一群具有某些共同特征的种,属名的词尾是"virus",承认一个新属必须同时承认一个代表种。病毒"科"是一群具有某些共同特征的属,科名的词尾是"viridae",承认一个新科必须同时承认一个代表属。科与属之间可设或不设亚科,亚科的词尾是"virinae"。病毒目是一群具有某些共同特征的科,目名的词尾是"virales"。

4.3 病毒的复制

4.3.1 病毒的转录

病毒的转录是病毒复制过程中最重要的一步,病毒的转录机制变换多样,这主要取决于病毒所含的核酸类型、基因结构、排列顺序等。

4.3.2 RNA 病毒的复制

4.3.2.1 正链 RNA 病毒

小 RNA 病毒科是这一群病毒的代表。它们的基因组都是单正链 RNA,其具备 2 个功能(图 4.6):①可被直接用作 mRNA 模板,利用寄主的核糖体去合成自身的蛋白质或酶类;②可用作模板进行转录,即在病毒依赖的 RNA 聚合酶催化下合成互补的负链 RNA,新合成的负链 RNA 则被用作模板再去合成互补的正链 RNA,新合成的正链 RNA 再进一步重复上述过程,直至正链 RNA 和新合成的病毒结构蛋白组装成新的病毒颗粒。

4.3.2.2 负链 RNA 病毒

这一组的病毒代表主要来自正黏病毒科、副黏病毒科、布尼亚病毒科、砂粒病毒科以及弹状病毒科。这组病毒具备以下 2 个功能(图 4.7):①病毒的负链 RNA 不可直接用作模板以合成病毒的蛋白质或酶类;②病毒颗粒中除了负链 RNA 外,还有依赖 RNA 的转录酶,亲代负链 RNA 在转录酶催化下,先被转录成正链 RNA,然后正链 RNA 进一步被加工成单个的较短 mRNA,这些 mRNA 在酶催化下可用作模板合成病毒的结构蛋白和非结构蛋白。

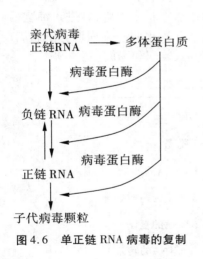

图 4.6 单正链 RNA 病毒的复制

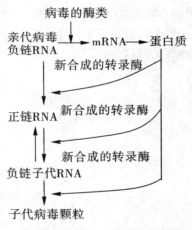

图 4.7 单负链 RNA 病毒的复制

4.3.2.3 双链 RNA 病毒

双链 RNA 病毒的代表是呼肠孤病毒(respiratory enteric orphan virus),这种病毒颗粒含有 RNA 聚合酶和 10 个分子量大小不同的双链 RNA。它的转录是在部分打开的衣壳中进行的,所合成的 mRNA 具备 2 个功能(图 4.8):①作为合成病毒的蛋白质;②作为模板合成新的双链 RNA。

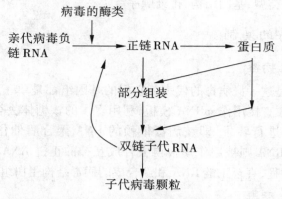

图4.8 双链RNA病毒的复制

4.3.3 病毒的复制周期

　　病毒在细胞内增殖,完全不同于其他细胞型微生物。病毒没有完整的细胞器(核糖体、线粒体等)和必需的代谢酶系统,只能依靠宿主活细胞,在原代病毒基因组控制下合成病毒核酸和蛋白质,并装配为成熟的子代病毒,释放到细胞外,或再感染其他易感活细胞,这种病毒增殖的方式称为病毒复制。从病毒靠近宿主细胞,并进入细胞,到复制后再释放出来的全过程,称为复制周期(replicative cycle),也叫感染周期。复制周期一般可分为6个连续的阶段,即吸附、侵入、脱壳、生物合成、装配和释放(图4.9)。

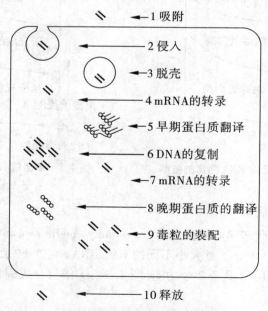

图4.9 病毒的复制周期(以DNA病毒为例)

4.3.3.1　吸附

吸附是病毒感染宿主细胞并进行增殖的必需步骤。病毒感染细胞先要吸附在易感细胞上。病毒体与细胞的最初结合是可逆的,在一定的环境条件下,病毒和细胞表面蛋白质的氨基和羧基处于游离状态,它们可能因静电引力而结合。这种结合由于受环境 pH 值的影响,是不稳定和可逆的。一旦条件改变,病毒就会从细胞上脱落下来。

病毒可逆性吸附于细胞表面后,病毒的表面蛋白能与细胞表面的受体蛋白形成结构互补的结合,这种结合有很强的亲和力,使得病毒不可逆地吸附于细胞表面。吸附的专一性和结合力来源于吸附蛋白与宿主细胞受体蛋白空间结构的互补性,相互间的电荷、氢键、疏水相互作用等。病毒复制过程中吸附的专一性也决定了病毒感染宿主的专一性。

决定整个吸附过程的主要因素有两个:①吸附温度。病毒感染的开始以及与酶反应相似的化学反应速度都会受到吸附温度的影响。②病毒吸附位点。病毒吸附位点与细胞上受体的特异性是由病毒对组织的亲嗜性和病毒感染寄主的范围决定的。

4.3.3.2　侵入

侵入是病毒感染的第二阶段。病毒完成吸附后会通过一定的方式进入宿主细胞内。病毒不可逆地吸附于细胞受体后,能以核酸、核壳体或病毒粒子等形式进入细胞。各类病毒侵入的方式也有很大区别。例如,动物病毒侵入细胞的方式主要有 4 种:①通过胞饮作用或细胞膜的融合作用等机制侵入;②有脂蛋白囊膜的病毒依靠其囊膜与宿主细胞膜融合后脱去囊膜、核衣壳后侵入;③有些病毒粒子与宿主细胞膜上的受体作用后使核衣壳侵入细胞质;④有些病毒能够让病毒粒子直接通过宿主细胞膜进入细胞质。而植物病毒的侵入一般是通过植物组织的伤口或通过昆虫对植物的损伤而侵入植物细胞中。噬菌体则一般是借助溶菌酶的作用以类似注射的方式将核酸注入宿主细胞内。

4.3.3.3　脱壳

病毒侵入细胞后,病毒的包膜和衣壳被除去,而病毒核酸释放出来的过程称为脱壳。该过程是病毒核酸和蛋白质复制的必要前提。病毒脱壳后,病毒颗粒从受染细胞内消失,而存在于细胞内的是病毒基因组。不同病毒从吸附至脱壳所需的时间从数分钟至数小时不等。噬菌体侵入时仅有核酸进入宿主细胞,即在侵入时已完成了脱壳。一些动物和植物病毒则以完整病毒颗粒的形式先进入宿主细胞,再通过一定机制脱去外壳。例如,腺病毒在宿主细胞酶的作用下进行脱壳或通过物理因素脱壳;痘苗病毒则需要首先在吞噬泡中先脱去囊膜和部分蛋白质;然后由进行了部分脱壳的核衣壳中含有的一种以 DNA 为模板的 RNA 聚合酶,通过转录 mRNA,翻译成另一种脱壳酶后再完成整个脱壳过程。

4.3.3.4　生物合成

病毒在细胞内从脱壳到新的子代病毒出现的这一阶段称为隐蔽期。在该时期内不能在细胞中检出感染性病毒颗粒,但其生物合成作用非常活跃,包括核酸的复制和蛋白质的合成两部分。在病毒基因的控制下,病毒蛋白质在细胞质内合成,多数 DNA 病毒在宿主细胞核内合成核酸,而多数 RNA 病毒在细胞质中合成。病毒的生物合成按下列步骤进行:①按亲代病毒的模板转录 mRNA;②由 mRNA 转录"早期蛋白"。这些早期蛋白一般为非结构蛋白,如合成核酸时所需要的 RNA 或 DNA 多聚酶,控制宿主蛋白质和核酸合成的调控蛋白等;③以亲代病毒核酸为模板复制子代核酸;④合成"晚期蛋白"。主要步骤是由子代核酸转录 mRNA,再转译为"晚期蛋白"。晚期蛋白主要为子代病毒的衣壳蛋白以及在病毒形成阶段起作用的非结构蛋白等。由于病毒核酸类型不同,其转录和复制过程各有差异。

4.3.3.5 装配

病毒在宿主细胞内将合成的蛋白质外壳、核酸等成分组装成大量与侵入病毒相同的完整病毒颗粒的过程称为装配。病毒核酸的复制和蛋白质的合成是分开进行的。大多数 DNA 病毒的核酸复制一般在细胞核中进行,在细胞质中合成好的蛋白质再运送到细胞核内与核酸一起装配。而 RNA 病毒核酸的复制、蛋白质合成以及整个装配过程均发生在细胞质中。

4.3.3.6 释放

当宿主细胞内大量的病毒粒子成熟后,即可通过一定的机制释放出来,这个过程被称为病毒释放。各种病毒的释放机制有一定的差异,但具体的释放方式可归纳为以下两种:①破胞释放,指的是无包膜病毒通过细胞破裂而释放出来,例如,有些噬菌体是通过溶菌酶的作用使细胞裂解而释放;②出芽释放,指的是有包膜病毒在细胞核内装配成核衣壳后通过细胞核裂隙进入细胞质,再由细胞膜出芽释放出来,例如,一些动物病毒可通过出芽的方式从宿主细胞中释放。

综上所述,病毒的复制方式主要有 6 种:①双链 DNA 复制。此类型病毒 DNA 的复制、转录和翻译均遵循"中心法则"。DNA 既作为复制的模板通过半保留复制获得子代病毒 DNA,又可翻译为成熟病毒的衣壳蛋白。②单链 DNA 复制。在此方式中,复制过程中先由病毒所含的正链 DNA 合成负链 DNA,再以该负链 DNA 为模板合成正链 mRNA。③双链 RNA 复制。该类型病毒将其作为模板复制子代双链 RNA。④侵染性单链 RNA 复制。侵染性 RNA 可作为模板复制负链 RNA,进而以此为模板合成子代正链 RNA。⑤非侵染性单链 RNA 复制。在复制过程中,此单链 RNA 可利用病毒粒子携带的转录酶形成正链 mRNA,然后在正链 mRNA 翻译的一种 RNA 复制酶的催化作用下合成正链 RNA,进而合成负链 RNA。⑥逆转录病毒单链 RNA 复制。在该种复制模式下,逆转录病毒单链 RNA 会形成 RNA-DNA 杂交分子和双链 DNA。DNA 链在一种依赖于 DNA 的 DNA 聚合酶作用下再合成双链 DNA,然后该双链 DNA 又可整合到宿主细胞的 DNA 分子上作为模板合成子代单链 RNA。

4.4 亚病毒因子

亚病毒因子(subviral agents)是只含核酸或蛋白质的分子病原体或由缺陷病毒构成的功能不完整的病原体。目前已发现的亚病毒因子包括卫星病毒(satellite viruses)、卫星 RNA(satellite RNA)、类病毒、朊病毒和拟病毒。除类病毒和朊病毒外,其余因子都不能独立复制,必须依靠辅助病毒才能进行复制。

4.4.1 卫星病毒和卫星 RNA

卫星病毒是一类基因组不完整,只能依赖某形态较大的专一辅助病毒才能进行复制和表达的小型病毒。典型的卫星病毒如烟草坏死病毒(TNV)的卫星病毒(STNV)。STNV 直径为 17 nm,ssRNA 的分子量为 0.4×10^6,其所含的遗传信息只能够满足自身衣壳蛋白的编码,没有独立感染能力。卫星 RNA 存在于某专一辅助病毒的衣壳内,其整个复制过程必须要依赖该辅助病毒才能进行自我复制。例如烟草环斑病毒(TRV)中的卫星 RNA 就是具有一定代表性的卫星 RNA。卫星 RNA 的特点主要包括:①同一衣壳中可以同时存在多个卫星 RNA 分子;②不具有 mRNA 活性,对宿主植物无独立侵染性;③卫星 RNA 必须全部依靠辅助病毒完成复制和包装,否则即使在活细胞内也不能进行复制,但辅助病毒则对其无依赖性,并且两者之间无同源性;④卫星 RNA 能够干扰辅助病毒的复制使其增殖量降低,从而抑制由辅助病毒所引起的植物病害程度;⑤在辅助病毒侵染宿主的过程中,不一定需要有卫星 RNA 的参与。

4.4.2 类病毒

类病毒专性寄生在活细胞内,是一类没有蛋白质外壳的 RNA 单链环状分子。类病毒一般含 246～399 个核苷酸,大多数类病毒 RNA 都呈碱基高度配对的双链区与单链环状区相间排列的杆状构型。各种类病毒之间序列有较大的同源性。类病毒没有 mRNA 活性,因此不能编码蛋白质。但类病毒在活的宿主细胞内不需依赖其他辅助病毒因子即可进行复制。

1971 年 Diener 首次报道,引起马铃薯纺锤形块茎病的病原体是一种低分子量的 RNA,它没有蛋白质外壳,在其感染的植物组织中也未发现病毒样颗粒。这种小分子 RNA 能在敏感细胞内自我复制,并不需要辅助病毒。由于其结构和性质都与已知的病毒不同,故 Diener 等把它称为类病毒。迄今已鉴定的类病毒达 20 多种,根据它们是否含有中央保守区和核酶结构分为 2 个科:马铃薯纺锤形块茎类病毒科,含中央保守区,不含核酶保守序列;鳄梨白斑类病毒科,没有中央保守区,但有核酶保守序列,能够自主切割。

(1)类病毒的复制 由于类病毒 RNA 没有编码功能,其复制完全利用宿主细胞酶,包括依赖 DNA 的 RNA 聚合酶Ⅱ等。由于类病毒为环状单链 RNA 分子,对称或非对称的滚环复制机制均适合于类病毒。

(2)类病毒的致病性 类病毒的致病性与其 RNA 内部的致病变结构域(P 区)的序列与构型有关。类病毒变异最为频繁的可变区(V 区)也与致病性有关。但是,有些类病毒如鳄梨日斑病毒并不存在明显的致病区,它们的致病机制还有待阐明。

4.4.3 朊病毒

朊病毒是一类能引起哺乳动物的亚急性海绵状脑病的病原因子。至今已发现的与哺乳动物脑部相关的 10 余种中枢神经系统疾病都是由朊病毒引起的。例如,羊瘙痒病(scrapie in sheep)、牛海绵状脑病(bovine spongiform encephalitis,BSE)、人的克-雅氏病(Creutzfeldt-Jakob disease)等。它们具有不同于病毒的生物学性质和理化性质。

早在 300 年前,人类在绵羊和小山羊中首次发现了感染朊病毒的动物。患有该疾病的动物经常会出现奇痒难熬的症状,为了缓解这一症状,患病动物常在粗糙的树干和石头表面不停摩擦,以致身上的毛被磨脱,因此被称为"羊瘙痒症"。羊瘙痒病因子无免疫原性,采用高温、紫外线、辐射、非离子型去污剂、蛋白酶、酸酶(如氰胺、亚硝酸之类的核酸变性剂)等手段或物质都不能达到较显著破坏其感染性的作用。

朊病毒蛋白(PrP)分子量为 $2.7\times10^4 \sim 30\times10^4$,是构成朊病毒的基本单位,PrP 本身不具有侵染性,3 个 PrP 分子构成"朊病毒单位",具有高度侵染性。PrP 还能聚合成杆状颗粒,约由 1 000 个 PrP 构成的这种杆状颗粒不单独存在,总是排列成丛。杆状颗粒和丛状排列都有传染性。朊病毒与常规病毒一样,有滤过性、传染性、致病性及特异性。

朊病毒蛋白是由宿主染色体基因编码的。迄今已克隆了人、7 种非人灵长类动物、仓鼠、小鼠、大鼠、牛、绵羊、水貂等动物的朊病毒蛋白基因,并推导和测定了它们的序列。例如,人的朊病毒蛋白基因定位于第 20 号染色体短臂上,小鼠的朊病毒蛋白基因定位于第 2 号染色体短臂上。

目前,人们在结构水平上已经对朊病毒有了一定的认识,但至今还没有人通过纯化、重组技术等手段在体外成功获得有侵染活性的朊病毒蛋白。从理论上讲,"中心法则"认为 DNA 复制的实质是在进行"自我复制",而朊病毒的复制则是 PrP→PrP,可以将这种复制过程称之为"自他复制"。即朊病毒所谓的"遗传信息"来源于宿主的细胞核,它是由宿主自身的遗传信息编码所形成的。起初,编码朊病毒的遗传信息在细胞核的染色体基因中是相同的,然而在多肽链形成后需要经过一系列的修饰过程。而整个修饰过程可能会出现一些改变:一种改变可能是在修饰过程中的一些步骤出现错误,导致正常的蛋白质空间结构发生改变,从而产生了异常的蛋白质结构;另一种改变可能是整个修饰过程没有出现任何问题,而是当正常的蛋白质形成后,该蛋白质受到外界因素的影响发生了正常蛋白质的结构变异,使之成为所谓的"朊病毒"。上述关于朊病毒形成的新说法对遗传学理论有一定的补充。但这个理论的正确与否还需要通过更深入的研究去证实。对这一问题的深入探讨丰富了病理学、分子生物学、分子病毒学、分子遗传学等学科的研究内容;对探索生命起源与生命现象的本质有重要意义。另外,从实践意义上讲,关于朊病毒的研究对人和动物的健康、为揭示与痴呆有关的疾病(如老年性痴呆症)的生物学机制、诊断与防治提供了有用信息,并为今后相关药物开发和新治疗方法的确定奠定了重要的理论基础。

4.4.4 拟病毒

拟病毒是一类包裹在真病毒粒中的有缺陷的类病毒,因此又被称为壳内类病毒。拟病毒个体由裸露的 DNA 或环状单链 RNA 组成,包含 300 ~ 400 个核苷酸,其个体及其微小。拟病毒的复制过程必须依靠与之共生的真病毒才能进行。而同时拟病毒又可以通过干扰辅助病毒的复制达到减轻其对宿主病害的目的。比较典型的拟病毒是从绒毛烟(*Nicotiana velutina*)的斑驳病毒(*Velvet tobacco mottle virus*,VTMoV)中分离出来的。另外,在很多植物病毒中也发现了拟病毒,例如 1986 年发现的苜蓿暂时性条斑病毒、莨菪斑驳病毒和地下三叶草斑驳病毒。

对于拟病毒的研究将有助于探索核酸的结构与功能。拟病毒由于分子量较小,因而比较容易对它的化学组分和结构进行分析。通过拟病毒与类病毒的结构与功能的比较,可以帮助我们更深入地了解核酸的结构与功能。由于拟病毒的存在可以影响辅助病毒的复制和改变其在宿主上的症状及反应的程度,因此这将有助于探索拟病毒与辅助病毒间的相互关系。另外,基于拟病毒与辅助病毒的关系研究结果,可以利用拟病毒来组建具有防病功能的人工弱化疫苗。

表 4.2 列出了各种亚病毒因子的主要相关信息。

表 4.2　各类主要的亚病毒因子比较

项目	类病毒	拟病毒	卫星病毒	卫星 RNA	朊病毒
核酸种类	裸露的环状 ssRNA	小分子环状或线状 ssRNA	小分子线状 ssRNA 或线状 dsDNA	小分子线状或环状 ssRNA	不含
衣壳	无	无	有	无	无
存在状态	寄生在活细胞内	存在于专一辅助病毒粒内	与专一的植物病毒、动物病毒或噬菌体伴生	存在于专一辅助病毒粒内	—
辅助病毒种类	植物病毒	植物病毒	植物病毒、动物病毒或噬菌体	植物病毒	—
核酸复制对辅助病毒的依赖	不依赖	依赖	不依赖	依赖	不依赖
对侵染的必要性	—	必要	不必要	不必要	—
能否编码自身衣壳蛋白	—	—	能	—	—

4.5　噬菌体

1915 年,英国人 Twort 在琼脂平板培养基上培养葡萄状球菌时发现了透明斑。1917 年,法国人 D'Herelle 又发现了痢疾杆菌的培养物被溶解,他们认为细菌被一种更微小的生物溶解了。后来证实,这种更微小的生物是细菌和放线菌的寄生物,称之为噬菌体(phage)。噬菌体包括噬细菌体、噬放线菌体和噬蓝细菌体。噬菌体颗粒感染一个细菌细胞后可迅速生成大量子代噬菌体颗粒,每个子代颗粒又可重新感染细菌细胞,再生成大量新的子代噬菌体颗粒,如此反复。噬菌体分布非常广泛,凡是有细菌的场所,就有相应的噬菌体存在。例如,在人和动物的排泄物或污水中常含有肠道菌的噬菌体;在土壤中可以找到土壤细菌的噬菌体。由于噬菌体有严格的宿主特异性,只寄居在易感宿主菌体内,因此现在常利用噬菌体进行细菌的流行病学鉴定与分型,以追查传染源。另外,因为噬菌体具有结构简单、基因数少等特点,它也常常被作为分子生物学与基因工程的良好实验系统进行相关的科学研究。

4.5.1 噬菌体的结构

4.5.1.1 噬菌体的概念和主要类型

噬菌体按形态划分为 3 种,即蝌蚪形、微球形和纤线形。从形态学角度又可将其分以下几类(图 4.10):1、2、3 群都有尾部,其中,1 群具有收缩性的尾鞘,2 群有长的非收缩性的尾部,3 群的尾部较短;4、5 两群都没有尾部,但两者的区别是 4 群外壳顶端蛋白质衣壳粒较大,5 群则为纤线形。噬菌体头部的直径为 20 ~ 100 nm,尾长变化较大,最长约350 nm。

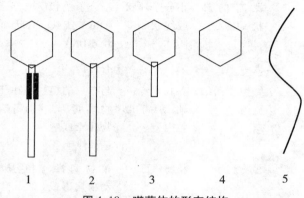

图 4.10　噬菌体的形态结构

1、2、3 为蝌蚪形;4 为微球形;5 为纤线形

依核酸类型,噬菌体多为 DNA 型,但近年来不断发现核酸是 RNA 的噬菌体。根据噬菌体感染寄主细胞产生的结果不同,分为烈性噬菌体和温和性噬菌体。

4.5.1.2 噬菌体的结构

1、2、3 群噬菌体的头部呈现六角晶柱形,由蛋白质组成其外壳,内含核酸,尾部由一个中空的管状体尾髓和可收缩的蛋白质尾鞘组成。与头部相接处呈现收隘部分,称为颈部。尾端具有六边形的基片,其上生出 6 个刺突,并缠绕着六根细长的尾丝。有些群噬菌体呈球形,直径一般在 20 ~ 60 nm,经过染色处理和高度放大,可观察到球形粒子呈二十面体的结构。5 群噬菌体结构较为简单,是一条长 600 ~ 800 nm、略呈弯曲的细丝,没有发现吸附器官。

4.5.1.3 噬菌体的化学成分

噬菌体的化学成分大部分是核酸和蛋白质,占粒子质量的 90% 以上,其中核酸占40% ~ 50%。噬菌体中核酸链为单链或双链。

4.5.1.4 噬菌体的功能

噬菌体感染细菌后可产生两种后果:①噬菌体增殖而引起细菌裂解;②噬菌体不增殖而使细菌成为带噬菌体基因的溶源状态。

(1)噬菌体的增殖和溶菌过程　凡能在敏感细菌中增殖使之裂解的噬菌体,称之为烈性噬菌体。烈性噬菌体进入宿主细胞后,按照噬菌体的遗传特性,借助宿主细胞的生化机制,先进行核酸复制和蛋白质的合成,再组装成子代噬菌体。通常把烈性噬菌体的繁殖看成噬菌体的正常表现。这种噬菌体在敏感细菌内的复制过程与一般动物病毒相似,但其增殖的速度远比动物病毒快。从噬菌体进入细菌开始,到引起细菌裂解并释放出噬菌体子代为止为一个增殖周期,一般只需要 15 ~ 20 min。而动物病毒如脊髓灰质炎病毒需要 4 h,牛痘病毒则需要 12 h。

大部分噬菌体利用其尾部末端的尾丝吸附在细菌细胞壁的敏感部位上。吸附过程与环境的温度、pH 值、某些离子的存在等因素有重要关系,例如钙、铁、钠、钾等阳离子能促进噬菌体的吸附。而一些抗生素、有机酸、螯合剂、表面活性剂及染料则能阻碍噬菌体的吸附。当烈性噬菌体在细菌细胞内增殖到一定程度时,细菌细胞会突然裂解,大量成熟的噬菌体向细胞外释放。在噬菌体引起细胞裂解的过程中,有两种酶发生作用,即由噬菌体后期基因编码产生的酶——脂酶和溶菌酶。前者作用于细菌细胞的磷脂,后者能水解细菌细胞壁结构,从而引起菌体裂解。

(2)溶源现象　除上述噬菌体外,自然界还存在另一种噬菌体。当其侵入寄主细胞后,并不增殖,而是隐蔽下来,其基因插入寄主细胞基因组中,随寄主细胞的基因组复制而复制。当细菌分裂时,噬菌体的基因也随着细菌的分裂而分布到子代细菌的基因中去。这种噬菌体称为温和性噬菌体或溶源性噬菌体。带有噬菌体基因组的细菌称为溶源性细菌,整合在细胞核上的噬菌体核酸称为原噬菌体。原噬菌体在细菌 DNA 上如同染色体的标记,能随细菌分裂而代代相传。但这种噬菌体的溶源状态有时能自发终止,结果导致噬菌体增殖而引起细菌裂解。用紫外线照射或烷化剂处理溶源性细菌,能显著提高原噬菌体增殖和细菌细胞裂解的发生。已经带有噬菌体基因的溶源性细菌,可以抵抗相应的烈性噬菌体的感染,这种抵抗具有高度的特异性,其发生机制是由于原噬菌体能指导合成一种抑制性蛋白质,对随后进入的相同噬菌体核酸的复制具有抑制作用。一般溶源性细菌的性质与不带噬菌体者相同,但某些细菌带上噬菌体后,性状可能产生变化,例如,可改变菌体的“O”抗原结构,有些还可影响菌体的毒性。

4.5.1.5　噬菌体效价测定

效价(titre)是指每毫升试样中所含有的具侵染性的噬菌体粒子数,也可称之为噬菌斑形成单位数(plaque-forming unit, pfu)。每一个噬菌体粒子从侵染和裂解一个细胞开始,以此为中心反复侵染和裂解周围大量的细胞,这样在菌苔上就会形成一个具有一定形状、大小、边缘和透明度的噬菌斑(plaque)。一般来说,一个直径 2 mm 的噬菌斑含 10^7 ~ 10^9 个噬菌体粒子数。而噬菌体效价的测定就是建立在此基础上的。目前,测定效价的方法包括液体稀释法、玻片快速测定法、单层平板法和双层平板法,其中以双层平板法最为常用。

双层平板法的主要操作步骤:先用含 2% 琼脂的底层平板培养基在培养皿上浇注一层平板,待其凝固后加入含 1% 琼脂的上层培养基,该培养基中含有敏感宿主和一定体积的待测噬菌体样品,将该平板在 37 ℃ 条件下保温培养 10 h 后即可计数噬菌斑。但是,该方法计算出来的噬菌体效价比电镜直接计数的结果低。原因是由于双层平板法计数的是有感染力的噬菌体粒子,而电镜方法获得的是噬菌体总数,即无感染力和有感染力的全部个体。因此,通常情况下又用成斑率(efficiency of plating, EOP)来表示噬菌体的效价,即同一样品根据噬菌斑计算的效价与电镜直接计数出的效价之比。

4.5.1.6　噬菌体的一步生长曲线

一步生长曲线是用来定量描述噬菌体生长规律的实验曲线,最初为研究噬菌体复制而建立,现已推广到其他病毒如动物病毒和植物病毒等病毒复制的研究中。具体的测定方法是用噬菌体的稀浓度悬浮液感染高浓度的宿主细胞,尽可能保证每个细胞只被一个噬菌体感染。数分钟后中止吸附并稀释上述培养液,将其置于该细菌的最适生长温度下培养。在一定时间内,每隔数分钟取样作效价测定。以感染时间为横坐标,噬菌体病毒的效价为纵坐标,绘制出噬菌体病毒特征曲线。

噬菌体在生长过程中包含 3 个时期——潜伏期、裂解期和平稳期(图 4.11)。

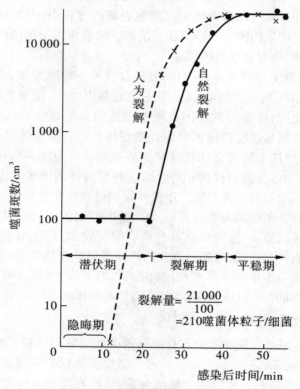

图 4.11　T4 噬菌体的一步生长曲线

(1)潜伏期　噬菌体的核酸侵入宿主细胞开始到第一个成熟噬菌体粒子释放前的一段时间。该段时期又可被分为两部分:①隐晦期(eclipse phase),此时采用人为方法裂解宿主细胞,裂解液无侵染性,证明无侵染性的完整噬菌体颗粒存在,但细胞内正在进行噬菌体核酸的复制和蛋白质衣壳的合成;②细胞内累积期(intracellular accumulation phase),在该时期,细胞内已开始装配噬菌体粒子,裂解液已具备较低的侵染性。

(2)裂解期　此时宿主细胞迅速裂解,溶液中的噬菌体粒子急剧增多。在该时期,噬菌体只进行个体装配而没有个体生长。另外,在这一时期宿主群体内各个细胞的裂解处于不同步的状态,因此,这个时期持续的时间较长。

(3)平稳期　在这一时期,被感染的宿主细胞全部被裂解,溶液中噬菌体的数目达到最高峰,噬菌体效价最高。此时,每一个宿主细胞释放的平均噬菌体粒子数即为裂解量。裂解量等于裂解期噬菌体效价与潜伏期噬菌体效价之比。

4.5.1.7　噬菌体的应用

基于噬菌体的上述功能和特性,目前也进行了很多其他方面的应用研究。第一,由于噬菌体裂解细菌具有种与型的高度特异性,可将其用于细菌的鉴定和分型;第二,利用噬菌体可以检测植物病原菌,即通过在培养种子的营养液中加入某种特定的病原菌噬菌体后观察噬菌体数目是否增多,如果增多就说明该种子内带有某种病原菌,反之亦然;第三,可以通过测定射线照射噬菌体一定时间后其剩余侵染能力的方式计算辐射量;第四,利用噬菌体结构简单、其突变体较易获得且容易辨认、选择和进行遗传性分析等特点,可以作为分子生物学研究的重要工具。

4.5.2　噬菌体污染与工业发酵

(1)丙酮丁醇发酵与噬菌体污染　丙酮丁醇发酵中遭受的噬菌体污染可以作为噬菌体污染发酵过程的典型代表。美国某工厂在采用丙丁梭状杆菌进行发酵时因噬菌体感染,出现发酵速度缓慢,产气减少,发酵液对流不旺盛,甚至菌落数减少,发酵逐渐停止的现象,因此直接导致该厂在一年间生产减半。日本也曾经发生过类似事件,即用丙丁梭状杆菌以糖蜜为原料进行发酵时,发生发酵缓慢的现象。后来改用糖质丙丁梭状杆菌,也被噬菌体污染。在不得已的情况下只好又重新寻找新的抗性菌株,由此给生产造成极大困难。

(2)抗生素生产与噬菌体污染　2000 年,以生产硫酸四环素为主的福建某工厂因噬菌体污染而引起倒罐,造成了重大的经济损失。另外,在灰色链霉菌发酵生产链霉素的过程中,也会由于噬菌体污染出现溶菌现象,导致菌体减少,培养液变黑,抗生素效价不上升,对整个生产过程造成不利影响。

(3)噬菌体与食品发酵工业　对食品发酵工业来说,当发酵液被噬菌体严重污染时会出现以下几种现象:①发酵周期延长;②碳源消耗缓慢;③发酵液变清,镜检时有大量异常菌体出现;④发酵产物的形成缓慢或根本不形成;⑤用敏感菌作平板检查时,出现大量噬菌斑;⑥用电子显微镜观察时,可见到有无数噬菌体粒子存在。当出现以上现象时,轻则延长发酵周期,影响产品的产量和质量,重则引起倒罐甚至使工厂被迫停产。这种情况在谷氨酸发酵、细菌淀粉酶、蛋白酶发酵、丙酮、丁醇发酵以及各种抗生素发酵中是比较多的。

但是,对于乳制品加工来说,噬菌体的作用具有两面性。从有害的方面来看,噬菌体是导致发酵失败的重要原因之一,直接可能会造成乳制品工业严重的经济损失。而从有利的方面来看,噬菌体因为具有高度专一性、较高安全性、高效裂解性、无残留等特点,其也可替代抗生素及消毒剂,用于控制原料乳及乳制品生产过程中产生的食源性致病菌,提高乳制品质量。另外,也有研究表明用于发酵的乳酸菌自身也存在一些防御机制,可以达到控制噬菌体的作用,其对噬菌体的防御机制主要有以下几种:①干扰吸附。某些乳酸菌可以防止噬菌体颗粒吸附到细胞表面,从而阻止噬菌体将它的 DNA 注入发酵菌的细胞质中。②限制/修饰作用。通过对乳酸菌自身进行限制或修饰,从而引起侵入胞内的噬菌体 DNA 降解。③流产感染。乳酸菌的一些特殊机制能够干扰噬菌体从 DNA 注入到释放子代噬菌体的过程,降低甚至消除子代噬菌体的产生率。通过利用上述天然防御机制,采用分子手段改造现有菌株,使之成为噬菌体不敏感菌株。这样,一方面可以预防噬菌体对乳制品加工业的负面影响,另一方面也可以减少甚至消除由于使用抗生素或消毒剂带来的其他不利因素。但要将这些技术进行实际应用还需要进行更多更深入的研究。

针对发酵工业存在的噬菌体污染状况可以采取以下几个主要的预防措施:①避免使用可疑菌种。认真检查斜面、摇瓶及种子罐所使用的菌种,废弃可疑菌种。②严格保持环境卫生。不创造任何可能会导致污染的环境条件。③禁止排放或随便丢弃未进行灭活处理的菌液。环境中存在活菌,就意味着存在噬菌体赖以增殖的大量宿主,为此,摇瓶菌液、种子液、检验液和发酵后的菌液一定不能随便丢弃或排放,正常发酵液或污染噬菌体后的发酵液均应严格灭菌后才能排放,发酵罐的排气或逃液均须进行消毒、灭菌后才能排放。④注意通气质量。空气过滤器要保证质量并进行严格灭菌,空气压缩机的取风口应设在 30～40 m 高空。⑤加强相关工作管道及发酵罐的灭菌,消除一切可能会被噬菌体污染的机会。⑥不断筛选抗性菌种,并经常轮换生产菌种。另外,也可以使用多种菌株的混合发酵剂进行发酵生产。这样能保证在一种菌株被噬菌体感染的情况下,另外的菌株不会受到损害,而只会使发酵速度减慢,避免生产过程遭受重大损失。

如果预防措施不成功,一旦发现噬菌体污染时,要及时采取合理处理措施:①尽快提取产品,如果发现污染时发酵液中的代谢产物含量已较高,应及时提取或补加营养并接种抗噬菌体菌种后再继续发酵,以挽回损失;②使用药物抑制,目前防治噬菌体污染的药物还很有限。例如,在谷氨酸发酵中,加入某些金属螯合剂(0.03%～0.05% 草酸盐、柠檬酸铵)可抑制噬菌体的吸附和侵入;加入 1～2 mg/L 金霉素、四环素或氯霉素等抗生素或 0.1%～0.2% 的吐温 60、吐温 20 或聚氧乙烯烷基醚等表面活性剂均可抑制噬菌体的增殖或吸附;③及时改用抗噬菌体生产菌株。

4.6　病毒在基因工程中的应用

4.6.1　噬菌体与基因克隆载体

λ 噬菌体载体是基因工程中一类很有价值的克隆载体,其具有以下优点:①它的分子遗传学背景十分清楚;②λ 噬菌体载体的容量较大,一般质粒载体只能容纳约 10 kb 的外源 DNA 片段,而 λ 噬菌体载体却能容纳大约 23 kb 的外源 DNA 片段;③λ 噬菌体具有较高的感染效率,其感染宿主细胞的效率可达几乎 100%,而质粒 DNA 的转化率却只有 0.1%。以上优点为克隆较大片段的外源 DNA 提供了有利条件,在此基础上可大大提高构建基因库的效率。

4.6.2　动物 DNA 病毒与基因克隆载体

猴病毒 40(Simian virus 40,SV40)是一种寄生在猴细胞中的 DNA 病毒。猴病毒 DNA 是一个复制子,其侵染宿主细胞后既能自我复制也能整合在宿主的染色体组上。如果将一外源 DNA 直接接入野生型猴病毒 DNA 上,会由于其分子量较大而无法正常包装。在这样的情况下就需要使用缺失编码蛋白衣壳后期基因的突变株作为载体,再结合其辅助病毒一起感染,才能实现其在宿主体内的正常繁殖。

4.6.3　植物 DNA 病毒与基因克隆载体

花椰菜花叶病毒(CaMV)是一种由昆虫传播,能够侵染十字花科植物的病毒,其含有环状 dsDNA,该 dsDNA 存在多种限制性内切酶的切点。当外源 DNA 插入该病毒的必要基因区内后,会形成仍具有侵染性的重组体。但是由于该病毒不能与宿主核染色体组发生整合,所以仍无法获得遗传性稳定的转基因植株。

4.6.4　昆虫 DNA 病毒与基因克隆载体

在昆虫中广泛存在的杆状病毒作为外源基因载体具有以下特点:①因为具有 cccDNA,所以能够在宿主细胞核内复制;②不会对人畜造成危害;③可作为重组病毒的选择性标志;④可容纳较大量的外源基因;⑤病毒的繁殖和传代不会受外源基因产物的影响;⑥基因表达产物可达到宿主细胞总蛋白量的 20% 或虫体干重的 10%。

4.7　食源性病毒

导致人患病或引起中毒的食源性微生物中,除了细菌和真菌及其毒素外,还包含有能以食物为传播载体并经粪-口途径传播感染的致病性病毒。这样的病毒包括有脊髓灰质炎病毒、甲型肝炎病毒、轮状病毒、肠道病毒等。目前已证明某些食源性致病病毒和急性爆发性或散发性疾病有关。因此,开展食源性病毒的流行病学、生物学特性等方面的基础和应用研究,对人类公共卫生和健康事业具有较为重要的意义。

4.7.1　食源性病毒的污染源

食源性病毒是通过粪便被排到体外的,而食源性病毒病就是因为粪便污染食品所造成的。一般认为最重要的食源性病毒的污染源是被病毒污染的有明显黄疸和腹泻的病人。另外,处于病毒感染潜伏期、恢复期或感染较轻的人群、被污染的水源、动物等也被认为是病毒的传染源。

4.7.2　食源性病毒的传播途径

通常食品的环境不利于病毒的繁殖,但是却能较好地保存病毒。病毒可以通过不同的方式污染食品。例如在食品原料,包括肉类、禽类、乳类、蔬果类等产品进行加工前就已被病毒污染,该种情况被称之为原发性病毒污染;由于水源、食品从业人员健康问题、生物媒介传递等因素导致的食品在储藏、加工、运输和销售环节的污染被称之为继发性污染。

有相关研究指出,研究者曾经从加热至半熟(60 ℃)的肉馅中分离出病毒;婴儿通过食用母乳可能会存在被感染乙型肝炎病毒的风险;部分地区人群因为有生饮牛奶的习惯而导致被感染森林脑炎;还有因为生吃被污染的蔬菜瓜果被感染脊髓灰质炎病毒、甲型肝炎病毒、人轮状病毒、呼肠狐病毒的情况存在;也经常会出现因食用牡蛎、蛤、贻贝等水产品导致感染甲型肝炎病毒的情况,而这一类被病毒污染的水生动物则是由其生长的水体被污染后造成的。

4.7.3 食源性病毒导致的疾病

由于病毒只能在活的宿主细胞中复制,因此其在食物中不会进行繁殖。病毒即使通过食物进入人体,也很难导致宿主的死亡。因为人体作为宿主,对这一类病毒感染的免疫反应是非特异性的。即当病毒在宿主体内开始繁殖后,其体内才产生抗体来抵抗病毒。目前,甲型肝炎病毒被认为是唯一通过食物传播的病毒性疾病。食源性病毒可以通过人与人之间的接触传播,但其爆发具有自限性,一般会自行减退,即被病毒感染的个体较少会出现通过接触方式再次感染他人的情况。

4.7.4 常见食源性病毒的种类及其预防措施

(1)肝炎病毒 病毒性肝炎(viral hepatitis)是由不同肝炎病毒引起的以肝脏损害为主的传染病。主要包括有甲型肝炎(Hepatitis A,HAV)、乙型肝炎(Hepatitis B,HBV)、丙型肝炎(Hepatitis C,HCV)、丁型肝炎(Hepatitis D,HDV)和戊型肝炎(Hepatitis E,HEV)。除乙型肝炎病毒是 DNA 病毒外,其他几种都属于 RNA 病毒。甲型肝炎和戊型肝炎主要经过粪—口途径传播。即粪便中的病毒经手、水、苍蝇和食物等途径再传入口中;乙型肝炎和丁型肝炎主要通过血液、母婴通道和性接触传播;丙型肝炎则主要通过血液传播。

目前控制各类型肝炎病毒污染食品的主要方式是加强饮食卫生及与其相关的环境卫生管理、进行必要的水源保护以及粪便无害化处理、加强食品从业人员的个人卫生意识等。

(2)流感病毒 流行性感冒就是由流感病毒引起的急性呼吸道传染病。流感病毒有三层结构,内层为病毒核衣壳,其中含有核蛋白、P 蛋白和 RNA;中层为病毒囊膜,它的主要组成物质为类脂体和膜蛋白;外层是血凝素(hemagglutinin)和神经氨酸酶(neuraminidase)这两种不同的糖蛋白构成的辐射状突起。流感病毒主要以说话、咳嗽和喷嚏等行为所致的飞沫传播。流感病毒根据核蛋白抗原的不同又可分为甲、乙、丙三种类型,近年来发现的牛流感病毒将区别于前面三种类型被归为丁型。在这几种类型的病毒中最为严重的是甲型流感病毒。甲型流感病毒经常发生抗原变异,因此可以将其进一步分为 H1N1、H3N2、H5N1、H7N9 等亚型(其中的 H 和 N 分别代表流感病毒的两种表面糖蛋白)。甲型流感病毒变异十分频繁,每隔十几年就会发生一个抗原性大变异,产生一个新的病毒毒株。学术界对于甲型流感病毒的这一变异性尚无统一认识。一些学者认为,是由于人群中传播的甲型流感病毒面临较大的免疫压力,促使病毒核酸不断发生突变;另一些学者则认为,是由于人甲型流感病毒和禽流感病毒同时感染猪后发生基因重组导致病毒的变异。

为防止流感病毒随着病毒感染者本身及其接触过的物品带入与食品有关的环境,可以通过以下几点控制措施进行预防:①被流感病毒感染的人员应佩戴口罩,并尽量不要出现在与食品相关的场所;②与食品及其环境有密切接触的人员在流感流行的季节应做好预防准备,如服用适量预防药物或注射流感疫苗。

(3)胃肠炎病毒 病毒性胃肠炎(viral gastroenteritis)是由多种病毒引起的急性肠道

传染病。该病毒主要有轮状病毒、诺如病毒、杯样病毒、肠腺病毒、星状病毒等。其中轮状病毒和诺如病毒研究较多。

轮状病毒属于 RNA 病毒,病毒体中心含核酸,内层衣壳粒的边缘部呈放射状排列似车轮辐条,外层为双层多肽衣壳围绕内层呈轮缘状。根据其在电镜下的形态可将轮状病毒分为双壳颗粒和单壳颗粒。按照轮状病毒的 RNA 电泳图谱又可将人和动物轮状病毒分为 4 个群。它们分别是 A 群——普通轮状病毒,其与婴儿腹泻有关;B 群——猪轮状病毒和成人腹泻轮状病毒;C 群——人和猪轮状病毒;D 群——鸡和鸟类轮状病毒。轮状病毒主要通过粪—口或口—粪途径传播。诺如病毒,又称诺沃克病毒,是人类杯状病毒科(Human Calicivirus,HuCV)中诺如病毒(Norovirus,NV)属的原型代表株。它包含一组形态相似、抗原性各不相同的病毒颗粒。诺如病毒最早是在 1968 年从美国诺沃克市一位急性腹泻患者粪便中分离的病原。2002 年 8 月第八届国际病毒命名委员会批准其名称为诺如病毒。诺如病毒属于 DNA 病毒,无包膜。该病毒与轮状病毒一样主要经粪—口途径传播。诺如病毒感染性腹泻在全世界范围内广泛存在,其感染在寒冷季节呈现高发态势。感染对象主要是成人和学龄儿童。诺如病毒感染属于自限性疾病,没有疫苗和特效药物。对上述两种病毒的预防和控制主要就是从保护与食品相关环境的水源免受污染、注意食物在收获、储藏、加工、运输和销售等环节的卫生、注意与食品各环节有密切接触的人员卫生等方面入手的。

(4)脊髓灰质炎病毒　脊髓灰质炎(poliomyelitis),又称小儿麻痹症,就是由脊髓灰质炎病毒引起的。脊髓灰质炎病毒为 RNA 病毒,无包膜,对称二十面体结构。脊髓灰质炎病毒按其抗原性不同可分为 1、2、3 型,各类型间可能会存在交叉免疫的现象。每型病毒含有两种特异抗原:一种为存在于成熟病毒体内的 D(dense)抗原;另一种则为存在于前衣壳中,与缺乏 RNA 的空壳病毒颗粒有关的 C(coreless)抗原。脊髓灰质炎病毒在机体中和在抗体作用下可将 D 抗原性转变为 C 抗原性,并使其失去使易感细胞发生感染的能力。人是脊髓灰质炎病毒的唯一天然宿主,这是因为在人细胞膜表面有一种受体,与病毒衣壳上的结构蛋白 VP1 具有特异的亲和力,使病毒得以吸附到细胞上。目前尚无治疗脊髓灰质炎病毒感染的特效药物。脊髓灰质炎病毒的传播途径为粪—口途径。因此对于人体健康而言,对该病的直接控制主要依赖于疫苗的使用。除此之外,对于脊髓灰质炎病毒的防治还可以通过消灭环境中存在的苍蝇、隔绝粪便对饮食、饮水及其相关方面的污染通道等方式来实现。

总之,最有效地控制食品中病毒的方法就是对食品进行彻底加热,经过加热处理的食品不可能有感染性病毒存在的风险。而对于一些需要新鲜食用的食物,例如鱼类、贝类等,则只能采用诸如紫外线消毒的物理方式进行病毒的灭活处理。但由于这样的方法只能消灭食物表面的病毒,仍然不能完全保证其食用安全。因此对于这一类食物中的病毒控制方法目前仍在进行大量的研究。另外,在食源性病毒容易出现的春季和冬季,应针对易感人群,如儿童、老年人等免疫力较低者积极注射预防性疫苗;也可开展健康和卫生教育,切断以四害(老鼠、苍蝇、蚊子和臭虫)和蟑螂等有害昆虫为主的传播途径;不吃不清洁食物和生食海鲜或肉食,不饮用生水;养成良好的个人卫生习惯,勤洗手、勤洗澡、勤换洗衣物,保持室内空气流通等;积极参加体育锻炼,保证充足睡眠以增强身体免疫力。

4.7.5 食源性病毒的监测

食品中食源性病毒的国标检测方法主要采用的是以聚合酶链反应(PCR)技术为主的分子生物学方法。由于食品中存在的病毒不具备繁殖的能力且数量极少,因此应用培养的方法或抗原特异性检测方法都很难或无法对其进行检测;而直接采用电镜观察也由于难以检测到对人致病的少量病毒颗粒的原因无法开展。但利用 PCR 技术扩增病毒的核酸片段则可以在较好解决上述问题的同时,又能提高病毒检测的灵敏度。但另一方面,PCR 技术也存在一些问题亟待解决。例如,部分食品成分可能会干扰 PCR 扩增反应、或由于病毒基因发生变异导致检测结果发生偏差等情况。

除此之外,随着检测技术的不断发展,现在也有一些新型检测方法应用于食品中特定病毒的检测。例如,在中华人民共和国出入境检验检疫行业标准(SN/T 2518—2010)中提到,贝类食品中食源性病毒检测方法可采用——纳米磁珠-基因芯片法。该方法的基本原理是将贝类样品经前处理后,用纳米磁珠和传统方法提取病毒 RNA,将病毒 RNA 逆转录成 cDNA。再以 cDNA 为模板、用特异性引物进行 PCR 反应。PCR 扩增产物与固定有 5 种病毒特异性探针的基因芯片进行杂交,用芯片扫描仪对杂交芯片进行扫描并判定结果。该方法利用了基因芯片高通量的特点,可以同时检测甲肝病毒、GⅠ型和GⅡ诺如病毒、A 群轮状病毒、星状病毒等 5 种食源性致病病毒。在食品安全地方标准(DBS 13/001—2015)——食品中诺如病毒检测中应用的方法是建立在 PCR 基础上的实时荧光 RT–PCR 检测方法。该方法是对贝类、生食叶类蔬菜和包装饮用水等食品中的诺如病毒进行检测。其基本原理是将经过预处理的食品样品进行病毒 RNA 的提取和纯化,按照一步法 RT–PCR 反应体系,以诺如病毒 RNA 为阳性对照,以不含有诺如病毒 RNA 作为阴性对照,以水代替模板作为空白对照进行检测。

除上述对食物进行病毒检测的监测方式以外,也可以通过如下途径对其进行监测:一方面,对于食品从业人员应当进行定期体检,防止病毒随其进入食品内部,降低食品被病毒污染的风险;另一方面,在此基础上进一步加强食品在加工、储藏、运输和销售过程中的卫生监督,防止任一环节可能造成的病毒污染。

思考题

1. 什么是病毒?病毒的特点有哪些?
2. 病毒的主要化学成分有哪些?各成分有什么特点?
3. 对病毒进行命名的原则是什么?
4. 病毒的复制循环可以分为哪几个阶段?每个阶段是如何运行的?
5. 常见的亚病毒有哪些?请举 1~2 例说明它们的特点是什么?
6. 什么是噬菌体?噬菌体的主要功能有哪些?
7. 噬菌体对发酵工业的影响是什么?

第5章 微生物的营养

微生物在生命活动过程中,无时无刻不在进行着新陈代谢作用。为了生长和繁殖,微生物必须不断地从周围环境中吸收各种营养物质,以合成新的细胞组分和形成代谢产物,维持细胞内一定的 pH 值及离子浓度。凡是能够满足微生物进行生命活动所需要的物质就称为营养物质(nutrient)。营养物质是微生物赖以生存的物质基础,微生物从外界摄取营养物质,通过新陈代谢作用将其转化为自身细胞组成物质,同时可以从中获得生命活动所必需的能量。

5.1 微生物细胞的化学组成

微生物究竟需要哪些营养物质,主要取决于微生物细胞的化学组成及其代谢产物的化学成分。各类微生物细胞的化学成分分析结果表明,微生物细胞的化学组成与其他生物细胞的化学组成基本相同,没有本质上的差别。细胞最基本的组成单位都是各种化学元素,由不同元素构成细胞内的物质并进一步形成相应的大分子化合物。

5.1.1 化学元素组成

构成微生物细胞的主要化学元素包括碳、氢、氧、氮、硫、磷、钾、镁、钙、铁、锌、锰、钠、氯、钼、硒、钴、铜、钨、镍等。根据微生物对各种化学元素需求量的不同,可以分为主要元素(macroelement)和微量元素(microelement)。需求量在 10^{-4} mol/L 以上的元素为主要元素,需求量在 10^{-4} mol/L 以下的元素为微量元素。虽然微生物种类不同,细胞中所含的各种元素的数量也有差异,但是元素的种类基本相同。微生物细胞中所含的主要元素见表5.1。

表5.1 微生物细胞中主要元素含量

元素	碳	氧	氮	氢	磷	硫	钾	钠	钙	镁	氯	铁
质量分数	50%	20%	14%	8%	3%	1%	1%	1%	0.5%	0.5%	0.5%	0.2%

微量元素如锌、锰、钼、硒、钴、铜、钨、镍等,在细胞中的含量均在0.2%以下。

5.1.2 化学物质组成

组成微生物细胞的各类化学元素绝大多数是以化合物的形式存在的,即以有机或无机形态存在于细胞之中。组成细胞的化学物质主要成分包括水分、碳水化合物、蛋白质、核酸以及脂类等。微生物细胞中主要的化学物质含量见表5.2。

表5.2　微生物细胞中主要化学物质含量

微生物	水分质量分数	干物质质量分数	占细胞干物质质量分数			
			蛋白质	核酸	碳水化合物	脂肪
细菌	75%~85%	25%~15%	58%~80%	10%~20%	12%~28%	5%~20%
酵母菌	70%~80%	30%~20%	32%~75%	6%~8%	27%~63%	2%~5%
丝状真菌	85%~95%	15%~5%	14%~52%	1%~2%	27%~40%	4%~40%

5.1.2.1　水

水是维持细胞正常生命活动必不可少的一种重要物质。微生物细胞的含水量比较高,占细胞质量的70%~90%。细胞内的水主要以两种形式存在:一种是结合水,另一种是自由水。结合水与细胞中的其他化合物紧密结合,直接参与细胞的结构组成,不能作为溶剂,不参与体内的代谢反应;自由水通常以游离态存在,可以作为化学反应的溶剂,为细胞的新陈代谢提供一个液态环境。细胞中水的生理功能主要体现在以下几个方面:①作为细胞的组成成分;②细胞生理反应的介质;③直接参与新陈代谢作用;④调节细胞内的温度;⑤维持和稳定细胞内蛋白质、核酸等生物大分子天然构象。

5.1.2.2　碳水化合物

微生物细胞中碳水化合物(carbohydrate)的含量受微生物种类影响比较大。某些微生物细胞中碳水化合物的含量可占细胞固形物的30%以上。碳水化合物在细胞中的存在方式也比较复杂,包括单糖、双糖和多糖等多种形式,其中主要以多糖形式存在。单糖包括己糖和戊糖。己糖是组成双糖或多糖的基本单位,戊糖是核糖的组成成分。多糖包括荚膜多糖、脂多糖、肽聚糖、纤维素、半纤维素、淀粉等不同种类。它们有的是组成细胞结构的物质,有的是细胞内储藏物质,可以作为碳源和能源被微生物分解利用。

5.1.2.3　蛋白质

蛋白质(protein)是细胞干物质的主要成分,占细胞固形物的40%~80%,分布在细胞壁、细胞膜、细胞质、细胞核等细胞结构中。按照化学组成不同,微生物细胞内的蛋白质通常可以分为2类,即简单蛋白质(simple proteins)和结合蛋白质(conjugated proteins)。

简单蛋白质是水解后只产生氨基酸的蛋白质;结合蛋白质是水解后不仅可以产生氨基酸,还可以产生其他有机或无机化合物(如碳水化合物、脂质、核酸、金属离子等)的蛋白质。结合蛋白质的非氨基酸部分称为辅酶。简单蛋白质包括球蛋白、鞭毛蛋白以及一些水解酶蛋白等。结合蛋白质包括核蛋白、糖蛋白、脂蛋白等,在微生物细胞中核蛋白含量特别高,占蛋白质总量的30%~50%。

蛋白质在微生物细胞中发挥着重要的生物学作用,微生物的各种生理现象和生命活动都离不开蛋白质。蛋白质的功能主要体现在以下几个方面:①参与微生物细胞的结构组成;②多数以酶的形式存在,催化细胞内各种生理生化反应;③参与营养物质的跨膜运输。

5.1.2.4　核酸

微生物细胞内的核酸(nucleic acid)有2种,即脱氧核糖核酸(DNA)和核糖核酸

（RNA），占细胞固形物的 10%~15%。微生物的种类不同,细胞内 DNA 的存在形式也不同。原核微生物细菌和放线菌的 DNA 基本是裸露的,主要以游离形式存在于细胞核中,少量以质粒的形式存在于细胞质中。质粒是一种分子量比较小的共价闭合环状 DNA 分子,质粒通常携带特殊的遗传信息,决定细菌某些特殊的遗传性状。真核微生物的 DNA 与蛋白质结合,形成与高等生物类似的染色体。RNA 一般存在于细胞质中,除少量以游离状态存在外,大多数与蛋白质结合,形成核蛋白体。RNA 主要参与蛋白质的生物合成。

核酸是生物遗传的物质基础。对于细胞型微生物而言,DNA 上携带全部的遗传信息,通过 DNA 的复制和细胞分裂将遗传信息传递给子代。在仅含 RNA 的某些病毒和类病毒中,它们的侵染力和遗传信息的传递均由 RNA 所决定。

细菌和酵母菌细胞中核酸的含量高于霉菌。在同一种微生物中,RNA 的含量常随着生长时期的变化而变化,但是 DNA 的含量则是恒定的。DNA 碱基对顺序、数量和比例通常是不变的,不受菌龄和一般外界因素的影响,因此,可以用 DNA 碱基比例或（G+C）的摩尔分数作为微生物菌种分类鉴定的指标,这种分类方法已经在某些细菌和酵母菌的分类中得到应用。

5.1.2.5　脂类

细胞中脂类(lipid)物质含量占细胞固形物的 1%~7%。脂类物质主要包括脂肪酸、磷脂、糖脂、蜡脂和固醇等。脂类物质在细胞中以游离状态存在或与蛋白质等结合。它们存在于细胞壁、细胞膜和细胞质中。磷脂是构成微生物细胞内各种膜的主要成分;脂蛋白、脂多糖及固醇则是微生物细胞的重要组分;脂肪酸可以结合糖或蛋白质,也可以以游离状态存在,游离态的脂肪酸也是微生物细胞内的能源物质。

微生物细胞内脂肪含量因种类不同相差很大。例如产脂内孢霉（*Endomyces vernalis*）、含脂圆酵母（*Torulopsis lipofera*）和黏红酵母（*Rhodotorula glutinis*）细胞中脂肪含量高达 50% 以上。另外,培养条件对脂肪含量也有影响,碳源含量高的培养基能促进脂肪的累积。

5.1.2.6　维生素

有些微生物细胞内还会有数量不等、种类不同的维生素(vitamin)。例如,阿舒假囊酵母（*Eremothecium ashbyii*）和棉阿舒囊霉（*Ashbyii gossyii*）细胞内含有较多的核黄素（B_2）,丙酸杆菌属（*Propionibacterium*）和放线菌菌丝体中含有较多的维生素 B_{12}。维生素主要是构成细胞内各种酶的辅酶,在微生物代谢过程中起重要作用。

5.1.2.7　抗生素

抗生素(antibiotic)是对其他微生物有抑制或杀灭作用的一大类微生物次级代谢产物,目前生产的抗生素以放线菌发酵为主。

5.1.2.8　无机盐类

无机元素占细胞固形物的 10% 左右,包括磷、硫、镁、铁、钾、钠等。一般以磷的含量为最高,但在硫细菌中含硫量较高,铁细菌中含铁量较高。这些无机元素在细胞中除少数以游离状态存在之外,大部分都以无机盐的形式存在或结合于有机物质之中。

除上述主要物质之外,有些微生物细胞中还含有色素、毒素等成分。

5.2 微生物的营养物质及生理功能

微生物从外界获得的营养物质主要包括水、碳源、氮源、能源、生长因子以及无机盐等。每种营养物质均具有一定的生理功能。

5.2.1 水

水分是微生物细胞中的主要组成成分,一般细胞含水量为70%~90%。不同种类的微生物,其细胞含水量稍有差异,如细菌细胞含水量为75%~85%,酵母菌为70%~85%,丝状真菌为85%~90%。水以不同状态存在于细胞中,一部分水以游离状态存在,称游离水或自由水,它是细胞内物质的溶剂;另一部分水与细胞内其他成分结合,称为结合水。结合水与游离水的生理作用不同,它不易蒸发,不冻结,不能作为溶剂,也不能渗透。结合水的含量一般占总水量的17%~28%。在细菌芽孢中,以结合水状态存在的水分比例较大,游离水少,这可能是芽孢抵抗力较强的原因之一。水是微生物生长所必需的成分,微生物不能脱离水而生存,微生物所需要的营养物质,也只有溶解于水后,才能被微生物很好地吸收利用。此外由于水具有传热快、比热高、热容量大等特点,所以水又有利于调节细胞温度,保持细胞生活环境的温度恒定。

5.2.2 碳源

凡是可提供微生物细胞组成和代谢产物中碳素来源的物质均可称为碳源(carbon source)。碳源的种类很多,从简单的无机含碳化合物,如二氧化碳、碳酸盐等,到复杂的有机含碳化合物,如糖类、醇类、有机酸、蛋白质及其分解产物、脂肪和烃类等,都可以被不同的微生物所利用。大多数微生物是以有机碳化合物作为碳源和能源,其中糖类是最好的碳源,绝大多数微生物均能利用。几乎所有微生物都能利用葡萄糖和果糖等单糖,蔗糖和麦芽糖等双糖也是微生物普遍能够利用的碳源,多糖是单糖或其衍生物的聚合物,包括淀粉、纤维素、半纤维素、甲壳素、果胶质和木质素等,其中淀粉是大多数微生物都能利用的碳源,而其他多糖素等则只能被少数微生物所利用。

有机酸作为碳源的效果不如糖类,主要原因是由于有机酸不容易透过细胞,难以被微生物吸收利用。另外,有机酸被吸收后,常会导致细胞内环境 pH 值的降低,影响微生物的生长繁殖。有些有机酸如柠檬酸和酒石酸还具有强烈的螯合金属离子的能力,致使微生物因得不到金属离子而生长受阻。

多元醇如甘露醇和甘油可作为许多微生物的碳源和能源,但藻状菌和酵母菌对此类碳源利用较差。低浓度的乙醇可以被某些酵母菌和醋酸菌所利用。

有不少微生物,特别是假单胞菌还可以利用芳香族化合物作为碳源。

碳源的功能主要有2个方面:①提供细胞组成物质中的碳素来源;②提供微生物生长繁殖过程中所需要的能量。因此碳源具有双重功能,在微生物的营养需求中,对碳的需求量最大。

5.2.3　氮源

　　凡是可提供微生物细胞组成和代谢产物中氮素来源的物质均可称为氮源(nitrogen source)。微生物利用氮源在细胞内合成氨基酸和碱基,进而合成蛋白质、核酸等细胞成分以及含氮的代谢产物。氮源一般不提供能量,但硝化细菌能利用铵盐或硝酸盐作为氮源和能源。在碳源物质缺乏的情况下,某些厌氧微生物在厌氧条件下也可以利用某些氨基酸作为能源物质。

　　氮源的种类很多,一般可以分为 3 种类型:①分子态氮,大气中的氮气来源充足,但只有少数具有固氮能力的微生物(如自生固氮菌、根瘤菌)能利用;②无机态氮,如铵盐、硝酸盐等,绝大多数微生物均可利用;③有机态氮,如蛋白质及各种分解产物、尿素、嘌呤碱、嘧啶碱等。尿素需要被微生物先分解成 NH_4^+ 后才能被吸收利用,氨基酸能被微生物直接吸收利用,蛋白质类复杂的有机含氮化合物则需先经微生物分泌的蛋白酶水解成氨基酸或进一步分解成无机含氮化合物才能被吸收利用。在发酵工业,用作氮源的物质主要有鱼粉、蚕蛹粉、各种饼粉、玉米浆、血粉等。在实验室中则常用蛋白胨、牛肉膏、酵母浸出汁等作为氮源。蛋白质不是微生物良好的氮源,因为蛋白质分子量比较大,必须先经过菌体胞外酶水解后才能被细胞吸收利用。

5.2.4　能源

　　凡是能提供微生物生命活动过程中所需要能量来源的物质,称为能源(energy source)。顾名思义,能源的功能就是为微生物的生命活动提供必需的能量。

　　能源因为微生物种类不同而有所差异。对异养型微生物而言,碳源就是能源,只在少数情况下,氮源可充当能源或利用日光作为能源。对自养型微生物来讲,光能自养菌利用太阳光作为能源,化能自养菌则利用氧化无机物而获得能量。

5.2.5　生长因子

　　凡是微生物不能自行合成,但生命活动又不可缺少的微量有机营养物质,称为生长因子(growth factor)。生长因子不是所有微生物生长都需要的营养物质,只是为某些微生物所必需,这类微生物细胞内一般缺乏某种酶类,自身不能合成其生长所必需的某种营养成分,只能从外界吸取。从广义上讲,生长因子包括氨基酸、嘌呤、嘧啶、维生素;从狭义上讲,就专指维生素。与微生物生长有关的维生素主要是 B 族维生素,只有少数微生物需要维生素 K。生长因子的功能主要表现在以下 2 个方面:①构成细胞的组成成分,如嘌呤、嘧啶是构成核酸的成分;②调节代谢,维持正常的生命活动,如许多维生素是各种酶的辅基成分,直接影响酶的活性。

　　对于微生物来讲,并不是所有的微生物都需要生长因子。自养型微生物能自行合成,不需要外界补充。异养型微生物有 3 种情况:①有些异养型微生物需要生长因子,例如,产谷氨酸的短杆菌,需要在培养基中添加生物素才能使菌体生长良好;②有些异养型微生物则不需要生长因子;③还有一些异养型微生物不但不需要生长因子,反而自身能够在细胞内积累某种维生素,例如,肠道微生物就能在肠道内分泌大量维生素供机体吸收利用,大肠杆菌可以合成维生素 K。

在科研和生产实践中,通常利用酵母膏、玉米浆、蔬菜汁、肝脏浸出液等动植物组织提取液作为生长因子的来源。天然培养基如麸皮、米糠、肉汤等都含有比较丰富的生长因子,所以不必另外补充。

5.2.6 无机盐类

无机盐(mineral salt)是微生物生长过程中不可缺少的营养物质。微生物需要的无机盐一般包括硫酸盐、磷酸盐、氯化物、含钾、钠、镁、铁等的化合物。从量的角度,无机盐可分为主要元素和微量元素两大类。前者一般指磷、硫、钾、镁、钙、钠、铁等,后者包括锌、锰、钼、钴等。无机盐在微生物生命活动过程中起着重要的作用,主要表现在以下几个方面:①构成细胞的组成成分,如磷是核酸的组成元素之一;②作为酶的组成成分或酶的激活剂,如铁是过氧化氢酶、细胞色素氧化酶的组成成分,钙是蛋白酶的激活剂;③调节微生物生长的物理化学条件,如调节细胞渗透压、氢离子浓度、氧化还原电位等,磷酸盐就是重要的缓冲剂;④作为某些自养型微生物的能源,如硫细菌以硫作为能源。一些无机元素的生理功能见表5.3。

表5.3 无机元素的生理功能

元素名称	主要生理功能
磷	核酸、磷脂、某些辅酶的组成成分,形成高能磷酸化合物,缓冲剂
硫	蛋白质、某些辅酶(辅酶A等)的组成成分,某些自养型微生物的能量
钾	主要无机阳离子,许多酶的激活剂,与原生质胶体特性和细胞膜透性密切相关
镁	细胞中重要的阳离子,许多酶(己糖磷酸化酶等)的激活剂,细菌叶绿素的组成成分
钙	某些酶(如蛋白酶)的激活剂,细菌芽孢的组成成分,降低细胞的通透性,调节酸度
铁	细胞色素、某些酶(如过氧化氢酶)组成成分,影响细菌毒素的形成,铁细菌的能源
铜、钴、锰、钼、锌	某些酶的组成成分,酶的激活剂,促进固氮作用

5.3 微生物对营养物质的吸收方式

微生物在生命活动过程中,不断地从外界吸收各种营养物质,然后又将体内的代谢废物排泄到细胞外。微生物的物质交换过程都是在细胞表面进行的。细胞表面积越大,物质交换的数量就越多,速度也越快,因而对微生物吸收营养来讲,表面积大小非常重要。在这方面微生物和其他生物相比,充分显示了自己适应环境的能力。当微生物处于含有营养物质的环境中时,某些营养物质就会被吸附到细胞的表面,然后经过细胞膜的"选择"作用,细胞所需要的营养物质就会通过跨膜运输进入细胞内。细胞膜是由可移动膜蛋白和磷脂双分子层组成的液态镶嵌结构,上面有许多小孔,它是一种具有高度选择性的半透性薄膜,能够对周围的物质进行高度选择性地吸收,直接控制着微生物细胞内外的物质交换。

微生物对营养物质的吸收可以分为被动扩散(passive diffusion)、促进扩散(facilitated diffusion)、主动运输(active transport)、基团转位(group translocation)4 种方式。

5.3.1　被动扩散

被动扩散又称为单纯扩散。营养物质在细胞内外浓度不一样,利用细胞膜内外存在的浓度差从高浓度向低浓度进行扩散,是顺浓度梯度进行扩散。被动扩散是一个物理过程,在扩散过程中不需要消耗能量,它是非特异性的,扩散速度比较缓慢,营养物质在细胞膜内外浓度差的大小决定扩散速度的快慢。被动扩散是一个可逆的过程,营养物质是通过细胞膜上的小孔进出细胞的。通过被动扩散运输的物质主要是一些小分子物质,例如,水、氧气和二氧化碳等小分子物质就是以被动扩散的方式进行跨膜运输的,乙醇、甘油等小分子物质也可以通过这种方式进出细胞,大肠杆菌中 Na^+ 的吸收是通过被动扩散进行的,较大的分子、离子和极性物质则不能通过被动扩散进行跨膜运输。

5.3.2　促进扩散

促进扩散运输物质的方式与被动扩散相似,也是一种被动的物质跨膜运输方式,运输过程依赖于细胞膜内外营养物质浓度差的驱动,顺浓度梯度进行,在扩散过程中也不需要消耗代谢能量。

与被动扩散不同的是促进扩散在运输过程中需要有专一性的载体蛋白(carrier protein)参加。载体蛋白也称为透性酶(permease),是一种存在于细胞膜上的蛋白质。在载体蛋白的协助下,营养物质跨膜运输的速度可以大幅度提高。载体蛋白对所运输的物质具有较强的专一性,每种载体蛋白只能选择性地运输与之结构相关的某类物质。载体蛋白运输营养物质的速度与营养物质浓度梯度密切相关,一般情况下,促进扩散的速度会随着细胞内外营养物质浓度差的增加而加快。但是当营养物质的浓度达到一定数值时,载体会产生饱和效应,促进扩散的速度就不再受细胞内外营养物质浓度差大小的影响了,这一点与酶和底物之间的关系非常类似。

在促进扩散过程中,营养物质在细胞膜外表面与载体蛋白相结合,载体蛋白的构象随之发生变化,载体蛋白携带营养物质横跨细胞膜,将之运送至细胞膜内并加以释放,然后载体蛋白恢复其原来的构象,并返回细胞膜外表面,并随时准备与细胞胞外营养物质进行结合,开始下一次运输(图5.1)。当然这一运输过程也是可逆的,如果细胞内某种营养物质的浓度高于细胞外,那么该物质也可以通过促进扩散的运输方式被运送到细胞外,但是事实上,由于细胞通过新陈代谢作用能够将进入细胞内的营养物质迅速消耗,所以营养物质外流的情况一般不会发生。

通过促进扩散运输的营养物质是非脂溶性的。大肠杆菌、鼠伤寒沙门菌、假单胞菌、芽孢杆菌等细菌可以通过促进扩散的方式运输甘油。促进扩散在真核细胞中的作用更为明显,很多糖类和氨基酸都是通过这种运输方式进入细胞的。

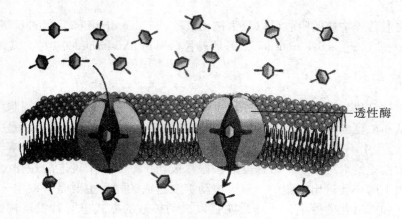

图5.1　促进扩散

5.3.3　主动运输

通过促进扩散虽然可以比较快速地将细胞外的营养物质顺着浓度梯度运送至细胞内。但前提条件是细胞外营养物质的浓度必须高于细胞内,实际上,细胞外的营养物质浓度通常比较低,而促进扩散不能在细胞内营养物质浓度高时进行逆浓度梯度运输。在这种情况下,必须有其他的运输方式,其中最主要的运输方式是主动运输和基团转位。

主动运输是一种可以将营养物质进行逆浓度梯度运输的方式,在这一过程中需要消耗能量(图5.2)。主动运输在某些方面类似于促进扩散的过程,两者都需要载体蛋白的参与。载体蛋白具有较强的专一性,性质相近的分子会竞争性地与载体蛋白结合,在营养物质浓度较高时也会出现饱和效应。但是,两者之间仍然存在较大的差别:①主动运输需要消耗能量,并且可以逆浓度梯度进行运输,促进扩散则不能;②新陈代谢抑制剂可以阻止细胞产生能量而抑制主动运输,但对促进扩散却没有影响。主动运输对于许多生存于低浓度营养环境中的贫养菌(oligophyte,或称寡养菌)的生存至关重要。

关于主动运输的机制有两种观点:①外界环境中的营养物质先与细胞膜上的载体蛋白结合,形成复合物,此复合物在细胞膜中由于吸收能量而发生构象改变,使载体对营养物质的亲和力下降,从而将其释放至细胞内,然后载体再恢复至原来构象,继而可重新与营养物质结合;②载体是一

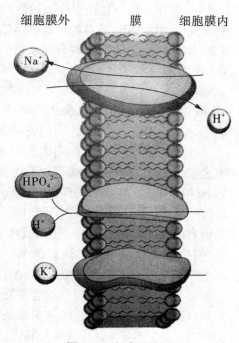

图5.2　主动运输

种变构蛋白质(或称为透性酶),它们在细胞膜中可以被比作一个能旋转的门,这个"门"有一个口,朝向细胞膜外,可以和营养物质专一性地结合,引起蛋白质变形,使之旋转,当口朝向细胞内时,由于吸收能量(ATP)而使载体蛋白对营养物质亲和力下降,从而将营养物质释放出来,载体蛋白则恢复至原来的构象,又可重新与营养物质进行结合。

主动运输主要依靠以下 3 种方式获得能量。

(1)呼吸作用(氧化磷酸化)形成质子动力　在线粒体中进行的氧化磷酸化和叶绿体中进行的光合磷酸化都具有电子传递的功能,能量较高的电子沿着电子传递链传递,在降低能级的同时将 H^+ 排出膜外,而膜对于 H^+ 具有不可透性,结果在膜的两侧形成 H^+ 浓度梯度,产生质子动力。载体蛋白依靠质子动力将营养物质运送至细胞内。

(2)ATP 水解　所有生物细胞的细胞膜中都有 Na^+,K^+-ATP 酶,Na^+,K^+-ATP 酶又称为钠钾泵,该酶需要 Mg^{2+}、K^+ 和 Na^+ 的激活。ATP 的水解涉及 2 个反应,即 ATP 酶的磷酸化反应和磷酸酶的水解反应。ATP 酶的磷酸化反应依赖 Na^+;磷酸酶的水解反应依赖 K^+。ATP 酶由大、小 2 个亚基组成,大亚基可被 ATP 磷酸化,磷酸结合在大亚基的天门冬氨酸上。ATP 水解的全部反应过程如下:

$$E + Na_i^+ \Longleftrightarrow E-Na_i^+$$

$$E-Na_i^+ + Mg-ATP \Longleftrightarrow P-E'-Na_i^+ + Mg-ADP$$

$$P-E'-Na_i^+ \longrightarrow P-E'-Na_O^+$$

$$P-E'-Na_O^+ + K_O^+ \Longleftrightarrow P-E'-K_i^+ + Na_O^+$$

$$P-E'-K_i^+ + H_2O \longrightarrow P + E'-K_i^+$$

$$E'-K_i^+ \Longleftrightarrow E' + K_i^+$$

$$E' \Longleftrightarrow E$$

上式中,E 和 E′是 Na^+,K^+-ATP 酶的不同构型,E 对 Na^+ 有高度亲和性,E′对 K^+ 有高度亲和性。i 和 o 分别代表细胞内和细胞外。

E 是非磷酸化的酶,与 Na^+ 结合的中心朝向膜内,当 E 与 Na^+ 结合后,即可被 Mg-ATP 磷酸化,E 转变成为 P-E′。由 E 向 P-E′的转变导致 Na^+ 结合位点朝向膜外,由于 E′对 K^+ 亲和力强,因此 K_O^+ 与 E′-P 结合,而释放出 Na_O^+,当 K_O^+ 与 P-E′结合后,K^+ 结合位点朝向膜内,P-E′转化成 E′+P,并释放出 K^+,E′因脱去磷酸恢复成 E,又重复循环上述反应。

不论细胞外的 Na^+ 和 K^+ 的浓度如何,Na^+,K^+-ATP 酶系反应结果都是细胞内部 K^+ 的浓度高,而 Na^+ 的浓度低。细胞内 K^+ 的高浓度是维持许多酶活性和合成蛋白质所必需的。氨基酸和糖类等物质只有在细胞内所积累的 Na^+ 被排出时,才能被载体运入细胞内,而 Na^+,K^+-ATP 酶的活性可满足这种需要,见图 5.3。

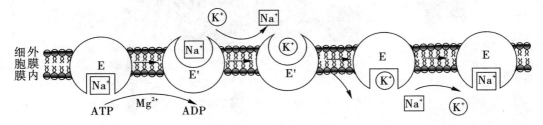

图 5.3　Na^+,K^+-ATP 酶系统

（3）Na$^+$浓度梯度　微生物菌体细胞在依靠质子动力和 ATP 水解所提供的能量进行物质跨膜运输时,都会在细胞膜内外形成 Na$^+$浓度梯度,这种浓度差也可以成为运输营养物质的动力。

以主动运输这种方式运送至菌体细胞中的营养物质主要包括氨基酸、糖类、无机离子等。例如,大肠杆菌用这种方式运输半乳糖、阿拉伯糖、麦芽糖、核糖、谷氨酸、组氨酸、亮氨酸等营养物质。

5.3.4　基团转位

通过主动运输进行跨膜运输的营养物质在运输过程中并没有被修饰和改变。许多原核微生物还可以通过基团转位吸收营养物质,这种运输方式既需要特异性载体蛋白的参与和消耗代谢能量,又会使被运输的营养物质发生化学变化,因此这种运输方式又不同于一般的主动运输。

许多糖类(如葡萄糖、果糖、甘露糖和 N-乙酰葡糖胺等)是通过基团转位这种方式进入原核生物细胞内的,其运输机制在大肠杆菌中研究得比较清楚,运输过程主要靠磷酸转移酶系统(phosphotransferase system)进行,即磷酸烯醇式丙酮酸-糖磷酸转移酶系统(phosphoenolpyruvate-sugar phosphotransferase system,PTS)。运输过程主要涉及以下反应:

$$\text{PEP（磷酸烯醇式丙酮酸）} + \text{HPr} \xrightarrow{\text{E I , Mg}^{2+}} \text{Pyr（丙酮酸）} + \text{P-HPr}$$

$$\text{P-HPr}+\text{糖} \xrightarrow{\text{E II}} \text{糖-6-磷酸} + \text{HPr}$$

磷酸转移酶系统是由两种酶(EI 和 EII)和一个低分子量的热稳定蛋白(HPr)组成(图 5.4)。HPr 和 EI 均存在于细胞质中,EII 结构多变,常由 3 个亚基或结构域组成。在运输过程中,磷酸烯醇式丙酮酸(PEP)起着高能磷酸载体的作用。无论 EI 还是 HPr 都不与糖类结合,因此它们不是载体蛋白。而催化第 2 个反应的 EII 是一种复合蛋白,存在于细胞质膜上,对不同的糖类具有高度专一性。当微生物在含有葡萄糖的培养基中进行培养时,可诱导生成相应的 EII,催化将磷酸基团从 P-HPr 转移到葡萄糖的反应过程,形成 6-磷酸葡萄糖。当微生物在含有甘露糖的培养基中进行培养时,EII 可以催化将磷酸基因从 P-HPr 转移到甘露糖上,形成 6-磷酸甘露糖。

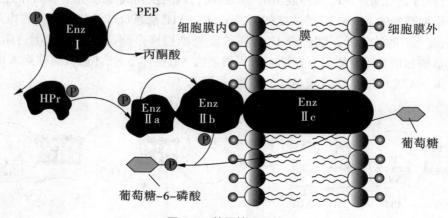

图 5.4　基团转移系统

在一些细菌中,人们已经发现葡萄糖、果糖和乳糖等糖类物质的跨膜运输是依靠基团转位进行的。在严格的好气菌中可能不存在这种运输过程。基团转位运输的特点:①运输的产物是6-磷酸糖,可以立即进入代谢途径;②虽然在运输过程中消耗了一分子PEP,但能量并未浪费,而是有效地保存在6-磷酸糖中;③磷酸化的糖类不易透过细胞膜,对细胞相对安全。

5.4　微生物的营养类型

根据微生物对营养物质的要求不同,可以将微生物分成 2 种类型:①合成能力差,不能利用简单的无机物,如不能利用 CO_2 和无机盐作为营养物质进行生长繁殖,而需要利用复杂的有机物,如蛋白质及其降解产物(胨、氨基酸)以及糖类等营养物质才能进行生长繁殖,具有这种营养要求的微生物被称为有机营养型(或异养型);②合成能力强,可以利用简单的无机物,如 CO_2 和无机盐作为营养物质,合成复杂的细胞物质进行生长,具有这种营养要求的微生物被称为无机营养型(或自养型)。大多数微生物是以复杂的有机物作为碳源,只有少数微生物能够以 CO_2 作为唯一碳源。根据微生物生长所需要的能源不同,又可以将微生物分成两种类型,即光能营养型和化能营养型。光能营养型微生物是通过特殊的色素和光合系统将光能吸收后再转变成化学能供微生物细胞利用。化能营养型微生物是通过无机物或有机物的分解反应产生能量,这种能量再以 ATP 的形式储存起来,逐步为细胞所利用。

虽然微生物的代谢类型多种多样,但是,一般根据它们对碳源和能源的需求不同,将其划分为四种营养类型:即光能自养型微生物(photoautotrophs)、光能异养型微生物(photoheterotrophs)、化能自养型微生物(chemoautotrophs)和化能异养型微生物(chemoheterotrophs)。其中光能自养型微生物和化能异养型微生物占绝大多数。微生物的主要营养类型见表5.4。

表 5.4　微生物的主要营养类型

营养类型	能源	氢/电子	碳源	微生物代表类群
光能自养型微生物	光能	无机物	CO_2	藻类、紫硫细菌、绿硫细菌、蓝细菌
光能异养型微生物	光能	有机物 H/e⁻ 供体	有机物	紫色非硫细菌、绿色非硫细菌
化能自养型微生物	化学能 (无机物氧化)	无机物 H/e⁻ 供体	CO_2	硫化细菌、氢细菌、硝化细菌、铁细菌
化能异养型微生物	化学能 (有机物氧化)	有机物	有机物	原生动物、真菌、大多数非光合细菌

5.4.1 光能自养型微生物

光能自养微生物是一类以光能作为能源,以 CO_2 或 CO_3^{2-} 作为唯一碳源的微生物。蓝细菌($Cyanobacterium$)、绿硫细菌($Chlorobium$)和红螺细菌($Chromatium$)的菌体内均含有光合色素,能利用日光为能源,以无机化合物作为供氢体,将二氧化碳还原,生成有机物质。蓝细菌同高等植物一样,以水作为供氢体,除了生成有机物质之外,同时还可产生氧气,它们以日光为能源,通过 ADP 的磷酸化产生 ATP。而红螺细菌和绿硫细菌是以无机物硫化氢作为供氢体,进行不产氧的光合作用,同时析出硫。光能自养型微生物主要光合反应式如下:

$$\text{蓝细菌} \quad CO_2 + 2H_2O \xrightarrow[\text{叶绿素}]{\text{光能}} [CH_2O] + H_2O + O_2 \uparrow$$

$$\text{绿硫细菌} \quad CO_2 + 2H_2S \xrightarrow[\text{菌绿素}]{\text{光能}} [CH_2O] + H_2O + 2S$$

通过比较以上两个反应式,可以将光能自养型微生物的反应通式概括如下:

$$CO_2 + 2H_2A \xrightarrow[\text{菌绿素}]{\text{光能}} [CH_2O] + H_2O + 2A$$

5.4.2 光能异养型微生物

光能异养型微生物是以日光为能源,以有机物作为电子供体和碳源的一类微生物。例如,属于紫色非硫细菌的红螺菌($Rhodospirillum\ rubrum$)可以利用简单的有机酸作为电子供体,而不能以 H_2S 为唯一电子供体。该菌在光照厌氧条件下能够进行光合作用,可以利用异丙醇作为供氢体,同化 CO_2 并积累丙酮。光能异养型微生物主要光合反应式如下:

$$2[CH_3]_2CHOH + CO_2 \xrightarrow[\text{菌绿素}]{\text{光能}} 2CH_3COCH_3 + [CH_2O] + H_2O$$

光能异养型微生物通常生活在有机物含量比较高的湖泊和河流中,不过,这类微生物在黑暗和有氧的条件下也可以利用有机物氧化产生的能量进行新陈代谢作用。

5.4.3 化能自养型微生物

化能自养型微生物是利用无机物氧化产生的能量作为能源,如含铁、氮、硫等元素的无机物的氧化,以 CO_2 为碳源合成细胞物质的一类微生物。该类微生物一般生长比较缓慢,有机物质的存在通常对其有毒害作用。化能自养型微生物主要包括以下几类。

5.4.3.1 硝化细菌

硝化细菌(nitrobacteria)是能氧化铵盐或亚硝酸获得能量的化能自养型微生物。硝化细菌分为亚硝化细菌和硝化细菌两大类群。

亚硝化细菌包括亚硝化螺菌属($Nitrosospira$)、亚硝化单胞菌属($Nitrosomonas$)、亚硝化球菌属($Nitrosocossus$)等,该类微生物可将 NH_4^+ 氧化为 NO_2^-,以获得能量,反应式如下:

$$2NH_4^+ + 3O_2 \longrightarrow 2NO_2^- + 2H_2O + 4H^+ + 552.3\ kJ$$

硝化细菌包括硝化杆菌属($Nitrobacter$)、硝化球菌属($Nitrococcus$)等,该类微生物可将 NO_2^- 进一步氧化为 NO_3^-,以获得能量,反应式如下:

$$NO_2^- + 1/2 \ O_2 \longrightarrow NO_3^- + 75.7 \ kJ$$

5.4.3.2 硫化细菌

硫化细菌(thiobacillus)是一类能氧化还原态无机硫化物(H_2S、S、$S_2O_3^-$ 和 SO_3^- 等)以获得能量的好气性细菌及兼厌气性细菌,大多数为专性的化能自养型微生物。其主要反应式如下:

$$H_2S + 1/2O_2 =\!=\!= H_2O + S + 209.6 \ kJ$$
$$S + 3/2O_2 + H_2O =\!=\!= H_2SO_4 + 626.8 \ kJ$$

硫化细菌的代表类群有硫杆菌属(*Thiobacillus*)、硫小杆菌属(*Thiobaterium*)、硫微螺菌属(*Thiomicrospira*)等。因为硫化细菌能够产酸,能够将环境的 pH 值降低到 2.0 以下,因此可以利用硫化细菌进行冶金,从低品位、废矿渣中回收贵重金属。

5.4.3.3 铁细菌

铁细菌(crenothrix)包括铁杆菌属(*Ferrobacillus*)、嘉氏铁细菌属(*Grenathrixpolyspora*)等,大多分布在含二价铁浓度较高的水体中,此类细菌可从氧化 Fe^{2+} 为 Fe^{3+} 的过程中获取能量,反应式如下:

$$2Fe^{2+} + 1/2 \ O_2 + 2H^+ =\!=\!= 2Fe^{3+} + H_2O + 88.7 \ kJ$$

5.4.3.4 氢细菌

氢细菌(hydrogen bacteria)具有氢化酶,能够氧化氢,以此获取能量,反应式如下:

$$H_2 + 1/2O_2 =\!=\!= H_2O + 237.2 \ kJ$$

严格地说,化能自养型氢细菌只有一个氢细菌属(*Hydrogen bacteria*),虽然一些化能异养型细菌也能氧化氢获取能量,但它们不能同化 CO_2。

5.4.4 化能异养型微生物

化能异养型微生物是一类可以利用有机物作为能源和碳源的微生物,能源来自有机物的氧化分解,ATP 通过氧化磷酸化产生,碳源是有机碳化物,电子供体也为有机物,电子受体为 O_2、NO_3^-、SO_4^{2-} 或有机物。此类微生物种类很多,包括自然界中绝大多数细菌、全部的放线菌、真菌和原生动物。主要反应式如下:

$$C_6H_{12}O_6 + 6O_2 \longrightarrow 6CO_2 + 6H_2O + 能量$$

根据生态习性不同又可以将化能异养型微生物分为以下几种类型。

5.4.4.1 腐生性微生物

这类微生物从无生命的有机物中获取营养物质。引起食品腐败变质的某些霉菌和细菌属于这一类型,例如引起食品腐败的梭状芽孢杆菌、毛霉、根霉、曲霉等。

5.4.4.2 寄生性微生物

这类微生物必须寄生在活的有机体内,从寄主体内获得营养物质,营寄生生活。寄生又分为专性寄生和兼性寄生两种,如果只能在活的生物体内营寄生生活则为专性寄生,例如,引起人、动物、植物等病害的病原微生物。

有些微生物既能生活在活的生物体上,又能在已经死亡的有机残体上生长,这类微生物称为兼性寄生微生物,例如,生活在人和动物肠道内的大肠杆菌便是寄生性微生物,但是,它若随粪便排出体外,又可在水、土壤和粪便之中营腐生生活。引起瓜果腐烂的某些霉菌的菌丝可以侵入果树幼苗的胚芽基部进行寄生生活,也可以在土壤中长期进行腐生生活。

微生物营养类型的划分并非是绝对的。绝大多数异养型微生物也能吸收利用 CO_2,可以把 CO_2 加至丙酮酸上生成草酰乙酸,这是异养型微生物普遍存在的反应。因此,划分异养型微生物和自养型微生物的标准不在于它们能否利用 CO_2,而在于它们是否能够利用 CO_2 作为唯一的碳源。在自养型和异养型微生物之间,光能型和化能型微生物之间还存在一些过渡类型。例如,氢单胞菌(*Hydrogenmonas*)就是一种兼性自养型微生物,它可以在完全无机的环境中进行自养生活,利用氢气的氧化获得能量,将 CO_2 还原成细胞物质。但是,如果环境中存在有机营养物质时,也可以直接利用有机物进行异养型生活。

某些微生物也会随着环境条件的改变而改变其代谢类型。例如,许多紫色非硫细菌在无氧条件下为光能异养型,在一般有氧条件下可氧化无机物获取能量,而在低氧条件下可以同时进行光合作用和氧化代谢。微生物这种在代谢上的灵活性似乎混乱,但是,这无疑也是它们能够适应复杂多变环境的一个优势。

5.5 培养基

人类想要研究和利用微生物,首先就要培养微生物。若要培养微生物,除了提供满足微生物生长繁殖所需要的适宜环境条件之外,还应提供适宜的营养条件。由人工配制而成的适合微生物生长繁殖或积累代谢产物的营养基质,即称为培养基。

5.5.1 培养基配制的基本原则

微生物的种类繁多,营养要求也千差万别,各不相同,要设计和配制出满足微生物生长要求的培养基,一般应该遵循以下原则:①要确定研究目的,明确微生物的营养类型,同时应该了解微生物的类群、生活环境;②应当查阅大量文献,总结和借鉴前人工作经验;③具体问题具体分析,本着既要满足微生物的生长繁殖或积累大量代谢产物的要求,同时又要降低成本的原则,人们通常从碳源、氮源、碳氮比、矿质营养、微量元素、生长因子、酸碱度、渗透压以及氧化还原电位等诸多方面综合考虑,以配制适合微生物生长繁殖或积累代谢产物的培养基。

5.5.1.1 碳源

对于大多数化能异养型微生物而言,碳源就是能源。一般微生物的碳源以糖类物质为主,微生物能够直接利用单糖和双糖,而多糖必须先经过菌体细胞分泌的胞外水解酶水解,将其分解为双糖或单糖后才能被菌体吸收利用。在实验室或进行种子生产时,若以获得微生物菌体为主要目的,碳源多以单糖、双糖为主。在进行工业生产或以获得微生物代谢产物为主要目的时,碳源常以农副产品为主,如玉米粉、淀粉、麦麸等。

在培养基内加入有机含碳化合物时,必须注意化合物的种类和用量。例如,加入糖类时,需采用适当的灭菌方法。有些糖类,如葡萄糖和木糖等在高温高压下很容易被破坏,多糖和双糖也容易被水解,在对微生物进行营养要求实验时尤其需要注意上述问题。

5.5.1.2 氮源

除了培养固氮菌可以不必在培养基内添加氮源之外,培养其他微生物时均需加入无机氮源或有机氮源。铵盐一般适合作为细菌生长的氮源,许多细菌不能利用硝酸盐。而大多数真菌既可以利用铵盐,又可以利用硝酸盐。细菌虽然能够利用无机氮源生长,但生长效果却不如利用有机氮源好。常用的有机氮源主要包括蛋白胨、明胶、牛肉膏和酪蛋白的水解物,这些物质包括各种不同的氨基酸和其他有机含氮化合物以及生长因子,因此能满足各种微生物生长繁殖的需要。此外,在选择氮源时需注意速效、长效氮源相搭配,以便更好地为微生物提供氮素营养。

5.5.1.3 碳氮比

培养基中除了碳源和氮源的浓度要保持适宜之外,还需要考虑二者之间的比例关系,即碳氮比(C/N)。碳氮比(C/N)通常是指培养基中碳元素含量与氮元素含量的比值,有时也指培养基中还原糖的含量与粗蛋白含量的比值。对于绝大多数微生物而言,碳源物质同时又是能源物质,所以在培养基中碳源的添加量往往比较大。一般来讲,如果微生物代谢产物中含碳量比较高,配制培养基时,碳氮比就需要维持较高水平;如果微生物代谢产物中含氮量较高,配制培养基时,碳氮比宜相对降低一些。发酵工业中培养基的 C/N 比通常为(100∶0.5)~(100∶2)。而谷氨酸发酵培养基的 C/N 比为(100∶11)~(100∶21)。对于同一种微生物,不同的碳氮比会直接影响微生物菌体的生长或代谢产物的积累。例如,用微生物发酵法生产谷氨酸,当 C/N 比为 4∶1 时,菌体大量生长繁殖,代谢产物谷氨酸的积累减少,当 C/N 比为 3∶1 时,菌体生长繁殖受到抑制,代谢产物谷氨酸的产量却有较大幅度提高。因此通过调节培养基中的 C/N 比可以满足不同发酵阶段的不同要求。

5.5.1.4 矿质元素

微生物生长除需要碳源和氮源外,矿质营养是必须考虑的。磷、硫、钙、镁、钾等矿质元素占细胞干重的 0.5% 以上,因而在配方中必须体现。矿质元素一般以无机盐的形式添加到培养基中,同时添加时还应当统筹考虑。例如,$MgSO_4$ 既含有镁,同时又含有硫。通常在培养基中加入 KH_2PO_4、K_2HPO_4 和 $MgSO_4$ 以提供磷、硫、镁和钾等矿质元素。如果同时加入铁或钙盐,就需加大上述 3 种化合物用量,因为这些元素在培养基内常形成不溶于水的磷酸盐或氢氧化物沉淀。在培养基内除特别需要外,不需额外加入微量元素,因为配制培养基的水、有机物以及试剂杂质中均含有许多微量元素。相反,过量的微量元素对微生物细胞会产生毒害作用。

5.5.1.5 生长因子

绝大多数异养型微生物都是营养缺陷型,在设计培养基时,应当考虑此类微生物对生长因子的需求。在配制培养基时,通常在培养基内加入酵母膏、牛肉膏或酪蛋白水解物。这些物质能提供微生物生长所需的维素、氨基酸和嘌呤、嘧啶等生长因子。此外,动植物组织浸液,如心脏、肝、蔬菜的浸液都含有丰富的生长因子。

5.5.1.6 pH 值

各类微生物生长所需要的最适 pH 值不尽相同,例如,大多数细菌的最适 pH 值为

7.0~8.0,放线菌为7.5~8.5,酵母菌为3.8~6.0,霉菌为4.0~5.8。除了调节培养基的初始pH值外,还应考虑培养基灭菌后以及发酵过程中pH值的变化,在发酵过程中,营养物质的消耗和代谢产物的积累往往会引起发酵液pH值的改变,所以在培养基中通常加入一些缓冲剂或不溶性的碳酸盐,以维持pH值的恒定。KH_2PO_4和K_2HPO_4是最常用的缓冲剂,不仅能起缓冲作用,而且还能提供K和P。在产酸的发酵过程中常加入适量的$CaCO_3$,以中和微生物所产生的酸,从而可以保证发酵过程中培养基的pH值的稳定。

5.5.1.7　渗透压

培养基中营养物质浓度要合适,浓度太低满足不了微生物生长的需求,浓度太高会造成渗透压过高,从而抑制微生物的生长繁殖。虽然大多数细菌能耐受较大幅度的渗透压变化,但也要注意培养基中有机物质和无机盐离子浓度。

细菌在好气生长时消耗大量营养物质,使培养基的渗透压降低,但在培养基内,如果同时含有足够量的食盐,就可阻止渗透压低落到影响细菌正常生长的程度。等渗溶液最适合微生物生长,一般常用的培养基渗透压都能满足微生物的生长要求。

5.5.1.8　氧化还原电位

一般好氧性的微生物在氧化还原电位(Φ)值为+0.3~+0.4 V比较适宜,厌氧性的微生物只能在Φ值低于+0.1 V的条件下生长,兼性厌氧微生物在Φ值为+0.1 V以上时进行好氧呼吸,在+0.1 V以下时进行发酵作用。

培养好氧性微生物时可通过增加通气量(如振荡培养、搅拌等)或加入氧化剂来提高培养基的氧化还原电位,培养厌氧性微生物时可在培养基中加入抗坏血酸、硫化钠、铁粉、半胱氨酸、谷胱甘肽等还原性物质来降低氧化还原电位。

从经济角度考虑,在配制培养基时应尽量利用廉价且易于获得的原料作为培养基成分,特别是在发酵工业中,培养基用量很大,利用低成本的原料更能体现出其经济价值。例如,在微生物单细胞蛋白生产过程中,常常利用糖蜜(制糖工业中含有蔗糖的废液)、乳清(乳制品工业中含有乳糖的废液)、豆制品工业废液及黑废液(造纸工业中含有戊糖和己糖的亚硫酸纸浆)等作为培养基的原料;工业上主要利用废水、废渣、人畜粪便及秸秆等原料发酵生产甲烷。其他大量的农副产品,如麸皮、米糠、玉米浆、酵母浸膏、酒糟、豆饼、花生饼、蛋白胨等都是常用的发酵工业原料。

在生产和科研实践中,通常采取高压蒸汽灭菌法对培养基进行灭菌,一般培养基采用121 ℃灭菌15~30 min即可。但在高压蒸汽灭菌过程中,长时间高温处理会使某些不耐热的营养物质遭到破坏,如使糖类物质形成氨基糖、焦糖,因此,含糖培养基常在112 ℃灭菌15~30 min。某些对糖类要求较高的培养基可先将糖进行过滤除菌或间歇灭菌,再与其他已灭菌的营养物质混合。长时间高温处理还会引起磷酸盐、碳酸盐与某些阳离子(特别是Ca^{2+}、Mg^{2+}、Fe^{2+})结合形成沉淀,因此,在配制用于观察和定量测定微生物生长状况的合成培养基时,需要在培养基中加入少量的螯合剂,以避免培养基中产生沉淀,影响实验结果。常用的螯合剂为乙二胺四乙酸(EDTA),也可以将含钙、镁、铁等离子的成分与磷酸盐分别进行灭菌,然后再加以混合,以避免沉淀的生成。

培养基灭菌过程中,泡沫的产生会影响灭菌效果,因为泡沫中的空气会形成隔热层,致使泡沫中存在的微生物难以被杀死。因此,有时需要在培养基中加入消泡剂以减少泡沫的产生,或者适当提高灭菌温度,延长灭菌时间,以达到彻底灭菌的目的。

5.5.2　培养基类型

各类微生物对营养的要求不同,科学研究的目的不同,生产实践的需求不同,因此培养基的种类很多。迄今为止,已有数千种不同的培养基。为了更好地进行研究,我们可以根据某种标准,将种类繁多的培养基划分为若干类型。

5.5.2.1　按培养基的物理状态划分

根据培养基的物理状态,可以将其分为液体培养基、固体培养基和半固体培养基。

(1)液体培养基(liquid medium)　所配制的培养基是液态的,其中的成分基本上溶于水,没有明显的固形物。液体培养基营养成分分布均匀,适合于进行细致的生理生化代谢方面的研究,现代化发酵工业多采用液体深层发酵生产微生物代谢产物或菌体。

(2)固体培养基(solid medium)　在液体培养基中加入适量的凝固剂即成固体培养基。常用作凝固剂的物质有琼脂、明胶、硅胶等,以琼脂最为常用。因为它具备了比较理想的凝固剂的条件:①琼脂一般不易被微生物所分解和利用;②在微生物生长的温度范围内能保持固体状态;③透明度好、黏着力强。琼脂的用量一般为 1.5%~2%。硅胶是无机的硅酸钠、硅酸钾与盐酸、硫酸中和时凝成的胶体,一般可以用于分离培养自养型微生物。

(3)半固体培养基(semisolid medium)　如果把少量的凝固剂加入到液体培养基中就制成了半固体培养基。以琼脂为例,它的用量在 0.2%~1%,这种培养基有时可用来观察微生物的运动,有时用来保藏菌种。

5.5.2.2　按培养基组成物质的化学成分划分

根据对培养基的化学成分是否完全了解,可以将其分为天然培养基、合成培养基和半合成培养基。

(1)天然培养基(natural medium)　天然培养基是利用各种动物、植物或微生物的原料制备的,其成分难以确切知道。制备天然培养基的主要原料有牛肉膏、麦芽汁、蛋白胨、酵母膏、玉米粉、麦麸、饼粉、马铃薯、牛奶、血清等。用这些物质配成的培养基虽然不能确切知道它的化学成分,但一般来讲,营养是比较丰富的,微生物生长旺盛,而且来源广泛,配制方便,所以较为常用,尤其适合于实验室一般性微生物的培养。但是,这种培养基的稳定性常受原料产地或批次等因素的影响,另外自养型微生物一般不能在上面生长繁殖。

(2)合成培养基(synthetic medium)　合成培养基是一类化学成分和数量完全已知的培养基,它是用已知化学成分的化学药品配制而成的。合成培养基化学成分精确,重复性强,但价格昂贵,而微生物又生长缓慢,所以它只适用于作一些科学研究。例如,自养型微生物的分离筛选,微生物营养、代谢方面的研究。

(3)半合成培养基(semi-synthetic medium)　在合成培养基中,加入某种或几种天然成分,或者在天然培养基中,加入一种或几种已知成分的化学药品即为半合成培养基。例如,常用的培养真菌的马铃薯葡萄糖培养基(PDA)和培养放线菌的高氏一号培养基等。如果在合成培养基中加入琼脂,由于琼脂中含有较多的化学成分不太清楚的杂质,因此也只能算是半合成培养基。半合成培养基是在工业生产和实验室研究中使用最多的一类培养基。

5.5.2.3 按培养基的营养成分是否完全划分

根据培养基的营养成分是否完全可以将其分为基本培养基、完全培养基和补充培养基。

（1）基本培养基（minimal medium） 基本培养基也称"最低限度培养基"，它只能保证某些微生物的野生型菌株（wild type strain）正常生长，是含有能满足野生菌株生长的最低营养成分的合成培养基。常用"〔－〕"表示。这种培养基往往缺少某些生长因子，所以经过诱变筛选出的营养缺陷型（auxotroph）菌株不能在基本培养基上生长繁殖。

（2）完全培养基（complete medium） 如果在基本培养基中加入一些富含氨基酸、维生素和碱基之类的天然物质（如酵母膏、蛋白胨等），就成为完全培养基。完全培养基可以满足各种营养缺陷型微生物菌株的生长需要，常以"〔＋〕"表示，所有微生物均可以在完全培养基上生长繁殖。

（3）补充培养基（supplemented medium） 如果往基本培养基中有针对性地加进某一种或某几种营养成分，以满足相应的营养缺陷型菌株生长的需要，这种培养基称为补充培养基，常用某种成分如"〔A〕""〔B〕"表示。

5.5.2.4 按培养基的用途划分

根据培养基的用途可以将其分为增殖培养基、选择培养基、鉴别培养基等。

（1）增殖培养基（enrichment medium） 在自然界中，不同种类的微生物常混杂在一起，为了分离我们所需要的微生物，在普通培养基中加入一些某种微生物特别喜欢的营养物质，以利于这种微生物的生长繁殖，提高其生长速度，逐渐淘汰其他微生物，这种培养基称为增殖（或富集）培养基。例如，要分离能发酵石蜡油的酵母菌，就可以在酵母菌培养基中加入石蜡油作为唯一碳源，使该酵母菌快速生长繁殖，成为优势菌。此类培养基多用于微生物菌种的分离筛选。

（2）选择培养基（selective medium） 在培养基中加入某种物质以杀死或抑制不需要的微生物生长，这种培养基称之为选择培养基。例如，链霉素、氯霉素等能抑制原核微生物的生长，而制霉菌素、灰黄霉素等能抑制真核微生物的生长，结晶紫能抑制革兰氏阳性细菌的生长等。在某种程度上，增殖培养基实际上是一种营养型选择培养基。

（3）鉴别培养基（differential medium） 根据微生物的代谢特性，在培养基中加入某种试剂或化学药品，这些试剂就与特定代谢产物发生特定的化学反应，呈现肉眼可见的差异，将难以区分的微生物经培养后区别开来，因而有助于快速鉴别某种微生物，这样的培养基称之为鉴别培养基。例如，用以检查饮水和乳品中是否含有肠道致病菌的伊红美蓝（EMB）培养基就是一种常用的鉴别性培养基。在这种培养基上大肠杆菌（*E. coli*）和产气杆菌（*Aerobacter aerogenes*）能发酵乳糖产酸，并和指示剂伊红美蓝发生结合，在伊红美蓝（EMB）培养基上，大肠杆菌能够形成较小的、带有金属光泽的紫黑色菌落，产气杆菌能够形成较大的棕色菌落，肠道致病菌由于不发酵乳糖则不被着色，呈乳白色菌落，这样根据菌落颜色就可以初步判断待检测样品中是否含有肠道致病菌。

在乳酸菌培养基中加入不溶性的碳酸钙，由于乳酸菌产生乳酸，可以将碳酸钙溶解而在菌落周围产生透明圈,通过这种方法也可以初步分离和鉴别乳酸菌。

5.5.2.5 按培养基用于生产的目的划分

根据培养基用于生产的目的可以将其分为种子培养基和发酵培养基。

(1)种子培养基(seed medium) 种子培养基是为保证发酵工业获得大量优质菌种而设计的培养基。配制种子培养基的目的是为了在短时间内获得大量的、年轻健壮的种子细胞,所以种子培养基与发酵培养基相比,营养较为丰富,尤其是氮源比例较高。为了使菌种能够较快适应发酵生产,缩短发酵周期,有时在种子培养基中,有意识地加入一些能使菌种迅速适应发酵条件的营养基质。

(2)发酵培养基(fermentation medium) 发酵培养基是为了满足生产菌种大量生长繁殖并能够积累大量代谢产物而设计的培养基。发酵培养基的用量大,因此对发酵培养基的要求,除了要满足菌体需要的营养并适合其积累大量代谢产物之外,还要求原料来源广泛,成本比较低廉。所以这种培养基的成分一般都比较粗,碳源的比例较大。

除以上类型外,培养基按用途划分还有很多种。例如,专门用于培养自养型微生物的无机盐培养基,常用来分析某些化学物质(如抗生素、维生素)浓度和微生物营养需求的分析培养基(assay medium),专门用来培养厌氧型微生物的还原性培养基(reduced medium),常用来培养病毒、衣原体(chlamydia)、立克次氏体(rickettsia)及某些螺旋体(spirochete)等专性细胞寄生型微生物的含有动植物细胞的活体组织培养基(tissue-culture medium)等。

⇨ 思考题

1.简述微生物细胞的化学组成。

2.简述微生物所需要的营养物质及其功能。

3.微生物吸收营养的方式有几种,试比较其主要区别?

4.举例说明微生物的4种营养类型。

5.设计和配制培养基应遵循怎样的原则?

6.简要说明培养基是如何进行分类的?

第6章 微生物的生长与控制

同所有生物一样,微生物细胞在适宜的环境条件下,会不断地吸收营养物质,并按其自身的代谢方式进行新陈代谢。微生物细胞的生长往往是指数量的增加,而不是个体大小的增加。如细菌细胞生长到一定阶段,就以二分裂方式形成两个相似的子细胞,子细胞又重复上述过程,使细胞数目继续增加,使原有的个体发展成一个群体,这就是繁殖(reproduction)。对于多细胞微生物,细胞数目的增加如不伴随个体数目的增加,只能叫生长,不能叫繁殖。例如某些霉菌,菌丝细胞的不断延长或分裂产生同类细胞均属生长,只有通过形成无性孢子或有性孢子使得个体数目增加的过程才叫繁殖。

一般情况下,当环境条件适宜时,微生物的生长与繁殖始终是交替进行的。随着群体中不同个体的进一步生长、繁殖,就引起了这一群体的生长。所以个体和群体间有以下关系:

个体生长→个体繁殖→群体生长

群体生长＝个体生长＋个体繁殖

微生物的生长与繁殖是其细胞在内外各种环境因素相互作用下,生理、生化和遗传等生命状态的综合反映。当环境条件适宜时,微生物生长繁殖正常,繁殖速率也高。当某一或某些环境条件发生改变,微生物的生长繁殖就会受到抑制,甚至会被杀死。因此,控制环境条件,抑制或杀死有害微生物,防止微生物引起疫病、霉坏变质等,都和生产实践具有密切的关系。

6.1 微生物生长繁殖测定方法

微生物特别是单细胞微生物体积很小,个体生长很难测定,意义也不大。在微生物的研究和应用中,只有群体的生长才有意义。因此,在微生物学中,凡提到"生长"时,如果没有特别说明,一般均指群体生长,这一点与研究大型生物有所不同。由于生长意味着生物量的增加,所以生物量可用重量、体积、个体浓度或密度等指标来衡量。

6.1.1 生长量测定法

所谓生长量测定法,就是在一定时间内,单位体积的微生物细胞生物量的增加量或细胞数的增加量,有时也用代谢活性表示微生物的生长量。生长量测定方法很多,各有优缺点,应根据具体情况加以选择。

6.1.1.1 直接法

(1)测体积 通常是将待测定的微生物培养液放在刻度离心管中进行自然沉降或进行一定时间的离心,然后观察沉降物的体积。该法是一种较为粗略的测定方法,通常用于初步比较用。

（2）称干重　将单位体积的液体培养物进行过滤或离心收集菌体,用水洗净附在细胞表面的残留培养基,100～105 ℃高温或真空干燥至恒重,称重,即可求得培养物中的总生物量。微生物的干重一般为其湿重的10%。

6.1.1.2　间接法

（1）比浊法　微生物细胞在液体培养基中生长与繁殖,可引起培养物混浊度增高。因此,可通过测定混浊度的方法来测定菌液浓度。

1）McFarland 比浊管法　该法是测定细菌生长繁殖最古老的方法。其方法为将不同浓度的 $BaCl_2$ 与稀 H_2SO_4 分装到 10 支试管中,使其反应形成 10 个浓度梯度的 $BaSO_4$,表示 10 个相对的细菌浓度(预先用相应的细菌测定)。对于某一未知浓度的菌液,在透射光下用肉眼与比浊管进行比较,如果与其中某一比浊管的浊度相当,即可根据该管所表示的细菌浓度估测出未知菌液的大致浓度。

2）分光光度计法　该法是测定细菌生长繁殖的精确方法。一般选用波长为450～650 nm 的波段,对无色的微生物悬浮液进行测定。若要连续跟踪某一培养物的生长动态,可用带有侧臂的三角烧瓶作原位测定(不必取样)。

（2）生理指标法　与微生物生长相关的生理指标很多,它们均可用作生长测定的相对值,具体可根据实验目的和条件适当选用。

1）测含氮量　测定细胞总含氮量可以确定微生物细胞的浓度。一般细菌的含氮量为其干重的12.5%,酵母菌为7.5%,霉菌为6.5%。含氮量与细胞粗蛋白含量(其中包括杂环氮和氧化型氮)之间的关系为:粗蛋白含量＝含氮量×6.25。含氮量的测定方法很多,其中凯氏定氮法最常用,该方法需要较大量的样品。

2）测 DNA 含量　微生物细胞中 DNA 含量较为恒定,不易受菌龄和环境因素的影响。DNA 可与 DABA-HCl(3,5-二氨基苯甲酸-盐酸)溶液反应呈现特殊的荧光,根据荧光反应强度可以求得 DNA 含量,进而换算出样品中所含的生物量。由于平均每个细菌细胞 DNA 约为 $8.4×10^{-5}$ ng,所以也可以根据 DNA 含量计算出细菌数量。该法结果准确,但比较费时。

3）测 ATP 含量　微生物细胞中都含有相对恒量的 ATP,而 ATP 与生物量之间有一定的比例关系。从微生物培养物中提取 ATP,以分光光度计测定它的荧光素-荧光素酶反应强度,再经换算即可求得生物量。此法灵敏度高,但受培养基含磷量的影响较大。

4）其他　还有测定磷、RNA、DAP(二氨基庚二酸)、几丁质等方法。此外,产酸、产气、耗氧、黏度和产热等指标,有时也应用于生长量的测定。

6.1.2　细胞计数法

细胞计数法就是计算出微生物细胞的个体数目。此法只适宜于单细胞状态的细菌和酵母菌。

6.1.2.1　直接法

直接法是指用计数板(如血球计数板)在光学显微镜下直接观察细胞并进行计数的方法。该法十分常用,但计数结果是包括死细胞在内的总菌数。为解决这一矛盾,可先用特殊染料进行活菌染色,然后再用光学显微镜计数的方法。例如,酵母菌用美蓝染液染色后,活细胞为无色,而死细胞则为蓝色,故可对死、活细胞分别计数;又如,细菌经吖啶橙染色后,在紫外光显微镜下可观察到活细胞发出橙色荧光,而死细胞则发出绿色荧光,因而也可对死、活细胞分别计数。

6.1.2.2 间接法

间接法是一种活菌计数法,其原理是活菌在适宜的固体培养基中(内)生长可形成菌落,在液体培养基中生长可使其变混浊,根据形成的菌落数或测定培养液混浊度来计算活菌数的方法。

(1)平板菌落计数法 可用倾注平板法(pour plate)或涂布平板法(spread plate)进行活菌计数。根据平板上的菌落形成单位(colony forming unit,cfu:指在活菌培养计数时,由单个菌体或聚集成团的多个菌体在固体培养基上生长繁殖所形成的集落,以其表达活菌的数量)乘以稀释度就可推算出菌液中的含菌数。该法适用于各种好氧菌和厌氧菌。因不能保证每个菌落是由一个细胞形成的,所以细菌总数常用菌落形成单位表示。

1)倾注平板法 该法通常是把适宜稀释度的待测样品 1.0 mL(或更多量),同熔化的琼脂混合,然后倾倒于无菌培养皿中。待琼脂凝固,微生物被固定于琼脂中,经过培育形成包埋在琼脂中的菌落,通过计算菌落形成单位就可以计算出样品中的活细胞数目。该法的主要缺点是受到熔化琼脂热力影响的微生物可能不被计数。

2)涂布平板法 该法是把少量(通常是 0.1 mL)适宜浓度的待测样品,涂布到含有适当培养基的琼脂平板表面,然后将平板培育到有肉眼可见的菌落出现,通过计算菌落形成单位就可以计算出样品中的活细胞数目。

平板菌落计数法的优点是灵敏度高,即使样品中含有很少细胞也可以被计数;不足之处是操作较烦琐、获得检测结果时间长。为此,国内外已出现多种微型、快速、商品化的用于菌落计数的小型纸片或密封琼脂板。其主要原理是利用加在培养基中的活菌指示剂 TCC(2,3,5-氯化三苯基四氮唑),它可使菌落在很微小时就染成易于辨认的玫瑰红色。

平板菌落计数法的测定结果受多种因素影响。如接种量的大小、培养基的适用性、保温条件和培养时间的长短等,都会影响到测得的菌落数目。

(2)细胞混浊度测定法 此法是一种较快估计细胞数目或粗重的方法。一种细胞悬浮液用肉眼观察呈现混浊,其原因是光线通过悬浮液时,细胞散射光线。液体中存在的细胞数越多,分散的光线就越多,因此混浊度就越大。因此,可以用光度计或分光光度计测量混浊度来估计细胞数目或粗重。分光光度计和光度计射出的光线通过细胞悬浮液时,就可以检测出没有被细胞散射的光线。这两个仪器主要区别就是光度计使用的滤片(常常是红色、蓝色、绿色)简单,产生相对较宽波段的入射光,而分光光度计使用一个棱镜或衍射光栅,产生一束窄波段的入射光。两个仪器都只是测量未被散射的光线。

6.1.3 微生物的生长规律

6.1.3.1 微生物的个体生长和同步生长

微生物细胞虽然极其微小,但与其他生物细胞一样(病毒除外),也有一个从小到大的生长过程,但往往微生物细胞生长都是指数量的增加。在生长过程中,微小的细胞内同样发生着阶段性的极其复杂的生物化学变化和细胞学变化。

研究每个微生物细胞所发生的变化,在技术上是极为困难的。目前能使用的方法主要有以下两种:①用电子显微镜观察细胞的超薄切片;②使用同步培养(synchronous culture)技术,即设法使微生物群体中的所有个体细胞都处于相同的生长发育阶段,使群体和个体行为一致,然后通过分析此群体在各阶段的生理生化变化来间接了解单个细胞的相应变化规律。这种通过特殊手段而使细胞群体中所有个体处于同一生理状态的方法称为同步生长(synchronous growth)或同步培养。获得微生物同步生长的方法主要有两类。

(1)环境条件诱导法　该方法主要是通过控制温度、培养基成分或光线等环境条件,诱使不同步的培养物实现同步化。

1)温度诱导法　将培养物在稍低于最适温度的条件下培养,以控制生长、延迟分裂,然后再转移到最适温度下培养,就能使多数细胞同步化。例如,将鼠伤寒沙门菌(*Salmonella typhimurium*)在25 ℃下培养一段时间后,再置于37 ℃下继续培养,便可获得同步细胞群体。

2)养料诱导法　将培养物在限制性养料缺乏的培养基中培养,以限制其生长和分裂,使所有细胞都处于临分裂状态(但不分裂),然后转入正常的生长培养基中,也可以使多数细胞同步化。

3)抑制剂诱导法　用嘌呤等代谢抑制剂,阻断细胞 DNA 的合成,或用氯霉素等抑制细胞蛋白质合成,使细胞停留在较为一致的生长阶段,然后用大量稀释等方法突然解除抑制,也可在一定程度上实现同步生长。

4)其他方法　对于芽孢细菌,可先用加热或紫外线照射杀死营养细胞,然后再诱导存活芽孢的同期萌发。

环境条件诱导法可能导致微生物细胞与其正常的生理周期不一致,故用该法进行同步培养,尤其是用于生理学研究不是很理想。

(2)机械筛选法　该法又称选择法,它是利用处于同一生长阶段的细胞体积、大小的相同性,用膜洗脱法或密度梯度离心法等收集同步生长细胞,见图6.1。

1)膜洗脱法　以 Helmstetter-Cummings 膜洗脱法较有效和常用。该方法根据某些滤膜(如硝酸纤维素膜)可吸附与膜电荷相反的细胞,让非同步细胞的悬液流经此膜,于是一大群细胞被牢牢吸附。然后将滤膜翻转并置于滤器中,其上慢速流下新鲜培养液,最初流出的是未被吸附的细胞,不久,吸附的细胞开始分裂,在分裂后的两个子细胞中,一个仍吸附在滤膜上,另一个则被培养液洗脱。若滤膜面积足够大,只要收集刚滴下的子细胞培养液即可获得满意的同步生长细胞。

2)密度梯度离心法　该法是将不同步的微生物细胞培养物,悬浮在不被这种细胞利用的蔗糖或葡聚糖的不同梯度溶液中,通过密度梯度离心,使不同细胞分布成不同的细胞带,每一细胞带的细胞大致是处于同一生长期的细胞,分别将它们取出来进行培养,就可获得同步生长细胞。

值得注意的是,同步生长细胞在培养过程中,一般经过 2~3 个分裂周期就会很快丧失其同步性,原因是不同个体间细胞分裂周期一般都有较大的差别。

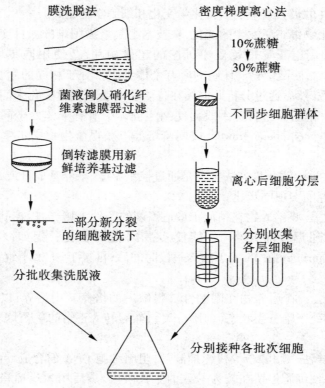

图 6.1 同步培养方法

6.1.3.2 单细胞微生物的典型生长曲线

当把少量单细胞微生物接种到固定容积的液体培养基中后,在培养条件保持稳定的状况下,定时取样测定培养液中的细胞数目,如果以培养时间为横坐标,以细胞数目的对数为纵坐标,就可绘制出一条反映单细胞微生物生长规律的曲线(图 6.2),称为微生物的典型生长曲线。

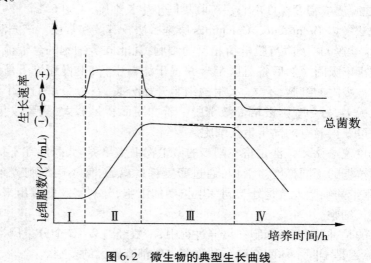

图 6.2 微生物的典型生长曲线

Ⅰ.延迟期;Ⅱ.指数期;Ⅲ.稳定期;Ⅳ.衰亡期

说其"典型",是因为它只适合单细胞微生物(如细菌),而对丝状生长的真菌或放线菌而言,只能画出一条非"典型"的生长曲线。例如,真菌的生长曲线大致可分 3 个时期,即生长延滞期、快速生长期和生长衰退期。比较典型生长曲线与非典型的丝状菌生长曲线,二者的差别是后者缺乏指数生长期,与此期相当的是培养时间与菌丝体干重的立方根成直线关系。

根据微生物的生长速率常数(growth rate constant),即每小时分裂次数(R)的不同,一般可把典型生长曲线粗分为延滞期、指数期、稳定期和衰亡期等 4 个时期。

(1)延滞期(lag phase)　延滞期又称停滞期、适应期或调整期,指把少量单细胞微生物接种到新的培养基中后,在开始培养的一段时间内,细胞数目基本没有增加,这一过程一般需 1~4 h,延滞期的特点:①生长速率常数为零;②细胞体积增大或增长,如巨大芽孢杆菌(*Bacillus megaterium*)在接种时,细胞长为 3.4 μm,而培养至 3 h 时,其长为 9.1 μm,至 5.5 h 时,竟可达 19.8 μm;③细胞内的 RNA 尤其是 rRNA 含量增加,原生质呈嗜碱性;④合成代谢旺盛,核糖体、酶类和 ATP 的合成加速,易产生各种诱导酶;⑤对外界不良环境敏感,如对 NaCl 溶液浓度、温度和抗生素等理化因素反应敏感。

出现延滞期的原因是代谢系统适应新环境(或细胞重新调整新陈代谢)的需要。当种子细胞接种到新的培养基中后,细胞并不立即生长,而是要经过一定时间的适应,大量合成分解或催化有关底物的酶、辅酶或某些中间代谢物,这就是微生物的延滞期。

延滞期长短的影响因素很多,除菌种外,主要包括以下 3 个方面。

1)接种龄　指接种物或种子的生理年龄,亦即种子细胞生长到哪一阶段时用来做种子。实验证明,如果以对数期的种子接种,则子代培养物的延滞期就短;而如果以延滞期或衰亡期的种子接种,则子代培养物的延滞期就长;如果以稳定期的种子接种,则延滞期居中。

2)接种量　接种量的大小明显影响延滞期的长短。一般说来,接种量大,则延滞期短;反之则长。因此,在发酵工业上为缩短延滞期以缩短生产周期,通常都采用较大的接种量(种子:发酵培养基=1:10,V/V)。

3)培养基成分　同一种微生物接种到营养丰富的天然培养基中,要比接种到营养单调的组合培养基中的延滞期短。所以,一般要求发酵培养基的成分与种子培养基的成分尽量接近,且应适当丰富些。

(2)指数期(exponential phase)　指数期又称对数期(logarithmic phase),指在生长曲线中,紧接延滞期后一段细胞数目以几何级数增长的时期(图6.2)。指数期的特点:①生长速率常数 R 最大,因而细胞每分裂一次所需的时间——代时(generation time,G,又称世代时间或增代时间)最短,细胞数目以几何级数增加;②酶系活跃,代谢旺盛;③细胞进行平衡生长(balanced growth),菌体各部分成分十分均匀,群体形态与生理特征最一致;④抵抗不良环境的能力强。大肠杆菌的指数期可持续 6~10 h。

在指数期中,以下 3 个参数尤为重要,其相互关系及计算方法如下。

1)繁殖代数(n)　从生长曲线图(图6.2)可以得出

$$x_2 = x_1 \cdot 2^n$$

式中,x_1 表示接种时的细胞数,x_2 表示生长一定时间后的细胞数,n 表示繁殖代数。

以对数表示:$\lg x_2 = \lg x_1 + n\lg 2$

所以 $n = \dfrac{\lg x_2 - \lg x_1}{\lg 2} = 3.322(\lg x_2 - \lg x_1)$

2）生长速率常数（R）　是指单位时间内细胞繁殖的代数，因此，生长速率常数可定义为

$$R = \frac{n}{t_2 - t_1} = \frac{3.322(\lg x_2 - \lg x_1)}{t_2 - t_1}$$

3）代时（G）　是指繁殖一代所需要的时间，和生长速率常数呈反比关系。

$$G = \frac{1}{R} = \frac{t_2 - t_1}{3.322(\lg x_2 - \lg x_1)}$$

指数期微生物代时长短的影响因素也很多，主要包括以下几种因素。

①菌种　不同微生物代时差别较大，即使是同一菌种，由于营养成分和培养条件（如培养温度、培养基 pH 值和营养物质的性质）的不同，其对数期的代时也不同。但在一定条件下，各种菌的代时是相对稳定的，多数为 20 ~ 30 min。几种最常见的微生物的代时（min）为：大肠埃希菌（简称大肠杆菌，*E. coli*）12.5 ~ 17，金黄色葡萄球菌（*S. aureus*）27 ~ 30，枯草芽孢杆菌（*B. subtilis*）26 ~ 32，乳酸链球菌（*S. lactis*）26 ~ 48，嗜酸乳杆菌（*Lactobacillus acidophilus*）66 ~ 87，酿酒酵母（*Saccharomyces cerevisiae*）120，结核分枝杆菌（*Mycobacteriurn tuberculosis*）792 ~ 932，等等。

②营养成分　同种微生物，在营养丰富的培养基上生长时，其代时较短；反之，则长。如 *E. coli* 在 37 ℃培养，在牛奶培养基中的代时为 12.5 min，而在肉汤培养基中代时为 17 min。

③营养物浓度　营养物浓度既可影响微生物的生长速率，又可影响它的生长总量。如图 6.3 所示，只有在营养物浓度很低（0.1 ~ 2.0 mg/mL）时，才会影响微生物的生长速率。随着营养物浓度的逐步提高（2.0 ~ 8.0 mg/mL），生长速率不受影响，而仅影响到最终的菌体产量。如进一步提高营养物浓度，则已不再影响生长速率和菌体产量了。凡处于较低浓度范围内可影响生长速率和菌体产量的某营养物，就称为生长限制因子（growth-limited factor）。

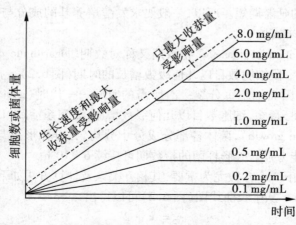

图 6.3　营养物浓度对微生物生长速度和菌体产量的影响

④培养温度 温度是影响微生物生长速率的重要物理因素。如大肠杆菌（*E. coli*）在10 ℃、20 ℃、40 ℃、45 ℃的代时分别为860 min、90 min、17.5 min、20 min。

指数期的微生物因其具有群体生理特性较一致、细胞各成分平衡生长和生长速率恒定等优点，故是研究其代谢、生理等的良好材料，是增殖噬菌体的最适宿主，也是发酵工业中用作种子的最佳时期。

（3）稳定期（stationary phase） 稳定期又称恒定期或最高生长期，指生长曲线中紧接指数期后，一段细胞数目增长速度几乎等于零的时期。

稳定期出现的原因是，当指数期过后，由于培养基内营养成分（尤其是生长限制因子）的消耗，营养成分的比例（如C/N比）失调，各种有毒代谢产物（如有机酸、醇、毒素或H_2O_2等）的累积，pH值、氧化还原电势等理化条件越来越不适宜微生物的生长，微生物细胞的生长不再旺盛，繁殖速度也逐渐下降；与此同时，衰亡的细胞数也开始逐渐增多，即处于新繁殖的细胞数与衰亡的细胞数相等（或正生长与负生长相等）的动态平衡之中，细胞数处于一个相对恒定的时期。

稳定期的特点是生长速率常数 R 等于零，活细胞总数几乎没有净增加或净减少，这时的菌体产量达到了最高点。稳定期菌体产量与营养物质的消耗之间呈现出有规律的比例关系，这一关系可用生长产量常数 Y（或称生长得率，growth yield）来表示，即消耗单位某营养物可以获得的细胞干重：

$$Y = \frac{x - x_0}{C_0 - C} = \frac{x - x_0}{C_0}$$

上式中，x 为稳定期的细胞干重，x_0 为刚接种时的细胞干重，C_0 为限制性营养物的最初质量浓度（g/mL），C 为稳定期时限制性营养物的浓度（由于计算 Y 时必须有一限制性营养物，所以 C 应等于0）。例如，据实验和计算，产黄青霉（*Penicillium chrysogenum*）在以葡萄糖为限制性营养物的组合培养基上生长时，其 Y 值为1∶2.56，说明这时每2.56 g葡萄糖可合成1 g菌丝体（干重）。为更精确计算 Y 值，又提出 Y_{subst}（即每摩尔底物产生的克菌体干重）和 Y_{ATP}（即每摩尔 ATP 所产生的克菌体干重）等指标。一些常见厌氧菌的生长产量常数计算见表6.1。

表6.1 某些厌氧菌利用葡萄糖时的摩尔生长产量常数

菌种	ATP[①]	Y_{subst}[②]	Y_{ATP}[③]
大肠杆菌	3	26.0	8.6
乳酸乳杆菌	2	19.5	9.8
粪肠球菌	2	20.0	10.0
植物乳杆菌	2	18.8	9.4
酿酒酵母	2	18.8	9.4

注：①ATP 产率＝ATP/底物（发酵途径理论计算值）；②Y_{subst}＝菌体干重/底物；③Y_{ATP}＝菌体干重/ATP（g/mol）

进入稳定期后，细胞内开始积聚糖原、异染颗粒和脂肪等内含物；芽孢杆菌一般在这时开始形成芽孢；有的微生物在这时开始以初生代谢物（primary metabolites）作前体，通过复杂的次生代谢途径合成抗生素等对人类有用的各种次生代谢物（secondary metabolites）。所以,次生代谢物又称稳定期产物。由此还可对生长期进行另一种分类,即以指数期为主的菌体生长期和以稳定期为主的代谢产物合成期。

了解和掌握稳定期的生长规律,对生产实践有着重要的指导意义。例如,对以生产菌体或与菌体生长相平行的代谢产物（如 SCP、乳酸等）为目的的某些发酵生产来说,稳定期是产物的最佳收获期;对维生素、碱基、氨基酸等物质进行生物测定来说,稳定期是最佳测定时期。此外,通过对稳定期到来原因的研究,还促进了连续培养原理的提出和工艺技术的创建。

（4）衰亡期（decline phase 或 death phase）　稳定期后,微生物的个体死亡速度超过新生速度,导致死亡数大大超过新生数,群体中活菌数目急剧下降,出现了负增长（R 为负值）状态,此阶段叫衰亡期。

衰亡期产生的主要原因是环境条件变得对微生物继续生长越来越不利,从而引起细胞内的分解代谢明显超过合成代谢,继而导致大量菌体死亡。

衰亡期中,细胞形态出现多形化,如会出现膨大或不规则的退化形态;有的微生物因蛋白水解酶活力的增强而发生自溶（autolysis）;有的微生物在这一时期会进一步合成或释放对人类有益的抗生素等次生代谢物;而在芽孢杆菌中,往往在此期间释放芽孢等。

6.1.3.3　微生物的连续培养

连续培养又称开放培养（open culture）,是相对于分批培养（即批式培养）而言的。

（1）分批培养（batch culture）　是指将微生物置于一定容积的培养基中,培养一段时间后,最后一次性收获的培养方法。在分批培养中,培养基是一次性加入,不再补充,随着微生物的生长繁殖,营养物质逐渐消耗,有害代谢产物不断积累,细菌的对数生长期不可能长时间维持。在这种分批培养过程中,微生物对营养物质的消耗相对比较彻底,产物量也大,但费时较长。

（2）连续培养（continuous culture）　这是相对分批培养而言的,是在研究典型生长曲线的基础上,希望采取一定的措施,让微生物较长期处于生长旺盛期。具体做法是,在微生物培养到指数期的后期,一方面,以一定速度连续流入新鲜培养基和通入无菌空气,并立即搅拌均匀;另一方面,利用溢流的方式,以同样的流速不断流出培养物。于是容器内的培养物就可达到动态平衡,其中的微生物可长期保持在指数期的平衡生长状态和恒定的生长速率上,于是得以较长期的旺盛生长（图6.4）。连续培养不仅随时可为微生物研究工作者提供一定生理状态的实验材料,而且可以提高发酵工业的生产效益和自动化水平。此法已成为目前发酵工业的发展方向。

连续培养方法较多,但应用较广泛的主要有以下两类。

1）恒化器法（chemostat culture）　该法是设法使所用培养器——恒化器（图6.4）培养液的流速保持不变,并使微生物始终在低于其最高生长速率的条件下进行生长繁殖的连续培养方法。该法常通过控制某一营养物的浓度,使其成为生长限制因子。在恒化器中,一方面,菌体密度会随时间的延长而增高;另一方面,限制因子的浓度又会随时间的延长而降低,两者相互作用的结果,出现微生物消耗营养物质的速度正好与恒速流入的新鲜培养液中营养物的浓度相等的状况,这样恒化器中营养物的浓度始终保持较丰富状态,微生物一直维持较高的生长速度。用这种方法可获得较高生长速度的均一菌体,但

菌体产量比最高菌体产量稍低。

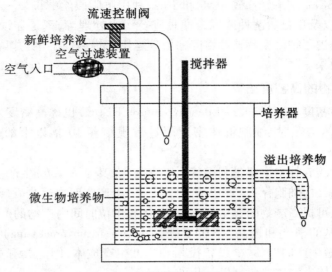

图 6.4　恒化器培养装置简图

　　恒化器法培养主要用于实验室的科学研究,尤其适用于与生长速率相关的各种理论研究。

　　2)恒浊器法(turbidostat culture)　与恒化器法不同的是,恒浊器法是根据所用培养器——恒浊器(在恒化器的基础上添加浊度控制仪构成)内微生物的生长密度,来调节流加营养物的速度与取出培养物的速度,基本保持培养体系浊度不变,这种培育方法就称为恒浊器法。当培养器中浊度增高时,通过光电控制系统的调节,可促使培养液流速加快,反之则慢,以此来达到恒定浊度的目的。恒浊器中培养的微生物始终能以最高生长速率进行生长,并可在允许范围内控制不同的菌体密度。

　　在生产实践上,为了获得大量菌体或与菌体生长相平行的某些代谢产物(如乳酸、乙醇)时,均可以利用恒浊器类型的连续发酵器进行连续培养。需要注意的是,如果微生物代谢产物产生速率与菌体生长速率相平行,即可采用单级恒浊式连续培养来进行研究或生产;如果代谢产物产生速率与菌体生长速率不平行(往往滞后),则应根据两者的产生规律,选用适宜的多级连续培养装置来进行培养。

　　连续培养如用于生产实践,就称为连续发酵(continuous fermentation)。连续发酵与单批发酵相比,有许多优点:①自控性,便于利用各种传感器和仪表进行自动控制;②高效性,它简化了装料、灭菌、出料、清洗发酵罐等许多单元操作,从而减少了非生产时间,提高了设备的利用率;③产品质量较稳定;④节约了大量动力、人力、水和蒸汽,且使水、气、电的负荷均衡合理。当然,连续培养也存在一些缺点:①菌种易退化,由于长期让微生物处于高速率的细胞分裂中,因此,即使其自发突变概率极低,仍无法避免突变的发生;②易污染杂菌,在长期连续运转中,存在着因设备渗漏、通气过滤失灵等而造成的污染;③基料利用率低,基料中营养物的利用率一般低于单批培养。故连续发酵中的"连续"还是有限的,一般可达数月或更长。

在生产实践中,已经有许多连续培养的具体实例,例如,利用连续培养技术生产酵母菌单细胞蛋白(SCP)、乙醇、乳酸、丙酮和丁醇,利用解脂假丝酵母(*Candida lipolytica*)等进行石油脱蜡,以及用自然菌种或混合菌种进行污水处理等,都是连续培养技术的具体应用。国外还报道了把微生物连续培养的原理运用于提高浮游生物饵料产量的实践中,获得了良好的效果。

6.1.3.4　微生物的高密度培养

微生物的高密度培养(high cell density culture,HCDC)也称高密度发酵,是相对而言的,一般指在液体培养时,细胞群体密度超过常规培养10倍以上的生长状态或培养技术。

现代高密度培养技术主要是利用基因工程菌(尤其是 *E. coli*)生产多肽类药物(如人生长激素、胰岛素、白细胞介素类和人干扰素等)的生产实践中逐步发展起来的。提高菌体培养密度不仅可提高产物的比生产率(单位体积单位时间内产物的产量)、减少培养容器的体积、培养基的消耗和提高"下游工程"(down-stream processing)中分离与提取效率,而且还可缩短生产周期、减少设备投入和降低生产成本,因此具有重要的实践价值。高密度培养的具体方法主要包括以下几种。

(1)选取最佳培养基成分和各成分含量　高密度培养时,培养基的营养一般更丰富,以 *E. coli* 为例,生产 1 g菌体/L 所需无机盐量(mg)为:NH_4Cl 0.77,KH_2PO_4 0.125,$MgSO_4 \cdot 7H_2O$ 17.5,K_2SO_4 7.5,$FeSO_4 \cdot 7H_2O$ 0.64,$CaCl_2$ 0.4;而在 *E. coli* 培养基中,一些主要营养物的抑制浓度(g/L)则为:葡萄糖 50,氨 3,Fe^{2+} 1.15,Mg^{2+} 8.7,PO_4^{3-} 10,Zn^{2+} 0.038,此外,合适的 C/N 比也是 *E. coli* 高密度培养的基础。

(2)补料　补料是 *E. coli* 工程菌高密度培养的重要手段之一。若在供氧不足时,过量葡萄糖会引起"葡萄糖效应",并导致有机酸过量积累,从而使生长受到抑制。所谓"葡萄糖效应"是指葡萄糖分解代谢产物阻遏某些诱导酶体系编码的基因转录的现象。如将大肠菌培养在含葡萄糖和乳糖的培养基上时,大肠菌优先利用葡萄糖,在葡萄糖没有被利用完之前,乳糖操纵子就一直被阻遏,乳糖不能被利用,这是因为葡萄糖的分解物引起细胞内 cAMP 含量降低,启动子释放 cAMP-CAP 蛋白,RNA 聚合酶不能与乳糖的启动基因结合,以至转录不能发生,直到葡萄糖被利用完后,乳糖操纵子才进行转录,形成利用乳糖的酶,这种现象称葡萄糖效应。因此,补料一般应采用逐量流加的方式进行。

(3)提高溶解氧的浓度　提高好氧菌和兼性厌氧菌培养时的溶氧量,也是进行高密度培养的重要手段之一。大气中仅含21%的氧,若采用提高氧浓度、用纯氧或加压氧去培养微生物,就可大大提高高密度培养的水平。如有人用纯氧培养酵母菌,可使菌体湿重高达 100 g/L。

(4)防止有害代谢产物的生成　乙酸是 *E. coli* 产生的对自身生长代谢有抑制作用的产物。为防止其生成,可选用天然培养基,降低培养基的 pH 值,以甘油代替葡萄糖作为碳源,加入甘氨酸、甲硫氨酸,降低培养温度(从 37 ℃下降至 26~30 ℃),以及采用透析培养法去除乙酸等。

不同菌种和同种不同菌株间,在达到高密度的水平上差别极大。至今已报道过的高密度生长的实际最高纪录为 *E. coli* W3110 的 174 g/L 和 *E. coli* 用于生产 PHB 的"工程菌"的 175.4 g/L。当然,由于微生物高密度生长的研究时间尚短,理论研究还有待深入,因此,被研究过的微生物种类很有限,主要局限于 *E. coli* 和酿酒酵母(*Saccharomyces cerevisiae*)等少数兼性厌氧菌上。还需要深入和系统研究好氧菌和厌氧菌的高密度培养技术,为今后真正用于生产提供理论基础和实际经验。

6.2　影响微生物生长的主要因素

影响微生物生长的环境条件因素很多,除营养因素外,还有许多物理、化学因素,如温度、湿度、pH 值和氧气等。当环境条件在一定限度内发生改变时,会引起微生物的形态、颜色、生理生化、生长繁殖等特征发生改变;而当环境条件的变化超过一定极限时,则会导致微生物的死亡。研究环境条件与微生物之间的相互关系,有助于了解微生物在自然界的分布与作用,也可指导人们在生产实践中有效地利用或控制相关微生物。限于篇幅,这里重点讨论温度、水分活度、氧气和 pH 值等几大环境因素。

6.2.1　温度

微生物的生命活动是由一系列复杂的生物化学反应组成的,而这些反应受温度的影响又极其明显,故温度是影响微生物生长繁殖的最重要因素之一。温度主要影响微生物膜的结构、酶与蛋白质的合成和活性、RNA 的结构及转录等。适当的温度有利于微生物的生长发育,但温度过高或过低则会影响微生物的新陈代谢,使其生长发育受到抑制,甚至死亡。在一定温度范围内,机体的代谢活动与生长繁殖,随着温度的升高而加快。

由于微生物种类繁多,代谢多样,其生长温度范围较广,在 $-10 \sim 95$ ℃均可生长,但对某一具体微生物而言,其生长温度范围有的很宽,有的则很窄,这与它们长期进化过程中所处的生存环境温度有关。例如,一些生活在土壤中的芽孢杆菌,生长温度范围很宽,在 $15 \sim 65$ ℃均可生长;既可在人或动物体的肠道中生活,也可在体外环境中生活的 *E. coli* 生长温度范围也比较宽,在 $10 \sim 47.5$ ℃可生长;而专性寄生在人体泌尿生殖道中的致病菌——淋病奈瑟球菌(*Neisseriagonorrhoeae*)生长温度范围则比较窄,在 $36 \sim 40$ ℃生长。

6.2.1.1　微生物生长温度三基点

不同微生物的生长温度尽管有高有低,但总有最低生长温度、最适生长温度和最高生长温度 3 个重要指标,这就是生长温度三基点(three cardinal point)。

(1)最低生长温度(minimum growth temperature)　指某种微生物能进行生长繁殖的最低温度,低于此温度,则微生物的生命活动受到影响或生长完全停止,但处于这种温度条件下的微生物只能维持其生命活动。不同微生物最低生长温度不同,这与其原生质物理状态和化学组成有关,也可随环境条件而变化。

(2)最适生长温度(optimum growth temperature)　简称"最适温度",是指某种微生物代时最短或生长速率最高时的培养温度。但必须指出,对同一种微生物来说,最适生长温度并非一切生理过程的最适温度,也就是说,最适温度并不等于生长得率最高时的培养温度,也不等于发酵速率或累积代谢产物最高时的培养温度。例如,黑曲霉(*Aspergillus niger*)生长的最适温度为 37 ℃,而产生糖化酶的最适温度则为 $32 \sim 34$ ℃。这一规律对指导发酵生产有着重要的意义。例如,国外曾报道在生产青霉素的发酵过程中,根据所用菌株产黄青霉(*Penicillium chrysogenum*)不同生理代谢的温度特点,将整个发酵过程(165 h)分成4段,进行不同温度培养,即

$$0\text{ h}\xrightarrow{30\ ℃}5\text{ h}\xrightarrow{25\ ℃}40\text{ h}\xrightarrow{20\ ℃}125\text{ h}\xrightarrow{25\ ℃}165\text{ h}$$

结果表明,青霉素产量比采用常规的30 ℃恒温培养竟提高了14.7%。

(3)最高生长温度(maximum growth temperature)是指某种微生物生长繁殖的最高界限温度,高于此温度,微生物细胞即死亡。微生物细胞在最高生长温度下易衰老和死亡,这和细胞内酶的性质有关,在此温度下,酶失活或变性,例如,细胞色素氧化酶以及各种脱氢酶的最低破坏温度常常就是该菌的最高生长温度。

如果把微生物作为一个整体来看,其生长温度三基点是极其宽的,堪称"生物界之最",具体见图6.5。

生长温度三基点 {
最低生长温度(一般为-5～-10 ℃,极端为-30 ℃)
最适生长温度 {
嗜冷菌(15～30 ℃)
嗜中温菌(20～45 ℃)
嗜热菌(55～65 ℃)
}
最高生长温度(一般为80～95 ℃,极端为105～300 ℃)
}

图6.5 微生物生长温度三基点

6.2.1.2 不同温度类型的微生物

根据微生物的生长温度不同,可将其分为三类,即嗜冷微生物、嗜温微生物和嗜热微生物。

(1)嗜冷微生物(psychrophile) 最适生长温度在15 ℃以下的微生物称为嗜冷微生物。嗜冷微生物又可分为专性和兼性两类。专性嗜冷微生物的最适生长温度为15 ℃左右,最高生长温度为20 ℃;兼性嗜冷微生物的最适生长温度为10～20 ℃,最高生长温度可达30 ℃左右。海洋、深湖、冷泉和冷藏库中都有嗜冷微生物(包括假单胞菌属、黄杆菌属、青霉等)。

嗜冷微生物之所以只能在低温下生长繁殖,主要是因为其细胞中的酶在低温下能有效地起催化作用,而在30～40 ℃的温度条件下,则会很快失活。此外,嗜冷微生物的原生质膜中不饱和脂肪酸的含量较高,因此在低温下也能保持半流动状态,仍能较好表现物质的传递作用,维持微生物的各种代谢活动。

由于嗜冷微生物处于室温下很短一段时间可能会被杀死,因此,对于嗜冷微生物的研究要非常小心,在采样、运输以及实验室接种、涂布平板等操作过程中应注意防止温度升高。

(2)嗜温微生物(mesophile) 最适生长温度在20～45 ℃的微生物称为嗜温微生物。自然界中绝大多数微生物属于这一类。这类微生物的最低生长温度为10～20 ℃,低于10 ℃便不能生长。如大肠杆菌处于10 ℃以下的环境中,其蛋白质的合成不能启动。低温还能抑制许多酶的功能,从而使菌体生长受到抑制。

嗜温微生物又可分为腐生和寄生两类。寄生嗜温微生物的最适生长温度相对较高；腐生嗜温微生物的最适生长温度相对较低。大肠杆菌是典型的寄生嗜温微生物,发酵工业中常用的黑曲霉、啤酒酵母、枯草芽孢杆菌均为腐生嗜温微生物。

（3）嗜热微生物（thermophile） 最适生长温度在55 ℃左右的微生物称为嗜热微生物。根据其生长特性不同,嗜热微生物还可进一步分类,在37 ℃以下也能生长的嗜热微生物称为兼性嗜热微生物;在37 ℃以下不能生长的嗜热微生物称为专性嗜热微生物;生长温度超过75 ℃的嗜热微生物称为高度嗜热微生物;生长温度上限在55～75 ℃的嗜热微生物称为中温嗜热微生物。嗜热微生物在自然界的分布主要集中在温泉、日照充足的土壤表层、堆肥、发酵饲料以及工厂的热水装置等处。

嗜热微生物与嗜温微生物不同:嗜热微生物的酶具有更强的抗热性;嗜热微生物的核酸热稳定性更好,在 tRNA 特定的碱基对区域内含有较多的G≡C碱基对,可以提供较多的氢键,以增加热稳定性;嗜热微生物原生质膜中含有较多的饱和脂肪酸和直链脂肪酸,使膜具有热稳定性,而且能在高温下调节膜的流动,以维持膜的功能,保证嗜热微生物在高温下生长;此外,嗜热微生物生长速率快,能迅速合成生物大分子,以弥补由于高温所造成的大分子的破坏。

由于嗜热微生物能耐较高温度,生长快速,而且其细胞物质（如酶）在高温下仍有活性,因而在发酵工业上具有特别重要的意义。筛选耐高温菌种是发酵微生物研究的重要内容之一。

6.2.2 水分活度

任何生物的生命活动离不开水,微生物也不例外,因为水不仅是微生物细胞的重要组成成分,还起着溶剂和运输介质的作用,并参与细胞内水解、缩合、氧化和还原等反应。因此,水是微生物赖以生存和繁殖的必要条件。

不同环境中水分含量是有变化的,然而水的可利用性不单纯取决于水分含量,它与吸附和溶液因子有复杂的函数关系。吸附于固态物质表面的水可否被微生物利用,取决于水被吸附的紧密程度以及微生物对水吸收能力的大小。处于溶液中的水,或多或少地与溶质形成水合物,因此溶质水合的程度也影响微生物对水的可利用性。有许多方法可以表示吸附和溶液因子对水的可利用性的影响,但是最实用且最易懂的是水分活度。

6.2.2.1 水分活度概念

水分活度（water activity,A_w）是指待测试样的水蒸汽压 p 与纯水蒸汽压 p_o 的比值。水分活度与待测试样上面湿空气中的水蒸汽压有关,因而可根据湿空气的相对湿度 *ERH*（equilibrium relative humidity,即在相同温度和压力下,空气的蒸汽压与饱和蒸汽压之比）来估计。即

$$A_w = p/p_o = ERH(\%)$$

测量水分活度时,可把待测试样放在一个处于一定温度、压力条件下的密闭空间中,待测试样与密闭空间中的环境之间进行水分交换,达到平衡后（试样恒重）,测量空气的相对湿度,该数值即为待测物质的水分活度。表6.2列出了三种不同溶液中水分活度与对应溶质的关系。从表6.2中可以看出,不同溶质,对溶液水分活度的影响差异很大。

影响程度的大小,取决于溶质溶解时解离和水合的程度。

由于水分活度是一个蒸汽压的比值,因此没有单位。该比值范围在 0.0 ~ 1.0,0.0 是全干状态的水分活度,1.0 是纯水的水分活度。习惯上,相对湿度常用百分比表示,水分活度常用小数表示,因此水分活度 0.75 就等于 75% 的相对湿度。

水分活度所描述的是一种能量状态(或是环境中的水逸度),它表示水在化学上或结构上的结合性有多么的"紧",亦即水的游离程度。水分活度值越高,游离程度越高;水分活度值越低,游离程度越低。游离程度越高的水越易被微生物利用。但需要注意的是,由于温度大大地影响空气所保持的含水量,所以测定水分活度时必须指出温度(平衡过程中保持恒定)。

表 6.2　一些溶液中溶质与水分活度的关系(25 ℃)

A_w	NaCl/(g/100 mL)	蔗糖/(g/100 mL)	甘油/(g/100 mL)
0.995	0.87	0.92	0.25
0.980	3.50(海水)	3.42	1.00
0.960	7.00	6.50	2.00
0.900	16.50	14.00	5.10
0.850	23.00	饱和	7.80
0.800	饱和	—	10.50
0.700	—	—	16.80
0.650			20.00

6.2.2.2　水分活度与微生物生长的关系

不同微生物对水分的要求是有差别的,主要表现为对环境或培养基的水分活度要求不同。微生物能在 A_w 值为 0.63 ~ 0.99 的环境或培养基中生长。对任何一种微生物来说,这个数值是一定的,并不取决于溶质的性质。当水分活度低于某种微生物所需要的最低水分活度时,这种微生物就不能生长,也就是说,只有当水分活度大于某一临界值时,特定的微生物才能生长。常见主要微生物类群能够生长的最低水分活度:细菌 A_w > 0.91,酵母 A_w > 0.87,霉菌 A_w > 0.8,一些耐渗透压微生物除外(表 6.3)。

按照微生物对水分活度的要求,可将其分为正常、耐渗透压和嗜高渗透压 3 类。不同水分活度对这 3 类微生物生长的影响见图 6.6。

从图 6.6 中曲线可以看出,正常微生物,水分活度高,生长良好,降低水分活度,生长显著受到影响;耐渗透压微生物,水分活度高,生长良好,但稍降低水分活度,微生物仍可生长;嗜高渗透压微生物,在一定范围内降低水分活度有利于生长,但持续降低生长也会受到影响。

微生物在正常水分活度环境中,生长良好;当水分活度降低时,生长明显受到抑制;在极低的水分活度环境中,细胞便会脱水,引起质壁分离或死亡。因此,可用盐渍(含 5%~30% 食盐)和蜜饯(含 30%~80% 糖)的方式来保藏食品。

　　微生物在固态物质(如食物、麸皮、土壤)上生长,通常受基质水分活度控制。在 A_w 值低于 0.60 ~ 0.70 的干燥条件下,除少数真菌(如某些曲霉)外,多数微生物都不能生长。干燥会使代谢活动停止,使微生物处于休眠状态。严重时会引起细胞脱水,蛋白质变性,进而导致死亡。因此,可用干燥的方法来保存物品(食物、衣物等)和部分菌种。

表 6.3　水分活度与微生物生长的关系

A_w	微生物
1.00 ~ 0.91	多数细菌
0.91 ~ 0.87	多数酵母菌
0.87 ~ 0.80	多数霉菌
0.80 ~ 0.75	多数嗜盐细菌
0.75 ~ 0.65	干性霉菌
0.65 ~ 0.60	耐渗透压酵母菌

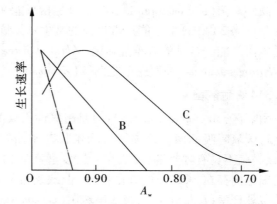

图 6.6　水分活度对不同微生物有机体生长速率的影响
A. 正常微生物;B. 耐渗透压微生物;C. 嗜高渗透压微生物

　　不同微生物对干燥的抵抗力不同:醋酸菌失水后很快就死亡;酵母菌失水后可保存数月;产荚膜细菌的抗干燥能力比不产荚膜的细菌强;长形、壁薄的细菌对干燥敏感,而个体小、壁厚的细菌抗干燥能力较强;细菌的芽孢、酵母菌的子囊孢子、霉菌的有性孢子或厚壁孢子抗干燥能力更大。

6.2.3　氧气

　　氧气对微生物的生命活动有着极其重要的影响。按照微生物与氧气的关系,可将其粗分成好氧微生物(好氧菌,aerobes)和厌氧微生物(厌氧菌,anaerobes)两大类。好氧菌可细分为专性好氧菌、兼性厌氧菌和微好氧菌三类;厌氧菌可细分为耐氧菌与专性厌氧菌两类。

6.2.3.1　专性好氧菌

　　专性好氧菌(strict aerobes)是指必需在有较高浓度分子氧(氧分压为 20 kPa 左右)的条件下才能生长的微生物。该类微生物细胞内有完整的呼吸链,以分子氧作为最终氢受体,具有超氧化物歧化酶(superoxide dismutase,SOD)和过氧化氢酶(catalase)。多数细菌、大多数真菌和放线菌都是专性好氧菌,例如醋杆菌属(*Acetobacter*)、固氮菌属(*Azotobacter*)、铜绿假单胞菌(*Pseudomonas aeruginosa*)和白喉棒杆菌(*Corynebacterium diphtheria*)等都是好氧菌。

6.2.3.2　兼性厌氧菌

　　兼性厌氧菌(facultative aerobes)是指在有氧或无氧条件下都能生长,但在有氧条件下生长更好的微生物。该类微生物在有氧时进行呼吸产能,无氧时进行发酵或无氧呼吸产能;细胞含 SOD 和过氧化氢酶。许多酵母菌和不少细菌都是兼性厌氧菌,例如酿酒酵母(*Saccharomyces cerevisiae*)、地衣芽孢杆菌(*Bacillus licheniformis*)、大肠杆菌(*E. coli*)和普通变形杆菌(*Proteus vulgaris*)等。

6.2.3.3 微好氧菌

微好氧菌(microaerophilic bacteria)是指只能在较低的氧分压(1~3 kPa,正常大气中的氧分压为 20 kPa)下才能正常生长的微生物。该类微生物是通过呼吸链并以氧为最终氢受体而产能。常见的有霍乱弧菌(*Vibrio cholerae*)、弯曲菌属(*Campylobacter*)、氢单胞菌属(*Hydrogenomonas*)和发酵单胞菌属(*Zymomonas*)等。

6.2.3.4 耐氧菌

耐氧菌(aerotolerant anaerobes)是耐氧性厌氧菌的简称,是一类可在微量分子氧存在时进行厌氧呼吸的菌。该类微生物生长时不需要任何氧,但分子氧存在对它们影响不大;该类菌不具有呼吸链,仅依靠专性发酵和底物水平磷酸化而获得能量。其耐氧的机制是细胞内存在 SOD 和过氧化物酶(但缺乏过氧化氢酶)。常见的乳酸菌多为耐氧菌,如乳酸乳杆菌(*L. lactis*)、肠膜明串珠菌(*Leuconostoc rnesenteroides*)、乳链球菌(*S. lactis*)和粪肠球菌(*Enterobacter faecalis*)等。

6.2.3.5 专性厌氧菌

专性厌氧菌(strict or obligate anaerobes)是指不能利用分子氧,并且分子氧的存在对它们有害,会抑制其生长甚至致死。该类微生物细胞内缺乏 SOD 和细胞色素氧化酶,大多数还缺乏过氧化氢酶;生命活动所需能量是通过发酵、无氧呼吸、循环光合磷酸化或甲烷发酵等提供。在空气或含 10% CO_2 的空气中进行培养,该类微生物在固体或半固体培养基的表面不能生长,只能在其深层无氧处或在低氧化还原电势的环境下才能生长。常见的厌氧菌有梭菌属(*Clostridium*)、拟杆菌属(*Bacteroides*)、梭杆菌属(*Fusobacterium*)、双歧杆菌属(*Bifidobacterium*)以及各种光合细菌和产甲烷菌(*methanogens*)等。

微生物与氧的关系及其在深层半固体琼脂柱中的生长状态如图 6.7 所示。

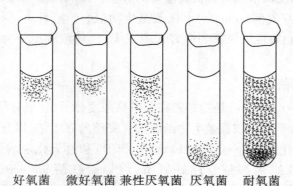

好氧菌　微好氧菌　兼性厌氧菌　厌氧菌　耐氧菌

图 6.7　氧气对 5 类微生物在半固体琼脂柱中生长的影响

关于氧对厌氧微生物的毒害机制,比较公认 J. M. McCord 和 I. Fridovich 提出的 SOD 学说,该学说的主要观点:①凡严格厌氧菌就无 SOD 和过氧化氢酶活力,细胞内不能消除过氧化物;②所有具有细胞色素系统的好氧菌都有 SOD 和过氧化氢酶;③耐氧性厌氧菌不含细胞色素系统,但具有 SOD 活力而无过氧化氢酶活力。在此基础上,他们认为:SOD 的功能是保护好氧菌免受超氧化物阴离子自由基的毒害,从而提出了缺乏 SOD 的微生物必然只能进行专性厌氧生长的学说。

该学说认为,普遍存在于生物体内的超氧阴离子自由基($\cdot O_2^-$),因其性质极不稳定,化学反应力极强,在细胞内可破坏各种重要生物大分子和膜结构,还可形成其他活性氧化物,故对生物体极其有害。好氧生物因有 SOD,故剧毒的 $\cdot O_2^-$ 就被歧化成毒性稍低的 H_2O_2,在过氧化氢酶的作用下,H_2O_2 又进一步变成无毒的 H_2O。厌氧菌因不能合成 SOD,所以根本无法使 $\cdot O_2^-$ 歧化成 H_2O_2,因此,在有氧存在时,细胞内形成的 $\cdot O_2^-$ 就使自身受到毒害。绝大多数的耐氧菌都能合成 SOD,且有过氧化物酶(peroxidase),因此剧毒的 $\cdot O_2^-$ 可先歧化成有毒的 H_2O_2,然后还原成无毒的 H_2O。

已有实验证明,原为兼性厌氧菌的 *E. coli*,如果使它突变成 SOD 缺陷株,则它也转变成一株短期接触氧就能被杀死的"专性厌氧菌"了。

6.2.4　pH 值

培养基或环境中的 pH 值与微生物的生命活动关系密切,可通过影响细胞质膜的通透性、膜结构的稳定性和物质的溶解性或电离性来影响营养物质的吸收,从而促进或抑制微生物的生长,或影响微生物代谢产物的产生。

微生物作为一个整体来说,其生长的 pH 值范围极广,一般 pH 值在 2.0 ~ 8.0,少数种类还可超出这一范围。绝大多数微生物生长的 pH 值都在 5.0 ~ 9.0。一般说来,霉菌能适应的 pH 值范围最大,酵母菌适应的范围次之,细菌最小。

与温度的三基点相似,不同微生物生长都有其最适 pH 值和一定的 pH 值范围,即最低、最适与最高 3 个数值,具体见表 6.4。在最适 pH 值范围内微生物生长繁殖速度快,在最低或最高 pH 值环境中,微生物虽然能生存和生长,但速度非常缓慢,而且容易死亡。

表 6.4　不同微生物生长的 pH 值范围

微生物种类	最低 pH 值	最适 pH 值	最高 pH 值
细菌	3.0 ~ 5.0	6.5 ~ 7.5	8.0 ~ 10.0
酵母菌	2.0 ~ 3.0	4.5 ~ 5.5	7.0 ~ 8.0
霉菌	1.0 ~ 3.0	4.5 ~ 5.5	7.0 ~ 8.0

值得注意的是,不同种类微生物生长所需的最适 pH 值不同,即使同一种微生物在其不同的生长阶段和不同的生理生化时期,也有不同的最适 pH 值要求。例如,黑曲霉(*Aspergillus niger*)在 pH 值 2.0 ~ 2.5 时,有利于合成柠檬酸;在 pH 值 2.5 ~ 6.5 时,就以菌体生长为主;在 pH 值 7.0 左右时,则大量合成草酸。又如,丙酮丁醇梭菌(*Clostridium acetobutylicum*)在 pH 值 5.5 ~ 7.0 时,以菌体的生长繁殖为主;而在 pH 值 4.3 ~ 5.3 范围内才进行丙酮、丁醇发酵。因此,研究和掌握不同微生物生长代谢的 pH 值变化规律,对控制发酵过程、提高生产效率具有重要意义。

环境pH值不但影响微生物的生长与代谢,还可影响微生物形态的改变。例如,青霉菌在连续培养过程中,当培养基的pH值高于6.0时,菌丝变短,高于6.7时就不再形成分散的菌丝,而形成菌丝体球。

虽然微生物生长所要求的环境pH值范围比较广泛,但细胞内的pH值却相对稳定,一般都接近中性。原因是微生物细胞具有控制氢离子进出细胞的能力,从而可维持细胞内的中性环境。与细胞内环境的中性pH值相适应的是,胞内酶的最适pH值通常也接近中性。

除了环境pH值对微生物细胞产生直接影响外,微生物的生命活动也会能动地改变外界环境的pH值。微生物引起外环境pH值的变化主要包括变酸与变碱两大过程,可能的反应见图6.8。

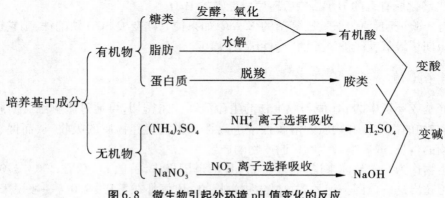

图6.8 微生物引起外环境pH值变化的反应

微生物引起外环境pH值发生改变时,一般微生物往往以变酸占优势,即随着培养时间的延长,培养基的pH值会逐渐下降。此外,还与培养基的组分,尤其是碳氮比有很大的关系。碳氮比高的培养基,例如培养各种真菌的培养基,经培养后,其pH值常会显著下降;相反,碳氮比低的培养基,例如培养一般细菌的培养基,经培养后,其pH值常会明显上升。在微生物培养过程中,由于pH值的变化往往对该微生物本身及发酵生产产生不利的影响,因此,研究和掌握不同微生物引起外环境pH值变化的规律,可以利用酸碱化合物来适当予以调节,尽可能使微生物处于一个较适的pH值范围。

在生产和实践中,人们常常在培养基中添加一些化学物质(如磷酸盐)作为pH值缓冲剂。值得注意的是,在使用缓冲剂时,要注意其缓冲范围。

6.3 控制微生物的物理化学因素

自然界中的微生物,绝大多数对人类是有益的,但有一小部分是对人类有害的。这些有害微生物可通过气流、水流、接触(人与人、人与动物、人与植物等)等方式,传播到合适的基质或生物对象上而造成种种危害。如有些可引起食品或工农业产品的霉腐变质,有些可引起发酵工业中的杂菌污染,有些可引起动植物患各种疫病等。对这些有害微生物,必须采取有效措施来杀灭或抑制它们。

6.3.1　控制微生物的基本概念

学习有害微生物的具体控制措施之前,先学习几个常用的基本概念。

6.3.1.1　灭菌

灭菌(sterilization)是指采用强烈的物理或化学方法,杀死所有微生物或使所有活微生物(包括细菌芽孢)永远失去活力的过程。如高压蒸汽灭菌、辐射灭菌等。

灭菌是一种彻底的杀菌措施。根据灭菌实质不同可将其分为杀菌(bacteriocidation)和溶菌(bacteriolysis)两种,前者指菌体虽死,但形体尚存,后者则指菌体被杀死后,其细胞因发生自溶、裂解,进而消失的现象。

6.3.1.2　商业灭菌

商业灭菌(commercial sterilization)是指仅杀死病原菌的灭菌措施,该类原料灭菌后,在原料上有可能检测到非致病性的微生物。通过商业灭菌,可将病原菌、产毒菌及有可能造成食品腐败变质的微生物杀死(或大部分杀死),保证在一定的保质期内,不引起食品腐败变质。

6.3.1.3　消毒

消毒(disinfection)是指采用较温和的物理或化学方法,杀灭物品上所有病原微生物,而对被消毒对象基本无害。例如,对啤酒、牛奶、果汁和酱油等进行的巴氏消毒;对器皿、皮肤等进行的表面消毒等。

6.3.1.4　防腐

防腐(antisepsis)是指采用某种物理、化学或生物因素,防止或抑制物体上微生物生长繁殖(以防止物品的腐败)的方法。防腐是一种抑菌作用,一般用来保藏食品或其他物品,使之不易发生变质。防腐的方法很多,如低温、干燥、盐渍、糖渍、缺氧、加防腐剂等。

6.3.1.5　无菌

无菌(germ-frees)是指不存在有生命力的微生物。只有通过彻底的灭菌,才能达到无菌要求。因此灭菌是指对物品的作用,无菌是描述物品的状态。灭菌是无菌的先决条件,无菌是灭菌的结果。实验室中的无菌操作,食品加工厂中的无菌包装等都需要经过灭菌,经过灭菌后要使工作场所基本上处于无菌状态才行。

6.3.1.6　化疗

化疗(chemotherapy)即化学治疗,是利用具有高度选择性毒力的化学物质,抑制或杀死宿主体内病原微生物,对宿主本身没有或基本没有毒害作用的一种治疗措施。

灭菌、消毒和抑菌都是常用的控制有害微生物的有效措施,它们之间的关系如图6.9所示。

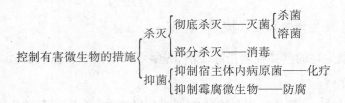

图 6.9　控制有害微生物的措施

6.3.2　控制微生物的物理方法

6.3.2.1　温度

利用不同温度进行灭菌、消毒和防腐是最常用的有效方法。高温可呈现灭菌作用，低温则呈现抑菌作用。高温之所以能够引起微生物的死亡，主要是因为高温使微生物细胞内的蛋白质、核酸和酶类等活性大分子氧化或发生变性而失活，引起微生物代谢发生紊乱。

（1）高温灭菌（或消毒）的种类　在生产实践中，行之有效的高温灭菌或消毒的方法主要有干热灭菌法和湿热灭菌（或消毒）法，前者又可细分为火焰灼烧法和烘箱内热空气灭菌法，后者又可细分为常压巴氏消毒法、煮沸消毒法、间歇灭菌法，以及加压下的常规加压蒸汽灭菌和连续加压蒸汽灭菌。

1）干热灭菌法（dry heat sterilization）

①火焰灼烧法　指利用火焰直接把微生物烧死。此法彻底可靠，灭菌迅速，但容易焚毁物品，所以使用范围有限。适合用于接种针、接种环、试管口、金属小工具及不能用的污染物品或实验动物尸体等的灭菌。

②热空气灭菌法　指把待灭菌物品放于电热烘箱内，在 150～170 ℃下，维持 1～2 h，达到灭菌的目的（包括芽孢在内）。该法适合用于玻璃器皿、陶瓷器皿、金属等耐热用具的灭菌。优点是灭菌后的物品是干燥的。

2）湿热灭菌法（moist heat sterilization）　湿热灭菌法是指用 100 ℃以上的加压蒸汽进行灭菌。在相同的温度和作用时间下，湿热灭菌比干热灭菌更有效，原因是湿热蒸汽不但穿透力强，而且细胞原生质在含水量高的情况下易变性凝固；此外，在灭菌过程中蒸汽在被灭菌物体表面凝结，同时释放大量的汽化潜热，这种潜热能迅速提高灭菌物体的温度，缩短灭菌全过程的时间。干热灭菌与湿热灭菌杀菌效果比较见表 6.5 和表 6.6。

表 6.5　在 90 ℃下干热与湿热空气对不同细菌的致死时间比较

细菌种类	干热	相对湿度 20%	相对湿度 80%
白喉棒杆菌	24 h	2 h	2 min
痢疾杆菌	3 h	2 h	2 min
伤寒杆菌	3 h	2 h	2 min
葡萄球菌	8 h	3 h	2 min

表 6.6 干热和湿热空气穿透力的比较

加热方式	温度/℃	加热时间/h	透过纱布的层数及其温度/℃		
			20 层	40 层	100 层
干热	130~140	4	86	72	70 以下
湿热	105	4	101	101	101

常用下面几种方法进行湿热灭菌或消毒。

①煮沸消毒法 直接将要消毒的物品放入清水中煮沸 15 min,可以杀死细菌的营养细胞和部分芽孢。若在清水中加入 0.5% 石炭酸或 1%~2% 碳酸钠可加速微生物死亡。此方法适用于饮用水、毛巾、解剖用具等的消毒。

②巴氏消毒法 此法最早由法国微生物学者巴斯德首创,故命名为巴氏消毒法(pasteurization)。巴氏消毒法是一种低温湿热消毒法,一般在 60~85 ℃,处理 30 s~15 min。具体做法可分为两类:第一类是经典的低温维持法(low temperature holding method,LTH),例如用于牛奶消毒只要在 63 ℃维持 30 min 即可;第二类是较现代的高温瞬时法(high temperature short time,HTST),用此法对牛奶进行消毒时只要在 72 ℃维持 15 s。巴氏消毒法适用于不宜进行高温灭菌的食品或饮料,如牛乳、酱腌菜类、果汁、果酒、啤酒和蜂蜜等,其主要目的是杀死其中无芽孢的病原菌,而又不影响它们的风味。

③间歇灭菌法(fractional sterilization) 又称分段灭菌法或丁达尔灭菌法,是指将待灭菌物品加热至 100 ℃,维持 15~30 min,杀死其中的繁殖体。然后将物品置于室温或保温箱中过夜,促使其中残存的芽孢发芽。第 2 天再重复上述步骤,如此连续重复 3 次左右,就可达到彻底灭菌的效果。此法既麻烦又费时,一般只用于不宜进行高压灭菌的培养基,如某些糖、牛奶培养基的灭菌。

④常规高压蒸汽灭菌(normal autoclaving) 本法是湿热灭菌中效果最好的一种方法,是实验室和罐头工业中常用的灭菌方法。高压蒸汽灭菌是在高压蒸汽灭菌锅中进行的。其原理是:将待灭菌的物件放置在盛有适量水的专用加压灭菌锅(或家用压力锅)内,盖上锅盖,并打开排气阀,通过加热煮沸,让蒸汽驱尽锅内原有的空气,然后关闭锅盖上的阀门,再继续加热,使锅内蒸汽压逐渐上升,随之温度也相应上升至 100 ℃以上。为达到良好的灭菌效果,一般要求温度应达到 121 ℃(0.1 MPa),维持 15~30 min。有时为防止培养基内葡萄糖等成分的破坏,也可采用在较低温度下(115 ℃)维持 30 min 的方法。

3)连续加压蒸汽灭菌(continuous autoclaving) 在发酵行业里又称连消法。此法只用于大规模发酵生产中培养基的灭菌。主要操作原理是让培养基在管道内流动过程中快速升温、维持和冷却,然后流进发酵罐。主要操作是将配制好的培养基向发酵罐等培养装置输送的同时进行加热、保温和冷却等灭菌操作过程。培养基一般加热至 135~140 ℃下,维持 5~15 s。

连续加压蒸汽灭菌法的优点:①采用高温瞬时灭菌,灭菌彻底,营养成分破坏少,从而提高了原料的利用率和发酵产品的质量和产量,在抗生素发酵中,它可比常规的"实罐灭菌"(120 ℃,30 min)提高产量 5%~10%;②蒸汽负荷均匀,提高了锅炉的利用效率;

③适宜于自动化操作,降低操作人员的劳动强度;④由于总的灭菌时间比分批灭菌法明显减少,故缩短了发酵罐的占用时间,提高了它的利用率。

4)超高温瞬时杀菌(ultra high temperature,UHT)　一般采用 135～137 ℃,维持 3～5 s,污染严重的材料温度可控制在 142 ℃以上。此法既可杀死微生物的营养细胞和耐热性强的芽孢细菌,又能保证质量,还可缩短时间,提高经济效益。

超高温瞬时杀菌技术的杀菌效果特别好,几乎可达到或接近灭菌的要求,而且杀菌时间短,物料中营养物质破坏少,营养成分保存率达 92% 以上,大大优越于上述两种热力杀菌法。配合食品无菌包装技术的超高温杀菌装置在国内外发展很快,目前这种杀菌技术已广泛用于乳、果汁及各种饮料、豆乳、酒等产品的生产中。

(2)低温抑菌的种类　微生物对低温的抵抗力一般较高温界。低温能使部分微生物死亡,但大部分微生物在低温环境中只是新陈代谢活动缓慢,停止生长,处于休眠状态,但仍具有生命力,尤其是一些嗜冷微生物还会生长。因此低温对微生物只是起到抑制作用,不能灭菌或消毒。低温抑菌在实践中常常用于保存食品和菌种。具体可分为以下两种方法。

1)冷藏法　将新鲜食物放在 4 ℃冰箱保存,可有效防止其发生腐败变质。不过储藏只能维持几天,因为低温条件下嗜冷微生物仍能生长繁殖。利用低温下微生物生长缓慢的特点,可将微生物斜面菌种放置于 4 ℃冰箱中保存数周至数月。保藏过程中,应定期对菌种进行斜面转接,以防止菌种活力退化。

2)冷冻法　家庭或食品工业中采用 -10～-20 ℃的冷冻温度,使食品冷冻成固态加以保存,在此条件下,微生物基本上不生长,保存时间比冷藏法长。冷冻法也适用于菌种保藏,如生产中人们常采用 -20 ℃低温冰箱、-70 ℃超低温冰箱或 -195 ℃液态氮保藏菌种。在采用冷冻法保存菌种时要适当添加保护剂,如蔗糖、海藻糖、血清等,以保护微生物在冷冻保存过程中细胞不被破坏。

6.3.2.2　辐射

辐射是能量通过空间传播或传递的一种物理现象。辐射有两种,一种为非电离辐射,如可见光、紫外线、微波等,其光波长,能量弱,虽被物体吸收,但不引起物体的原子构造发生变化;另一种为电离辐射,如 α 射线、β 射线、γ 射线(中子、质子)等,其光波短、能量强,物体吸收后可使原子核电离。不同波长的辐射对微生物生长的影响不同。

(1)紫外线(ultraviolet rays,UV)　紫外线是波长在 15～390 nm 的电磁波辐射,其中 260 nm 处的紫外线对微生物的作用最强,因为核酸中的嘧啶和嘌呤碱基对紫外线的吸收高峰在 260 nm。一般认为,紫外线的作用机制是使 DNA 分子形成嘧啶二聚体,相邻嘧啶形成二聚体后,复制时造成局部 DNA 分子无法配对,DNA 合成受到极大影响,严重时引起微生物的死亡或变异。此外,紫外线也可使空气中的分子氧变成臭氧(O_3),臭氧不稳定,分解时放出的原子氧具有杀菌作用。

(2)γ 射线　γ 射线是一种波长极短(通常在 0.1 nm 以下)、能量较高的电磁辐射。γ 射线的作用机制是使生物细胞内的物质氧化或产生自由基再作用于生物分子;或者直接作用于生物分子,打断氢键,使双键氧化,破坏环状结构;或使某些分子聚合,破坏和改变生物大分子的结构,以抑制或杀死微生物。

γ 射线的穿透力很强,能透过可见光不能透过的物体,如纸、人体、木材、金属部件等。

用 γ 射线灭菌时,只需将待灭菌物品用传送带运经 ^{60} Co 照射区就可达到灭菌的目的。其优点:每次可对较多物品进行灭菌,尤其适用于密封的物品和不耐热或受热易变质、变味的物品的灭菌和消毒,且不会在物品上留下污染物。但该法对设备的要求高,适用范围有限。本法可用于医用一次性塑料用品的灭菌,但不适合用于培养基等的灭菌。

(3)可见光(visible light) 可见光对微生物一般无多大影响,但强光连续照射也能妨碍微生物的新陈代谢与繁殖。原因是它们能够氧化细菌细胞内的光敏感分子,如核黄素和卟啉环(构成氧化酶的成分)从而影响甚至杀死微生物(因光氧化作用),因此实验室应注意避免将细菌培养物暴露于强光下。

可见光的杀菌作用微弱,若将某些染料如结晶紫、美蓝、汞溴红、伊红、沙黄等加到培养基中或涂在外伤表面,能增强可见光的杀菌作用,这一现象称为光感作用(photo sensitization)。一般在有氧的情况下才出现光感作用,这与染料激活氧或染料氧化后生成氧化物而起杀菌作用有关。

6.3.2.3 超声波

超声波指频率在 20 000 Hz 以上的声波,高频率震动使微生物细胞受到强烈的冲击,造成细胞破裂,内溶物溢出而死;超声振动还可将机械能转化成热能,导致溶液温度升高,使细胞产生热变性以抑制或杀死微生物。目前超声波处理技术广泛应用于实验室微生物的破碎和杀菌,还常用于辅助提取。

超声波的杀菌效果与其频率、强度、处理时间等多种因素有关。一般高频率比低频率杀菌效果好。病毒和细菌芽孢对超声波具有较强的抵抗力,特别是芽孢。

6.3.2.4 微波

微波(microwave)是指频率在 3~30 GHz 范围内的波。微波杀菌是利用了电磁场的热效应和生物效应共同作用的结果。微波对细菌的热效应可使蛋白质变性,使细菌死亡;微波对细菌的生物效应是微波电场改变细胞膜断面的电位分布,影响细胞膜周围电子和离子浓度,从而改变细胞膜的通透性能,不能正常新陈代谢,细胞结构功能紊乱,生长发育受到抑制而死亡。此外,微波能使细菌的 RNA 和 DNA 断裂和重组,从而诱发遗传基因突变,或染色体畸变甚至断裂。

微波杀菌具有时间短、速度快、低温杀菌、保持营养成分和传统风味、节约能源、灭菌均匀彻底、便于控制、设备简单、工艺先进等特点。

6.3.2.5 过滤除菌

过滤除菌是指将液体或气体通过某种多孔的材料,使微生物与液体、气体分离。实验室中常用的滤器有滤膜过滤器、蔡氏过滤器、玻璃过滤器、磁土过滤器等。常用的过滤介质有醋酸纤维素膜、硝酸纤维素膜、聚丙烯膜、石棉板、烧结陶瓷、烧结玻璃、棉花、玻璃纤维等。实验室常用的过滤装置及过滤介质见图6.10～图6.12。

在众多滤器中,滤膜过滤器比较多用。滤膜过滤器用微孔滤膜作材料(通常由硝酸纤维素制成),可根据需要选择 25~0.25 μm 的特定孔径。含微生物的液体通过微孔滤膜时,大于滤膜孔径的微生物被阻拦在膜上,与滤液分离。微孔滤膜具有孔径小、价格低、滤速快、不易阻塞、可高压灭菌及可处理大容量液体等优点。不足之处是使用小于 0.22 μm孔径滤膜时易引起滤孔阻塞。

过滤除菌可用于对热敏感液体的除菌,如含有酶或维生素的溶液、血清、空气和不耐热的液体培养基的灭菌等,还可在生产啤酒中代替巴氏消毒。

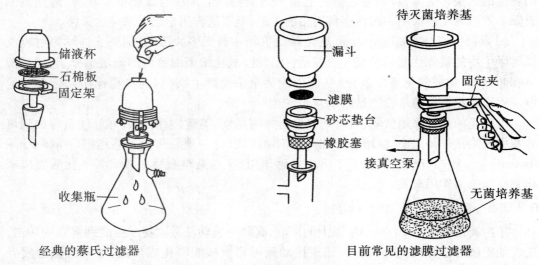

图6.10 实验室用过滤除菌装置

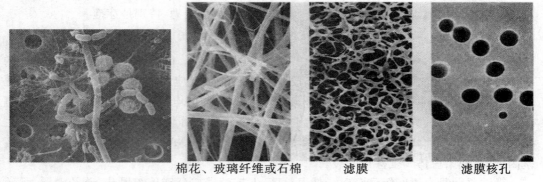

图6.11 过滤介质孔径与微生物大小比较 　　图6.12 常用的过滤介质

6.3.3 控制微生物的化学方法

一般化学药剂无法杀死所有的微生物,而只能杀死或抑制其中的病原微生物,所以是消毒剂,而不是灭菌剂。化学药剂可分为三类,即消毒剂、防腐剂、化学治疗剂。

6.3.3.1 化学消毒剂、防腐剂

凡是可以杀死病原微生物的化学试剂称为消毒剂;凡是能够抑制微生物生命活动的化学试剂称为防腐剂。常用的化学消毒剂种类很多,它们的杀菌机制各不相同,杀菌强度也有所不同,但几乎都有一个共同的规律,即在低浓度时,仅能起防腐的作用,随着浓度的增加,就相继出现杀菌作用,因而形成一个连续的作用谱。如高浓度的石炭酸

（3% ~5%）用于器皿表面消毒,低浓度的石炭酸(0.5%)用于生物制品的防腐。

理想的消毒剂和防腐剂应具有作用快、效力大、渗透强、易配制、价格低、毒性小、无怪味的特点。完全符合上述要求的化学药剂很少,根据需要尽可能选择具有较多优良特性的化学药剂。选择化学消毒剂的原则:应选择杀菌力强,价格低廉,能长期储存,无腐蚀作用,对人和其他的生物没有毒害或者刺激较小的化学物质。

生产实践中常用的化学消毒剂、防腐剂及其杀菌、抑菌机制如下。

（1）重金属盐类　大多数重金属盐及其化合物都是有效的杀菌剂或防腐剂,作用最强的是 Hg、Ag、Cu。重金属盐类易与蛋白质结合而使之发生变性或沉淀,或能与微生物酶蛋白的—SH 基结合,使其失去活性。

汞化合物如二氯化汞,又称升汞($HgCl_2$),是强杀菌剂和消毒剂,杀菌效果好。0.1% 的 $HgCl_2$ 对大多数细菌有杀灭作用,因能腐蚀金属,故常用于非金属器皿的消毒。再如汞溴红（又称红汞),2% 红汞水溶液即红药水常用于消毒皮肤、黏膜及小创伤,不可与碘酒共用。

银盐是较温和的消毒剂,医药上常用 0.1% ~1% 硝酸银对皮肤进行消毒,1% 硝酸银可防治新生儿传染性眼炎。

铜的化合物如硫酸铜对真菌和藻类的杀伤力较强。用硫酸铜与石灰配制的波尔多液,可抑制农业真菌、螨以及防治某些植物病害。

重金属盐类虽然杀菌效果好,但对人有毒害作用,所以严禁用于食品工业中严禁用于防腐或消毒。用于环境消毒或器皿消毒时也应该注意剂量和个人防护。

（2）氧化剂　氧化剂种类很多,如高锰酸钾、过氧化氢、漂白粉和氟、氯、溴、碘等及其化合物都是氧化剂。氧化剂的杀菌机制是释放出原子氧,氧化菌体细胞中的活性基团（如蛋白质的巯基),使蛋白质和酶失活,造成细胞代谢障碍而死亡。杀菌的效果与作用时间和浓度成正比。氧化剂的杀菌特点是作用快而强、能杀死所有微生物,但易受温度、光线的影响大易蒸发失效。常用的氧化剂有高锰酸钾、卤素、过氧化氢等。

1）高锰酸钾　是常见的氧化消毒剂。一般用 0.1% 溶液对皮肤、水果、饮具、器皿等进行消毒,但应注意需要现用现配。

2）碘　具有强穿透力,能杀伤细菌、芽孢和真菌,是强杀菌剂。通常将 3% ~7% 碘溶于 70% ~83% 的乙醇中配制成碘酊。

3）氯　氯具有较强的杀菌作用。氯在水中能产生新生态的氧,如下式:

$$Cl_2 + H_2O \longrightarrow HCl + HOCl \longrightarrow 2HCl + [\,O\,]$$

氧和氯都能强烈氧化菌体细胞物质,造成其死亡。氯常用于城市生活用水的消毒及饮料工业用于水处理工艺中的杀菌过程。

4）漂白粉　漂白粉中有效氯为 28% ~35%。0.5% ~1% 的漂白粉溶液5 min可杀死大多数细菌,5% 的漂白粉溶液,1 h 可杀死细菌芽孢。漂白粉常用于饮水消毒,也可用于蔬菜和水果的消毒。

5）过氧乙酸　过氧乙酸是一种高效广谱杀菌剂,它能快速地杀死细菌、酵母菌、霉菌和病毒,杀菌效果好,几乎无毒和残余,其分解产物是醋酸、过氧化氢、水和氧。过氧乙酸适用于一些食品包装材料（如超高温灭菌乳、饮料的利乐包等)的灭菌,也适于食品表面如水果、蔬菜和鸡蛋等的消毒,也可用于食品加工厂工人的手、地面和墙壁的消毒以及各种塑料、玻璃制品和棉布的消毒。用于手的消毒时,应配制成低于 0.5% 的溶液,否则会刺激和腐蚀皮肤。据报道,0.001% 的过氧乙酸水溶液能在 10 min 内杀死大肠杆菌, 0.005% 的过氧乙酸水溶液 5 min 即可杀死大肠杆菌,杀死金黄色葡萄球菌需要 60 min, 如果质量分数提高为 0.01% 只需 2 min,0.5% 的过氧乙酸可在 1 min 内杀死枯草杆菌;能够杀死细菌繁殖体的过氧乙酸溶液足以杀死霉菌和酵母菌。

(3)有机化合物 对微生物有杀菌作用的有机化合物种类很多,其中酚、醇、醛等能使菌体蛋白变性,是常用的杀菌剂。

1)酚及其衍生物 苯酚又称石炭酸,杀菌作用机制是使微生物蛋白质变性,并具有表面活性剂的作用,破坏细胞膜的通透性,使细胞内含物外溢致死。酚还能破坏结合在膜上的氧化酶与脱氢酶,引起细胞的迅速死亡。酚浓度低时可破坏细胞膜组分,有抑菌作用;浓度高时可凝固菌体蛋白,有杀菌作用。2%~5% 酚溶液能在短时间内杀死细菌的繁殖体,杀死芽孢则需要数小时或更长的时间。许多病毒和真菌孢子对酚有抵抗力。酚及其衍生物适于医院的环境消毒,不适于食品加工用具以及食品生产场所的消毒。

甲酚是酚的衍生物,杀菌效果比苯酚强几倍,但在水中的溶解度较低,可在皂液或碱性溶液中形成乳浊液。市售的消毒剂来苏尔就是甲酚与肥皂的混合液,常用 3%~5% 的溶液消毒皮肤、物体表面及用具。

2)醇类 醇类是脱水剂、蛋白质变性剂,也是脂溶剂,可使蛋白质脱水、变性,损害细胞膜而具杀菌能力。醇类的杀菌作用是随着分子量的增大而增强,即杀菌效果为:丁醇>丙醇>乙醇>甲醇,但分子量大的醇类水溶性差,并且甲醇毒性很大,故通常用乙醇作消毒剂。乙醇为中效消毒剂,能杀灭细菌繁殖体、结核杆菌及大多数真菌和病毒,但不能杀灭细菌芽孢,短时间不能灭活乙肝病毒。乙醇适用于皮肤、环境表面及医疗器械的消毒。生产实践中,人们常用 75% 乙醇而不用无水乙醇进行消毒,原因是高浓度的乙醇与菌体接触后迅速脱水,使表面蛋白质凝固而形成保护膜,阻止乙醇分子进一步渗入。

3)甲醛 甲醛是一种常用的还原性杀菌剂,其杀菌机制基于它的还原作用。甲醛可与蛋白质的氨基结合,使蛋白质烷基化而使其变性,改变酶或蛋白质的活性,使微生物的生长受到抑制或使之死亡。甲醛对微生物的营养细胞和孢子同样有效。不同浓度的甲醛溶液杀菌效果不同,0.1%~0.2% 的甲醛溶液可杀死细菌的繁殖体,5% 的浓度可杀死细菌的芽孢,用 10% 甲醛溶液熏蒸房间,对空气和物体表面有消毒效果,但不适宜于食品生产场所的消毒,在使用甲醛进行房间及无菌间熏蒸消毒时注意做好个人防护,防止气体刺激眼、鼻、口等。甲醛在常温下呈气体状态,市售的福尔马林溶液就是 37%~40% 的甲醛水溶液。甲醛有刺激性和腐蚀性,不宜用于人体。

4)表面活性剂 具有降低表面张力效应的物质称为表面活性剂。表面活性剂主要是通过破坏菌体细胞膜的结构,造成胞内物质泄漏,蛋白质变性,从而引起菌体死亡。肥皂是一种阴离子表面活性剂,对肺炎链球菌或链球菌有效,但对葡萄球菌、结核分枝杆菌无效。0.25% 肥皂溶液对链球菌的作用比 0.7% 来苏尔或 0.1% 升汞还强。常用的新洁尔灭是人工合成的季铵盐阳离子表面活性剂,0.05%~0.1% 新洁尔灭溶液常用于皮肤、黏膜和器械消毒。

5)染料 一些碱性染料的阳离子可与菌体的羧基或磷酸基作用,形成弱电离的化合物,妨碍菌体的正常代谢,抑制其生长。结晶紫可干扰细菌细胞壁肽聚糖的合成,阻碍 UDP-N-乙酰胞壁酸转变为 UDP-N-乙酰胞壁酸五肽。临床上常用 2%~4% 结晶紫水溶液即紫药水消毒皮肤和伤口。

6)酸碱类　无机酸、碱能引起微生物细胞物质的水解或凝固,因而也有很强的杀菌作用。微生物在 1% 氢氧化钾或 1% 硫酸溶液中 5~10 min 大部分死亡。生石灰常以(1:4)~(1:8)加水配制成糊状,消毒排泄物及地面。

有机酸解离度小,但有些有机酸的杀菌力反而大,因其作用机制主要是抑制微生物细胞内酶的活性或微生物的代谢活动。苯甲酸、山梨酸和丙酸广泛用于食品、饮料等的防腐,在偏酸性条件下有抑菌作用。

常用化学消毒剂见表 6.7。

表 6.7　常用的化学消毒剂

常见类型	使用方法	作用原理	应用范围
醇类	70%~75% 乙醇	脱水、蛋白质变性、溶解脂类、破坏细胞膜	皮肤、器皿
醛类	0.5%~10% 甲醛	蛋白质变性	房间、物品消毒(不适合食品厂)
酚类	3%~5% 石炭酸	破坏细胞膜、蛋白质变性	地面、器具、皮肤
	3%~5% 来苏儿		
氧化剂	0.1% 高锰酸钾	氧化蛋白质活性基团,酶失活,破坏细胞膜	皮肤、水果、蔬菜
	3% 过氧化氢		皮肤、物品表面
	0.2%~0.5% 过氧乙酸		水果、蔬菜、塑料等
卤素及其化合物	0.2~0.5 mg/L 氯气	破坏细胞膜、蛋白质	饮水、游泳池水
	10%~20% 漂白粉		地面
	0.5%~1% 漂白粉		水、空气等
	2.5% 碘酒		皮肤
重金属盐类	0.05%~0.1% 升汞	蛋白质变性、酶失活	非金属器皿
	2% 红汞	变性、沉淀蛋白	皮肤、黏膜、伤口
	0.1%~1% 硝酸银	蛋白质变性、酶失活	皮肤、新生儿眼睛
	0.1%~0.5% 硫酸铜		防治植物病害
染料	2%~4% 龙胆紫	与蛋白质的羧基结合	皮肤、伤口
酸类	0.1% 苯甲酸	破坏细胞膜和蛋白质	食品防腐
	0.1% 山梨酸		食品防腐

6.3.3.2　化学治疗剂

用于治疗感染性疾病的化学药物,称为化学治疗剂。化学治疗剂能直接干扰病原微生物的生长繁殖。化学治疗剂具有选择性的抑菌和杀菌作用,能阻碍微生物代谢的某些环节,使其生命活动受到抑制或使其死亡,而对宿主细胞毒副作用甚小。

根据来源不同可将化学治疗剂分为两类：一类是由人工合成的，称为抗代谢物；另一类是由生物合成的，称为抗生素。

（1）抗代谢物　是指那些在结构上与微生物体内某个必需的正常代谢物结构相似，可以和特定的酶结合，从而阻碍酶的功能，干扰代谢的正常进行的一类化合物。抗代谢物与菌体内的正常代谢物同时存在时，能竞争性的与相应的酶结合。如果将抗代谢物用于治疗由微生物引起的疾病，则称为抗代谢类药物。

第一个被发现的抗代谢物是磺胺类药物，同时也是人类第一个成功用于特异性抑制某种微生物生长以防治疾病的化学治疗剂。最简单的磺胺类药物是磺胺，它是对氨基苯甲酸（PABA）的类似物。许多细菌不能利用外界提供的叶酸，需要利用 PABA 合成生长所需要的叶酸。PABA 可由细菌自身合成，也可从生长介质中获得，而磺胺的存在则可与 PABA 竞争性地与二氢叶酸合成酶结合，从而可抑制细菌的生长。人类因为没有二氢叶酸合成酶等，不能利用外界提供的 PABA 合成叶酸，只能从饮食中获得叶酸，因而对磺胺类药物不敏感。

碱基嘌呤类似物对动物和微生物一样都有毒性，但可用于病毒感染的治疗。因为病毒对碱基类似物的利用比细胞要快，因而受到的损伤更严重。

（2）抗生素　抗生素是由微生物或其他生物在生命活动中合成的次级代谢产物或由其合成的人工衍生物，具有抑制或干扰其他生物生长或杀死微生物的作用。抗生素在很低浓度时就能抑制或影响某些生物的生命活动，因而可用作优良的化学治疗剂。

目前，已发现的抗生素达 2 500 多种，但大多数对人和动物有毒性，临床上常用的抗生素只有几十种。抗生素抑制或杀死微生物的能力可以从抗生素的抗菌谱和效价两方面来评价。

由于不同微生物对不同抗生素的敏感性不一样，抗生素的作用对象就有一定的范围，这种作用范围就称为抗生素的抗菌谱。通常将对多种微生物有作用的抗生素称为广谱抗生素，如四环素、土霉素对 G^+ 菌、G^- 菌均有作用；只对少数几种微生物有作用的抗生素则称为窄谱抗生素，如青霉素只对 G^+ 菌有效。

1）抑制细胞壁的合成　如青霉素、万古霉素、持久霉素、磷霉素等能抑制细菌细胞壁肽聚糖的合成。灰黄霉素主要是抑制真菌细胞壁的合成。

2）干扰和抑制蛋白质合成　如链霉素、红霉素、四环霉素、氯霉素、卡那霉素等可抑制蛋白质的生物合成，从而抑制微生物的生长。

3）抑制核酸合成　如放线菌素、利福霉素抑制 RNA 转录；丝裂霉素、博莱霉素能抑制 DNA 复制；灰黄霉素主要是干扰真菌核酸的合成。

4）损伤细胞膜　影响菌体细胞膜的通透性，如多黏菌素使细胞膜破坏，杀死微生物细胞。随着各种化学治疗剂的广泛应用，葡萄球菌、大肠杆菌、痢疾志贺菌、结核分枝杆菌等致病菌表现出越来越强的抗药性，给医疗带来困难。抗性菌株的抗药性主要表现在以下方面：①细菌产生钝化或分解药物的酶；②改变细胞膜的透性；③改变对药物敏感的位点；④菌株发生变异。为避免细菌出现耐药性，使用抗生素时必须注意：①首次使用的药物剂量要足，避免长期单一使用同种抗生素；②不同抗生素混合使用；③改造现有抗生素；④筛选新的高效抗生素生产菌株。

（3）植物杀菌素（phytocide）　指某些植物中存在的杀菌物质。中草药如黄连、黄柏、黄芩、大蒜、金银花、连翘、鱼腥草、穿心莲、马齿苋、板蓝根等都含有杀菌物质,其中有的已制成注射液或其他制剂,如黄柏液、三精双黄连口服液、板蓝根冲剂等。

(4)细菌素(bacteriocin) 是某种细菌产生的一种具有杀菌作用的蛋白质,只能作用于与它同种不同菌株的细菌以及与它亲缘关系相近的细菌。例如大肠杆菌所产生的细菌素称为大肠菌素(colicin),它除作用于某些型的大肠杆菌外,还能作用于亲缘关系相近的志贺菌、沙门菌、克雷伯氏菌和巴氏杆菌等。乳酸链球菌素用于巴氏灭菌干酪、罐藏浓缩牛奶、巴氏灭菌奶、高温灭菌奶、酸奶等,可以有效抑制肉毒梭菌的生长和毒素产生,延长产品的保质期并可在常温下保存;还可有效控制由于乳酸菌和片球菌引起的啤酒腐败,并且不影响啤酒的外观、风味,对生长和发酵阶段的啤酒酵母没有影响。

细菌素可分为三类:第一类为多肽细菌素,分子量 $2 \times 10^3 \sim 10 \times 10^3$,多由革兰氏阳性菌产生;第二类为蛋白质细菌素,分子量 $3 \times 10^4 \sim 9 \times 10^4$,多由革兰氏阴性菌产生,大肠菌素是其代表,也是所有类型细菌素中研究的最多的一种;第三类为颗粒细菌素,超速离心可将其沉淀,形态类似噬菌体,由蛋白亚单位组成。

6.3.4 杀菌新技术简介

6.3.4.1 超高压杀菌

超高压技术(ultra–high pressure processing, UHP)简称高压技术(high pressure processing,HPP),是当前备受各国重视、广泛研究的一项食品高新技术,即将食品物料以某种方式包装好之后,以水或其他流体作为传递压力的媒介物,在 100 ~ 1 000 MPa 压力下作用一段时间,使之达到灭菌目的。其杀菌原理是蛋白质在高压下立体结构(四级结构)崩溃而发生变性,从而使细菌失活。但也有人认为凡是以较弱的结合构成的生物体高分子物质,如核酸、多糖类、脂肪等物质或细胞膜都会受到超高压的影响,尤其可通过剪切力而使生物体膜破裂,从而使生物体的生命活动受到影响甚至停止,达到灭菌、杀虫的效果。超高压灭菌的优点是在杀菌的同时,还能保持营养,改善风味,提高品质。

虽然超高压杀菌较高温灭菌有不少优点,但目前超高压技术存在一些问题:①超高压是基于对食品主要成分水的压缩效果,因此不适合干燥食品、粉状或粒状食品的杀菌;②高压下食物的体积会缩小,故只能对采用软包装的食品或物料杀菌;③一些产芽孢的细菌,特别是低酸性食品中的肉毒梭菌,需在 70 ℃ 以上加压到 600 MPa 或加压到 1 000 MPa 以上才能杀死;④不同酶因其分子量和分子结构不同,超高压下活性变化也不一样,故需加压到所有酶失活为止;⑤超高压装置必须采用耐高压的金属材料和结构,故装置笨重、体积相对较大,且基本建设费用高;⑥因反复加减压,高压密封体易损坏,加压容器易发生损伤,故实用的超高压装置目前压力在 500 MPa 左右;⑦虽然已经进行了蛋白质、淀粉等天然高分子物质及微生物的基础研究,但在实际应用时仍需根据加工的食品设定处理条件。

6.3.4.2 脉冲电场杀菌

脉冲电场杀菌的原理是将液态食品作为电介质置于高强度的脉冲电场中,在强脉冲电场的作用下食品中微生物的细胞膜被击穿,产生不可修复的破裂或穿孔,使细胞组织受损,导致微生物失活。

杀菌设备主要由高压脉冲发生器和杀菌容器等组成。杀菌效果受场强大小、杀菌时间、食品酸碱度、污染菌的种类等因素的影响。高压脉冲电场杀菌是一种非热、无污染、能保持食品原有营养风味的绿色保鲜技术，比高温杀菌能耗小、成本低、设备投资少的现代创新高科技手段。目前高压脉冲电场非热杀菌技术已用于蛋液的工业化生产中。

6.3.4.3　强磁场杀菌

强磁场杀菌原理是用交变磁场，产生强电流，一方面干扰细胞膜电荷分布，进而影响物质出入细胞；另一方面可造成细胞内物质及水电离产生过氧化物，引起蛋白质及酶变性，破坏细胞结构。

用强磁场杀菌时，将待杀菌物品放在 N 极和 S 极之间，采用 6 000 高斯的磁力强度，经过连续摇动，达到 100% 杀菌。这种杀菌方法不需加热，只靠磁力杀菌，并不破坏食物的风味。如在常温条件下应用强电场和强磁场对啤酒、鲜橘汁等进行杀菌，均可以达到国家食品标准，同时保持其原色泽、原品味，维生素 C 及氨基酸等几乎没有变化。因此，该法有望广泛用于食品、医疗器具的杀菌。

6.3.4.4　感应电子束杀菌

感应电子束杀菌原理是以电为能源的线性感应电子加速器产生的电离辐射，导致微生物细胞内物质电离，破坏细胞结构，进而起到杀死微生物的作用。

感应电子束杀菌的操作过程是将电子加速，撞击重金属铅板，铅板发出具有宽带光子能量频谱的强射线。这种射线穿透力强，具有较高能量，因此可以杀死微生物。感应电子束杀菌可用于肉类、果蔬及果酱、饮料等食品的杀菌。

6.3.4.5　抗微生物酶杀菌

溶菌酶（lysozyme）又称胞壁质酶（muramidase）或 N–乙酰胞壁质聚糖水解酶（N–acetylmuramide glycanohydrlase），是一种能水解致病菌中肽聚糖的碱性酶，是常用的一类抗微生物的酶。其主要通过破坏细胞壁中 N–乙酰胞壁酸和 N–乙酰氨基葡萄糖之间的 β–1,4–糖苷键，使细胞壁不溶性黏多糖分解成可溶性糖肽，导致细胞壁破裂、内溶物逸出而使细菌溶解。溶菌酶还可与带负电荷的病毒蛋白直接结合，与 DNA、RNA、脱辅基蛋白形成复盐，使病毒失活。因此，该酶具有抗菌、消炎、抗病毒等作用，可作为防腐剂。该酶对革兰氏阳性菌中的枯草杆菌、耐辐射微球菌有分解作用。对大肠杆菌、普通变形菌和副溶血性弧菌等革兰氏阴性菌也有一定程度的溶解作用。

目前发现的抗微生物酶主要有 4 类：①使细胞失去新陈代谢作用，主要破坏新陈代谢的酶类；②对细菌产生毒害作用，主要抑制微生物呼吸的酶类；③溶解细胞膜而使细胞物质泄出的酶类；④减弱细胞中酶的作用、钝化其他酶的酶类。抗微生物酶已应用于乳制品、饮料及果酱等食品的杀菌。

除上述主要杀菌新技术外，食品杀菌技术还有二氧化碳杀菌、软电子束杀菌、脱乙酰壳多糖杀菌、远红外杀菌等，这些杀菌技术都在食品工业的不同领域显示出较好的应用价值。在我国食品工业中，大多数食品的加工过程都是采用传统的热力杀菌，使一些食品的质量受到影响，营养物质损失较大。今后在发展食品杀菌技术方面，我们应致力于提高科技含量，拓宽杀菌技术的研究与应用，生产高品质、高营养价值的食品，从而提高产品在国际市场的竞争力；其次我们也应该积极学习国外的先进食品杀菌技术，引进国外现有的先进杀菌设备,在吸收消化的基础上,根据我国食品食用人群的特点加以改进,加快高新杀菌技术、杀菌设备在食品工业中的应用。

思考题

1. 名词解释:生长、繁殖、菌落形成单位,同步生长,典型生长曲线,生长产量常数(Y),分批培养,嗜冷菌,嗜热菌,嗜温菌,最适生长温度,专性好氧菌,兼性厌氧菌,微好氧菌,耐氧菌,专性厌氧菌,杀菌(灭菌)、商业灭菌、消毒、防腐。

2. 典型生长曲线可分为哪几期?划分依据是什么?

3. 什么叫生长速率常数(R)?什么叫代时(G)?分别如何计算?

4. 什么叫连续培养?有何优缺点?

5. 常用的连续培养方法有哪些?其工作原理是什么?

6. 什么是高密度培养?如何保证好氧菌的高密度培养?

7. 目前认为氧对专性厌氧菌的毒害机制是什么?

8. 解释微生物培养过程中 pH 值的变化规律。

9. 试比较杀菌(灭菌)、消毒、防腐的异同点。

10. 简述高压蒸汽灭菌的方法步骤,灭菌锅中的空气排除度对灭菌效果有何影响?

11. 为什么湿热灭菌比干热灭菌效果好?

12. 简述利用温度进行灭菌和抑菌的常用方法及其使用范围。

13. 氧化剂杀菌的机制是什么?在食品工业中应用如何?

14. 解释抗代谢物和抗生素的抑菌和杀菌机制。

第 7 章　微生物能量和物质代谢

代谢是细胞内发生的各种化学反应的总称,它主要由分解代谢与合成代谢两个过程组成。分解代谢是指细胞将大分子物质降解成小分子物质,并在这个过程中产生能量。合成代谢是指细胞利用简单的小分子化合物合成复杂的大分子物质的过程,在这个过程中需要消耗能量。合成代谢所利用的大多数小分子物质来源于分解代谢过程中产生的中间产物或环境中的小分子营养物质。合成代谢与分解代谢既有明显的差别,又紧密联系。分解代谢为合成代谢的基础,它们在生物体中偶联进行,相互对立统一,决定着生命的存在与发展。合成代谢为吸收能量的同化过程,分解代谢为释放能量的异化过程。

7.1　化能异养微生物的能量代谢

微生物在生命活动过程中主要通过生物氧化反应获得能量。生物氧化是发生在活细胞内的一系列氧化还原反应的总称。多数微生物是化能异养微生物,通过降解有机物获得能量和产生一些中间化合物,这一过程称为生物氧化,也称为产能代谢过程。葡萄糖和果糖是化能异养微生物可利用的主要碳源和能源,戊糖要经转化后进入葡萄糖降解途径,其他糖、寡糖、多糖则要经转化或降解成葡萄糖或果糖后才被利用。醇、醛、酸、氨基酸、烃类、芳香族等有机化合物必须经过转化才能进入葡萄糖降解途径进行能量代谢。葡萄糖在厌氧条件下经 EMP 途径产生丙酮酸,这是厌氧和兼性厌氧微生物进行葡萄糖无氧降解的共同途径。丙酮酸以后的降解,因不同种类的微生物具有不同的酶系统,使之有多种发酵类型,可产生不同的发酵产物。

一般认为,葡萄糖降解途径是化能异养型微生物能量代谢的最基本途径,根据氧化还原反应中电子受体的不同又可将糖代谢分为发酵、有氧呼吸和无氧呼吸三种类型。

7.1.1　发酵与能量代谢

工业上的发酵和生物上的发酵有本质的区别。工业上的发酵是指利用微生物(需氧或厌氧)生产人类有用代谢产物的过程。而生物上的发酵是指微生物细胞在无氧条件下,将有机物氧化释放的电子直接交给由底物不完全氧化产生的某些中间产物,部分释放能量,伴随有各种不同的中间产物生成。而在此种发酵过程中,一般将底物脱下的电子和氢交给 NAD(P),使之还原成 NAD(P)H_2,NAD(P)H_2 将电子和氢直接交给作为最终电子受体的某一内源氧化性中间代谢产物(有机物),完成氧化还原反应,电子的传递不经过细胞色素等中间电子传递体,而是分子内部的转移。微生物发酵过程中,有机物只是部分地被氧化,释放出一小部分能量,大部分能量仍存在于中间产物中。微生物细胞内葡萄糖降解的途径主要有 EMP 途径、HMP 途径、ED 途径和磷酸解酮酶途径。

7.1.1.1 EMP 途径

EMP 途径（embden–meyerhof–parnas pathway）又称为糖酵解途径（glycolysis），是葡萄糖在无氧条件下生成丙酮酸的途径。整个 EMP 途径大致可分为两个阶段：第一阶段是葡萄糖分子的 2 次激活与异构化，转化成 1,6–二磷酸–果糖，然后在醛缩酶的催化下，裂解成 2 分子三碳化合物，即磷酸二羟丙酮和 3–磷酸–甘油醛，是一个耗能阶段，要消耗 2 分子 ATP；第二阶段是 2 分子三碳化合物转化为丙酮酸的过程，即 3–磷酸–甘油醛首先氧化成 1,3–二磷酸–甘油酸，再经一系列酶的作用转化成丙酮酸，同时通过底物水平磷酸化产生 4 分子 ATP 以及 2 分子 $NADH_2$。每分子 $NADH_2$ 经呼吸链的氧化磷酸化产生 3 分子 ATP，或者被用作还原反应中 H^+ 的来源，该阶段是一个产能阶段。EMP 途径可概括为 2 个阶段（耗能和产能）、产生 3 种产物（丙酮酸、ATP 和 $NADH_2$）、经过 10 步反应，净产生 8 分子 ATP（图 7.1）。

图 7.1 葡萄糖代谢的 EMP 途径

EMP 途径的总反应式为：

$$C_6H_{12}O_6 + 2NAD^+ + 2ADP + 2Pi \longrightarrow 2CH_3COCOOH + 2NADH_2 + 2ATP$$

EMP 途径的特征性酶是 1,6–二磷酸果糖醛羧酶，它催化 1,6–二磷酸果糖裂解生成两个三碳化合物，即 3–磷酸甘油醛和磷酸二羟丙酮。其中磷酸二羟丙酮在磷酸丙糖异构酶作用下转变为 3–磷酸甘油醛。两个 3–磷酸甘油醛经过磷酸烯醇式丙酮酸在丙酮酸激酶作用下生成 2 分子丙酮酸。在有氧条件下，EMP 途径生成的丙酮酸进入三羧酸循环（TCA 循环）后被彻底氧化成 CO_2 和水。在无氧条件下，丙酮酸可进一步代谢，在不同的生物体内形成不同的产物。例如在酵母细胞中丙酮酸被还原成为乙醇，并释放 CO_2，这就是各种酒类酿造的基本原理，而在乳酸菌细胞中丙酮酸被还原成乳酸。

EMP 途径是多种微生物的共有代谢途径，虽然其产能效率低，但该代谢途径却有重要的生理功能:①提供 ATP 和还原力 $NADH_2$;②是连接其他几个重要代谢途径如 TCA 循环、HMP 和 ED 等的桥梁;③合成许多中间代谢物,这些代谢物有些对人类非常有用,有些是合成其他重要化合物的中间物;④该反应的逆向反应即可以进行多糖的合成。

由 EMP 途径中的关键产物丙酮酸出发有多种发酵途径,并可产生多种重要的发酵产品,下面介绍几种常见的发酵类型。

(1)酵母菌的酒精发酵 第一型发酵:酵母菌在无氧和酸性条件下,经过 EMP 途径将葡萄糖分解为丙酮酸,丙酮酸再由丙酮酸脱羧酶作用形成乙醛和 CO_2,乙醛作为 $NADH_2$ 的氢受体,在乙醇脱氢酶的作用下还原为乙醇。总反应式为:

$$C_6H_{12}O_6+2ADP+2H_3PO_4 \longrightarrow 2CH_3CH_2OH+2CO_2+2ATP$$

酵母菌是兼性厌氧菌,在有氧条件下丙酮酸进入三羧酸循环彻底氧化成 CO_2 和水。如果将氧气通入正在发酵葡萄糖的酵母发酵液中,葡萄糖分解速度下降并停止产生乙醇。这种抑制现象首先由巴斯德观察到,因此称为巴斯德效应。在正常条件下,酵母菌的酒精发酵可按上式进行,如果改变发酵条件,还会出现其他发酵类型。

第二型发酵:当发酵液中有亚硫酸氢钠时,可以和乙醛发生反应,生成难溶性硫化羟基乙醛,迫使磷酸二羟丙酮代替乙醛作为氢受体,生成 α-磷酸甘油;α-磷酸甘油在 α-磷酸甘油脱氢酶的催化下,再水解脱去磷酸生成甘油。

第三型发酵:在偏碱性条件下(pH 值 7.6),乙醛不能作为氢受体被还原成乙醇,而是两个乙醛分子发生歧化反应,一分子乙醛氧化成乙酸,另一分子乙醛还原成乙醇,使磷酸二羟丙酮作为 $NADH_2$ 的氢受体,还原为 α-磷酸甘油,再脱去磷酸生成甘油,这称为碱法甘油发酵。这种发酵方式不产生能量。应用该法生产甘油时,必须使发酵液保持碱性,否则由于酵母菌产酸使发酵液 pH 值降低,使第三型发酵回到第一型发酵。由此可见,发酵产物会随发酵条件变化而改变。酵母菌的乙醇发酵可应用于酿酒和酒精生产。

(2)同型乳酸发酵 葡萄糖经乳酸菌的 EMP 途径,发酵产物只有乳酸,称同型乳酸发酵。在 ATP 与相应酶的参与下,一分子葡萄糖经过两次磷酸化与异构化生成 1,6-二磷酸果糖,后者随即裂解为 3-磷酸甘油醛和磷酸二羟丙酮,磷酸二羟丙酮转化成 3-磷酸甘油醛后经脱氢作用而被氧化,其释放的电子传至 NAD^+,使之形成还原型 $NADH_2$。$NADH_2$ 又将其接受的电子传递给丙酮酸,在乳酸脱氢酶作用下还原为乳酸。在乳酸发酵中,作为最终电子受体的是葡萄糖不彻底氧化的中间产物——丙酮酸。发酵过程中通过基质水平磷酸化生成 ATP,是发酵过程中合成 ATP 的唯一方式,为机体提供可利用的能量。所谓基质水平磷酸化是指在被氧化的基质上发生的磷酸化作用。即基质在其氧化过程中,形成某些含高能磷酸键的中间产物,这类中间产物可将其高能键通过相应的酶的作用转给 ADP,生成 ATP,也可以称为底物水平磷酸化。葡萄糖经乳酸菌的 EMP 途径氧化,开始时消耗 ATP,后来产生 ATP,总计每分子葡萄糖净合成 2 分子 ATP。乳酸发酵总反应式为:

$$C_6H_{12}O_6+2ADP+2H_3PO_4 \longrightarrow 2CH_3CHOH\ COOH +2ATP$$

乳酸发酵广泛应用于食品和农牧业中,常见的菌有乳酸乳球菌乳酸亚种、乳酸乳球菌乳脂亚种、嗜热链球菌、德氏乳杆菌保加利亚亚种、嗜酸乳杆菌等。

(3)丙酸发酵 葡萄糖经 EMP 途径生成丙酮酸,丙酮酸羧化形成草酰乙酰,草酰乙酰还原成苹果酸、琥珀酸,琥珀酸再脱羧产生丙酸。丙酸菌发酵产物中常有乙酸和 CO_2。

丙酸菌多见于动物肠道和乳制品中。工业上常用傅氏丙酸杆菌和薛氏丙酸杆菌等发酵生产丙酸。

（4）丁酸型发酵

1）丁酸发酵　丁酸梭菌能进行丁酸发酵,其葡萄糖发酵产物以丁酸为主,并伴有乙酸、CO_2和氢气。丁酸发酵在自然界中的土壤、污水以及腐败的有机物中普遍存在。

2）丙酮丁醇发酵　丙酮丁醇梭菌能进行丙酮丁醇发酵,它是丁酸发酵的一种。其葡萄糖的发酵产物以丙酮、丁醇为主,还有乙酸、丁酸、CO_2和氢气。丙酮和丁醇是重要的化工原料和有机溶剂。

3）丁醇发酵　丁醇梭菌利用葡萄糖发酵,可以产生丁醇、异丙醇、丁酸、乙酸、CO_2和氢气。异丙醇由丙酮还原而成。

（5）混合酸发酵　大多数肠道菌,如大肠杆菌、伤寒沙门菌、产气肠杆菌等能利用葡萄糖,产生多种有机酸,即混合酸发酵。先经 EMP 途径将葡萄糖分解为丙酮酸,在不同酶的作用下丙酮酸分别转变成甲酸、乙酸、乳酸、琥珀酸、CO_2和氢气等。

（6）2,3-丁二醇发酵　产气杆菌除了能进行混合酸发酵外,如果分解葡萄糖产生的丙酮酸经过缩合和脱羧过程,生成乙酰甲基甲醇（3-羟基丁酮）,乙酰甲基甲醇可被还原成 2,3-丁二醇。乙酰甲基甲醇在碱性环境中可被氧化生成二乙酰,二乙酰可与蛋白胨中精氨酸的胍基反应,生成红色化合物,即为 V-P 实验阳性反应,故产气杆菌 V-P 实验为阳性;大肠杆菌无此反应,故 V-P 实验为阴性。为了促进反应的进行,可加入少量肌酸或肌酐和 α-萘酚。

大肠杆菌发酵葡萄糖,产酸较多,液体培养环境的 pH 值可降低到 4.2 以下,如果加入甲基红指示剂,会呈红色,此为甲基红阳性反应;产气杆菌发酵葡萄糖,产酸少,加入甲基红指示剂,液体呈橙红色或黄色,此为甲基红阴性反应。在食品卫生检验时常用以检验大肠杆菌、产气杆菌等粪便污染指示菌,因此甲基红实验、V-P 实验是肠道细菌常用的鉴定方法。

7.1.1.2　HMP 途径

HMP 途径（hexose monophosphate pathway）又称为己糖单磷酸途径,己糖一磷酸支路等,该途径的特点是葡萄糖经 HMP 途径而不经 EMP 和 TCA 循环可以得到彻底的氧化,并能产生大量的还原型辅酶Ⅱ（$NADPH_2$）和多种重要的中间代谢物。反应循环见图 7.2,总反应式为:

6 葡萄糖-6-磷酸+12NADP$^+$+6H_2O ⟶ 5 葡萄糖-6-磷酸+12NADPH+12H$^+$+6CO_2+Pi

EMP 途径不能产生五碳糖,RNA、DNA 合成时所需的核糖是葡萄糖经过 HMP 途径转化来的。HMP 途径是一条能产生大量 $NADPH_2$ 形式的还原力和多种重要中间代谢物的代谢途径。

HMP 途径可概括为 3 个阶段:第一阶段是葡萄糖分子经过一步激活和连续两步氧化,产生 1 分子 5-磷酸-核酮糖和 1 分子 CO_2;第二阶段是 5-磷酸-核酮糖发生同分异构化（isomerization）、表异构化（epimerization）而分别产生 5-磷酸-核糖和 5-磷酸-木酮糖;第三阶段是上述几种磷酸戊糖在无氧条件下发生碳架重排,产生了磷酸己糖和磷酸丙糖,磷酸丙糖可能通过 EMP 途径转化成丙酮酸再进入 TCA 循环进行彻底氧化,也可能通过果糖二磷酸醛缩酶和果糖二磷酸酶的作用而转化为磷酸己糖葡萄糖。

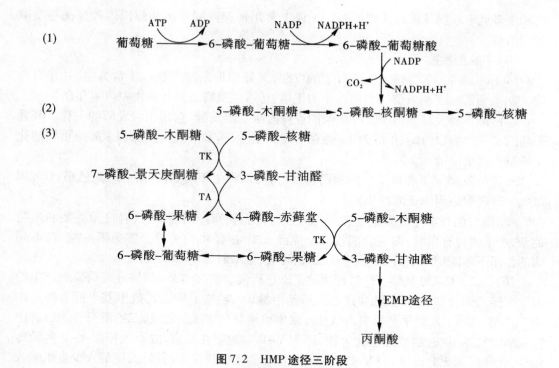

图 7.2 HMP 途径三阶段

TK 为转羟乙醛酶;TA 为转二羟丙酮激酶

从上述代谢途径中可以看出,HMP 途径进行一次循环需要 6 分子 6-磷酸-葡萄糖分子同时参与,其中有 5 分子的 6-磷酸葡萄糖再生,用去 1 分子葡萄糖,产生大量的 $NADPH_2$ 形式的还原力,生成的中间代谢物也多,代谢途径比较复杂。

具有 HMP 途径的多数好氧微生物和兼性厌氧微生物中往往同时存在 EMP 途径。单独具有 HMP 途径或 EMP 途径的微生物较少。HMP 途径和 EMP 途径中的一些中间产物可以交叉转化和利用,以满足微生物代谢的多种需要。

HMP 途径在微生物生命活动中有着极其重要的意义,具体表现在:①供生物合成原料,产生核酸生物合成所需的磷酸戊糖,产生芳香族和杂环氨基酸合成所需的重要原料 4-磷酸-赤藓糖;②产生还原力,产生大量的 $NADPH_2$ 形式的还原力,它不仅是合成脂肪酸、类固醇等重要细胞物质的供氢体,还可以通过呼吸链产生大量能量,因此,凡存在 HMP 代谢途径的微生物,在有氧条件下,就不必再依赖于 TCA 循环以获得产能所需的 $NADH_2$ 了;③如果微生物对戊糖的需要超过 HMP 途径的正常供应量时,可通过 EMP 途径与本途径在 1,6-二磷酸-果糖和 3-磷酸-甘油醛处的连接来加以调剂;④由于在反应中有 $C_3 \sim C_7$ 的各种糖存在,所以凡具有 HMP 途径的微生物利用碳源的范围更广,适应性更强;⑤通过 HMP 途径可产生很多重要的发酵产物,例如核苷酸、若干氨基酸、辅酶和乳酸(异型乳酸发酵)等都可以通过该途径获得。

7.1.1.3 ED 途径

由 Entner 和 Doudoroff 于 1952 年在嗜糖假单胞菌(*Pseudomonas saccharophila*)中发现,故叫 ED 途径,因该途径中生成一个很特殊的化合物 2-酮-3-脱氧-6-磷酸-葡萄糖酸(KDPG),所以该途径也叫 2-酮-3-脱氧-6-磷酸-葡萄糖酸裂解途径。其特点是葡萄糖只经 4 步反应即可获得丙酮酸,而在 EMP 途径则需经 10 步才能获得丙酮酸。该途径是少数缺乏完整 EMP 途径的微生物所具有的一种替代途径(图 7.3)。

ED 途径的总反应式为:

$$C_6H_{12}O_6 + ADP + Pi + NADP + NAD \Longrightarrow 2CH_3COCOOH + ATP + NADPH_2 + NADH_2$$

目前发现 ED 途径在 G⁻ 菌中分布较广,特别是嗜糖假单胞菌(*P. accharophila*)、铜绿假单胞菌(*P. aeruginosa*)、荧光假单胞菌(*P. fluorescens*)、林氏假单胞菌(*P. lindneri*)、运动假单胞菌(*Zymomonas mobilis*)和真养产碱菌(*Alcalienes eutrophus*)等微生物中,这些菌一般没有完整的 EMP 途径。该途径的特点是利用葡萄糖的反应步骤简单,但产能效率低,1 分子葡萄糖只能产生 1 分子 ATP。葡萄糖醛酸、果糖醛酸、甘露糖醛酸等都可转化成 KDPG,然后进入 ED 途径降解。KDPG 在脱水酶和醛缩酶的作用下,产生 1 分子 3-磷酸-甘油醛和 1 分子丙酮酸,3-磷酸-甘油醛再进入 EMP 途径转变成丙酮酸。由于 ED 途径可与 EMP 途径、HMP 途径和 TCA 循环等各种代谢途径相连接,因此,可以相互协调,以满足微生物对还原力、能量和不同中间代谢产物的需要。例如,通过与 HMP 途径连接可获得必要的戊糖和 NADPH₂ 等。此外,对微好氧菌(如运动发酵单胞菌)来说,在 ED 途径中产生的 2 分子丙酮酸可脱羧生成乙醛,乙醛进一步被还原生成 2 分子乙醇。此种由 ED 途径发酵产生乙醇的过程与酵母菌经 EMP 途径生产乙醇不同,因此称为细菌酒精发酵(bacterial alcohol fermentation)。近年来,细菌酒精发酵已经用于工业生产,而且还具有一定的优点,如代谢速率和产物转化率高、菌体生成和副产物生成少、不必定期供氧等,但也有一些缺点,如菌体生长 pH 值高(pH 值 5 以上),易感染杂菌,对乙醇的耐受浓度也较低(细菌一般耐受 7% 乙醇,而酵母菌耐受 10% 以上,有些甚至更高)。

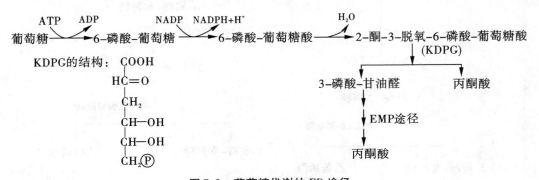

图 7.3 葡萄糖代谢的 ED 途径

表 7.1 比较了 EMP、HMP 和 ED 途径把 1 分子葡萄糖降解成丙酮酸的情况。

表 7.1　葡萄糖经不同途径降解产物的比较

产物	EMP	HMP	ED
ATP	2	1	1
NADH+H⁺	2	1	1
NADPH+H⁺	—	6	1
CO_2	—	3	—
丙酮酸	2	1	2

7.1.1.4　磷酸解酮酶途径

磷酸解酮酶途径是明串珠菌在进行异型乳酸发酵过程中分解戊糖的途径。该代谢途径的特征性酶是磷酶解酮酶,磷酸解酮酶把磷酸木酮糖或磷酸己糖裂解为两分子的小分子化合物,这些小分子化合物的代谢途径和上述的 EMP、HMP 代谢相联系,完成对糖的降解。根据解酮酶裂解化合物的不同,把该途径又可以分为磷酸戊糖解酮酶途径(phosphate-pentose-ketolase pathway,简称 PK 途径)和磷酸己糖解酮酶途径(phosphate-hexose-ketolase pathway,简称 HK 途径),见图 7.4。

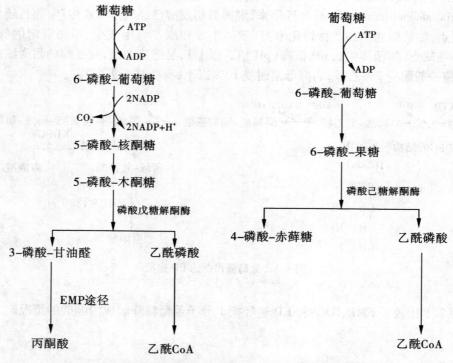

图 7.4　磷酸戊糖解酮酶(PK)途径和磷酸己糖解酮酶(HK)途径

(1)PK 途径　又称磷酸戊糖解酮酶途径。这条途径是 HMP 的变异途径,从葡萄糖到 5-磷酸-木酮糖均与 HMP 途径相同,但 5-磷酸-木酮糖在关键酶——磷酸戊糖解酮酶的作用下,生成乙酰磷酸和 3-磷酸-甘油醛两者进一步代谢分别产生乙醇和乳酸。这条代谢途径使得微生物既可以利用葡萄糖,又可以利用戊糖(D-核糖、D-木糖、L-阿拉伯糖),但这条途径的产能效率比较低,1 分子葡萄糖只产生 1 分子丙酮酸,所得 ATP 也只是 EMP 途径的一半。其总反应式如下:

$$C_6H_{12}O_6+ADP+Pi+NADH_2 \longrightarrow CH_3CHOHCOOH+CH_3CH_2OH +NAD^++ATP+CO_2+H_2O$$

肠膜明串珠菌肠膜亚种通过 PK 途径利用葡糖糖时发酵产物为乳酸、乙醇、二氧化碳,而利用核糖时的发酵产物为乳酸和乙酸,利用果糖的发酵产物为乳酸、乙酸、二氧化碳和甘露醇等。此外,根霉(*Rhizopus*)也可进行异型乳酸发酵。

(2)HK 途径 又称磷酸己糖解酮酶途径。这条途径是 EMP 的变异途径,从葡萄糖到 6-磷酸果糖的变化过程与 EMP 代谢途径完全相同,但 6-磷酸果糖在磷酸己糖解酮酶的作用下被裂解成 1 分子 2 碳化合物乙酰磷酸和 1 分子 4 碳化合物 4-磷酸-赤藓糖,这两种化合物就和 TCA 循环联系起来。磷酸己糖解酮酶是这一途径的关键酶。

在糖降解过程中生成一个很重要的化合物丙酮酸,丙酮酸的去路主要是生成乙醇或者乳酸。在无氧条件下,很多微生物可以发酵葡萄糖产生乙醇,如酵母菌、根霉、曲霉和某些细菌都可以发酵糖类生成乙醇。如酵母菌主要是利用 EMP 途径生成乙醇,细菌主要是利用 ED 途径生成乙醇。许多细菌能利用葡萄糖产生乳酸,这类细菌统称为乳酸菌(Lactic acid bacteria,简称 LAB)。乳酸菌因对人体有各种有益的功能,人们常把它们称为益生菌(probiotics),是当前研究的一大热点。根据乳酸发酵产物的主要种类,常把乳酸发酵分为同型乳酸发酵、异型乳酸发酵和双歧发酵。所谓同型乳酸发酵是指发酵产物中主要成分只有乳酸,如嗜酸乳杆菌(*L. aciditicphilus*)在发酵糖类时就属于同型乳酸发酵;而异型乳酸发酵是指发酵产物中除乳酸外,还有乙酸等有机酸,如短乳杆菌(*L. brevis*)常进行异型乳酸发酵。蔬菜在进行腌制的过程中,前期由于微生物种类多,空气也比较充足,故主要进行异型乳酸发酵,但这类菌一般不耐酸,到中后期主要进行同型乳酸发酵。双歧发酵是两歧双歧杆菌(*Bifidobacterium bifidum*)、短双歧杆菌(*B. infantis*)、婴儿双歧杆菌(*B. infantis*)等双歧杆菌分解葡萄糖的非典型异型乳酸发酵途径,这是 EMP 途径的变异途径。双歧杆菌既无醛缩酶,也无 6-磷酸葡萄糖脱氢酶,但有活性的磷酸解酮酶类,这是双歧途径的关键酶。通过双歧途径可将 2 分子葡萄糖发酵产生 2 分子乳酸和 3 分子乙酸,并产生 5 分子 ATP,总反应式为:

$$2C_6H_{12}O_6+5ADP+5Pi \longrightarrow 2CH_3CHOHCOOH+3CH_3COOH +NAD^++5ATP$$

7.1.2 呼吸与能量代谢

微生物在降解葡萄糖分子时,会产生大量的电子,如果有氧或其他外源电子受体存在,底物分子在降解过程中脱下的还原型 H^+ 交给 NAD、NADP、FAD 或 FMN 等电子受体,这些化合物会经过完整的呼吸链系统将电子交给氧或无机物,释放出大量的 ATP,底物则被彻底氧化成二氧化碳,这一过程叫作呼吸作用。呼吸是大多数微生物用来产生能量 ATP 的一种主要方式。微生物在降解底物的过程中,如果以分子氧作为最终电子受体,则称为有氧呼吸(aerobic respiration)。呼吸作用与发酵作用的根本区别在于电子载体不是将电子直接传递给葡萄糖分子降解的中间产物,而是交给电子传递系统,逐步释放出能量后再交给最终电子受体。而微生物在降解底物的过程中,如果以无机物分子作为最终电子受体,则称为无氧呼吸(anaerobic respiration)。

7.1.2.1 有氧呼吸

在发酵过程中,葡萄糖经糖酵解作用形成的丙酮酸,在有氧呼吸过程中,丙酮酸经三羧酸循环(tricarboxylic acid cycle,简称 TCA 循环,也称 Krebs 循环或柠檬酸循环)与电子传递链(electron transport chain)两部分的化学作用,使葡萄糖彻底氧化成二氧化碳,并经过呼吸链产生大量的 ATP。

在微生物进行有氧呼吸氧化底物时,以分子氧作为最终电子受体的生物氧化,这种呼吸作用必须有脱氢酶、氧化酶、以及电子传递链参与。脱氢酶使基质脱氢,通过细胞色素 C 将电子和氢传递给氧,氧化酶使分子状态的氧活化,成为氢受体,最终产物为 CO_2 和水。

以葡萄糖为基质的有氧呼吸可分为两个阶段,第一阶段是葡萄糖在细胞质中经糖酵解途径生成丙酮酸;第二阶段是 1 分子丙酮酸进入 TCA 循环,共释放出 3 分子 CO_2。第一分子 CO_2 在生成乙酰辅酶 A 时产生的,第二分子 CO_2 是在异柠檬酸脱羧生成 α-酮戊二酸时产生的,第三分子 CO_2 是在 α-酮戊二酸脱羧生成琥珀酰辅酶 A 的过程中产生的。同时生成 4 分子 $NADH_2$ 和 1 分子 $FADH_2$。另外,琥珀酰辅酶 A 在氧化成琥珀酸时,产生 1 分子 GTP,GTP 随后转化成 ATP(图 7.5)。

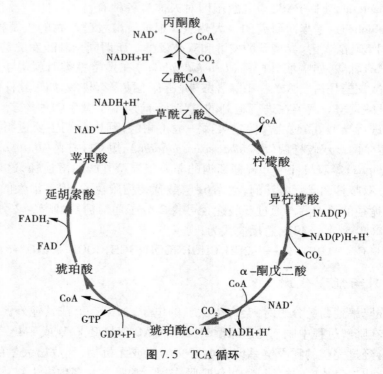

图 7.5　TCA 循环

产生的 $NADH_2$ 和 $FADH_2$ 通过电子传递系统被氧化,每氧化 1 分子的 $NADH_2$ 可生成 3 分子的 ATP,而每氧化 1 分子 $FADH_2$ 可生成 2 分子 ATP,加上 1 分子的 GTP。因此,1 分子丙酮酸经 TCA 循环彻底氧化后可形成 15 分子 ATP。1 分子葡萄糖经糖酵解产生丙酮酸,消耗 2 分子 ATP,产生 4 分子 ATP 和 2 分子还原型 $NADH_2$,因此,1 分子葡萄糖经酵解和好氧呼吸后,共产生 38 分子 ATP。在 EMP 和 TCA 循环途径中,脱下的氢或释放的电子经过电子传递链,最后传递到 O_2,于是葡萄糖被彻底的氧化,终产物为 CO_2 和 H_2O。

电子传递系统是由一系列氢和电子传递体组成的多酶氧化还原体系。$NADH_2$、$FADH_2$ 以及其他还原型载体上的氢原子,以质子和电子的形式在其上进行定向传递。在原核微生物中,其组成酶系位于细胞质膜上,而在真核微生物中,这些酶系位于线粒体的基质中。电子传递系统具有 2 种基本功能:①从电子供体接受电子,并将电子传递给电子受体;②通过合成 ATP 把在电子传递过程中释放的一部分能量保存起来(图 7.6)。

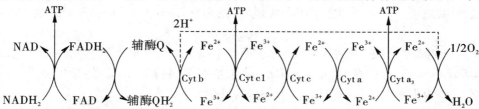

图 7.6　电子传递与 ATP 产生

7.1.2.2　无氧呼吸

无氧呼吸又称厌氧呼吸,某些厌氧和兼性厌氧微生物在无氧条件下进行无氧呼吸,无氧呼吸的最终电子受体不是氧分子,而是一些无机氧化物,如 NO_3^-、NO_2^-、SO_4^{2-}、$S_2O_3^{2-}$、CO_2,个别情况下也有有机物。无氧呼吸的特点是底物按照常规的途径脱氢后,经部分呼吸链传递氢,最终由氧化态的无机物或有机物受氢,并完成氧化磷酸化的产能反应。但由于是部分能量随电子转移给最终电子受体,所以生成的能量不如有氧呼吸生成的多。根据呼吸链末端受氢体的不同,可将无氧呼吸分为很多种。

(1)硝酸盐呼吸(nitrate respiration)　又称反硝化作用(denitrification),是一些兼性厌氧微生物如地衣芽孢杆菌(*B. licheniformis*)、脱氮副球菌(*Paracoccus denitrificans*)、铜绿假单胞菌(*P. aeruginosa*)、脱氮硫杆菌(*Thiobacillus denitrificans*)等在通气不良的土壤中进行这种作用,造成肥力的损失甚至还会引起环境污染。硝酸盐在生命活动中有两种功能:①硝化菌在无氧条件下以硝酸盐为氮源,对硝酸盐进行还原,称为同化性硝酸盐还原作用;②在无氧条件下,兼性厌氧微生物将硝酸盐作为呼吸链的最终电子受体,把硝酸盐还原为亚硝酸盐、一氧化氮、一氧化二氮甚至氮气,这一过程称为异化性硝酸盐还原作用。现在已知这一过程中有一个很重要的含钼的硝酸还原酶参与。

(2)硫酸盐呼吸(sulfate respiration)　一些严格的厌氧细菌如脱硫弧菌(*Desulfovibrio desulfuricans*)、巨大脱硫弧菌(*Desulfovibrio gigas*)、致黑脱硫肠状菌(*Desulfotomaculum nigrificans*)等还原细菌能以有机物作为氧化的基质,氧化放出的电子可以使 SO_4^{2-} 逐步还原成硫化氢,在传递氢的过程中,与氧化磷酸化作用相偶联而获得 ATP,其反应如下:

$$4CH_3CHOHCOOH \xrightarrow{\text{乳酸脱氢酶}} 4CH_3COCOOH \xrightarrow{4H_2O \quad 4CO_2} 4CH_3COOH$$

$$8H+8e \longrightarrow SO_4^{2-} \longrightarrow H_2S+4H_2O$$

（3）硫呼吸   一些厌氧或兼性厌氧菌如氧化乙酸脱硫单胞菌（*Desulfuromonas acetoxidans*）能以无机硫作为呼吸链的最终氢受体进行呼吸，并产生 H_2S。

（4）铁呼吸   是一种利用分子态氧将二价铁离子氧化为三价铁离子，并固定 CO_2 的化能自养细菌。加氏铁柄杆菌属（*Gallionella*）、纤毛菌属（*Leptothrix*）都具有这种能力。氧化亚铁硫杆菌（*Thiobacillus ferrobacillus*）在酸性条件下可氧化二价铁和固定 CO_2，生长的最适 pH 值为 2.5～4.0。氧化铁离子时，要有硫酸参与，其反应为：

$$4FeSO_4 + O_2 + 2H_2SO_4 \longrightarrow 2Fe_2(SO_4)_3 + 2H_2O$$

电子传递系统为细胞色素 c 等，二价铁离子由细胞色素 c 还原酶还原细胞色素 c 而生成三价铁离子。在电子传递系统中生成 ATP，由 ATP 电子逆流还原 NAD 进行 CO_2 的还原。

（5）延胡索酸呼吸   延胡索酸是 TCA 循环中一个重要中间产物，但在一些菌如埃希菌属（*Escherichia*）、沙门菌属（*salmonella*）、克雷伯杆菌属（*Klebsiella*）的微生物中，却能以延胡索酸作为末端氢受体，将延胡索酸还原为琥珀酸。

（6）碳酸盐呼吸   产甲烷细菌能在氢、乙酸和甲醇等物质的氧化过程中，以 CO_2 作为最终的电子受体，通过厌氧呼吸最终使 CO_2 还原成甲烷，这就是通常所说的甲烷发酵。其反应如下：

$$4H_2 + CO_2 \longrightarrow CH_4 + 2H_2O$$

7.2 自养微生物的生物氧化与产能

7.2.1 光能自养菌的生物氧化和产能

光合作用是自然界产生有机化合物的最主要方式，过程也比较复杂。目前已知所有的光合作用都有 2 组紧密联系而又不同的反应：①光反应，即光合色素吸收光能并将它转变为生物可利用的能量形式；②暗反应，即利用由光反应产生的化学能还原 CO_2 为有机化合物。

根据在光合作用过程中是否产生氧气，可将光合细菌分为两大类，即产氧光合细菌和不产氧光合细菌。产氧光合细菌主要以非循环式光合磷酸化方式产生 ATP，并释放氧；而不产氧光合细菌主要以循环式光合磷酸化产生 ATP，不释放氧。

7.2.1.1 循环式光合磷酸化

光合细菌主要通过循环式光合磷酸化作用产生 ATP，这类细菌包括紫色硫细菌、绿色硫细菌、紫色非硫细菌和绿色非硫细菌。紫硫细菌的循环式光合磷酸化途径见图 7.7。

在光合细菌中，细菌菌绿素 P_{870}（bacteriochlorophyll，Bchl）吸收光量子而被激活，从而释放出高能电子，于是菌绿素分子带有正电荷。释放出的高能电子交给脱镁菌绿素（bacteriopheophytin，Bph），然后电子依次通过铁氧还蛋白、辅酶 Q、细胞色素 b 和细胞色素 c，再返回到菌绿素，这样就构成了一个回路，故称为循环式光合磷酸化。在辅酶 Q 将电子传递给细胞色素 c 的过程中，产生 ATP 以及还原力，这类光合细菌产生还原力的方式因电子供体不同而不同，当环境中有 H_2 存在时，H_2 能被直接用来产生 NADH；当环境中无 H_2 时，这类光合细菌像化能无机自养型细菌一样，能够利用无机物 H_2S、S、Fe^{2+} 等提供电

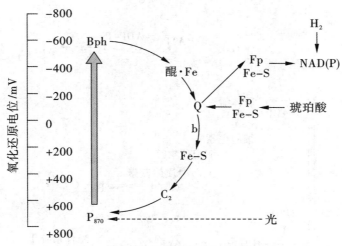

图 7.7　紫硫细菌的循环式光合磷酸化途径

子,并消耗部分 ATP,使电子在电子传递链中逆向流动生成 $NADH_2$。

目前已在光合细菌中发现 6 种菌绿素,分别被命名为菌绿素 a、b、c、d、e 和 g,其中 a 的结构和蓝细菌、植物中叶绿素 a 的结构基本相似,只是吸收光谱有所不同。

7.2.1.2　非循环式光合磷酸化

各种绿色植物、蓝细菌和藻类主要通过非循环式光合磷酸化产生 ATP,同时释放出 O_2。在该系统中,叶绿素 a 有两个光反应系统,即光系统 I(Photosynthesis system,简称 PS I)和光系统 II(简称 PS II),两个光系统具有特殊的色素复合体和一些物质。前者的光吸收峰是 700 nm,后者为 680 nm。关于两个光系统的光化学反应和电子传递见图 7.8。

光系统 I 的光反应是长波光反应,能使 $NADP^+$ 还原。光系统 I 的叶绿素分子 P_{700} 吸收光量子被激活,释放出一个高能电子。这个高能电子传递给铁氧还蛋白(ferredoxin,Fd),并使之被还原。还原型的铁氧还蛋白在 NADP 还原酶的参与下,将 $NADP^+$ 还原成 $NADPH_2$。光系统 II 的电子使 P_{700} 还原进行循环反应。

光系统 II 的反应是短波光反应。首先是光系统 II 中的藻蓝素(phycocyanin,又称藻蓝蛋白,简称 phc)和藻红素(phycoerythrin,是一种色素蛋白,phe)吸收光量子并把能量传递给异藻蓝素(allophycocyanin,aphc),异藻蓝素再把能量传递给叶绿素分子 P_{680},释放出一个高能电子,这个高能电子先传递给辅酶 Q,再经一系列电子传递物质最后传给光系统 I,使 P_{700} 还原。失去电子的 P_{680},靠水光解产生的电子来补充,并释放氧。光合链将两个光系统之间连接起来,它实质是由一系列的电子传递物质组成,这些电子传递物质主要包括质体醌、细胞色素 b、细胞色素 f 和质体蓝素(plastocyanin)等。

光合作用中,电子传递和磷酸化是偶联的,在光反应的电子传递过程中产生 ATP,其能量来自光能。

7.2.2　化能自养菌的生物氧化和产能

化能自养菌一般都是好氧微生物,可以从氧化无机物如 NH_4^+、NO_2^-、H_2S、H_2 中获得能

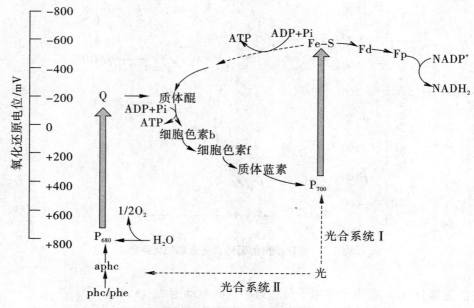

图 7.8　植物和蓝细菌的非循环光合磷酸化途径

量,其产能途径也是经过呼吸链的氧化磷酸化反应。这类微生物的种类很多,广泛分布在土壤和水域中,并对自然界物质转化起着重要的作用。氢细菌、硫化细菌、硝化细菌和铁细菌是最常见的化能自养细菌。

7.2.2.1　氢的氧化

氢细菌能利用分子氢氧化产生的能量同化 CO_2,也能利用其他有机物获得能量,是一些革兰氏阴性的兼性化能自养菌。其反应如下:

$$氢细菌　H_2 + 1/2O_2 \longrightarrow H_2O + 237.2 \text{ kJ}$$

7.2.2.2　硫的氧化

硫杆菌能够氧化一种或多种还原态或部分还原态的硫化合物(包括硫化物、元素硫、硫代硫酸盐、多硫酸盐和亚硫酸盐)获得能量还原 CO_2。硫化氢首先被氧化成元素硫,随之被硫氧化酶和细胞色素系统氧化成亚硫酸盐,最后被氧化成硫酸盐,放出的电子在传递过程中可以偶联磷酸化反应产生能量。其反应如下:

$$硫细菌　S^{2-} + 2O_2 \longrightarrow SO_4^{2-} + 794.5 \text{ kJ}$$

7.2.2.3　氨的氧化

硝化细菌是一些广泛分布于各种土壤和水体中的化能自养微生物,专性好氧,革兰氏阳性,大多数是专性无机营养型。常见用作能源的无机氮化合物是铵盐(NH_4^+)和亚硝酸盐(NO_2^-),它们能被硝化细菌所氧化。硝化细菌有 2 种类型:①亚硝化细菌或氨化细菌,可把铵盐氧化成亚硝酸盐,它们利用铵盐氧化过程中放出的能量生长;②硝化细菌,可将亚硝酸盐氧化成硝酸盐。这两类细菌往往是伴生在一起的,在它们共同作用下将铵盐氧化成硝酸盐,避免亚硝酸的积累,这类细菌在自然界氮素循环中起着重要作用。

其反应如下：

亚硝化细菌　$NH_4^+ + 2/3O_2 \longrightarrow NO_2^- + H_2O + 2H^+ + 270.7$ kJ

硝化细菌　$NO_2^- + 1/2O_2 \longrightarrow NO_3^- + 77.4$ kJ

7.2.2.4　铁的氧化

铁氧化细菌能够将亚铁离子氧化为高铁离子，并利用这个过程所产生的能量和还原力同化 CO_2。大部分铁细菌是专性化能自养菌。其反应如下：

铁细菌　$2Fe^{2+} + 1/2O_2 + 2H^+ \longrightarrow 2Fe^{3+} + H_2O + 44.4$ kJ

由于化能自养微生物产能效率低，而且还原 CO_2 需要消耗大量的能量，因此，化能自养菌的生长速率和得率都很低，研究难度也较大。与异养微生物相比，除产量效率低外，还具有以下特点：①无机底物的氧化直接与呼吸链相连产生能量，环节较少，而异养菌对糖类底物的氧化要经过多个步骤逐级脱氢；②呼吸链的组分更多样化，还原 H^+ 进入呼吸链的位置也多。

7.3　微生物能量的获得和利用

在能量代谢过程中，微生物可通过以下三种方式获得 ATP。

7.3.1　底物水平磷酸化

物质在生物氧化过程中，常生成一些含有高能磷酸键的化合物，这些高能化合物往往不稳定，可直接将能量转移给 ADP 或 GDP 而形成 ATP 或 GTP，这种产生 ATP 等高能分子的方式称为底物水平磷酸化（substrate level phosphorylation）。发酵过程、呼吸过程都存在底物水平磷酸化。

7.3.2　氧化磷酸化

物质在生物氧化过程中形成大量的还原型 NAD(P)H_2 和 FADH_2，这些还原型的辅酶可通过位于线粒体内膜（真核生物）和细菌质膜上的电子传递系统，将电子传递给氧或其他氧化型物质，本身的 H_2 被氧化为水，在这个过程中偶联着 ATP 的生成，这种产生 ATP 的方式称为氧化磷酸化（oxidative phosphorylation）。1 分子 NAD(P)H_2 和 FADH_2 可分别产生 3 分子 ATP 和 2 分子 ATP。

7.3.3　光合磷酸化

能进行光合作用的植物含有叶绿素，而细菌则含有菌绿素。在光的照射下，叶绿素（菌绿素）吸收光量子被激活，释放出一个电子而被氧化，释放出的电子在电子传递系统的传递过程中偶联着 ATP 的生成，这一过程称为光合磷酸化（photophosphorylation），这是将光能转变为能被生物直接利用的化学能的最有效途径。光合磷酸化根据释放的电子是否又回到叶绿素（菌绿素）而被分为循环光合磷酸化和非循环光合磷酸化。

7.3.4　ATP 的利用

ATP 主要用于供应合成细胞物质（包括储藏物质）所需的能量。此外，细胞对营养物质的吸收、鞭毛的运动、细菌的滑动、发光细菌的发光等所消耗的能量,均要由 ATP 供给。组成微生物细胞的物质主要是蛋白质、核酸、类脂和多糖,合成这些物质都需要 ATP 提供能量。从理论上计算,每毫摩尔的 ATP 可合成 33.3 mg 的细胞物质,但经试验证明,每毫摩尔的 ATP 仅能合成 10 mg 左右的细胞物质。

当微生物细胞无论进行哪一种生理活动时都是由 ATP 将其高能磷酸键断裂,将末端磷酸根 P 放出,转移给其他大分子使其活化,ATP 则变为低能的 ADP。

7.4 微生物的物质代谢

微生物的物质代谢和能量代谢是紧密联系的,没有物质代谢,就没有能量代谢,物质代谢是基础,能量代谢是必然。物质代谢涉及物质的分解和合成,即分解代谢和合成代谢。

物质代谢=分解代谢+合成代谢并伴随能量代谢。

分解代谢是指生物细胞将大分子物质降解成简单小分子物质的过程,并伴随能量的释放。合成代谢是指生物细胞利用简单的小分子物质合成复杂大分子物质的过程,并消耗大量的能量。分解代谢为合成代谢提供许多小分子物质(也可能来源于营养源),合成代谢利用这些小分子化合物合成生物细胞所需的生物大分子,保障生命活动的正常运转。

7.4.1 分解代谢

分解代谢能释放出能量和小分子物质,保障细胞生命活动的正常进行,因此微生物体内只有进行旺盛的分解代谢,才能更多地合成微生物的细胞物质,并使其迅速生长繁殖,可见分解代谢在微生物生命活动中的重要性。

微生物的代谢活动与动植物食品的加工和储藏有密切关系。食品中含有大量的糖类、蛋白质和脂类等生物大分子,也是生物能量的主要来源,也是微生物利用的碳源和氮源来源,如果环境条件适宜,微生物可在食品中大量生长繁殖,造成食品腐败变质,同时人们也可利用有益菌对这三大物质进行分解代谢产生中间物的原理,生产各种发酵食品、药品和饲料。

微生物对生物大分子的分解代谢分三个步骤:第一步是将生物大分子降解成小分子物质;第二步是将第一步的分解产物进一步降解为更简单、可以进入 TCA 循环的中间产物,在此阶段同时会产生能量和还原力;第三步是通过 TCA 循环将第二步的产物完全降解成 CO_2,并产生能量和还原力。

7.4.1.1 碳水化合物的分解

碳水化合物是由单糖或单糖衍生物聚合成的大分子化合物,是自然界最丰富的碳源与能源物质,种类很多,主要包括淀粉、纤维素、半纤维素、果胶和几丁质等多糖以及小分子的寡糖等。其中淀粉是多数微生物可以利用的碳源,纤维素、半纤维素、几丁质、果胶质等只被个别微生物利用。

(1)淀粉的分解 淀粉是植物光合作用合成的最丰富的碳水化合物,基本组成单位是葡萄糖,是葡萄糖通过糖苷键连接而形成的一种大分子物质。淀粉有直链淀粉和支链淀粉两种,前者为葡萄糖单位以 α-1,4-糖苷键连接形成的直链分子;后者带有分枝,只有在分枝处,葡萄糖单位之间以 α-1,6-糖苷键连接,其他葡萄糖仍是以 α-1,4-糖苷键连接。一般在天然淀粉中,直链淀粉占 10%~20%,支链淀粉占 80%~90%。

微生物本身并不能直接以淀粉作为生长的碳源与能源,只有当淀粉水解为小分子的糖类后才可以被利用。在生物体内,含有各种淀粉酶,能够将淀粉水解。细菌、放线菌和霉菌均能产生淀粉酶。枯草芽孢杆菌(*B. subtilis*)的淀粉酶活性高,通常用作淀粉酶的生产菌株。淀粉酶主要有以下几种类型。

1)α-淀粉酶 又称液化型淀粉酶,该酶随机水解淀粉的 α-1,4-糖苷键,很快将淀粉大分子降解为较小的糊精、小分子糖类等,使淀粉糊的黏度迅速下降。发芽的种子、动物的胰脏、唾液中都含有此酶,细菌、放线菌、霉菌均能产生此酶。发酵工业中常用枯草芽孢杆菌生产中温淀粉酶,用地衣芽孢杆菌生产高温 α-淀粉酶。

2)β-淀粉酶 又称淀粉-1,4-麦芽糖苷酶,也是作用于淀粉的 α-1,4-糖苷键,从淀粉分子的非还原性末端依次切下一个麦芽糖,可将直链淀粉彻底水解成麦芽糖。遇到分子中的 α-1,6-糖苷键即停下来,所以淀粉经此酶的作用产物为麦芽糖和 β-极限糊精。因麦芽糖有一定的甜度,故将此酶也叫糖化酶。根霉和米曲霉等可产生大量的 β-淀粉酶。

3)葡萄糖淀粉酶 又称淀粉-1,4-葡萄糖苷酶或葡萄糖生成酶。此酶既作用淀粉的 α-1,4-糖苷键,也作用 α-1,6-糖苷键,但水解方式是从淀粉的非还原性末端依次切下一个葡萄糖分子,所以,理论上而言,该酶作用直链、支链淀粉的终产物是葡萄糖。工业生产中一般用根霉和曲霉生产葡萄糖淀粉酶。

4)异淀粉酶 又称淀粉-1,6-葡萄糖苷酶,只水解糖原或支链淀粉分枝点的 α-1,6-糖苷链,切下整个侧枝,形成长短不一的直链淀粉。黑曲霉、米曲霉可产生此酶。

(2)纤维素的分解 纤维素是植物细胞壁的主要成分,也是自然界最丰富的碳水化合物,如果加上秸秆、树木等所含的碳水化合物,数量要远远超过淀粉。纤维素的基本糖单位也是葡萄糖,是葡萄糖通过 β-1,4-糖苷键连接而成的,不溶于水,在环境中比较稳定。只有在产生纤维素酶的微生物作用下,才被分解成简单的糖类(图 7.9)。纤维素酶的研究一直是一个热点,但始终进展不大,酶的活力比较低。我国有几个大型酒精企业试图利用秸秆等纤维素原料生产酒精,但纤维素酶活性低的问题还没有得到很好解决。

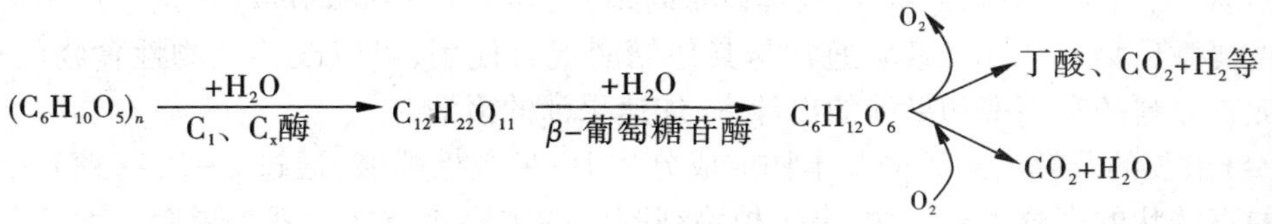

$$(C_6H_{10}O_5)_n \xrightarrow[\text{C}_1、\text{C}_x\text{酶}]{+H_2O} C_{12}H_{22}O_{11} \xrightarrow[\beta\text{-葡萄糖苷酶}]{+H_2O} C_6H_{12}O_6 \begin{array}{c} \nearrow^{O_2} \text{丁酸、}CO_2+H_2\text{等} \\ \searrow_{O_2} CO_2+H_2O \end{array}$$

图 7.9 纤维素分解途径

纤维素酶(cellulase)是指能水解纤维素 β-1,4-葡萄糖苷键使纤维素变成纤维二糖和葡萄糖的一组酶的总称,它是一个多组分的酶系,主要由葡聚糖内切酶(EC 3.2.1.4,也称 C_x 酶)、葡聚糖外切酶(EC 3.2.1.91,也称 C_1 酶)、β-葡萄糖苷酶(EC 2.1.21,也称纤维二糖苷酶)三个主要成分组成。

1)C_1 酶 是一种葡聚糖内切酶,主要作用天然纤维素,使之转变为水合非结晶纤维素,为 C_x 酶提供许多新的作用位点。该酶作用于纤维素多糖链还原性和非还原性的末端,释放葡萄糖或纤维二糖。

2)C_x 酶 又称 β-1,4-葡聚糖酶。严格讲,该酶既有外切酶活性又有内切酶活性。内切酶主要从纤维素的内部水解 β-1,4-糖苷键,使纤维素的分子量很快下降,该作用方式类似于 α-淀粉酶作用淀粉生成纤维糊精、纤维二糖和葡萄糖;外切酶是从纤维素的非还原性末端依次切下一个纤维二糖,这种作用方式类似于 β-淀粉酶作用于淀粉,它对纤维寡糖的亲和力强,能迅速水解内切酶作用后产生的纤维寡糖。

3)纤维二糖酶 又称 β-葡萄糖苷酶,该酶水解纤维二糖和寡糖为葡萄糖,至此纤维素得到了彻底水解。

细菌的纤维素酶结合于细胞膜上,已观察到它们分解纤维素时,细胞需附着在纤维素上。真菌、放线菌的纤维素酶系胞外酶,分泌到培养基中,可通过过滤或离心分离得到。尽管能产生纤维素酶的微生物种类很多,但大多纤维素酶的活力都不高,真正用于生产纤维素酶的菌主要是一些真菌,比较典型的有木霉属(*Trichoderma*)、曲霉属(*Aspergillus*)和青霉属(*Penicillium*)的真菌。细菌、放线菌所含的纤维素酶活性都较低,很难用于实际的酶生产上。

(3)半纤维素的分解 植物细胞壁中,除纤维素以外的多糖统称为半纤维素。半纤维素是由几种不同类型的单糖构成的异质多聚体,这些糖有五碳糖和六碳糖,包括木糖、阿拉伯糖、甘露糖和半乳糖等,其结构随着植物种类或所在部位不同而有明显区别。仅包含一种单糖,如木聚糖、半乳聚糖、甘露聚糖等的半纤维素称为同聚糖;包含两种以上不同的糖的半纤维素分子称为异聚糖,最常见的半纤维素是木聚糖,它约占草本植物干重的一半。真菌的细胞壁中也含有半纤维素。

由于组成半纤维素的糖类型很多,因而分解它们的酶也各不相同。例如木聚糖酶催化木聚糖的水解,阿拉伯聚糖酶催化阿拉伯聚糖的水解。与纤维素相比,半纤维素的分解要容易些。曲霉(*Aspergillus*)、根霉(*Rhizopus*)与木霉(*Trichoderma*)等是生产半纤维素酶的主要微生物。半纤维素酶通常与其他糖酶混合使用,可以改善植物性食物的质量,提高淀粉原料的利用率和果汁的出汁率,加速果汁的澄清。

(4)果胶的分解 果胶的基本构成成分是 D-半乳糖醛酸,通过 α-1,4-糖苷键连接而成的直链状的高分子聚合物,高等植物细胞间的主要物质之一就是果胶。大部分植物体内的果胶实际是以原果胶、果胶和果胶酸的形式存在的。所谓原果胶是指果胶物质和纤维素、半纤维素、木质素等相互作用构成网状结构附着于细胞壁上,保持细胞的硬度,未成熟果实中含量多。果胶主要指聚半乳糖醛酸链上的羧基大部分(一般 75% 以上)甲基化,可与适量的糖和适当的酸作用形成凝胶,成熟的果实中含量多。果胶酸指的是聚半乳糖醛酸链上的羧基大部分游离。

果胶质 果胶酸

果胶的水解也是在一系列果胶酶的作用下进行的,果胶酶的种类虽然很多,但水解果胶的酶实质只有两类:一类是水解果胶酯键,将果胶水解为果胶酸;另一类是果胶裂解酶,主要作用是将果胶的 α-1,4-糖苷键裂解,终产物有可能是半乳糖醛酸。

一些细菌和真菌能分泌较高活性的果胶酶,例如芽孢杆菌(*Bacillus*)、梭状芽孢杆菌(*Clostridium*)、曲霉(*Aspergillus*)、葡萄孢霉(*Botrytis*)和镰刀霉(*Fusarium*)等属都是分解果胶能力较强的微生物。

(5)几丁质的分解 几丁质是一种由 N-乙酰葡萄糖胺通过 β-1,4-糖苷键连接起来、不容易被分解的含氮多糖类物质。它是真菌细胞壁和昆虫体壁的组成成分,一般的生物都不能分解与利用它,只有某些细菌(如几丁质芽孢杆菌)和放线菌(链霉菌)能分解与利用它进行生长。这些能分解几丁质的细菌能合成与分泌几丁质酶,使几丁质水解生成几丁二糖,再通过几丁二糖酶进一步水解生成 N-乙酰葡萄糖胺。N-乙酰葡萄糖胺再经脱氨基酶作用,生成葡萄糖和氨。

7.4.1.2 含氮有机物的分解

含氮物质特别是蛋白质、氨基酸,可以作为微生物的氮源,也可以作为微生物的能源,核酸通常作为微生物的生长因子(如氨基酸、嘌呤、嘧啶等)。蛋白质水解既可以提高蛋白质的消化吸收,又可以增加风味。由于蛋白质是由氨基酸以肽键结合组成的大分子物质,不能直接透过菌体细胞膜,故微生物需要先分泌蛋白酶至细胞外,将蛋白质水解成短肽后进入细胞,再由细胞内的肽酶将短肽水解成氨基酸后才被利用。

(1)蛋白质的分解 蛋白质是由 20 种氨基酸通过肽键连接起来的大分子化合物。蛋白质的降解主要是在蛋白酶的作用下进行的,蛋白酶不同于糖酶,糖酶对糖苷键的水解没有选择性,而蛋白酶却对肽键两端的氨基酸有严格的要求。蛋白酶的种类很多,大部分是内切酶。不同的蛋白酶对形成肽键的羧基和氨基的氨基酸有要求,因此,选择蛋白酶时要了解蛋白酶的水解特性。当蛋白质被酶水解后就成为小分子肽,这些肽在肽酶的作用下,水解为氨基酸。肽酶一般为外切酶,根据切下末端氨基酸的要求,肽酶又可分为氨肽酶和羧肽酶。氨肽酶从蛋白质的氨基端依次切下一个氨基酸,而羧肽酶则从蛋白质的羧基端依次切下一个氨基酸。一般而言,蛋白酶是胞外酶,而肽酶大多则为胞内酶。蛋白质水解过程如下:

$$蛋白质 \xrightarrow{蛋白酶} 多肽 \xrightarrow{肽酶} 氨基酸$$

氨基酸发生脱羧、脱氨等化学反应,即生成各种分子大小的碳水化合物,碳水化合物随后参与正常的代谢。

对微生物而言,大多分泌蛋白酶活性比较强的菌主要是真菌,曲霉属(*Aspergillus*)、毛霉属(*Mucor*)的真菌蛋白酶的活性都比较高,生产上也常用这些菌生产蛋白酶。在细菌中,一般是革兰氏阳性菌比革兰氏阴性菌分解蛋白质的能力强。放线菌中不少链霉菌均产生蛋白酶。有些微生物只有肽酶而无蛋白酶,因而只能分解蛋白质的降解产物,例如乳酸杆菌、大肠杆菌等不能水解蛋白质,但是可以利用蛋白胨、肽和氨基酸等。在食品工业中,传统的食品,如酱油、豆豉、腐乳等制作也都利用了微生物对蛋白质的分解作用。枯草芽孢杆菌、栖土霉菌、费氏放线菌等可用来生产蛋白酶。

(2)氨基酸的分解   氨基酸通常被作为原料合成微生物生命活动所需的蛋白质和酶等,但在厌氧与缺乏碳源的条件下,也能被某些细菌用作能源与碳源物质,维持机体正常的生命活动。此外,氨基酸的分解产物对许多发酵食品,如酱油、干酪等的挥发性风味组分有重要影响。

不同微生物分解氨基酸的能力不同,有的几乎能分解所有的氨基酸,如大肠杆菌、变形杆菌和绿脓杆菌,而有些微生物分解氨基酸的能力较差,如乳杆菌、链球菌等。脱羧与脱氨作用是微生物进行氨基酸代谢的基础,经过脱羧、脱氨反应产生的分解物可进一步参与代谢。

1)脱羧作用   许多微生物细胞内都具有氨基酸脱羧酶,尤其是腐败菌。氨基酸脱羧酶可以催化氨基酸脱羧生成少一个碳原子的胺和CO_2。该酶具有高度的专一性,基本上是由一种脱羧酶催化一种氨基酸脱羧。一元氨基酸脱羧生成一元胺,二元氨基酸脱羧生成二元胺。如酪氨酸脱羧形成酪胺、精氨酸脱羧形成精胺、色氨酸脱羧形成色胺,组氨酸脱羧形成组胺,这些胺往往具有一定的毒性和不良的风味甚至臭味,食用后会对身体造成一定的毒害作用,其含量也可以作为评定蛋白食品新鲜度的指标之一。其通式如下:

$$R—CH—COOH \xrightarrow{\text{氨基酸脱羧酶}} R—CH_2—NH_2+CO_2$$
$$|$$
$$NH_2$$

利用氨基酸脱羧酶具有高度专一性的特性,可以测定脱羧酶的活性。如,谷氨酸被谷氨酸脱羧酶脱羧后,可产生γ-氨基丁酸和CO_2,可以根据CO_2气体量的测定结果,计算发酵液中谷氨酸的含量。

2)脱氨作用   脱氨方式比脱羧方式要多,脱氨后生成的化合物种类也不一样,这一过程通常称为氨化作用(ammonification)。脱氨作用方式主要有以下几种。

①氧化脱氨   好氧性微生物在有氧条件下使氨基酸氧化脱氨,生成 α-酮酸和氨,有浓烈的氨臭味。生成的酮酸被微生物继续转化为羟酸和醇。其反应如下:

$$R—CH—COOH + 1/2O_2 \longrightarrow R—C—COOH + NH_3$$
$$| \qquad\qquad\qquad\qquad ||$$
$$NH_2 \qquad\qquad\qquad\qquad O$$

②还原脱氨   某些专性厌氧细菌,如梭状芽孢杆菌属(*Clostridium*)的细菌在厌氧条件下生长时,可以进行还原脱氨使氨基酸转变为有机酸和氨,并获得能量供微生物生长所需。在这种脱氨方式中,往往有两种氨基酸参与反应,一种氨基酸作为氢的供体(类似于还原剂),另一种氨基酸作为氢的受体(类似于氧化剂),进行氧化还原反应,分别生成酮酸和羧酸。这一反应是 Stickland 等人研究厌氧发酵机制时发现的,所以这一反应也叫

作 Stickland 反应。丙氨酸、缬氨酸、亮氨酸常用作供氢体,甘氨酸、羧脯氨酸、脯氨酸则常用作对应的受氢体。其反应如下:

$$CH_3—CH—COOH + CH_2—COOH \longrightarrow CH_3—C—COOH + CH_3COOH + 2NH_3$$

$$\underset{NH_2}{|} \qquad \underset{NH_2}{|} \qquad \underset{O}{\|}$$

③水解脱氨 一些好氧微生物如米曲霉(*A. oryzae*)可使氨基酸水解产生羟酸与氨,羟酸经脱羧生成一元醇。因此,在这一反应中,氨基酸脱氨过程往往同时伴随有脱羧过程,并生成一元醇、氨和二氧化碳。例如丙氨酸经水解脱氨生成乳酸和氨,然后再经过脱羧作用生成乙醇、CO_2。

某些细菌,如大肠杆菌、变性杆菌等能使色氨酸水解脱氨基生成吲哚(靛基质)、丙酮酸和氨。当吲哚与对二甲基氨基苯甲醛试剂发生反应时,生成玫瑰红色的吲哚环,此为吲哚试验阳性反应。可根据细菌能否分解色氨酸产生吲哚来鉴定细菌。

有些细菌,如沙门菌、变性杆菌、枯草芽孢杆菌等可以水解胱氨酸、半胱氨酸生成丙酮酸、氨和硫化氢。如果在含有蛋白胨的细菌培养基里加入醋酸铅或硫酸亚铁,培养后如出现黑色沉淀,黑色沉淀为硫化铁或硫化铅,此为硫化氢阳性反应。此实验可作为细菌分类鉴定的指标之一。

④直接分解脱氨 氨基酸直接脱去氨基,生成不饱和酸与氨,在细菌和酵母菌中都有这种脱氨反应,此反应为可逆反应,也是通过不饱和有机酸合成氨基酸的途径之一。如大肠杆菌具有 L-天冬氨酸裂解酶,该酶能催化 L-天冬氨酸分解脱氨生成延胡索酸和氨。其反应如下:

$$HOOC—CH_2—CH—COOH \longleftrightarrow HOOC—CH=CH—COOH + NH_3$$

$$\underset{NH_2}{|}$$

细菌、真菌和放线菌都具有分解蛋白质和氨基酸的能力,细菌中分解氨基酸能力比较强的菌有大肠杆菌(*E. coli*)、变形杆菌属(*Proteus*)和铜绿假单胞菌(*P. aeruginosa*),而乳杆菌属(*Lactobacillus*)、链球菌属(*Streptococcus*)等属的细菌分解氨基酸的能力稍差一些。毛霉属、曲霉属、根霉属、青霉属的许多种分解蛋白质和氨基酸能力强。土壤中的许多放线菌也具有较强的蛋白酶活性。

7.4.1.3 脂肪和脂肪酸的分解

脂肪是由甘油与三个长链脂肪酸通过酯键连接起来的甘油三酯,在自然界广泛存在。脂肪除具有一定的生理功能外,也常作为微生物的碳源和能源。脂肪提供的能量是碳水化合物和蛋白质提供的能量的两倍。脂肪和脂肪酸可作为微生物的碳源和能源,一般被微生物缓慢利用。如果环境中含有易于被微生物利用的其他碳源和氮源时,脂肪类物质一般不被微生物利用。

脂肪在微生物细胞合成的脂肪酶的作用下,水解成甘油和脂肪酸。甘油可被微生物迅速吸收利用,甘油在甘油酶的催化下生成 α-磷酸甘油,α-磷酸甘油经过脱氢酶催化产生磷酸二羟丙酮,磷酸二羟丙酮可以进入 EMP 途径或其他途径进一步被氧化降解(图 7.10)。

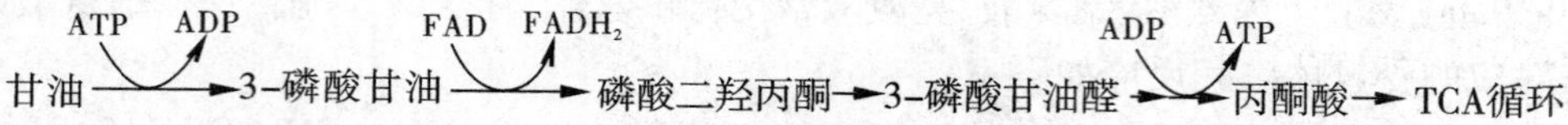

$$甘油 \xrightarrow[\text{ATP} \ \ \text{ADP}]{} 3\text{-磷酸甘油} \xrightarrow[\text{FAD} \ \ \text{FADH}_2]{} 磷酸二羟丙酮 \longrightarrow 3\text{-磷酸甘油醛} \xrightarrow[\text{ADP} \ \ \text{ATP}]{} 丙酮酸 \longrightarrow \text{TCA循环}$$

图 7.10 甘油的降解

脂肪酸经过 β-氧化形成乙酰 CoA 或丙酰 CoA(图 7.11)。脂肪酸的 β-氧化,在原核细胞的细胞膜上和真核细胞的线粒体内进行。若脂肪酸分子的碳原子数为偶数,最终得乙酰 CoA;若脂肪酸分子的碳原子数为奇数,则同时也得到丙酰 CoA。乙酰 CoA 直接进入 TCA 循环降解,丙酰 CoA 则经琥珀酰 CoA 进入 TCA 循环被氧化降解或以其他途径被氧化降解。

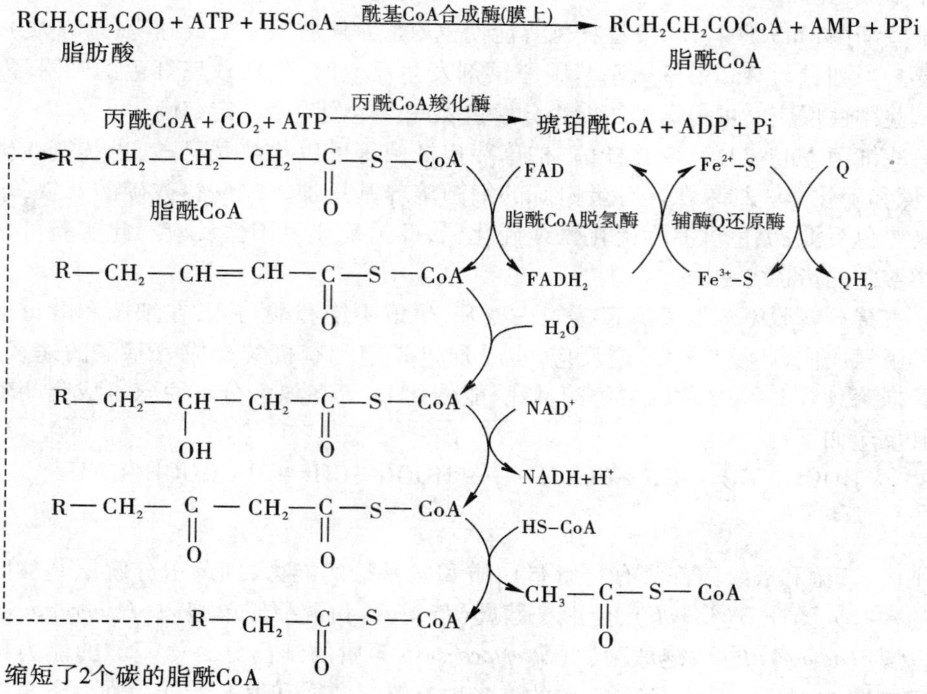

$$\underset{\text{脂肪酸}}{RCH_2CH_2COO + ATP + HSCoA} \xrightarrow{\text{酰基CoA合成酶(膜上)}} \underset{\text{脂酰CoA}}{RCH_2CH_2COCoA + AMP + PPi}$$

图 7.11 脂肪酸生物氧化

脂肪酶一般广泛存在于真菌中,假丝酵母(*Candida*)、镰刀菌(*Fusarium*)和青霉菌(*Penicillium*)等属的真菌产生脂肪酶能力较强,而细菌产生脂肪酶的能力较弱。

7.4.2 合成代谢

微生物的合成代谢(也称同化作用)是指微生物利用分解代谢所产生的能量、中间产物以及从外界吸收的小分子物质,合成复杂的细胞物质的过程,因此,合成代谢要具备的三要素是能量、还原力与小分子前体物质。

(1)能量 合成代谢所需要的能量由分解代谢产生的 ATP 提供。

(2)还原力 主要是指还原型的 $NADH_2$、$NADPH_2$ 和 $FADH_2$,这些还原型化合物主要在糖降解与 TCA 循环中生成,而在具有光合作用的植物、藻类和蓝细菌中,有两个光反应中心,水在光反应中心Ⅱ中发生光解形成还原力 NAD(P)H$_2$,在其他光合细菌里,只有一个光反应中心,其所含菌绿素通过光激发放出高能电子,该电子去还原 NAD(P)或由外源电子供体提供的电子去还原 NAD(P)生成 NAD(P)H$_2$,有些光合细菌还可以利用 H$_2$ 作供氢体形成 NAD(P)H$_2$。还原型化合物有 3 个去路:①还原某些中间代谢产物;②进入呼吸链产生 ATP;③用于细胞物质合成,需要注意的是,NADH$_2$ 往往要经过转化生成 NADPH$_2$ 之后才可以被用于细胞物质合成。

(3)小分子前体物质　通常是指糖代谢过程中产生的中间体碳架物质,这些物质是可以直接用来合成生物分子的单体,如三磷酸甘油醛、丙酮酸、乙酰 CoA、草酰乙酸等。

尽管分解代谢和合成代谢有着密切的联系甚至有共同的中间代谢产物,但合成代谢并不是分解代谢的逆反应。它们之间有本质的区别:①反应的酶系不同,分解代谢和合成代谢涉及的酶系有很大差异;②分解代谢是产能反应,而合成代谢需要消耗大量的能源;③在真核生物中,分解代谢和合成代谢在不同的细胞区域内进行,而在原核生物中,分解代谢和合成代谢的区域没有本质的区别,主要是由不同的酶来催化完成的。

7.4.2.1　CO$_2$ 的固定

CO$_2$ 是自养微生物唯一的碳源。将空气中的 CO$_2$ 转化成为细胞所需大分子物质的过程,称为 CO$_2$ 的固定或同化。微生物固定 CO$_2$ 的方式主要有以下几种。

(1)卡尔文循环(calvin cycle)　卡尔文循环也叫核酮糖二磷酸途径或还原型戊糖磷酸途径,这是自养生物固定 CO$_2$ 的主要途径。该途径中有两个很特殊的酶参与:一个是二磷酸核酮糖羧化酶(Ribulose biphosphate carboxylase,简称 RuBisCo),另一个是磷酸核酮糖激酶(Phosphoribulokinase)。根据反应性质,可将卡尔文循环分为三个阶段。

1)羧化反应　1,5-二磷酸核酮糖在二磷酸核酮糖羧化酶的作用下将 CO$_2$ 固定,形成 2 分子的 3-磷酸甘油酸(PGA),反应过程见图 7.12。

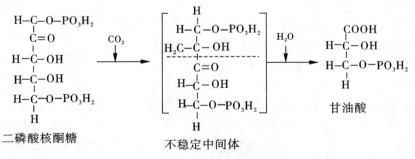

图 7.12　CO$_2$ 的羧化过程

2)还原反应　3-磷酸甘油酸被还原为 3-磷酸甘油醛,3-磷酸甘油醛缩合生成己糖,这一反应需要消耗能量 ATP 和还原型 NADPH$_2$,反应过程见图 7.13。

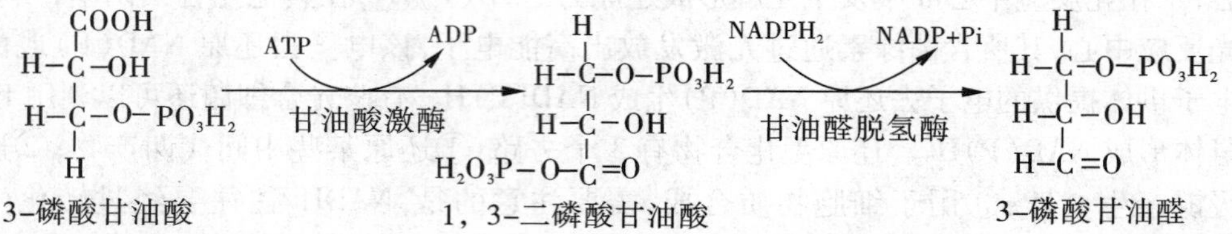

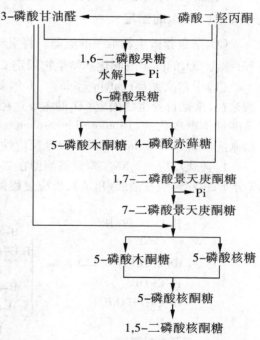

3-磷酸甘油酸 → (ATP → ADP, 甘油酸激酶) → 1,3-二磷酸甘油酸 → (NADPH$_2$ → NADP+Pi, 甘油醛脱氢酶) → 3-磷酸甘油醛

图7.13 CO$_2$的还原过程

3）CO$_2$受体的再生 5-磷酸核酮糖在磷酸核酮糖激酶的作用下生成1,5-二磷酸核酮糖,这一过程需要消耗能量ATP,见图7.14。

每循环一次需要3分子1,5-二磷酸核酮糖、3分子CO$_2$、9分子ATP和6分子NAD(P)H$_2$参与,合成一个己糖分子则需循环两次,总反应式为:

$$6CO_2 + 18ATP + 12NAD(P)H_2 \longrightarrow C_6H_{12}O_6 + 18ADP + 12NAD(P) + 18Pi$$

这个途径存在于所有化能自养微生物和大部分光合细菌中。

（2）逆向TCA循环(reverse TCA cycle)

并非所有自养微生物都能通过卡尔文循环固定CO$_2$,绿色光合细菌嗜硫绿硫细菌(*Chlorobium thiosulphatophilum*)缺乏固定CO$_2$的关键酶二磷酸核酮糖羧化酶,因而该属的菌固定CO$_2$是利用TCA循环的反向还原作用,对磷酸烯醇式丙酮酸、琥珀酰CoA和α-酮戊二酸进行羧化,这些反应需要还原型铁氧还蛋白的参与,同时需要消耗能量。在逆TCA循环中,每循环1次,固定2分子CO$_2$,循环中的柠檬酸在柠檬酸裂解酶的作用下,裂解为草酰乙酸和乙酰CoA,乙酰CoA再固定1分子CO$_2$生成丙酮酸,丙酮酸可以生成丙糖、己糖等生命活动所需的各种物质。逆向TCA循环中的多数酶与正向TCA循环相似,只有柠檬酸和草酰乙酸之间的变化涉及的酶不同。在正向循环中,草酰乙酸和乙酰CoA在柠檬酸合成酶的作用下合成柠檬酸,而在逆向TCA循环中,柠檬酸在柠檬酸裂解酶的作用下裂解为草酰乙酸和乙酰CoA。见图7.15。

图7.14 卡尔文循环中CO$_2$受体再生

在这个途径中还原型铁氧还蛋白参与了两步反应,分别是乙酰CoA的还原羧化和琥珀酰CoA的还原羧化,其中乙酰CoA由丙酮酸合成酶催化还原羧化成丙酮酸,琥珀酰CoA由α-酮戊二酸合成酶催化还原羧化成α-酮戊二酸。这两步反应只在厌氧条件下才能进行,同时都是不可逆反应,循环中其他的反应均可逆。一般好氧微生物没有这种固

定 CO_2 的能力。反应式如下：

$$CH_3CO—SCoA + CO_2 + Fd(red) \longrightarrow CH_3COCOOH + CoASH—Fd(ox)$$

$$HOOC(CH_2)_3—CO—SCoA + CO_2 + Fd(red) \longrightarrow HOOC(CH_2)_3—COCOOH + CoASH—Fd(ox)$$

$$丙酮酸 + ATP + Pi \xrightarrow[\text{（光合细菌）}]{Mg^{2+}，丙酮酸磷酸二激酶} PEP + AMP + PPi$$

　　每循环 1 次，可固定 4 分子 CO_2，合成 1 分子草酰乙酸，消耗 3 分子 ATP、2 分子 $NADPH_2$ 和 1 分子 $FADH_2$。这个途径存在于光合细菌和绿硫细菌中。

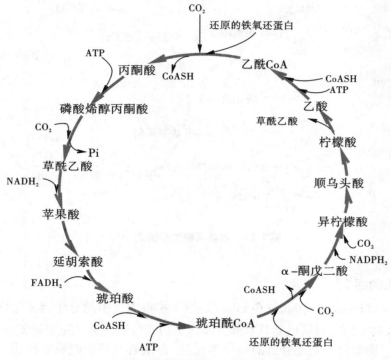

图 7.15　嗜硫绿硫细菌固定 CO_2 的逆向 TCA 循环

　　（3）羟基丙酸途径（hydroxypropionate pathway）　少数绿色硫细菌（*Chloroflexus*，绿弯菌属）既无卡尔文循环，也无逆向 TCA 循环途径，而是采用另外一个称为羟基丙酸途径来固定 CO_2（图 7.16），把 2 分子 CO_2 转变为草酰乙酸，这种途径中的电子供体是 H_2 或 H_2S。在该途径中，从乙酰 CoA 开始，羧化 1 分子 CO_2，增加 1 个碳原子，成为三碳化合物甲醛乙酰 CoA，该化合物被还原成为羟基丙酰 CoA，羟基丙酰 CoA 再一次被还原成为丙酰 CoA，然后再一次被羧化成为四碳化合物甲基丙二酰 CoA，该化合物经过还原与分子结构的异构化成为苹果酰 CoA，苹果酰 CoA 可以被裂解为乙酰 CoA 和乙醛酸，乙酰 CoA 参与下一轮 CO_2 的固定，乙醛酸则参与体内各种代谢，也可以进入甲基苹果酸循环中。

　　甲基苹果酸循环与 3-羟基丙酸循环途径的起始物质相同，即乙酰 CoA 经过丙二酸单酰 CoA、3-羟基丙酸生成丙酰 CoA。随后丙酰 CoA 与 3-羟基丙酸循环的产物乙醛酸反应，经过一系列中间物，最终再生成乙酰 CoA 和丙酮酸，丙酮酸作为通用的结构单元参与生物合成过程。甲基苹果酸循环与 3-羟基丙酸循环不同的是，丙酰 CoA 不是继续转化

为 α-甲基丙二酸单酰 CoA,而是与 3-羟基丙酸循环的产物乙醛酸反应,经过一系列中间物,最终再生成乙酰 CoA 和丙酮酸。

3-羟基丙酸途径的最终结果是将 3 分子的 CO_2 转化为 1 分子的丙酮酸,此过程需要消耗大量的还原型物质以及能量。这个途径总反应式为:

$$3HCO_3^- + 6NADPH + 5ATP + 4H^+ + FAD \longrightarrow CH_3COCOOH + 6NADP^+ + 3ADP + 3Pi + 2AMP + 2PPi + H_2O + FADH_2$$

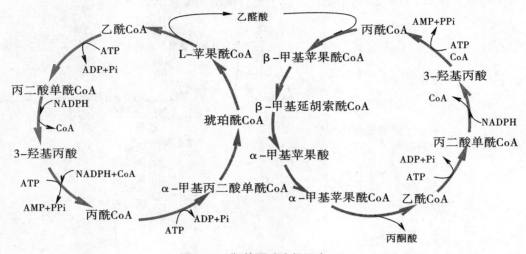

图 7.16　羟基丙酸途径固定 CO_2

7.4.2.2　氮的固定

生物固氮(biological nitrogen fixation)是指生物将大气中的分子 N_2(无机)催化还原为 NH_3(有机)的过程,目前已知只有部分原核生物才可以固氮。能够固氮的微生物称为固氮微生物。固氮过程是氮分解的一个逆过程,在氮素循环中起重要作用,这部分具体内容可以参见本书第 9 章的有关内容,这里不再赘述。

7.4.2.3　糖类的合成

糖类是生物生命活动最重要的大分子化合物,它不仅提供生命活动的能量,而且为其他化合物的合成提供碳架。微生物在生长过程中,要不断地从简单化合物合成糖类,以构成细胞生长所需的单糖、多糖等。糖在微生物细胞内多以多糖、糖磷酸酯、糖核苷酸的形式存在。

(1)单糖的合成　EMP 途径是糖降解的最主要方式,在该循环中,大多数反应是可逆的。无论是自养微生物还是异养微生物,其合成单糖的途径一般都是通过 EMP 途径逆行合成 6-磷酸葡萄糖,然后再转化为其他的糖(图 7.17)。

糖异生途径是由非糖物质合成新的葡萄糖分子的过程。糖异生途径的重要物质是磷酸烯醇式丙酮酸,它是糖酵解过程中的一种中间代谢物。磷酸烯醇式丙酮酸可在不同于糖酵解途径中酶的作用下,逆向合成 6-磷酸葡萄糖。糖异生途径中所需的磷酸烯醇式丙酮酸主要由草酰乙酸脱羧而得,而草酰乙酸是三羧酸循环中的一个重要中间产物。

(2)糖原的合成　在糖原合成中,6-磷酸葡萄糖是一个关键中间代谢物。它可通过单糖互变方式合成其他单糖。但6-磷酸葡萄糖必须首先转化为糖核苷酸,即 UDP-葡萄糖(UDP 是尿嘧啶二磷酸)(图 7.18)。

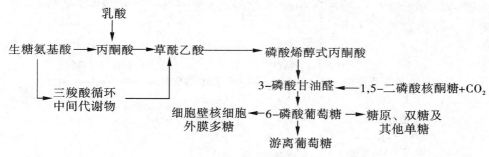

图 7.17 己糖生物合成的主要途径

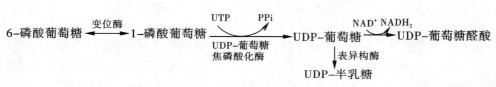

图 7.18 UDP-葡萄糖的合成途径

在糖原合成中,通常是以 UDP-葡萄糖作为起始物,逐步加到多糖链的末端,使糖链延长(图 7.19)。

$$(UDP-G)_n + G_m \xrightarrow{\text{葡萄糖基转移酶}} UDP_n + G_{m+n}$$

图 7.19 多糖的合成途径(G 为葡萄糖)

因此,糖核苷酸在微生物细胞中具有 2 种功能:①为某单糖的合成提供一种转换合成的底物;②为多糖的合成提供糖基。

(3)肽聚糖的合成 肽聚糖的合成比较复杂,先分别在细胞质中和细胞膜中合成肽聚糖的单体,之后将单体运送到细胞膜外进行组装。最早被用来研究肽聚糖合成的微生物是金黄色葡萄球菌(*S. aureus*),以下这些合成反应就是在该菌中进行的,大约需要 20多步反应才能完成肽聚糖的合成,一般将肽聚糖的合成分成三个阶段。

1)合成肽聚糖的前体物质——"park"核苷酸(图 7.20) "park"核苷酸即 UDP-*N*-乙酰胞壁酸五肽,以其发现者 James Theodore Park 命名。此反应在细胞质中进行,分两步完成。

首先由 6-磷酸葡萄糖合成 UDP-N-乙酰葡萄糖胺和 UDP-N-乙酰胞壁酸,过程如下:

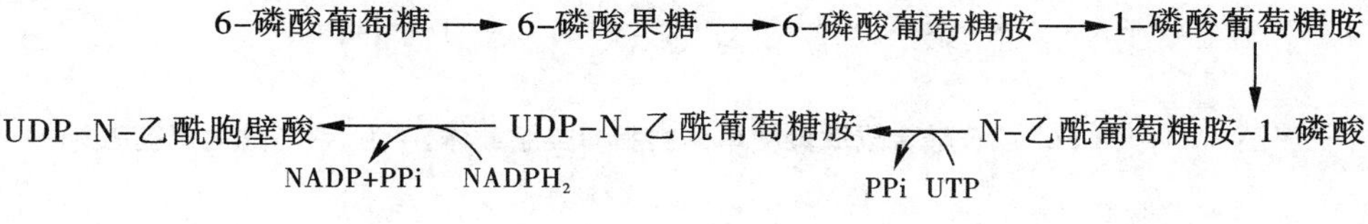

6-磷酸葡萄糖 ⟶ 6-磷酸果糖 ⟶ 6-磷酸葡萄糖胺 ⟶ 1-磷酸葡萄糖胺

UDP-N-乙酰胞壁酸 ⟵ UDP-N-乙酰葡萄糖胺 ⟵ N-乙酰葡萄糖胺-1-磷酸

NADP+PPi   NADPH$_2$ PPi UTP

再由 UDP-N-乙酰胞壁酸合成"park"核苷酸,过程如下:

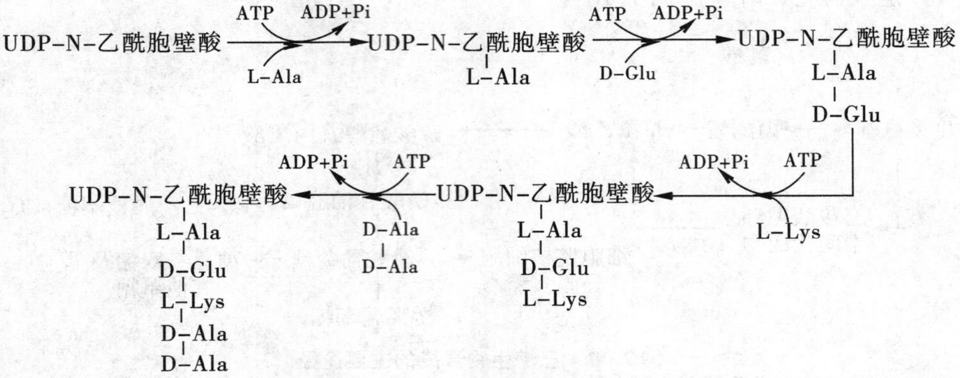

图 7.20　金黄色葡萄球菌(S. aureus)由 N-乙酰胞壁酸合成"park"核苷酸

注:在大肠杆菌中,L-Lys 被 mDAP 所代替

　　从上述反应中可以看出,"park"核苷酸合成需要消耗大量的能量,前三个氨基酸依次加入,最后两个丙氨酸是以二肽形式加上的。由于环丝氨酸与 D-丙氨酸的结构相似,因此它可能影响 D-丙氨酰-D-丙氨酸二肽的合成,进而影响"park"核苷酸的合成。

　　2)"park"核苷酸合成肽聚糖单体(图 7.21)　反应在细胞膜中进行。"park"核苷酸是亲水性的,是在细胞质中合成的,而细胞膜是疏水性的,故必须借助于一个两性的化合物将"park"核苷酸运至细胞膜上,承担这一运输任务的是细菌萜醇(bactoprenol,Bcp)。细菌萜醇是一种含有 11 个异戊二烯单位的类脂载体,它可通过磷酸基与 UDP-N-乙酰胞壁酸分子的磷酸基相接,使糖的中间代谢物呈现很强的疏水性,从而能顺利通过疏水性很强的细胞膜。细菌萜醇的结构如下:

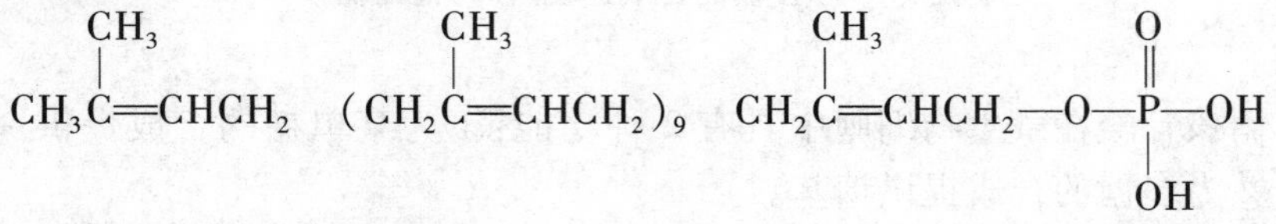

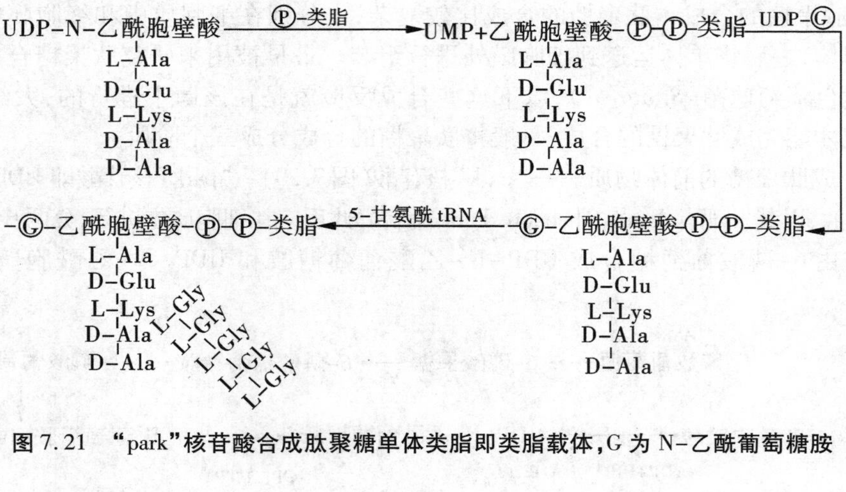

图 7.21　"park"核苷酸合成肽聚糖单体类脂即类脂载体,G 为 N-乙酰葡萄糖胺

在细胞膜上,再连接上 N-乙酰葡萄糖胺和甘氨酸五肽,成为肽聚糖单体。

肽聚糖单体合成后,由十一异戊烯焦磷酸运至细胞膜外,在运送过程中,会受到杆菌肽的影响;杆菌肽能与十一异戊烯焦磷酸络合,因此抑制焦磷酸酶的作用,这样也就阻止了十一异戊烯磷酸糖基载体的再生,从而使细胞壁(肽聚糖)的合成受阻。

3)合成完整的肽聚糖网络结构　此反应在膜外完成。十一异戊烯焦磷酸将肽聚糖单体运至细胞膜外肽聚糖合成部位。在膜外的肽聚糖合成部位,一般由细胞内一种被称为自溶素(autolysin)的酶解开已有的肽聚糖网络,形成新的结合位点,肽聚糖单体与新位点间先进行转糖基作用(transglycosylation),使多糖链延伸一个双糖单位,紧接着再通过转肽酶(transpeptidase)的转肽作用(transpeptidation)使相邻的两条多糖链被甘氨酸五肽连接起来,形成纵向交联(图 7.22)。

转糖基化作用(横向连接):被运送到细胞膜外的肽聚糖单体在必需有细胞壁残余(至少 6~8 个肽聚糖亚单位)作引物的条件下,肽聚糖单体与引物分子间,通过转糖基作用使多糖链延伸一个双糖单位,具体过程如下:

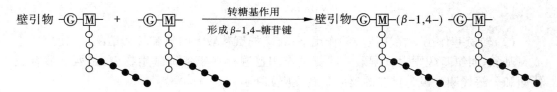

转肽作用(纵向连接):转肽作用时先是 D-丙氨酰-D-丙氨酸间的肽链断裂,释放出一个 D-丙氨酰残基,然后倒数第二个 D-丙氨酸的游离羧基与相邻甘氨酸五肽的游离氨基间形成肽键而实现交联。

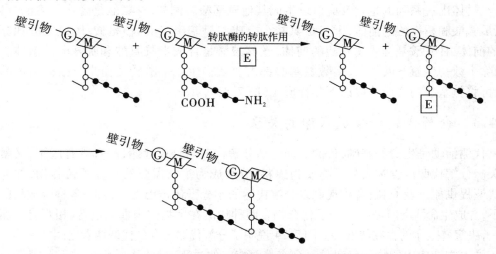

图 7.22　在细胞膜外合成肽聚糖时的转糖基作用和转肽作用

在转肽作用过程中,因 β-内酰胺类抗生素(青霉素、头孢霉素)是 D-丙氨酰-D-丙氨酸的结构类似物,两者相互竞争转肽酶的活性中心,可以阻断肽聚糖的纵向连接,双糖肽间的肽桥无法交联,肽聚糖就缺乏应有的强度,结果形成细胞壁缺损的细胞,在不利的渗透压环境中极易破裂而死亡。由此可见,青霉素的抑菌作用,只能是活跃生长的细菌,对处于休眠阶段的细菌几乎无作用。

7.4.2.4 氨基酸的合成

微生物细胞内能合成所有的氨基酸,其生物合成主要包括氨基酸碳骨架的合成,以及氨基的结合两个方面。在氨基酸合成中,主要需要两种原料:一是氨基酸的碳架,另一个是氨基。碳架主要来源于糖代谢的各种中间物,特别是一些酮酸,而氨的来源则比较多样化:①可能来自外界环境;②通过其他含氮化合物分解得到;③通过固氮微生物合成;④由硝酸还原作用生成氨。合成含硫氨基酸时,还需要供给硫。

有了上述的基本原料后,生物体内可能通过以下三种途径合成氨基酸。

(1)直接氨基化作用 指α-酮酸与氨直接反应形成相应的氨基酸,在生物体内普遍存在。其反应如下:

$$\alpha\text{-酮戊二酸} + NH_3 \xrightarrow[\substack{NADPH_2 \qquad NADP^+}]{\text{谷氨酸脱氢酶}} \text{谷氨酸} + H_2O$$

(2)转氨基作用 在转氨酶的作用下,直接把氨基酸上的氨基转移给酮酸,使酮酸生成氨基酸,而氨基酸则生成酮酸。转氨基作用普遍存在于各种微生物内,是氨基酸合成代谢和分解代谢中极为重要的反应。其反应如下:

$$\text{谷氨酸+草酰乙酸} \xrightleftharpoons{\text{转氨酶}} \alpha\text{-酮戊二酸+天冬氨酸}$$

(3)以糖代谢的中间产物为前体物合成氨基酸 丙氨酸、谷氨酸、天门冬氨酸和甘氨酸可以通过以上两种途径获得,这几种氨基酸是重要的初生氨基酸,以这些氨基酸为基础,经过体内一系列的生化反应可以生成其他氨基酸。例如,谷氨酸是合成脯氨酸、鸟氨酸、瓜氨酸和精氨酸的前体,天门冬氨酸是合成二氨基庚二酸、赖氨酸、甲硫氨酸和苏氨酸的前体,甘氨酸是合成丝氨酸的前体,丝氨酸又是合成半胱氨酸和胱氨酸的前体。可见,除少数初生氨基酸外,大多数氨基酸都需要从初生氨基酸转化而来。根据前体的不同,可将氨基酸的合成分成以下几种形式(图7.23)。

7.4.3 分解代谢和合成代谢的关系

代谢活动是生命的基础,代谢活动包括分解代谢与合成代谢,两者既有区别,又紧密相关。分解代谢以食物大分子物质为原料,分解成为生物需要的小分子营养物,并为合成代谢提供能量及原料;合成代谢以分解代谢的小分子化合物为原料,在各种合成酶的参与下,合成生命活动所需的大分子化合物。两种代谢在生物体中偶联进行,相互对立而又统一,决定着生命的存在与发展。图7.24说明了分解代谢与合成代谢两者之间的关系。

微生物细胞内的物质代谢是一个完整而统一的过程,这些物质代谢过程是密切地相互促进和相互制约的。尽管糖类、蛋白质、脂肪等大分子化合物的结构不同,代谢途径也有很大的差异,但它们的许多中间产物是相同的,这些相同的代谢产物就将不同的代谢联系了起来,使得细胞内各类有机物可以互相转化,形成了一个微生物的代谢网络(图7.25)。

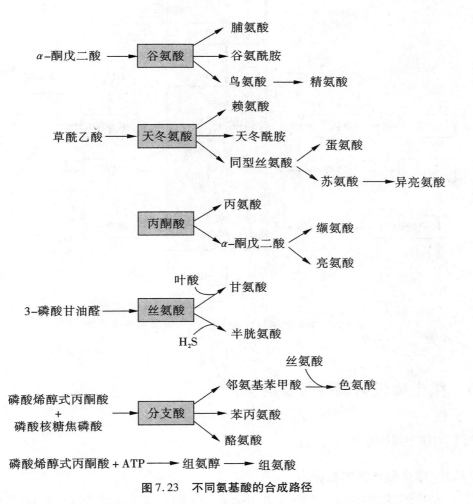

图 7.23　不同氨基酸的合成路径

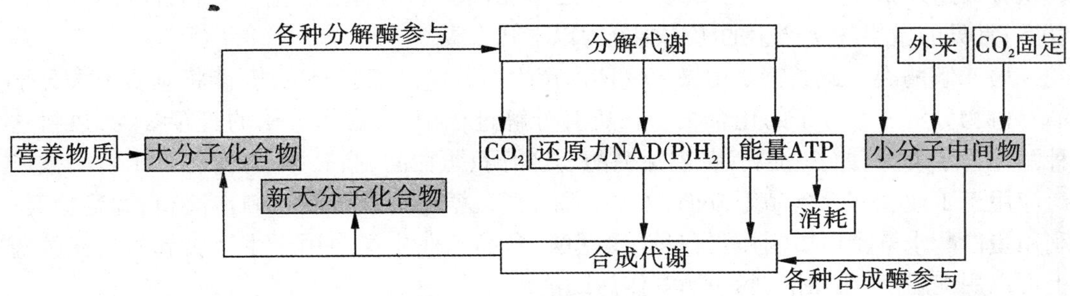

图 7.24　分解代谢和合成代谢的关系

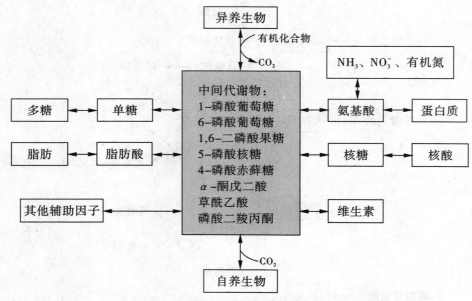

图7.25 分解代谢和合成代谢过程中的重要中间产物

7.5 微生物代谢调控与发酵生产

7.5.1 微生物的代谢调控

7.5.1.1 微生物产生的酶类

（1）常见的微生物酶类 微生物在生命活动过程中,面对各种营养物质分解、氧化和物质合成途径繁简不一,所需要的酶系统也不相同。根据酶的催化反应和各种酶的作用性质,常见的微生物所产生的酶主要分为以下几大类。

1）水解酶类 此类酶是由微生物体内产生而分泌到细胞外的酶,能将基质中大分子的有机物分解成小分子的化合物。在所有分解过程中,都有水分子的直接参与,故将这种酶称为水解酶,如β-淀粉酶、麦芽糖酶、乳糖酶、蛋白酶、脂肪酶、脲酶等。水解酶被广泛应用于工业、医药、食品等方面,如利用淀粉酶、糖化酶水解淀粉制作淀粉、葡萄糖等;利用蛋白酶水解蛋白质制作蛋白胨、氨基酸,食品工业生产中用于生产腐乳等。在医药上可以用淀粉酶、蛋白酶、脂肪酶等作为助消化剂。

2）裂解酶 又称为裂合酶类,可以催化一种化合物,通过裂解、脱羧、脱氨等作用生成另外几种化合物,在细胞内物质转化和能量转化反应中起重要作用。如醛缩酶可催化裂解1,6-二磷酸果糖为磷酸二羟丙酮和3-磷酸甘油醛;羧化酶能催化丙酮酸脱羧生成乙醛和二氧化碳;天冬氨酸酶能将天冬氨酸脱氨生成延胡索酸。

3）氧化还原酶类 此类酶主要在细胞内催化氧化还原反应。微生物细胞内各种有机物所含的能量是通过该酶类所催化的一系列的氧化还原反应而释放出来,从而使微生物维持正常的生命活动。氧化还原酶包括氧化酶类和脱氢酶类。氧化酶主要有细胞色素酶、细胞色素氧化酶、多酚氧化酶等。脱氢酶类有乙醇脱氢酶、乳酸脱氢酶等。很多氧化还原酶都是双成分酶,由主酶和辅酶组成全酶。

4)转移酶类　此类酶能催化一种化合物上的基团,转移到另一种化合物分子上,如磷酸基、醛基、酮基、氨基等的转移。例如,谷氨酸生产菌的细胞中存在氨基转移酶,可将氨基转移至 α-酮戊二酸生成谷氨酸。此类酶也可以称为激酶,如己糖激酶(磷酸基转移酶),可催化 D-葡萄糖转化为 6-磷酸葡萄糖。

5)异构酶类　此类酶能催化同分异构体分子之间的相互转化,如磷酸己糖异构酶催化 6-磷酸葡萄糖转变成 6-磷酸果糖。

6)合成酶　此类酶能催化两种化合物的合成反应,一般有三磷酸腺苷参加。如柠檬酸缩合酶催化草酰乙酸和乙酰 CoA 缩合形成柠檬酸,就是由高能磷酯键水解释放大量的能量推动合成柠檬酸。

(2)微生物的胞内酶和胞外酶

1)胞内酶　由菌体细胞产生后不分泌到细胞外而在细胞内部引起催化作用的酶。胞内酶种类很多,如氧化还原酶、转移酶、裂解酶、异构酶与合成酶等。由于胞内酶不容易从细胞中分离得到,工业生产所用的微生物酶制剂只有少数胞内酶。

2)胞外酶　由菌体细胞内产生后分泌到细胞外进行催化作用的酶。胞外酶是一种较简单的蛋白质,主要是单成分的水解酶类,如淀粉酶、蛋白酶、脂肪酶、果胶酶等。此类酶能催化基质中不易通过细胞膜的大分子物质水解成小分子化合物,而被细胞吸收。工业生产上微生物酶制剂大都是胞外酶。此类酶常采用添加表面活性剂等方法增加其产量。

(3)微生物的固有酶和适应酶

1)固有酶　又称组成酶,它是由微生物细胞在含有营养物质的营养液中能固定产生的酶。不论营养基质中有无此种酶的作用底物存在,都不影响此种酶的合成。因为固有酶的生成是由酶合成的基因所决定的。酶的产量可因环境因素而稍有增减,但不因环境中缺少底物而停止产生。可通过优化发酵工艺条件,提高基因的表达量,来提高酶的产量。

2)适应酶　又称诱导酶,它不是微生物所必需有的酶,在一般情况下并不产生,只有环境中有诱导物存在时才能产生,这种性质的酶即为适应酶。诱导物可以是酶的作用底物或是底物结构相似物。如大肠杆菌,当培养基中含有阿拉伯胶糖时,才产生阿拉伯胶糖酶,当这种糖不存在时,就不会产生该酶。

7.5.1.2　微生物代谢的调节

微生物代谢的调节主要有两种类型,一种是酶合成的调节,另一种是酶活性的调节。微生物的各种代谢及其代谢产物由酶控制,而酶又由基因控制,这样就形成了基因决定酶,酶决定代谢途径,代谢途径决定代谢产物的机制;反过来,代谢产物又可以反馈调节酶的合成、活性及其基因的表达。在微生物代谢过程中,指令系统是基因,作用系统是酶,调控系统是代谢产物,影响因素是外界环境条件。微生物代谢的调节主要是依靠酶合成调节与酶活性调节。活性调节受环境的影响较大。

(1)酶活性的调节　通过改变酶分子活性来调节代谢速率的过程,包括酶活性的激活和抑制。

1）酶活性的激活 酶活性的激活常存在于分解代谢途径中,是指后面的反应可被较前面反应的中间产物所促进。如 1,6-二磷酸果糖可以大大提高粪链球菌(*Streptococcus faecalis*)乳酸脱氢酶的活性。

2）酶活性的抑制 酶活性抑制的类型较多,反馈抑制是酶活性的主要抑制方式,是指代谢途径的终产物直接抑制该途径中第一个酶的活性,减缓甚至完全抑制终产物的生成,从而避免了终产物的过多累积。反馈抑制具有作用直

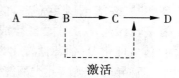

接、效果快速以及当末端产物浓度降低时又可快速解除抑制等优点,主要有以下几种抑制方式。

① 直线式代谢途径中的反馈抑制 大肠杆菌合成异亮氨酸的第 1 步是苏氨酸在苏氨酸脱氨酶的作用下生成 α-酮丁酸,这一反应是限速反应,而苏氨酸脱氨酶活性可以被反应终产物异亮氨酸反馈抑制。如果反应体系中有过量异亮氨酸存在,苏氨酸脱氨酶的活性被抑制,使 α-酮丁酸及其后一系列中间代谢物都无法合成,反应终止,如图 7.26 所示。另外,谷氨酸棒杆菌利用谷氨酸合成精氨酸的途径也属于直线式反馈抑制。直线式反馈抑制是最简单的抑制类型。

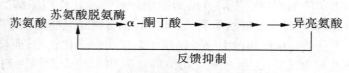

图 7.26 异亮氨酸合成途径中的反馈抑制

② 分支代谢途径中的反馈抑制 所谓分支代谢是指一种底物可以经过不同的代谢路径生成不同的产物。在分支代谢途径中,反馈抑制的情况比较复杂。微生物自身具有多种调节方式来保证代谢产物的顺利合成。为避免在一个分支上的产物过多,影响另一分支上产物的供应,微生物有下列多种调节方式。

Ⅰ. 同工酶调节 是指能催化相同的生化反应,但酶蛋白分子结构有差异的一类酶。它们可以同时存在于一种生物的组织或器官里,也可以出现在真核细胞的细胞器中。在分支反应中,如果在分支点以前的一个反应是由几个同工酶同时催化的,通常几个最终产物会分别对这几个同工酶发生抑制作用。如图 7.27 中 A→B 的反应由三个同工酶 a、b、c 所催化,它们分别受最终产物 E、G、H 所抑制,当环境中只有一种最终产物过多时,就只能抑制相应酶的活力,而不会影响其他几种终产物的合成。

Ⅱ. 协同反馈抑制(concerted feedback inhibition) 指分支代谢途径中的几个末端产物同时过量时才能抑制共同途径中的第一个酶的活性,当某一产物单独过量时,只对生成这一产物的分支途径中的第一个酶起抑制作用。例如多黏芽孢杆菌(*Bacillus polymyxa*)在合成天冬氨酸族氨基酸时,天冬氨酸激酶受赖氨酸和苏氨酸的协同反馈抑制,如果仅苏氨酸或赖氨酸过量,则仅抑制分支途径中的第一个酶,并不抑制反应第一个酶的活性。如图 7.28 所示。

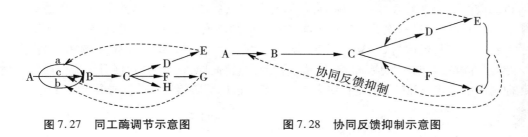

图 7.27 同工酶调节示意图   图 7.28 协同反馈抑制示意图

Ⅲ. 合作反馈抑制（cooperative feedback inhibition） 又称增效反馈抑制，指两种末端产物同时存在时反馈抑制作用明显大于一种末端产物的反馈抑制作用（图 7.29），例如，AMP 和 GMP 虽可分别抑制磷酸核糖焦磷酸酶（PRPP）的活性，但两者同时存在时抑制效果却要大得多。

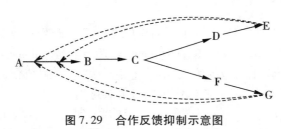

图 7.29 合作反馈抑制示意图

Ⅳ. 累积反馈抑制（cumulative feedback inhibition） 每一分支途径的末端产物按一定百分率单独抑制共同途径中前面的酶，所以当几种末端产物共同存在时，它们的抑制作用是累积的，在各末端产物之间既无协同效应，也无拮抗作用（图 7.30）。例如，*E. coli* 的谷氨酰胺合成酶调节即是累积反馈抑制，该酶受 8 个最终产物的累积反馈抑制，只有当它们同时存在时，酶活力才被全部抑制（图 7.31）。如色氨酸单独存在时，可抑制酶活力的 16%，CTP 相应为 14%，氨基甲酰磷酸为 13%，AMP 为 41%。这 4 种末端产物同时存在时，酶活力的抑制程度可这样计算：色氨酸先抑制 16%，剩下的 84% 又被 CTP 抑制掉 11.8%（即 84%×14%），留下的 72.7% 活性中又被氨基甲酰磷酸抑制掉 9.4%（即 72.2%×13%），还剩余 62.8%，这 62.8% 再被 AMP 抑制掉 25.8%（即 62.8×41%），最后只剩下原活力的 37%。当 8 个产物同时存在时，酶活力才被全部抑制。

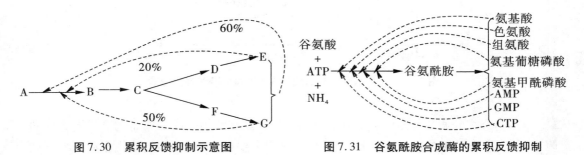

图 7.30 累积反馈抑制示意图   图 7.31 谷氨酰胺合成酶的累积反馈抑制

Ⅴ. 顺序反馈抑制（sequential feedback inhibition） 在这种抑制方式中，终产物不会对该反应的第一个酶起抑制作用,而是抑制分支点后酶的活性,造成分支点产物的过度积累,再由这个过量积累的分支点中间产物去抑制该反应第一个酶的活性。如图 7.32 所示,当 E 过多时,可抑制 C→D 的反应,当 G 过多时,就抑制 C→F 的反应,造成 C 浓度增大,C 再去抑制 A→B 间的反应。只有当两个终产物同时过量时,才会间接对反应中第一个酶起抑制作用。这一现象最初是在研究枯草芽孢杆菌的芳香族氨基酸生物合成时发现的。

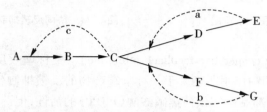

图 7.32　顺序反馈抑制示意图(a,b,c 表示抑制的先后顺序)

尽管反馈抑制的类型极多,但其主要的作用方式是终产物对反应途径中第一个酶的抑制,第一个酶往往是变构酶(allosteric enzyme)或调节酶(regulatory enzyme)。这种抑制是可逆的,当代谢终产物在细胞内浓度高时,它就与第一个酶结合,降低酶的活性,当浓度低时,它就不再与酶结合,酶的催化作用便可继续进行。

苏氨酸脱氨酶是研究得比较深入的一个变构酶,是异亮氨酸生物合成途径的关键酶。该酶的活性受异亮氨酸的反馈抑制,为苏氨酸所激活。图 7.33 给出了异亮氨酸和苏氨酸对苏氨酸脱氨酶活性的影响。由图可知,苏氨酸和 L-异亮氨酸对苏氨酸脱氨酶的激活和抑制作用有一个阈值范围,只有这两个氨基酸的浓度大于阈值浓度时才具有激活或抑制作用。

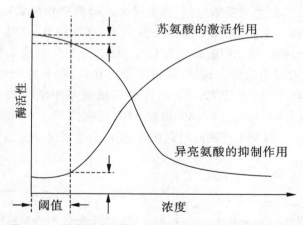

图 7.33　异亮氨酸和苏氨酸对苏氨酸脱氨酶活性的影响

(2)酶合成的调节　酶合成的调节是一种通过调节酶的合成量进而调节代谢速率的调节机制,这是一种在基因水平上(在原核生物中主要在转录水平上)的代谢调节。凡能促进酶生物合成的现象,称为诱导(induction),而能阻碍酶生物合成的现象,则称为阻遏(repression)。与反馈抑制调节酶活性等相比,调节酶的合成(即产酶量)而实现代谢调节的方式是一类较间接而缓慢的调节方式,其优点则是根据需求原则阻止酶的过量合成,有利于节约生物合成的原料和能量。在正常代谢途径中,酶活性调节和酶合成调节同时存在,且密切配合、协调进行。

1)酶合成的诱导　当加入诱导物后,微生物可以同时或几乎同时诱导几种酶的合成,称为同时诱导。微生物在诱导物存在条件下,可以先合成能分解底物的酶,再依次合成分解各中间代谢物的酶,这种诱导称为顺序诱导。顺序诱导酶量合成能够对复杂代谢途径进行分段调节。根据酶的生成是否需要该酶底物或其有关物,可将酶分成组成酶和诱导酶。组成酶是细胞固有的酶类,其合成受相应基因的控制,不受底物或其结构类似物的影响,例如 EMP 代谢途径中的酶都是组成酶。诱导酶则是细胞为适应外来底物或其结构类似物而合成的一类酶,例如 *E. coli* 在含乳糖培养基中所产生的 β-半乳糖苷酶。能促进诱导酶产生的物质称为诱导物,它可以是该酶的底物,如乳糖,也可以是难以代谢的底物类似物或是底物的前体物质,如乳糖的结构类似物硫代甲基半乳糖苷(TMG)和异丙基-β-D-硫代半乳糖苷(IPTG)。

2)酶合成的阻遏　在微生物代谢过程中,当代谢途径中某末端产物过量时,除可用前述的反馈抑制方式来抑制该途径中关键酶的活性外,还可通过阻遏作用来阻碍代谢途径中包括关键酶在内的一系列酶的生物合成,从而更彻底地控制代谢,减少末端产物的合成。阻遏作用有利于生物体节省有限的养料和能量。阻遏的类型主要有末端代谢产物阻遏和分解代谢产物阻遏两种。

①末端产物阻遏(end-product repression)　指由某代谢途径末端产物的过量累积而引起的阻遏。在嘌呤、嘧啶和氨基酸的生物合成中,有关酶就受到末端产物阻遏的调节。如精氨酸的直线式生物合成途径中即存在末端产物阻遏(图 7.34),这种阻遏作用的结果保证了微生物细胞内氨基酸浓度的稳定。

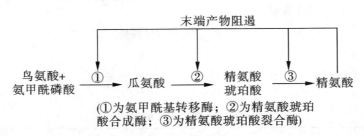

(①为氨甲酰基转移酶;②为精氨酸琥珀酸合成酶;③为精氨酸琥珀酸裂合酶)

图 7.34　精氨酸合成中的末端产物阻遏

②分解代谢物阻遏(catabolite repression)　指细胞内同时有两种类型的分解底物(碳源或氮源)存在时,利用快的那种分解底物会阻遏利用慢的分解底物有关酶的合成。现在已知,这种阻遏作用并不是由分解底物直接引起的,而是由中间代谢物引起的。例如将 *E. coli* 培养在含乳糖和葡萄糖的培养基上,该菌可优先利用葡萄糖,当葡萄糖用尽后才开始利用乳糖,导致在两个对数生长期中间产生一个短暂的生长延滞期,即"二次生长现象",这是由于葡萄糖的分解代谢中间物对乳糖分解酶的合成有阻遏作用,这种作用又称葡萄糖效应。用山梨醇或乙酸来代替乳糖时,也有类似的结果。

微生物可以通过控制与酶合成的相关基因的开放或关闭来调节酶合成的量。诱导和阻遏都可以用操纵子理论来解释。乳糖操纵子是目前研究的最清楚的代谢调节模式。细菌的乳糖操纵子由启动子、操纵基因和结构基因组成,包括三个结构基因 *lacZ*、*lacY* 和 *lacA*、一个操纵基因 *O*、一个启动基因 *P* 和一个调节基因 *I*。*lacZ* 基因编码 β-半乳糖苷酶,它能够将乳糖分解成葡萄糖和半乳糖,以作为细菌的碳源和能源;*lacY* 基因编码 β-半乳糖苷通透酶,它的作用是帮助 β-半乳糖苷透过 *E. coli* 的细胞壁和原生质膜进入细胞;*lacA* 基因编码 β-半乳糖苷乙酰转移酶,将乙酰辅酶 A 上的乙酰基转移到 β-半乳糖苷上,形成乙酰半乳糖,它在乳糖利用上并非是必需的,可能具有使类似物乙酰化的解毒功能。所以,*E. coli* 在以乳糖为唯一碳源和能源的培养基上生长时,β-半乳糖苷酶和 β-半乳糖苷通透酶是必需的。

在缺乏乳糖等诱导物时,*lacI* 基因产物是一种阻遏蛋白,它结合于 *lacO* 基因上,这就阻止了 RNA 聚合酶与启动子的结合,抑制了结构基因进行转录。相反,当培养基中存在乳糖时,作为诱导物的乳糖与 lac 阻遏蛋白结合并改变了它的构象,结果降低了 lac 阻遏蛋白与操纵基因间的亲和力,使之不能与操纵基因 *O* 结合,RNA 聚合酶就可以与 *lacP* 基因结合,从而转录 *lacZ*、*lacY* 和 *lacA* 基因。当诱导物耗尽后,lac 阻遏蛋白再次与操纵基因相结合,酶无法合成,同时,细胞内已转录好的 mRNA 也迅速地被核酸内切酶所水解,导致细胞内酶的量急剧下降。如图 7.35 所示。

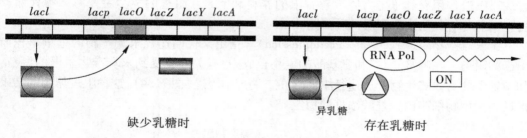

图 7.35 *lac* 操纵子模型

两种调节的对比见表7.2。

表 7.2 两种调节的对比

	对比内容	酶合成的调节	酶活性的调节
不同点	调节对象	通过酶量的变化控制代谢速率	控制酶活性,不涉及酶量变化
	调节效果	相对缓慢	快速、精细
	调节机制	基因水平调节,调节控制酶合成	代谢调节,它调节酶活性
相同点		细胞内两种方式同时存在,密切配合,高效、准确控制代谢的正常进行	

7.5.2 微生物代谢调节的实际应用

7.5.2.1 增加酶制剂的产量

酶合成和调节机制的研究成果可用于增加酶制剂的产量。酶的生成受终产物和分解代谢产物的阻遏。因此,培养基的成分对受阻遏的酶的生成非常重要。为了提高酶的产量,应当避免采用含有大量可迅速利用的碳源(如葡萄糖)的培养基。

7.5.2.2　增加抗生素的产量

在许多抗生素的发酵中都发现了抗生素的积累受分解代谢物阻遏的现象。葡萄糖的分解产物能抑制青霉素、头孢霉素 C、赤霉素、土霉素、新霉素、杆菌肽以及所有芽孢杆菌合成的多肽抗生素等很多抗生素的合成。一般认为,这是由于葡萄糖分解产物的积累阻遏了次级代谢产物合成酶,从而抑制了抗生素的产生。在青霉素发酵中,发现能迅速利用的葡萄糖并不利于青霉素的合成,而缓慢利用的乳糖却有利于提高青霉素的产量。乳糖并不是合成青霉素的特异前体,它的价值在于缓慢利用。目前青霉素发酵已采用定时流加限量的葡萄糖液或糖蜜代替价格较高的乳糖。由于限制了葡萄糖的浓度,就使分解代谢产物的浓度维持在较低水平上,不会产生分解物阻遏作用。此外,在一些抗生素生产中,使用混合碳源、定时流加麦芽糖液、液化淀粉等,解除分解代谢物的阻遏,增加抗生素的产量。

7.5.2.3　增加氨基酸的产量

微生物细胞膜对细胞内外物质的运输具有高度选择性。细胞内的代谢产物积累到一定浓度,就会自然通过反馈阻遏限制它们的进一步合成。采用提高细胞膜渗透性的各种方法,使细胞内的产物迅速渗透到细胞外,以解除末端产物的反馈抑制。在谷氨酸发酵中,通过控制生物素浓度在亚适量,达到控制细胞膜渗透性的目的。生物素是脂肪酸生物合成中乙酰 CoA 羧化酶的辅基,此酶可催化乙酰 CoA 羧化,并生成丙二酰单酰 CoA,进而合成细胞膜磷脂的主要成分——脂肪酸。因此,控制生物素的含量就可以改变细胞膜的成分,进而改变膜的渗透性,增加谷氨酸向细胞外的分泌,提高谷氨酸的产量。

7.6　微生物的初级代谢和次级代谢

生物体内存在着相互联系、相互制约的代谢过程,微生物的代谢也是一样。生长和繁殖是细胞内所有反应的总和。不难想象,生物体内成千上万种代谢反应都是井然有序地进行,如果这些反应出现杂乱无章,生物的生长繁殖就受到影响或出现病变。要维持这么多的反应有序、有度地进行,生物体内的调控就显得尤为重要。生物体内的调控主要是由酶来完成的,从表型上看,培养基的成分、外界环境条件、生成的产物都具有一定的调控作用,但这些因素最终还是通过酶的作用来实现的。

尽管微生物细胞内的代谢多种多样,但基本可以将这些代谢分为初级代谢和次级代谢两种类型,它们既有区别,又相互联系,组成了微生物体内的代谢系统。

7.6.1　微生物的初级代谢

初级代谢是指微生物从外界吸收各种营养物质,通过分解代谢和合成代谢,生成一些中间物以及释放能量的过程,有些中间产物是微生物维持生命活动所需要的,有些则是微生物在一定条件下的代谢副产物。糖、氨基酸、脂肪酸、核苷酸、乙酸、乳酸等以及由这些化合物聚合而成的高分子化合物如多糖、蛋白质、酶类和核酸等都是通过营养成分转化而来的,这些化合物都为初级代谢产物。初级代谢产物的量往往和营养成分的消耗量成正比。由于初级代谢和微生物的生长、繁殖甚至生命活动有关,所以微生物的初级代谢调节尤为重要。

7.6.2　微生物的次级代谢

次级代谢是指微生物生长到稳定期前后,以初级代谢产物为前体物质,通过复杂的代谢途径,合成一些对微生物的生命活动无明确功能的物质的过程。次级代谢产物往往结构复杂、产量低,其产量和营养物质的消耗没有直接的关系。

许多次级代谢物具有重要的生物学效应,也具有较高的应用价值。因此,次生代谢产物的生成和应用也日益受到重视,抗生素、毒素、激素、色素等是重要的次级代谢物。

初级代谢和次级代谢产物比较见表7.3。

表7.3　初级代谢和次级代谢产物比较

比较特性	初级代谢	次级代谢
生长繁殖是否必需	是	否
产生阶段	始终产生	生长到一定阶段后产生
菌种特异性	无	有
分布位置	细胞内	细胞内或细胞外
种类	氨基酸、核苷酸、多糖、脂类、维生素等	激素、毒素、色素、抗生素

如同初级代谢一样,微生物的次级代谢也存在调节,这种调节作用也是通过激活、抑制酶的活性或诱导、阻遏酶的合成来实现的,可能存在以下几种调节方式。

7.6.3　初级代谢对次级代谢的调节

次级代谢产物的合成是以初级代谢产物为原料的,因此,初级代谢的活跃程度以及代谢产物的量和次级代谢有密切的关系,次级代谢必然会受到初级代谢的调节。如赖氨酸强烈抑制青霉素的合成,而赖氨酸合成的前体 α-氨基己二酸可以缓解赖氨酸的抑制作用,并能刺激青霉素的合成。这是因为 α-氨基己二酸是合成青霉素和赖氨酸的共同前体,如果赖氨酸过量,它就会抑制这个反应途径中的第一个酶,导致 α-氨基己二酸的产量减少,从而进一步影响青霉素的合成(图7.36)。

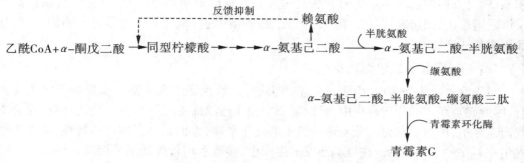

图 7.36 产黄青霉(*P. chrysogenum*)合成青霉素与赖氨酸的关系

7.6.4 分解代谢产物的调节

在菌体快速生长阶段,碳源的分解物能够阻遏次级代谢酶系的合成,因此,当碳源被消耗完之后,这种阻遏作用就自动解除,微生物才开始次级代谢,合成次级代谢产物,如葡萄糖分解物能阻遏青霉素环化酶的合成,使它不能把 α–氨基己二酸–半胱氨酸–缬氨酸三肽转化为青霉素 G。

7.6.5 诱导作用及终产物的反馈抑制

在次级代谢中也存在着诱导作用。如巴比妥虽不是利福霉素的前体,但具有促使将利福霉素 SV 转化为利福霉素 B 的作用。同样,次级代谢终产物的过量积累也能像初级代谢那样,反馈抑制其酶的活性。如用委内瑞拉链霉菌(*S. venezuelae*)生产氯霉素时,芳香氨合成酶受到终产物氯霉素的反馈抑制,其活性下降,影响氯霉素的生物合成。

此外,培养基中的磷酸盐、溶解氧、金属离子及细胞膜透性也会对次级代谢产生或多或少的影响。

7.7 微生物的代谢调控与发酵生产

微生物在正常条件下的代谢过程中,各种调节控制措施使代谢经济而高效地运转,代谢产物不会过量积累,也不会过多消耗能源,这种代谢对微生物而言最经济合算,但却远远不能满足人类的需要。在实际生产中,常人为地打破微生物细胞内的自动代谢调节机制,使代谢的某一中间产物大量积累,这就是所谓的代谢调控。这种人为控制代谢、控制微生物发酵途径、提高发酵产率的方法,因目的代谢产物不同,所采用的方法和途径也各有差异,归纳起来,主要是改变微生物遗传特性和控制发酵条件,目的都在于解除(或加强)微生物的调控机制,获得更多人类需要的代谢产物,但改变微生物遗传特性往往是控制代谢的更有效途径。

7.7.1 改变微生物的遗传特性进行发酵生产

改变微生物的遗传特性将会影响细胞原有的代谢调控机制,有可能使某一产物大量积累,满足人们的需求。常用的方法是选育营养缺陷型菌株、解除终产物的反馈抑制和反馈阻遏作用,或选育抗反馈调节突变株,使细胞内的合成酶不受过量终产物的影响,从而提高某一产物的量。

7.7.1.1 利用营养缺陷型菌株

对于营养缺陷型菌株,由于发生基因突变,导致代谢途径中某一步反应不能正常进行,因此在直线式的代谢途径中,只能累积中间代谢物而不能累积末端代谢产物,在分支代谢途径中,可以累积另一分支途径的末端代谢产物,人们正是利用这一特性,使微生物大量积累一种末端产物。在氨基酸发酵生产中,多数利用营养缺陷型菌株。例如赖氨酸是通过分支途径合成的,它的前体是天冬氨酸。天冬氨酸先经天冬氨酸激酶催化,生成天冬氨酰磷酸,再经一系列反应,最后合成三个产物:苏氨酸、甲硫氨酸和赖氨酸。其中苏氨酸和赖氨酸协同反馈抑制共同途径的第一个酶——天冬氨酸激酶的活性。高丝氨酸缺陷型菌株——谷氨酸棒杆菌(*Corynebacterium glutamicun*)高丝氨酸脱氢酶的活性很低,基本丧失了合成高丝氨酸的能力,也就不能合成苏氨酸,从而解除了苏氨酸对天冬氨酸激酶的协同反馈抑制,这样就能大量合成赖氨酸(图7.37)。

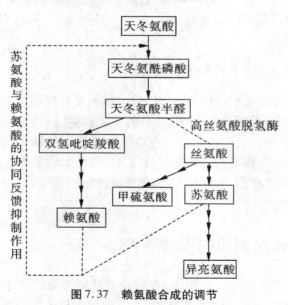

图 7.37　赖氨酸合成的调节

渗漏缺陷型是一种不完全遗传障碍营养缺陷型,能自己合成微量的某一代谢终产物但达不到反馈调节的浓度,所以不会造成反馈抑制而影响中间代谢产物的积累。与营养缺陷型不同的是不需外源添加所缺陷的物质。

7.7.1.2 利用抗反馈调节突变株

这类突变株也是由于相关基因发生突变而导致细菌不再受正常反馈调节作用的影响,对反馈抑制不敏感,或对反馈阻遏有抗性,从而大量合成终产物。

已知将微生物生长时常需要的一些代谢物的结构类似物加入到培养基中,这些结构类似物能和正常代谢物竞争性地与阻遏物及变构酶结合,使有关酶的合成不可逆地停止,从而使某一产物的浓度降低。但如果细胞的变构酶基因或是调节基因发生突变,使变构部位或者阻遏蛋白不能再与代谢物(结构类似物)结合,那么,正常代谢的终产物不能与结构发生改变的变构酶或阻遏物相结合,这种酶一直合成,导致细胞中大量积累终产物。如钝齿棒杆菌(*Corynebacterium crenatum*)在含苏氨酸和异亮氨酸的结构类似物 α-氨基-β-羟基戊酸(简称 AHV)的培养基中培养时,由于 AHV 可以干扰该菌关键酶的合成,故影响正常生长。如果采用诱变获得抗 AHV 突变株进行发酵,就能分泌较多的苏氨酸和异亮氨酸,使得苏氨酸和异亮氨酸大量积累。

7.7.1.3　利用组成型突变体

没有诱导物时仍能正常地合成诱导酶的突变体叫组成型突变体。酶合成不依赖诱导物时,调节基因可能发生了某些突变,不能合成有活性的阻遏蛋白,或是操纵基因发生突变,使结构基因的转录不受控制,酶的生成将不再需要诱导剂或不再被末端产物或分解代谢物阻遏。组成型突变体的筛选方法有多种:一种方法是在恒化器中加入限量浓度的诱导物,在恒化培养器中连续培养细菌;另一种方法是使用某种不能作为诱导剂的化合物作为碳源,用来培养经受诱变的细胞,只有组成型突变体才可以在此条件下生长。例如,在乙硫氨酸中分离出的突变体可使硫醚合成酶(蛋氨酸合成中的一种酶)含量增加120 倍。

7.7.2　控制细胞膜的渗透性

微生物的细胞膜对于细胞内外物质的运输具有高度的选择性。代谢产物常常以很高的浓度积累在细胞膜内,并通过反馈阻遏限制了它们进一步的合成。如果采取一些生理学或遗传学的手段,改变细胞膜的透性,使细胞内的代谢产物迅速渗漏到细胞外,从而降低细胞内代谢物的浓度,解除末端产物的反馈抑制作用,可以提高发酵产物的产量。

一般可通过限制与细胞膜成分合成有关的营养因子的浓度而提高细胞膜的透性。生物素是脂肪酸生物合成中的辅酶,而脂肪酸是合成细胞膜磷脂的主要成分,因此控制生物素的含量就可以改变细胞膜的透性。例如在谷氨酸发酵中,如果将生物素浓度控制在亚适量,可以增加谷氨酸棒杆菌(*Corynebacterium glutamicum*)细胞膜的通透性,使谷氨酸不断地分泌到细胞外,提高谷氨酸产量。当培养液中生物素含量很高时,只要添加适量的青霉素也可以提高谷氨酸的产量,其原因是青霉素可抑制细菌细胞壁肽聚糖合成中转肽酶的活性,造成细胞壁的缺损。

7.7.3　控制发酵条件

菌种的生理特性对于目的产物的生成是关键因素,但是发酵条件,如基质成分及其浓度、温度、pH 值、溶解氧等的控制也极大地影响代谢产物的产量。

生物合成酶往往受终产物阻遏,通过限制终产物(辅助阻遏物)在胞内积累,可使酶产量明显增加。最有效的方法是控制营养缺陷型菌株所需物质的补加量,使菌体细胞处于半饥饿状态,可提高中间物或终产物的浓度。例如鸟氨酸发酵中限量添加瓜氨酸,赖氨酸发酵中限量添加高丝氨酸,可以相应提高鸟氨酸和赖氨酸的产量。如果所需物质添加量过多,由于酶的缺失引起的代谢障碍就会消失,菌体进行正常的增殖,而不积累所需的产物,因此,营养缺陷型菌株的生长阶段与发酵阶段对所缺陷的生长因子的需求量是不同的,这因菌种与培养条件而异。

工业生产的酶大多受分解阻遏或分解抑制的控制,因此在培养基中避免使用可阻遏的碳源(或氮源),将可大大促进对分解阻遏敏感的酶的生产。还可采用各种加料方法来限制生长速率,使酶产量大幅度提高。例如,采用缓慢流加葡萄糖的方法,可使荧光假单胞杆菌纤维素酶的产量增加 200 倍。另一种方法是使用混合碳源,即碳源中一部分是快速易被利用的,有助于菌体的生长;另一部分是缓慢被利用的,有利于产物的合成。例如,青霉素发酵采用葡萄糖和乳糖以适当比例组合的混合碳源进行生产,可大大提高青霉素的产量。

在培养基中添加产物的前体物质,绕过反馈阻遏,也可提高某些代谢产物的产量。例如,由异常汉逊酵母(H. anomala)进行色氨酸发酵时,过量的色氨酸对 3-脱氧-2-酮-D-阿拉伯庚酮糖酸合成酶有反馈抑制作用。如果往培养基中加入直接参与色氨酸合成反应、但不经过 3-脱氧-2-酮-D-阿拉伯庚酮糖-7-磷酸阶段的邻氨基苯甲酸,则可以不再受过量色氨酸的影响,使色氨酸得以不断合成。

⇨ 思考题

1. 试从狭义和广义两个方面解释发酵概念。
2. 试列表比较发酵、有氧呼吸和无氧呼吸的异同点。
3. 什么是电子传递系统? 简述其功能。
4. 试述不同营养类型微生物产生 ATP 的方式。
5. EMP 途径在微生物生命活动中有何重要意义?
6. 什么是呼吸作用? 简述有氧呼吸和无氧呼吸的区别。
7. 以紫硫细菌为例,简述循环式光合磷酸化。
8. 解释氨基酸代谢中的脱羧与脱氨作用。
9. "Park"核苷酸在肽聚糖合成中的作用。
10. 试述固氮微生物类型。
11. 酶活性调节与酶合成调节有何区别? 它们又有何联系?
12. 微生物的初级和次级代谢产物主要有哪些?
13. 目前常用哪些方法来实现人类所需要的酶及代谢产物?
14. 以乳糖操纵子为例说明酶诱导生成的机制。
15. 在赖氨酸发酵中如何应用代谢调控?

第8章 微生物遗传变异和育种

遗传性(heredity)和变异性(variation)是生物所固有的属性之一。遗传是指生物的上一代将自己的一整套遗传因子稳定地传递给下一代的行为或功能,它具有极其稳定的特性。变异是指亲代将遗传信息向子代传递的过程中发生的一些微小变化,表现为子代与亲代之间的不相似性。各种生物都能将自有性状的遗传信息传递给子代,使之产生与自己相似的个体,这种现象称之为遗传性。任何生物亲代和子代、子代和子代之间,在形态、结构、生理等方面总会有所差异,在这些差异中,凡是由遗传改变引起的现象称之为变异性。在自然界中生物的遗传和变异是普遍现象,遗传学自1900年诞生后,在差不多半个世纪里,人们一直在探索到底什么是遗传物质,后来人们又研究为什么生物体会发生变异。

8.1 遗传变异的物质基础

8.1.1 核酸和基因

8.1.1.1 核酸的组成、分类和结构

核酸(nucleic acid)是一种高分子化合物,构成核酸的基本单元是核苷酸(nucleotide),每个核苷酸又由3部分组成,分别是磷酸、五碳糖和含氮碱基。根据核苷酸中五碳糖的不同,核酸分为脱氧核糖核酸(deoxyribonucleic acid,DNA)和核糖核酸(ribonucleic acid,RNA)。

含氮碱基共有5种:2种双环结构的嘌呤(purine)即腺嘌呤(adenine,简称A)和鸟嘌呤(guanine,简称G),3种单环结构的嘧啶(pyrimidine)即胞嘧啶(cytosine,简称C)、胸腺嘧啶(thymine,简称T)和尿嘧啶(uracil,简称U)。脱氧核糖核酸包含A、T、C、G四种碱基,对应形成四种脱氧核苷酸即脱氧腺嘌呤核苷酸(dATP)、脱氧胸腺嘧啶核苷酸(dTTP)、脱氧鸟嘌呤核苷酸(dGTP)、脱氧胞嘧啶核苷酸(dCTP)。核糖核酸和脱氧核糖核酸很相似,不同的是以核糖代替了脱氧核糖,以尿嘧啶(U)代替了胸腺嘧啶(T)。某些碱基之间可以通过氢键链接在一起,形成碱基组合,称为碱基对(base pair,bp)。DNA中A与T配对,C与G配对。RNA链中的碱基A与U配对、C与G配对。

核酸是核苷酸的多聚体链,在多聚体中,核苷酸的磷酸基与脱氧核糖在外侧,核苷酸之间通过磷酸二酯键相连接而构成DNA分子的骨架,一条多核苷酸链上的碱基以氢键与另一条多核苷酸链的碱基相连。一个DNA分子可含几十万或几百万个碱基对,由于多核苷酸链结构中核苷酸单体的数目不同,DNA分子量最小的为2.3×10^7,最大的达1×10^{13},比蛋白质分子量($5 \times 10^6 \sim 5 \times 10^9$)还大。

1953年,沃森(J. D. Watson)和克里克(F. Crick)根据碱基配对原则以及DNA分子结

构的 X 射线衍射分析,在 Nature 杂志上发表论文,提出了 DNA 双螺旋结构模型,DNA 是由两条反向平行的多核苷酸链以一定的空间距离,彼此平行地围绕同一中心轴构成的右手螺旋结构,很像一条扭曲起来的梯子。多核苷酸链的方向由核苷酸间的磷酸二酯键的走向决定,一条从 5′到 3′,另一条从 3′到 5′。链间有螺旋形的凹槽,其中一条较浅,叫小沟(minor groove);另一条较深,叫大沟(major groove)。在双螺旋分子的表面,大沟和小沟交替出现。相邻碱基对平面之间的距离为 0.34 nm(3.4 Å),即顺中心轴方向每隔0.34 nm 有一对核苷酸,并且以 3.4 nm 为一个结构重复周期,包括 10 对碱基。脱氧核糖核酸环平面与纵轴大致平行,双螺旋的直径为 2.0 nm(20 Å)。

上述 DNA 双螺旋模型所描述的资料来自在相对湿度为 92% 时所得到的 DNA 钠盐纤维,称为 B 型 DNA(B-DNA),B-DNA 双螺旋的二级结构既规则又很稳定,但不是绝对的,它在环境中也会不停地运动,如室温下 DNA 溶液中有部分氢键会断开,造成这些部位结构多变。水溶液及细胞中天然状态 DNA 大多为 B-DNA,但若湿度改变或由 DNA 钠盐变为钾盐、铯盐等则会引起构象的变化,形成 A-DNA、C-DNA 等构象,此外还有左手螺旋 Z-DNA。

DNA 除了具有右旋、左旋的双股螺旋结构外,科学家在实验室设计并合成了三股螺旋的 DNA,它由 15~25 个核苷酸组成的短链反义核酸绑到双股 DNA 中形成。1992 年,我国科学家首先发现具有三股螺旋的天然 DNA。现三股螺旋的 DNA 的存在已被国际公认。

8.1.1.2　基因的概念和分类

生物性状的遗传和变异都是由遗传物质控制的,Mendel 称遗传物质为遗传因子(inherited factor)。1909 年,Johannsen 用 gene 替代 Mendel 的遗传因子,沿用至今。基因是一切生物体内储存遗传信息、有自我复制能力的遗传功能单位,它是 DNA 分子上一个具有特定碱基顺序即核苷酸顺序的片断。一个 DNA 分子上有许多基因,一个基因的分子量大约为 6×10^8,约含 1 000 个碱基对,每个细菌含有 5 000~10 000 个基因。生物体任何遗传性状的表现都是在基因控制下个体发育的结果。从基因型到表现型必须通过酶催化的代谢活动来实现。基因直接控制酶的合成,即控制一个生化步骤,控制新陈代谢,从而决定了遗传性状的表现。

基因按功能可分为 3 种:①结构基因,编码蛋白质或酶的结构,控制某种蛋白质或酶的合成,但 tRNA 和 rRNA 基因不编码蛋白质;②操纵基因,它的功能像"开关",操纵结构基因的表达;③调节基因,它控制结构基因。例如,大肠杆菌三种有关利用乳糖的酶是由三个结构基因决定的,当培养基中没有乳糖时,先由调节基因决定一种阻遏蛋白,结合到操纵基因上阻止 RNA 合成酶发挥作用,使三个结构基因都不能表达,阻遏了酶的合成,当培养基中有乳糖时阻遏蛋白失活,不能封闭操纵区,因而结构基因得以表达,合成乳糖酶。

基因是由多个核苷酸在 DNA 链上按其特定的顺序排列构成,每三个核苷酸构成一个密码子,密码子是负载遗传信息的基本单位,决定翻译时蛋白质上氨基的种类。这些遗传信息随着 DNA 的复制进行遗传。一般而言,特定的种或菌株的 DNA 分子,其碱基顺序固定不变,这保证了遗传的稳定性。如果 DNA 的个别部位发生了碱基排列顺序的变化,则会导致菌株死亡或发生遗传性状的改变。在现代细菌分类鉴定中,通过测定(G+

C)摩尔分数可反映属、种或菌株分类信息。

8.1.1.3 RNA 的转录及遗传密码

RNA 的合成即转录作用,它是 DNA 指导的 RNA 合成作用。反应时以 DNA 为模板,在 RNA 聚合酶催化下,四种三磷酸核苷(NTP)即 ATP、GTP、CTP 及 UTP 通过 3′、5′-磷酸二酯键相连进行的聚合反应。合成反应的方向为 5′→3′。反应体系中还有 Mg^{2+}、Mn^{2+} 等参与,反应中不需要引物参与。DNA 分子多为双股链的分子,在转录作用进行时,DNA 双链中只有一条链作为模板,指导合成与其互补的 mRNA,mRNA 多以单链形式存在。这一条 DNA 链称为模板链,另一条链称为编码链。编码链又称为有义链,模板链又称为反义链。在多基因的双链 DNA 分子中,每个基因的模板不是全在同一条链上,也就是说,在双链 DNA 分子中的一条链,对于某基因是有义链,但对另一个基因则可能是反义链。

催化转录作用的酶是 RNA 聚合酶,原核生物 RNA 聚合酶的特点:①聚合速度比 DNA 复制的聚合反应速率要慢;②缺乏 3′→5′外切酶活性,无校对功能,RNA 合成的错误率比 DNA 复制高很多;③原核生物 RNA 聚合酶的活性可以被一些抑制剂(如利福霉素)所抑制,这是由于它们可以和 RNA 聚合酶的 β 亚基相结合,而影响到酶的作用。

每一个基因均有自己特有的启动子,启动子或启动部位是指在转录开始进行时,RNA 聚合酶与模板 DNA 分子结合的特定部位。这一特定部位在转录调节中是有作用的,如原核生物的-10 区(Pribonow 盒)和-35 区。

RNA 的转录过程大体可分为起始、延长、终止三个阶段。转录作用开始时,RNA 聚合酶的 σ 因子识别 DNA 启动子的识别部位,RNA 聚合酶核心酶则结合在启动子的结合部位。在 RNA 聚合酶的催化下,起始点处相邻的前两个 NTP 以 3′、5′-磷酸二酯键相连接。随后,σ 因子从模板及 RNA 聚合酶上脱落下来,于是 RNA 聚合酶的核心酶沿着模板向下游移动,转录作用进入延长阶段。脱落下的 σ 因子可以再次与核心酶结合而循环使用。

在 RNA 聚合酶的催化下,核苷酸之间以 3′、5′-磷酸二酯键相连接进行着 RNA 的合成反应,合成方向为 5′→3′。在延长过程中,局部打开的 DNA 双链、RNA 聚合酶及新生成转录 RNA 局部形成转录泡。随 RNA 聚合酶的移动,转录泡也行进,贯穿于延长过程的始终。

在 RNA 延长进程中,当 RNA 聚合酶行进到 DNA 模板的终止信号时,RNA 聚合酶就不再继续前进,聚合作用就此停止。由于终止信号中有由 GC 富集区组成的反向重复序列,在转录生成的 mRNA 中有相应的发卡结构。此发卡结构可阻碍 RNA 聚合酶的行进,由此而停止了 RNA 聚合作用。在终止信号中还有 AT 富集区,其转录生成的 mRNA 3′末端有多个 U 残基。

RNA 有四种类型:信使 RNA、转运 RNA、核糖体 RNA 和反义 RNA。信使 RNA 即 mRNA,mRNA 上的每三个核苷酸构成一个密码子,对应某一特定氨基酸,这三个核苷酸就称为三联子密码(表 8.1)。mRNA 与蛋白质之间的联系是通过遗传密码的破译来实现的,储存在 DNA 上的遗传信息通过 mRNA 传递给蛋白质。编码氨基酸的标准遗传密码是由 64 个密码子组成的,几乎为所有生物通用。每一种多肽都有一种特定的 mRNA 负责编码,所以细胞内 mRNA 的种类是很多的,但是每一种 mRNA 的含量又十分低。

表 8.1　mRNA 上的遗传密码（三联体碱基序列）及其编码的氨基酸

UUU（Phe/F）苯丙氨酸	UCU（Ser/S）丝氨酸	UAU（Tyr/Y）酪氨酸	UGU（Cys/C）半胱氨酸
UUC（Phe/F）苯丙氨酸	UCC（Ser/S）丝氨酸	UAC（Tyr/Y）酪氨酸	UGC（Cys/C）半胱氨酸
UUA（Leu/L）亮氨酸	UCA（Ser/S）丝氨酸	UAA 终止	UGA 终止
UUG（Leu/L）亮氨酸	UCG（Ser/S）丝氨酸	UAG 终止	UGG（Trp/W）色氨酸
CUU（Leu/L）亮氨酸	CCU（Pro/P）脯氨酸	CAU（His/H）组氨酸	CGU（Arg/R）精氨酸
CUC（Leu/L）亮氨酸	CCC（Pro/P）脯氨酸	CAC（His/H）组氨酸	CGC（Arg/R）精氨酸
CUA（Leu/L）亮氨酸	CCA（Pro/P）脯氨酸	CAA（Gln/Q）谷氨酰胺	CGA（Arg/R）精氨酸
CUG（Leu/L）亮氨酸	CCG（Pro/P）脯氨酸	CAG（Gln/Q）谷氨酰胺	CGG（Arg/R）精氨酸
AUU（Ile/I）异亮氨酸	ACU（Thr/T）苏氨酸	AAU（Asn/N）天冬酰胺	AGU（Ser/S）丝氨酸
AUC（Ile/I）异亮氨酸	ACC（Thr/T）苏氨酸	AAC（Asn/N）天冬酰胺	AGC（Ser/S）丝氨酸
AUA（Ile/I）异亮氨酸	ACA（Thr/T）苏氨酸	AAA（Lys/K）赖氨酸	AGA（Arg/R）精氨酸
AUG（Met/M）甲硫氨酸	ACG（Thr/T）苏氨酸	AAG（Lys/K）赖氨酸	AGG（Arg/R）精氨酸
GUU（Val/V）缬氨酸	GCU（Ala/A）丙氨酸	GAU（Asp/D）天冬氨酸	GGU（Gly/G）甘氨酸
GUC（Val/V）缬氨酸	GCC（Ala/A）丙氨酸	GAC（Asp/D）天冬氨酸	GGC（Gly/G）甘氨酸
GUA（Val/V）缬氨酸	GCA（Ala/A）丙氨酸	GAA（Glu/E）谷氨酸	GGA（Gly/G）甘氨酸
GUG（Val/V）缬氨酸	GCG（Ala/A）丙氨酸	GAG（Glu/E）谷氨酸	GGG（Gly/G）甘氨酸

　　转运 RNA 即 tRNA，是模板与氨基酸之间的接合体，其上有和 mRNA 互补的反密码子，能识别氨基酸及 mRNA 上的密码子，在 tRNA-氨基酸合成酶的作用下具有转运氨基酸的作用。细胞内 tRNA 的种类很多，每一种氨基酸都有相应的一种或几种 tRNA。

　　核糖体 RNA 即 rRNA，它和蛋白质结合成的核糖体为合成蛋白质的场所。rRNA 含量大，是构成核糖体的骨架。大肠杆菌核糖体有三类 rRNA：5S rRNA，16S rRNA，23S rRNA。细菌中常常存在合成 rRNA 的转录单元，三类 rRNA 可通过该转录单元共同转录而成。

　　反义 RNA 是能与 DNA 的碱基互补、并能阻止、干扰复制转录和翻译的短小 RNA。反义 RNA 起调节作用，决定 mRNA 翻译合成速度。由 mRNA、tRNA、rRNA 和反义 RNA 协作完成蛋白质的合成。

　　转录作用产生出的 mRNA、tRNA 及 rRNA 经过初级转录后形成前体 RNA，而不是成熟的 RNA，它们没有生物学活性，还要在酶的作用下，进行加工才能变为成熟的、有活性的 RNA。RNA 的加工过程主要是在细胞核内进行的,也有少数是在细胞质中进行的,RNA 加工的方式有:①剪切及剪接;②末端添加核苷酸;③修饰;④RNA 编辑。

8.1.2　证明遗传物质的经典实验

20 世纪 50 年代以前,许多学者认为蛋白质是遗传物质,主要的原因可能是,人们认为生物界是多样性的,生物种类成千上万,各种生物又有成百上千的不同性状,控制这些性状的遗传物质也应该是多样性的,只有蛋白质的多样性才符合这一要求。但是,后来人们以微生物为研究材料,通过以下三个经典的实验,充分证明了遗传变异的物质基础是核酸而不是蛋白质,在大部分生物中遗传物质是脱氧核糖核酸,在有些病毒中遗传物质是核糖核酸。

8.1.2.1　肺炎双球菌的转化实验

肺炎双球菌(*Diplococcus pneumoniae*)是一种病原菌,产生荚膜的菌株菌落表面光滑(Smooth,简称 S 型),有致毒作用,在人体内可导致肺炎,在小鼠体中可导致败血症,使小鼠死亡;不产生荚膜的菌株菌落表面粗糙(Rough,简称 R 型),无致毒作用,在人或动物体内不会导致病害。英国细菌学家格里菲斯(Griffith)于 1928 年以 R 型和 S 型菌株作为实验材料进行遗传物质的实验,他将活的、无毒的 R 型肺炎双球菌或加热杀死的有毒的 S 型肺炎双球菌注入小白鼠体内,结果小白鼠安然无恙;将活的、有毒的 S 型肺炎双球菌或将大量经加热杀死的有毒的 S 型肺炎双球菌和少量无毒、活的 R 型肺炎双球菌混合后分别注射到小白鼠体内,结果小白鼠患病死亡,并从小白鼠体内分离出活的 S 型菌。格里菲斯称这一现象为转化作用,实验表明,S 型死菌体内有一种物质能引起 R 型活菌转化产生 S 型菌,这种转化的物质(转化因子)是什么? 格里菲斯对此实验现象并未做出解释。1944 年美国的埃弗雷(O. Avery)、麦克利奥特(C. Macleod)及麦克卡蒂(M. Mccarty)等人在格里菲斯工作的基础上,从 S 型活菌体内提取 DNA、RNA、蛋白质和荚膜多糖,将它们分别和 R 型活菌混合均匀后注射入小白鼠体内,结果只有注射 S 型菌 DNA 和 R 型活菌的混合液的小白鼠才死亡,这是一部分 R 型菌转化产生有毒的、有荚膜的 S 型菌所致,并且它们的后代都是有毒、有荚膜的。由此说明 RNA、蛋白质和荚膜多糖均不引起转化,而 DNA 却能引起转化(图 8.1)。如果用 DNA 酶处理 DNA 后,则转化作用丧失。

8.1.2.2　噬菌体的感染实验

用 T2 噬菌体感染大肠杆菌实验也证实 DNA 是遗传物质。1952 年,赫西(A. Hershey)和蔡斯(M. Chase)分别用含有 ^{32}P 和 ^{35}S 培养大肠杆菌,然后用 T2 噬菌体侵染大肠杆菌,这时噬菌体大量合成,在大量噬菌体的外壳上含有 ^{35}S,而在核酸上含有 ^{32}P。

用标上 ^{32}P 和 ^{35}S 的 T2 噬菌体感染大肠杆菌,经短时间的保温后,T2 噬菌体完成了吸附和侵入的过程。将被感染的大肠杆菌洗净放入组织捣碎器内强烈搅拌,然后离心沉淀。分别测定沉淀物和上清液中的同位素标记,上清液含有大部分 ^{35}S,沉淀中含有大部分 ^{32}P。这说明在感染过程中噬菌体的 DNA 进入大肠杆菌细胞中,它的蛋白质外壳留在菌体外。进入大肠杆菌体内的 T2 噬菌体 DNA,利用大肠杆菌体内的 DNA、酶及核糖体复制大量 T2 噬菌体,又一次证明了 DNA 是遗传物质(图 8.2)。

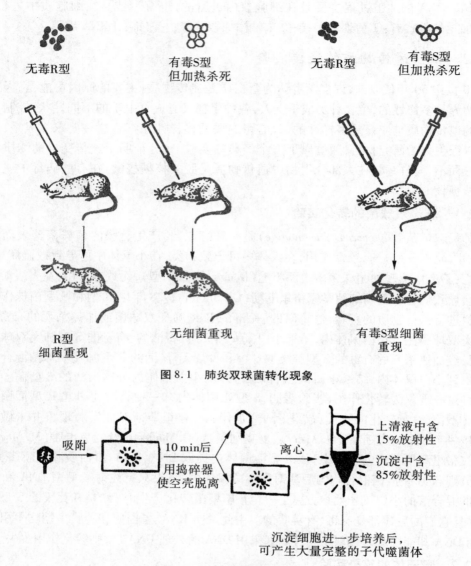

图 8.1 肺炎双球菌转化现象

图 8.2 T2 噬菌体感染实验

8.1.2.3 烟草花叶病毒的拆开与重建实验

烟草花叶病毒(TMV)由蛋白质外壳和核糖核酸（RNA)核心所构成,可以从 TMV 病毒分别抽提得到蛋白质部分和 RNA 部分,把这两个部分放在一起,可以得到具有感染能力的烟草花叶病毒颗粒。1965 年,美国的法朗克–康勒特(Fraenkel Conrat)将烟草花叶病毒拆成蛋白质和 RNA(该病毒不含 DNA),分别对烟草进行感染实验,结果发现只有 RNA 能感染烟草,并在感染后的寄主中分离到完整的具有蛋白质外壳和 RNA 核心的烟草花叶病毒。烟草花叶病毒有不同的变种,各个变种蛋白质的氨基酸组成有细微而明显的区别,后来法朗克–康勒特又将甲、乙两种变种的烟草花叶病毒拆开,在体外分别将甲病毒的蛋白质和乙病毒的 RNA 结合,将甲病毒的 RNA 和乙病毒的蛋白质结合进行重建,并用这些经过重建的杂种病毒分别感染烟草,结果从寄主分离所得的病毒类型均取决于相应病毒的 RNA(图 8.3),这就充分说明,核酸(这里为 RNA)是病毒的遗传物质。

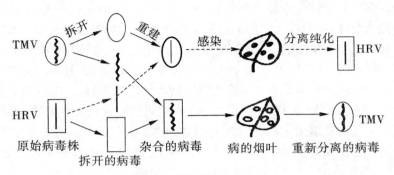

图 8.3 病毒重组实验

8.1.3 遗传物质在细胞内存在的部位

8.1.3.1 染色质和染色体

染色质(chromatin)是指分裂间期的细胞内由 DNA、组蛋白和非组蛋白及少量 RNA 组成的线形复合结构,是间期细胞遗传物质的存在形式。细胞核固定染色后,在光镜下能看到这些由许多或粗或细的长丝交织成网的物质就是染色质。染色质从形态上可以分为常染色质(euchromatin)和异染色质(heterochromatin)。常染色质呈细丝状,是 DNA 长链分子展开的部分,非常纤细,染色较淡。异染色质呈较大的深染团块,常附在核膜内面,是 DNA 长链分子紧缩盘绕的部分。

组成染色质的蛋白质包括组蛋白和非组蛋白两类。组蛋白是与 DNA 结合的碱性蛋白,有 H1、H2A、H2B、H3 和 H4 五种。它与 DNA 的含量比率大致相等,非常稳定,在染色质结构上具有决定性作用。而非组蛋白在不同细胞间变化很大,在决定染色体结构中的作用不是很大,它们可能与基因的调控有关。

染色质的基本结构单位是核小体(nucleosome)。在核小体与核小体之间由连接 DNA(linker DNA)和一个小分子的组蛋白 H1 相连。每个核小体的核心是由 H2A、H2B、H3 和 H4 四种组蛋白各以两个分子组成的八聚体,其形状是直径约 10 nm 的近似扁球体。DNA 双螺旋就盘绕在这八个组蛋白分子的表面。连接丝是两个核小体之间的双链 DNA,由它把两个相邻的核小体串联起来。组蛋白 H1 结合于连接丝和核小体的接合部位。如果 H1 被除去,核小体的基本结构并不会因此而改变。据测定,在大部分细胞中,一个核小体及其连接丝含有 180 ~ 200 bp 的 DNA,其中约 146 bp 盘绕在核小体表面,其余碱基则为连接丝,连接丝长度变化较大,从 8 ~ 114 bp 不等。这种直径约 10 nm 的染色质丝在其进行 RNA 转录的部位是舒展状态,即表现为常染色质;而未执行动能的部位则螺旋化,形成直径约 30 nm 的染色质纤维,即异染色质。人体细胞核中含 46 条染色质丝,其 DNA 链总长约 1 m,只有以螺旋化状态存在,染色质才能被容纳于直径 4 ~ 5 μm 的核中。

染色体(chromosome)是指细胞在有丝分裂或减数分裂过程中,由染色质缩聚而成的棒状结构(图8.4)。在细胞有丝分裂的中期,利用光学显微镜可以观察到染色体的结构是由两条染色单体(chrmatid)组成的。每条染色单体包括一条染色线(chromonema)以及位于线上的许多染色很深的颗粒状染色粒(chromomere)。染色粒的大小不同,在染色线上有一定的排列顺序,一般认为它们是由于染色线反复盘绕卷缩形成的。现已证实每个染色体所含的染色线是单线的,每条染色单体是一个DNA分子与蛋白质结合形成的染色线。当完全伸展时,其直径不过10 nm,而其长度可达几毫米,甚至几厘米。当它盘绕卷曲时,可以收缩得很短,于是表现出染色体所特有的形态特征。因此,染色体也主要由DNA、组蛋白、非组蛋白以及RNA组成。DNA和组蛋白的含量大致相等,两者相加,构成了染色体的大部分。非组蛋白的比率变化很大,RNA含量很低。真核生物(人、高等动物、植物、真菌、藻类)及原生动物的染色体不止一个,少的几个,多的几十个或更多,染色体呈丝状结构,细胞内所有染色体由核膜包裹成一个细胞核。见表8.2。

绝大多数原核生物的基因组只有一条所谓的"染色体",与真核生物不同的是原核生物的染色体只是一条裸露的环形DNA分子(图8.5)。绝大多数的原核生物基因组DNA位于细胞的中央区,某些原核生物如枯草芽孢杆菌的DNA则明显地附着在细胞膜的各个位置。以大肠杆菌(E. coli)为例,其基因组是一条分子量为$2.4×10^9$的环形超螺旋DNA分子,总长度约为42 000 kb(1 300 μm),编码约2 000个基因。由于原核生物没有细胞核结构,因此它的染色体是聚集形成一个较为致密的区域,称为类核(nucleoid)。在类核的中央部分由RNA和多种DNA结合蛋白组成,占20%左右;外围则是环形的双链超螺旋DNA,占80%左右。超螺旋形态的DNA分子再进一步扭转形成活结或者花瓣状结构域,组成类核的外层结构。其中内层的RNA和蛋白质仅起到稳定类核的骨架作用。基因组的超螺旋可以每隔200 bp就有一个负超螺旋结构(σ = 0.05),即基因组中包含5%的负超螺旋双螺旋进一步盘绕称为超螺旋。当盘旋方向与DNA双螺旋方向相同时的超螺旋结构称为正超螺旋;与正超螺旋相反,当盘旋方向与DNA双螺旋方向相反时的超螺旋结构称为负超螺旋。每个功能区的末端均保持超螺旋状态,而且一个区的超螺旋不会影响另一个区的超螺旋,因此这种功能区的相对独立性会使得在同一个环形基因组内的不同基因可以独立的表达和调控。

原核生物的基因组具有如下特点:①基因组DNA分子远小于真核生物;②基因组的主体为单个环形的DNA分子,只有一个DNA复制起始位点;③基因组内的重复序列少,除了嗜盐细菌、甲烷细菌、某些嗜热细菌和有柄细菌基因组中有重复序列外,大部分细菌只有rRNA基因等少数基因有较多重复;④非编码DNA序列少,只占25%左右;⑤基因组内广泛存在操纵子结构。

人们认识到染色体DNA是遗传信息的载体之后的很长一段时间内,一直认为各种生物由于表型的多样化,相关决定基因也是各不相同的DNA序列,包括核苷酸碱基数、位置以及基因的功能等,并且在它们之间有严格的限制。随着遗传学的不断发展,人们慢慢发现在自然界中存在明显的遗传物质转移现象,并且这种转移与孟德尔最初发现的遗传物质转移有明显的区别。这种遗传信息的转移即为基因重组,在原核生物中基因重组主要包括细菌的转化、转导、接合以及转座等现象。

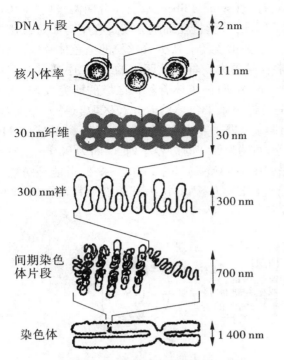

DNA 片段 — 2 nm

核小体率 — 11 nm

30 nm 纤维 — 30 nm

300 nm 祥 — 300 nm

间期染色体片段 — 700 nm

染色体 — 1 400 nm

图 8.4　染色质及染色体结构

松弛的 DNA 环

类核中央

折叠成活性结

活结内超螺旋

图 8.5　大肠杆菌的基因组形态

表 8.2　部分微生物中染色体的大小、形状及数量

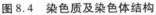

	微生物	描述	大小/Mb	形状	数量/条
细菌	*Mycoplasma genitalium*	是已知最小的细胞基因组	0.58	环形	1
	Borrelia burgdorferi	易引起关节炎疾病	0.91	线形	1
	Haemophilus influenzae	革兰氏阴性菌,可引起流感	1.83	环形	1
	Rhodobacter sphaeroides	革兰氏阴性菌,光养型	4.00	环形	2
	Bacillus subtilis	革兰氏阳性菌,遗传模式菌	4.21	环形	1
	Escherichia coli K-12	革兰氏阴性菌,遗传模式菌	4.64	环形	1
	Streptomyces coelicolor	放线菌,产多种抗生素	8.66	线形	1
古菌	*Methanococcus jannaschii*	产甲烷,高温下生长	1.66	环形	1
	Pyrococcus abyssi	高温条件下生长	1.77	环形	1
	Halobacterium sp. NRC1	高盐浓度下生长	2.57	环形	3
	Sulfolobus solfatarius	高温强酸条件下生长	2.99	环形	1
真核生物	*Giardia lamblia*	有鞭毛原生动物,致急性肠胃病	12.00	线形	4
	Saccharomyces cerevisiae	酵母,广泛用于科研和生产	12.06	线形	16
	Dictyostelium discoideum	细胞型黏霉菌,发育模式菌	34.00	线形	6
	Tetrahymena thermophila	有纤毛的原生动物	210.00	线形	5

染色体在细胞有丝分裂过程中由纺锤丝(spindle fiber)牵引而分向两极(图8.6),染色体与纺锤丝结合的区域称为着丝粒。因此,着丝粒在细胞分裂过程中对于母细胞中的遗传物质能否均衡地分配到子细胞去是至关重要的。缺少着丝粒的染色体片断,就不能和纺锤丝相连,在细胞分裂过程中经常容易丢失。着丝粒区域的 DNA 序列具有明显的特征。近来对酿酒酵母(*Saccharomyces cerevisiae*)染色体着丝粒区域的研究发现,该区域在不同染色体间可以相互替换,也就是说将一条染色体的着丝粒区域与另外一条互换,对染色体的结构和功能没有明显的影响。进一步分析发现,该着丝粒区域由 110 ~ 120 bp 的 DNA 链组成,可分为三个部分,两端为保守的边界序列,中间为 90 bp 左右富含 A+T(A+T>90%)的中间序列。边界序列中 DNA 的碱基序列非常保守,可能是纺锤丝结合的识别位点。而中间序列的碱基序列变化较大,因此认为其长度及其富含 A+T 的特性,可能比其具体的碱基序列更为重要。

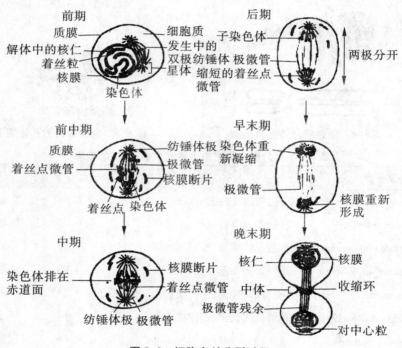

图8.6 细胞有丝分裂过程

染色体的末端称为端体(telomere),也称为端粒。端粒具有特殊的结构,主要有三方面的功能:①防止染色体末端被 DNA 酶酶切;②防止染色体末端与其他 DNA 分子结合;③使染色体末端在 DNA 复制过程中保持完整。对不同物种染色体末端的结构分析发现,所有染色体的末端都存在着串联的重复序列。但这种保守序列重复的次数在不同生物、同一生物的不同染色体,甚至同一染色体在不同的细胞生长时期也可能不同。端粒的结构与功能是当前分子生物学研究的热点之一。

8.1.3.2 质粒的概念、分类和功能

质粒(plasmid)是真核细胞细胞核外或原核生物拟核区外能够进行自主复制的遗传

单位,主要指真核生物的细胞器(主要指线粒体和叶绿体)中和细菌细胞拟核区以外的环状脱氧核糖核酸(DNA)分子(部分质粒为 RNA)。多为双股闭合环形的 DNA,存在于细胞质中。质粒编码非细胞生命所必需的某些生物学性状,如性菌毛、细菌素、毒素和耐药性等。质粒具有可自主复制、传给子代、也可丢失及在细菌之间转移等特性,与细菌的遗传变异有关。有些质粒称为附加体(episome),这类质粒能够整合进真菌的染色体,也能从整合位置上切离下来成为游离于染色体外的 DNA 分子。质粒在宿主细胞体内外都可复制。

目前,已发现有质粒的细菌有几百种,已知的绝大多数的细菌质粒都是闭合环状 DNA 分子(简称 cccDNA)。每个细胞中的质粒数主要决定于质粒本身的复制特性。按照复制性质,可以把质粒分为两类:一类是严谨型质粒,当细胞染色体复制一次时,质粒也复制一次,每个细胞内只有 1~2 个质粒;另一类是松弛型质粒,当染色体复制停止后仍然能继续复制,每一个细胞内一般有 20 个左右质粒。这些质粒的复制受寄主细胞的控制较松弛,每个细胞中含有 10~200 份拷贝,如果用一定的药物处理抑制寄主蛋白质的合成还会使质粒拷贝数增至几千份。如较早的质粒 pBR322 即属于松弛型质粒,要经过氯霉素处理才能达到更高拷贝数。在基因工程中质粒常被用做基因的载体(vector)。

8.1.3.3 线粒体和叶绿体中的遗传物质

在真核生物中,绝大部分 DNA 存在于细胞核内的染色体上,真核微生物染色体以外的 DNA 主要存在于细胞器中,如存在于细胞质中的叶绿体、线粒体等细胞器中。线粒体中有与呼吸相关的很多酶,是细胞能量工厂。叶绿体是光合作用产生 ATP 的细胞器。这些细胞器中的 DNA 常呈环状,可以单独复制。尽管线粒体和叶绿体中的染色体包含一些基因和完整的翻译系统,但这些细胞器中有些蛋白质仍依赖于细胞核染色体 DNA 来编码。细胞器 DNA 的含量只占染色体 DNA 的 1% 以下。RNA 在细胞核和细胞质中都存在,在核内 RNA 主要集中在核仁上,少量在染色体上。见表 8.3。

表8.3 遗传物质在细胞中存在的方式

	存在部位形式	特征描述
原核生物	染色体	双链 DNA 分子,特别长,通常环状
	质粒	相对较短,是染色体之外的环状双链 DNA 分子
	病毒基因组	单链、双链 DNA 或 RNA 分子
	转座子	在其他 DNA 分子中存在的双链 DNA 分子
真核生物	染色体	特别长的线性双链 DNA 分子
	质粒	染色体之外的线性或环状双链 DNA 分子,较短
	线粒体或叶绿体	中等长度的 DNA 分子,通常环状
	病毒基因组	单链、双链 DNA 或 RNA 分子
	转座子	在其他 DNA 分子中存在的双链 DNA 分子

8.1.4　遗传物质在细胞中的存在方式

8.1.4.1　细胞水平

真核微生物、原核微生物细胞除真核或拟核含有遗传物质外,在真核的细胞器和原核的质粒中也含有一定量的遗传物质。在不同的微生物细胞中,细胞核的数目是不同的,但孢子只有一个核。

8.1.4.2　细胞核水平

真核微生物的 DNA 与组蛋白结合在一起形成染色体,由核膜包裹,形成有固定形态的真核。

原核微生物的 DNA 不与任何蛋白质结合,也有少数与非组蛋白结合在一起,形成无核膜包裹的呈松散状态存在的核区,其中的 DNA 呈环状双链结构。

不论是真核微生物还是原核微生物,除细胞核外,在细胞质中还有能自主复制的遗传物质。例如,真核微生物的中心体、线粒体、叶绿体等细胞器及原核的质粒等。

原核微生物的质粒种类很多,常见的质粒有细菌的致育因子(F 因子)、抗药因子(R 因子)以及大肠杆菌素因子等。

8.1.4.3　染色体水平

真核微生物的细胞核中染色体数目较多,而原核微生物中只有一条。除染色体的数目外,染色体的套数也不相同,有单倍体、双倍体之分。

8.1.4.4　核酸水平

遗传物质是 DNA 还是 RNA,是双链还是单链结构,呈环状还是线状,大小及长短差别也很大。

8.1.4.5　基因水平

原核生物的基因可分为调节基因、启动基因、操纵基因和结构基因。

8.1.4.6　密码子水平

遗传密码是指 DNA 链上特定的核苷酸排列顺序。基因中携带的遗传信息通过 mRNA 传给蛋白质。遗传密码的单位三联体密码子,一般都用 mRNA 上的 3 个核苷酸序列来表示。

8.1.4.7　核苷酸水平

核苷酸是核酸的组成单位,大多数微生物的 DNA 中只含有 dAMP、dTMP、dGMP 和 dCMP 四种脱氧核糖核苷酸;在大多数 RNA 中只含有 AMP、UMP、GMP 和 CMP 四种核糖核苷酸。核苷酸是最小的突变单位或交换单位。

8.1.5　基因组

基因组(genome)是一种生物染色体内全部遗传物质的总和,它包括基因及基因间的核苷酸序列。基因组和基因一样,都是以 DNA 的长度和序列来表示的。不同生物的基因组在大小、结构以及复杂程度方面存在巨大的差异,这主要是由基因组内基因的数量、种类和排列形式决定的。通常进化程度越高的生物,其基因组水平的复杂程度也越高。

8.1.5.1　原核生物的基因组及其特点

原核生物通常为单细胞生物,细胞中没有明显的细胞核结构,其遗传物质主要是一条裸露的"染色体"DNA。然而很多原核生物体内还包含一个或多个线形或环形的质粒DNA,染色体DNA与质粒DNA一起构成了原核生物的基因组,大小通常在10^6 bp以上。

原核生物的基因组主要有以下几个特点:①原核生物基因组通常仅由一条环形双链DNA分子构成;②原核生物的基因组只有一个复制起始位点(ori);③原核生物基因组有操纵子结构,可以同时调控多个串联在一起的相关基因;④编码蛋白质的结构基因通常是单拷贝的,但编码RNA的基因通常多拷贝存在;⑤非编码DNA所占比例很小;⑥基因组DNA具有多种调控区,如复制起始区、复制终止区、转录启动子、转录终止区等;⑦具有与真核生物类似的可移动DNA序列。

操纵子指功能上密切相关的基因集中在一起,受同一个调控区的调控,并且转录成多基因的mRNA,如乳糖操纵子,多个功能相关的基因连在一起,同时被调控。

8.1.5.2　真核生物的基因组及其特点

真核生物在细胞结构、功能上比原核生物复杂,其细胞结构有一个共同特点即存在一个有核膜的细胞核,使细胞核与细胞质分离。真核生物的基因组通常不仅包括细胞核内的染色体DNA,还包括线粒体及叶绿体内的细胞器DNA,即所有DNA的总和。

真核生物基因组主要有以下几个特点:①基因组的分子量远高于原核生物,低等真核生物基因组大小为$10^7 \sim 10^8$ bp,而高等真核生物的基因组可以达到$5 \times 10^8 \sim 10^{10}$ bp;②真核生物通常含有多条线形的染色体结构,每个染色体都有多个独立存在的复制起始区;③真核生物的染色体是由DNA和组蛋白以及其他一些非组蛋白构成的复合体;④由于核膜的存在,基因表达过程中转录和翻译是在不同位置进行的,相互间隔;⑤基因组内含有大量的非编码DNA以及重复序列;⑥真核生物编码蛋白质的结构基因通常为单拷贝,受多个功能密切但相距很远的调控基因控制,不含操纵子结构;⑦基因组内存在可移动的DNA序列;⑧绝大多数真核生物基因组含有内含子结构。

8.1.5.3　病毒的基因组及其特点

病毒是区别于真核生物和原核生物的一类最简单的生物,它的结构一般为蛋白质外壳包裹着内部的遗传物质。由于病毒遗传物质的复制通常依赖于宿主进行,因此病毒的基因组结构既简单,但又包含一些宿主基因组的特点:①病毒的基因组远小于原核生物基因组,包含的遗传信息很少,只编码少数几种蛋白质;②病毒基因组可以由DNA或RNA构成,但每种病毒只含有一种核酸;③病毒基因组内存在基因重叠现象,这种特点进一步压缩了病毒基因组的体积;④病毒基因组内的基因几乎全部用来编码蛋白质;⑤病毒基因组中相关基因通常紧密排列,组成功能单元或转录单元;⑥病毒的基因通常是连续的,即先转录成一条长链mRNA,再经过剪切形成成熟mRNA。

8.2 基因突变和诱变育种

8.2.1 基因突变的概念、分类及特点

8.2.1.1 基因突变的概念和分类

突变(mutation)就是遗传物质中的核苷酸序列发生了变化,突变可分基因突变和染色体突变,其中以基因突变为主。基因突变(gene mutation)是由于 DNA 链上的一对或几对碱基发生改变引起的,这种变异是可遗传的。在微生物中突变经常发生,研究它不但有助于了解遗传物质及生物进化,而且还为诱变育种提供必要的理论基础。

按照发生的原因来划分,基因突变分为自发突变(spontanous mutation)和诱发突变(induced mutation)。自发突变是指在自然条件下(如传代、宇宙射线作用等),微生物发生的突变。诱发突变是人们利用物理或化学因素处理微生物使其发生的突变。

按照碱基突变的形式划分,基因突变分为点突变(point mutation)、移码突变(frameshift mutation)以及基因片段的插入或缺失。点突变可以导致 DNA 链上碱基对的替换、插入或缺失。移码突变是指在正常的 DNA 分子中,碱基缺失或增加一个不完整的密码子,造成突变部位之后的一系列编码发生移位。

按照碱基对替换后基因编码蛋白质的情况来划分,基因突变可以分为沉默突变(silent mutation)、错义突变(missense mutation)、无义突变(nonsense mutation)和中性替代(neutral substitution)等。沉默突变即同义突变,突变虽然替换了碱基,但氨基酸顺序未变,仍合成正常的蛋白质,保持原有野生型的功能,即不是所有的 DNA 突变都能产生表型可见的改变(因有几组遗传密码同时编码一个氨基酸的情况存在)。错义突变是编码某种氨基酸的密码子经碱基替换以后,变成编码另一种氨基酸的密码子,从而使多肽链的氨基酸种类和序列发生改变,即错误地翻译成了另外的氨基酸。错义突变的结果通常能使多肽链丧失原有功能,许多蛋白质的异常就是由错义突变引起的。另一类 DNA 的碱基改变虽然导致氨基酸变化,但不影响相应蛋白质的活性(突变的是无关紧要的位置),称为中性替代。无义突变是编码某一氨基酸的三联体密码经碱基替换后,变成不编码任何氨基酸的终止密码 UAA、UAG 或 UGA。虽然无义突变并不引起氨基酸编码的错误,但由于终止密码出现在一条 mRNA 的中间部位,就使翻译时多肽链的就此终止,形成一条不完整的多肽链。

根据突变体表型不同,可把突变分成以下几种类型。

(1)营养缺陷型 某一野生型菌株因发生基因突变而丧失合成一种或几种生长因子、碱基或氨基酸的能力,因而无法在基本培养基(MM)上正常生长繁殖,称为营养缺陷型,它们可在加有相应营养物质的基本培养基平板上生长。

营养缺陷型突变株在遗传学、分子生物学、遗传工程和育种等工作中十分有用。

(2)抗性突变型 指野生型菌株因发生基因突变,而产生的对某化学药物或致死物理因子的抗性变异类型,它们可在加有相应药物或用相应物理因子处理的培养基平板上选出。

抗性突变型菌株在遗传学、分子生物学、遗传育种和遗传工程等研究中极其重要。

（3）条件致死突变型　在某一条件下表现致死效应,而在另一条件下不表现致死效应的突变型。如温度敏感突变体,它们不能在亲代能生长的温度范围内生长,而只能在较低的温度下才能生长。此外,还有代谢产物突变型、糖发酵突变型等。错义突变能导致酶对温度更加敏感,这是因为突变的蛋白质在低温下常常能保持其正确的构象而在高温时常发生错误折叠,引起蛋白质功能丧失。

广泛应用的一类是温度敏感突变型。这些突变型在一定温度条件下并不致死,所以可以在这一温度中保存下来。它们在另一温度下是致死的,通过它们的致死作用,可以用来研究基因的作用等问题。

（4）形态突变型　指由突变引起的个体或菌落形态的变异,一般属非选择性突变。例如,细菌的鞭毛或荚膜的有无,霉菌或放线菌的孢子有无或颜色变化,菌落表面的光滑、粗糙以及噬菌斑的大小、清晰度等的突变。

（5）抗原突变型　指由于基因突变引起的细胞抗原结构发生的变异类型,包括细胞壁缺陷变异（L 型细菌等）、荚膜或鞭毛成分变异等,一般也属非选择性突变。

（6）其他突变型　如毒力、糖发酵能力、代谢产物的种类和产量以及对某种药物的依赖性等的突变型。

8.2.1.2　基因突变的特点

（1）不对应性　即突变的性状与引起突变的原因间无直接的对应关系。突变性状都可通过自发的或其他任何诱变因子诱发得到。青霉素、紫外线或高温仅是起着淘汰原有非突变型（敏感型）个体的作用。

（2）自发性　在没有人为诱发因素的情况下,各种遗传性状的改变可以自发地产生。

（3）稀有性　指自发突变的频率较低,而且稳定,一般在 $10^{-6} \sim 10^{-9}$ 或更低。

（4）独立性　突变的发生一般是独立的,即在某一群体中,既可发生抗青霉素的突变型,也可发生抗链霉素或任何其他药物的抗药性。某一基因的突变,即不提高也不降低其他任何基因的突变率。突变不仅对某一细胞是随机的,且对某一基因也是随机的。

（5）可诱变性　通过各种物理、化学诱变剂的作用,可提高突变率 10 倍以上。

（6）稳定性　突变产生的新性状是稳定的和可遗传的。

（7）可逆性　由原始的野生型基因变异为突变型基因的过程称为正向突变,相反的过程则称为回复突变。

自然突变的概率是极低的。在 DNA 的一个复制过程中每个碱基对发生错配的概率在 $10^{-7} \sim 10^{-11}$,如果一个典型的基因包含 1 000 个碱基对,则微生物每代基因的突变率在 $10^{-4} \sim 10^{-8}$,更直观地说,大约每百万个细胞中才有一个细胞突变。

基因突变之后容易发生回复突变（back mutation）。回复突变有两种形式:一是原突变位点上的回复突变,即突变基因再次发生突变又恢复原来的基因,碱基顺序又变为原来的碱基顺序,表现型回到原有的表现型,故亦称真正的回复突变;二是第二位点突变（second site mutation）或基因内校正（intragenic suppression）,即第二次突变发生在原突变位点之外的另一部位上。就一个基因而言,回复突变率通常要比原突变率低,有的突变基因完全不发生回复突变,这样的基因认为是由于原来的基因发生缺失造成的。

8.2.1.3　基因突变的机制

（1）诱发突变　诱发突变简称诱变,是指通过人为的方法,利用物理、化学或生物因素显著提高基因自发突变频率的手段。凡具有诱变效应的任何因素,都可称为诱变剂。

1)碱基的置换 碱基置换可分为两类:一类叫转换,即 DNA 链中的一个嘌呤被另一个嘌呤或是一个嘧啶被另一个嘧啶所取代;另一类叫颠换,即一个嘌呤被另一个嘧啶或是一个嘧啶被另一个嘌呤所取代。

直接引起置换的诱变剂是一类可直接与核酸的碱基发生化学反应的诱变剂,在体内或离体条件下均可发生作用。例如,亚硝酸、羟胺和各种烷化剂[硫酸二乙酯(DES)、甲基磺酸乙酯(EMS)、N-甲基-N′-硝基-N-亚硝基胍(NTG)、乙烯亚胺、环氧乙酸、氮芥]等,它们可与一个或几个碱基发生生化反应,引起 DNA 复制时发生转换。能引起颠换的诱变剂较少。

间接引起置换的诱变剂是一些碱基类似物,如 5-溴尿嘧啶(5-BU)、5-氨基尿嘧啶(5-AU)、8-氮鸟嘌呤(8-NG)、2-氨基嘌呤(2-AP)和 6-氯嘌呤(6-CP)等。诱变作用是通过活细胞的代谢活动掺入到 DNA 分子中而引起的,是间接的。

2)移码突变 指诱变剂会使 DNA 序列中一个或少数几个核苷酸发生增添(插入)或缺失,从而使该部位后面的全部遗传密码发生转录和翻译错误的一类突变。由移码突变所产生的突变株,称为移码突变株,与染色体畸变相比,移码突变只能算是 DNA 分子的微小损伤。

能引起移码突变的因素:吖啶类染料,包括原黄素、吖啶黄、吖啶橙和 α-氨基吖啶等,以及一系列"ICR"类化合物。

吖啶类化合物引起移码突变的机制:因为它们都是一种平面型三环分子,结构与一个嘌呤-嘧啶对十分相似,故能嵌入两个相邻 DNA 碱基对之间,造成双螺旋的部分解开,在 DNA 复制过程中,使链上增添或缺失一个碱基,并引起移码突变。

3)染色体畸变 某些强烈理化因子,如 X 射线等的辐射及烷化剂、亚硝酸等,除了能引起点突变外,还会引起 DNA 的大损伤即染色体畸变,既包括染色体结构上的缺失、重复、插入、易位和倒位,也包括染色体数目的变化。

(2)自发突变 自发突变是指生物体在无人工干预下自然发生的低频率突变。自发突变的可能机制:背景辐射和环境因素的诱变;微生物自身有害代谢产物的诱变;DNA 复制过程中碱基配对错误。

8.2.2 DNA 损伤的修复

微生物 DNA 的突变和损伤可以导致微生物的变异和死亡,在长期进化过程中,微生物亦产生了多种方式去修复损伤后的 DNA。

8.2.2.1 光复活作用

把经 UV 照射后的微生物立即暴露于可见光下时,就可出现其突变率和死亡率明显降低的现象,这就是光复活作用(photo reactivation)。最早是 A. Kelner(1949 年)在灰色链霉菌中发现的,后在许多微生物中都陆续得到了证实。

光复活由 *phr* 基因编码的光解酶 PHr 进行。PHr 在黑暗中专一性地识别嘧啶二聚体,并与之结合,形成酶-DNA 复合物,当在 300~500 nm 可见光下时,酶被光能激活,将二聚体拆开,恢复 DNA 原状,光解酶也从复合物中释放出来,以便重新发挥功能。由于在一般的微生物中都存在着光复活作用,所以在进行微生物紫外线诱变育种时,应在避光或在红光条件下操作和培养。但因为在高剂量紫外线诱变处理后,细胞的光复活主要是致死效应的回复,突变效应不回复,因此,有时也可以采用紫外线和可见光交替处理,以增加菌体的突变率;光复活的程度与可见光照射时间、强度和温度等因素有关。

8.2.2.2 切除修复

切除修复(excision repair)是活细胞内对被紫外线等诱变剂损伤后的 DNA 进行修复的方式之一,又称暗修复。这是一种不依赖可见光,只通过酶切作用去除嘧啶二聚体,随后重新合成一段正常 DNA 链的核酸修复方式。

在整个修复过程中,共有四种酶参与:①核酸内切酶在胸腺嘧啶二聚体的 5′-侧切开一个 3′-OH 和 5′-P 的单链缺口;②核酸外切酶从 5′-P 至 3′-OH 方向切除二聚体,并扩大缺口;③DNA 聚合酶以 DNA 的另一条互补链为模板,从原有链上暴露的 3′-OH 起逐个延长,重新合成一条缺失的 DNA 链;④通过连接酶的作用,把新合成的寡核苷酸的 3′-OH 末端与原链的 5′-P 末端相连接,从而完成了修复作用。

8.2.2.3 重组修复

重组修复是在 DNA 复制时进行的一种越过损伤的修复,又称复制后修复(post replication repair)。这种修复不将损伤的碱基除去,而是通过复制后,经染色体交换,使子链上的空隙部位不再面对着损伤的序列而是面对着正常的单链,在这种条件下 DNA 聚合酶和连接酶便起作用将空隙部位进行修复。

重组修复(recombination repair)与 *recA*、*recB* 和 *recC* 基因有关。*recA* 编码一种分子量为 40 000 的蛋白质,它具有交换 DNA 的活力,在重组和重组修复中起关键作用,*recB* 和 *recC* 基因分别编码核酸外切酶的两个亚基,该酶也是重组和重组修复所必需的,修复合成中需要的 DNA 聚合酶和连接酶的功能和切除修复相同。

重组修复中损伤的 DNA 并没有被除去,当进行下一轮复制时,留在母链上的损伤仍会给复制带来困难,还需要重组修复来弥补,直到损伤被切除修复消除。但是随着复制的进行,后代的细胞群中的损伤 DNA 将逐渐被稀释掉。

8.2.2.4 SOS 修复

SOS 修复是在 DNA 分子受到重大损伤或脱氧核糖核酸的复制受阻时诱导产生的一种应急反应(SOS response),广泛存在于原核生物和真核生物中。SOS 修复涉及称为 DNA 紧急修复基因(SOS DNA repair gene)的一批基因,包括切除修复基因(*uvrA*、*uvrB*、*uvrC*)、重组修复基因(*recA*)以及 *lexA* 等。这些基因在 DNA 未受重大损伤时受 LexA 阻遏蛋白的抑制,LexA 阻遏蛋白与 *lexA*、*recA*、*uvrA*、*uvrB* 的操纵区相结合,使 mRNA 和蛋白质合成都保持在低水平状态,只合成少量 Uvr 修复蛋白用于零星损伤修复。一旦 DNA 受到重大损伤,少量存在的 RecA 蛋白立即与 DNA 单链结合,结合后其修复活性被激活,激活的 RecA 蛋白切开 LexA 阻遏蛋白,使基因得以表达,产生的修复蛋白对损伤的 DNA 部分进行切除而修复整个 DNA。

研究表明,经紫外线照射的大肠杆菌还可能诱导产生一种称之为错误倾向的 DNA 聚合酶,催化空缺部位的 DNA 修复合成,但由于它们识别碱基的精确度低,因此容易造成复制差错,这是一种以提高突变率来换取生命存活的修复,又称错误倾向的 SOS 修复,由此可见,生物体有少量突变产生总比根本不能进行 DNA 复制要好得多。但在整个修

202

食品微生物学

复过程中,修复和纠正错误是普遍的,而错误倾向的修复是极少数的,因此,修复复制产生的突变比未修复的要少得多。

8.2.3 自发突变与随机选育

在日常的生产过程中,微生物也会以一定频率发生自然突变。在营养条件好时,自发突变主要由 DNA 错误复制(misreplication)形成;当营养条件或环境条件变化时,自然发生的 DNA 损伤造成自发突变。

随机选育是指将各单细胞菌株,不加选择地随机进行发酵并测定其单位产量,从中选出产量最高者进一步复试。随机选育优点是较为可靠,筛选出来的菌株的生理条件与发酵罐生产条件比较接近,便于规模放大。缺点是随机性大,需要进行大量筛选工作才有可能获得性状较好的菌株。在进行随机选育时要善于细致观察,及时抓住良机来选育优良的生产菌种。例如,从污染噬菌体的发酵液中有可能分离到抗噬菌体的菌株。

8.2.4 理化诱变与定向推理选育

由于自发突变概率很低,在育种时只靠自发突变获得突变体很少,从群体中筛选出个别有价值的优良突变体的机会就更少。应用物理因素或化学物质能够提高突变率,能够获得有价值的优良突变体,所以目前诱发突变已广泛用于微生物育种的许多方面,如筛选抗药物突变菌株、代谢产物高产突变菌株、抗噬菌体突变菌株等都获得了显著成就。

8.2.4.1 诱变育种的基本步骤

诱变育种就是利用物理或化学诱变剂处理均匀分散的微生物群体,促进其突变频率大幅度提高,从中挑选少数符合育种目的的突变菌株,以供生产实践或科学实验之用。

诱变育种的基本环节是用合适的诱变剂处理大量而分散的微生物悬液,或处理生长在固体培养基上的菌体,以引起绝大多数细胞死亡,并提高存活个体的变异频率,然后淘汰负变菌株,把正变菌株中少数变异幅度最大的优良菌株巧妙地挑选出来,将少数适宜投产者进行投产。诱变育种不仅可提高菌种的生产能力,而且还可以改进产品质量,简化生产工艺。从方法来讲,它具有速度快、收效显著等优点。因此科学实验和生产上都广泛利用。

进行诱变育种时,首先是制定筛选方法。筛选方法一般分为初筛与复筛两个阶段,前者以量为主,后者以质为主,筛选步骤如下:

(1)初筛 原始菌种→菌种纯化→出发菌株→制单细胞悬液→活菌计数→用诱变剂处理→挑取变异菌株→初筛优良菌株。

(2)复筛 初筛的菌株→摇瓶发酵→观察测定→平皿培养→挑取优良菌株(复筛)→测定生产性能→投产试验。

8.2.4.2 常用的诱变方法

(1)物理诱变方法 紫外线、X 射线、γ 射线、β 射线、快中子等是常用的物理诱变因素,用于诱变的射线可以分为电离辐射和非电离辐射两种类型,紫外线属于非电离辐射,在菌种诱变方面使用较广。X 射线、β 射线、γ 射线属于电离辐射,是电磁波。一般具有很高的能量,能产生电离作用,因而能直接或间接地改变 DNA 结构。随后人们进一步开发出激光、微波、离子束等物理诱变方法,进一步提高了诱变率,降低死亡率。

(2)化学诱变方法 化学诱变是一种传统而经典的微生物育种技术,不仅在高产工业菌株选育中得到广泛应用,而且还用于改造野生菌株的代谢功能,从而发现新的活性物质。在实际应用中,化学诱变既有利用某一种化学诱变剂的单一诱变,也有组合利用化学或其他多种诱变剂的复合诱变,还有化学诱变联合抗生素抗性筛选等。化学诱变机制主要是化学物质可引起 DNA 链的碱基对的置换错配。常用化学诱变剂有以下几种。

1)碱基类似物 它具有与正常碱基相同的分子骨架结构,可替代正常碱基掺入到 DNA 分子中,在复制过程造成碱基错配而发生突变,从而影响遗传特性。如 5-溴尿嘧啶(5-BU)、5-氟尿嘧啶(5-FU)、6-氮杂尿嘧啶(6-NU)等,嘌呤类似物有 2-氨基嘌呤(2-AP)、6-巯基嘌呤(6-MP)、8-氮鸟嘌呤(8-NG)等。

2)烷化剂 烷化剂类化学诱变剂主要通过对 DNA 分子中碱基的烷基化修饰,破坏正常生物学功能,从而影响遗传特性。烷化剂种类较多,如硫芥(氮芥)类、环氧衍生物类、乙撑亚胺类、硫酸(磺酸)酯类、重氮烷类、亚硝基类等。其中,亚硝基乙基脲、亚硝基胍、硫酸二乙酯、甲基磺酸甲酯、甲基磺酸乙酯等较为常用。无论是气态的重氮烷还是液态的硫酸二乙酯或固态的亚硝基胍,都能产生较理想的诱变效果,近年应用较多的是硫酸二乙酯和亚硝基胍。

3)移码诱变剂 移码诱变剂是指能够引起 DNA 分子中组成遗传密码的碱基发生移位复制,致使遗传密码发生相应碱基位移重组的一类化学诱变物质,主要为吖啶类杂环化合物,常用的有吖啶橙和原黄素两种。吖啶及其衍生物类可插入到 DNA 分子中,通过复制过程导致遗传密码中碱基移位重组,最终改变突变株的遗传特性。

4)其他类诱变剂(或称协同诱变剂) 其他类较常用的还有亚硝酸及其盐和部分金属化合物。亚硝酸(盐)作为一种最早被发现的其他类诱变剂在提高产能以及改善微生物有用性能方面有明显作用。

8.2.4.3 理化诱变方法的选择与应用

理化诱变方法按照使用方法可以分为单一诱变和复合诱变。单一诱变是指在菌株选育中用一种诱变因子致突变的育种实验方法,在化学诱变育种研究中,当仅用一种诱变剂就能达到所需选育目的时,不失为最简便快捷的育种方法。由于微生物突变机制复杂,单一诱变往往难以达到预期目的,因此诱变育种往往采用组合两种或两种以上化学或其他诱变剂的育种方法,即复合诱变法。这种方法可一定程度上克服诱变的盲目性,提高正向诱变效果,因此越来越趋于被大多育种研究所采纳。

理化诱变过程通常要在避光条件下进行,因为光照条件下会发生光复活作用(photoreactivation)。菌体细胞经低剂量的紫外线照射后,再暴露在可见光下,其诱变效应或致死作用均下降,这种可见光对紫外线辐照后的效应称为光复活作用。

8.2.4.4 突变菌株的常用筛选方法

(1)营养缺陷型突变株的筛选 营养缺陷型是指通过诱变产生的、丧失某种酶合成能力的突变,因而只能在加有该酶合成产物的培养基中才能生长的突变株。营养缺陷型菌株不仅在生产中可直接作发酵生产核苷酸、氨基酸等中间产物的生产菌,而且在科学实验中也是研究代谢途径的好材料和研究杂交、转化、转导、原生质融合等遗传规律必不可少的遗传标记菌种。其筛选一般要经过诱变、淘汰野生型、检出和鉴定营养缺陷型四个环节。

(2)抗生素法 利用突变菌株丢失或者获得了某种抗生素抗性的特点对突变菌株进行筛选,常用的方法有青霉素法和制霉菌素法等数种。青霉素法适用于细菌,青霉素能抑制细菌细胞壁的生物合成,杀死正在繁殖的野生型细菌,但无法杀死正处于休止状态的营养缺陷型细菌。制霉菌素法则适合于真菌,制霉菌素可与真菌细胞膜上的甾醇作用,从而引起膜的损伤,也是只能杀死生长繁殖着的酵母菌或霉菌。在基本培养基中加入抗生素,野生型被杀死,营养缺陷型不能在基本培养基中生长而被保留下来。

8.2.4.5 定向推理选育策略

产量是评价一种发酵产物工业开发前景的重要指标,它主要由生产菌株的特性决定。针对抗生素高产菌株的选育具有越来越重要的应用价值。自然突变和分离纯化技术目前仅在工业生产中用于维持菌种的生产力,很少单独用于菌种选育;而传统的理化诱变技术盲目性大、育种周期长、工作量大、正突变概率低;推理选育技术是20世纪50年代末发展起来的一种定向育种技术,即在传统诱变的基础上,根据目标产物的生物合成以及相关代谢途径设计特定的培养条件,对诱变得到的随机突变株进行定向筛选,以获得特性改良、适合工业生产要求的菌株。经过多年的发展和完善,推理选育技术已经在多种生产菌株改良过程中得到很好的应用。

目前,推理选育技术普遍应用于多种抗生素生产菌株选育工作中,如万古霉素、盐霉素、螺旋霉素、林可霉素、头孢菌素、博莱霉素等,均获得了较为理想的结果。

推理选育的本质是定向筛选经理化诱变后菌体本身生长代谢调控出现异常,从而具有更高应用价值的菌株。在设计推理选育方案时,一方面要对目标产物的生物合成途径以及调控系统有清楚的认识,了解其前体物质组成、合成过程中的关键酶和限速步骤,能够影响这几种因素的都可以作为推理选育的筛选压力;另一方面要对所选育菌株的生长条件有深入的了解,寻找菌株生长敏感性物质,例如某些能够影响菌株生长并且与抗生素结构相关的物质(可以是起始单元,也可以是一部分结构单元),某些金属离子及盐类如 Cu^{2+}、Zn^{2+}、磷酸盐、硝酸盐等,它们会影响菌株的呼吸代谢,因此也可作为筛选压力。综上所述,推理选育的出发角度是由目标产物的生物合成途径以及菌株生长性状来决定的。具体流程见图8.7。

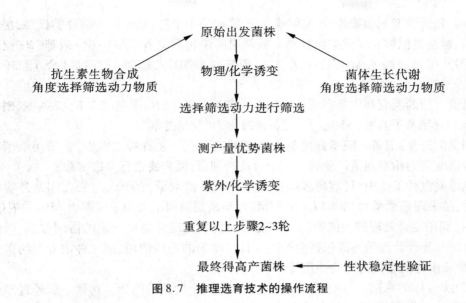

图 8.7　推理选育技术的操作流程

8.2.5　高通量筛选技术

高通量筛选技术是决定菌种选育工作效率的一个非常重要的决定性因素,适当的筛选方法可以大大缩短高产菌株的筛选周期。目前常用的高通量筛选技术包括选择适当的筛选压力、减少突变株的再生数量、抑菌圈或降解圈法以及利用目标产物的特征性物理化学性质设计的快速检测方法(如特定的吸收波长或显色方法)等。

8.2.6　诱变育种中应注意的问题

(1)挑选优良的出发菌株

1)以单倍体纯种为出发菌株,可排除异核体和异质体的影响。

2)采用具有优良性状的菌株,如生长速度快、营养要求低以及产孢子早而多的菌株。

3)选择对诱变剂敏感的菌株。由于有些菌株在发生某一变异后,会提高对其他诱变因素的敏感性,故可考虑选择已发生其他变异的菌株为出发菌株。

4)多挑选一些已经过诱变的菌株为出发菌株,进行多步育种,确保高产菌株的获得。

(2)菌悬液的制备　一般采用生理状态一致(用选择法或诱导法使微生物同步生长)的单细胞或孢子进行诱变处理。

细菌在对数期诱变处理效果较好;霉菌或放线菌的分生孢子一般都处于休眠状态,所以培养时间的长短对孢子影响不大,但稍加萌发后的孢子则可提高诱变效率。

要得到均匀分散的细胞悬液,可用无菌的玻璃珠来打散成团的细胞,然后再用脱脂棉过滤。

一般处理真菌的孢子或酵母细胞时,其悬浮液的浓度大约为 10^6 个/mL,细菌和放线菌孢子的浓度大约为 10^8 个/mL。

另外,根据选用的诱变剂不同,菌悬液可用生理盐水或缓冲液配置。

(3)选择简便有效、最适剂量的诱变剂　诱变剂主要有两大类,即物理诱变剂和化学诱变剂。物理诱变剂如紫外线、X射线、γ射线和快中子等;化学诱变剂种类极多,主要有烷化剂、碱基类似物和吖啶类化合物。最常用的烷化剂有N-甲基-N′-硝基-N-亚硝基胍(NTG)、甲基磺酸乙酯(EMS)、甲基亚硝基脲(NMU)、硫酸二乙酯(DES)和环氧乙烷等。

目前常用的诱变剂主要有紫外线(UV)、硫酸二乙酯、N-甲基-N′-硝基-N-亚硝基胍(NTG)和亚硝基甲基脲(NMU)等,后两种被称为"超诱变剂"。

剂量的选择:剂量一般指强度与作用时间的乘积。在育种实践中,常采用杀菌率来作各种诱变剂的相对剂量。要确定一个合适的剂量,通常要进行多次试验。

在诱变育种工作中,目前比较倾向于采用较低的剂量。例如,过去在用紫外线作诱变剂时,常采用杀菌率为90%以上的剂量,近年来则倾向于采用杀菌率为75%的剂量。

(4)利用复合处理的协同效应　诱变剂的复合处理常呈现一定的协同效应,因而对育种有利。复合处理的方法包括两种或多种诱变剂的先后使用,同一种诱变剂的重复使用,两种或多种诱变剂的同时使用等。

(5)突变体的筛选　一般要经过初筛和复筛两个阶段的筛选。初筛一般通过平板稀释法获得单个菌落,然后对各个菌落进行有关性状的初步测定,从中选出具有优良性状的菌落。复筛指对初筛出的菌株的有关性状进行精确的定量测定。

8.2.7　营养缺陷型突变株的筛选

营养缺陷型是指通过诱变产生的,由于发生了丧失某酶合成能力的突变,因而只能在加有该酶合成产物的培养基中才能生长的突变株。

营养缺陷型的筛选与鉴定涉及下列几种培养基。

基本培养基(MM,符号为[-])是指仅能满足某微生物的野生型菌株生长所需的最低成分的合成培养基。

完全培养基(CM,符号为[+])是指可满足某种微生物的一切营养缺陷型菌株的营养需要的天然或半合成培养基。

补充培养基(SM,符号为[A]或[B]等)是指在基本培养基中添加某种营养物质以满足该营养物质缺陷型菌株生长需求的合成或半合成培养基。

营养缺陷型的筛选一般要经过诱变、淘汰野生型、检出和鉴定营养缺陷型四个环节。

第一步诱变剂处理,与上述一般诱变处理相同。

第二步淘汰野生型,在诱变后的存活个体中,营养缺陷型的比例一般较低。通过以下的抗生素法或菌丝过滤法就可淘汰为数众多的野生型菌株,即相对浓缩了营养缺陷型。

抗生素法有青霉素法和制霉菌素法等数种。

青霉素法适用于细菌,青霉素能抑制细菌细胞壁的生物合成,杀死正在繁殖的野生型细菌,但无法杀死正处于休止状态的营养缺陷型细菌。

制霉菌素法则适合于真菌,制霉菌素可与真菌细胞膜上的甾醇作用,从而引起膜的损伤,也只能杀死生长繁殖着的酵母菌或霉菌。

在基本培养基中加入抗生素,野生型生长被杀死,营养缺陷型不能在基本培养基中生长而被保留下来。

菌丝过滤法适用于丝状生长的真菌和放线菌。

原理:在基本培养基中,野生型菌株的孢子能发芽成菌丝,而营养缺陷型的孢子则不能。通过过滤就可除去大部分野生型,保留下营养缺陷型。

第三步检出缺陷型,具体方法很多。

用一个培养皿即可检出:夹层培养法和限量补充培养法。

在不同培养皿上分别进行对照和检出:逐个检出法和影印接种法。

夹层培养法:先在培养皿底部倒一薄层不含菌的基本培养基,待凝,添加一层混有经诱变剂处理菌液的基本培养基,其上再浇一薄层不含菌的基本培养基,经培养后,对首次出现的菌落用记号笔一一标在皿底。然后再加一层完全培养基,培养后新出现的小菌落多数都是营养缺陷型突变株。

限量补充培养法:把诱变处理后的细胞接种在含有微量(<0.01%)蛋白胨的基本培养基平板上,野生型细胞就迅速长成较大的菌落,而营养缺陷型则缓慢生长成小菌落。

若需获得某一特定营养缺陷型,可再在基本培养基中加入微量的相应物质。

逐个检出法:把经诱变处理的细胞群涂布在完全培养基的琼脂平板上,待长成单个菌落后,用接种针或灭过菌的牙签把这些单个菌落逐个整齐地分别接种到基本培养基平板和另一完全培养基平板上,使两个平板上的菌落位置严格对应。经培养后,如果在完全培养基平板的某一部位上长出菌落,而在基本培养基的相应位置上却不长,说明此乃营养缺陷型。

影印平板法:将诱变剂处理后的细胞群涂布在一完全培养基平板上,经培养长出许多菌落。用"印章"把此平板上的全部菌落转印到另一基本培养基平板上。经培养后,比较前后两个平板上长出的菌落。如果发现在前一培养基平板上的某一部位长有菌落,而在后一平板上的相应部位却呈空白,说明这就是一个营养缺陷型突变株。

第四步鉴定缺陷型,生长谱法。

概念:生长谱法是指在混有供试菌的平板表面点加微量营养物,视某营养物的周围是否长菌来确定该供试菌的营养要求的一种快速、直观的方法。

操作:把生长在完全培养液里的营养缺陷型细胞经离心和无菌水清洗后,配成适当浓度的悬液(如 $10^7 \sim 10^8$ 个/mL),取 0.1 mL 与基本培养基均匀混合后,倾注在培养皿内,待凝固、表面干燥后,在皿背划几个区,然后在平板上按区加上微量待鉴定缺陷型所需的营养物粉末(用滤纸片法也可),如氨基酸、维生素、嘌呤或嘧啶碱基等。

经培养后,如发现某一营养物的周围有生长圈,就说明此菌就是该营养物的缺陷型突变株。用类似方法还可测定双重或多重营养缺陷型。

8.3 基因重组和杂交育种

基因重组(gene recombination)和杂交(hybridization)是改变遗传性状的又一重要途径。因为重组是将含有不同基因结构的 DNA 融合,使基因重组并遗传给后代,产生新遗传个体的方式。原核生物基因重组的主要方式有转化、转导、接合和原生质体融合等。

生物群体在漫长的进化过程中,基因会发生自发突变,但单个生物基因突变的概率是非常低的,并且涉及的基因数量也非常有限,因此利用生物体自发的基因突变来实现优势基因的整合通常都要经历漫长的时期。然而通过人为方法使基因重组,可以产生适应能力更强的新的基因型,从而使整个生物种群维持在一种有利基因不断积累的动态变化过程中。

广义上来说,有目的地将一个个体细胞内的遗传基因转移到另外一个不同性状的个体细胞基因组内,使之发生遗传变异的过程,称之为基因重组。基因重组包括真核生物有性生殖过程中来自于双亲本的基因的组合排列,也有基因工程技术中人为的对不同物种之间的基因进行融合。来自供体的目标基因被转入受体细胞后,可以进行基因产物的表达,从而获得用一般方法难以获得的表达产物,如胰岛素、干扰素、乙型肝炎疫苗等都是通过以相应基因与大肠杆菌或者酵母菌进行基因重组而大量生产的。

基因重组按照重组机制和对蛋白质因子的要求可以分为同源重组(homologous recombination)、位点特异性重组(site-specific recombination)和异常重组(illegitimate recombination)。同源重组指依赖大范围的 DNA 同源序列的联会以及重组蛋白,真核生物的两条染色体或原核生物的 DNA 分子交换对等(同源)的部分。真核生物的非姐妹染色单体的交换、细菌以及某些低等真核生物的转化、细菌的转导和染色体的重组等都属于同源重组。位点特异性重组发生在两个 DNA 分子的特异位点上,通过小范围内 DNA 同源序列的联会发生重组,并且重组过程也只限于联会的小范围内。异常重组是指两个 DNA 分子并不交换对等的部分,有时只是一个 DNA 分子整合到另一个 DNA 分子中。异常重组发生在顺序不同的 DNA 分子之间,往往依赖于 DNA 复制过程进行,例如转座过程中转座因子从染色体的一个区段转移到另一个区段,或者从一条染色体转移到另一条染色体中,此过程的发生也不需要如 RecA 这样的重组蛋白参与。

基因重组虽然与基因突变一样是 DNA 分子发生的某些改变,但是两者也有非常明确的区别。基因重组是指非等位基因间的重新组合,能够产生大量的变异类型,但是这些变异类型都只是新的基因型,而不能产生新的基因。基因重组的细胞学基础是性原细胞的减数分裂第一次分裂,同源染色体批次分裂时非同源染色体自由组合并在同源染色单体之间发生交叉互换,基因重组是杂交育种的理论基础。

8.3.1 原核生物的基因重组

原核生物是结构最为简单的生物体,通常都以单细胞形态存在,主要包括细菌和蓝、绿藻等。由于原核生物的细胞结构简单,人们更容易对其进行遗传改造获得各种突变株,并且原核生物的繁殖速度通常较快,可以大大提高人们遗传改造的效率,因此它是基因工程和遗传学研究的重要对象。虽然原核生物的基因组结构相对真核生物来说更为简单,但是由于两者具有相同的遗传规律,因此对原核生物基因组结构和功能的研究对于了解真核生物进而到高等生物直至人类基因的结构及活动规律都具有重要的理论价值。另外由于原核生物通常是以单细胞形态生活,受周围环境的影响更加直接,并且可以在固体培养基上通过无性繁殖方式形成单个的菌落,单细胞形态更便于进行基因水平的精细结构分析,这些都是原核生物作为基因工程研究对象的重要原因。

8.3.1.1 转化

受体细胞直接吸收供体细胞的 DNA 片段,并与其染色体中的同源片段进行遗传物质交换,从而使受体细胞获得新的遗传性状的现象称为细菌的转化。最早的转化现象是

1928 年英国微生物学家格里菲斯(F. Griffith)在肺炎双球菌中发现的(图 8.1)。当时他在研究引起肺炎的肺炎双球菌的致病能力时,意外的观察到热灭活的致病性 S 型细菌与活的非致病性 R 型细菌混合,能够使小部分非致病性 R 型细菌转变成为 S 型病原体。

转化也指同源或异源的游离 DNA 分子(质粒和染色体 DNA)被自然或人工感受态细胞摄取,并能够表达的、水平方向的基因转移过程。通过转化方式而形成的杂种后代,称转化子(transformant)。

(1)容易发生转化的微生物种类　在原核微生物中主要有肺炎链球菌、嗜血杆菌、芽孢杆菌、奈瑟球菌、根瘤菌、葡萄球菌、假单胞菌和黄单胞菌等;在真核微生物中有啤酒酵母、粗糙脉孢霉和黑曲霉等。但大肠杆菌(*E. coli*)等很难进行转化,为此在较低温度下用 $CaCl_2$ 处理 *E. coli* 的球状体,可使细胞壁通透性增加而发生低频率的转化。有些真菌在制成原生质体后也可实现转化。

(2)感受态　原核生物并不是在生长的任何时期都可以接受周围环境中的 DNA,只有当它处于某一特定阶段时才会成为转化受体,通常是在对数生长后期,这时受体细胞最易接受外源 DNA 片段并能实现转化,人们称这一生理状态为细胞的感受态(competence),这时的细胞称为感受态细胞(competent cell)。细菌能否出现感受态是由其遗传性决定的,但受环境条件的影响也很大,因而表现很大的个体差异。从时间上来看,有的出现在生长的指数期后期,如肺炎链球菌,有的出现在指数期末和稳定期,如芽孢杆菌属的一些种;在具有感受态的微生物中,感受态细胞所占比例和维持时间也不同,如枯草芽孢杆菌的感受态细胞仅占群体的 20% 左右,感受态可维持几个小时,而在肺炎链球菌和流感嗜血杆菌群体中,100% 都呈感受态,但仅能维持数分钟。不同感受态时期的菌的转化率不相同,处于感受态顶峰的细菌比不处于感受态的菌,其转化率能高出 100 倍。感受态细胞可以人为诱导,将大肠杆菌细胞转移到富营养培养基并在低温下经氯化钙处理可以进入感受态。感受态细胞表面带有大量正电荷并且细胞壁的通透性增加,而 DNA 分子在自然环境中通常是带负电荷的,因此感受态细胞更利于吸附周围 DNA 分子。感受态细胞初期吸附的外源 DNA 分子会被胞外 DNA 酶分解,但是经过一段时间后胞外 DNA 酶处理不能再降低转化效率,证明此时外源 DNA 分子已经进入到细胞内部。

调节感受态的一类特异蛋白称感受态因子,它包括 3 种主要成分:膜相关 DNA 结合蛋白、细胞壁自溶素和几种核酸酶。

(3)转化因子　转化因子的本质是离体的供体 DNA 片段。在不同微生物中转化因子的形式不同。有的细菌细胞只吸收 dsDNA 形式的转化因子,但进入细胞后须经酶解为 ssDNA 才能与受体菌的基因组整合;而有些细菌如芽孢杆菌属中,dsDNA 的互补链必须在胞外降解成 ssDNA 形式的转化因子才能进入细胞。除 dsDNA 或 ssDNA 外,质粒 DNA 也是良好的转化因子,但它们通常并不能与核基因组发生重组。转化的频率通常为 0.1% ~1.0%,最高为 20%。能发生转化的 DNA 浓度极低,采用化学方法无法测出。

(4)转化过程　转化过程被研究得较深入的是革兰氏阳性细菌 *S. pneumoniae*。

1)供体菌(strR,即存在抗链霉素的基因标记)的 dsDNA 片段与感受态受体菌(strS,有链霉素敏感型基因标记)细胞表面的膜蛋白相结合,其中一条链被核酸酶切开和水解,另一条链进入细胞。

2)来自供体菌的 ssDNA 片段被细胞内的感受态特异的 ssDNA 结合蛋白相结合,并使 ssDNA 进入细胞,随即在 RecA 蛋白的介导下与受体菌核染色体上的同源区段配对、重组,形成一小段杂合 DNA 片段。

3)受体菌染色体组进行复制,杂合 DNA 片段也相应复制。

4)细胞分裂后,形成一个转化子(strR)和一个仍保持受体菌原来基因型(strS)的子代。

根据发生条件可以将转化分为自然转化和人工转化。

在自然条件下,不经过特殊处理的细菌细胞从周围环境中吸收外源 DNA 分子的过程称为自然转化。自然转化通常可以分为 3 个阶段:①感受态细胞形成;②外源 DNA 的结合与进入;③DNA 与染色体的整合。

绝大多数细菌都不具备自然转化能力,如目前基因工程中最常用的大肠杆菌,因此人们采用各种方法诱导使它们形成感受态;另外某些革兰氏阳性细菌即使采用人工方法也不能形成感受态细菌,但可以通过制备原生质体实现 DNA 的转化。人工转化是在实验室中用多种不同的技术完成的转化,包括用 $CaCl_2$ 处理细胞、制备成原生质体和电穿孔等。实验证明,由 Ca^{2+} 诱导的人工转化的大肠杆菌中,其转化 DNA 必须是一种独立的 DNA 复制子,质粒 DNA 和完整的病毒染色体具有较高的转化效率,而线性的 DNA 片段则难以转化,其原因可能是线性 DNA 在进入细胞质之前通常会被细胞周质内的 DNA 酶消化,而缺乏这种 DNA 酶的大肠杆菌菌株则能够高效地转化外源线性 DNA 片段。

不能自然形成感受态的革兰氏阳性细菌如枯草芽孢杆菌和放线菌,可通过聚乙二醇(PEG,一般用 PEG 6000)的作用实现转化。这类细菌必须先用细胞壁降解酶完全除去它们的细胞壁,形成原生质体,然后使其维持在等渗或高渗的培养基中,在 PEG 作用下,质粒或噬菌体 DNA 可被高效地导入原生质体。

电穿孔法是用高压脉冲电流击破细胞膜或击出小孔,使各种大分子(包括 DNA)能通过这些小孔进入细胞,所以又称电转化。该方法最初用于将 DNA 导入真核细胞,后来也逐渐用于转化包括大肠杆菌在内的原核生物,因此对真核生物和原核生物均适用,现已用这种技术对许多不能导入 DNA 的革兰氏阴性细菌和革兰氏阳性细菌成功地实现了转化。

8.3.1.2 转染

转染(transfection)是指用提纯的病毒核酸(DNA 或 RNA)去感染其宿主细胞或其原生质体,可增殖出一群正常病毒子代的现象。从表面上看,转染似与转化相似,但实质上两者的区别十分明显。因为作为转染的病毒核酸,绝不是作为供体基因的功能,被感染的宿主也绝不是能形成转化子的受体菌。

8.3.1.3 接合

供体细胞与受体细胞直接接触后,质粒从供体细胞向受体细胞转移的过程称为接合作用(conjugation)。介导接合作用发生的质粒称为接合质粒(conjugative plasmid),也叫自主转移质粒(selftransmissible plasmid)或性质粒(sex plasmid)。接合过程中某些质粒除自身可以从供体细胞向受体细胞转移之外,还可以带动供体细胞部分染色体一起转移。接合作用普遍存在于革兰氏阳性菌中。接合与转化、转导有明显的区别,其主要特征有以下几点:①接合过程需要供体细胞与受体细胞直接接触,尤其是在革兰氏阴性菌,接触时会由供体细胞向受体细胞伸出一根性菌毛介导遗传物质转移；②革兰氏阳性菌的自主转移质粒通常较小，而革兰氏阴性菌的自主转移质粒较大；③无论在革兰氏阳性菌还是阴性菌中，自主转移质粒除自身转移外还经常会从供体细胞携带部分染色体一起发生转移，因此接合是自然界遗传物质交换的一个非常重要的手段。

（1）接合过程的发现与证明　早期很长一段时间内人们都认为细菌只能无性繁殖，不同菌株之间是没有遗传物质交换的。1942 年遗传学家将斯氏植病杆菌不同菌落颜色及形态的菌株混合培养后发现了具有新性状的组合，但受当时实验条件的限制并没有进一步探寻此现象产生的原因。直至 1946 年 Lederberg 和 Tatum 采用大肠杆菌 K12 的 2 个营养缺陷型突变株进行混合培养实验时才真正报道了细菌之间的接合现象（图8.8）。在 Lederberg 的实验中采用的两株突变株分别为：突变株 A 为 bio⁻，met⁻，thr⁺，leu⁺（生物素和甲硫氨酸的缺陷菌株，需要在含有生物素和甲硫氨酸的培养基上才可以生长）；突变株 B 为 bio⁺，met⁺，thr⁻，leu⁻（苏氨酸和亮氨酸缺陷菌珠，需要在含有苏氨酸和亮氨酸的培养基上才能生长）。Lederberg 等人将两个突变株混合后在完全培养基（含有生长所需的所有营养成分）上培养一天之后离心去掉培养基，将混合菌体涂布在基本培养基（只含有微生物生长所需的最基本的碳源、氮源和微量元素）上，结果发现原养型菌株以 $10^{-5} \sim 10^{-6}$ 的频率出现，其基因型为 bio⁺，met⁺，thr⁺，leu⁺；然而将突变株 A 和 B 分别培养则均没有任何菌落生长。这说明混合培养后长出的原养型细菌是经过遗传重组的重组体。

由于大肠杆菌营养缺陷型的回复突变概率约在 10^{-6} 以下，因此双营养缺陷型菌株的选择基本可以排除了混合后的原养型细菌是回复突变的产物（双营养缺陷型回复突变概率为 10^{-12}）。

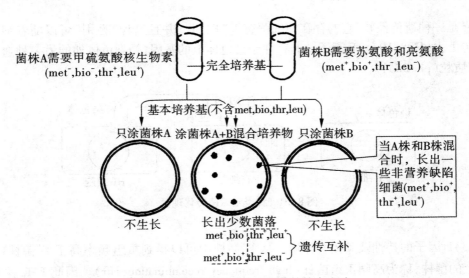

图 8.8　大肠杆菌营养缺陷型菌株接合实验

当他们把突变株 A 的培养液灭菌处理后加入到突变株 B 的培养液中，没有原养型菌落形成，说明重组过程并不是转化的结果，突变株 A 和 B 均存活是发生重组的前提。1950 年 Davis 的 U 形管实验进一步证明了这一观点（图8.9）。将两种营养缺陷性突变株分别培养在一个中间以烧结玻璃滤板隔开的 U 形管两端,中间的玻璃滤板使两种细菌不能接触,但是培养基中的大分子物质如核酸、蛋白质可以自由通过。培养一定时间后分别从 U 形管两臂取出菌液经离心洗涤后涂布基本培养基平板,发现并没有原养型菌落形成,说明突变株 A 和 B 的接触对于原养型菌株的出现是必需的,同时也排除了转化导致重组的可能。进一步通过将不同营养缺陷型且对噬菌体 T1 分别具有抗性和敏感的两种突变株混合后短时间内采用噬菌体 T1 处理杀死敏感菌株,仍有原养菌落形成,也排除了互养的作用。

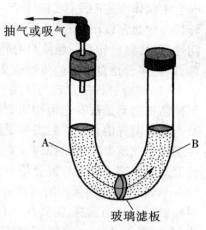

图 8.9　Davis 的 U 形管实验

（2）接合菌株的性别　接合过程被证明之后,人们发现突变株 A 和 B 的功能也是不同的,例如将 A,B 菌株分别诱变成为抗链霉素突变株 S^r,混合培养中发现 AS^s 与 BS^r（r 代表抗性 resistance；s 代表敏感 sensitive）混合后可以发生接合作用,而 AS^r 与 BS^s 混合则不能。Hayes 等人以大肠杆菌为例对这些现象给出一系列解释：①大肠杆菌供体细胞记为 F^+,带有一个性因子或称致育因子 F（fertility factor）,接合过程中另一个受体细胞则不带性因子 F,记作 F^-；②当 F^+ 菌株与 F^- 菌株混合培养时可以发生接合,而 F^+ 与 F^+ 之间或 F^- 与 F^- 之间混合则不能；③致育因子 F 可以在供体和受体细胞间传递,但传递依赖于接合过程；④致育因子 F 可以自发丢失,且只能通过接合方法从供体菌株获得。

F^+ 是一种遗传性状,它的存在使细菌有了"性别",并且这种"性别"可以随着细胞分裂遗传下去（图 8.10）。F 因子并非存在于染色体上的基因,是染色体外的另一种遗传物质,即质粒（plasmid）。

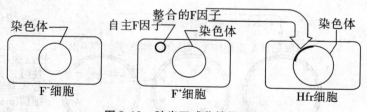

图 8.10　肺炎双球菌转化现象

（3）F 因子的特性及其接合作用　从 F^+ 菌株中可以得到重组频率高于 F^+ 菌株1 000倍以上的菌株,称为高频重组菌株（high frequency recombination,Hfr）。因此 F^+ 菌株可以看成是与 Hfr 菌株对应的低频重组菌株。

1）F^+ 与 F^- 杂交　F^+ 菌株与 F^- 菌株在细胞形态上差异明显,F^+ 细胞通常具有长数毫米的性菌毛,性菌毛在接合过程中发挥重要作用,它可以识别 F^- 细胞并与之接触,使供体细胞和受体细胞连接在一起,进而通过解聚作用（disaggregating）和再溶解（redissolving）作用发生收缩,将两个细胞拉到一起,进而在细胞接触位置形成胞质桥,开始发生遗传物

质的转移(图 8.11)。性菌毛只是识别并拉紧 F⁻细胞的"绳子",并非遗传物质通道,DNA 分子是在胞质桥内发生转移的。转移过程中,双链的 F 质粒 DNA 分子一条链被剪切成线形,进入受体细胞后立即环化,两个细胞内的单链环形 DNA 分别以自身为模板进行复制,形成双链结构(图 8.12)。因此 F⁺细胞与 F⁻细胞接合之后,两个细胞均变为 F⁺,即 F⁺×F⁻→2 F⁺。

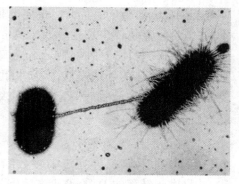

图 8.11 大肠杆菌接合过程照片

2)Hfr 与 F⁻杂交 在 Hfr 细胞内 F 因子是以一种整合到染色体内的状态存在,因此在与接合过程中 F 因子经常还会携带部分供体细胞的染色体发生转移,此时 F 因子除了介导接合作用之外还起到了遗传物质载体的功能。F 质粒介导的染色体基因的转移称为 F 转导或 F 性导(sexduction)。F 性导包括全部或部分染色体转移(Hfr×F⁻)以及少数基因转移(F′×F⁻)两类。Hfr 的细菌染色体进入 F⁻后,在一个短时期内,F⁻细胞中对某些位点来说总有一段二倍体的 DNA,这样的细菌称为部分二倍体或部分合子(merozygote)。

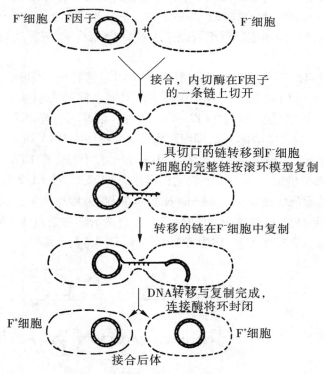

图 8.12 大肠杆菌接合过程中 F 因子复制转移过程

实际上受体细胞常常只接受部分的供体染色体,这些染色体称为供体外基因子(exogenote),而完成受体完整染色体则称为受体内基因子,这样的细菌称为部分二倍体(partial diploid)或部分合子(merozygote)。细菌接合后的重组主要是 F⁻菌株的基因与供体外基因之间进行的。部分二倍体的重组与真核生物中完整的二倍体之间的重组有2点不同：①部分二倍体中发生单数交换是没有意义的，因为单数交换使环状染色体打开，产生一个线性染色体，这种细胞是不能成活的，只有双交换或偶数的多次交换才能保持重组后细菌染色体的环状完整性；②重组后的游离 DNA 片段只带有部分基因组，不能单独复制和延续下去，最后消失。这样，重组后 F 细胞不再是部分二倍体，而是单倍体。

8.3.1.4 转导

转导是利用噬菌体作为介导媒介，将供体细胞的部分 DNA 转移到受体细胞内的现象。由于噬菌体广泛存在于大多数细菌内，因此转导作用也是一种常见的遗传重组方法，并且由于转移的 DNA 位于噬菌体蛋白质外壳内，更容易保证其不被降解。

转导可以分为普遍性转导和局限性转导。任何供体染色体都可以转移至受体细胞的转导称为普遍性转导；而被转导的 DNA 片段仅仅是靠近染色体溶源化位点基因的转导称为局限性转导，局限性转导是由于原噬菌体反常切除时错误地把附近染色体基因带到噬菌体基因组内导致的。

（1）转导现象的发现及证明　1952 年，Lederberg 和 Zinder 在研究鼠伤寒沙门菌突变株 LT22（trp⁻）和另一突变株 LT2（his⁻）混合培养时发现了转导现象。为了验证沙门菌是否通过接合而产生重组体，将 LT22 和 LT2 进行了 U 形管实验（图 8.9），结果却出现了重组菌株。这说明沙门菌的基因重组可以不通过接合方式，而是通过某些可以被过滤的因子来介导的。

进一步对这种可滤因子研究发现它具有几个明显的特征：①可滤因子不会被 DNA 酶降解；②可滤因子与 LT22 的溶源性噬菌体 P22 具有相同的大小和质量；③可滤因子与 P22 相似，受热后会失活；④把 P22 的 LT2 和 LT22 混合培养，不形成原养型菌落。上述结果证明这种可滤因子是温和噬菌体 P22，即细菌病毒。噬菌体由 DNA 和蛋白质外壳组成。人们根据噬菌体作用原理推测出转导发生的原因：培养过程中整合在 LT2 细胞内的 P22 噬菌体释放时，其中一部分携带了 trp⁺基因，当它们再感染 LT22 时，使 LT22 具有了 trp⁺基因。

（2）普遍性转导（generalized transduction）　如果噬菌体在裂解感染期间破坏了宿主菌的基因组（如大肠杆菌 P1 噬菌体），随后把大小合适的细菌染色体 DNA 片段随机包装进噬菌体颗粒进而感染其他细胞，称为普遍性转导（图 8.13）。

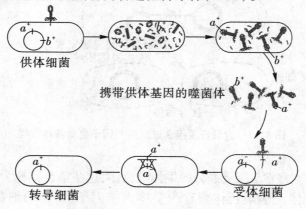

图 8.13　普遍性转导机制

（3）局限性转导（restricted transduction）　以噬菌体为介导,每次转导只能转移一个或少数几个基因至受体细胞的过程称为局限性转导。局限性转导噬菌体通常都是温和噬菌体。

由于 λ 噬菌体包装容量有限,所以当噬菌体携带了外源 DNA 的同时却会丢失自身的部分 DNA,即丧失某些功能成为缺陷噬菌体。因此转导的细菌染色体基因均位于 λ 噬菌体整合位点附近,称为局限性转导（图 8.14）。

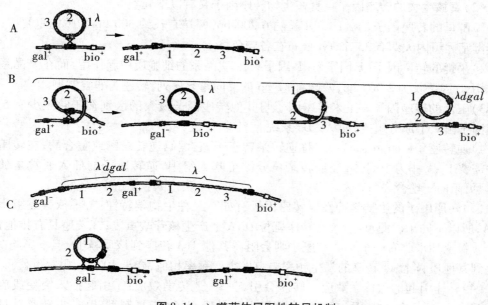

图 8.14　λ 噬菌体局限性转导机制

8.3.1.5　转座

转座因子（transposable element）是能够从基因组的某个位点转移至另一个位点的 DNA 片段,也称可移动因子。DNA 的转座（也称移位）是由转座因子介导的遗传物质转移现象。转座可以发生在一条染色体内,从某个位点转移至另一位点,也可以在不同染色体之间转移。

1952 年,美国冷泉港实验室女科学家 B. McClintock 根据玉米粒色素和斑点变化提出了在玉米中存在某些控制因子可以插入玉米染色体的某位点,抑制周围基因表达,并且它们在染色体上的位置并不固定,某些插入的控制因子还可以脱离下来,抑制效果消除。但这种说法在当时并未被认同,人们认为它不符合孟德尔关于基因固定排列在染色体上的概念。直至 1962 年 Jacob 和 Monod 提出乳糖操纵子模型,才又引起了人们的注意。McClintock 于 1983 年凭此获得诺贝尔生理医学奖。

转座因子在生物中是普遍存在的,可以分为原核生物转座因子和真核生物转座因子。

（1）原核生物的转座因子　原核生物转座因子又有以下几类。

1）插入序列（insertion sequence,IS）　插入序列中只含有与转座功能相关的基因,通常长度小于 2 000 bp,是较小的转座因子。

2)复合转座子(complex transposon) 复合转座子是较为复杂的转座因子,除了含有转座相关基因外,还含有其他一些功能基因,如某些抗生素的抗药性基因等,通常以 Tn 开头命名。

3)Mu 噬菌体 Mu 是一种以大肠杆菌作为宿主的温和噬菌体,以裂解生长和溶源生长交替进行繁衍,能够作为转座因子随机插入宿主 DNA 中。

(2)真核生物的转座因子 真核生物转座因子又有以下几类。

1)酵母的转座因子(Tyl) Tyl 长约 6 200 bp,两端有长约 300 bp 的顺向重复序列,在酵母基因组内大约有 35 个 Tyl 分布在各染色体上。

2)果蝇的转座因子(P 因子) P 因子只在 M 品系的细胞质中起作用,而在 P 品系则无作用,P 因子长为 2 907 bp,两端有 31 bp 的反向重复序列,转座为非复制型。

3)玉米的转座因子 玉米转座因子与其他转座因子最大的区别在于它至少有 5 个转座因子由 2 个成分组成,如 Ac/Ds 系统。

4)逆转座子(retroposon) 又称逆转录转座子,它编码逆转录酶或整合酶,在转座过程中需要 RNA 作为中间体,经逆转录再分散至基因组中,逆转座子的插入通常是随机的,但更倾向于整合在 AT 区。

(3)转座因子的生物学特性 转座因子有如下几种生物学特性:①不依赖重组蛋白 RecA,所以不同于同源重组;②在转座靶位 DNA 上产生核苷酸重复;③转座具有排他性,一个质粒上如果已有一个 Tn3 转座子则会阻碍其他 Tn3 转座到该质粒上,但不影响 Tn3 转座到其他质粒上;④转座的发生频率与自发突变频率相似,介于 $10^{-5} \sim 10^{-7}$/世代。

(4)转座引起的遗传学效应 转座会引起一些遗传学效应:①引起插入突变或启动沉默基因;②插入新的基因;③在原来位置保留转座因子(指复制型转座,占转座总量的5%左右);④造成靶位 DNA 缺失倒位,当复制型转座的两个转座子发生同源重组时会引起染色体 DNA 的缺失或倒位;⑤切离,转座因子能从插入的 DNA 中切离,使 DNA 恢复原来的顺序和功能;⑥生物进化,由于转座作用使某些远距离的基因重新组合在一起,形成新的操纵子或表达单元,从而产生新功能蛋白质。

8.3.1.6　原生质融合

原生质体(protoplast)是细胞去掉细胞壁后的原生质。原生质体融合是先将两亲本菌株的细胞壁采用溶菌酶等降解后于高渗条件下释放出原生质体球,随后在高渗条件下混合,之后加入助熔剂,使双亲的原生质体发生凝集,通过细胞质融合、核融合而后发生基因组内部的重组,进而可以在适宜条件下再生出细胞壁,获得重组子。

由于去除了细胞壁,原生质体易于融合,即使没有接合、转化和转导等遗传操作系统也能发生基因组的融合重组。1958 年,Brenner 等人提出了细菌原生质体的 3 个标准:①无细胞壁;②失去细胞刚性、呈球形;③对渗透压敏感脆弱。Eddy 等用蜗牛酶从酵母菌和其他丝状真菌中制备了原生质体,Douglas 用溶菌酶从链霉菌菌丝中制备出原生质体,随后岗西等对链霉菌原生质体制备的条件进行了详细的摸索,成为一套沿用至今的成熟手段。1974 年,高国楠首次发现聚乙二醇在钙离子存在时能促进植物原生质体的融合,并且可以提高融合频率,随后越来越多的证据证明 PEG 在介导原生质体融合方面的巨大优势,操作对象涉及酵母菌、霉菌、放线菌和细菌等不同微生物。原生质体融合技术在微生物特别是微生物遗传重组领域内形成一个独特的技术体系。

原生质体融合技术与经典的育种相比具有无法比拟的优势：①重组频率高，因此更有利于不同种属间微生物的杂交；②扩大参与基因组重组的亲本范围，实现种间或更远缘的基因交流；③重组体种类多，两个亲本菌株的基因组之间相互接触，可以发生多次同源交换，因此可以产生更多的基因组合；④有利于外源基因的转化，与传统基因工程方法相比，不必对实验菌株进行详细的遗传学研究。正是由于这些优点，原生质体融合技术被广泛应用于微生物育种工作，并且已经取得了很多引人注目的成果。

8.3.2　真核微生物的基因重组

真核生物包括真菌以及高等动植物，其中真菌由于结构简单，生长迅速，并且具有与高等动植物类似的细胞核和染色体结构，因此一直用于研究真核生物的基因重组。

真菌的生殖可以分为无性生殖、有性生殖和准性生殖。其中有性生殖和准性生殖过程是真菌在自然条件下遗传物质传递以及重组的主要方式。

8.3.2.1　有性生殖

真菌的有性生殖过程包括 3 个阶段：①质配（plasmogamy），是两个完整的真菌原生质体的细胞质融合在一起；②核配（karygamy），是在质配发生之后位于同一个细胞膜内的两个细胞核之间发生结合，通常在低等生物中核配是在质配之后立刻进行的，而高等真菌中则是分开的，质配后形成含有两个细胞核的双核结构，直至生活史晚期才融合，并且双核细胞分裂产生的姊妹核进入到两个子细胞中，子代仍为双核状态；③减数分裂（meiosis），双核细胞在发生核融合之后进行减数分裂，使染色体数减为单倍体。

真菌的有性生殖过程存在性别调控，某一菌丝能否与另外的菌丝交配取决于两者的性别差异。有性生殖导致的遗传物质重组程度取决于交配的两亲本的亲缘关系。真菌的远缘交配通过菌丝融合实现，而近缘交配则通过有性生殖方式进行。大多数真菌都是雌雄同株形态（hermaphroditic），但是并非所有的雌雄同株真菌都能通过自交（self - fertile）或称同宗配合进行有性生殖，大多数真菌采用的都是异宗配合，即两个不同菌体形成有性孢子。

减数分裂是有性生殖生物为了最大限度地发挥其优越性而进行的补偿性行为。由于减数分裂而使有性生殖成为可能，进而开始利用减数分裂进行遗传信息的局部交换。由于减数分裂过程中存在遗传物质的重组，与无性生殖过程中配子的简单接合相比，它能够产生性状更为多样的后代。

8.3.2.2　准性生殖

有性生殖是真菌基因重组的重要手段，但并非所有真菌都具有有性生殖能力，部分真菌可以通过所谓的准性生殖而实现遗传重组。

准性生殖最早是 20 世纪 50 年代在构巢曲霉中发现的，随后科学家在 21 个属，40 个种的真菌中证实了准性生殖过程。准性生殖是真菌遗传物质重组的过程，主要包括异核体的形成、二倍体的形成以及细胞交换和单元化三个阶段。

（1）异核体的形成　当带有不同遗传性状的单倍体细胞融合时会形成含有两种不同遗传型的双核形态，称之为异核体，它是准性生殖的第一步。

（2）杂合二倍体的形成　异核体中可能会发生两个细胞核的融合，融合发生时两个单倍体核融合形成一个二倍体核（图8.15）。两个遗传型相同的细胞核形成纯合二倍体，不同的细胞核则形成杂合二倍体，由于异核体的两个细胞核通常都是不同的，因此形成杂合二倍体的频率较低。

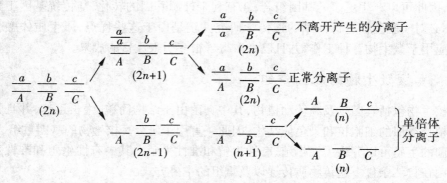

图8.15　杂合二倍体的形成

（3）体细胞交换和单元化　准性生殖循环过程中产生的杂合二倍体并不像有性生殖过程中的二倍体那样进行减数分裂，而是与体细胞一样进行有丝分裂。异核体经有丝分裂产生的分生孢子带有双亲的遗传信息，而普通二倍体细胞得到的都是二倍体分生孢子。在异核体中可以得到少数的二倍体分离子，同样在二倍体分生孢子中也可以得到少数的体细胞分离子。所谓分离子是指重组体或者非整倍体以及单倍体。产生非整倍体和单倍体的过程称为单元化，而产生重组体的过程称为体细胞交换。单元化和体细胞交换都是遗传物质重组的重要途径。

8.3.3　基因重组和杂交育种技术新方法

1994 年，Stemmer 首先提出了 DNA shuffling 这种在体外定向进化的分子生物学方法。首先将同源 DNA 序列用 DNAase Ⅰ 消化成小片段，然后再将得到的随机片段通过无引物 PCR 使之发生随机装配，从而获得多种排列组合的突变基因库。1998 年，人们提出了全基因组重排（shuffling），通过定向进化技术使菌株基因组随机重排而达到选育目的。Genome shuffling 技术是经典微生物诱变育种技术与原生质体融合技术的有机结合，在微生物经典诱变的基础上，通过原生质体融合，使多个带有正突变的亲本杂交，产生新的复合子。

8.3.3.1　Genome shuffling 的原理

传统育种技术通常是将每一轮产生的最佳突变株作为下一轮诱变或原生质体融合的出发株［图8.16（a）］，而 Genome shuffling 技术则是将包含若干正向突变株的突变体库作为原生质融合的亲本，经递推式多轮融合，最终使各正突变基因重组到同一个细胞株内［图8.16（b）］。这种方法能够比传统育种技术更快速地改良菌株。Genome shuffling 技术有效模拟自然进化中的有性繁殖过程，通过"递推原生质体融合"（Recursive fusion）的方法使几个亲本多次重组，即 Genome shuffling 只需在进行首轮重组之前，通过经典诱变方法获得不同性状的初始突变株，然后将包含若干正突变的突变株作为第一轮原生质体融合的出发菌株,经过多轮递归融合,基因组发生重排,使正向突变的不同基因重组到同一个融合子中,使生物的性状快速改良。Genome shuffling 技术的核心内容是多个亲本的优良性状经过多轮重组集中于同一株菌株中,在此过程中不必了解整个基因组的序列信息和代谢网络的信息。

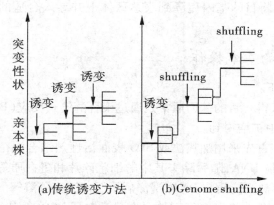

图 8.16　传统方法与 Genome shuffling 技术的比较

8.3.3.2　Genome shuffling 的常规方法

Genome shuffling 技术主要包括构建初始突变子库、递推原生质体融合、融合子的筛选三部分。

(1)构建初始突变子库　对需要改良的菌株进行传统的理化随机诱变,从中筛选出具有优良性状的突变子构建突变子库,作为后续原生质体融合的亲本。

(2)递推原生质体融合　以突变子作为亲本进行原生质体融合,再生得到的融合子进一步制成原生质体以同样的方法再次融合,如此重复多次。随后通过定向筛选,将目标性状提高的子代作为亲本,再进行下一轮递推融合,直至获得性状优良的目的菌株。与传统育种过程中每代两个亲本相比,基因组重组允许多亲本交叉。

(3)融合子的筛选　融合子的筛选是 Genome shuffling 的关键也是难点。很多菌株缺乏筛选标记,融合操作后会得到大量的子代,因此需要建立快速有效的筛选方法筛选。

8.4　基因工程简介

8.4.1　基因工程定义

所谓的基因工程是指在体外将核酸分子插入病毒、质粒或者其他载体分子,构成遗传物质的新组合,使之参入到原先没有这类分子的宿主细胞内并能持续稳定的繁殖。基因工程(genetic engineering)也称为体外重组 DNA 技术,是指基因水平上的遗传工程,它是用人工的方法在体外切取所需要的染色体(DNA)片段,然后与来自同属种的甚至是异界的 DNA 片段连接起来,组成遗传整体,这就是基因工程的基本原理和措施。

基因工程主要包括以下几个方面:①从生物体基因组中采用酶切消化等方法分离出

含有目的基因的 DNA 片段；②将获得的含有目的基因的外源 DNA 片段连接到能够自主复制并具有选择性标记的载体分子上，形成重组 DNA 分子；③重组 DNA 分子转移至合适的宿主细胞内，随着宿主细胞的繁殖进行复制；④从大量的细胞群体中筛选出包含有重组 DNA 分子的宿主细胞克隆；⑤从宿主细胞克隆中扩增提取目的基因进行分子生物学及生物信息学分析；⑥将目的基因克隆到表达载体上并导入合适的表达宿主，实现目的基因功能的表达。

8.4.2　基因工程的基本操作

基本操作步骤如下：

（1）目的基因的获得　目的基因通常是通过聚合酶链式反应（PCR）从某种微生物的基因组或基因组文库中扩增得到。

（2）载体的提取　首先采用加热法或 SDS 表面活性剂结合溶菌酶破坏细胞结构，释放胞内的染色体及质粒 DNA，随后除去其中的细胞碎片和蛋白质等杂质成分，最后采用乙醇、异丙醇等有机溶剂沉淀质粒 DNA，洗涤后用缓冲液充分溶解。

（3）体外重组与转化　将提取得到的含有目的基因的 DNA 片段以及载体质粒采用相同的限制性内切酶进行消化，得到具有相同或互补黏性末端的线形 DNA 分子。再将载体与目的片段按一定比例混合后采用 T4 DNA 连接酶连接成环形 DNA，新的环形 DNA 包含目的基因以及载体序列，即为重组 DNA 或称重组质粒。进一步选择合适的宿主如大肠杆菌或酵母菌制备感受态细胞，将重组质粒转化等方法转入宿主细胞。

（4）重组子的筛选　利用重组质粒中的筛选标记（通常是抗性标记或者插入失活某种显色反应的酶基因等）对筛选平板上长出的菌落进行筛选，找出含有目的基因及载体的转化子。进一步采用 PCR、杂交等方法对转化子进行验证。

（5）外源基因的表达　外源基因（目标基因）随着重组质粒进入宿主细胞后可以进行表达，即为异源表达。异源表达与宿主和基因的亲缘关系有关，同时还受到转录翻译水平的各种调控因子调控。在适当的培养条件下，目的基因可以在宿主细胞内正常表达，人们可以分离这些表达产物进行后续的分析。通常异源表达具有原位表达所不具备的优势，如表达产物产量提高、纯度提高以及新的宿主更易于进行遗传改造等。异源表达技术是研究某些蛋白质功能或者新化合物合成途径等方面的重要手段之一。

8.4.2.1　基因工程常用酶

基因工程技术的关键是重组 DNA 的构建，即将外源 DNA（又称插入片段或目的基因）从染色体 DNA 分子上切下，并与载体 DNA 连接，成为重组 DNA 分子，这一过程需要在酶的催化下完成。在基因工程中进行 DNA 操作的基本工具就是这些酶，称为工具酶。工具酶种类繁多，常用的有限制性核酸内切酶、DNA 连接酶、DNA 聚合酶以及一些修饰酶。在所有的工具酶中，限制性核酸内切酶具有举足轻重的地位，它的发现被认为是分子生物学和基因工程由理论走向应用的奠基石。

（1）限制性核酸内切酶　核酸内切酶从核酸的中间水解磷酸二酯键，将核酸链切断，生成的是较小的核酸片段或者寡核苷酸。限制性核酸内切酶又称限制性内切酶，简称限制酶，是一类能识别双链 DNA 分子中的特定核苷酸顺序，并对核苷酸之间的磷酸二酯键进行切割的核酸内切酶。

限制性内切酶主要分为三类：Ⅰ型酶、Ⅱ型酶和Ⅲ型酶。

Ⅰ型酶：兼具限制切割和修饰两种功能，但识别位点并非严格专一，需要 Mg^{2+}、ATP 和 S^- 腺苷酰蛋氨酸作为催化反应的辅助因子，在降解 DNA 时伴有 ATP 的水解。

Ⅱ型酶：其限制-修饰系统由一对酶组成，即由一种切割核苷酸特定序列的限制酶和一种修饰同样序列的甲基化酶组成。Ⅱ型酶分子量较小，仅需要 Mg^{2+} 作为催化反应的辅助因子，不需要 ATP。识别位点严格专一，并在识别位点内将单链切断。

Ⅲ型酶：兼具限制切割和修饰两种功能，识别位点严格专一，但切点不专一，往往不在识别位点内部，需要 Mg^{2+}、ATP 和 S-腺苷酰蛋氨酸作为催化反应的辅助因子，在降解 DNA 时，伴有 ATP 的水解。因此在基因工程中具有实用价值的是Ⅱ型限制性内切酶，目前已从各种不同微生物中发现 1 200 种以上的Ⅱ型酶，搞清识别位点的有 300 多种，商品供应也有上百种，而实验室常用的有 20 多种。

通常说的限制酶就是指Ⅱ型酶，它只具有识别与切割 DNA 链上同一个特异性核苷酸序列，并产生特异性的 DNA 片段的功能。

限制性内切酶的反应温度一般是 37 ℃，少数酶耐热。所有Ⅱ型酶都需要 Mg^{2+} 作辅助因子，Mg^{2+} 浓度一般是 9 mmol/L，反应 pH 值都是 7.2 ~ 7.6。催化反应一般是在 37 ℃ 保温 4 h，时间延长则酶量增加，可以避免部分消化，对结果无影响。

Ⅱ型酶的识别序列具有 180° 的旋转对称，识别序列为回文结构，即以识别序列的正中Ⅰ为假想轴心，识别序列成反向重复，双链的切口是对称的。

（2）DNA 连接酶　能将 DNA 或 RNA 分子连接起来的酶叫 DNA 连接酶，与限制酶一样，是 DNA 重组过程中必不可少的一种工具酶。当限制酶这把"分子手术刀"切割出我们需要的目的基因片段之后，我们同样需要 DNA 连接酶这把"分子缝合针"将目的基因片段同载体 DNA 分子连接起来，形成完整的重组 DNA 分子。

（3）DNA 修饰酶　DNA 修饰酶包括很多种，如末端脱氧核苷酸转移酶，T4 多核苷酸激酶、碱性磷酸酶和甲基化酶。最常见的 DNA 修饰酶为碱性磷酸酶和甲基化酶。

常用碱性磷酸酶包括细菌碱性磷酸酶（BAP）、小肠碱性磷酸酶（CIP）、虾碱性磷酸酶（SAP）。该酶作用是除去 DNA、RNA、NTP、dNTP 的一端磷酸基，防止 DNA 自身连接环化。

用于 DNA 重组的工具酶种类繁多，现将常用的几种工具酶概括于表 8.4。

表 8.4　基因工程中常用的工具酶

工具酶种类	主要功能
限制性核酸内切酶	识别特异序列并切割 DNA
DNA 连接酶	封闭 DNA 切口或连接两条 DNA
DNA 聚合酶	以单链 DNA 为模板合成双链 DNA
反转录酶	以 RNA 为模板合成 cDNA
末端转移酶	在 3′-OH 末端加上同聚物尾
多核苷酸激酶	在多核苷酸的 5′-OH 末端加上磷酸基团
碱性磷酸酶	除去 5′ 和 3′ 末端的磷酸基团
甲基化酶	甲基化限制酶酶切位点，使其免受限制酶切割

8.4.2.2 基因工程载体

外源基因必须先同某种传递者结合后才能进入细菌和动植物受体细胞,这种能承载外源 DNA 片段(基因)并带入受体细胞的传递者称为基因工程载体。

基因工程载体决定了外源基因的复制、扩增、传代乃至表达,有质粒载体、噬菌体载体、病毒载体以及由它们互相组合或与其他基因组 DNA 组合成的载体。

这些载体可分为克隆载体和表达载体,其中表达载体又分为胞内表达和分泌表达两种。根据载体转移的受体细胞不同,又分为原核细胞和真核细胞表达载体。根据载体功能不同可分为测序载体、克隆转录载体、基因调控报告载体等。在基因工程操作中,根据运载的目的 DNA 片段大小和将来要进入的宿主需要选用合适的载体。在此主要介绍原核生物载体。

质粒(plasmid)是能自主复制的双链闭合环状 DNA 分子,它们在细菌中以独立于染色体外的方式存在。一个质粒就是一个 DNA 分子,其大小为 1~200 kb。质粒广泛存在于细菌中,某些蓝藻、绿藻和真菌细胞中也存在质粒。从不同细胞中获得的质粒性质存在很大的差别。

常用的细菌质粒有 F 因子、R 因子、大肠杆菌素因子等。F 质粒携带有帮助其自身从一个细胞转入另一个细胞的信息,R 质粒则含有抗生素抗性基因。还有一些质粒携带着参与或控制一些特殊代谢途径的基因,如降解质粒。

虽然质粒的复制和遗传独立于染色体,但质粒的复制和转录依赖于宿主所编码的蛋白质和酶。每个质粒都有一段 DNA 复制起始位点的序列,它帮助质粒 DNA 在宿主细胞中复制。按复制方式质粒分为松弛型质粒和严紧型质粒。松弛型质粒的复制不需要质粒编码的功能蛋白,而完全依赖于宿主提供的半衰期较长的酶来进行,这样,即使蛋白质的合成并非正在进行,松弛型质粒的复制仍然能够进行,松弛型质粒在每个细胞中可以有 10~100 个拷贝,因而又被称为高拷贝质粒。严紧型质粒的复制则要求同时表达一个由质粒编码的蛋白质,在每个细胞中只有 1~4 个拷贝,又被称为低拷贝质粒。在基因工程中一般都使用松弛型质粒载体。在此介绍一种常用的质粒载体 pBR 322(图 8.17)。

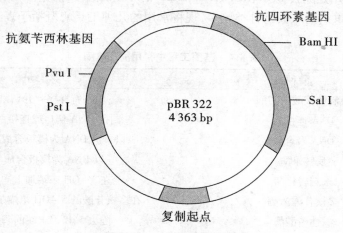

图 8.17 pBR 322 的结构

pBR 322 大小为 4 363 bp,有一个复制起点、一个抗氨苄西林基因和一个抗四环素基因。质粒上有 36 个单一的限制性内切位点,包括 HindⅢ、EcoR I、BamH I、Sal I、Pst I、Pvu Ⅱ 等常用酶切位点。而 BamH I、Sal I 和 Pst I 分别处于四环素和氨苄西林抗性基因中。应用该质粒的最大优点:将外源 DNA 片段在 BamH I、Sal I 或 Pst I 位点插入后,可引起抗生素抗性基因失活而方便地筛选重组菌。如将一个外源 DNA 片段插入到 BamH I 位点时,将使四环素抗性基因(Tetr)失活,因此就可以通过 Ampr、Tets 来筛选重组体。

将纯化的 pBR 322 分子用一种位于抗生素抗性基因中的限制性内切酶酶解后,产生了一个单链的具黏性末端的线性 DNA 分子,把它与用同样的限制性内切酶酶解的目的 DNA 混合,在 ATP 存在的情况下,用 T4 DNA 连接酶连接处理后,会形成一个重组的环型 DNA 分子。产物中可能发生一些不同连接的混合物,如质粒自身环化的分子等,为减少这种不正确的连接产物,酶切后的质粒再用碱性磷酸酶处理,除去质粒末端的磷酸基团。由于 T4 DNA 连接酶不能把两个末端都没有磷酸基团的线状质粒 DNA 连接起来,就减少了自身环化的可能性。

8.4.3　基因工程的发展趋势

经过 30 多年的发展,基因重组技术已成为一项最重要的基因操作技术,在生命科学研究中发挥了极其重要的作用。同时,基因工程技术自它诞生之日起,就以应用作为研究目标,以新型蛋白质类药物的研究开发为重点,政府、企业、大学和研究单位投入了大量的人力和物力用于基因工程的应用研究,而且在世界范围内展开了激烈的竞争。目前,基因工程的研究开发水平已经成为反映一个国家竞争力的重要指标,并将对世界经济的可持续发展、人们生活水平和生活质量的提高及解决人类所面临的许多重大问题产生深远的影响。

近年来,基因工程的宿主细胞已经从微生物发展到植物、动物和人类细胞,目的基因已经从单个基因推广到基因族,并利用基因组学的高度来解决目的基因的来源、定位和功能,形成了基因组工程新学科;从人类基因组和动物、植物、微生物基因组研究获得的海量信息,开始发展后基因组工程,以便开发利用基因组学的巨大研究成果。生物芯片技术、体细胞克隆技术、基因诊断和基因治疗技术等都已经崭露头角。这些研究工作的顺利开展,将极大地推动人类对生命现象和生命规律的认识,促进人类文明的发展,并为生物技术发展成为 21 世纪的支柱产业做出重要贡献。

(1)基因工程制药　基因工程诞生后不久,迅速开展了产业化的研究和开发并在生物制药领域首先取得了巨大的成功。1982 年,第一个基因工程药物人胰岛素就在美国的 Eli Lilly 公司研究成功并投放市场。基因工程药物常分为四类:激素和多肽类、酶、重组疫苗及单克隆抗体。

第一类基因工程药物主要针对因缺乏天然内源性蛋白所引起的疾病,应用基因工程技术可以在体外大量生产这类多肽蛋白质,用于替代或补充体内对这类活性多肽蛋白质的需要。这类蛋白质主要以激素类为代表,如人胰岛素、人生长激素、降钙素等。还有一些属于细胞生长调节因子,以超正常浓度剂量供给人体后可以激发细胞的天然活性作为其治疗疾病的药理基础,如 G-CSF、GM-CSF 等。

第二类基因工程药物属于酶类,如 tPA、尿激酶及链激酶等,都是利用它们能催化的特殊反应,如溶解血栓等,达到治疗的目的。

第三类基因工程药物都属于疫苗,用于防治由病毒引起的人或动物的传染性疾病,可分为基因工程亚单位疫苗、载体疫苗、核酸疫苗、基因缺少活疫苗及蛋白工程疫苗等,从微生物分类来看,又可分为基因工程病毒疫苗、基因工程菌苗、基因工程寄生虫疫苗等。

第四类产物单克隆抗体既能用于疾病诊断,又能用于治疗,单克隆抗体已成为研究和开发的新热点。

(2)基因组工程 随着基因研究和基因工程产业化,人类对基因和基因组的认识也不断深入。一方面,细胞的生命活动不是一个一个基因表达的简单组合,而是按生理活动需要整合的一群基因(少则几十个,多则成千上万)活动,它们相互协调、制约和促进;另一方面,同一基因在不同生理活动中所用的瞬时遗传指令和功能会有很大差别。但是,基因工程研究还处在一个或几个基因改造、利用的简单遗传操作阶段,以一类生理活动为基础的一群相关基因的整合式研究目前还很少涉及。而要从整体上研究复杂的生命有机体中基因群体共同参与并有条不紊地完成的生化反应和生理活动,并加以工程利用,目前的基因工程还远远不能满足这种需求,必须从基因群体(基因组)的高度才有可能实现。

基因组是指细胞的染色体总和,1990 年启动的人类基因组计划,旨在揭示人类所有的遗传结构,包括所有的基因(尤其是疾病相关基因)和基因外序列的结构。人类单倍体基因组序列含约 3×10^9 碱基对,分布在 23 条染色体上,2001 年 2 月公布的基因组序列研究数据已覆盖了 95% 以上的基因组结构,准确率高达 99.96%。

后人类基因组研究将极大地促进包括生物信息学、药物基因组学、蛋白质组学和其他许多相关学科的发展。

基因工程和基因组工程研究在内容、形式、技术、方法学、信息分析等方面有显著的差别。这两种技术和方法的差异列在表 8.5 中。

表 8.5 基因工程与基因工程方法学上的差异

比较项目	基因工程	基因组工程
目的基因	单个或几个	可达几十到几百、几千个
DNA 长度	kb 级	Mb 级
操作手段	限制性内切酶、连接酶等	同源重组
片段检测	物理图谱、序列分析等	DNA 叠连群、DNA 芯片等
克隆载体	质粒、噬菌体、黏粒、病毒	人工染色体
导入方式	转化、转导、转染、注射、电穿孔	细胞融合、注射、电穿孔
克隆宿主	大肠杆菌为主	大肠杆菌、酵母、哺乳类细胞
表达宿主	各种细胞或动植物个体	各种细胞或动植物个体
产物形式	蛋白质	次生代谢产物、全新个体
检测方式	蛋白质检测或酶作用产物分析	代谢分析、生物芯片
信息水平	单个或几个信息	系统和网络信息

8.5　基因工程与转基因食品

8.5.1　转基因食品

基因工程尤其是转基因技术在农业及食品行业具有广阔的应用前景,自从 1983 年首次获得转基因烟草和马铃薯以来,经过 20 多年的发展,转基因农作物以及食品达到 100 种以上,包括水稻、玉米、马铃薯等粮食作物以及棉花、大豆、油菜等经济作物和瓜果蔬菜等。2017 年 6 月 12 日,中华人民共和国农业部公布《2017 年农业转基因生物安全证书(进口)批准清单》,批准孟山都、拜耳、先正达等公司的多批大豆、玉米、油菜与棉花等产品可以进入我国市场,涉及的转基因原料包括大豆、玉米、油菜、棉花、甜菜等,用途皆为"加工原料",标志着我国转基因的大面积推广和使用。目前在很多国家都已经开发出了多种转基因作物或者食品(表 8.6)。

表 8.6　目前可用的及正在研究的转基因食品

转基因生物	改良基因	基因来源	基因改良目的
玉米	抗虫害能力	苏云金芽孢杆菌	降低虫害
黄豆	耐除草剂能力	链霉菌	提高对杂草控制能力
棉花	抗虫害能力	苏云金芽孢杆菌	降低虫害
K12 大肠杆菌	生产凝乳酶或高血压蛋白酶	牛	生产奶酪
康乃馨	改变颜色	小苍兰植物	新品种
葡萄	抗虫害能力	苏云金芽孢杆菌	降低虫害
杨树	耐除草剂能力	链霉菌	控制杂草
鲑鱼	生长激素	北极比目鱼/鲑鱼	提高产率
桉树	改变木质素成分	松树	提高造纸效率
水稻	β-胡萝卜素表现	水仙花	增加营养含量
绵羊	奶中的抗体表现	人类	提高乳品质量

转基因技术最早应用于食品及农产品行业是为了培育"抗虫害"品种,人们将苏云金芽孢杆菌能合成杀虫毒素的基因转移到玉米作物中,获得了具有抗病虫害能力的玉米新品种。这种转基因玉米既能杀死某些害虫又可以减少常规合成杀虫剂的用量,减少农产品对人类的毒性。虽然这种转基因作物在产量方面与非转基因品种没有明显的差别,但可以大大降低劳力投入。

水稻的转基因始于 1988 年,最初以原生质体,采用 DNA 直接转移法再生出了可育的转基因植株。但是受原生质体再生技术的限制,只有少数几个种类的水稻可以采用此方法进行改良。随后科学家尝试用"基因枪"法,将表面挂有目的基因的直径约为 1 μm 的金属颗粒高速射入细胞,进而发生基因重组过程。目前水稻幼胚和盾片来源的愈伤组织采用根瘤农杆菌转化都获得了转基因植株。

　　转基因番茄则是第一个进入新鲜食品市场供应消费者的转基因食品,经过转基因技术的改造,延迟了番茄成熟过程,有效地延长了番茄从采摘到上市的存放期。与非转基因番茄相比,转基因番茄具有如下几个优点:①运输时间可以大大延长;②为番茄的机械化收货创造了可能,减少果实的破损;③提供给消费者的是在藤蔓上已经成熟的番茄,而不像原来那样需要在成熟前采摘,再喷洒乙烯催熟。虽然转基因番茄具有上述优点,但消费者对于转基因番茄食用的安全性仍持谨慎态度。

　　第一个转基因食品微生物是面包酵母,通过转基因技术,使改造后的面包酵母的麦芽糖透性酶和麦芽糖酶的活性高于普通面包酵母,可以制造出更加松软可口的面包。将 α-淀粉酶基因转入啤酒酵母后便可以省略添加淀粉酶糊化麦芽的过程,直接利用转基因酵母水解淀粉进行发酵,缩短生产流程,简化工序。

　　凝乳酶是世界上第一个采用转基因技术把小牛胃中的凝乳酶基因转移至微生物体内进行发酵生产的酶制剂。1981 年 Nishimori 首次将凝乳酶基因在大肠杆菌中表达,随后相继在大肠杆菌、酵母菌以及丝状真菌中成功表达。β-环糊精是一种广泛应用于医药、食品、化妆品等领域的产品,但是由于 β-环糊精葡萄糖基转移酶生产菌株的产酶活力较低,β-环糊精的生产成本较高。国内研究人员通过转基因技术在嗜碱性芽孢杆菌 N-272 菌株中成功表达了 β-环糊精葡萄糖基转移酶,并且较原菌株产量大幅提高。

8.5.2　转基因食品的安全性

　　转基因食品的安全性始终是消费者关心的首要问题。消费者希望转基因食品进入市场之前经过充分的安全性检验,并且随时处于监控之中,以确保人食用安全。但转基因的安全性问题是一个长期而复杂的问题,短期内很难获得一个准确的定论。目前正在使用中的一个评估转基因食品及转基因生物安全性的方法是实质等同原则(substantial equivalence)。

　　实质等同原则是世界联合组织于 1993 年提出的并得到世卫组织、粮农组织的认可,当时提出的文字是 Substantial equivalence embodies the concept that if a new food or food component is found to be substantially equivalent to an existing food or food component, it can be treated in the same manner with respect to safety. 从这段话可以看出,实质等同原则是一个较模糊的概念,并没有给出如何评价转基因食品的安全性问题。依据实质等同原则,只是判断转基因食品是否与同种类的非转基因食品具有同样的成分,并非判定转基因食品的安全性。在比较时通常考虑诸如成分、来源、特性、加工效果、基因改变过程、功能变化以及潜在的毒性或者诱发过敏性等方面。如果转基因食品在实质上与对等的非转基因食品在上述各方面均相同,那么可以判定两者具有同样的安全性,否则需要在产品中注明,以便于消费者了解。

　　在消费者心中,食品安全、环境以及转基因食品是相互关联的,消费者对转基因食品关注的重点在于其安全性问题上,由于经历了非转基因食品安全问题如过敏原、农残等,消费者对于新技术生产的食品的安全性问题非常谨慎。另外,转基因农产品在种值时是否会潜在地破坏自然平衡是公众关心的另一个焦点。由于转基因生物是人类根据自己要求创造的新生物,当其被投入到环境中有可能破坏生态系统平衡。如转基因生物与野生群体杂交导致遗传"污染"。因此转基因食品在投放前后需要进行严格的检测。

8.6　菌种的衰退、复壮和保藏

8.6.1　菌种的衰退及防止

菌种在培养或保藏过程中,由于自发突变的存在,出现某些原有优良生产性状的劣化、遗传标记的丢失等现象,称为菌种的衰退(degeneration)。菌种的衰退是从量变到质变的逐步演变过程。开始时,在群体细胞中仅有个别细胞发生自发突变(一般均为负变),不会使群体菌株性能发生改变。经过连续传代,群体中的负变个体达到一定数量,发展成为优势群体,从而使整个群体表现为严重的衰退。菌种衰退的原因主要有不适宜的培养和保藏条件、基因突变和连续传代等。

防止菌种衰退的方法包括以下几种:①选择合理的育种方法;②选用合适的培养基;③创造良好的培养条件;④控制传代次数;⑤利用不同类型的细胞进行移种传代;⑥采用有效的菌种保藏方法。

8.6.2　菌种的复壮

使衰退的菌种恢复原来菌种优良性状的过程称为复壮(rejuvenation)。狭义的复壮是指在菌种已发生衰退的情况下,通过纯种分离和生产性能测定等方法,从衰退的群体中找出未衰退的个体,以达到恢复该菌原有典型性状的措施;广义的复壮是指在菌种的生产性能未衰退前就有意识、定期进行纯种的分离和生产性能测定,以期提高菌种的生产性能。实际上是利用自发突变(正变)不断地从生产中选种。

菌种复壮的方法主要有以下几种:①纯种分离;②通过寄主体内生长进行复壮;③淘汰已衰退的个体(采用比较激烈的理化条件进行处理,以杀死生命力较差的已衰退个体);④采用有效的菌种保藏方法。

8.6.3　菌种的保藏

微生物菌种保藏技术很多,但原理基本一致,即采用低温、干燥、缺氧、缺乏营养、添加保护剂或酸度中和剂等方法,挑选优良纯种,最好是它们的休眠体,使微生物生长在代谢不活泼,生长受抑制的环境中。

8.6.3.1　斜面低温保藏法

斜面低温保藏法是将菌种接种在适宜的固体斜面培养基上,待菌充分生长后,棉塞部分用油纸包扎好,移至 2~8 ℃ 的冰箱中保藏。保藏时间依微生物的种类而不同,霉菌、放线菌及有芽孢的细菌保存 2~4 个月,移种 1 次。酵母菌 2 个月,细菌最好每月移种 1 次。斜面低温保藏的优点是操作简单,使用方便,不需特殊设备,能随时检查所保藏的菌株是否死亡、变异与污染杂菌等。缺点是容易变异,因为培养基的物理、化学特性不是严格恒定的,屡次传代会使微生物的代谢改变,而影响微生物的性状,污染杂菌的机会亦较多。

8.6.3.2 干燥-载体保藏

此法适用于产孢子或芽孢的微生物的保藏,是将菌种接种于适当的载体上,如河砂、土壤、硅胶、滤纸及麸皮等,以保藏菌种。以沙土保藏用得较多,制备方法:将河砂经 24 目过筛后用 10%~20% 盐酸浸泡 3~4 h,以除去其中所含的有机物,用水漂洗至中性,烘干后装入小试管中,沙土高度约 1 cm,121 ℃ 间歇灭菌 3 次。用无菌吸管将孢子悬液滴入砂粒中,经真空干燥 8 h,于常温或低温下保藏均可,保存期为 1~10 年。土壤法以土壤代替砂粒,不需酸洗,经风干、粉碎,然后同法过筛、灭菌即可。一般细菌芽孢常用砂管保藏,霉菌的孢子多用麸皮管保藏。

8.6.3.3 矿物油中浸没保藏

此方法简便有效,可用于丝状真菌、酵母、细菌和放线菌的保藏。特别对难以冷冻干燥的丝状真菌和难以在固体培养基上形成孢子的担子菌等的保藏更为有效。它是将琼脂斜面或液体培养物或穿刺培养物浸入矿物油中于室温下或冰箱中保藏,操作要点是首先让待保藏菌种在适宜的培养基上生长,然后注入经 160 ℃ 干热灭菌 1~2 h 或湿热灭菌后 120 ℃ 烘干水分的矿物油,矿物油的用量以高出培养物 1 cm 为宜,并以橡皮塞代替棉塞封口,这样可使菌种保藏 1~2 年。

8.6.3.4 液体石蜡保藏法

这是传代培养的变相方法,能够适当延长保藏时间,它是在斜面培养物和穿刺培养物上面覆盖灭菌的液体石蜡,一方面可防止因培养基水分蒸发而引起菌种死亡,另一方面可阻止氧气进入,以减弱代谢作用。

以液体石蜡作为保藏方法时,应对需保藏的菌株预先做试验,因为某些菌株如酵母菌、霉菌、细菌等能利用石蜡为碳源,还有些菌株对液体石蜡保藏敏感。所有这些菌株都不能用液体石蜡保藏,为了预防不测,一般保藏菌株 2~3 年也应做 1 次存活试验。

8.6.3.5 低温冷冻保藏法

可分低温冰箱(-20~-30 ℃,-50~-80 ℃)、干冰酒精快速冻结(约 -70 ℃)和液氮(-196 ℃)等保藏法。

低温冷冻保藏法是将细胞转移至添加了保护剂的冻存管中,放在超低温冰箱或者液氮等深冷环境中保藏,常用的保护剂为 10% 的甘油。此法除适宜于一般微生物的保藏外,对一些用冷冻干燥法都难以保存的微生物如支原体、衣原体、氢细菌、难以形成孢子的霉菌、噬菌体及动物细胞均可长期保藏,而且性状不变异。缺点是需要特殊设备。

超低温冷冻保藏技术适用于要求长期保藏的微生物菌种,一般都应在 -60 ℃ 以下的超低温冷藏柜中进行保藏。超低温冷冻保藏的一般方法:先离心收获对数生长中期至后期的微生物细胞,再用新鲜培养基重新悬浮所收获的细胞,然后加入等体积的 20% 甘油或 10% 二甲亚砜冷冻保护剂,混匀后分装入冷冻指管或安瓿管中,于 -70 ℃ 超低温冰箱中保藏。超低温冰箱的冷冻速度一般控制在 1~2 ℃/min。若干细菌和真菌菌种可通过此保藏方法保藏 5 年而活力不受影响。

液氮保藏是工业微生物菌种保藏的最好方法。具体方法:把细胞悬浮于一定的分散剂中或是把在琼脂培养基上培养好的菌种直接进行液体冷冻,然后移至液氮(-196 ℃)或其蒸汽相中(-156 ℃)保藏。高等动植物细胞、微生物能够在液氮中长期保藏,并发现在液氮中保藏的菌种的存活率远比其他保藏方法高且回复突变率低。

8.6.3.6　冷冻干燥保藏法

真空冷冻干燥的基本方法是先将菌种培养到最大稳定期后,一般培养放线菌和丝状真菌需 7 ~ 10 d,培养细菌需 24 ~ 28 h,培养酵母约需 3 d。然后混悬于含有保护剂的溶液中,保护剂常选用脱脂乳、蔗糖、动物血清、谷氨酸钠等,菌液浓度为 10^9 ~ 10^{19} 个/mL,取 0.1 ~ 0.2 mL 菌悬液置于安瓿管中冷冻,再于减压条件下使冻结的细胞悬液中的水分升华减少至 1% ~ 5%,使培养物干燥。最后将管口熔封,保存在常温下或冰箱中。此法是微生物菌种长期保藏的最为有效的方法之一,大部分微生物菌种可以在冻干状态下保藏 10 年之久而不丧失活力,而且经冻干后的菌株无需进行冷冻保藏,便于运输。但操作过程复杂,并要求一定的设备条件。先使微生物在极低温度(-70 ℃左右)下快速冷冻,然后在减压下利用升华现象除去水分(真空干燥)。

有些方法如滤纸保藏法、液氮保藏法和冷冻干燥保藏法等均需使用保护剂来制备细胞悬液,以防止因冷冻或水分不断升华对细胞的损害。保护性溶质可通过氢和离子键对水和细胞所产生的亲和力来稳定细胞成分的构型。保护剂有牛乳、血清、糖类、甘油、二甲亚砜等。

8.6.3.7　寄主保藏

适用于一些难于用常规方法保藏的动植物病原菌和病毒,特别是用于目前尚不能在人工培养基上生长的微生物,如病毒、立克次氏体、螺旋体等,它们必须在生活的动物、昆虫、鸡胚内感染并传代,此法相当于一般微生物的传代培养保藏法。病毒等微生物亦可用其他方法(如液氮保藏法与冷冻干燥保藏法)进行保藏。

8.6.3.8　基因工程菌的保藏

随着基因工程的不断发展,人们制造了越来越多的基因工程菌,由于基因工程菌的载体质粒等所携带的外源 DNA 片段的遗传性状不太稳定,且其外源质粒复制子很容易丢失,因此有时需要采用一些特殊的方法对其进行保藏。由质粒编码的抗生素抗性在富集含此类质粒的细胞群体时极为有用。当培养基中加入抗生素时,抗生素提供了有利于携带质粒的细胞群体的极有用的生长选择压力。而且在运用基因工程菌进行发酵时,抗生素的加入可帮助维持质粒复制与染色体复制的协调。由此看来基因工程菌最好应保藏在含低浓度选择剂的培养基中。例如,质粒 pBR322,它除了能将外源 DNA 输入 *E. coli* 细胞外,还赋予 *E. coli* 细胞 Amp^r 和 Tet^r。如果在培养基中加入 Amp 和 Tet,则培养时可选择出含 pBR322 质粒的细胞。

⇨ 思考题

1. 名词解释:基因,染色质,染色体,质粒,附加体,突变,基因突变,沉默突变,错义突变,无义突变,中性替代,光复活作用,基因重组,转化,接合,转导,感受态细胞,部分二倍体,普遍性转导,局限性转导,原生质体,Genome shuffling,基因工程,菌种的衰退。

2. B 型 DNA 的结构特征是什么?

3. 基因按照功能可能划分为几类?

4. RNA 的转录过程是怎样的?

5. 染色质的基本结构是什么?

6. 原核生物基因组的特点是什么?

7. 端粒的功能有哪些?

8. 质粒的分类。

9. 基因突变的分类。

10. 简述诱变育种的基本步骤。

11. 常用的诱变方法有哪些?

12. 推理选育的基本原理是什么?

13. 基因重组的分类有哪些?

14. 自然转化的过程是什么?

15. 接合过程的特点是什么?

16. 部分二倍体重组与完整二倍体重组的区别是什么?

17. 原生质体融合技术与经典育种技术相比的优点有哪些?

18. 有性生殖的过程是什么?

19. 基因工程的内容和特征有哪些?

20. 基因工程的基本操作步骤是什么?

21. 基因工程载体的特征是什么?

22. 防止菌种衰退的方法有哪些?

23. 菌种复壮的方法有哪些?

24. 简述几种常用的菌种保藏方法。

第9章 微生物生态

生态(Eco-)一词源于古希腊文,原意指"住所"或"栖息地"。1866年,德国生物学家E.海克尔(Ernst Haeckel)最早提出生态学的概念,当时认为它是研究动植物及其环境间、动物与植物之间相互作用及其对所处环境影响的一门学科。日本东京帝国大学三好学教授于1895年把ecology一词译为"生态学",后经武汉大学张挺教授介绍到我国。

简单说,生态就是指一切生物的生存状态,以及它们之间、它们与环境之间相互影响的一种关系。生态学的产生最早是从植物学和动物学开始的,限于当时对微生物的认识有限,而如今,生态学已经渗透到各个领域,"生态"一词涉及的范畴也越来越广,甚至政治领域也使用"生态"这一概念。

在生物圈的不同环境中都有微生物生存,如土壤、水域、空气和动植物体等。由于生态条件的差异,自然界任何环境中的微生物,都不是单一的种群,而且各种微生物的发育、分布和发生的作用也不同。微生物之间及其与环境之间存在着特定的关系,彼此影响,相互依存,这就是微生物系统(microbial ecosystem)。由于环境限制因子的多样性,微生物在与自然环境的相互作用中,形成了不同的微生态系,存在着不同的微生物类群和数量,并在物质转化和能量转移的活动中,表现出不同的过程和强度,这就使得各种微生物系统呈现出很大的差异,从而导致了微生物生态系统的多样性和复杂性。根据自然界中主要环境因子的差异和研究范围的不同,微生物生态系统大致可分为陆生、水生、大气、根系、肠道(消化道)、极端环境、活性污泥和"生物膜"微生物生态系统等。

微生物生态学(microbial ecology)是生态学的一个分支,是研究微生物群体-微生物区系或正常菌群与其环境的生物和非生物因素相互关系的科学,其主要研究内容是微生物在自然界中的种群组成、分布、数量和生理生化特性,研究微生物之间及其与环境之间、微生物与动物之间的相互关系及其功能表达规律,探索其控制和应用途径,更好地发挥微生物的作用,充分利用微生物资源,为解决资源匮乏、能源短缺和环境污染问题,特别是为解决环境问题提供生态学理论基础、方法和技术手段等。

9.1 微生物在自然界中的分布与菌种资源的开发

微生物是自然界中分布最广泛的一群生物,地球上即使环境最恶劣的区域都有微生物的存在,可以说微生物无所不在,这既是微生物适应性强大的具体表现,也是微生物的重要特征之一。

9.1.1 土壤中的微生物

土壤素有"微生物的天然培养基"之称,具备了各种微生物生长发育所需要的营养、水分、空气、酸碱度、渗透压和温度等条件,是微生物生活最适宜的环境。土壤中的有机物质、各类无机盐和维生素等,都是微生物良好的营养物质;土壤的特殊结构和孔隙度,充满着水分和空气,为微生物的生命活动提供了适宜的湿度和通气条件;土壤的酸碱度一般在 pH 值 3.5~10.5,适合大多数微生物生存;土壤具有一定的保温性能,夏季温度适宜微生物的发育,冬季温度也不是很低,所以土壤是微生物的"大本营",微生物数量大,类型多,是人类最丰富的"菌种资源库"(表 9.1)。

表 9.1 不同深度土壤的微生物菌落数

深度/cm	细菌/(cfu/g)	放线菌/(cfu/g)	真菌/(cfu/g)	藻类/(cfu/g)
2~10	9 800 000	2 100 000	120 000	25 000
20~30	2 180 000	250 000	50 000	5 000
35~40	570 000	49 000	14 000	500
60~70	12 000	5 000	6 000	100
130~140	1 400	—	3 000	—

可以看出,土壤中所含的微生物数量巨大,其中以细菌居多。有人估计,在每亩耕作层土壤中,约有霉菌 150 kg,细菌 75 kg,原生动物 15 kg,藻类和酵母菌各 7.5 kg。但一般来说,在每克耕作层土壤中,各种微生物含量之比大体有一个 10 倍系列的递减规律:细菌(约 10^8)>放线菌(约 10^7,孢子)>霉菌(约 10^6,孢子)>酵母菌(约 10^5)>藻类(约 10^4)>原生动物(约 10^3)。

细菌占土壤微生物总量的 70% 以上,多数腐生,少数自养。在不同的土壤中,细菌的种类和数量有着很大的不同,大部分为革兰氏阳性细菌,在数量上高于水环境中的革兰氏阳性细菌。常见的土壤细菌有假单胞菌(*Pseudomonas*)、葡萄球菌(*Staphylococcus*)、黄单胞菌(*Xanthomonas*)、农杆菌(*Agrobacterium*)、不动杆菌(*Acinetobacter*)、产碱杆菌(*Alcaligenes*)、节杆菌(*Arthrobacter*)、梭状芽孢杆菌(*Clostridium*)、芽孢杆菌(*Bacillus*)、柄杆菌(*Caulobacter*)、短杆菌(*Brevibacterium*)、纤维单胞菌(*Cellulomonas*)、棒杆菌(*Corynebacterium*)、黄杆菌(*Flavobacterium*)、分枝杆菌(*Mycobacterium*)、微球菌(*Micrococcus*)等。

光合营养细菌是土壤微生物的重要组成部分,主要有鱼腥藻属(*Anabaena*)、念珠藻属(*Nostoc*)、眉藻属(*Calothrix*)、色球藻属(*Chroococcus*)、裂须藻属(*Schizoturix*)、筒孢藻属(*Cylindrospermum*)、鞘丝藻属(*Lyngbya*)、节球藻属(*Nodularia*)、颤藻属(*Oscillatoria*)、席藻属(*phormidium*)、伪枝藻属(*Scytonema*)、织线藻属(*Plectonema*)、微鞘藻属(*Microcoleus*)和单歧藻属(*Tolypothrix*)等。

真菌主要存在于 10 cm 左右的表层土壤,常见的有曲霉(*Aspergillus*)、青霉(*Penicillum*)、地霉(*Geotrichum*)和木霉(*Trichoderma*)等,此外,还有一定数量的土著性酵母菌。土壤真菌可以游离状态存在或与植物根系形成菌根。

放线菌也是土壤中的重要微生物类群,比较适合在中性或偏碱性环境中生长,它们以分枝的丝状菌丝附着于有机物残片或土壤颗粒表面,并以此为"基地"向四周扩展。由于放线菌的丝状营养体要大于细菌细胞几十倍甚至几百倍,因此,其数量较细菌少,但在土壤中其生物量接近细菌。一般情况下,土壤耕作层中放线菌数量较多,在种类上链霉菌属和诺卡菌属所占的比例最大,其次是微单胞菌属、放线菌属等。

土壤中还生存着以硅藻、绿藻和裸藻为主要代表的藻类,在光照和水分的影响下,它们多发育于地面或近地面的表层土中,进行光合作用,固定 CO_2。生存在较深土层中的一些单细胞藻类,进行腐生生活。

此外,土壤中还有纤毛虫、鞭毛虫和根足虫等原生动物,它们以有机物质为食料,对土壤有机物质的分解起着重要的作用。

9.1.2　水体中的微生物

地球表面约有 71% 为水所覆盖,自然界的水圈(hydrosphere)可以分为淡水生境(fresh water habitat)和海水生境(marine habitat)。淡水生境主要包括溪流、河流、池塘、湖泊、港湾和沼泽地;海水生境就是海洋。

水是一种很好的溶剂,溶解有 N、P、S 及 O_2 等无机物质,还含有一些有机营养物质。水中的营养物质不及土壤丰富,但足以维持微生物的生存所需,一般江河、湖泊和池塘内的营养较丰富,海水和盐湖营养物质较少。

水的温度、pH 值、渗透压等也较适合微生物生长繁殖。一般淡水水体的温度在 $0 \sim 36$ ℃,海水的水温在 5 ℃以下。自然水域的 pH 值大多在 7 左右,适合大部分微生物的生长。

9.1.2.1　淡水型水体中的微生物

淡水占地球上水总储量的 2.7%,绝大部分的淡水都以雪山、冰原等形式存在,在江河、湖泊、池塘和水库等淡水中,若按其中有机物含量的多少及其微生物的关系,可分为两类:①清水型水生微生物,以自养细菌为主,常见的光能自养细菌有蓝细菌、紫色和绿色厌氧光合细菌,化能自养细菌有硫细菌、铁细菌、亚硝酸细菌、硝酸细菌等,另外还有腐生型细菌,少量异养微生物也可在营养物质含量很低的清水中生长,如有色杆菌属、无色杆菌属和微球菌属;②腐败型水生微生物,在含有大量外来有机物的水体中生长,例如流经城镇的河流、下水道污水及富营养的湖水等,由于这些水体中有机物质含量高,微生物数量可高达 $10^7 \sim 10^8$ cfu/mL,在类群上主要是腐生型细菌和原生动物,如大肠杆菌(*E. coli*)、产气肠杆菌(*Enterobacter aerogenes*)、变形杆菌属(*Proteus*)、产碱杆菌属(*Alcaligenes*)、芽孢杆菌属(*Bacillus*)、弧菌属(*Vibrio*)和螺菌属(*Spirillum*)等,有时还含有伤寒、痢疾和霍乱等病原体。

在较深的湖泊或水库等淡水生境中,因光线、溶氧和温度的差异,微生物呈明显的垂直分布带:①沿岸区和浅水区因阳光充足和溶氧量大,故蓝细菌、光合藻类和好氧性微生物较多;②深水区因光线微弱、溶氧量少和硫化氢含量较高等原因,只有一些厌氧光合细菌(紫色和绿色硫细菌)和兼性厌氧菌才能生长。

地下水中微生物的数量比地表水中要少很多,但不同地区地下水中的微生物数量和种类,因水位、土壤性质以及土壤中微生物发育量不同而又有差异。在入海的河口处,由于盐分的影响,淡水微生物逐渐被海洋微生物取代。

影响淡水水体中微生物种类和数量的因素主要有营养状况、温度、光照强度、季节变化等。如藻类的光合作用导致水中的 CO_2 浓度下降,造成碳酸氢盐平衡发生变化,使得水的 pH 值增大,pH 值的变化影响了微生物的生长和代谢,使群落中微生物的种类比例发生变化。

　　水中微生物的含量和种类对该水体的饮用价值影响很大,在饮用水的微生物学检验中,对微生物种类和数量有严格的规定。良好的饮用水,其细菌总数应小于 100 cfu/mL,当大于 500 cfu/mL 时就不宜作饮用水了。饮用水常用以 *E. coli* 为代表的大肠菌群数为指标,因为这类细菌是温血动物肠道中的正常菌群,数量极多,用它作指标可以灵敏地推断该水源是否曾与动物粪便接触以及污染程度。

9.1.2.2　海水型水体中的微生物

　　海洋是地球上最大的水体,一般海水的含盐量在 3% 左右,所以海洋中土著微生物必需生活在含盐量 2%~4% 的环境中。海水中的土著微生物种类主要是一些藻类以及细菌中的芽孢杆菌属(*Bacillus*)、假单胞菌属(*Pseudomonas*)、弧菌属(*Vibrio*)和一些发光细菌等。

　　海洋平均深度为 4 km,最深达 11 km,海洋微生物的垂直分布非常明显。从海平面到海底依次可分为 4 区:①透光区(euphotic zone),光线充足,水温高,适合多种海洋微生物生长;②无光区(aphotic zone),海平面 25 m 以下直至 200 m 间,有一些微生物活动着;③深海区(bathy pelage zone),位于 200~6 000 m 深处,黑暗、寒冷,只有少量微生物存在;④超深海区(hadal zone),寒冷、黑暗、超高压,只有极少数耐压菌才能生长。

9.1.3　大气中的微生物

　　大气层可以分为对流层(troposphere,0~15 km)、同温层(stratosphere,15~50 km)和电离层(ionosphere,50 km 以上)。干净空气中并不含微生物生长繁殖所必需的营养物质、充足的水分和其他条件,且日光中的紫外线还有强烈的杀菌作用,因此,大气环境不是微生物生长繁殖的适宜环境。不过对流层下部(约 3 km 以下)由于水汽的凝聚可能存在一定量的有机物质,使异养微生物得以生长,主要是细菌和真菌,不同地区的大气中,微生物的种类和数量也有很大差异。

　　空气中的微生物来源于带有微生物细胞或孢子的尘埃、小水滴及动物呼吸排泄物等。因此,凡含尘埃较多或贴近地面的空气,其微生物含量就越高。空气中的微生物以气溶胶的形式存在,它是动植物病害传播、发酵工业污染以及工农业产品霉腐等的重要根源,例如,在医院及公共场所的空气中,病原菌特别是耐药菌的种类多、数量大,对免疫力低下的人群十分有害。通过减少菌源、尘埃源以及采用空气过滤、灭菌(如 UV 照射,甲醛熏蒸)等措施,可降低空气中微生物的数量。

9.1.4　农产品上的微生物

　　各种农产品含有丰富的营养,特别适合各种微生物的生长与繁殖,当环境条件如温度等适宜时,微生物即可生长繁殖,引起老化、霉腐、变质等,使农产品的品质下降甚至不能食用。

　　研究各种农产品上有害微生物的分布、种类、霉腐机制及其防治方法的微生物学分支,称为霉腐微生物学(biodeteriorative microbiology)。在导致工农业产品恶化的诸多因素中,以微生物引起的劣化最为严重,主要有以下几种:①霉变(mouldness),由霉菌引起的劣化;②腐朽(decay),在好氧条件下,微生物酶解纤维类物质而使材料的力学性质严

重下降的现象;③腐烂(腐败,putrefaction),主要指含水量较高的农产品经细菌生长、繁殖后所引起的变软、发臭性的劣化;④腐蚀(corrosion),主要是指硫酸盐还原细菌、铁细菌或硫细菌引起的金属材料的侵蚀、破坏性劣化。

9.1.5 极端环境微生物

所谓极端环境,是指各种生物难以生存的环境,包括高温、低温、强酸、强碱、高盐、高压、高辐射环境等。适合在极端环境中生活的微生物,称之为极端微生物(extremophiles),多属于古细菌,包括嗜热菌(thermophiles)、嗜盐菌(halophiles)、嗜碱菌(alkophiles)、嗜酸菌(acidophiles)、嗜压菌(barophiles)、嗜冷菌(psychrophiles)以及抗辐射、耐干燥、抗高浓度金属离子和极端厌氧的微生物。极端微生物在细胞构造、生命活动(生理、生化、遗传等)和种系进化上具有突出的特点,因此在生命起源与系统进化方面将给人们很多重要的启示。

9.1.5.1 嗜热菌

嗜热菌是一类生活在热环境中的微生物。如火山口及周围区域、温泉、工厂高温废水排放区、堆肥等。根据对温度的不同要求,嗜热微生物可划分为 5 类:①耐热菌(thermotolerant bacteria),最高 45 ~ 55 ℃,最低 30 ℃;②兼性嗜热菌(facultative thermophile),最高 50 ~ 65 ℃,最低 30 ℃;③专性嗜热菌(obligate thermophile),最适 65 ~ 70 ℃,最低 42 ℃;④极端嗜热菌(extremothermophiles),最高高于 70 ℃,最适 65 ℃左右,最低 40 ℃;⑤超嗜热菌(hyperthermophiles),最高 113 ℃,最适 80 ~ 110 ℃,最低 55 ℃。

嗜热菌细胞膜的脂质双分子层中有很多特殊的类脂,主要是甘油脂肪酰二酯。通过调节磷脂的组分可维持细胞膜在高温下的液晶态。此外,增加磷脂酰烷基链的长度、异构化支链的比率及脂肪酸饱和度都可使嗜热菌的细胞膜耐受高温。

比较嗜热菌与常温菌蛋白质氨基酸组成发现,嗜热菌蛋白质中 Ile、Pro、Glu 和 Arg 的含量均高于常温菌,而 Cys、Ser、Thr、Asn 和 Asp 的含量显著低于常温菌。在蛋白质的天然构象上,嗜热菌蛋白质与常温菌蛋白质的大小、亚基结构、螺旋程度、极性大小和活性中心都极为相似,但高级结构中的非共价力、结构域的包装、亚基与辅基的聚集、糖基化作用、磷酸化作用等却不尽相同,蛋白质对高温的适应决定于这些微妙的空间变化。另外,化学修饰、多聚物吸附及酶分子内的交联也是提高蛋白质热稳定性的重要途径。

嗜热菌 DNA 中 G+C 含量较高,因而其遗传物质具有比较高的熔点。

此外,嗜热菌蛋白质合成系统具有热稳定性强、tRNA 的周转率高、核糖体抗热性高的特点,使其能迅速合成重要代谢产物以补充失活的物质。

9.1.5.2 嗜冷菌

嗜冷菌的主要生境有极地、深海、寒冷水体、冷冻土壤等低温环境,可分为专性和兼性两类,前者的最高生长温度不超过 20 ℃,可以在 0 ℃或低于 0 ℃的条件下生长;后者可以在低温下生长,有的也可以在 20 ℃以上生长。

目前已经发现的嗜冷菌主要有针丝藻(*Raphidonema nivale*)、黏球藻(*Gloeocapsa* sp.)和假单胞菌(*Pseudomonas* sp.)等,深海的极端嗜压菌往往也是极端嗜冷菌。

嗜冷菌能在温度较低的环境中生存,主要原因可能如下:①细胞膜对温度变化的适应,当环境温度降低时,细胞膜上的不饱和脂肪酸的组成发生变化,产生大量的油酸和软脂酸,不饱和脂肪酸的比例增大;②特殊的蛋白质,嗜冷菌还通过特殊的酶系统来适应低温环境,当环境温度降低时,嗜冷菌通过合成组成酶来适应低温环境,这些低温酶的主要特点是酶分子结构柔软,底物能更好地接近催化部位,在低温条件下就能获得较大的比活力。另外,当环境温度波动较大时,嗜冷菌还可以通过合成冷激蛋白来适应环境的变化。

嗜冷菌是低温保藏食品发生腐败的主要原因,它的存在使低温储藏食品受到威胁。而同时可以看到,研究和利用嗜冷微生物中的低温酶类,在工业和生活中都有应用价值,比如,将低温蛋白酶用于洗涤剂,不仅节约能源,且效果良好。

9.1.5.3 嗜酸菌

能生活在低 pH 值(<4)条件下,在中性 pH 值下即死亡的微生物称嗜酸菌。嗜酸微生物可以分为两大类群。能在强酸环境中生长,适宜生长 pH 值为 4~9,称为抗酸微生物(acidotolerant microorganism);必须在 pH 值≤3 的环境中才能生长,称为专性嗜酸微生物(obligate acidophile)。在酸性环境中首先出现的是能氧化 S^0 和 Fe^{2+} 的化能自养菌,当这些自养菌大量增殖后,嗜酸异养菌才会出现。专性嗜酸微生物是一些真细菌和古生菌,前者如硫杆菌属(*Thiobacillus*),后者如硫化叶菌属(*Sulfolobus*)和热原体属(*Thermoplasma*)等。嗜酸真核生物包括嗜酸酵母、丝状真菌及少数的藻类。

嗜酸微生物的细胞内 pH 值仍接近中性,各种酶的最适 pH 值也接近中性,其机制可能如下:①嗜酸菌细胞表面存在大量的重金属离子,可与周围的 H^+ 交换,阻止了 H^+ 进入细胞;②嗜酸菌细胞壁和细胞膜含有特殊的抗酸物质,如耐热嗜酸古细菌(*Sulfolobus acidocaldarius*)细胞膜中有环己烷和五环萜系衍生物和硫脂等;③含有抗酸水解的蛋白质;④细胞膜上的 H^+ 泵可有效地阻止 H^+ 进入细胞。

嗜酸菌可用于铜等金属的湿法冶炼和煤的脱硫等实践中。

9.1.5.4 嗜碱菌

通常最适生长 pH 值为 9~10 的微生物称为嗜碱菌。多数生活在盐碱湖、碱湖、碱池中。嗜碱菌种类繁多,包括细菌、真菌和古菌,常见的主要有假单胞菌属(*Pseudomonas*)、芽孢杆菌属(*Bacillus*)、微球菌属(*Micrococcus*)、链霉菌属(*Streptomyces*)、酵母菌、丝状真菌(filamentols fungi)等。这些嗜碱菌除了嗜碱特性外,可能还同时具备嗜盐、嗜热或嗜冷等特性。

嗜碱菌的生活环境为碱性而细胞内却是中性,生理生化机制目前还不很清楚,可能与细胞壁的屏障作用和细胞膜对 pH 值的调节作用有关。如嗜碱芽孢杆菌的细胞壁中,除了肽聚糖外,还含有一些酸性物质,如半乳糖醛酸、葡萄糖醛酸、谷氨酸、天门冬氨酸和磷酸等,这些酸性物质可在细胞表面吸附 Na^+ 和水合 H^+,排斥 OH^-。细胞通过质膜上的 Na^+/H^+ 反向载体系统和 ATP 驱动的 H^+ 泵将 H^+ 排入细胞质内以恢复并维持细胞内的酸碱平衡,保证生命大分子物质的活性和生理代谢活动的正常进行。嗜碱菌的一些蛋白酶、脂肪酶和纤维素酶已被添加到洗涤剂中。

9.1.5.5 嗜盐菌

在自然界中,有许多含有高浓度盐分的环境,如美国犹他大盐湖(盐度为 2.2%)、著

名的死海(盐度为 2.5%)、里海(盐度为 1.7%)、海湾和沿海的礁石池塘等。在这样的高盐环境中,由于高渗透压的作用,多数微生物细胞会因质壁分离生长受到抑制甚至死亡,但嗜盐菌却能够很好地生长。

各种嗜盐菌具有不同的适应环境机制:杜氏藻(*Dunaliella* sp.)主要是通过细胞内合成甘油来抵御高渗透压;嗜盐古菌采用胞内积累高浓度钾离子(4 ~ 5 mol/L)来对抗胞外的高渗环境,通过细胞膜上的 H^+/Na^+ 反向载体调节细胞内外 K^+ 和 Na^+ 的平衡,并通过细胞膜上的细菌视紫质实现能量的初级转换;中度嗜盐微生物如嗜盐真核生物和嗜盐产甲烷菌的嗜盐机制在于它们的代谢衍生物,如甜菜碱、1-羟基-3-甲基吡啶、6-羟基-1-羧基-3-甲基吡啶和其他小分子有机物,它们可抵抗细胞外的高渗透压,还可将中性磷脂转化为带负电的磷脂,结合细胞外的 Na^+,同时保持细胞膜完整性。

9.1.5.6 嗜压菌

高压环境主要存在于深海、深油井和地下煤矿等。一般情况下,将最适生长压强小于 40 MPa 的微生物称为耐压菌,将最适生长压强大于 40 MPa 的微生物称为嗜压菌。

有关嗜压菌的耐压机制目前还不清楚。但在嗜压发光杆菌的 DNA 中存在与调节压力有关的启动子 *ompH*,这种启动子只有在高压下才能被激活,由该启动子启动的基因也必须在高压下才能进行高水平转录,在该启动子的下游,是受压强调节的操纵子,且只能在高压下表达。此外,许多深海生长的细菌中均存在与 *ompH* 类似的启动子和高度保守的下游操纵子,这种特殊的遗传机制确保了嗜压菌在高压环境中生存。

9.1.5.7 抗辐射微生物

具有较强的抗辐射性能并能耐受诸如可见光、紫外线、X 射线和 γ 射线的辐射而很好生存的微生物称为抗辐射微生物。抗辐射微生物对辐射这一不良环境因素仅有抗性(resistance)或耐受性(tolerance),而不能有"嗜好"。自然界中,不同种类的微生物对辐射的耐受程度不同,而且同一种抗辐射微生物的不同菌株抗辐射能力也存在差异。以抗 X 射线为例,病毒高于细菌,细菌高于藻类,但原生动物往往有较高的抗性。首次分离到的抗辐射微生物是耐辐射异球菌(*Dainococcus radiodurans*),该菌呈粉红色,G⁺、无芽孢、不运动、细胞球状,它的最大特点是具有高度抗辐射能力,例如其 R1 菌株的抗 UV 的能力是 *E. coli* B/r 菌株的 20 倍,抗 β 射线能力是 *E. coli* B/r 菌株的 200 倍,抗 β 射线能力最高可达 18 000 Gy(是人耐辐射能力的 3 000 余倍),人们已从放射线照射的食品、医疗器械或饲料中分离到了多种抗辐射菌。

微生物具有多种抗辐射机制,或能使细胞免受射线的损伤,或在损伤后能加以修复。如耐辐射异球菌在受到射线照射后,尽管已发生 DNA 的断裂,但都可以准确修复,其存活率可达 100%,且几乎不发生突变。

9.2 微生物之间的关系

自然界中的微生物很少以纯种的方式存在,而常常与其他微生物、动植物共同混杂生活在某一个生境里,相互之间存在着这样或那样复杂的相互关系,通过相互作用促进了生物圈内的物质循环、能量流动和整个生物界的进化与发展。

9.2.1 互生

两种可单独生活的生物,当它们在一起时,通过各自的代谢活动而有利于对方,或偏利于一方的生活方式,称为互生(synergism,即代谢共栖),这是一种"可分可合,合比分好"的松散的相互关系。

自然界中,互生关系在微生物之间广泛存在。如在土壤中,好氧性自生固氮菌与纤维素分解菌生活在一起时,后者分解纤维素可为前者提供固氮时的营养,而前者则向后者提供氮素营养,二者彼此为对方创造了有利条件。土壤中的氨化细菌、亚硝酸细菌与硝酸细菌之间,好氧微生物与厌氧微生物之间也都存在着互生关系。

共固定化细胞混菌培养是在深入研究微生物纯培养(pure culture)基础上的人工"微生物生态工程",是微生物之间的互生关系在工业生产领域的典型事例。共固定化就是将几种功能不同又具有互生关系的微生物同时固定在同一个载体中,形成共固定化细胞系统,从而使许多单菌株不能合成的物质通过混合菌株得以实现,或提高发酵产品的质量和产量。

9.2.2 共生

共生(mutualism)是指两种生物共居在一起,相互分工合作、相依为命、甚至形成在生理上表现出一定分工、在组织和形态上产生新结构的特殊共生体的一种相互关系,可以看作是互生关系的发展。共生形式主要有以下几种:①微生物间的共生,微生物之间共生最典型的例子是由真菌和藻类(包括蓝细菌)共生形成的地衣(lichen)。地衣是一类由真菌和藻类共生在一起的很特殊的生物共生体,真菌的菌丝缠绕藻细胞,从外边包围藻类,不仅在结构上共生,在生理上也相互依存,真菌从周围环境中吸取水分和无机养分,供本身和藻类需要,而藻类进行光合作用合成有机物为自身和真菌提供有机养料,若将它们分离,藻类能生长、繁殖,而真菌生长很弱甚至死亡,它们是在弱寄生的基础上发展起来的共生关系。②微生物与植物间的共生,主要有根瘤菌与植物间的共生,包括熟知的各种根瘤菌与豆科植物间的共生以及非豆科植物(桤木属、杨梅属、美洲茶属等)与弗兰克菌属(*Frankia*)放线菌的共生等,以菌根形式存在的互生,大部分植物都有菌根(mycorrhiza)。其在植物营养、代谢和抗病能力等方面起着重要作用,如兰科植物的种子若无菌根菌的共生就不会发芽,杜鹃科植物的幼苗若无菌根菌的共生就不能存活。③微生物与动物间的共生,在白蚁、蟑螂等昆虫的肠道中有大量的细菌和原生动物与其共生,在牛、羊、鹿、骆驼和长颈鹿等反刍动物的瘤胃中存在大量的微生物,与瘤胃形成共生关系,反刍动物为瘤胃微生物提供纤维素、无机盐、水分、合适的温度和无氧环境等,而瘤胃微生物则协助其把纤维素分解成有机酸以供瘤胃吸收,同时,由此产生的大量菌体蛋白通过消化而向反刍动物提供蛋白质养料。

9.2.3 寄生

寄生关系(parasitism)是一种微生物生活在另一种微生物的表面或体内,从后者取得营养。前者为寄生物(parasite),后者为寄主(host)。根据寄生物和寄主的关系,寄生可分为细胞内寄生和细胞外寄生,专性寄生和兼性寄生等。外寄生中的寄生物仅寄生在寄

主细胞上,其相互关系的特异性较弱,寄生物也具有兼性寄生的特性。内寄生是寄生物在寄主细胞内,其相互关系的特异性较强,有些寄生物甚至表现出严格的专一性。微生物间的寄生形式主要有:①噬菌体–细菌之间寄生;②蛭弧菌–细菌之间寄生;③真菌–真菌之间寄生;④真菌–细菌–原生动物之间寄生。

9.2.4 拮抗

拮抗又称抗生(antagonism),指由某种生物所产生的特定代谢产物抑制他种生物的生长发育甚至杀死它们的一种相互关系。此外,有时因某种微生物的生长而引起其他条件的改变(例如缺氧、pH值改变等),从而抑制他种生物生长的现象也称拮抗。

拮抗关系可以划分为特异性拮抗和非特异性拮抗两种类型。特异性拮抗作用是微生物产生的特殊次生代谢产物仅对一种或少数几种微生物有明显的拮抗作用,对它种微生物基本没有拮抗作用,即这些产物的作用具有选择性,产物包括抗生素(antibiotics)和细菌素(bacteriocin)两大类。产生抗生素的微生物称为抗生菌,主要种类为放线菌,尤其是链霉菌。细菌素是一些细菌产生的蛋白类物质,具有较高的拮抗特异性。

非特异性的拮抗作用没有选择性,如硫化细菌产生硫酸降低环境的pH值,抑制不耐酸的各种细菌生长;又如在制作泡菜和牲畜的青贮饲料过程中,当好氧菌和兼性厌氧菌消耗了密封容器中残存的氧气后,就为各种乳酸细菌的生长、繁殖创造了良好的条件,通过它们产生的乳酸对其他腐败菌的拮抗作用才保证了泡菜或青贮饲料的风味、质量和良好的保藏性能。

微生物间的拮抗关系已广泛应用于抗生素的筛选、食品的保藏、医疗保健和动植物病害防治等许多方面。

9.2.5 捕食

捕食又称猎食,一般指一种大型的生物直接捕捉、吞食一种小型生物以满足其营养需要的相互关系。对微生物来说,一般存在如下几种情况:①原生动物吞食细菌和藻类;②黏细菌吞食细菌和其他微生物;③真菌捕食线虫和其他原生动物等。

在极端情况下,捕食者的吞食可能导致被食者种群的消失,进而反过来威胁到捕食者本身的生存。但在一般情况下总有部分生命力强的被食者能够逃脱被捕,并能在捕食者数量因食物减少而削减时重新繁殖起来,所以捕食者与被食者的种群数量是一个交替消长的过程。

9.3 微生物与自然界物质循环

自然界蕴藏着极其丰富的元素贮备,可比喻为一个庞大无比的"元素库"。元素的生物地球化学循环是生物生存并繁衍的基本条件,符合物质守恒定律。自然界的物质循环是合成和分解两个对立过程的统一。在物质循环过程中,生物一方面从自然界获取自身所需的物质,另一方面通过代谢和死亡向自然返还物质,这一过程恰恰是生物本身推动的物质循环,它为元素的循环使用创造了极其重要的条件,而微生物是自然界元素平衡的调节者。正是由于微生物对自然界物质的不断转化和分解,才使物质的循环得以完成,在这个意义上,微生物是自然界有机物的分解者,其规模和数量及分解的彻底性远远超过动物与植物,表现出了代谢的多样性,如果没有微生物的作用,自然界中元素及物质就不可能周而复始地循环,生态平衡就会破坏。

在自然界众多元素循环中,C、N、S 和 P 是四种最重要的元素,它们的循环是自然界物质正常循环的基础。微生物在碳素循环中的作用主要体现在同化和产生 CO_2 上,自养微生物可以利用 CO_2 合成有机物,异养微生物则可以分解有机物产生 CO_2。自然界中的氮素绝大部分以大多数生物不能直接利用的 N_2 形式存在,NH_3 大多数是微生物合成的,不同氮素之间的相互转化也需要微生物参与。微生物在自然界氮素循环中的作用形式主要有固氮作用、氨化作用、硝化作用、反硝化作用以及同化作用。自然界中存在的硫素绝大部分不能被大多数生物直接利用,只有通过微生物转化后才能被其他生物吸收和利用;有机物中硫素的分解同样离不开微生物。微生物利用和转化硫素的方式主要有脱硫作用、同化作用、硫化作用和反硫化作用。自然界中存在许多难溶的一般不能被植物所利用的无机磷化物,微生物的活动能促进磷在生物圈中的有效利用;许多微生物具有很强的分解核酸、卵磷脂和植酸等有机磷化物的能力,它们转化、释放的磷酸可供其他生物吸收利用。

本章主要涉及 C、N、S 和 P 在自然界的循环。

9.3.1 碳素循环

碳元素是组成生物体各种有机物中最主要的组分,它约占有机物干重的 50%。自然界中碳元素以多种形式存在着,包括大气中的 CO_2、溶于水的 CO_2(H_2CO_3、HCO_3^- 和 CO_3^{2-})和有机物(死或活的生物)中的碳。此外,还有储量极大、很少参与周转的岩石(石灰石、大理石)和化石燃料(煤、石油、天然气等)中的碳。只有通过不同形态的碳素相互转化,才能维持生命的延续。

在自然界中,碳素循环(carbon cycle)包括 CO_2 的固定和再生,其中微生物发挥着最大的作用。绿色植物和部分微生物(无机营养型微生物、光合微生物)将 CO_2 和水还原为碳水化合物,进而转化成各种有机碳化合物。实现了碳从无机态到有机态的转化,而微生物的降解作用、呼吸作用、发酵作用等,可使光合作用形成的有机物尽快分解、矿化和释放,从而使生物圈处于一种良好的碳平衡的状态中。

碳水化合物是微生物的主要碳源和能源,包括淀粉、纤维素、半纤维素、果胶、几丁质、木质素等,这里重点介绍木质素的分解,其他碳水化合物的分解代谢过程见本书第 7 章。

木质素是由四种醇单体(对香豆醇、松柏醇、5-羟基松柏醇、芥子醇)形成的一种复杂酚类聚合物,它是构成植物细胞壁的成分之一,含许多负电基团,能使细胞相连,对土壤中的高价金属离子也有较强的亲和力。因单体不同,可将木质素分为 3 种类型:由紫丁香基丙烷结构单体聚合而成的紫丁香基木质素(syringyl lignin,S-木质素),由愈创木基丙烷结构单体聚合而成的愈创木基木质素(guajacyl lignin,G-木质素)和由对-羟基苯基丙烷结构单体聚合而成的对-羟基苯基木质素(hydroxy-phenyl lignin,H-木质素)。裸子植物主要为愈创木基木质素(G),双子叶植物主要含愈创木基-紫丁香基木质素(G-S),单子叶植物则为愈创木基-紫丁香基-对-羟基苯基木质素(G-S-H)。从解剖结构看,木质素包围于管胞、导管及木纤维等纤维束细胞及厚壁细胞外,并使这些细胞具有特定显色反应(加间苯三酚溶液一滴,待片刻,再加盐酸一滴,即显红色);从化学成分来看,木质素是由高度取代的苯基丙烷单元随机聚合而成的高分子聚合物,它与纤维素、半纤维素形成植物骨架的主要成分,在数量上仅次于纤维素。木质素填充于纤维素构架中增强植物体的机械强度,利于输导组织的水分运输和抵抗不良外界环境的侵袭。木质素在木材、秸秆等组织中含量较多,豆类、麦麸、可可、巧克力、草莓及山莓中也含有部分木质素。木质素的重要作用就是吸附胆汁的主要成分——胆汁酸,并将其排出体外。另外,因其结构和多酚非常相似,故木质素还可能与抗氧化有关,但目前还没有明确的证据。

木质素分解的生化途径尚不清楚,史彻伯特提出木质素降解的可能途径,见图9.1。

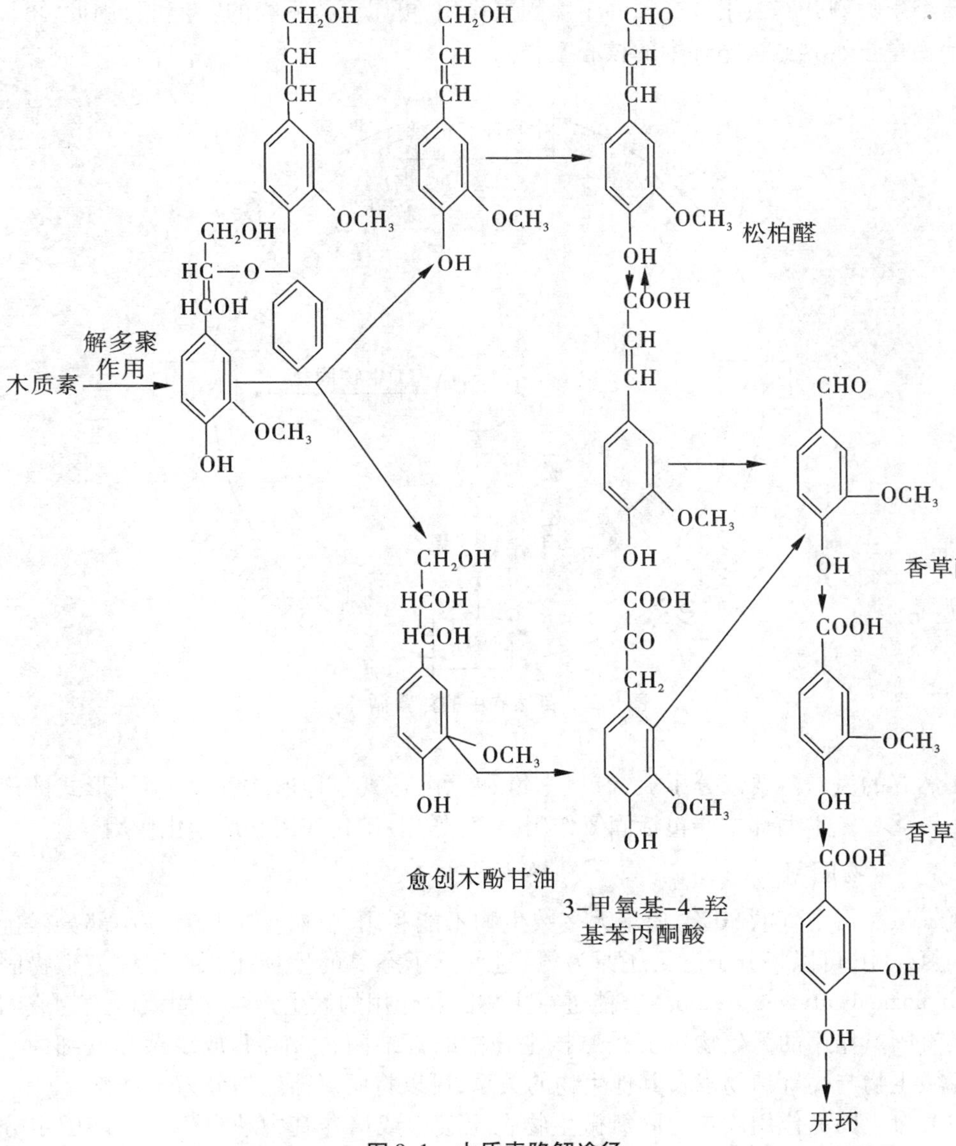

图 9.1　木质素降解途径

木质素分解速度缓慢,一般而言,好气性分解要比厌气性分解速度快,分解木质素的微生物以担子菌分解能力最强,如多孔菌(*Polyporus abietinus*)和伞菌(*Agaricus*)等。除担子菌外,乳酸镰刀菌(*F. lactis*)、雪腐镰刀菌(*F. nirae*)、木素木霉(*Trichoderma ligorum*)以及交链孢霉、曲霉、青霉中的一些种,放线菌中的链霉菌和诺卡氏菌及好氧性细菌中假单胞菌、节杆菌、小球菌以及黄单胞菌中的一些菌株都能分解木质素。

9.3.2 氮素循环

由于氮元素在整个生物界中的重要性,故自然界氮素循环(nitrogen cycle)极其重要,从图9.2中可以看出,在氮素循环的8个环节中,有6个只有通过微生物才能进行,特别是为整个生物圈开辟氮素营养源的生物固氮作用,更属原核生物的"专利",因此,可以认为微生物是自然界氮素循环中的核心生物。

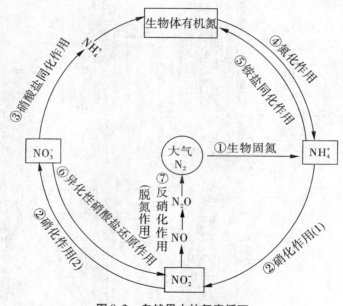

图9.2 自然界中的氮素循环

自然界的氮素主要以分子氮、有机态氮和无机态氮三种形式存在,不同形式的氮不断互相转化。氮素循环主要包括固氮作用、氨化作用、硝化作用和反硝化作用。

9.3.2.1 生物固氮

氮气虽然占空气的80%,但绝大多数生物不能利用,自然界中只有一小部分微生物具有固氮作用,可以将分子态氮还原为氨,这种分子态氮的生物还原作用称为生物固氮作用(biological nitrogen fixation)。能进行生物固氮作用的微生物叫作固氮微生物或固氮菌。具有固氮作用的微生物主要是原核生物中的真细菌、古细菌、放线菌和蓝细菌。根据固氮微生物与高等植物以及其他生物的关系,可以将固氮微生物分为3个类型。

(1)自生固氮作用 自生固氮微生物在土壤中或培养基中独自生活时能固定分子态氮,它们将分子态的氮固定为氨后,并不释放到环境中,而是用于合成自身的蛋白质,

自生固氮微生物的固氮效率较低。主要的自生固氮微生物类群如下：

自生固氮菌
- 好氧
  - 化能异养：固氮菌属（*Azotobacter*），拜叶林克菌属（*Beijerinckia*）等
  - 化能自养：氧化亚铁硫杆菌（*T. ferrooxidans*），产碱菌属（*Alcaligenes*）等
  - 光能自养：多种蓝细菌，如念珠蓝细菌属（*Nostoc*），鱼腥蓝细菌属（*Anabaena*）等
- 兼性厌氧
  - 化能异养：克雷伯菌属（*Klebsiella*），多黏芽孢杆菌（*B. polymyxa*）等
  - 光能异养：红螺菌属（*Rhodosprirllum*），红假单胞杆菌（*Rhodopseudomonas*）等
- 厌氧
  - 化能异养：巴氏梭菌（*C. pasteurianum*），甲烷八叠球菌属（*Methanosarcina*）等
  - 光能自养：着色菌属（*Chromatium*），绿假单胞菌属（*Chloropseudomonas*）等

（2）共生固氮作用　共生固氮效率比较高，是两种生物紧密地生活在一起时由固氮微生物进行固氮作用，这时它们具有彼此单独生活时所没有的形态结构（如根瘤），或者由于稳定共生而成为一类独特的生物（如地衣），甚至有的共生体不容易分离出来进行纯培养。目前，研究得比较详细的是根瘤菌与豆科植物的共生作用。常见的共生固氮微生物类群如下：

共生固氮菌
- 根瘤
  - 豆科植物：根瘤菌属（*Rhizobium*），固氮根瘤菌属（*Azorhizobium*），慢性根瘤菌属（*Bradyrhizobium*），中华根瘤菌属（*Sinorhizobium*）等
  - 非豆科植物：弗兰克菌属（*Frankia*）
- 植物
  - 地衣：念珠蓝细菌属（*Nostoc*），鱼腥蓝细菌属（*Anabaena*）等
  - 满地红：满江红鱼腥蓝细菌（*A. azollae*）

（3）联合固氮　联合固氮指微生物必须生活在植物根际、叶面、动物肠道等处才能固氮。这种固氮体系是自生固氮和共生固氮体系的中间类型。常见的联合固氮微生物类群如下：

联合固氮菌
- 根际
  - 热带：生脂固氮螺菌（*Azospirillum lipoferum*），拜叶林克菌（*Beijerinkia*）等
  - 温带：芽孢杆菌（*Bacillus*），克雷伯菌（*Klebsiella*）等
- 叶面：拜叶林克菌（*Beijerinkia*），克雷伯菌（*Klebsiella*）等
- 动物肠道：肠杆菌属（*Enterobacter*），克雷伯菌（*Klebsiella*）等

9.3.2.2 硝化作用

硝化作用（nitrification）是指氨在好气条件下转化为硝酸的过程。硝化作用是自然界氮素循环中不可缺少的一环。硝化作用分为两个阶段：第一个阶段是氨氧化成亚硝酸，第二阶段亚硝酸氧化为硝酸。这两个过程由两类不同的细菌完成，将氨氧化成亚硝酸的细菌称亚硝酸细菌，或称氨氧化菌（ammonia oxidizer），将亚硝酸氧化为硝酸的细菌称硝酸细菌，或称亚硝酸氧化菌（nitrite oxidizer），统称硝化细菌。

（1）氨氧化成亚硝酸　由亚硝酸细菌催化，将氨氧化成亚硝酸。其反应如下：

$$2NH_3 + 3O_2 \xrightarrow{\text{亚硝酸细菌}} 2HNO_2 + 2H_2O$$

氨氧化成亚硝酸的中间途径尚不完全清楚,可能还包括氨氧化为羟氨阶段,羟氨再氧化为亚硝酸。其反应如下:

$$NH_2OH + O_2 \longrightarrow HNO_2 + H_2O$$

亚硝酸细菌有 4 个属:亚硝酸极毛杆菌属(*Nitrosomonas*)、亚硝酸叶状菌属(*Nitriosolobus*)、亚硝酸螺菌属(*Nitriosospira*)和亚硝酸球菌属(*Nitrosococcus*)。

(2)亚硝酸氧化成硝酸　亚硝酸进一步氧化为硝酸,由硝酸细菌完成。其反应如下:

$$2HNO_2 + O_2 \xrightarrow{\text{硝酸细菌}} 2HNO_3$$

硝酸细菌有 3 个属:硝酸杆菌属(*Nitriobacter*)、亚硝酸针状菌属(*Nitriospina*)和硝酸球菌属(*Nitrococcus*)。

大多数硝化细菌属于无机营养型,亚硝酸细菌和硝酸细菌多是互相伴生的,且后者的活性高于前者,因而环境中一般不会有亚硝酸累积。硝化作用形成的硝酸盐,在有氧环境中,被植物、微生物同化,在缺氧环境下,则被还原为分子态的氮。

9.3.2.3　反硝化作用

反硝化作用(denitrification)又称脱氮作用,是指环境中的硝态氮,在微生物的作用下还原为亚硝酸、氧化亚氮和氮气的过程。

$$2HNO_3 \xrightarrow[-2H_2O]{+4[H]} HNO_2 \xrightarrow[-2H_2O]{+4[H]} HNO \underset{-2H_2O}{\overset{+2(H)}{\rightrightarrows}} \begin{matrix} N_2 \\ N_2O \end{matrix}$$

自然界中普遍存在具有硝酸盐呼吸能力的微生物,目前共有 71 个属的菌能进行反硝化作用,占土壤中细菌群落的 40%~65% 。

9.3.2.4　氨化作用

指含氮有机物经微生物的分解而产生氨的过程。含氮化合物主要是指动物、植物、微生物的蛋白质、氨基酸、尿素、几丁质以及核酸中的嘌呤和嘧啶等。

蛋白质在微生物产生的蛋白酶的作用下,水解成各种氨基酸或小肽,然后,在体内脱氨基酶的作用下,氨基酸被分解,除自身需要外,多余的氨释放出来。分解蛋白质产生氨的微生物种类很多,有芽孢杆菌(*Bacillus*)、变形杆菌(*Proteus*)、假单胞菌(*Pseudomonas*)、枯草杆菌(*B. subtilis*)、交链孢霉属(*Alternaria*)、曲霉属(*Aspergillus*)、毛霉属(*Mucor*)等。

土壤中很多微生物都能产生脲酶,在适宜条件下,脲酶催化尿素迅速分解为碳酸铵,碳酸铵不稳定,很快被分解为 CO_2 和 NH_4^+,被植物吸收利用,但在碱性条件下,尿素分解产物是 NH_3 而不是 NH_4^+,NH_3 易挥发损失。

此外,核酸和几丁质等含氮物质也能被微生物降解释放出氨。

9.3.3　硫素循环

硫是构成生命物质所必需的元素,用以合成蛋白质以及某些维生素和辅酶等,具有

重要的意义。自然界中,硫素以元素硫、无机硫、有机硫的形式存在,硫素循环方式与氮素相似(图 9.3),每个环节都有相应的微生物群参与。

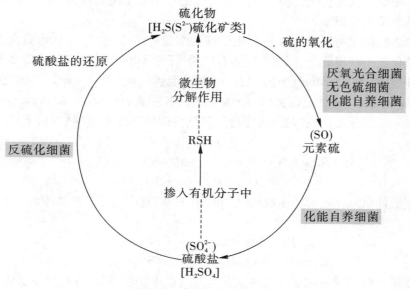

图 9.3　硫素生物转化循环

　　硫素的循环包括同化作用、氧化作用、还原作用、腐败和矿化作用,微生物参与了循环的每一过程。

9.3.3.1　含硫有机物的分解

　　有机硫化物主要是蛋白质,其次是一些含硫的挥发性物质。土壤中有很多微生物能分解含硫有机物质,一般能分解含氮有机化合物的氨化微生物均能分解有机物产生硫化氢。微生物分解含硫蛋白质时,氨化作用和硫化作用同时进行,既产生硫化氢也产生氨。

蛋白质 ─── 氨基酸 ──脱氨基作用── NH_3

蛋白质 ─── 含硫氨基酸 ──脱硫基作用── H_2S

　　如变形杆菌(*Proteus vulgaris*)能将胱氨酸分解为乙酸和硫化氢。其反应如下:

$$\begin{array}{ll} CH_2-S-S-CH_2 & \\ CHNH_2 \quad\quad CHNH_2 & + 3H_2O + \frac{1}{2}O_2 \longrightarrow 2CH_3COOH + 2CO_2 + 2H_2S + 2NH_3 \\ COOH \quad\quad\;\; COOH & \end{array}$$

　　含硫有机物在好氧条件下最终产物是硫酸盐,在缺氧条件下产生硫化氢和硫醇等,但在进一步氧化中,仍以硫化氢为最后产物。

9.3.3.2　无机硫化物的氧化——硫化作用

　　元素硫或硫的不完全氧化物在微生物的作用下进行氧化,最后生成硫酸盐,这一过程称为硫化作用。硫化物以何种形式存在于环境中,主要和所处 pH 值有关。

$$H_2S \Longleftrightarrow HS^- \Longleftrightarrow S^{2-}$$
低 pH 值　　　中性　　　高 pH 值

自然界中能氧化无机硫化物和元素硫的微生物主要是硫化细菌、丝状硫细菌和利用光能的绿色及紫色硫细菌。

将还原态的硫化物氧化为氧化态硫化物的细菌称为硫化细菌,是化能自养型,从氧化还原态硫化氢中获得能量,同化 CO_2 为有机物,还原态的硫化物氧化为硫酸盐,其中重要的是硫杆菌属($Thiobacillus$)中的一些种,如排硫硫杆菌($T.\ thioparus$)、氧化硫硫杆菌($T.\ thiooxidans$)、氧化亚铁硫杆菌($T.\ ferrooxidans$)和脱氮硫杆菌($T.\ denitrificans$)等。

排硫硫杆菌氧化硫代硫酸盐时,先将其转化为硫酸和元素硫,然后再氧化为硫酸盐。其反应如下:
$$5Na_2S_2O_3 + H_2O + 4O_2 \longrightarrow 5Na_2SO_4 + H_2SO_4 + 4S$$
$$2S + 3O_2 + 2H_2O \longrightarrow 2H_2SO_4$$

氧化硫硫杆菌氧化硫时产生硫酸,使 pH 值下降,但该菌可以在强酸环境下生长。其反应如下:
$$2S + 3O_2 + 2H_2O \longrightarrow 2H_2SO_4$$
$$Na_2S_2O_3 + 2O_2 + H_2O \longrightarrow Na_2SO_4 + H_2SO_4$$

氧化亚铁硫杆菌能氧化亚铁为高铁并从此过程中获取能量,进行以下反应:
$$Na_2S_2O_3 + 2O_2 + H_2O \longrightarrow Na_2SO_4 + H_2SO_4$$
$$4FeSO_4 + O_2 + 10H_2O \longrightarrow 4Fe(OH)_3 + 4H_2SO_4$$
$$S + 3/2\ O_2 + H_2O \longrightarrow H_2SO_4$$
$$2FeS_2 + 7O_2 + 2H_2O \longrightarrow 2FeSO_4 + 2H_2SO_4$$

脱氮硫杆菌在好气条件下可将元素硫和硫代硫酸盐氧化为硫酸盐,在厌气条件下以硝酸盐中的氧为电子受体,将硝酸还原为分子氮。其反应如下:
$$5S + 6KNO_3 + 2H_2O \longrightarrow K_2SO_4 + 4KHSO_4 + 3N_2 \uparrow$$

丝状硫细菌主要有贝氏硫细菌属($Beggiatoa$)、辫硫菌属($Thioploca$)和丝硫细菌属($Thiothrix$)等,其中贝氏硫细菌属($Beggiotoa$)是丝状硫细菌的代表,细胞内常累积很多硫黄小滴。

光能自养硫酸细菌主要有着色菌属($Chromatium$)和绿菌属($Chlorobium$)中的一些种类。着色菌属的细菌以 H_2S 为还原物进行 CO_2 的光合还原作用,除利用 H_2S 外还能利用其他不完全氧化态硫为还原物,也能利用 H_2 为还原物。但着色菌的光合代谢并不是严格光能自养型,能利用醋酸等基质进行光能异养代谢,在光合反应下将醋酸还原为多聚 β-羟基丁酸,作为储备养料。其反应如下:
$$9nCH_3COOH \longrightarrow 4n(C_4H_6O_2) + 2nCO_2 \uparrow + 6nH_2O$$

9.3.3.3　硫酸盐的还原——反硫化作用

硫酸盐或其他氧化态的硫化物在缺氧条件下,由于微生物的还原作用而形成硫化氢,这一过程称为异化型元素硫还原作用或硫酸盐还原作用,也称反硫化作用(desulphurication)。能够进行这种作用的微生物被称为硫酸还原细菌或反硫化细菌,如脱硫脱硫弧菌($Desulfovibrio\ desulfuricans$)、脱硫肠状菌属($Desulfotomaculum$)的细菌。

硫酸盐被还原有 2 种途径:①硫被结合进细胞组分,这一过程称为同化硫酸盐还原

作用;②在硫酸还原菌的作用下,形成硫化氢,该过程称为硫酸盐还原作用,也称反硫化作用,其共同特点是在无氧条件下硫酸还原菌以元素硫或硫酸作为电子受体的反应。其反应如下:

$$2CH_3CHOHCOOH + SO_4^{2-} \longrightarrow 2CH_3COOH + 2CO_2 \uparrow + S^{2-} + 2H_2O$$

9.4　微生物与环境保护

随着经济的发展和人们生活方式的转变,环境恶化问题日益严重。如何在发展经济的同时,能够很好地保护环境,则显得尤为重要。环境保护是一项系统性的工程,只有全人类联合起来,走生态保护和可持续发展的道路已成为全世界的共识,其中微生物在有机物的分解利用方面可发挥重要作用。

9.4.1　水体的污染

自然水体,尤其是快速流动、溶氧量高的水体,具有明显的自净作用,除了物理性的沉淀、扩散、稀释作用和化学性的氧化作用等因素外,微生物对水体的净化起了关键作用,如好氧性细菌对有机物的降解和分解作用,细菌糖被(荚膜物质)对污染物的吸附、沉降作用等,这就是"流水不腐"的主要原因。但这些自净作用的能力毕竟有限,一旦水体发生富营养化等严重污染时,自净作用就被大大削弱了。

富营养化(eutrophication)是指水体中因氮、磷等元素含量过高而引起水体表层的蓝细菌和藻类过度生长繁殖的现象。"水华"和"赤潮"就是由富营养化而引起的典型事例。当水体富营养化后,蓝细菌和藻类过度生长繁殖很快消耗掉水中的氧以及阻挡阳光,下层水体缺光少氧,使水生生物死亡,尸体很快腐烂,进一步造成了厌氧和有毒的环境,形成恶性循环。

"水华"(water bloom)指发生在淡水水体(池、河、江、湖)中的富营养化的现象。在温暖季节,当水体中的氮磷比例达15∶1～20∶1时,水中的蓝细菌和浮游藻类快速繁殖,从而使水面形成了一层蓝、绿色的藻体和泡沫,其中生长着的蓝细菌类有微囊蓝细菌(*Microcystis* spp.)、鱼腥蓝细菌(*Anabaena* spp.)和束丝蓝细菌(*Aphanizomennon* spp.)等,藻类有衣藻(*Chlamydomonas* spp.)、裸藻(*Euglena* spp.)和多种硅藻等,其中许多种类均产霉素。"赤潮"(red tide)指发生在河口、港湾或浅海等咸水区水体的富营养化现象。赤潮生物多达260余种,包括蓝细菌、藻类和原生动物等,其中超过70种产毒,对渔业及养殖业危害极大,并对多种海洋哺乳动物构成了严重的威胁。"水华"和"赤潮"一旦发生,就很难治理。

9.4.2　用微生物治理污染

9.4.2.1　微生物处理污水

在污水处理中以下几个概念非常重要,也经常用到。

BOD(biochemical oxygen demand)即生化需氧量或生化耗氧量,又称生物需氧量,一般指在1 L污水或待测水样中所含的一部分易氧化的有机物,当微生物对其氧化、分解时,所消耗的水中溶解氧毫克数(单位为 mg/L),是水中有机物含量的一个间接指标。

BOD 的测定条件一般规定在 20 ℃下 5 昼夜,故常用 BOD_5(5 日生化需氧量)表示。

COD(chemical oxygen demand)即化学需氧量,指 1 L 污水中所含的有机物在用强氧化剂将它氧化时,所消耗氧的毫克数(单位为 mg/L),也是表示水体中有机物含量的一个简便的间接指标,常用的化学氧化剂有 $K_2Cr_2O_7$ 或 $KMnO_4$,由此测得的 COD 值应标以"COD_{Cr}"或"COD_{KMn}"。

TOD(total oxygen demand)即总需氧量,指污水中能被氧化的物质(主要是有机物)在高温下燃烧变成稳定氧化物时所需的氧量。TOD 是评价水质的综合指标之一,与测 BOD 或 COD 相比,具有快速、重现性好等优点。

DO(dissolved oxygen)即溶解氧量,指溶于水体中的分子态氧,是评价水质优劣的重要指标,DO 值大小是水体能否进行自净作用的关键。

SS(suspend solid)即悬浮物含量,指污水中不溶性固态物质的含量。

TOC(total organic carbon)即总有机碳含量,指水体内所含有机物中的全部有机碳的含量。

微生物处理污水就是利用不同生理、生化功能的微生物间协同作用而进行的一种物质循环过程。不同种类的微生物使污水中的有机物或毒物不断被降解、氧化、分解、转化、吸附或沉降,进而达到降低或消除水中总污染物的目的。在污水处理过程中,微生物种类也发生着有规律的群落演替(图9.4)。根据污水处理过程中起作用的微生物对氧气需求的不同,可分为好氧处理与厌氧处理两大类。

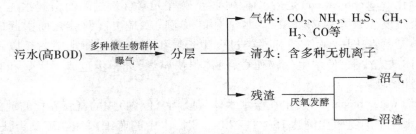

图 9.4 微生物处理污水的原理

(1)污水的好氧处理 好氧生物处理就是在有氧的条件下,有机污染物作为好氧微生物的营养基质而被氧化分解,使污染物的浓度下降,常用活性污泥法和生物膜法。

活性污泥法是水体自净的人工强化方法,是一种依靠在曝气池内呈悬浮、流动状态的微生物群体的凝聚、吸附、氧化分解等作用来去除污水中有机物的方法。好氧活性污泥是由多种好氧微生物和兼性厌氧微生物(有少量的厌氧微生物)与污(废)水中有机和无机固体物混凝交织在一起而形成的絮状体或称绒粒,其结构和功能的中心是能起絮凝作用的细菌形成的细菌团块,称菌胶团。在其上生长着其他微生物,如酵母菌、霉菌、放线菌、藻类、原生动物和某些微型后生动物等。可以说活性污泥是在不同的营养、供氧、温度及 pH 值等条件下,形成以最适宜增殖的絮凝细菌为中心,多种微生物集居的一个生态系统。好氧活性污泥中微生物的浓度常用 1 L 活性污泥混合液中含有多少毫克恒重的干固体(mixed liquor suspended solids,混合液悬浮固体,MLSS)表示,或用 1 L 活性污泥混合液中有多少毫克恒重、干的挥发性固体(mixed liquor volatile suspended solids,混合液挥发性悬浮固体,即 MLVSS)表示。好氧活性污泥绒粒吸附和生物降解发生的主要化学变化见图 9.5,工艺流程见图 9.6,废水先通过初沉淀池,预先将一些悬浮固体(SS)去除掉,然后进入一个有曝气装置的曝气池,活性污泥在曝气池中将废水中有机物降解,并产生新的活性污泥,当有机物降到一定程度时,混合液进入二次沉淀池,固液分离后上清液排放,沉淀下来的污泥一部分回流到曝气池中,一部分作为剩余污泥而排放。

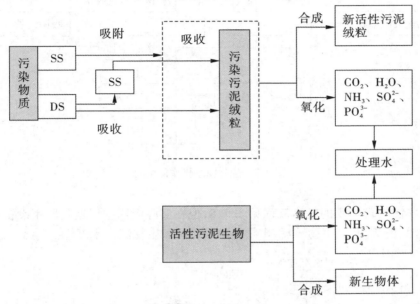

图 9.5 活性污泥净化作用机制

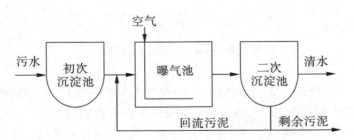

图 9.6 活性污泥法工艺

生物膜法是利用微生物群体附着在固体填料表面而形成的生物膜来处理废水的一种方法,比活性污泥具有更强的吸附能力和降解能力,可以吸附和降解污水中的各种污染物,具有速度快、效率高的特点。在使用生物膜法处理污水时,要求在处理系统的构筑物中装填一定数量的填料,这些填料一方面可以扩大处理系统的比表面积,另一方面为微生物提供附着固定的载体。好氧生物膜是由多种好氧微生物和兼性微生物黏附在填料上的一层微生物混合群体。生物膜形成过程中,随着微生物的生长繁殖,生物膜的厚度不断增加,到一定程度后,在氧不能透入的内侧深部即转变为厌氧状态,这样生物膜便由好氧和厌氧两层组成。生物膜的微生物群落有生物膜生物、生物膜面生物及滤池扫除生物。生物膜生物以菌胶团为主,另有浮游球衣菌、藻类等,起净化和稳定污水质的功能;生物膜面生物是固着型纤毛虫及游泳型纤毛虫,它们起促进滤池净化,提高滤池整体处理效率的作用;滤池扫除生物有轮虫和线虫等,它们有去除滤池内污泥的功能。好氧生物膜的净化作用见图9.7。

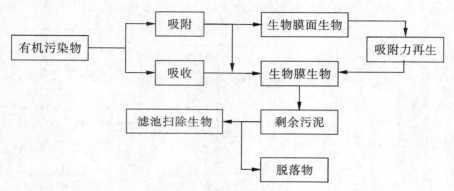

图9.7　生物膜净化作用机制

生物膜法处理污水的基本流程见图9.8,但在实际应用中根据其所用设备不同可分为生物滤池、塔式滤池、生物转盘、生物接触氧化法和生物流化床等。

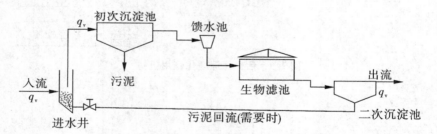

图9.8　生物膜法污水处理流程

（2）污水的厌氧处理　厌氧生物处理法,是在无氧的条件下由兼性厌氧菌和专性厌氧菌来降解有机污染物的处理方法。与好氧条件下的有机物分解相比,厌氧分解过程不仅产生的能量少,而且细胞产量和污染物分解速率低,有机物只能进行不完全的降解,最终由产甲烷细菌作用而生成甲烷。

有机污染物厌氧消化生成甲烷的过程见图9.9。复杂的有机物首先在发酵细菌产生的胞外酶的作用下分解成简单的可溶性的有机物,进入细胞后分解为乙酸、丙酸、丁酸、乳酸等脂肪酸和乙醇,同时产生氢气和二氧化碳;产氢产乙酸菌把丙酸、丁酸等脂肪酸和乙醇等转化为乙酸;产甲烷细菌利用氢气生成甲烷或利用乙酸生成甲烷。

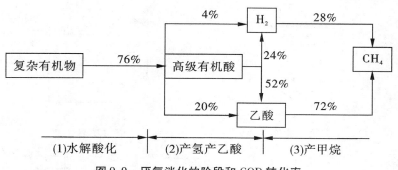

图 9.9 厌氧消化的阶段和 COD 转化率

甲烷发酵是一个复杂的微生物化学过程,依靠发酵细菌、产氢产乙酸细菌和产甲烷细菌联合完成。其中发酵细菌包括梭菌属(*Clostridium prazmowski*)、枝杆菌属(*Ramibacterium*)和乳杆菌属(*Lactobacillus*)等;产氢产乙酸细菌大多为发酵细菌,也有专性产氢产乙酸菌,如脱硫脱硫弧菌(*Desulfovibrop desulfuricans*)等;产甲烷菌较为复杂,隶属于不同种属,代表菌有布氏甲烷杆菌(*Methanobacterium bryantii*)、嗜树木甲烷短杆菌(*Methanobrevibacter arboriphilus*)、沃氏甲烷球菌(*Methanococcus voltae*)、运动甲烷微菌(*Methanomicrobium*)、亨氏甲烷螺菌(*Methanospirllum hugngtei*)、索氏甲烷杆菌(*M. soehngenii*)和嗜热自养甲烷杆菌(*M. thermoautotrophicum*)等,其中亨氏甲烷螺菌、索氏甲烷杆菌和嗜热自养甲烷杆菌常是优势种。

在厌氧处理工艺中,核心是厌氧反应器,有机物的分解是在反应器中实现的(图9.10),为进一步提高处理效率,已经开发出了多种厌氧处理工艺,见图9.11。

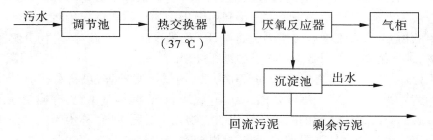

图 9.10 厌氧处理基本工艺流程

采用厌氧消化工艺处理污水既有优点,也存在一些不足。其优点有以下几点:①一步消化,污泥产量少,降低污泥处理费用;②不需充氧,耗电量低;③产生能源物质甲烷;④可季节性或间歇性运行,污泥可以长期存放;⑤可直接处理基质浓度很高的污水;⑥可在较高温度条件下运行且效率提高,运行成本低。其缺点有以下几点:①污泥增长很慢,系统启动时间较长;②对温度变化敏感,温度的波动对处理效果影响较大;③对负荷的变化也较敏感,尤其是毒性物质;④停留时间长,处理建筑物庞大。

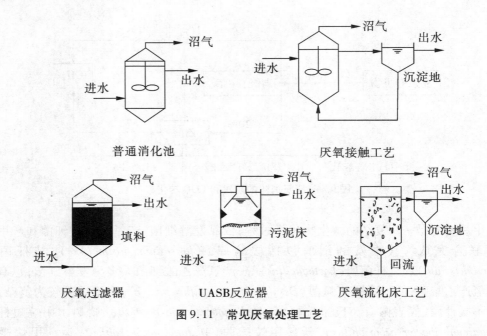

图 9.11 常见厌氧处理工艺

9.4.2.2 微生物处理有机固体废物

伴随着人类生产和生活活动,产生了大量的暂时没有利用价值的固体物质,称之为固体废物。固体废物的种类较为复杂,按其化学成分可分为有机废物和无机废物,按其危害状况可分为有害废物和一般废物,按其来源可分为工业废弃物、城市垃圾和农业固体废弃物等几类。固体废物的处置方法也不尽相同,概括起来有物理方法、化学方法、生物化学方法 3 大类,其中生物化学方法是利用微生物的生物化学作用将复杂的有机物转换为简单的物质,将有毒物质转换为无毒物质,尤其是对一些可被微生物分解利用的有机废弃物,越来越多地采用微生物学方法进行处理。

堆肥处理是处置固体有机废物的常用方法,通过堆肥处理,可将有机物转化为土壤可接受的营养物质。堆肥处理就是依靠细菌、放线菌、真菌等微生物,有控制地促进可被微生物降解的有机物向稳定的腐殖质转化的生物化学过程,产物称为堆肥。根据处理过程中起作用的微生物对氧气要求的不同,可以把有机废物堆肥处理法分为好氧堆肥和厌氧堆肥两种。

影响堆肥处理的因素较多,首先是所用菌剂中微生物的种类和数量,除此之外还有环境温度、有机质含量、pH 值、水分和通气状况等。

随着堆肥工业化的进行,好的堆肥处理,必须把握好微生物、堆肥物质和发酵设备三者之间的关系。目前,微生物菌剂由最初的“广谱型”向“专用型”发展,如面向处理秸秆、禽畜粪便、可降解塑料、食品加工下脚料的专用菌剂已经出现。为了使微生物的新陈代谢旺盛,保持微生物生长的最佳环境条件以促使发酵顺利进行,结构合理、造价低廉的发酵装置是极为重要的,不仅可满足工艺要求,而且还要向机械化、规模化发展。目前已开发了立式堆肥发酵塔、卧式堆肥发酵滚筒、简仓式堆肥发酵仓和箱式堆肥发酵池等多种发酵装置。

9.4.3 沼气发酵与废物处理

沼气发酵是广义的发酵,指在厌氧条件下将有机物转化为沼气的微生物学过程,又称为厌氧消化、厌氧发酵和甲烷发酵。沼气发酵是自然界广泛存在的现象,各种缺氧的沼泽、池塘、海洋和水田的底部都会产生沼气。沼气是多种气体的混合物,有 CH_4、H_2、CO_2、H_2S、N_2 和 NH_3,其中以 CH_4 为主,占 60%~70%,其次是 CO_2,占 30%~35%。

微生物分解各类大分子有机物后产生一些简单的糖类、有机酸、醇类,在无氧时产生各种小分子有机酸、醇类,进而形成甲烷。

9.4.3.1 沼气形成

沼气形成是一种极其复杂的微生物和生物化学过程,由发酵细菌、产氢产乙酸细菌和产甲烷细菌协同完成。三大类群微生物按照各自的营养需要,进行不同阶段的物质转化,构成一条食物链。沼气发酵一般分为三个阶段:第一阶段是大分子降解阶段,进入环境的碳水化合物、蛋白质和脂肪等复杂有机物被发酵细菌降解成简单化合物,并进一步形成丙酸、乙酸、丁酸、琥珀酸、乙醇、H_2 和 CO_2 等小分子化合物;第二阶段是产氢产酸阶段,专性厌氧的产氢、产乙酸细菌群将第一阶段产生的各种小分子有机酸转化生成乙酸(表9.2),并积累氢气和 CO_2;第三阶段是产甲烷细菌将乙酸、甲酸、甲醇、甲胺、H_2、CO、CO_2 等转化为 CH_4 和 CO_2。产甲烷细菌有乙酸甲烷菌和利用氢的甲烷菌两类。另外,在沼气发酵过程中还存在某些逆向反应,即由小分子合成大分子物质的微生物过程。产甲烷细菌将前几个阶段中产生的乙酸裂解成 CH_4 和 CO_2,或将 H_2 和 CO_2 还原为 CH_4 和 H_2O。

表9.2 产乙酸反应

酸类	反应式
乳酸	$CH_3CHOHCOO^- + 2H_2O \longrightarrow CH_3COO^- + HCO_3^- + H^+ + 2H_2 \uparrow$
乙醇	$CH_3CH_2OH + H_2O \longrightarrow CH_3COO^- + H^+ + 2H_2 \uparrow$
丁酸	$CH_3CH_2CH_2COO^- + 2H_2O \longrightarrow 2CH_3COO^- + H^+ + 2H_2 \uparrow$
丙酸	$CH_3CH_2COO^- \longrightarrow CH_3COO^- + HCO_3^- + H^+ + 3H_2 \uparrow$
甲醇	$4CH_3OH + 2CO_2 \longrightarrow 3CH_3COOH + 2H_2O$
碳酸	$2HCO_3^- + 4H_2 + H^+ \longrightarrow CH_3COO^- + 4H_2O$

产甲烷菌是严格厌氧菌,要求环境中绝对无氧。绝大部分产甲烷菌能利用 H_2 和 CO_2 作基质,从 H_2 的氧化反应中获取能量还原 CO_2,供其生长,其中部分产甲烷菌能利用甲酸。产甲烷八叠球菌既能以 CO_2 和 H_2 为生长基质,也能利用乙酸、甲醇、甲胺、二甲胺、乙酰二甲胺而生长。铵盐是产甲烷菌适宜的氮源。需要指出的是,自养型产甲烷菌的生长与光合细菌和其他自养菌有本质的差别,前者不经卡尔文循环和还原三羧酸循环等途径固定 CO_2,嗜热自养型产甲烷菌固定 CO_2 的途径见图9.12。

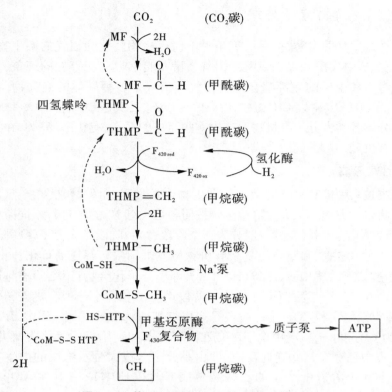

图9.12 从 CO_2 还原至 CH_4 的生化反应途径

9.4.3.2 沼气发酵的意义

地球上绿色植物的光合作用每年可固定约 7×10^{11} t 二氧化碳,形成大量的有机物。这些有机物主要以植物秸秆形式存在。如果把这些秸秆作为燃料,只可获得其中 10% 的热能,而且有机物中的氮素将被完全挥发,造成更大浪费。如将秸秆沤烂或直接还田,只能获得其中氮素和矿质元素,白白浪费了其中的能量(图9.13)。

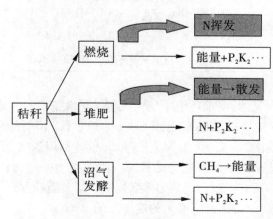

图9.13 沼气发酵的生态学意义

　　如果利用秸秆进行沼气发酵,或用秸秆先喂养动物,再利用动物排泄物进行沼气发酵,可以获得植物秸秆 90% 的能量和大量的优质有机肥。使用这种有机肥可降低化肥用量、减轻环境污染,达到改良土壤,提高肥力的作用。因此,根据现阶段我国农村经济发展水平,结合农村改厕、环境治理的规划,发展沼气发酵可促进农业的良性循环,是坚持农业可持续发展战略的重要措施,具有重要的社会效益,但实际上,发展沼气产业时,一定要结合当地的气候条件,比如有些地方夏冬温度差异很大,如果其他配套措施跟不上,夏天所产沼气用不完,而冬天由于温度低,沼气量不足,这样就给日常的生产、生活带来极大不便。简易沼气池的结构见图 9.14。

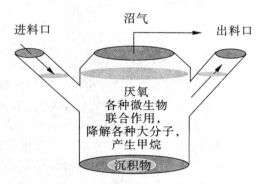

图 9.14　沼气池结构示意图

9.4.4　用微生物监测环境污染

　　由于微生物细胞与环境直接接触以及微生物对环境变化的多样性比较敏感,可以利用微生物作为监测环境污染的指示菌,例如用肠道菌群的数量作为水体质量的指标;用鼠伤寒沙门杆菌(*S. typhimurium*)的组氨酸缺陷突变株的回复突变即"艾姆氏试验法"(Ames test)检测水体的污染状况和食品、饮料、药物是否含"三致"(致癌变、致畸变、致突变)毒物;微生物的生长繁殖量和许多生理生化反应也是鉴定环境质量优劣的常用指标,其中利用发光微生物监测环境污染是一个既灵敏又有特色的方法。

⇨ 思考题

1. 根据甲烷发酵各阶段的微生物学过程,分析在海洋环境中产生甲烷的可能性。
2. 在治理污水中,最根本、最有效的手段是采用什么方法? 阐述原因。
3. 自然界中存在几类极端微生物? 有何应用前景?
4. 简述生物膜法处理污水的原理。
5. 简述嗜热菌的分布规律。

第 10 章　传染与免疫

传染与免疫既是免疫学的主要研究内容之一,也是微生物生态学的主要研究内容之一,其主要研究病原微生物与其宿主(高等脊椎动物为主)间的相互关系,是人们在对微生物、疾病的认识过程中逐渐发展起来的一个学科分支。

10.1　传染

在种类诸多的微生物当中,既有有益微生物,也有有害微生物。传染与免疫主要涉及有害微生物。能引起宿主损伤的有害微生物主要包括病毒、衣原体、立克次氏体、支原体、螺旋体、细菌、真菌以及原虫等,统称为病原菌(pathogen)。病原菌通过一定的媒介从患病动物或带菌动物转移到健康动物,并且在其体内一定部位定居、生长、繁殖,导致机体一系列病理反应的过程称为传染(infections)。由病原菌引起的、具有一定潜伏期和临床表现并具有传染性的疾病,则称为传染病(infectious diseases),每一种传染病都有其特定的病原菌。传染病除具有明显的传染性之外,通常还表现出流行性、地方性和季节性等特点。传染病的流行,是传染源、传播途径和易感动物三个基本条件协同作用的结果,但也与自然因素及社会因素有关。通过控制传染源、切断传播途径、增强动物抵抗力等措施,可以有效地预防传染病的发生和流行。

10.1.1　决定传染的主要因素

病原菌侵入动物机体后能否引起传染病,主要取决于病原菌的毒力、机体的免疫力以及环境因素的影响。

10.1.1.1　病原菌的毒力

致病性(pathogenicity)是指病原体引起宿主损伤的能力,而毒力(virulence)是指病原体引起宿主损伤的程度。毒力的大小主要取决于病原体的侵袭力、产毒特性、侵入数量、部位及途径、变异性等。

(1)侵袭力(invasiveness)　指病原菌突破宿主的防御机能,在体内定居、繁殖及扩散、蔓延的能力,它由吸附和侵入能力、繁殖与扩散能力、对宿主防御机能的抵抗力等三方面组成。

少数病原菌可通过昆虫叮咬或机械损伤进入宿主机体内,但大多数病原菌则需通过微生物菌毛、分泌的黏液物质等吸附于宿主的上皮细胞表面,并进一步突破机体的皮肤或黏膜而侵入机体内部。繁殖与扩散能力是病原菌引起宿主患传染病的主要条件之一,不同的病原菌具有在特异宿主体内繁殖与扩散的能力。病原菌在体内主要通过血液、组织液、淋巴液等转移扩散;病原菌产生的各种酶,如透明质酸酶、胶原酶、血浆凝固酶、链激酶及卵磷脂酶等,也有助于其在体内转移扩散。病原菌要想在体内定殖,还必须通过其自身一系列的保护机制来抵御机体的免疫防御系统,如细菌的荚膜或荚膜类似物具有抗吞噬等作用。

(2)产毒特性　就病原细菌而言,其所产毒素按来源、性质和作用的不同,可分为外毒素和内毒素两大类,分别具有不同特性。

1)外毒素(exotoxin)　是病原细菌在生长繁殖期间分泌到细胞外的一种代谢产物,主要由革兰氏阳性菌(G^+)产生,如破伤风毒素、肉毒毒素等;少数革兰氏阴性菌(G^-)也能产生,如霍乱弧菌的肠毒素等。外毒素的化学组成是蛋白质,分子量 $2.7 \times 10^4 \sim 9.0 \times 10^5$,具有抗原性强、毒性大、稳定性差等特点。用 0.3%~0.4% 的甲醛处理细菌外毒素,可使其完全丧失毒性,但仍保持其抗原性,这种经处理的外毒素称为类毒素,常用于进行预防注射。外毒素毒性大,小剂量即能使易感机体致死,如 1 mg 纯化的肉毒毒素即可杀死 2 000 万只小鼠。外毒素对热和某些化学物质敏感,容易受到破坏,如破伤风毒素 60 ℃ 加热 20 min 即可被破坏。外毒素还具有亲组织性,即能选择性地作用于某些组织和器官,引起特殊病变;不同病原菌所产生的外毒素性质不同,作用于宿主的部位不同,所引起的症状也不同。

2)内毒素(endotoxin)　是菌体的结构成分,存在于细菌细胞壁的外层,属于细胞壁的组成部分。大多数 G^- 菌产生内毒素,如沙门菌、痢疾杆菌、大肠杆菌等。由于在细菌生活状态时不释放出来,只有当菌体自溶或用人工方法使细菌裂解后才释放,故称内毒素。内毒素的化学成分是磷脂-多糖-蛋白质复合物,主要成分为脂多糖(lipopolysaccharide, LPS),是细胞壁的最外层成分。各种细菌内毒素的成分基本相同,都是由类脂 A、核心多糖和菌体特异性多糖(O-特异性多糖)3 部分组成。类脂 A 是一种特殊的糖磷脂,是内毒素的主要毒性成分。菌体特异多糖位于菌体细胞壁的最外层,由若干重复的寡糖单位组成;多糖的种类与含量决定着细菌种、型的特异性,以及不同细菌间具有的共同抗原性。内毒素耐热,100 ℃ 下加热 1 h 不被破坏,必须在 160 ℃ 下经 2~4 h 或用强碱、强酸或强氧化剂煮沸 30 min 才能灭活。内毒素不能用甲醛脱毒制成类毒素,但能刺激机体产生具有中和内毒素活性的抗体。内毒素对组织细胞的选择性不强,不同 G^- 菌的内毒素,其引起的病理变化和临床症状大致相同,主要表现为发热反应、糖代谢紊乱、血管舒缩机能紊乱、弥散性血管内凝血等。外毒素与内毒素的主要区别见表 10.1。

表 10.1　外毒素与内毒素的主要区别

区别要点	外毒素	内毒素
存在部位	由活细菌释放至细菌体外	细胞壁结构成分,菌体崩解后释出
存在状态	活细菌分泌到细胞外	结合在细胞壁上
产生菌	G^+ 为主	G^- 为主
释放时间	活菌随时分泌	死菌溶解后释放
化学组成	蛋白质(分子量 $2.7 \times 10^4 \sim 9.0 \times 10^5$)	脂多糖(毒性主要为类脂 A)

续表 10.1

区别要点	外毒素	内毒素
稳定性	不稳定,60 ℃以上能迅速破坏	耐热,160 ℃耐受数小时
致病类型	不同外毒素致病类型不同	基本相同
毒性作用	强,微量即有致死作用(以 μg 计)。有组织选择性,引起特殊病变,不引起宿主发热反应。抑制蛋白质合成,有细胞毒性、神经毒性等	稍弱,对实验动物致死剂量比外毒素为大。各种细菌内毒素的毒性作用大致相同。引起发热、弥漫性血管内凝血、粒细胞减少血症等
抗原性	强,可刺激机体产生高效价的抗毒素。经甲醛处理,可脱毒成为类毒素,仍有较强的抗原性,可用于人工自动免疫	刺激机体对多糖成分产生抗体,不能经甲醛处理成为类毒素
实例	白喉毒素、破伤风毒素、肉毒毒素、葡萄球菌肠毒素等	沙门菌、志贺菌和大肠杆菌等 G⁻菌所产生的毒素

（3）侵入数量、部位及途径　病原微生物引起感染,除必须有一定毒力外,还必须有足够的数量和适当的侵入部位。

不同的病原体,其能引起宿主发病的最低数量差别较大,如毒力极强的鼠疫耶尔森氏菌(*Yersinia pestis*),只要有数个细菌侵入宿主就可发生感染。但对于大多数病原体而言,少量侵入时易被机体防御机能所清除,仅当较大数量侵入时才能引起感染。例如,伤寒沙门菌(*S. typhi*)的感染剂量为 $10^8 \sim 10^9$ 个/宿主;霍乱弧菌(*Vibrio cholerae*)则约为 10^6 个/宿主。病原体可通过消化道、呼吸道、皮肤伤口、泌尿生殖道等途径侵入机体。病原体的侵入部位和侵入途径与感染发生也有密切关系,多数病原体只有经过特定的途径侵入,并在特定部位定居繁殖,才能造成感染。如痢疾杆菌必须经口侵入,定殖于结肠内,才能引起疾病;而破伤风杆菌,只有经伤口侵入,厌氧条件下在局部组织生长繁殖,产生外毒素,才引发疾病。有的病原体经不同途径感染发生的疾病症状是一致的,而有的病原体经不同途径感染产生的症状不一。病原菌侵入途径的特异性是病原菌与宿主免疫系统相互作用、长期进化适应的结果。

（4）变异性　病原体可因环境或遗传等因素而产生变异,进而改变其致病性和毒力。一般来说,在人工培养条件下多次传代或者在非易感动物之间传染,可使病原体的毒力减弱;而在宿主之间或易感动物之间反复传播则可使病原体毒力增强。

10.1.1.2　机体的免疫力

免疫是指机体识别和排除抗原异物(如病原微生物等)的一种保护性反应。同种生物的不同个体,当与病原体接触后,有的患病,有的则安然无恙,其原因在于不同个体的免疫力不同。

10.1.1.3　环境因素的影响

环境因素能够通过影响病原菌的毒力和传播力以及宿主的免疫力,进而间接地影响传染的发生,这里所指的环境因素包括宿主环境和外界环境。宿主环境包括遗传因素、

年龄、营养状况、精神状态和内分泌物等。例如,通常老年人和儿童比较容易被病原体感染;营养不良的人群对感染的敏感性增加,病死率也较高。外界环境则包括气候、季节、温湿度、地理环境等自然因素,以及居住环境、生活方式和医疗条件等社会制度。总之,良好的内、外环境因素有利于提高机体的抵抗力,有助于限制、消灭自然疫原,进而控制病原体的传播,防止传染病的发生。

10.1.2　传染的结局

病原微生物侵入机体后,在病原菌、宿主、环境因素三方面综合作用的基础上,宿主机体被感染的结局主要有以下几种情况。

10.1.2.1　病原菌被消灭或排出体外

病原菌侵入机体后,在入侵部位因皮肤的屏障作用、胃酸的杀菌作用、组织细胞的吞噬或体液的溶菌作用等,可被消灭或排出体外。另外,通过机体的局部免疫作用,也可以使病原菌从呼吸道、肠道或泌尿生殖道排出体外,从而不出现病理损害和疾病等临床表现。

10.1.2.2　隐性感染

当机体有较强的免疫力或入侵的病原菌数量不多或毒力较弱时,病原菌入侵机体后仅引起特异性的免疫应答,不引起或只引起轻微的组织损伤,因而在临床上不显现出任何症状、体征,甚至生化改变,只能通过免疫学检测才能发现,这种状态称为隐性感染(inapparent infection),又称亚临床感染。隐性感染对机体的损伤不大,但机体仍可获得特异性免疫力,在防止同种病原菌的再次感染上有重要意义。例如,流行性脑脊髓膜炎大多由隐性感染而获得免疫力。

10.1.2.3　潜在性感染

潜在性感染(latent infection)是指病原菌侵入机体后,潜伏于一定部位,不表现临床症状,也不被机体排出体外,当人体抵抗力降低时,病原菌则乘机活跃增殖,从而引发疾病。疟疾和结核等病原菌常引起潜在性感染。

10.1.2.4　显性感染

当机体免疫力较弱或入侵的病原菌毒力较强或数量较多时,病原菌可在机体内生长繁殖,产生毒素,并导致机体出现病理及生理变化,机体组织细胞受到损害,表现出明显的临床症状,这种感染被称为显性感染(apparent infection)。显性感染的过程可分为潜伏期、发病期及恢复期,这是机体与病原菌之间力量对比的变化所造成的,也反映了感染与免疫的发生和发展。按病情缓急,显性感染可分为急性感染和慢性感染。按感染的部位不同,显性感染则可分为局部感染和全身感染。局部感染(local infection)是指病原体侵入机体后,在一定部位定居下来,生长繁殖,产生毒性产物,不断侵害机体的感染过程。这是由于机体动员了一切免疫功能,将入侵的病原体限制于局部,阻止了它们的蔓延扩散,如化脓性球菌引起的疖、脓疮等。全身感染(systemic infection)则是机体与病原体相互作用中,由于机体的免疫功能薄弱,不能将病原体限于局部,以致病原体及其毒素向周围扩散,经淋巴通道或直接侵入血液,引起全身感染。在全身感染过程中可能出现菌血症、毒血症、败血症、脓毒血症等一系列情况。

10.1.2.5　病原菌携带状态

在隐性感染或传染痊愈后,病原体在体内持续存在,并不断排出体外,形成带菌状态。处于带菌状态的机体称带菌者(carrier)。带菌者体内带有病原菌,但无临床症状,能不断排出病原菌,不易引起注意,常成为传染病流行的重要传染源。因此,及时查出带菌个体,有效地加以隔离治疗,是防止传染病流行的重要手段之一。

10.2　免疫

免疫(immunity)是机体识别和清除抗原性异物的一种保护性功能。执行这种功能的是机体的免疫系统,它是动物在长期进化过程中形成的与自身内(肿瘤)、外(微生物)斗争的防御系统,能对经非口途径进入体内的非自身大分子物质产生特异性的免疫应答,同时又能对内部的肿瘤产生免疫反应而加以清除,从而维持自身稳定。

10.2.1　免疫的基本功能

免疫在功能上可区分为免疫防御、免疫稳定和免疫监视三种。正常情况下,免疫对机体是有利的,但在异常情况下,可以损害机体。

10.2.1.1　免疫防御

免疫防御是指动物机体抵御病原微生物的感染和侵袭的能力。动物的免疫防御功能正常时,能对从呼吸道、消化道、皮肤和黏膜等途径进入动物体内的各种病原微生物产生抵抗力,即通过机体的非特异性和特异性免疫将微生物消灭。若免疫防御功能异常亢进时,可引起变态反应或免疫缺陷;而免疫防御功能低下时,则机体抵御病原菌的能力薄弱,可引起机体的反复感染。

10.2.1.2　免疫稳定

在动物的新陈代谢过程中,每天都有大量的细胞衰老和死亡,这些失去功能的细胞积累在体内,会影响正常细胞的活动。免疫的第二个功能就是把这些细胞清除,以维护机体的生理平衡,这种功能称为免疫稳定。若免疫稳定的活性过强,则可能将机体本身的某些组织细胞作为"非己"物质加以清除,引起组织损伤,从而发生自身免疫性疾病;相反,如果活性过低,则免疫系统不能及时地清除机体内的"垃圾",引起生理异常。

10.2.1.3　免疫监视

机体内的细胞常因物理、化学和病毒等致癌因素的作用突变为肿瘤细胞,机体免疫功能正常时可对这些肿瘤细胞加以识别,然后调动一切免疫因素将这些肿瘤细胞清除,这种功能即为机体的免疫监视。若此功能低下或失调,则可能导致肿瘤的发生。

10.2.2　免疫系统

免疫系统是动物机体执行免疫功能的组织机构,是产生免疫应答的物质基础。已知人和脊椎动物的免疫系统包括骨髓、胸腺、脾和淋巴结等免疫器官,T 细胞、B 细胞和吞噬细胞等免疫细胞以及抗体、补体和细胞因子等免疫分子(图 10.1)。

$$\text{免疫系统} \begin{cases} \text{免疫器官} \begin{cases} \text{中枢免疫器官:骨髓、胸腺、法氏囊} \\ \text{外周免疫器官:淋巴结、脾脏、骨髓、哈德氏腺等} \end{cases} \\ \text{免疫细胞} \begin{cases} \text{T、B 淋巴细胞} \\ \text{自然杀伤细胞和杀伤细胞} \\ \text{辅佐细胞} \\ \text{粒细胞和肥大细胞} \end{cases} \\ \text{免疫分子:细胞因子、补体、抗体等} \end{cases}$$

图 10.1　机体的免疫系统

10.2.2.1　免疫器官

机体执行免疫功能的组织结构称为免疫器官,它们是淋巴细胞和其他免疫细胞发生、分化、成熟、定居、增殖的场所和产生免疫应答的场所。根据其功能的不同,人体免疫器官可分为中枢免疫器官和外周免疫器官(图 10.2)。

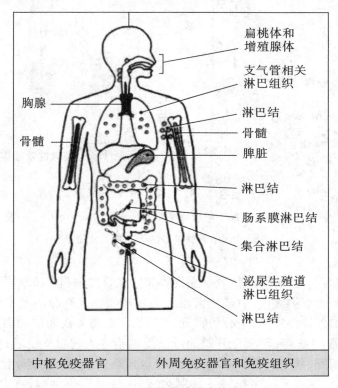

图 10.2　人体免疫器官构成

(1)中枢免疫器官　也称为一级免疫器官,是各种免疫细胞发生、分化和成熟的场所,包括骨髓、胸腺和禽类特有的法氏囊。它们具有共同的特点:在胚胎发育的早期出现,出生之后,它们中有的(如胸腺和法氏囊)在性成熟后就逐步退化为淋巴上皮组织,具有诱导淋巴细胞增殖分化为免疫活性细胞的功能。如果在新生期切除动物的这类器官,可造成淋巴细胞不能正常发育和分化,进而出现免疫缺陷,免疫功能低下甚至丧失。

1)骨髓　是机体最重要的造血器官,也是各种免疫细胞发生和分化的场所。造血干细胞(hematopoietic stem cell,HSC),即骨髓中存在的多能干细胞(multipotential stem cell),具有很强的分化能力,可以分化出:①髓样干细胞(myeloid stem cell),其又可进一步发育成熟为红细胞系、单核细胞系、粒细胞系和巨核细胞系等;②淋巴干细胞(lymphatic stem cell),可以发育成各种淋巴细胞的前体细胞,一部分在骨髓中分化为T细胞的前体细胞,经血液循环进入胸腺,被诱导分化为成熟的淋巴细胞,即胸腺依赖性淋巴细胞,简称T细胞;还有一部分分化为B细胞的前体细胞,在哺乳动物体内,这些前体细胞在骨髓进一步分化发育为成熟的B细胞(图10.3);③自然杀伤细胞(natural killer cell)和杀伤细胞(killer cell)等淋巴细胞也是在骨髓中增殖、分化、成熟。骨髓除上述功能外,还具有清除衰老、死亡细胞的功能。

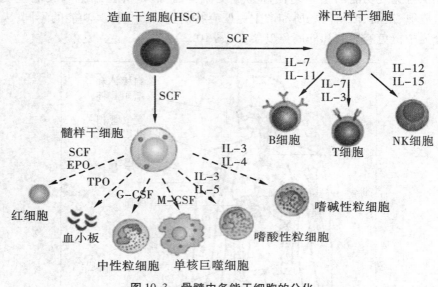

图10.3　骨髓中多能干细胞的分化

2)胸腺　位于胸腔的前纵隔、紧贴在气管和大血管之前(图10.2),它是胚胎期最早出现的淋巴组织,青春期最大,后随年龄增长而逐渐萎缩。胸腺的基本结构单位是胸腺小叶;胸腺小叶的外周是皮质,中心是髓质;皮质层又分为外皮质层和内皮质层。胸腺的功能包括:①培育T细胞,即来自骨髓的淋巴干细胞进入胸腺皮质后,在胸腺激素作用下,分化为淋巴细胞,其中大部分死亡,小部分进入胸腺髓质,继续分化成熟为T细胞;②胸腺所分泌的胸腺激素除可刺激T细胞生成外,还具有抗肿瘤、降血糖、降血钙等功能;③促进肥大细胞(mast cell)分化、发育;④消除体内突变细胞,具有控制癌变和控制自身免疫性疾病的作用。

3)法氏囊　是禽类所特有的淋巴器官,位于泄殖腔背侧,是禽类B细胞发育和分化成熟的场所。来自骨髓的淋巴干细胞在法氏囊诱导分化为成熟的B细胞,再经淋巴和血液循环迁移到外周淋巴器官参与体液免疫。胚胎后期和初孵出壳的雏禽如被切除法氏囊,则体液免疫应答受到抑制,表现出浆细胞减少或消失,在抗原刺激后不能产生特异性抗体。

(2)外周免疫器官 也称为二级免疫器官,是成熟 T 细胞、B 细胞和其他免疫细胞定居、增殖的部位,也是发生免疫应答的场所,包括脾、淋巴结、黏膜相关淋巴组织和皮肤相关淋巴组织等。这类器官或组织富含捕捉和处理抗原的巨噬细胞、树突状细胞和朗格罕细胞,这些细胞能迅速捕获和处理抗原,并将处理后的抗原递呈给免疫活性细胞。

1)脾 是机体最大的免疫器官,它生在腹腔左上方,含有大量的淋巴细胞和巨噬细胞,是机体细胞免疫和体液免疫的中心。脾切除导致细胞免疫和体液免疫功能的紊乱,易导致肿瘤的发生和发展;脾的肿大对于白血病、血吸虫病和黑热病等多种疾病的诊断有参考价值。脾是具有多种功能的器官,其主要功能有 4 种。①造血:脾是胚胎阶段重要的造血器官,在成体脾中也仍有少量造血干细胞,当动物体严重缺血或在某些病理状态下,可以恢复造血功能,产生红细胞、粒细胞及血小板。②储血:脾是血液,尤其是血细胞重要的储存库,将血细胞浓集于脾索、脾窦之中,当某些紧急状态(如急性大失血),脾会收缩将血细胞释放到循环血液之中。③滤血:脾还是血液有效的过滤器官,血液中的细菌、异物、抗原抗体复合物及衰老的血细胞在流经脾脏时,被大量的巨噬细胞吞噬和消化。④免疫:脾有产生免疫反应的重要功能,血液中抗原在脾中可引起有力的细胞免疫和体液免疫反应。

2)淋巴结 呈圆形或豆状,遍布于淋巴循环系统的各个部位,能捕获从体外进入血液—淋巴液的抗原,其功能具体体现在两个方面。①过滤和清除异物:侵入机体的致病菌、毒素或其他有害异物,随组织淋巴液进入局部淋巴结内,淋巴窦中的巨噬细胞能有效地吞噬和清除这些异物,但对病毒和癌细胞的清除能力较低。②免疫应答的场所:淋巴结中的巨噬细胞和树突状细胞能捕获和处理外来的异物性抗原,并将抗原递呈给 T 细胞和 B 细胞,使其活化增殖,形成致敏 T 细胞和浆细胞。因此,细菌等异物侵入机体后,局部淋巴结肿大,与淋巴细胞受抗原刺激后大量增殖有关,是产生免疫应答的表现。

3)淋巴组织 包括黏膜相关淋巴组织(mucosal associated lymphoid tissue,MALT)和皮肤相关淋巴组织(cutaneous associated lymphoid tissue,CALT),虽然不构成独立的器官,但其功能与脾脏和淋巴结等类似,故也归类于外周免疫器官。黏膜相关淋巴组织也称黏膜免疫系统,由肠相关淋巴组织、鼻相关淋巴组织、支气管相关淋巴组织等构成,起机体免疫保护作用;皮肤相关淋巴组织是表皮和真皮层中免疫细胞的总称,包括角质形成细胞、表皮内淋巴细胞和皮肤淋巴细胞等,其不仅是免疫应答的激发部位,也是免疫应答的效应部位。

10.2.2.2 免疫细胞

免疫细胞(immunocyte)是指具有免疫功能的细胞的总称,包括淋巴细胞和各种吞噬细胞等,有时也特指能识别抗原、产生特异性免疫应答的淋巴细胞(lymphocyte),即免疫活性细胞。淋巴细胞是免疫系统的基本成分,在体内分布很广泛,其中 T 细胞和 B 细胞,在免疫应答过程中起核心作用;除此之外,淋巴细胞还包括 K 细胞、NK 细胞等。除淋巴细胞外,单核吞噬细胞和树突状细胞等在免疫应答过程中也起重要的辅佐作用,故称免疫辅佐细胞(accessory cell),具有捕获、处理抗原以及把抗原递呈给免疫活性细胞的功能。虽然免疫细胞种类很多,但均来自骨髓的多能干细胞。

(1)T 细胞和 B 细胞 多能造血干细胞中的淋巴干细胞分化为前体 T 细胞和前体 B 细胞,二者再进一步分化为 T 细胞和 B 细胞。

前体 T 细胞进入胸腺发育为成熟的 T 细胞,称胸腺依赖性淋巴细胞(thymus dependent lymphocyte),又称 T 淋巴细胞。成熟的 T 细胞经血液循环分布到外周免疫器官的胸腺依赖区定居和增殖,或再经血液或淋巴循环进入组织及机体全身各部位。成熟的 T 细胞一旦被抗原刺激后就被活化,进一步增殖,最后分化成为效应性 T 细胞,具有细胞免疫功能,可杀伤或清除抗原物。

前体 B 细胞在哺乳类动物的骨髓或禽类的法氏囊中分化发育为成熟的 B 细胞,又称骨髓依赖性淋巴细胞(bone marrow dependent lymphocyte)或囊依赖性淋巴细胞(burse dependent lymphocyte),主要分布在外周淋巴器官的非胸腺依赖区。B 细胞接受抗原刺激后,活化、增殖和分化,最终成为浆细胞,浆细胞产生特异性抗体,形成机体的体液免疫。表 10.2 列出了 T 细胞和 B 细胞的区别。

表 10.2　T 细胞和 B 细胞的区别

细胞类型	来源	成熟	寿命	占白细胞总数	功能
B 细胞	骨髓	骨髓	几天至十几天	20%	体液免疫(抗体)
T 细胞	骨髓	胸腺	几年	80%	细胞免疫

(2)K 细胞和 NK 细胞　二者直接来源于骨髓,与 T 细胞和 B 细胞的区别在于其分化过程不依赖于胸腺或囊类器官。

杀伤细胞(killer cell,K cell)简称 K 细胞,特点是细胞表面具有 IgG 的 Fc 受体。当靶细胞与相应的 IgG 抗体结合,K 细胞可与结合在靶细胞上的 IgG 的 Fc 片段结合,从而被活化,释放溶细胞因子,裂解靶细胞,这种作用称为抗体依赖性细胞介导的细胞毒作用(antibody-dependent-cell-mediated cytotoxicity,ADCC)。K 细胞主要存在于腹腔渗出液、血液和脾。K 细胞杀伤的靶细胞包括病毒感染的宿主细胞、恶性肿瘤细胞、移植物中的异体细胞及某些病原体(如寄生虫)等,所以 K 细胞在抗肿瘤免疫、抗感染免疫和移植物排斥反应、清除自身衰老死亡细胞等方面均有作用。

自然杀伤性细胞(natural killer cell,NK cell)简称 NK 细胞,既不依赖抗体,也不需要抗原刺激和致敏,而是直接与靶细胞结合而发挥杀伤靶细胞的作用,因而称为自然杀伤性细胞。NK 细胞主要存在于外周血液和脾脏中,可非特异性地杀伤肿瘤细胞、抵抗多种微生物感染及排斥骨髓细胞的移植。NK 细胞广谱性地杀伤肿瘤细胞,因此可能是机体免疫监视的重要组成部分,是消灭癌变细胞的第一道防线。

(3)辅佐细胞　T 细胞和 B 细胞是免疫应答的主要承担者,单核吞噬细胞和树突状细胞则通过对抗原进行捕捉、加工和处理协作完成免疫应答,这些细胞称为辅佐细胞(accessory cell),简称 A 细胞,又称抗原递呈细胞(antigen presenting cell,APC)。

单核吞噬细胞(mononuclear phagocyte)包括血液中的单核细胞(monocyte)和组织中的巨噬细胞(macrophage),单核细胞在骨髓中分化成熟后进入血液,经血液循环分布到全身组织器官,分化成熟为巨噬细胞。其免疫功能主要表现在吞噬和杀伤作用、抗原加工和递呈、合成和分泌各种活性因子等方面。

树突状细胞(dendritic cell,D cell)简称 D 细胞,来源于骨髓和脾脏的红髓,成熟后分布在脾、淋巴结及结缔组织中。树突状细胞在组织中通过吞噬或内噬方式捕获抗原之后，迁移至血液和淋巴液，并循环至淋巴器官将抗原递呈给淋巴细胞。

朗格罕细胞(Langerhans cell)简称 L 细胞，细胞的形态特点与树突状细胞相似，存在于皮肤和黏膜组织中，具有较强的抗原递呈能力。

(4)其他免疫细胞 胞浆中含有颗粒的白细胞统称为粒细胞(granulocyte)，用姬姆萨染色后，粒细胞可被分为嗜中性粒细胞、嗜酸性粒细胞和嗜碱性粒细胞。它们来源于骨髓，寿命较短，在外周血液中可维持恒定数目，必须由骨髓不断地供应。

中性粒细胞(neutrophil)是血液中的主要吞噬细胞，具高度移动性和吞噬能力，在防御感染中起重要作用，可分泌炎症介质，促进炎症反应。嗜酸性粒细胞在电镜下呈晶体结构，颗粒富含过氧化物酶。寄生虫感染及 I 型超敏反应性疾病可导致嗜酸性粒细胞数目增多。嗜碱性粒细胞含有大小不等的嗜碱性颗粒，颗粒内含有组胺、肝素等参与 I 型超敏反应的介质，细胞表面有 IgE 的 Fc 受体，能与 IgE 抗体结合，与特异性抗原结合后，引起细胞破裂，释放组织胺等介质，引起过敏反应。肥大细胞存在于周围淋巴组织、皮肤结缔组织，特别是在小血管周围、脂肪组织和小肠黏膜下组织等，其表面有 IgE 的 Fc 受体，作用与嗜碱性粒细胞相似。

10.2.2.3 免疫分子

免疫分子是参与免疫应答的各种分子的总称，其种类很多，可根据其存在部位和性质分为膜型免疫分子和分泌型免疫分子两大类。

(1)膜型免疫分子 存在于免疫细胞膜上，主要包括 T 细胞受体、B 细胞受体、簇分化抗原、主要组织相容性复合物和黏附分子等。

T 细胞受体(T cell receptor,TCR)又称作 T 细胞抗原受体，表达于所有成熟 T 细胞表面，是 T 细胞识别外来抗原并与之结合的特异性受体。TCR 由 α 和 β 两个肽链组成，在 T 细胞发育过程中，编码 α 链及 β 链的基因经过突变和重排，可使 TCR 具有高度的多态性，以适应千变万化的抗原分子。

T 细胞分化成熟过程中，在不同的发育阶段和不同的亚群细胞均可表达不同的分化抗原，这是区分淋巴细胞的重要标记。1986 年，世界卫生组织命名委员会建议应用簇分化抗原(cluster of differentiation,CD)系列来统一命名免疫细胞的分化抗原。目前已经鉴定出的 CD 抗原约有 200 种，其中 T 细胞的 CD 抗原主要包括 CD2、CD3、CD4、CD8 等。B 细胞在分化成熟过程中，其表面除与其他免疫细胞一样表达不同的 CD 分子外，还具有 IgG 抗体的 Fc 受体(CD32)，Fc 受体可与抗体包被的红细胞相结合形成 EAC 玫瑰花环，这是鉴别 B 细胞的方法之一。

在不同种属或同种不同系的动物个体之间进行正常组织或器官移植时会出现排斥现象，这种排斥的本质是一种免疫反应，它是由组织表面的同种异型抗原所诱导。这种代表个体特异性的同种抗原称为组织相容性抗原(histocompatibility antigen)或移植抗原(transplantation antigen)。机体内与排斥反应有关的抗原系统达 20 多种，其中能够引起强而迅速的排斥反应的称为主要组织相容性抗原，其编码基因是一组紧密连锁的基因群，称为主要组织相容性复合体。

黏附分子(adhesion molecule,AM)是指由细胞(包括免疫细胞和非免疫细胞)产生，存在于细胞表面，介导细胞与细胞间或细胞与基质间相互接触和结合的分子。黏附分子大多为糖蛋白,少数为糖脂,分布于细胞表面或细胞外基质中。

(2)分泌型免疫分子 包括抗体、补体系统分子和细胞因子等,主要分布于体液中。

抗体(antibody,Ab)是机体在抗原刺激下,由免疫系统产生的能和相应抗原发生特异性结合的免疫球蛋白(immunoglobin,Ig)。

补体系统(complement system)由存在于人或脊椎动物血清与组织液中的一组可溶性蛋白、存在于血细胞与其他细胞表面的一组膜结合蛋白以及补体受体所组成,在机体的免疫系统中担负着抗感染和免疫调节等作用,并参与免疫病理反应。

细胞因子(cytokine,CK)是由免疫细胞和某些非免疫细胞合成和分泌的一类高活性多功能蛋白质多肽分子。细胞因子多属于小分子多肽或糖蛋白,可在细胞间传递信号,主要介导和调节免疫应答及炎症反应,刺激造血功能,参与组织修复等。主要的细胞因子包括:①白细胞介素(interleukin,IL),指由免疫系统分泌的主要在白细胞间起免疫调节作用的蛋白,根据发现的先后顺序命名为 IL-1、IL-2、IL-3 等。②干扰素(interferon,IFN),是 1957 年发现的细胞因子,因其能干扰病毒感染而得名,其抗病毒活性是广谱的,但其活性的发挥受细胞基因组的调节和控制;是脊椎动物细胞产生的防御外来物质,尤其是"有害核酸"入侵的物质。③肿瘤坏死因子(tumor necrosis factor,TNF),是从免疫动物血清中发现的能引起肿瘤坏死的分子,主要功能是参与机体防御反应,是重要的促炎症因子和免疫调节分子;具有抗肿瘤作用,还与败血症休克、发热、多器官功能衰竭等严重病理过程有关。④集落刺激因子(colony stimulating factor,CSF),是一组促进造血细胞,尤其是造血干细胞增殖、分化和成熟的因子。

10.2.3 免疫的类型

按免疫功能的获得方式和特异性的不同,机体抵抗病原体感染的能力可分为非特异性免疫(先天性免疫)和特异性免疫(获得性免疫)两大类。非特异性免疫包括屏障结构、组织和体液中的抗微生物物质、吞噬细胞、自然杀伤细胞;特异性免疫则包括体液免疫和细胞免疫。

10.2.3.1 非特异性免疫

非特异性免疫也称天然免疫(innate immunity),是指在生物进化过程中形成的天生即有、相对稳定、无特殊针对性的对病原体的天然抵抗力,主要由生理屏障、吞噬作用、炎症反应和体液因素组成。其特点在于:①出生时即已具备;②可稳定遗传给后代;③作用广泛,无特异性;④个体差异小。

(1)生理屏障 包括皮肤与黏膜屏障、血脑屏障和血胎盘屏障等,是病原菌侵入机体时首先需要突破的,所以被称为机体抵抗病原菌的第一道防线。

1)皮肤和黏膜屏障(skin and mucous membrane barrier) 可通过以下途径发挥非特异性免疫作用:①健康皮肤和黏膜对病原菌的机械阻挡作用;②皮肤汗腺分泌的乳酸、皮脂腺分泌的脂肪酸、胃黏膜分泌的胃酸和胃蛋白酶以及汗腺、唾液腺、乳腺和呼吸道黏膜分泌的溶菌酶等对病原菌的杀灭作用;③皮肤和黏膜上的正常菌群分泌产生的代谢产物对病原菌的拮抗作用等。

2)血脑屏障(blood-brain barrier) 由软脑膜、脑毛细血管壁和包在血管壁外的胶质膜所构成,是防止中枢神经系统发生感染的重要防御结构,其组织结构致密,能阻止病原体及其他大分子物质由血液进入脑脊液。血脑屏障是个体在发育过程中逐步成熟的,由于婴幼儿血脑屏障未发育完善,所以易发生脑部感染。

3)血胎盘屏障(blood-embryo barrier) 由母体子宫内膜的基蜕膜和胎儿的绒毛膜共同组成,能够在不妨碍母胎之间物质交换的情况下,防止母体内病原微生物的通过,构成保护胎儿免受感染的一种防御结构。由于血胎盘屏障通常在妊娠 3 个月后才能发育成熟,所以当妊娠不足 3 个月,血胎屏障尚未健全时,母体感染传染病后,容易引起胎儿感染。

除上述生理屏障外,血睾屏障和血胸腺屏障,也都是保护机体正常生理活动的重要屏障结构。

(2)吞噬作用 吞噬细胞是一类存在于血液、体液或组织中,能吞噬、杀灭和消化病原体等异常抗原的白细胞,包括多形核白细胞和单核细胞。当病原体突破了生理屏障后,吞噬细胞将通过吞噬作用进一步对病原菌进行拦截,可以认为吞噬作用是机体对抗病原菌的第二道防线。

多形核白细胞(polymorphonuclear leukocyte),即粒细胞(granuclcyte),是分枝状细胞,其胞质中有大量溶酶体(lysomsome),而溶酶体中含有杀菌物质和多种酶类。前文已介绍到,粒细胞可分为嗜中性粒细胞、嗜酸性粒细胞和嗜碱性粒细胞三类,但其中嗜中性粒细胞的数量约占三种细胞总数的 90%。粒细胞形成于骨髓,存在于血液和骨髓中,寿命短(半衰期为 6 ~ 7 h),能够大量出现于急性感染部位,发挥吞噬作用。其吞噬过程为:①微生物等颗粒物质经黏附作用与吞噬细胞接触;②吞噬细胞通过伪足将菌体吞入形成吞噬体;③吞噬细胞的溶酶体和吞噬体融合成为吞噬溶酶体;④溶酶体中的杀菌物质和水解酶将菌体杀死并消化,不能消化的菌体残渣被排到吞噬细胞外(图 10.4)。

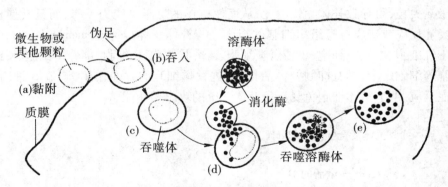

图 10.4　多形核白细胞的吞噬作用过程

单核细胞来源于骨髓的干细胞,起初呈游离状态存在于血液中,循环几天后在组织中发展成为具有强吞噬能力的巨噬细胞(macrophage),并固定在不同的组织中。例如,它固定在脾、淋巴结和骨髓时的名称分别为树突细胞(dendritic cell)、内皮细胞(endothelial cell)和破骨细胞(osteoclast)。巨噬细胞的寿命长,具有吞噬与杀菌、抗原递呈、免疫调节和抗癌等作用。

(3)炎症反应 由于病原菌入侵或出现其他损伤时,机体局部组织出现红、肿、热、痛和功能障碍等症状的防御性反应,称为炎症反应(inflammation)。

引起炎症的原因包括物理因素、化学因素、生物学因素和免疫学因素等,其中由免疫学因素介导的炎症称为免疫炎症。免疫炎症是针对病原菌入侵等有害因子的积极反应,主要表现:①动员大量参与炎症应答的细胞,如巨噬细胞、淋巴细胞、粒细胞和血小板等聚集于炎症反应部位,从而消除病原菌等有害因子;②促进液体渗出,稀释有害因子,减轻其危害;③出现局部血凝,限制有害因子进入血液循环而扩散,同时导致炎症中心的氧浓度下降和乳酸浓度升高,从而抑制病原菌的生长;④支气管收缩,气流加速,促进病原菌等排出;⑤血管通透性增加,促使血液中抗菌物质和抗体等聚集浓缩于炎症部位,有助于有害因子的清除;⑥炎症部位的温度升高,可以降低某些病原菌的生长速度。但是,上述变化也同样可以干扰机体的正常生理环境,从而表现出一系列的病理变化和病理生理过程,所以,炎症既是机体的防御性反应,也是一种病理过程。

(4)体液因素 在血液、淋巴液和细胞间液等正常的体液和组织中,含有许多具有杀伤或抑制病原菌的物质,统称为体液因素,主要包括补体系统、干扰素和溶菌酶等。虽然体液因素直接杀伤病原菌的作用不如吞噬细胞强,但通过与其他抗菌因素的配合,其在组织病原菌入侵、杀伤和清除已入侵病原菌等方面发挥着重要作用。

补体系统(complement system)是由存在于人或脊椎动物血清与组织液中的一组可溶性蛋白、存在于血细胞与其他细胞表面的一组膜结合蛋白以及补体受体所组成。由于在免疫反应中,这组蛋白具有扩大和增强抗体功能的"补充作用",所以被称为补体系统,其包括补体固有成分、补体调节蛋白和补体受体三部分:①补体固有成分为糖蛋白类化合物,对热不稳定,包括 C1~C9,以及 B、D、P 因子等,常常以无活性的酶原形式存在于体液中,能被抗原抗体复合物激活。其激活途径包括经典途径、旁路途径和 MBL 途径三种(图 10.5)。②补体调节蛋白的作用是调节补体系统的激活过程,以确保补体适度激活。若补体激活失控,可导致补体大量消耗,从而使机体的抗感染能力下降,而且会使机体发生剧烈炎症反应或造成自身组织细胞的损伤。③补体受体(complement receptor,CR)主要存在于红细胞、中性粒细胞、单核巨噬细胞、树突状细胞、B 细胞、部分 T 细胞、K 细胞和胸腺细胞等细胞之上,具有抑制补体活化、促进吞噬细胞的吞噬作用,调节 B 细胞活化、参与炎症反应、调节机体细胞免受自身补体系统的攻击等功能。

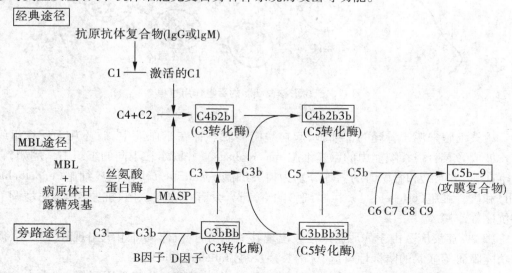

图 10.5 补体活化的三种途径

　　概括起来,补体系统的生物学功能包括如下 5 个方面:①溶菌和细胞溶解效应,补体系统被激活后,可在靶细胞上形成膜攻击复合物,导致靶细胞溶解;②促吞噬作用,在吞噬细胞的表面有多种补体受体,结合在靶细胞或抗原上的补体片段可与吞噬细胞表面的补体受体特异结合,促进两者的接触,增强吞噬作用,提高机体的抗感染能力;③促进中和及溶解病毒作用,在病毒与相应抗体形成的复合物中加入补体,可明显增强抗体对病毒的中和作用,在没有抗体存在时,补体也可以对病毒产生一定的溶解灭活作用;④炎症反应,补体激活过程中产生的活性代谢产物具有引起血管扩张、通透性增强,以及吸引白细胞向炎症区域游走与聚集、增强炎症反应等作用;⑤免疫调节作用,补体活化过程中产生的活性片段可与免疫细胞相互作用,对免疫功能起调节作用。

　　干扰素(interferon,IFN)是一种具有抗病毒活性的细胞因子,是高等动物细胞在病毒或其他因子的诱导下,由细胞基因编码产生的一组具有高效广谱抗病毒等功能的糖蛋白。诱导细胞产生 IFN 的物质称为 IFN 诱导因子,包括(灭活)病毒及其 RNA、人工合成的 dsRNA、细菌、立克次氏体、真菌、原虫、植物血凝素和微生物的典型产物(如细菌的脂多糖和真菌多糖)等。干扰素的类型较多,Ⅰ型干扰素主要表现抗病毒活性,Ⅱ型干扰素则主要表现免疫调节作用。干扰素的诱导过程和作用机制如图 10.6 所示:①病毒侵染宿主细胞后,复制产生的病毒 dsRNA 诱导宿主细胞产生干扰素;②干扰素通过与邻近新的宿主细胞上的干扰素受体结合,刺激该宿主细胞产生抗病毒蛋白(antiviral protein,AVP);③当病毒感染新的宿主细胞时,AVP 通过与病毒的 dsRNA 结合成为具有活性的 AVP;④活性 AVP 抑制病毒蛋白的合成,从而阻止病毒的正常增殖。

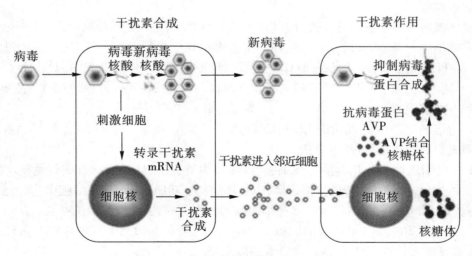

图 10.6　干扰素的诱导过程和作用机制

10.2.3.2　特异性免疫

　　特异性免疫亦称获得性免疫(adaptive immunity),是指个体在出生后经主动或被动免疫方式而获得的抵抗力,在消除病原体作用中占有重要地位,其特点在于:①出生后受抗原刺激产生;②具有特异性(针对性);③一般不能遗传;④个体差异大;⑤具有记忆性。

　　(1)特异性免疫类型　根据免疫获得途径的不同,其可分为自然获得免疫和人工获得免疫,并可再分为自动获得免疫和被动获得免疫。而根据产生免疫应答的效应细胞不同,特异性免疫可分为细胞免疫和体液免疫。

1)自然自动获得免疫　是人体经感染(包括显性感染和隐性感染)后所获得的免疫,通过该途径获得的免疫力一般可以保持很久,甚至终生。例如,人患过天花、麻疹等传染病后,通常不会再患这些疾病。但有些传染病,如流感、结核病等,病愈后免疫力维持的时间较短,其原因目前尚不清楚。

2)自然被动获得免疫　是指胎儿经胎盘或婴儿经初乳从母体获得抗体(免疫球蛋白),从而使婴儿具有相应的免疫能力。自然被动获得免疫维持的时间较短,一般在出生4~6个月后就会消失。

3)人工自动获得免疫　是机体经预防接种疫苗后所获得的免疫。这种免疫的有效期,短的为6个月,长的可达10年。

4)人工被动获得免疫　是机体经注射抗血清、抗毒素、丙种球蛋白或淋巴细胞等后所获得的免疫。这种免疫的有效期较短,一般为2~3周,多用于治疗或暂时预防某些传染病。

(2)特异性免疫应答过程　免疫应答(immune response)是指机体免疫系统对抗原刺激所产生的以排除抗原为目的的生理过程,包括抗原识别、淋巴细胞增殖、分化和抗原清除三个阶段。

1)抗原识别阶段(antigen-recognizing stage)　也称为感应阶段(inductive stage),包括抗原在体内的分布、定位,APC对抗原的摄取、加工和递呈以及抗原特异性淋巴细胞对抗原的识别等。

进入体内的抗原在几分钟内,即可经血管和淋巴管迅速地运行到全身,其中绝大部分被吞噬细胞分解清除,只有少部分存留于淋巴组织中诱导免疫应答,进入淋巴结的抗原可被APC(如巨噬细胞)捕获;APC细胞根据抗原的来源(外源性或内源性)和性质不同,做不同的加工处理,并递呈至相应的效应细胞;机体免疫系统对抗原的识别,主要由T细胞和B细胞完成。

2)淋巴细胞的增殖、分化阶段(lymphocyte activating stage)　包括抗原特异性淋巴细胞识别抗原后的活化、增殖与分化。

T淋巴细胞增殖分化为淋巴母细胞,最终成为效应淋巴细胞,执行细胞免疫功能;B细胞增殖分化为浆细胞,产生分泌抗体,执行体液免疫功能;部分T、B细胞中途分化为记忆细胞(Tm和Bm)。此阶段涉及多种细胞间的协作,并有多种细胞因子参与。

3)抗原清除阶段(antigen eliminating stage)　主要包括激活的效应细胞和效应分子(抗体和细胞因子等)产生的体液免疫和细胞免疫。

效应T细胞产生细胞免疫效应,发挥抗病毒、抗胞内病源菌、抗肿瘤和抗移植排斥等功效;效应B细胞分泌抗体,介导体液免疫,发挥抗胞外细菌感染与中和毒素等功能。体液免疫和细胞免疫既各自有其独特的作用,又可以相互配合共同发挥免疫效应。对进入体内尚未进入细胞的抗原(如细菌的外毒素、少量的细菌或病毒等)主要由体液中的抗体通过体液免疫作用进行清除;而这些抗原一旦进入细胞内部,就要靠细胞免疫来将它们消灭、清除。

(3)细胞免疫和体液免疫　根据产生免疫应答的效应细胞不同特异性免疫可分为细

胞免疫和体液免疫,二者在抗微生物感染中起关键作用,其效应比先天性免疫强。

1)细胞免疫　凡是通过免疫细胞发挥效应以清除异物的过程统称为细胞免疫,参与免疫的细胞则称为免疫效应细胞。前文介绍的自然杀伤细胞等可无须经过抗原激发即可发挥效应细胞作用,属于非特异性细胞免疫。而由 T 细胞介导的细胞免疫,需要在效应 T 细胞通过其表面的抗原识别受体与抗原结合激发后才能发挥作用,属于特异性细胞免疫。T 细胞介导的细胞免疫有两种基本形式:一是受抗原刺激后,致敏 T 细胞(Tc)介导的特异性细胞毒作用;二是迟发型超敏反应 T 细胞(T_{DTH})通过释放淋巴因子,引发炎症反应。

Tc 细胞介导的特异性细胞毒作用,是指激活后的 Tc 对带有特异性抗原的细胞或相应靶细胞的直接杀伤作用,在抗病毒感染、抗同种异体移植排斥反应和抗肿瘤免疫中起重要作用。Tc 对靶细胞的杀伤主要有两种途径:①释放穿孔素,攻击靶细胞细胞膜,诱发细胞溶解破裂;②释放淋巴毒素,攻击靶细胞的细胞核,诱发细胞程序性死亡。

T_{DTH} 属于 T 细胞亚群,在体内以非活化的前体细胞形式存在,当其表面抗原受体与靶细胞的抗原特异结合,可进一步活化、增殖、分化为效应 T_{DTH} 细胞,并释放出淋巴因子,从而引起炎症反应。所谓淋巴因子是指由 T_{DTH} 释放的具有各种生理功能的多种可溶性蛋白质的统称,主要以非特异性的方式作用于细胞,表达多种功能,其中以对巨噬细胞的作用最为重要。

2)体液免疫　体液免疫的作用主要是通过抗体来实现的,抗体在动物体内可发挥中和作用、抑制病原体生长作用、局部黏膜免疫作用、免疫溶解作用、免疫调理作用,以及抗体依赖性细胞介导的细胞毒作用(ADCC)。由于抗体不容易进入细胞内,故体液免疫主要对细胞外生长的病原体起作用。有关体液免疫的内容将在下一节进一步叙述。

10.3　抗原与抗体

如前所述,特异性免疫是机体与抗原分子接触后产生的免疫防御功能,而机体免疫防御功能中的体液免疫主要是通过抗体来实现。因此,抗原与抗体的基本概念以及相关知识是免疫学中的核心内容之一。

10.3.1　抗原

凡是能刺激机体产生抗体或形成致敏淋巴细胞,并能与之结合引起特异性免疫反应的物质称为抗原(antigen)。一个完整的抗原包括两方面的特性:① 免疫原性(immunogenicity),指抗原能刺激机体产生抗体或致敏淋巴细胞的特性,具有这种特性的物质则称作免疫原性(immunogen);②反应原性(reactinogenicity),指抗原与抗体或效应性淋巴细胞在体内或体外发生特异性结合的特性,又称为免疫反应性(immunoreactivity)。有些物质,例如真菌毒素,其单独存在时只有反应原性而无免疫原性,被称为半抗原(hapten),这类物质必须与蛋白质等大分子载体链接后才具有免疫原性。

10.3.1.1　抗原的特性

(1)异源性　又称异质性或异物性(foreigness),指抗原和免疫动物本身物质之间的差异。正常成熟动物机体的免疫系统具有区别自身和非自身物质的能力,而免疫应答的本质就是识别和排斥异物的过程。因此,激发免疫应答的抗原一般需要是异物。

(2)分子量大 抗原物质的免疫原性与其分子大小有直接关系,免疫原性良好的物质分子量一般都大于 $1×10^4$,并且在一定范围内,分子量越大,免疫原性越强。其可能的机制是,大分子物质在水溶液中容易形成胶体,在免疫动物体内停留时间长,与免疫细胞接触的机会多,有利于刺激机体产生免疫应答;另外,大分子物质结构较为复杂,所含有效抗原基团的种类和数量也较多。但是也有例外,例如分子量高达 10^5 的明胶比分子量仅为 5 734 的胰岛素的免疫原性差。对于半抗原,则多为简单的小分子物质,分子量小于1 000。

(3)结构复杂 抗原的组成与结构也影响其免疫原性。例如,人工合成的单一氨基酸的线性同聚物——多聚 L-赖氨酸和多聚-谷氨酸等均无免疫原性,但是多种氨基酸的随机线性共聚物则具有免疫原性,并且其免疫原性随着共聚物中氨基酸种类的增加而增加,共聚物中加入芳香族氨基酸后效果更加明显。抗原的结构,特别是空间结构对免疫原性的影响也很大,例如,直链结构的物质一般缺乏免疫原性,多支链或环状结构的物质容易成为免疫原,球形分子比线性分子的免疫原性强。

(4)特异性 抗原的特异性是由抗原决定簇(antigenic determinant)决定的。抗原决定簇也称为抗原表位(antigen epitope),是位于抗原物质分子表面或者其他部位、具有一定组成和结构的特殊化学基团,它能与免疫系统中淋巴细胞上的受体及相应抗体分子结合,是免疫原引起机体特异性免疫应答和与抗体特异性反应的基本构成单位。天然抗原分子上通常存在多个抗原决定簇,一般不同抗原的抗原决定簇是不同的,这也是抗原特异性的原因所在,但是有时某一种抗原决定簇也会同时出现在不同的抗原分子上,称为共同抗原决定簇,可导致抗原抗体交叉反应。

10.3.1.2 抗原的种类

抗原物质种类繁多,可根据抗原来源、化学组成与理化性质、亲缘关系等将抗原分成许多类型。

(1)根据抗原的来源分类 可分为天然抗原、人工抗原和合成抗原等 3 类。

1)天然抗原 指天然的生物、细胞及天然产物,主要来自动物、植物和微生物,其中微生物抗原主要包括:①鞭毛抗原(又称 H 抗原),系由蛋白质组成,具有不同的种和型特异性,故可做菌型鉴别,其不耐热,易被乙醇破坏,但可用 0.1%~0.2% 的甲醛液生理盐水保存;②菌体抗原(又称 O 抗原),是细菌细胞壁抗原,由细菌细胞壁上的磷壁酸或脂多糖(LPS)决定其特异性;③表面抗原,指包围在细菌细胞壁外面的抗原性物质,其命名因菌种而异,例如肺炎双球菌的表面抗原称为荚膜抗原,伤寒沙门菌的表面抗原称为 Vi 抗原,痢疾志贺菌和大肠杆菌的表面抗原称为 K 抗原;④菌毛抗原,为许多革兰氏阴性菌(如大肠杆菌的某些菌株、沙门杆菌、痢疾杆菌、变形杆菌等)和少数革兰氏阳性菌(如某些链球菌)所具有;⑤细菌的内毒素和外毒素抗原以及病毒和真菌毒素等抗原。

2)人工抗原 是指人工化学改造后的抗原,例如半抗原经化学改造后就属于人工抗原。

3)合成抗原 是指化学合成的具有抗原性质的分子,主要是氨基酸的聚合物。

(2)根据抗原水溶性分类 从该角度可将抗原分为不溶于水的颗粒抗原和可溶性胶

体抗原两类。

1）颗粒抗原　细菌的鞭毛、菌毛和完整的微生物菌体等都是颗粒抗原；一般颗粒抗原的免疫原性大于可溶性胶体抗原。

2）可溶性胶体抗原　蛋白质、多糖和真菌毒素等都是可溶性胶体抗原，其中以蛋白质的免疫原性最强，其次是多糖和核酸，真菌毒素等小分子物质属于半抗原，没有免疫原性。

（3）根据被免疫动物和抗原之间的亲缘关系不同分类　从该角度可将抗原分为自身抗原、同种抗原和异种抗原等。

1）自身抗原（autoantigen）　指能引起自身免疫应答的自身组织成分。动物自身组织成分通常情况下不具有免疫原性，其机制可能是在胚胎期针对自身成分的免疫活性细胞已被清除或被抑制，形成了对自身成分的天然免疫耐受。但在下列异常情况下，自身成分也可成为抗原物质，成为自身抗原。①自身组织蛋白的结构发生改变，如在烧伤、感染及电离辐射等因素的作用下，自身成分的结构可发生改变，可能对机体具有免疫原性；②机体的免疫识别功能紊乱，将自身组织视为异物，可导致自身免疫病；③某些隐蔽的自身组织成分（如眼球晶状体蛋白、精子蛋白、甲状腺蛋白等），在正常情况下存在解剖屏障而与机体淋巴系统隔绝，但在某些病理情况下（如外伤或感染）可进入血液循环系统，机体视之为异物而引起自身免疫应答。

2）同种抗原（isoantigen）　同种动物不同个体之间由于遗传基因的不同，其某些组织成分的化学结构也有差异，因此也具有一定的抗原性，如血型抗原、组织移植抗原，此类抗原称为同种异体抗原。

3）异种抗原（xenoantigen）　异种动物之间的组织、细胞及蛋白质均是良好的抗原。从生物进化过程来看，异种动物间的亲缘关系相距越远，生物种系差异越大，其组织成分的化学结构差异即越大，免疫原性亦越好。动物种属关系不同，其组织抗原的异物性强弱亦不同，借此可作为分析动物进化的依据。例如，鸭血清蛋白对鸡是弱抗原，而对家兔则是强抗原。

（4）根据对胸腺（T 细胞）的依赖性分类　在免疫应答过程中依据是否有 T 细胞参加，将抗原分为胸腺依赖性抗原和非胸腺依赖性抗原。

1）胸腺依赖性抗原　胸腺依赖性抗原（thymus dependent antigen）简称 TD 抗原，这类抗原在刺激 B 细胞分化和产生抗体的过程中，需要抗原递呈细胞和辅助性 T 细胞（TH）的协助。绝大多数抗原属于 TD 抗原。TD 抗原主要是大分子蛋白质，其刺激机体先产生 IgM 类抗体，再产生 IgG 类抗体，还可刺激机体产生细胞免疫应答和免疫记忆。

2）非胸腺依赖性抗原　非胸腺依赖性抗原（thymus independent antigen）简称 TI 抗原，这类抗原直接刺激 B 细胞产生抗体，不需要 T 细胞的协助。仅少数抗原物质属 TI 抗原，如大肠杆菌脂多糖、肺炎球菌荚膜多糖等。TI 抗原不能激活 TH 细胞，只能激发 B 细胞产生 IgM 类抗体，不易产生细胞免疫，也不引起免疫记忆。

通常情况下，一定数量的抗原浓度才能激活机体的免疫系统。但是有些物质，例如某些细菌毒素，只需极低浓度（1～10 μg/L）就可以产生非常强的免疫效应，这类物质被称为超抗原（superantigen）。超级抗原之所以具有非常强的免疫刺激能力，主要是其刺激机体产生免疫应答的机理和普通抗原不同。例如，它在初次免疫应答中就可以使免疫动物20%的T细胞活化,而普通多肽抗原只能使0.001%~0.1%的T细胞活化。

10.3.1.3　免疫佐剂

一种物质先于抗原或与抗原混合注入动物体内,能非特异性地改变或增强机体对该抗原的特异性免疫应答,发挥辅助作用,这类物质统称为免疫佐剂(immunoadjuvant),简称佐剂(adjuvant)。佐剂在人工免疫中被广泛应用,可增强弱抗原性物质的抗原性,还可通过加入佐剂减少抗原用量和接种次数,增强抗原所激发的抗体应答,达到产生大量特异性抗体的目的。此外,一些佐剂可增强对肿瘤细胞或胞内感染细胞的有效免疫反应,增强吞噬细胞的非特异性杀伤功能和特异性细胞免疫的刺激作用等。

(1)佐剂的种类　具有佐剂效应的物质种类较多,大致可分为不溶性铝盐类胶体佐剂、微生物及其代谢产物佐剂、核酸及其类似物佐剂、细胞因子佐剂等,此外还有免疫刺激复合物佐剂、蜂胶佐剂、脂质体、人工合成佐剂等。

1)不溶性铝盐类胶体佐剂　在疫苗上应用很广泛,通常主要有氢氧化铝、明矾(铵明矾、钾明矾)、磷酸三钙等。油水乳剂佐剂是用矿物油、乳化剂(如Span-80,Tween-80)及稳定剂(硬脂酸铝)按一定比例混合而成,应用时与抗原液混合制成各种类型的油水乳剂。常用的弗氏佐剂(Freund's adjuvant)即为此类,用矿物油(石蜡油)、乳化剂(羊毛脂)和杀死的分支杆菌(结核分支杆菌或卡介苗)组成的油包水乳化佐剂,称为弗氏完全佐剂(FCA);如果不含分支杆菌,则称为弗氏不完全佐剂(FIA)。

2)微生物及其代谢产物佐剂　某些杀死的菌体及其细胞成分、代谢产物等均可起到佐剂的效应。如G^-菌脂多糖(LPS)、分支杆菌及其组成成分、G^+菌的脂磷壁酸、短小棒状杆菌和酵母菌的细胞壁成分、白色念珠菌提取物、细菌的蛋白毒素(如霍乱毒素、百日咳杆菌毒素及破伤风毒素)等。

3)核酸及其类似物佐剂　从一些微生物中提取的核酸成分与抗原混合接种动物,也可起到佐剂的作用。

4)细胞因子佐剂　多种细胞因子也具有佐剂作用,可提高病毒、细菌和寄生虫疫苗的免疫效果。例如,白细胞介素-1(IL-1)、白细胞介素-2(IL-2)、干扰素γ及其他细胞因子等。

(2)佐剂的作用机制　佐剂增强免疫应答的机制尚未完全阐明,不同佐剂的作用也不尽相同。概括而言,其作用机制包括:①在接种部位形成抗原储存库,使抗原缓慢释放,延长抗原在局部组织内的滞留时间,使抗原与免疫细胞长时间接触并激发其对抗原的应答;②增加抗原表面积,提高抗原的免疫原性,辅助抗原暴露并将能刺激特异性免疫应答的抗原表位递呈给免疫细胞;③促进局部的炎症反应,增强吞噬细胞的活性,促进免疫细胞的增殖与分化,诱导细胞因子的分泌。

10.3.2　抗体

动物机体受到抗原物质刺激后,由B淋巴细胞转化为浆细胞产生的、能在体内、体外与相应抗原发生特异性结合反应的免疫球蛋白,称为抗体(antibody,Ab)。抗体是机体对抗原物质产生免疫应答的重要产物,具有各种免疫功能,主要存在于动物的血液(血清)、淋巴液、组织液及其他外分泌液中,因此将抗体介导的免疫称为体液免疫。另外,抗体还存在于某些细胞,例如B细胞的细胞膜上。抗体的化学本质是免疫球蛋白,它是免疫(生物)学和功能上的名词,是抗原的对立面,也就是说抗体是有针对性的,如某种细菌或病毒的抗体;而免疫球蛋白并不都具有抗体的活性,免疫球蛋白是结构和化学本质上的概念。从分子的多样性方面来看,抗体分子的多样性极多,动物机体可产生针对各种各样抗原的抗体,其特异性均不相同;而免疫球蛋白分子的多样性则少。虽然抗体和免疫球蛋白有上述区别,但二者通常可作为同义词使用。

10.3.2.1 抗体的种类

免疫球蛋白包括很多种类,根据其理化特性与抗原结合方式的不同,可分为不同的类和亚类。人的免疫球蛋白可分为 IgG、IgM、IgA、IgD 和 IgE 5 大类,其中 IgG 和 IgA 可进一步分为 IgG1、IgG2、IgG3、IgG4 和 IgA1、IgA2 亚类。部分免疫球蛋白的分子结构见图 10.7。

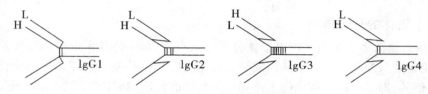

图 10.7　部分免疫球蛋白的分子结构

（1）IgG　是人和动物血清中含量最高的免疫球蛋白,占血清免疫球蛋白总量的 75% ~ 80%;牛初乳中含量也很高。IgG 是介导体液免疫的主要抗体,是机体再次免疫应答时产生的主要免疫球蛋白,多以单体形式存在。IgG 主要由脾和淋巴结中的浆细胞产生,大部分存在于血浆中,其余存在于组织液和淋巴液中。IgG 是唯一可通过人(兔)胎盘的抗体,因此在新生儿的抗感染中起着十分重要的作用。

（2）IgM　是动物机体初次体液免疫反应最早产生的免疫球蛋白,其含量仅占血清免疫球蛋白的 10% 左右,主要由脾和淋巴结中 B 细胞产生,分布于血液中。IgM 是由 5 个单体组成的五聚体(pentamer),是所有免疫球蛋白中分子量最大的。与 IgG 相比,IgM 在体内产生最早,是机体初次接触抗原物质(接种疫苗)时体内最早产生的抗体,但持续时间短,因此不是机体抗感染免疫的主要抗体,但在抗感染免疫的早期起着十分重要的作用,通过检测 IgM 抗体可进行疫病的血清学早期诊断。IgM 具有抗菌、抗病毒、中和毒素等免疫活性,因其分子上含有多个抗原结合部位,所以是一种高效能的抗体,其杀菌、溶菌、溶血、促进吞噬(调理作用)及凝集作用均比 IgG 高。IgM 也具有抗肿瘤作用,在补体的参与下同样可介导对肿瘤细胞的破坏作用。此外,IgM 可引起变态反应及自身免疫病而造成机体的损伤。

（3）IgA　可以单体和二聚体两种分子形式存在,单体存在于血清中,称为血清型 IgA,占血清免疫球蛋白的 10% ~ 20%。二聚体为分泌型 IgA,由呼吸道、消化道、泌尿生殖道等部位黏膜固有层中的浆细胞所产生,因此主要存在于呼吸道、消化道、生殖道的外分泌液中。此外,初乳、唾液、泪液、脑脊液、羊水、腹水、胸膜液中也含有 IgA。分泌型 IgA 在各种分泌液中的含量比较高,但差别较大。分泌型 IgA 对机体呼吸道、消化道等局部黏膜免疫起着相当重要的作用,若动物机体呼吸道、消化道分泌液中存在这些病原微生物的相应的分泌型 IgA 抗体,则可抵御其感染。分泌型 IgA 是机体黏膜免疫的一道"屏障"，在传染病的预防接种中，经滴鼻、点眼、饮水及喷雾途径免疫，均可产生分泌型 IgA，使动物机体获得黏膜免疫力。

（4）IgD 在血清中的含量极低，而且极不稳定，容易降解。IgD 主要作为成熟 B 细胞膜上的抗原特异性受体，是 B 细胞重要表面标志，而且与免疫记忆有关。

（5）IgE 以单体分子形式存在，产生部位与分泌型 IgA 相似，由呼吸道和消化道黏膜固有层中的浆细胞所产生，在血清中的含量甚微。IgE 是一种亲细胞性抗体，其 Fc 片段中含有较多的半胱氨酸和蛋氨酸，这与其亲细胞性有关，因此 IgE 易与皮肤组织、肥大细胞、血液中的嗜碱性粒细胞和血管内皮细胞结合，引起Ⅰ型过敏反应。IgE 在抗寄生虫感染中起重要作用，如蛔虫感染的自愈现象就与 IgE 抗体诱导过敏反应有关。现有研究表明，蛔虫、血吸虫和旋毛虫等寄生虫病，以及某些真菌感染后，可诱导机体产生大量的 IgE 抗体。

10.3.2.2 抗体的分子结构

IgG、IgE、血清型 IgA、IgD 均以单体分子形式存在，IgM 是以 5 个单体分子构成的五聚体，分泌型的 IgA 是以两个单体构成的二聚体。但所有种类免疫球蛋白的单体分子结构都是相似的，即是由两条相同的重链和两条相同的轻链构成的"Y"字形的分子。

（1）免疫球蛋白的单体分子结构 一个抗体单体都是由两条相同的轻链和两条相同的重链共四条肽链组成，重链与重链之间以及重链与轻链之间通过二硫键（S—S）链接；重链和轻链内含有一系列重复的同源单位，每个单位长约 110 个氨基酸，并由链内二硫键连成环状，折叠成为球形结构，称为 Ig 的功能区（domain）；每条链上氨基酸种类及排列顺序变化较大的部分称为可变区（variable region，V 区），而氨基酸种类和顺序相对稳定的部分则称为恒定区（constant region，C 区）（图 10.8）。

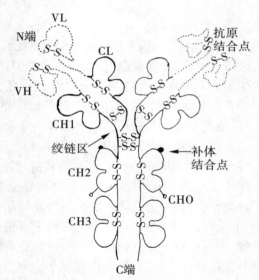

图10.8 免疫球蛋白单体结构图（以 IgG 为例）

1）重链（heavy chain，H 链） 不同抗体的重链有所差异，IgG 的重链由 420～440 个氨基酸组成，分子量为 50 000～77 000，两条重链之间由一对以上的二硫键（—S—S—）互相连接。IgG、IgA、IgD 的重链有 4 个功能区，其中 1 个为可变区（位于 N 端），3 个为恒定区，分别称为 VH、CH1、CH2、CH3；IgM 和 IgE 则有 5 个功能区，即多了一个 CH4。根据 CH 的不同，人类免疫球蛋白的重链可分为 γ、μ、α、ε 和 δ 5 种类型，分别为 IgG、IgM、IgA、IgE 和 IgD 的重链。所以，同一种动物的不同免疫球蛋白，其差别是由重链所决定的。

2）轻链（light chain，L 链） 不同抗体的轻链较为一致，由 213～214 个氨基酸组成，分子量约为 22 500，两条相同的轻链其羧基端（C 端）靠二硫键分别与两条重链连接。轻链由 1 个可变区（位于 N 端）和 1 个恒定区构成，分别称为 VL 和 CL。

3）抗原结合部位 抗体的重链可变区和轻链可变区中，有三个区域的氨基酸种类和

排列顺序变化最大,称为超变区(hypervariable region),超变区占整个 V 区的 20%~25%,其余部位则相对保守,称为框架区(framework region,FR),共有四个。重链和轻链的超变区可形成立体空间结构,其表面为抗原的结合部位,由于这些超变区形成与结合抗原结构互补的三维平面,因此超变区又称为互补决定区(complementary determining regions,CDRs)。超变区氨基酸种类和排列的多样性决定了抗体与抗原之间结合的特异性。

4)绞链区(hinge region)　在两条重链之间二硫键连接处附近的重链恒定区,即 CH1与 CH2 之间大约 30 个氨基酸残基的区域为免疫球蛋白的绞链区(hinge region)。绞链区富含脯氨酸,具有柔韧性,所以易伸展弯曲和被蛋白酶水解。当抗体与抗原结合时,该区可转动,一方面使可变区的抗原结合点尽量与抗原结合,起弹性和调节作用;另一方面可使抗体分子变构,其补体结合位点暴露出来。

(2)抗体的活性片段　利用不同的蛋白酶对抗体进行水解可以得到一些仍具有活性的抗体片段;此外,通过生物工程技术可制备特殊的抗体片段用于相关领域。

1)Fab 片段和 Fc 片段　应用木瓜蛋白酶(papain)对 IgG 抗体分子进行水解,可将其重链于链间二硫键近氨基端处(即铰链区)切断,得到大小相近的 3 个片段,其中有 2 个相同的片段,可与抗原特异性结合,称为抗原结合片段(fragment antigen binding,Fab)。Fab 片段由一条完整的轻链和重链 N 端 1/2 所组成,即仍然保留了完整的 VH 和 VL。水解得到的另一个片段可形成蛋白结晶,称为 Fc 片段(fragment crystallizable,Fc),由重链 C端的 1/2 组成,包含 CH_2 和 CH_3 两个功能区。该片段无抗原结合活性,但具有各类免疫球蛋白的抗原决定簇,并与抗体分子的其他生物学活性有密切关系。

2)F(ab')$_2$ 片段　应用胃蛋白酶(pepsin)可将 IgG 重链于链间二硫键近羧基端切断,获得 2 个大小不同的片段,一个是具有双价抗体活性的 F(ab')$_2$ 片段;小片段类似于 Fc,称为 pFc' 片段,无任何生物学活性。木瓜蛋白酶与胃蛋白酶作用于免疫球蛋白不同部位,水解免疫球蛋白片段见图 10.9。

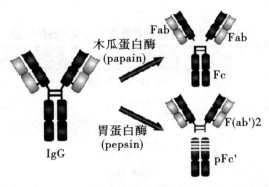

图 10.9　木瓜蛋白酶与胃蛋白酶水解免疫球蛋白片段

3)scFv 片段　将抗体重链可变区和轻链可变区通过 15~20 个氨基酸的短肽(linker)连接,可得到仍具有抗原结合活性的抗体片段,称为单链抗体(single-chain antibody fragment variable,scFv)。目前单链抗体主要通过噬菌体展示的方式进行制备,并已在医学、免疫学检测等领域广泛应用。

10.3.2.3　抗体产生的一般规律

各种类型的 Ig 在种系进化和个体发育中出现的先后,以及初次免疫应答与再次免疫应答中抗体的产生均呈现出其相应的规律。

(1)个体发育中 Ig 产生的规律　在 5 种 Ig 中最先出现的是 IgM,在胚胎晚期胎儿已能合成。IgG 可以通过胎盘从母体输送给胎儿,出生后 3 个月才能开始自己合成,IgA 则在出生 4~6 个月后才能合成。

(2)初次免疫应答和再次免疫应答的规律　根据抗原是初次还是再次进入机体,抗体产生也有其不同规律。

1)初次免疫应答　当第一次用适量抗原免疫动物,需经过一定潜伏期才能在血液中出现抗体,且含量低,维持时间短,很快下降,这种现象称为初次免疫应答(primary immune response)。其显著特点是需要的抗原浓度大,诱导潜伏期长,持续时间短,优势抗体为 IgM。初次免疫应答的这些特征主要是由于 B 细胞在抗原刺激下进行活化、增殖和分化后,大多数 B 细胞返回到静止态而变成记忆性 B 细胞,只有少数 B 细胞可以分化为浆细胞,所以需要较长时间来产生足够数量的浆细胞(抗体效应细胞)。浆细胞产生抗体的能力特别强,在高峰期一个浆细胞每分钟可分泌数千个抗体分子,但是一旦抗原刺激解除,抗体应答也会很快消退;另外,浆细胞的寿命仅为数日,且不能继续增殖,而记忆性 B 细胞定居于淋巴泡内,能存活数年。

2)再次免疫应答　若抗体下降期间再给以相同的抗原刺激,因记忆细胞的存在,则抗体出现的潜伏期较初次应答期明显缩短,抗体含量大幅度上升,且维持时间长,这种现象称为再次免疫应答(secondary immue response)。再次免疫应答具有增殖快、潜伏期短、抗体滴度高、持续时间长、优势抗体为 IgG 和 IgA 等特点。对于非胸腺依赖性抗原(TI 抗原),因无记忆细胞存在,故只能引起初次免疫应答。表 10.3 是初次免疫应答与再次免疫应答的比较。

表 10.3　初次免疫应答与再次免疫应答的比较

比较内容	初次免疫应答	再次免疫应答
抗原递呈	非 B 细胞为主	B 细胞为主
抗原要求	较高浓度	较低浓度
滞后期	5~10 天	2~5 天
抗体滴度	相对低	相对高
抗体类别	IgM 为主	IgG 为主
抗原亲和性	相对低	相对高
非特异抗体	多见	罕见

10.3.2.4　抗体形成理论

在免疫学的发展过程中,1890 年 Behring 和 Kitasato 首次证实白喉菌和破伤风杆菌的免疫是由抗体所介导,随后又发现许多针对其他病原微生物的特异性抗体。在此基础上,相关学者开始对抗体形成的理论进行探索,目前较为广泛接受的抗体形成理论是克隆选择学说(clonal selection theory),是由澳大利亚免疫学家 F. M. 伯内特于 1957 年提出的一种抗体形成理论(图 10.10)。

克隆又称无性繁殖细胞系或无性繁殖系,是一个细胞或个体以无性方式重复分裂或繁殖所产生的一群细胞或一群个体,在不发生突变的情况下具有完全相同的遗传特性,所以,克隆选择学说也称作无性繁殖系选择学说,克隆选择学说的主要观点包括:①抗体结构的多样性由体细胞突变产生;②已分化的免疫活性细胞只限于表达一种特异性,这一特异性以克隆扩增的形式在体内得以保存;③新分化的免疫活性细胞凡是能够与自身的抗原发生反应者都受到抑制,这些克隆作为禁忌克隆而被清除;④在抗原激发下,成熟的免疫活性细胞增殖并转化为浆细胞而大量产生某一种抗体;⑤早期未被自身的抗原所清除的禁忌克隆是日后发生自身免疫病的原因。

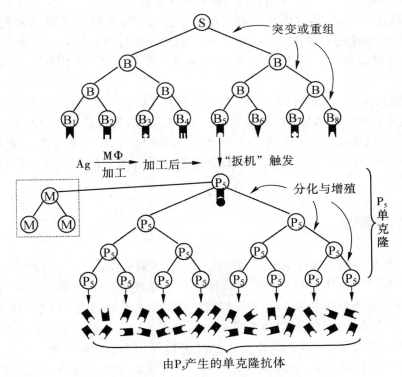

图 10.10　克隆选择学说图示

[S=骨髓干细胞,B=B 细胞,B_1~B_8克隆(实际上人体存在 10^{10}~10^{16} 个克隆),
P_5=B_5经抗原(Ag)刺激后转化成的浆细胞,MΦ=巨噬细胞,M=暂停分化的记忆
细胞]

虽然克隆选择学说的主要内容已得到证实,但并不是全部内容都是正确的。关于抗体的多样性问题,伯内特认为多样性来自体细胞突变。但是近年来发现免疫球蛋白分子的轻链和重链的可变区和恒定区由不同的基因片段编码,用分子杂交方法可以证明可变区基因片段和恒定区基因片段在胚胎细胞中并不邻接,可是在浆细胞中则是邻接的,这

说明在免疫活性细胞的分化成熟过程中发生了染色体 DNA 的重排。由于这些基因片断为数众多,而且重排方式也是多样的,所以染色体重排足以造成大量的抗体种类,这些事实说明基因突变不是产生抗体分子多样性的主要原因。此外,免疫耐受性除了由于禁忌克隆的清除以外,还可能是由于具有免疫抑制功能的 T 淋巴细胞与其他淋巴细胞发生相互作用的结果。

10.3.2.5　抗体的免疫功能

抗体同相应抗原的特异性结合而发挥生物学效应,其最终的生理功能主要是抗感染,具体的功能包括如下几个方面。

(1)中和作用　细菌外毒素或类毒素产生的抗体与抗原结合后,能中和毒素对宿主的毒性作用;病毒产生的中和抗体与游离的病毒结合后,可阻止病毒再次感染易感细胞;当抗原为激素或酶类时,与抗体结合也可使其活性失活。

(2)调理作用　IgG 类抗体与细菌菌体结合后,其 Fc 片段与吞噬细胞表面的 FcγR 结合,激活吞噬细胞的吞噬作用;IgG 和 IgM 类抗体与相应抗原结合后发生变构,重链恒定区上的补体结合点暴露,与补体结合,补体各成分顺序激活,产生溶菌、杀菌及细胞毒作用。

(3)溶细胞作用　抗体可通过两种方式介导带有抗原的靶细胞(或细菌)溶解:①补体依赖的细胞溶解作用,IgM 和 IgG1 ~ IgG3 与抗原结合,通过补体经典激活途径活化补体,最后将细胞溶解;②ADCC K 细胞表面具有 IgG 的 Fc 受体,当靶细胞与相应的 IgG 抗体结合,K 细胞可与结合在靶细胞上的 IgG 的 Fc 片段结合,从而被活化,释放溶细胞因子,裂解靶细胞。

10.4　免疫学方法

前已叙及,机体的特异性免疫分为细胞免疫和体液免疫两大类,前者产生免疫活性细胞,后者则以产生抗体为特征。根据抗原能与抗体或免疫活性细胞特异性结合的特征,采用适当的方法和技术,可以用抗原物质检测免疫活性细胞或抗体是否存在,反之则可以用抗体检测抗原的存在。以体液免疫为基础发展起来的技术称为体液免疫检测技术,主要用于检测抗原和抗体等免疫活性物质,它除了用于医学检验和分析外,还广泛应用于微生物分类、食品检验、法医鉴定等方面。另一类以细胞免疫为基础发展起来的免疫检测技术称为细胞免疫检测技术,主要用于检测免疫活性细胞及其功能,在医学检验、临床诊断和相关研究中应用较多。

10.4.1　抗原抗体反应原理

抗原与抗体能够特异性结合是基于两种分子间的结构互补性与亲和性,这两种特性是由抗原与抗体分子的一级结构所决定的。

10.4.1.1　亲水胶体转化为疏水胶体

抗体是球蛋白,大多数抗原亦为蛋白质,它们溶解在水中皆为胶体溶液,不会发生自然沉淀。这种亲水胶体的形成机制是因蛋白质含有大量的氨基和羧基,这些残基在溶液中带有电荷,由于静电作用,在蛋白质分子周围出现了带相反电荷的电子云。如在 pH 值 7.4 时,某蛋白质带负电荷,其周围出现极化的水分子和阳离子,这样就形成了水化层,再加上电荷的相斥,就保证了蛋白质不会自行聚合而产生沉淀。

抗原抗体的结合使电荷减少或消失,电子云也消失,蛋白质由亲水胶体转化为疏水胶体。此时,如再加入 NaCl 等电解质,则进一步使疏水胶体物相互靠拢,形成可见的抗原抗体复合物。

10.4.1.2 抗原抗体结合力

抗原与抗体之间结合的特异性较强,但牢固程度较弱,没有化学键的形成,主要有四种分子间作用力参与并促进抗原抗体间的特异性结合。

(1)电荷引力(库伦引力或静电引力) 这是抗原抗体分子带有相反电荷的氨基和羧基基团之间相互吸引的作用力。例如,带有阳离子的氨基($—NH_3^+$)和带有阴离子的羧基($—COO^-$)即可产生静电引力,两者相互吸引,可促进结合。这种引力和两电荷间的距离的平方成反比,两个电荷越接近,静电引力越强。

(2)范德华引力 这是原子与原子、分子与分子互相接近时发生的一种吸引力,实际上也是电荷引起的引力。由于抗原与抗体两个不同大分子外层轨道上电子之间相互作用,使得两者电子云中的偶极产生吸引力,促使抗原抗体相互结合。这种引力的能量小于静电引力。

(3)氢键结合力 氢键是由分子中的氢原子和电负性大的原子如氮、氧等相互吸引而形成的。当含有亲水基团(例如—OH、$—NH_2$ 及—COOH)的抗体与相对应的抗原彼此接近时,可形成氢键桥梁,使抗原与抗体相互结合。氢键结合力较范德华引力强,并更具有特异性,因为它需要有供氢体和受氢体才能实现氢键结合。

(4)疏水作用 抗原抗体分子侧链上的非极性氨基酸(如亮氨酸、缬氨酸和苯丙氨酸)在水溶液中与水分子间不形成氢键。当抗原表位与抗体结合点靠近时,相互间正、负极性消失,由于静电引力形成的亲水层也立即失去,排斥了两者之间的水分子,从而促进抗原与抗体间的相互吸引而结合。这种疏水结合对于抗原抗体的结合非常重要,提供的作用力最大。

10.4.2 抗原-抗体反应的特性

抗原-抗体反应是免疫球蛋白分子上的抗原结合区与抗原分子上的抗原决定簇相互吸引而发生的分子间的作用。抗原-抗体反应的强度可用免疫球蛋白的 Fab 段与抗原决定簇之间平衡反应的结合强度(亲和力)和整个免疫球蛋白分子与抗原之间反应的结合强度(亲和力)来表示。由于抗原和抗体的结构特点及其结合作用的特点,决定了抗原-抗体反应具有特异性、可逆性、阶段性、比例性和条件依赖性。

10.4.2.1 特异性

抗原-抗体的结合实质上是抗原表位与抗体超变区中抗原结合点之间的结合。由于两者在化学结构和空间构型上呈互补关系,所以抗原与抗体的结合具有高度的特异性。这种高度特异性如同钥匙和锁的关系,是各种血清学反应及其应用的理论基础。例如白喉抗毒素只能与相应的外毒素结合,而不能与破伤风外毒素结合。但较大分子的蛋白质常含有多种抗原表位,如果两种不同的抗原分子上有相同的抗原表位,或抗原、抗体间构型部分相同,则可出现交叉反应。

10.4.2.2 可逆性

抗原-抗体间的结合仅是一种物理结合,故在一定条件下是可逆的。抗原-抗体复合物解离取决于两方面的因素:①抗体对相应抗原的亲和力;②环境因素对复合物的影响。高亲和性抗体的抗原结合位点与抗原表位的空间构型上非常适合,两者结合牢固,不容易解离。反之,低亲和性抗体与抗原形成的复合物较易解离。解离后的抗原或抗体仍均能保持未结合前的结构、活性及特异性,在合适的条件下还可再次发生结合。在环境因素中,凡是减弱或消除抗原-抗体亲和力的因素都会使逆向反应加快,复合物解离增加。如过高或过低的 pH 值均可破坏离子间引力。对亲和力本身较弱的反应体系而言,仅增加离子强度即可达到解离抗原-抗体复合物的目的;增加温度可增加分子间的热动能,加速结合复合物的解离,但由于温度变化易致蛋白变性,所以实际工作中极少应用。改变pH 值和离子强度是最常用的促解离方法,免疫技术中的亲和层析就是以此为理论依据进行抗原或抗体纯化的。

10.4.2.3 阶段性

抗原-抗体反应一般可分为两个阶段:第一阶段是抗原与抗体发生特异性结合的阶段,此阶段反应快,仅需几秒至几分钟,但不出现肉眼可见反应;第二阶段是抗原-抗体复合物在电解质、pH 值、温度等环境因素的影响下,进一步交联和聚集,形成肉眼可见的沉淀和凝集等,此阶段反应慢,往往需要数分钟至数小时。实际上这两个阶段很难严格区分,而且两阶段的反应所需时间也受多种因素和反应条件的影响,若反应开始时抗原-抗体浓度较大且两者比例比较适合,则很快能形成可见反应。

10.4.2.4 比例性

抗原物质表面的抗原决定簇数目一般较多,故属多价的;而抗体一般仅以 Ig 单体形式存在,故是双价的。所以,只有当抗原-抗体二者比例合适时,才会出现可见反应。以沉淀反应为例,若向一排试管中加入一定量的抗体,然后依次向各管中加入递增量的相应可溶性抗原,根据所形成的沉淀物及抗原-抗体的比例关系可绘制出反应曲线,曲线的高峰部分是抗原-抗体分子比例合适的范围,称为抗原-抗体反应的等价带。在此范围内,抗原-抗体充分结合,沉淀物形成快而多。其中有一管反应最快,沉淀物形成最多,上清液中几乎无游离抗原或抗体存在,表明抗原与抗体浓度的比例最为合适,称为最适比。在等价带前抗体过剩、等价带后抗原过剩,均无沉淀物形成,这种现象称为带现象。抗体过量时,称为前带;抗原过剩时,称为后带。抗原-抗体反应的这种比例性关系可用网格学说(lattice theory)来进行解释:当比例合适时,抗原-抗体结合成巨大的网格状聚集体,形成肉眼可见的沉淀物;但当抗原或抗体过量时,由于其结合价不能相互饱和,就只能形成较小的沉淀物或可溶性抗原-抗体复合物。

10.4.2.5 条件依赖性

抗原-抗体间出现可见反应一般需要提供最适条件,电解质、酸碱度、温度等因素的变化均会影响到抗原-抗体的结合反应。抗原-抗体反应的最佳条件一般为 pH 值 6 ~ 8,温度为 37 ~ 45 ℃,适当振荡增加抗原-抗体分子接触机会,以及用生理盐水作电解质等。

（1）电解质　抗原与抗体发生特异性结合后,虽由亲水胶体变为疏水胶体,若溶液中无电解质参加,仍不出现可见反应。为了促使沉淀物或凝集物的形成,常用 0.85% 氯化钠或各种缓冲液作为抗原及抗体的稀释液。由于氯化钠在水溶液中解离成 Na^+ 和 Cl^-,可分别中和胶体粒子上的电荷,使胶体粒子的电势下降。当电势降至临界电势（12～15 mV）以下时,则能促使抗原-抗体复合物从溶液中析出,形成可见的沉淀物或凝集物。

（2）酸碱度　抗原-抗体反应必须在合适的 pH 值环境中进行。蛋白质具有两性电离性质,因此每种蛋白质都有固定的等电点。抗原-抗体反应合适的 pH 值为 6～8。pH 值过高或过低都将影响抗原与抗体的理化性质,例如 pH 值达到或接近抗原的等电点时,即使无相应抗体存在,也会引起颗粒性抗原非特异性的凝集,造成假阳性反应。

（3）温度　在一定范围内,温度升高可加速分子运动,抗原与抗体碰撞机会增多,使反应加速。但若温度高于 56 ℃ 时,可导致已结合的抗原-抗体再解离,甚至变性或破坏;在 40 ℃ 时,结合速度慢,但结合牢固,更易于观察。常用的抗原-抗体反应温度为 37 ℃。

10.4.3　抗原和抗体的制备

免疫学方法是基于抗原和抗体特异性反应的原理,所以进行抗原和抗体的制备是构建免疫学方法的首要工作。

10.4.3.1　抗原的制备

如前所述,根据来源不同,抗原可以分为天然抗原、人工抗原和合成抗原三大类。天然抗原可以是不溶于水的"颗粒状"物质,例如动物细胞、植物细胞和微生物细胞以及细菌的鞭毛和菌毛等,也可以是水溶性的蛋白质、多糖和核酸等。颗粒性抗原通过离心或过滤的方法可以分离制备,而可溶性抗原蛋白质、多糖和核酸则应根据它们各自的特征采用适当的方法进行分离和提纯,具体的制备方法可参阅相关的书籍。

某些抗生素、农药、细菌毒素和真菌毒素等物质,它们只具有反应原性而无免疫原性,即属于半抗原（hapten）,必须通过一段连接臂与特定载体（carrier）结合后,才能刺激动物产生抗体,这种人工改造后的抗原称为人工抗原（图10.11）。通常,偶联位点、连接臂长度、载体类型、偶联方法以及偶联比等参数都能对人工抗原及后续的抗体制备产生重大影响。以载体类型为例,常用的有牛血清蛋白、血清蛋白、血蓝蛋白和多聚赖氨酸等。

图 10.11　人工抗原结构示意图

合成抗原是指采用化学合成的具有抗原性质的大分子,主要是氨基酸的聚合物。

10.4.3.2　抗体的制备

抗体可分为多克隆抗体（polyclonal antibody,pAb）、单克隆抗体（monoclonal antibody,mAb）和基因工程抗体（genetic engineering antibody,GeAb）,三类抗体的特性比较见表10.4,不同抗体需要采用不同的方法进行制备。

表 10.4　多克隆抗体、单克隆抗体和基因工程抗体的特性比较

特性	抗体种类		
	多克隆抗体	单克隆抗体	基因工程抗体
来源	抗血清,产量有限	杂交瘤细胞	基因工程细胞
均一性	抗体的质量和特性与免疫动物个体有关	质量和特性稳定	质量和特性稳定,其特性还可以通过基因工程技术进行调整
亲和力	不同的抗体具有不同的亲和力,通常亲和力比单克隆抗体高	亲和力稳定一致,可以通过实验条件的改变进行调整	亲和力稳定,可通过实验条件的改变或基因工程技术进行调整
交叉反应	交叉反应主要由不同抗体组分的选择性和较低的亲和力导致	交叉反应取决于不同杂交瘤细胞	交叉反应取决于不同基因工程细胞,且可进行调整
分类和亚类	具有典型的谱型	单一型	可变,由分子设计方式决定
对抗原要求	产生高特异性的抗体需高纯度的抗原	仅在筛选杂交瘤细胞时需使用高纯抗原	仅在筛选基因工程细胞时需使用高纯抗原
价格	低	高	一旦获得,价格低

(1)多克隆抗体制备　传统的抗体制备,主要是通过免疫动物,最后收集血清来完成。采用这种方法所制备的抗体是一个包含多种特异性和不同亲和力的抗体群体,称作多克隆抗体。

家兔(例如,新西兰大白兔)是在多克隆抗体制备中最常用的物种,这是由于其体积相对适当,一次免疫能获得足量的抗体,并且具有较长的生活周期。在对新西兰大白兔等动物进行免疫时,通常需要将免疫原用免疫佐剂进行乳化,以提高免疫效果;免疫的方式通常是背部皮下多点注射,每点的免疫量最大不超过 0.25 mL,每次总免疫量 2 ~ 4 mL;采用的免疫方案对所获得的抗体具有决定性的影响,通常在初次免疫后血清效价下降时可开始进行加强免疫,每次加强免疫相隔 2 ~ 3 周。经过 3 ~ 5 次加强免疫后,血清效价能达到满意水平(图 10.12),从而可终止免疫;终止免疫后,通过心脏取血、分离血清可获得所需的多克隆抗体。

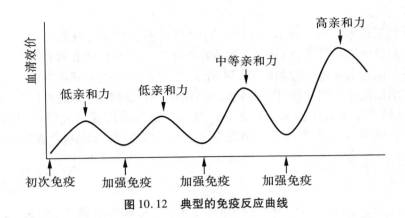

图 10.12　典型的免疫反应曲线

（2）单克隆抗体制备　多克隆抗体由于其群体复杂，所以其特异性通常较差。20 世纪 70 年代发展起来的杂交瘤细胞技术为抗体的制备提供了第二种方法，该方法是细胞水平的抗体制备技术，所制备出的抗体只包含单一的群体，因此具有高度的特异性，被称作单克隆抗体。

首先按照多克隆抗体制备的流程对小鼠进行免疫，当血清效价达到适当水平时，将小鼠处死并分离其脾细胞；接下来再将分离到的脾细胞与事先准备好的骨髓瘤细胞进行融合；最后对融合成功的细胞进行分离鉴定，筛选出产特异性抗体的杂交瘤细胞株。该杂交瘤细胞同时具有脾细胞的抗体分泌功能和骨髓瘤细胞的无限生长功能，因此可通过体内或体外方式对该细胞进行培养来大量获取所需的特异性抗体（图 10.13）。

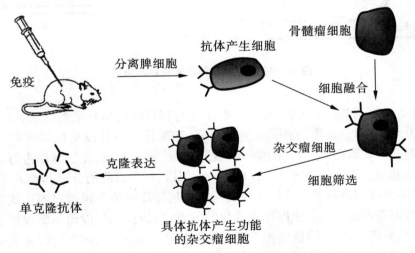

图 10.13　单克隆抗体制备基本流程

（3）基因工程抗体制备　随着基因工程技术的不断发展，它为抗体的制备提供了第三种方法——基因工程抗体制备技术。其基本原理：首先从杂交瘤细胞、免疫脾细胞或外周血淋巴细胞等中提取 mRNA 并反转录成 cDNA，再经 PCR 分别扩增出编码抗体轻链和重链的基因，再克隆到表达载体上，并在适当的宿主细胞中表达并折叠成具有功能的抗体分子。

　　噬菌体展示技术(phage display technology)是目前发展最为成熟且应用最为广泛的一种基因工程抗体制备技术,该技术主要由噬菌体展示库的构建和噬菌体展示库的筛选两部分组成。前者的基本流程如图 10.14 所示,首先利用相关的基因操作技术从抗体基因供体中扩增出抗体基因片段,即制备抗体基因库;然后将抗体基因片段与特殊的载体进行连接,并转入宿主大肠杆菌进行表达。噬菌体抗体库构建具体操作可参阅相关书籍。根据基因供体的不同,可将噬菌体抗体库分为天然库、免疫库和合成库三种,而根据所表达的抗体片段不同,则可将噬菌体抗体库分为 scFv 库和 Fab 库等。

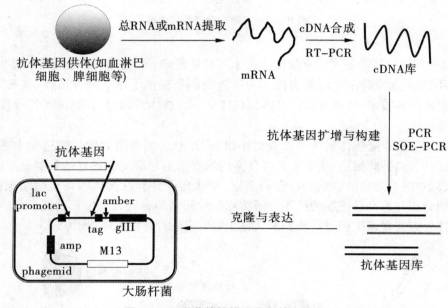

图 10.14　噬菌体抗体库制备基本流程

　　噬菌体抗体库制备完成之后,则可从其中进行特异性抗体片段的筛选,筛选的基本流程如图 10.15 所示。首先,利用辅助噬菌体将噬菌体抗体片段从抗体库中"援救"出来;然后,经过 3～5 轮的"结合—洗涤—洗脱—扩增"循环筛选,使抗体库进行定向的富集;抗体库达到最大程度的富集后,可以进一步对其进行单克隆的分离和鉴定,最终获得能够表达高特异性和高亲和力抗体片段的克隆。抗体库的筛选可通过固相或液相的方式进行,前者需要将抗原靶分子以物理或化学的方法进行固定,以便于实现结合态和非结合态片段的分离;后者则将抗原靶分子用生物素进行标记,在结合过程完成后再将抗原-抗体复合物与固相的亲和素结合,从而实现结合态和非结合态片段的分离。具体的相关操作可参阅相关书籍。

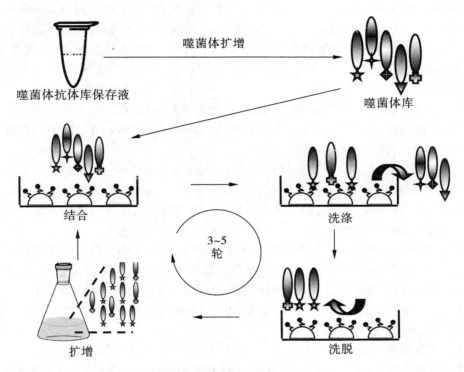

图 10.15　噬菌体抗体库筛选基本流程

10.4.4　常用的免疫学技术介绍

免疫学技术的种类很多,可从不同角度对其进行分类。例如,根据给出的检测结果是定性还是定量,可分为定性免疫学方法和定量免疫学方法。前者只能判断检测样品中是否含有某种特定的抗原或抗体,或者特定抗原或抗体的含量是否高于或低于某一数值;而后者则能给出样品中特定抗原或抗体的准确含量。根据免疫分析过程中是否需要将结合在一起的抗原抗体复合物与游离的抗原和抗体进行分离,免疫学方法可分为均相免疫学方法(homogeneous immunoassay)和非均相免疫学方法(heterogeneous immunoassay)。前者无须将反应后的抗原抗体复合物与游离抗原和抗体分开,在较短的时间内即可得到分析结果,操作简便,但通常灵敏度较低,一般仅适合定性分析;后者则需要将抗原-抗体复合物与游离抗原和抗体等物质分开,程序较为复杂,操作时间更长,但灵敏度和特异性都比较高,适合于定量分析。本节将对免疫凝集反应、免疫沉淀反应、补体结合试验、中和试验以及标记免疫学技术等几种常用的免疫学技术进行介绍,这些方法是根据免疫反应过程的现象和特征来进行分类的。

10.4.4.1　凝集反应

凝集反应(agglutination)是经典的血清学方法,指颗粒性抗原(完整的细菌细胞或红细胞等)或结合于不溶性载体微粒上的可溶性抗原与相应抗体在合适条件下反应,经一定时间后出现肉眼可见凝集物的现象。凝集反应中的抗原称为凝集原(agglutinogen),抗体称为凝集素（agglutinin）。凝集试验是一个定性的检测方法，即根据凝集现象的出现与否判定结果阳性或阴性；也可以进行半定量检测，即将标本作一系列倍比稀释后进行反应，以出现阳性反应的最高稀释度作为滴度。由于凝集反应方法简便，敏感度高，因而在临床检验中被广泛应用。在免疫学技术中，凝集反应可分为直接凝集反应和间接凝集反应两大类。

（1）直接凝集反应　细菌、螺旋体和红细胞等颗粒抗原，在适当电解质条件下可直接与相应抗体结合出现凝集，称为直接凝集反应（direct agglutination）。常用的直接凝集试验有玻片法和试管法两种。

1）玻片凝集试验　玻片凝集试验为定性试验方法，一般将已知抗体作为诊断血清与受检颗粒抗原如菌液或红细胞悬液各加一滴于玻片上，混匀，数分钟后即可用肉眼观察凝集结果，出现颗粒凝集的为阳性反应。此法简便、快速，适用于对从病人标本中分离得到的菌株进行诊断或分型，玻片法还用于红细胞 ABO 血型的鉴定。

2）试管凝集试验　试管凝集试验为半定量试验，在微生物学检验中常用已知细菌作为抗原液与一系列稀释的受检血清混合，保温后观察每管内抗原凝集程度，通常以产生明显凝集现象的最高稀释度作为血清中抗体的效价，亦称为滴度。在试验中，由于电解质浓度和 pH 值不适当等原因，可引起抗原的非特异性凝集，出现假阳性反应，因此必须设不加抗体的稀释液作对照。

（2）间接凝集反应　将可溶性抗原（或抗体）先吸附于适当大小的颗粒性载体的表面，然后与相应抗体（或抗原）作用，在适宜的电解质条件下，出现特异性凝集现象，称间接凝集反应（indirect agglutination）。这种反应适用于各种抗体和可溶性抗原的检测，其敏感度高于沉淀反应，因此被广泛应用于临床检验。吸附抗原的颗粒称载体，常用的载体有红细胞（人 O 型红细胞、绵羊红细胞）、聚苯乙烯乳胶颗粒，其次为活性炭、白陶土、离子交换树脂、火棉胶等。

1）间接血凝试验（indirect haemagglutination test，IHAT）　是将可溶性抗原吸附于红细胞表面，用以检测相应抗体，在与相应抗体反应时出现肉眼可见凝集。吸附有抗原的红细胞称致敏红细胞。如果先将可溶性抗原与相应抗体作用，隔一定时间后加入致敏红细胞，由于抗体已被中和，不再发生凝集，这种反应称间接血凝抑制试验。如将抗体置于致敏红细胞表面，用以检测样本中相应抗原，致敏红细胞在与相应抗原反应时发生凝集，称为反向间接血凝试验（reverse passive heamagglutination assay，RPHA）。

2）协同凝集试验（co-agglutination test，COAG）　葡萄球菌 A 蛋白（SPA）是金黄色葡萄球菌的特异性表面抗原，能与多种哺乳动物 IgG 分子的 Fc 片断结合。SPA 与 IgG 结合后，后者的 Fab 片断暴露于外，并保持其抗体活性。利用金黄色葡萄球菌作载体，吸附已知抗体（IgG），与相应抗原结合后出现的凝集现象，称 SPA 协同凝集试验。本法广泛应用于多种细菌和某些病毒的快速诊断。

10.4.4.2　沉淀反应

可溶性抗原（如细菌浸出液、外毒素、组织浸出液、血清等）与相应抗体特异性结合，在电解质存在下，经过一定时间，形成肉眼可见的沉淀物，称为沉淀反应（precipitation reaction），反应中的抗原称沉淀原，抗体称沉淀素。沉淀反应分两个阶段，第一阶段发生抗原-抗体特异性结合，第二阶段形成可见的免疫复合物。经典的沉淀反应在第二阶段观察或测量沉淀线或沉淀环等来判定结果,称为终点法;而快速免疫浊度法则在第一阶段测定免疫复合物形成的速率,称为速率法。现代免疫技术(如各种标记免疫技术)多是在沉淀反应的基础上建立起来的,沉淀反应是免疫学方法的核心技术。沉淀反应可分为液相沉淀反应和固相沉淀反应,液相沉淀反应主要有环状沉淀反应和絮状沉淀反应等,以前者应用较多;固相沉淀试验有琼脂凝胶扩散试验和免疫电泳技术等。

(1)环状沉淀反应(ring precipitation reaction) 在小口径试管内,先加已知的诊断血清,然后小心沿管壁加入待检抗原于血清表面,使其成为界限清晰的两层。数分钟后,两层液体接触面出现白色沉淀环者,即为阳性反应,否则为阴性。本试验可对抗原进行定性检测,如诊断炭疽的 Ascoli 试验、链球菌血清型鉴定、血迹鉴定等。

(2)琼脂扩散反应(agar-gel immuno-diffusion reaction) 指在琼脂凝胶中进行的沉淀反应。反应用 1% 的琼脂凝胶,此种凝胶呈多孔结构,含水量 99%,能允许各种抗原抗体在琼脂凝胶中自由扩散。当抗原抗体相对应,二者扩散相遇后,便在最适比例处形成白色沉淀线,此为阳性反应。琼脂扩散反应有多种类型,其中双向双扩散法最为常用,此法可用于抗原的鉴定和抗体的检测,从而诊断细菌、病毒性传染病。

(3)免疫电泳技术 免疫电泳是由琼脂双扩散与琼脂电泳结合而成的一种检测技术。带电颗粒在电场中可发生定向移动,其泳动速度主要取决于分子大小和所带电荷的多少。蛋白质为两性电解质,每种蛋白质都有它自己的等电点,在 pH 值大于其等电点的溶液中,此时蛋白质带负电,向正极泳动;在 pH 值小于其等电点的溶液中,此时蛋白质带正电,向负极泳动。pH 值离等电点越远,所带静电荷越多,泳动速度也越快。因此,可通过控制溶液 pH 值的方法,使抗原-抗体在通电的琼脂板上泳动,进行抗原-抗体成分的分析,或进行抗原-抗体的检测。免疫电泳包括对流免疫电泳、火箭免疫电泳等形式。

1)对流免疫电泳(counter immuno-electrophoresis,CIE) 大部分抗原在碱性溶液(pH >8.2)中带负电荷,在电场中向正极移动;而抗体球蛋白带电荷弱,在琼脂电泳时,由于电渗作用,向相反的负极泳动。如将抗体置正极端,抗原置负极端,则电泳时抗原抗体相向泳动,在两孔之间形成沉淀带。

2)火箭免疫电泳(rocker immuno-electrophoresis,RIE) 又称作单向电泳扩散免疫沉淀试验,实质上是加速的单向扩散。在含抗体的琼脂板一端打一排抗原孔;加入待测标本后,将抗原置阴极端,用横距 2~3 mA/cm 的电流强度进行电泳。抗原泳向阳极,在抗原-抗体比例恰当处发生结合,形成沉淀。随着泳动抗原的减少,沉淀逐渐减少,形成峰状的沉淀区,状似火箭。抗体浓度保持不变,沉淀量与抗原量成正比。

10.4.4.3 补体结合实验

抗体分子(IgG,IgM)的 Fc 段含有补体受体,当抗体没有与抗原结合时,抗体分子的 Fab 片段向后卷曲,掩盖 Fc 片段上的补体受体,补体无法结合。但当抗体与抗原结合时,两个 Fab 片段向前伸展,Fc 片段上的补体受体暴露,补体的各种成分相继与之结合使补体活化,从而导致一系列免疫学反应。通过补体是否激活来证明抗原与抗体是否相对应,进而对抗原或抗体做出检测。

补体参与的试验大致可分两类:一类是补体与细胞的免疫复合物结合,直接引起溶细胞的可见反应,如溶血反应、溶菌反应、杀菌反应、免疫黏附血凝试验等;另一类是补体与抗原抗体复合物结合后不引起可见反应(可溶性抗原与抗体),但可用指示系统如溶血反应来测定补体是否已被结合,从而间接地检测反应系统是否存在抗原抗体复合物,如补体结合试验、被动红细胞溶解试验等。其中补体结合试验最为常用。

补体结合试验(complement fixation test,CFT)是应用可溶性抗原,如蛋白质、多糖、类脂、病毒等,与相应抗体结合后,其抗原-抗体复合物可以结合补体,但这一反应肉眼不能察觉,如再加入致敏红细胞(溶血系统或称指示系统),即可根据是否出现溶血反应,判定反应系统中是否存在相应的抗原和抗体。参与补体结合反应的抗体称为补体结合抗体,其主要为 IgG 和 IgM。

(1)溶血反应　将绵羊红细胞给家兔注射时,家兔体内可产生抗绵羊红细胞的抗体,这种抗体称溶血素(hemolysin),当绵羊红细胞与特异性抗体(溶血素)结合后,在有补体存在时,则绵羊红细胞被溶解,此现象称溶血反应。此反应通常用来作为补体结合试验的指示系统。

(2)溶菌反应　细菌与相应抗体结合后,在有补体时,可造成菌体细胞的溶解,此为溶菌反应。此反应可作为补体结合试验的被检系统。

10.4.4.4　中和反应

毒素或病毒与相应抗体结合后,失去了对易感动物的致病性或丧失了对易感细胞的毒性,称为中和试验(neutralization test,NT)。中和试验可在易感动物、鸡胚或组织培养细胞上进行。

(1)毒素中和试验　抗毒素中和毒素的作用有严格的特异性,它只能中和相应的毒素。所以,可利用已知的抗毒素血清检查待检材料中有无相应的毒素及毒素的型。试验时,先将抗毒素血清与等量的待检材料混合,37 ℃作用1 h,然后注入动物体内,同时将待检材料以同样的剂量注射另一组动物,作对照。如前者动物健存,后者死亡,即证明待检材料中含有与抗毒素相应的毒素。

(2)病毒中和试验　先将抗病毒血清与病毒混合,作用一定时间后,接种易感动物、鸡胚或组织培养细胞,以测定混合液中的病毒感染力,最后根据其产生的保护效果的差异,可判断该病毒是否已被中和,并根据一定方法计算中和的程度(中和指数),即中和抗体的效价。病毒中和试验主要有两种方法,一种是终点法,另一种是空斑减数法。

10.4.4.5　标记免疫技术

抗原与抗体能特异性结合,但抗体、抗原分子小,在含量低时形成的抗原-抗体复合物是不可见的。而有一些物质即使在超微量时也能通过特殊的方法将其检测出来,如果将这些物质标记在抗体分子上,可以通过检测标记分子来显示抗原-抗体复合物的存在,此种根据抗原-抗体结合的特异性和标记分子的敏感性建立的技术,称为标记免疫技术(labeled immunological technique)。高敏感性的标记分子主要有荧光素、酶、放射性同位素3种,由此建立荧光标记免疫学技术、酶标记免疫学技术和放射标记免疫学技术,其特异性和敏感性远远超过常规血清学方法,广泛应用于病原微生物鉴定、传染病的诊断、分子生物学中的基因表达产物分析以及食品安全检测等各个领域。

(1)荧光抗体标记技术(fluorescent-labeled immunological technique)　指用荧光素对抗体或抗原进行标记,然后用荧光显微镜观察荧光以分析示踪相应的抗原或抗体的方法。最常用的是以荧光素标记抗体或抗抗体,用于检测相应的抗原或抗体。

1）荧光标记免疫学技术的基本原理　某些荧光素如异硫氰酸盐荧光素（FITC）、四乙基罗丹明等受紫外线照射时能发出可见的荧光,荧光素在一定的条件下能与抗体分子结合形成荧光抗体,但不影响抗体与抗原的特异性结合。用荧光抗体对待检标本染色后,在荧光显微镜下观察,抗原存在的部位即可发出荧光。利用这种现象便能对标本中相应的抗原进行鉴定和定位。

2）荧光标记免疫学技术的主要应用　该技术可用于从病料中检出细菌或病毒抗原,从而诊断传染病,也可用于抗原、抗体的定性和定位分析。①细菌学诊断:利用免疫荧光抗体技术可直接检出或鉴定新分离的细菌,具有较高的敏感性和特异性。链球菌、致病性大肠杆菌、沙门菌属、李氏杆菌、巴氏杆菌、布氏杆菌、炭疽杆菌、马鼻疽杆菌、钩端螺旋体等均可采用免疫荧光抗体染色进行检测和鉴定。动物的粪便、黏膜涂片、病变组织的触片或切片以及尿沉渣等均可作为检测样本,经直接法检出目菌,具有很高的诊断价值。②病毒病诊断:用免疫荧光抗体技术直接检出禽畜病变组织中的病毒,已成为病毒感染快速诊断的重要手段,如猪瘟、鸡新城疫等可取感染组织做成冰冻切片或触片,用直接或间接免疫荧光染色可检出病毒抗原,一般可在 2 h 内完成。

（2）酶标记免疫学技术（enzyme-labeled immunological technique）　用酶标记抗体或抗原进行相应检测的一种技术。由于荧光标记免疫分析需要较为昂贵的荧光显微镜,且染色标本不能长期保存;放射标记免疫分析除需要特殊仪器外,标记物因放射同位素的衰变而不稳定且对人体有害;而酶标记免疫学技术则不存在上述缺点。所以,酶标记免疫学技术正越来越多地被采用。常用于抗原或抗体标记的酶为辣根过氧化物酶（Horseradish peroxidase,HRP）,其底物为过氧化氢（H_2O_2）,在显色剂二氨基联苯胺（3,3′-diaminobenzidine,DAB）或邻苯二胺（O-phenyleediamie,OPD）存在时能出现显色反应。

1）酶标记免疫学技术的基本原理　酶在一定的条件下能与抗体分子结合形成酶标抗体,这种结合既不影响酶本身的催化特性,又不影响抗体与抗原的特异性结合。当酶标抗体与抗原结合后,加入酶作用的底物及显色剂,抗原存在的部位即可出现显色反应,此种反应可用肉眼观察或用分光光度计检测。酶标记免疫学技术可用于抗原或抗体的定性、定量及定位检测。酶标记免疫学技术可再细分为酶标免疫组化染色技术（组化法）和酶联免疫试验（Enzyme-linked immunosorbent assay,ELISA）,其中以 ELISA 最为常用。

2）ELISA　是在固相载体（通常为 96 孔聚苯乙烯微量反应板,简称酶标板）上进行的一种抗原抗体反应。经一系列步骤后,最终发生显色反应,可用肉眼或酶标仪判定反应结果。ELISA 的检测方法有许多,大致可分为直接法、间接法、夹心法等几类,下面简要介绍不同 ELISA 方法的基本原理,其具体操作步骤可参考相关书籍。①直接法（direct ELISA）:指酶标抗原或抗体直接与包被在酶标板上的抗体或抗原结合形成酶标抗原抗体复合物,加入酶反应底物,测定产物的吸光值,进而计算出包被在酶标板上的抗体或抗原的量（图 10.16A）。②间接法（indirect ELISA）:将酶标记在二抗（能够与抗体结合的抗体）上,当抗体（一抗）和包被在酶标板上的抗原结合形成复合物后,再以酶标二抗和复合物结合,通过测定酶反应产物的颜色可以间接反映一抗和抗原的结合情况,进而计算出抗原或抗体的量（图 10.16B）。③夹心法（sandwich ELISA）:先将未标记的抗体包被在酶标板上,用于捕获抗原,再用酶标的抗体与抗原反应形成"抗体-抗原-酶标抗体"复合物;也可以像间接法一样用酶标二抗和"抗体-抗原-抗体"复合物结合形成"抗体-抗原-

抗体–酶标抗体"复合物,前者称为直接夹心法,后者称为间接夹心法(图 10.16 C)。

除上述分类方式外,ELISA 还可以分为竞争法和非竞争法,竞争法中最终显色程度与待测物浓度呈负相关性,而非竞争法则呈正相关性。图 10.16 所示均为非竞争法,即不存在抗原抗体的竞争反应。所谓竞争法就是抗原抗体反应过程中有竞争现象,例如游离抗原和固相抗原竞争与抗体结合、待测抗原与酶标抗原竞争与抗体结合等。图 10.17 显示的是直接法中酶标抗原竞争法的基本原理。

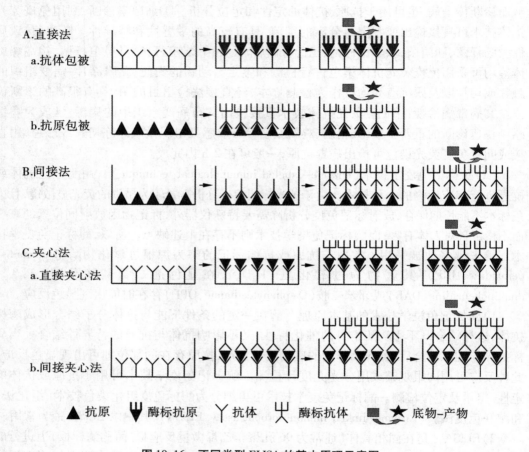

图 10.16 不同类型 ELISA 的基本原理示意图

(3)放射免疫测定(radioimmunoassay,RIA) 用同位素(^{3}H、^{125}I、^{131}I)标记抗体或抗原,与相应的抗原或抗体进行反应,通过测定标本中的同位素放射剂量来间接测定抗原或抗体含量的一种技术。此法敏感性比其他反应都高,但需一定的仪器、设备和专门的实验室,目前主要用于科研方面,临床使用不广泛。

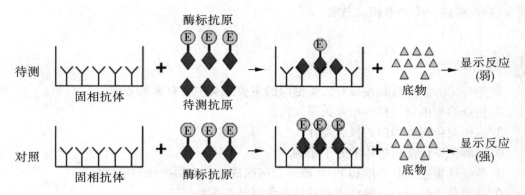

图 10.17　酶标抗原竞争 ELISA 基本原理示意图

10.4.4.6　其他免疫学方法

　　除上述几类免疫学检测技术之外,近年来,还出现了很多以抗原抗体反应为基础的新型免疫学检测方法。

　　（1）免疫检测试纸条（卡）　也称作免疫膜层析检测技术,能够大大简化样品的检测过程,传统的免疫检测试纸包括竞争免疫反应和颜色反应两个步骤,而目前的研究已经对免疫检测试纸做了进一步的简化,其中基于胶体金颗粒的“金标免疫检测试纸”最为典型,该类试纸的基本组成如图 10.18 所示,其检测模式也分竞争模式和非竞争模式两种,以竞争模式为例,其基本原理如下:当样品中的抗原随试纸条层析迁移到金标垫时,与金标抗体结合;抗原-抗体复合物以及多余的金标抗体随试纸条层析继续迁移,到达检测线时,多余的金标抗体与固定的抗原结合而被聚集在检测线显色。当样品中检测对象浓度越高,则与检测线上固定抗原结合的金标抗体越少,显色则越浅。目前,已经有许多商品化的免疫检测试纸条/卡可用于食品安全检测。

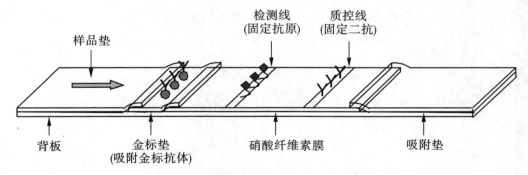

图 10.18　金标免疫检测试纸基本原理

　　（2）免疫传感器　是目前最先进的免疫检测模式,它可以实现对样品的高通量和自动化检测。通过特殊设计,免疫传感器能够将在感应材料(固定有抗体或抗原)表面所形成的免疫复合物直接转换为可检测的信号,根据信号类型的不同,可将免疫传感器划分为光学免疫传感器、压电免疫传感器、电化学免疫传感器等。有关免疫传感器的具体原理等内容,可进一步参考相关书籍。

思考题

1. 免疫学的发现及其发展对人类健康的重要意义主要有哪些方面?
2. 免疫学与生命学科的相互关系如何?
3. 抗体与免疫球蛋白的概念是什么?
4. 图解免疫球蛋白单体的分子结构。
5. 免疫球蛋白 Fab 片段和 Fc 片段是如何组成的? 有哪些生物学活性?
6. 各类免疫球蛋白有哪些主要特性和免疫学功能?
7. 简述抗感染免疫应答的主要作用。
8. 简述免疫学技术的主要应用。

第 11 章 微生物与食品生产

传统食品资源主要依赖于种植业和养殖业,随着食品生物技术的发展,微生物食品资源越来越引起人们的重视,利用微生物不仅可以增加食品的种类,而且还极大地改善了食品的营养和风味,提高了食品的市场价值,也开拓了人们寻找食品新资源的视野。经过不断研究和开发,一大批应用微生物生产的食品相继面市。

11.1 微生物与食品生产的关系

经过微生物(细菌、酵母和霉菌等)或微生物酶的作用使加工原料发生许多重要的生物化学变化后制成的食品称之为发酵食品(fermented foods)。发酵食品源远流长,从古至今都是人类文明、科学文化成就的重要组成部分。

在食品工业中,有的微生物菌体本身就是美味食品,有的微生物产生的代谢产物成为食品加工的原料,有的微生物能够变废为宝,经过酿造加工,生产出受人们喜爱的食品。微生物在食品工业中的应用情况见表 11.1。

表 11.1 微生物在食品工业中的应用

微生物类别	微生物名称	产物	用途
细菌	枯草芽孢杆菌(Bacillus subtilis)	蛋白酶	酱油速酿、水解蛋白、饲料等
		淀粉酶	酒精发酵、啤酒制造及葡萄糖、糊精、糖浆制造等
	巨大芽孢杆菌(Bacillus megayerium)	葡萄糖异构酶	由葡萄糖制造果浆
	德氏乳杆菌(Lactobacillus delbruckii)	乳酸	酸味剂
	醋化醋杆菌(Acetobacter aceti)	醋酸	食用
	费氏丙酸杆菌(Propionibacterium freudenreichii)	丙酸	食品酸味剂
	谷氨酸微球菌(Micrococcus glutamicus)	谷氨酸	食用
	短杆菌(Brevibacterium)	琥珀酸	酱油等增味剂
	液化葡萄杆菌(Gluconobacter liguifaciens)	葡萄糖酸	δ-内酯可作豆腐凝固剂等

续表 11.1

微生物类别	微生物名称	产物	用途
酵母菌	产朊假丝酵母(*Candida utilis*)	菌体蛋白	食品、饲料
	酿酒酵母(*Saccharomyces cerevisiae*)	酒精	啤酒、黄酒、白酒、葡萄酒、酒精等
霉菌	黑曲霉(*Aspergillus niger*)	柠檬酸	酸味剂
		酸性蛋白酶	啤酒防浊剂、消化剂、饲料
		糖化酶	淀粉糖化用
		葡萄糖酸	食用
	绿色木霉(*Trichoderma viride*)	纤维素酶	淀粉及食品加工

11.1.1 利用微生物代谢产物生产食品

微生物代谢一般分为初级代谢和次级代谢,则相应地,代谢产物也分为初级代谢产物和次级代谢产物。初级代谢产物主要包括有机酸、氨基酸、酒精、核苷酸、脂肪酸和维生素等以及由这些化合物聚合而成的高分子化合物如多糖、蛋白质、酶类和核酸等,这些产物也是许多食品中的主要成分。次级代谢是指微生物以初级代谢产物为前体物质,通过复杂的代谢途径,合成一些对微生物生命活动无明确功能的物质的过程,抗生素、毒素、激素、色素等是重要的次级代谢产物。在食品加工用的微生物菌种中,次级代谢产物往往可以改善食品的风味,提高食品质量。下面列举部分可作食品的代谢产物。

(1)氨基酸类 几乎所有的氨基酸都能用微生物发酵方法生产,如谷氨酸、赖氨酸、苯丙氨酸等十多种氨基酸都已经实现了工业化生产。这些氨基酸常作为调味料或营养强化剂添加到食品中,改善食品品质。

(2)有机酸类 利用微生物发酵方法可以生产多种有机酸,如常用作酸味剂的柠檬酸、苹果酸,用作强化剂和酸味剂的乳酸,用于烹饪的醋酸,用作缓冲剂、强化剂的葡萄糖酸等都是微生物发酵生产的。

(3)饮料酒类 用微生物发酵方法可以生产各种酒类,如啤酒、黄酒、果酒和白酒等。这些美酒营养丰富,口感舒适。适当饮酒能改善生活,调节情绪。酒类生产还对经济发展有重要的贡献。

(4)核苷酸类 在食品工业上常用作增味剂的鸟苷酸、肌苷酸等都是用微生物发酵方法生产的。

(5)维生素类 用微生物发酵方法可以生产多种维生素,如维生素 A、维生素 C、维生素 B_2、维生素 B_{12} 等。它们多用来强化食品,提高食品的营养价值。

(6)多肽类细菌素 有些细菌能产生抑菌物质,称为细菌素。它是一种多肽或多肽与糖、脂的复合物。目前已经发现了几十种细菌素,其中乳酸链球菌素(Nisin)作为一种天然食品防腐剂,在食品工业上得到了很好的应用,防腐效果很好。

(7)微生物多糖 微生物代谢产生的多糖主要有细菌多糖和真菌多糖两大类。在细菌多糖中最具代表性的有黄原胶和葡聚糖,它们作为优良的增稠剂、稳定剂、胶凝剂、结晶抑制剂等广泛用于食品加工中;真菌多糖的种类较多,已经对其结构和功能进行研究的就有几十种,如灵芝多糖、香菇多糖,它们的主要功能在于促进细胞和体液产生免疫,具有独特的保健功效。

（8）天然食用色素　由于合成色素的安全性问题,天然色素引起人们的重视,受到消费者青睐。目前已有红曲色素和 β-胡萝卜素用于食品加工,它们都可以用微生物发酵方法生产,特别是红曲色素目前已经大规模工业化生产。红曲色素广泛用于腐乳、肉制品加工中。

11.1.2　利用微生物酶促转化生产食品

11.1.2.1　微生物食用酶制剂

用微生物发酵生产酶制剂是发酵工业的重要组成部分,不少酶制剂已用于食品加工,如蛋白酶、淀粉酶、脂肪酶、纤维素酶、乳糖酶、果胶酶、葡萄糖异构酶和葡萄糖氧化酶等。这些酶在制糖工业、酒类生产、面包制造、蛋白分解、咖啡、可可和茶叶加工等方面都得到了广泛的应用。

11.1.2.2　微生物酿造食品

微生物在合适的基质上生长,分泌出各种酶类,通过复杂的生化反应,将食品中的蛋白质和碳水化合物分解,从而生产多种多样、不同风味的酿造食品。通过微生物发酵农产品、畜产品及水产品,不仅改变了原料的色香味,改善了质地、风味、营养价值,增加了稳定性,更重要的是大大提高了原产品的经济价值。酱油、食醋、豆腐乳、各种酱类、腌菜、乳酪等都是微生物酿造食品,在食品工业中具有重要地位。

11.1.3　微生物发酵食品存在的问题及发展方向

11.1.3.1　发酵食品行业存在的问题及改进措施

我国的发酵食品行业历史悠久,但受传统工艺影响较深,对发酵食品微生物的研究与应用、传统生产工艺改进起步较晚,尤其是利用现代生物技术如基因工程等前沿技术对发酵食品微生物进行优良菌种筛选工作成绩较少;产业化开发滞后,企业生产没有形成规模或虽有一定的规模,但产品结构不合理,资源浪费严重,环境污染突出,经济效益低下;另外,发酵食品的科学研究滞后,对于大部分发酵食品的生化背景了解甚少,所进行的有关食品发酵的研究仍停留在产品和工艺的描述上,未能很好地揭示食品发酵的生化机制,更谈不上对发酵过程进行有效的调控。

面对发酵食品行业所面临的问题:一是要通过对现有优良菌种的扩大应用,利用生物技术改良菌种,揭示发酵机制,使我们在微生物菌种研究及应用上与国外缩小差距;二是对传统发酵工艺进行改进,实现纯种发酵,使发酵过程可控,使产品质量稳定;三是加快发酵工业原料结构、产品结构、技术装备结构的调整,扩大生产企业规模,提升行业的整体水平,进一步提高发酵产品的附加值;四是坚持循环经济,推行清洁生产,提高资源利用率,降低能耗、物耗,减少污染物的排放。

11.1.3.2 发酵食品行业的发展方向

近年来,发酵食品越来越受到人们的青睐,未来的发酵食品更朝向安全化、功能化发展,必将有更多的发酵食品走向市场,为人们的餐桌提供更加丰富多彩、有益健康的发酵食品,满足人们的需要。

(1)发酵食品生产用微生物的人工选育和改良 为提高发酵水平,很多发酵食品应用现代生物技术选育优良菌株进行纯种发酵。在发酵食品微生物的菌种选育过程中,首先要注重安全性,用于生产中的微生物菌种本身应是安全的,为非致病菌,代谢产物不含毒素,生产的发酵食品对人体不能有任何损害;其次菌种的遗传性应该稳定,只有生产性能稳定的菌种,才能保证产品质量。

基因工程技术为发酵食品菌种选育和改良提供了无限的潜力,可以采用现代的生物技术手段,通过不同种属间的基因重组达到改造发酵食品生产菌株的目的。

(2)发酵食品的功能性 功能性发酵食品主要是微生物在发酵生成某种食品的同时,会产生某些具有生理活性的物质,这种食品能使消费者在享受美味食物的同时,也能起到一定的食疗保健作用。研究人员应深入了解发酵食品的生化背景,获得某些功能性成分的产生机制,弄清更多生物的代谢调控机制,人为调控微生物发酵过程,从而开发出更多有价值的功能性食品。

(3)发酵食品的工艺改革与创新 使用优良菌种并运用现代发酵工程技术、代谢工程技术等生物技术手段,结合新设备,以优化产业生产发酵工艺为重点,自主创新,实现发酵工业原料结构的优化、组合,降低生产成本,改善产品品质。积极推动节能减排,走循环经济的发展道路。

11.2 细菌性发酵食品

11.2.1 乳酸菌及其发酵食品

11.2.1.1 乳酸菌

乳酸菌一词并非生物分类学名词,而是指能够利用发酵性糖类产生大量乳酸的一类细菌的统称,但一般而言,乳酸菌仅指细菌。

乳酸菌在自然界中广泛分布,它们不仅栖息在人和各种动物的肠道及其他器官中,而且在植物表面和根际、动物饲料、有机肥料、土壤、江、河、湖、海中都发现大量乳酸菌,其中乳杆菌属(*Lactobacillus*)、链球菌属(*Streptococcus*)、乳球菌属(*Lactococcus*)、明串珠菌属(*Leuconostoc*)、片球菌属(*Pediococcus*)、双歧杆菌属(*Bifidobacterium*)的乳酸菌最为常见,在发酵工业中使用也较多。

(1)乳杆菌属(*Lactobacillus*)

1)乳杆菌属的形态特征 细胞呈多样形杆状,从短杆到细长,从直形到弯曲形,常有棒形、球杆状,有的呈长短不等的丝状,但不分支。一般单个存在或短链排列。革兰氏染色阳性,有些菌株革兰氏染色或美蓝染色显示两极体,内部有颗粒物或呈现条纹。通常不运动,有的能够运动,具有周生鞭毛,无芽孢,大多无细胞色素,菌落乳白色。

2）乳杆菌属的生理生化特点　化能异养型,营养要求严格,生长繁殖需要多种氨基酸、维生素、肽、核酸衍生物。pH 值 6.0 以上可还原硝酸盐,不液化明胶,不分解酪素,联苯胺反应阴性,不产生吲哚和 H_2S,多数菌株可产生少量的可溶性氮。耐氧或微好氧菌,接触酶反应阴性,厌氧培养生长良好。2~53 ℃均可生长,最适生长温度 30~40 ℃。耐酸性强,生长最适 pH 值为 5.5~6.2,在 pH 值≤5 的环境中可生长,不耐热,巴氏杀菌可被杀死。自然界分布广泛,极少有致病性菌株。

根据葡萄糖发酵类型可划分为专性同型发酵群、兼性异型发酵群和专性异型发酵群三个类群。

①专性同型发酵群　发酵葡萄糖产生 85% 以上的乳酸,不能发酵戊糖和葡萄糖酸盐的类群。主要的种有德氏乳杆菌(*L. delbrueckii*)、嗜酸乳杆菌(*L. acidophilus*)、瑞士乳杆菌(*L. helveticus*)、香肠乳杆菌(*L. farciminus*)、马乳酒乳杆菌(*L. kefiranofaciens*)及高加索奶粒乳杆菌(*L. kefirgranum*)等 19 个种。

②兼性异型发酵群　发酵葡萄糖产生 85% 以上的乳酸,能发酵某些戊糖和葡萄糖酸盐的类群。主要的种有干酪乳杆菌(*L. casei*)、植物乳杆菌(*L. plantarum*)、戊糖乳杆菌(*L. pentosus*)、米酒乳杆菌(*L. sake*)及耐酸乳杆菌(*L. acetotolerans*)等 17 个种。

③专性异型发酵群　发酵葡萄糖产生等摩尔的乳酸、乙酸和或乙醇、CO_2 的类群。主要的种有发酵乳杆菌(*L. fermentum*)、短乳杆菌(*L. brevis*)、高加索奶乳杆菌(*L. kefir*)及果糖乳杆菌(*L. fructosus*)等 20 个种。

3）乳杆菌属的代表种

①德氏乳杆菌保加利亚亚种(*L. delbrueckii* subsp. *bulgaricus*)　旧称保加利亚乳杆菌,细胞形态长杆状,两端钝圆,单生或短链。固体培养基生长的菌落呈棉花状,易与其他乳酸菌区别。能利用葡萄糖、果糖、乳糖进行同型乳酸发酵产生 D(−)-乳酸,不能利用蔗糖。该菌是乳酸菌中产酸能力最强的菌种,其产酸能力与菌体形态有关,菌形越大,产酸越多,最高产酸可达 2%。如果菌形为颗状或细长链状,产酸较弱,最高产酸量 1.3%~2.0%。蛋白质分解力较弱,发酵乳中可产生香味物质乙醛。最适生长温度 37~45 ℃,15 ℃以下不生长。其 DNA 中(G+C)摩尔分数是 49%~51%。该菌与嗜热链球菌混合培养时以共生关系生长,可以缩短发酵时间,常作为发酵酸奶的生产菌。

②嗜酸乳杆菌(*L. acidophilus*)　细胞形态呈细长杆状,单生或短链。能利用葡萄糖、果糖、乳糖、蔗糖进行同型乳酸发酵产生 DL 型乳酸,生长繁殖需要一定的维生素等生长因子,最适生长温度 37 ℃,在 15 ℃以下不生长,耐热性差。多数 2~3 d 可使牛乳凝固。最适生长 pH 值为 5.5~6.0,耐酸性强,能在其他乳酸菌不能生长的酸性环境中(低 pH 值,高胆盐)生长繁殖。蛋白质分解力弱。其 DNA 中(G+C)摩尔分数是 34%~37%。嗜酸乳杆菌是能够在人体肠道定殖的少数有益微生物菌群之一,其代谢产物有机酸和抗菌物质——乳酸菌素(lactocidin)、嗜酸杆菌素(acidophilin)、嗜酸乳菌素(acidolin)可抑制病原菌和腐败菌的生长。另外,该菌在改善乳糖不耐症,治疗便秘、痢疾、结肠炎,激活免疫系统,抗肿瘤,降低胆固醇水平等方面都具有一定的功效。

（2）链球菌属(*Streptococcus*)

1）链球菌属的特征　细胞呈球形或卵圆形,成对或成链排列。革兰氏染色阳性,接触酶反应阴性,无芽孢,一般不运动,不产生色素,有些种形成荚膜。化能异养型,营养要求复杂,随菌种不同而异,某些种需一定种类的维生素、氨基酸、嘌呤、嘧啶及脂肪酸等。同型乳酸发酵,发酵葡萄糖产生 L(+)-乳酸,但不产气。通常溶血。生长温度 25 ~ 45 ℃,最适温度 37 ℃,最适 pH 值为 7.4 ~ 7.6,兼性厌氧,厌氧培养生长良好。其 DNA 中(G+C)摩尔分数是 36% ~ 46%。许多种为共栖菌或寄生菌,常见于人和动物的口腔、上呼吸道、肠道等处,有些是致病菌,少数为腐生菌,污染食品后引起腐败。该属仅有嗜热链球菌用于乳品发酵。

2)嗜热链球菌(*S. thermophilus*)　细胞呈圆形或卵(椭)圆形,成对地长链状排列。某些菌株若不经过中间牛乳培养则在固体培养基上得不到菌落。能利用葡萄糖、果糖、乳糖和蔗糖进行同型乳酸发酵产生 L(+)-乳酸。在石蕊牛乳中不还原石蕊,可使牛乳凝固。蛋白质分解力较弱,在发酵乳中可产生香味物质双乙酰。该菌主要特征是能在高温条件下产酸,50 ℃ 也能生长,最适生长温度 40 ~ 45 ℃,温度低于 20 ℃ 不产酸。耐热性强,能耐 65 ~ 68 ℃ 的高温。对抗生素敏感,可用于检测牛乳中的抗生素。常作为发酵酸乳和干酪的生产菌,存在于乳及乳制品中。

(3)乳球菌属(*Lactococcus*)

1)乳球菌属特征　细胞呈球形或卵圆形,(0.5 ~ 1.2) μm×(0.5 ~ 1.5) μm,在液体培养基中成对和呈短链。不产芽孢,革兰氏染色阳性,不运动,无荚膜,兼性厌氧。化能异养,同型乳酸发酵,发酵葡萄糖产生 L(+)-乳酸,不产气。接触酶阴性,营养要求复杂,在合成培养基上生长,需要多种 B 族维生素和氨基酸。最适生长温度 30 ℃,能在 10 ℃ 生长,不能在 45 ℃ 生长,模式种为乳酸乳球菌(*Lactococus lactis*)。

2)乳球菌属的代表种

①乳酸乳球菌(*L. lactis*)　旧称乳酸链球菌,细胞形态呈双球、短链或长链状,在石蕊牛乳中可使牛乳凝固。同型乳酸发酵,产酸能力弱,最大乳酸产量小于 1.0%。可在 4% NaCl 肉汤培养基和 0.3% 亚甲基蓝牛乳中生长,能水解精氨酸产生 NH₃,对温度适应范围广泛,10 ~ 40 ℃ 均产酸,最适生长温度 30 ℃,45 ℃ 不生长。而对热抵抗力弱,60 ℃,30 min 全部死亡。常作为干酪、酸制奶油及乳酒发酵剂菌种。

②乳酸乳球菌乳脂亚种(*L. lactis* subsp. *cremoris*)　旧称乳脂链球菌,细胞比乳酸乳球菌大,长链状。同型乳酸发酵,产酸和耐酸能力均较弱,产酸温度较低,18 ~ 20 ℃,37 ℃ 以上不产酸、不生长。由于该菌耐酸能力差,菌种保藏非常困难,需每周转接菌种一次或在培养基中添加 1% ~ 3% 的 CaCO₃ 保藏。不能在 4% NaCl 肉汤培养基和 0.3% 亚甲基蓝牛乳中生长,不水解精氨酸。此菌常作为干酪、酸制奶油发酵剂菌种。

(4)明串珠菌属(*Leuconostoc*)

1)明串珠菌属的特征　细胞呈球形或豆状,成对或成链排列。革兰氏染色阳性,不运动,无芽孢。固体培养菌落一般小于 1.0 mm,光滑、圆形、灰白色;液体培养,通常混浊均匀,但长链状菌株可形成沉淀。化能异养型,生长繁殖需要复合生长因子烟酸、硫胺素、生物素和氨基酸,不需要泛酸及其衍生物。利用葡萄糖进行异型乳酸发酵产生 D(-)-乳酸、乙酸或醋酸、CO₂,可使苹果酸转化为 L 型乳酸。通常不酸化和凝固牛乳,不水解精氨酸,不水解蛋白,不还原硝酸盐,不溶血,不产吲哚。兼性厌氧,接触酶反应阴性。生长温度范围 5 ~ 30 ℃,最适生长温度 25 ℃。DNA 中(G+C)摩尔分数是 38% ~ 45%。该属菌存在于果蔬、乳与乳制品中,能在高浓度糖的食品中生长。

2) 肠膜明串珠菌肠膜亚种(*L. mesenteroides* subsp. *mesenteroides*)　旧称肠膜状明串珠菌,是明串珠菌属的典型代表。细胞呈球形或豆状,成对或短链排列。固体培养,菌落直径小于 1.0 mm,液体培养,混浊均匀。利用葡萄糖进行异型乳酸发酵,在高浓度的蔗糖溶液中生长合成大量的荚膜物质——葡聚糖,形成特征性黏液。最适生长温度 25 ℃,生长的 pH 值范围为 3.0~6.5,具有一定嗜渗压性,可在含 4%~6% 的 NaCl 培养基中生长。该菌不仅是酸泡菜发酵重要的乳酸菌,而且已被用于生产右旋糖苷。

(5) 片球菌属(*Pediococcus*)

1) 片球菌属的特征　细胞呈球形,成对或四联状排列。革兰氏染色阳性,无芽孢,不运动,固体培养,菌落大小可变,直径 1.0~2.5mm,无细胞色素。化能异养型,生长繁殖需要复合生长因子烟酸、泛酸、生物素和氨基酸,不需要硫胺素、对-氨基苯甲酸和钴胺素。利用葡萄糖进行同型乳酸发酵产生 DL(−)乳酸或 L(+)-乳酸。通常不酸化和凝固牛乳,不分解蛋白质,不还原硝酸盐,不水解马尿酸钠,不产吲哚。兼性厌氧,接触酶反应阴性。生长温度范围 25~40 ℃,最适生长温度 30 ℃。DNA 中(G+C)摩尔分数是 34%~42%。

该属成员现包括 7 个种,它们是耐酸兼性厌氧的戊糖片球菌、乳酸片球菌、有害片球菌、小片球菌和意外片球菌,不耐酸的兼性厌氧的糊精片球菌和不耐酸的微好氧的马尿片球菌。原有的不耐酸的兼性厌氧的嗜盐片球菌归入一个新建的四连片球菌属(*Tetragenococcus*),不再属于此属。

2) 片球菌属的代表种

①有害片球菌(*P. damnosus*)　该菌旧称啤酒片球菌(*P. cerevisiae*),细胞呈球形,直径 0.6~1.0 μm,四联状排列。发酵麦芽糖产酸不产气,不发酵乳糖。可产生丁二酮,腐败啤酒中特殊的气味与该成分有关。最适生长温度 25 ℃,在 35 ℃ 不生长。致死温度 60 ℃,10 min。高度耐啤酒花防腐剂。在 pH 值为 3.5~6.2 时可生长,最适 pH 值约为 5.5。分布于腐败的啤酒和啤酒酵母中。

②乳酸片球菌(*P. acidilactici*)　细胞球状,直径 0.6~1.0 μm。在不加啤酒花的麦芽汁中生长,但在啤酒花麦芽汁或啤酒中不生长。最适生长温度 40 ℃,最高生长温度 52 ℃。常见于酸泡菜和发酵的麦芽汁中。

③戊糖片球菌(*P. pentosaceus*)　细胞球状,直径 0.8~1.0 μm。最适生长温度35 ℃,最高生长温度 42~45 ℃,对啤酒花防腐剂敏感。分布于麦芽汁及发酵植物材料中,如酸腌菜、泡菜、青贮饲料等中。

(6) 双歧杆菌属(*Bifidobacterium*)

1) 双歧杆菌属的形态特征　双歧杆菌因其菌体尖端呈分枝状(如 Y 形或 V 形)而得名。细胞呈多样形态,短杆较规则形、纤细杆状带有尖细末端的球形、长而稍弯曲状、分枝或分叉形、棍棒状或匙形。排列方式有单个或链状、Y 字形、V 形、L 形和栅栏状,凝聚成星状等。无芽孢和鞭毛,不运动,革兰氏染色阳性,菌体着色不均匀,专性严格厌氧菌。

2) 双歧杆菌属的生理生化特点及其功能性　化能异养型,对营养要求苛刻,生长繁殖需要多种双歧因子(能促进双歧杆菌生长,不被人体吸收利用的天然或人工合成的物质),能利用葡萄糖、果糖、乳糖和半乳糖,通过果糖-6-磷酸支路生成乳酸和乙酸(摩尔比 2:3)及少量的甲酸和琥珀酸。蛋白质分解力微弱,能利用铵盐作为氮源,不还原硝酸盐,不水解精氨酸,不液化明胶,不产生吲哚,联苯胺反应阴性。专性厌氧,接触酶反应阴性,不同菌种或菌株的对氧的敏感性存在差异,多次传代培养后,菌株的耐氧性增强。生长温度范围25~45 ℃,最适生长温度37 ℃。生长 pH 值范围4.5~8.5,最适生长起始 pH 值为6.5~7.0,不耐酸,酸性环境(pH 值≤5.5)对菌体存活不利。双歧杆菌属 DNA 中(G+C)摩尔分数是55%~67%。

到目前为止,已报道的双歧杆菌有28 个种,人体肠道中共有8 种,其中两歧双歧杆菌(*B. bifidum*)、婴儿双歧杆菌(*B. infantis*)、青春双歧杆菌(*B. adolescentis*)、长双歧杆菌(*B. longum*)、短双歧杆菌(*B. breve*)是肠道中最常见的双歧杆菌。

双歧杆菌是人体肠道有益菌群,它可定殖在宿主的肠黏膜上形成生物学屏障,具有拮抗致病菌、改善微生态平衡、合成多种维生素、提供营养、抗肿瘤、降低内毒素、提高免疫力、保护造血器官、降低胆固醇水平等重要生理功能,其促进人体健康的有益作用,远远超过其他乳酸菌。

11.2.1.2 乳酸菌发酵食品

乳酸菌发酵制品有酸牛乳、酸豆乳、酸性酪乳、乳酸发酵果汁、乳酸发酵蔬菜汁、谷物乳酸菌饮料及其他乳酸菌饮料。

(1)乳酸菌发酵乳制品 发酵乳制品是指利用良好的原料乳,杀菌后接种特定的微生物进行发酵,产生具有特殊风味的乳制品,称为发酵乳制品。发酵乳制品通常具有良好的风味、较高的营养价值和一定的保健功能,深受消费者的欢迎。

目前,发酵乳制品的品种很多,生产菌种主要有干酪乳杆菌(*L. casei*)、保加利亚乳杆菌(*L. bulgaricus*)、嗜酸乳杆菌(*L. acidophilus*)、植物乳杆菌(*L. plantarum*)、乳酸乳杆菌(*L. Lactis*)、乳酸乳球菌(*L. lactis*)、嗜热链球菌(*S. thermophilus*)等。近年来,随着对双歧乳酸杆菌在营养保健方面作用的认识,人们将其引入酸奶生产,使传统的单株发酵变为双株或三株共生发酵。

1)酸乳 目前酸乳的消费最流行,加工工艺流程见图11.1。

2)双歧杆菌乳 用双歧杆菌与乳酸菌共同发酵,双歧杆菌乳既需要保证产品有一定的活菌数,又要使发酵乳产品的风味能被消费者接受。

目前双歧杆菌乳的发酵有三种形式:分别发酵、混合发酵、分步发酵。

①分别发酵法 将双歧杆菌和乳酸菌置于不同发酵罐中单独发酵,然后按比例混合,灌装后入冷库后熟,具体流程见图11.2。这种酸乳具有典型的酸乳风味,且在工业化生产中较易控制,适合于乳品厂的生产条件。

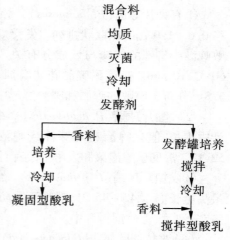

图11.1 酸乳加工工艺流程

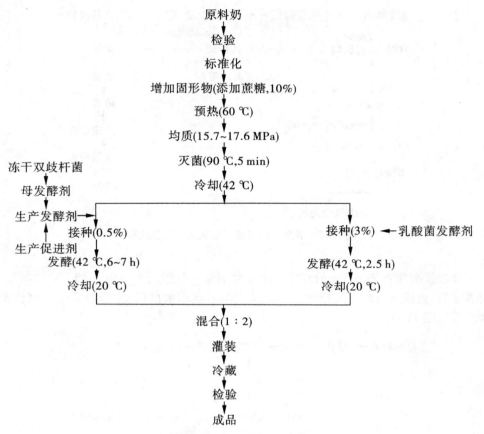

图 11.2 分别发酵法双歧杆菌乳生产工艺流程

②混合发酵法 将乳酸菌与双歧杆菌的母发酵剂混合培养制备工作发酵剂,或分别培养制备工作发酵剂,然后以适当的比例接种于处理的乳中,于适当的温度下恒温发酵,到达规定的酸度后停止发酵,迅速冷却,具体流程见图 11.3。双歧杆菌与乳酸菌之间的互生关系对于混合发酵至关重要,如嗜酸乳杆菌生长中要求醋酸盐、维生素 B_2 和叶酸等作为营养素,而青春双歧杆菌在发酵过程中除能产生醋酸外,还可以合成 B 族维生素和叶酸,恰好供给嗜酸乳杆菌生长。青春双歧杆菌与嗜酸乳杆菌在混合发酵中存在的这种互生关系,有利于混合发酵法生产双歧杆菌乳,使发酵时间大大缩短,并有效地改善成熟凝乳的风味,因此值得推广利用。

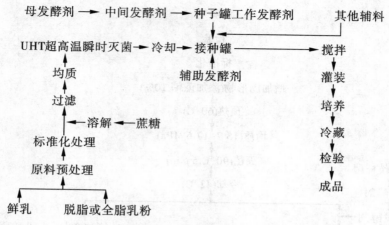

图 11.3　混合发酵双歧杆菌乳生产工艺流程

③分步发酵法　先将5%的双歧杆菌发酵剂接入处理的牛乳中,于37 ℃培养发酵至一定酸度后,再接入乳酸菌发酵剂,于42 ℃发酵至要求酸度后,立即冷藏得双歧杆菌乳,具体流程见图11.4。

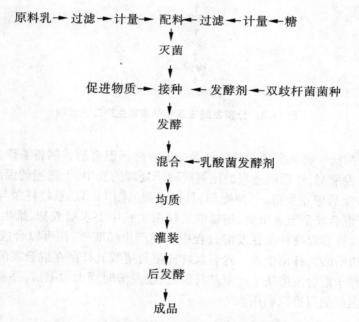

图 11.4　分步发酵法双歧杆菌乳生产工艺流程

3)干酪　不同品种干酪的风味、颜色、质地等特性不同,其生产工艺也不尽相同,一般工艺流程为:原料乳检验→净化→标准化调制→杀菌→冷却→添加发酵剂、色素、CaCl_2和凝乳酶→静置凝乳→凝块切割→搅拌→加热升温、排出乳清→压榨成型→盐渍→生干酪→发酵成熟→上色挂蜡→成熟干酪。

技术要点如下：

①原料乳的检验和预处理　生产干酪的原料必须由健康乳畜分泌的新鲜优质乳汁。感官检验合格后，测定酸度<18°T，酒精试验呈阴性，细菌总数<50 万个/mL，必要时进行抗生素试验。然后进行过滤净化，按照不同产品要求进行标准化调制。70 ~ 75 ℃杀菌 15 min。根据发酵剂菌种的最适生长温度，冷却至接种温度。

②接种发酵剂及添加色素、氯化钙、凝乳酶和静置凝乳　在接种温度下，接种混合发酵剂 1%~3%。为了使产品均匀一致，需添加色素安那妥或胡萝卜素 3%~12%。原料乳杀菌后，可溶性 Ca^{2+} 浓度降低，通过添加 0.01% $CaCl_2$，有利于干酪凝固和品质改善。干酪制造中，乳液凝固，一般使用凝乳酶，凝乳酶的种类有犊牛产生的皱胃酶、木瓜产生的木瓜蛋白酶和微生物产生的凝乳酶，添加量应根据其效价而定，即 1 份凝乳酶在 30 ~ 35 ℃ 40 min 内可凝固 1 万 ~ 1.5 万份乳量。添加凝乳酶后，搅拌均匀，静置 40 min，即可形成凝乳。

③凝块切割、搅拌加热、排出乳清　凝乳达到一定硬度后，用干酪刀将其纵横切割成小块，然后轻轻搅拌，使乳清分离。加热升温可使凝块收缩，有利乳清分离，加热时应缓慢升温（1 ~ 2 ℃/min），制造软质干酪升温至 37 ~ 38 ℃，硬质干酪则升温至 47 ~ 48 ℃。凝块收缩到适当硬度时，即可排出乳清，此时乳清酸度约为 0.12%。

④压榨和盐渍　将排出乳清后的凝块均匀地放在压榨槽内，压成饼状，再将凝块分成大小相等的小块在模型中压榨成型（10 ~ 15 ℃），时间保持 6 ~ 10 h。盐渍的目的是硬化凝块、改善风味和防腐作用，一般将粉碎的食盐撒在干酪表面或将干酪浸在 20% NaCl 溶液中，温度 8 ~ 10 ℃保持 3 ~ 7 天，使干酪的含盐量达 1%~3%。压榨成型并盐渍后的干酪称为生干酪，可以直接食用，但大多数干酪要经过发酵成熟。

⑤发酵成熟　发酵成熟温度为 10 ~ 15 ℃，相对湿度 85%~95%。软质干酪需要 1 ~ 4 个月、硬质干酪需要 6 ~ 8 个月达到成熟。发酵成熟后的干酪具有独特的芳香风味和细腻均匀的自然状态。

⑥上色挂蜡　为了防止成熟干酪氧化、污染及水分散失，常常在其表面保持一层石蜡，近年来改进为塑料膜包装。

4）酸制奶油（sour cream）　酸制奶油是以合格的鲜乳为原料，离心分离出稀奶油（cream），经过标准化调制、加碱中和、杀菌、冷却后添加发酵剂，通过乳酸菌的发酵作用，使乳糖转化为乳酸，柠檬酸转化为羟丁酮，羟丁酮进一步氧化为丁二酮，同时生成发酵中间产物甘油、脂肪酸；再经过物理成熟、排出酪乳、加盐压炼、包装等工艺制成乳脂肪含量不小于 80%、芳香浓郁的发酵乳制品。①发酵剂菌种发酵剂菌种分为两大类：一类是产酸菌种，主要是乳酸乳球菌（*L. lactis*）和乳酸乳球菌乳脂亚种（*L. lactis* subsp. *cremoris*），可将乳糖转化为乳酸，但乳酸生成量较低；另一类是产香菌种，包括乳酸乳球菌丁二酮乳酸亚种（*L. lactis* subsp. *diacetilactis*）和肠膜明串珠菌乳脂亚种（*L. mesenteroides* subsp. *cremoris*）等，可将柠檬酸转化为羟丁酮，再进一步氧化为丁二酮，赋予酸奶油特有的香味。②酸制奶油的生产工艺流程为：原料乳→离心分离（脱脂乳）→稀奶油→标准化调制→加碱中和→杀菌→冷却→接种发酵剂→发酵→物理成熟→添加色素→搅拌→排出酪乳→洗涤→加盐压炼→包装→成品。

技术要点如下：

①原料乳的检验和预处理　生产酸制奶油的原料乳要求新鲜合格、达二级以上标准。然后采用奶油分离机在温度 32~35 ℃和转速 5 000 r/min 条件下分离出稀奶油。经过标准化调制，使稀奶油的含脂率达 30%~35%。为了防止乳脂肪在酸性条件下氧化以及酪蛋白在杀菌时酸性条件下沉淀，常采用 $Ca(OH)_2$ 或 Na_2CO_3 中和稀奶油，使乳酸度达 0.2%。85~90 ℃杀菌 5 min，迅速冷却至 20 ℃。

②接种发酵剂进行发酵　接种混合发酵剂 3%~6%，20 ℃发酵 2~6 h，使乳酸度达 0.3%，即中止发酵。通过乳酸菌的发酵作用，使稀奶油中的乳糖转化为乳酸，柠檬酸转化为羟丁酮，再进一步氧化为丁二酮，同时生成发酵中间产物甘油和脂肪酸，赋予产品特有的风味。

③物理成熟　发酵结束后，在 3~5 ℃低温条件下进行物理成熟 3~6 h，使乳脂肪结晶固化，有利于搅拌并排出酪乳。

④添加色素　为了使产品质量均一，一般添加安那妥 0.01%~0.05%。

⑤搅拌、排酪乳　搅拌是为了破坏脂肪球膜以便形成大的脂肪球团。一般温度控制 10~15 ℃，搅拌 5 min 后，排出酪乳，酪乳的含脂率要求小于 0.5%。

⑥洗涤、加盐压炼　在低于搅拌温度 1~2 ℃条件下，用纯净水洗涤 2~3 次，除去脂肪表面的酪乳。然后在奶油粒中添加 2.5%~3.0% 的粉碎食盐，抑制杂菌生长并改善风味。再在压炼台上将奶油粒压制成奶油层，使水滴和食盐均匀分布于奶油层中。

⑦储藏　包装后在 0 ℃以下储藏，储藏期 0 ℃ 2~3 周，−15 ℃ 6 个月。

(2)乳酸菌发酵蔬菜制品——泡菜　泡菜是一种具有独特风味、历史悠久、大众喜爱的乳酸发酵蔬菜制品，制作工艺可追溯到 2000 多年前。乳酸发酵的"冷加工"方法对蔬菜的营养成分，色香味体的保持极为有利，产品既有良好的感官品质，又节约能源。具有设备简单、操作容易、成本低廉、原料丰富、食用方便等众多优点。

在制作泡菜过程中，微生物类群的消长变化，可以分为 3 个阶段：①微酸阶段，乳酸菌利用蔬菜中的可溶性养分进行乳酸发酵，形成乳酸，抑制了其他微生物的活动，主要菌为链球菌和肠膜明串珠菌，还可能有假单胞菌、产气肠杆菌、阴沟肠杆菌、短小芽孢杆菌、巨大芽孢杆菌、多黏芽孢杆菌等；②酸化成熟的目的，腐败微生物的活动受到抑制后，更有利于乳酸菌的大量繁殖和乳酸发酵的继续进行，乳酸浓度愈来愈高，达到了酸化成熟阶段，参与发酵的优势微生物种类有肠膜明串珠菌、植物乳杆菌、短乳杆菌和发酵乳杆菌等；③过酸阶段，乳酸浓度继续增高，乳酸菌的活动受到抑制，此时泡菜和酸菜内的微生物活动几乎完全停止，因此蔬菜得以长时间保存，这一期间的优势微生物主要是植物乳杆菌和短乳杆菌。

乳酸菌在发酵过程中，除了产乳酸外，还产生大量的乙醛、乙醇、二氧化碳、甘露醇、葡聚糖及其他风味物质。

11.2.2　醋酸菌及食醋的生产

11.2.2.1　醋酸菌

醋酸菌不是细菌分类学名词。在细菌分类学上,醋酸菌主要分布于醋酸杆菌属(*Acetobacter*)和葡萄糖氧化杆菌属(*Glucomobacter*)。醋酸杆菌属最适生长温度在 30 ℃以上,氧化酒精生成醋酸的能力强,有些能继续氧化醋酸生成 CO_2 和 H_2O,而氧化葡萄糖生成葡萄糖酸的能力弱,不要求维生素,能同化主要有机酸;葡萄糖氧化杆菌属最适生长温度在 30 ℃以下,氧化葡萄糖生成葡萄糖酸的能力强,而氧化酒精生成醋酸的能力弱,不能继续氧化醋酸生成 CO_2 和 H_2O,需要维生素,不能同化主要有机酸。用于酿醋的醋酸菌种大多属于醋酸杆菌属。

(1)醋酸杆菌属的生物学特性　细胞呈椭圆形杆状,革兰氏染色阳性,无芽孢,有鞭毛或无鞭毛,运动或不运动,其中极生鞭毛菌不能将醋酸氧化为 CO_2 和 H_2O,而周生鞭毛菌可将醋酸氧化成 CO_2 和 H_2O,不产色素,液体培养形成菌膜。

化能异养型,能利用葡萄糖、果糖、蔗糖、麦芽糖、酒精作为碳源,可利用蛋白质水解物、尿素、硫酸铵作为氮源,生长繁殖需要的无机元素有 P、K、Mg。严格好氧,接触酶反应阳性,具有醇脱氢酶、醛脱氢酶等氧化酶类,因此除能氧化酒精生成醋酸外,还可氧化其他醇类和糖类生成相应的酸和酮,具有一定产酯能力。最适生长温度 30 ～ 35 ℃,不耐热。最适生长 pH 值为 3.5 ～ 6.5。某些菌株耐酒精和耐醋酸能力强,不耐食盐。因此醋酸发酵结束后,添加食盐可防止醋酸菌继续将醋酸氧化为 CO_2 和 H_2O。

(2)主要醋酸菌种

1)纹膜醋酸杆菌(*A. aceti*)　培养时液面形成乳白色、皱褶状的黏性菌膜。摇动时,液体变混。能产生葡萄糖酸,最高产醋酸量 8.75%。生长温度范围 4 ～ 42 ℃,最适生长温度 30 ℃,能耐 14% ～ 15% 的酒精。

2)奥尔兰醋酸杆菌(*A. orleanense*)　它是纹膜醋酸杆菌的亚种也是法国奥尔兰地区用葡萄酒生产食醋的菌种。能产生葡萄糖酸,产酸能力较弱,最高产醋酸量 2.9%,耐酸能力强,能产生少量的酯。生长温度范围 7 ～ 39 ℃,最适生长温度 30 ℃。

3)许氏醋杆菌(*A. schutzenbachii*)　它是法国著名的速酿食醋菌种,也是目前酿醋工业重要的菌种之一。产酸能力强,最高产醋酸量达 11.5%。对醋酸没有进一步的氧化作用,耐酸能力较弱。最适生长温度 25 ～ 27.5 ℃,最高生长温度 37 ℃。

4)AS 1.41 醋酸杆菌　它属于恶臭醋酸杆菌(*A. rancens*)的混浊变种,是我国酿醋工业常用菌种之一。细胞杆状,常成链排列。菌落表面光滑,灰白色,液体培养时,液面形成菌膜并沿容器上升,液体不混浊。产醋酸量 6% ～ 8%,产葡萄糖酸能力弱,可将醋酸进一步氧化为 CO_2 和 H_2O。最适生长温度 28 ～ 30 ℃,最适生长 pH 值为 3.5 ～ 6.5。能耐 8% 的酒精。

5)沪酿 1.01 醋酸杆菌　它属于巴氏醋酸杆菌(*A. pasteurianus*)的巴氏亚种,是从丹东速酿醋中分离得到的,也是目前我国酿醋工业常用菌种之一。细胞杆状,常成链排列。液体培养时液面形成淡青色薄层菌膜。氧化酒精生成醋酸的转化率达 93% ～ 95%。

11.2.2.2　食醋生产

食醋是我国劳动人民在长期生产实践中制造出来的一种酸性调味品,它能增进食欲,帮助消化,在人们饮食生活中不可缺少。在我国的中医药学中,醋也有一定的用途。全国各地生产的食醋品种较多。著名的山西陈醋、镇江香醋、四川麸醋、东北白醋、江浙玫瑰米醋、福建红曲醋等是食醋的代表品种。食醋按加工方法可分为酿造醋和配制醋两大类。其中产量最大且与我们关系最为密切的是酿造醋。酿造醋是用粮食等淀粉质为原料,经微生物制曲、糖化、酒精发酵、醋酸发酵等阶段酿制而成。其主要成分除醋酸(3%~5%)外,还含有各种氨基酸、有机酸、糖类、维生素、醇和酯等营养成分及风味成分,具有独特的色、香、味。它不仅是调味佳品,长期食用对身体健康也十分有益。

(1)生产原料　目前酿醋生产用的主要原料有薯类如甘薯、马铃薯等,粮谷类如玉米、大米等,粮食加工下脚料如碎米、麸皮、谷糠等,果蔬类如葡萄、胡萝卜等,其他如酸果酒、酸啤酒、糖蜜等。

生产食醋除了上述主要原料外,还需要疏松材料如谷壳、玉米芯等,使发酵料通透性好,好氧微生物能良好生长。

(2)食醋酿造其他微生物　传统工艺酿醋是利用自然界中的野生菌制曲、发酵,因此涉及的微生物种类繁多。新法制醋均采用人工选育的纯培养菌株进行制曲、酒精发酵和醋酸发酵,因而发酵周期短、原料利用率高。

1)淀粉液化、糖化微生物　淀粉液化、糖化微生物能够产生淀粉酶、糖化酶。使淀粉液化、糖化的微生物很多,而适合于酿醋的主要是曲霉菌。常用的曲霉菌种有以下几种。

①甘薯曲霉 AS 3.324　因适用于甘薯原料的糖化而得名,该菌生长适应性好、易培养、有强单宁酶活力,适合于甘薯及野生植物等酿醋。

②东酒一号　它是 AS 3.758 的变异株,培养时要求较高的湿度和较低的温度,上海地区应用此菌制醋较多。

③黑曲霉 AS 3.4309(UV-11)该菌糖化能力强、酶系纯,最适培养温度为 32 ℃,制曲时,前期菌丝生长缓慢,当出现分生孢子时,菌丝迅速蔓延。

④宇佐美曲霉 AS 3.758　是日本在数千种黑曲霉中选育出来的糖化型淀粉酶菌种。其糖化力极强、耐酸性较高,菌丝黑色至黑褐色,孢子成熟时呈黑褐色,能同化硝酸盐。其生酸能力很强,对制曲原料适宜性也比较强。

此外还有米曲霉菌株,如沪酿 3.040、沪酿 3.042(AS 3.951)、AS 3.863 等,黄曲霉菌株,如 AS 3.800、AS 3.384 等。

2)酒精发酵微生物　生产上一般采用子囊菌亚门酵母属中的酵母菌,但不同的酵母菌株,其发酵能力不同,产生的滋味和香气也不同。北方地区常用1300酵母,上海香醋选用工农501黄酒酵母。K字酵母适用于以高粱、大米、甘薯等为原料而酿制普通食醋。AS 2.109、AS 2.399适用于淀粉质原料,而 AS 2.1189、AS 2.1190适用于糖蜜原料。

(3)固态法生产食醋　醋酸菌在充分供给氧的情况下生长繁殖,并把基质中的乙醇氧化为醋酸,这是一个生物氧化过程,其总反应式为:$C_2H_5OH + O_2 \longrightarrow CH_3COOH + H_2O$

1)醋酸菌种制备工艺流程　斜面原种→斜面菌种(30~32 ℃,48 h)→三角瓶液体菌种(一级种子30~32 ℃,振荡24 h)→种子罐液体菌种(二级种子)→(30~32 ℃,通气培养22~24 h)→醋酸菌种子

2）制醋工艺流程

麸曲、酒母
↓

薯干（或碎米、高粱等）→粉碎→加麸皮、谷糠混合→润水→蒸料→冷却→接种→入缸糖化发酵→拌糠接种→醋酸发酵→翻醅→加盐后熟→淋醋→储存陈醋→配兑→灭菌→包装→成品

↑
醋酸菌

3）操作要点

①原料配比及处理　甘薯或碎米、高粱等 100 kg、细谷糠 80 kg、麸皮 120 kg、麸曲 50 kg、酒母 40 kg、砻糠 50 kg、醋酸菌种子（醋母）40 kg、水 400 kg、食盐 3.75～7.5 kg（夏多冬少）。将薯干或碎米等粉碎，加麸皮和细谷糠拌和，加水润料后以常压蒸煮 1 h 或在 0.15 MPa 压力下蒸煮 40 min，出锅冷却至 30～40 ℃。

②发酵　原料冷却后，拌入麸曲和酒母，并适当补水，使醅料水分达 60%～66%。入缸品温以 24～28 ℃为宜，室温在 25～28 ℃。入缸第 2 天，品温升至 38～40 ℃时，进行第 1 次倒缸翻醅，然后盖严维持醅温 30～34 ℃进行糖化和酒精发酵。入缸后 5～7 d 酒精发酵基本结束，醅中可含酒精 7%～8%，此时拌入砻糠和醋酸菌种子，同时倒缸翻醅，此后每天翻醅 1 次，温度维持 37～39 ℃。约经 12 d 醋酸发酵，醅温开始下降，醋酸含量达 7.0%～7.5%时，醋酸发酵基本结束。此时应在醅料表面加食盐，一般每缸醋醅夏季加盐 3 kg，冬季加盐 1.5 kg。拌匀后再放 2 d，再经 2 d 后醋酸成熟后即可淋醋。

③淋醋　淋醋工艺采用三套循环法。先用二醋浸泡成熟醋醅 20～24 h，淋出来的是头醋，剩下的头渣用三醋浸泡，淋出来的是二醋，缸内的二渣再用清水浸泡，淋出三醋。如以头淋醋套头淋醋为老醋；二淋醋套二淋醋 3 次为双醋，较一般单淋醋质量为佳。

④陈酿及熏醋　陈酿是醋酸发酵后为改善食醋风味进行的储存、后熟过程。陈酿有两种方法：一种是醋醅陈酿，即将成熟醋醅压实盖严，封存数月后直接淋醋；另一种是醋液陈酿，即在醋醅成熟后就淋醋，然后将醋液贮入缸或罐中，封存 1～2 个月，可得到香味醇厚、色泽鲜艳的陈醋。有时为了提高产品质量，改善风味，则将醋醅用文火加热至 70～80 ℃，24 h 后再淋醋，此过程称熏醋。

⑤配兑和灭菌　陈酿醋或新淋出的头醋都还是半成品，还需要调整其浓度、成分，使其符合质量标准。除现销产品及高档醋外，一般加入 0.1% 苯甲酸钠防腐剂后进行包装。陈醋或新淋的醋液应于 85～90 ℃维持 50 min 杀菌，灭菌后应迅速降温后方可出厂。

（4）酶法液化通风回流制醋　酶法液化通风回流制醋是利用自然通风和醋汁回流代替倒醅的制醋新工艺。本法的特点是：①利用 α-淀粉酶将原料进行淀粉液化，再加麸曲糖化，提高了原料利用率；②采用液态酒精发酵、固态醋酸发酵的发酵工艺；③醋酸发酵池近底处的池壁上开设通风洞，让空气自然进入，利用固态醋醅的疏松度使醋酸菌得到足够的氧，全部醋醅都能均匀发酵；④利用假底下积存的温度较低的醋汁，定时回流喷淋在醋醅上，以降低醋醅温度，调节发酵温度，保证发酵在适当的温度下进行。

1）工艺流程　碎米→浸泡→磨浆→添加 α-淀粉酶、氯化钙和碳酸钠→调浆→加热液化→灭酶→冷却→接入麸曲→糖化→冷却→加水稀释、调节 pH 值和接入酒母→液态酒精发酵→添加麸皮和谷糠、接入醋母→拌和入池→固态醋酸发酵→加盐→淋醋→配制

→灭菌→成品。

2)操作要点

①配料　碎米 1 200 kg、麸皮 1 400 kg、砻糠 1 650 kg、碳酸钠 1.2 kg、氯化钙 2.4 kg、α-淀粉酶以每克碎米 130 酶活力单位计 3.9 kg、麸曲 60 kg、酒母 500 kg、醋酸菌种子 200 kg、食盐 100 kg、水 3 250 kg(配发酵醪用)。

②水磨与调浆　将碎米浸泡使米粒充分膨胀,将米与水按 1∶1.5 的比例送入磨粉机,磨成 212 μm 以上的细度粉浆。使粉浆浓度在 20%～23%,用碳酸钠调至 pH 值为 6.2～6.4,加入氯化钙和 α-淀粉酶后,送入糖化锅。

③液化和糖化　粉浆在液化锅内应搅拌加热,在 85～92 ℃下维持 10～15 min,用碘液检测,显棕黄色表示已达到液化终点,再升温至 100 ℃维持 10 min,达到灭菌和使酶失活的目的,然后送入糖化锅。将液化醪冷至 60～65 ℃时加入麸曲,保温糖化 35 min,待糖液降温至 30 ℃左右,送入酒精发酵容器。

④酒精发酵　将糖液加水稀释至 7.5～8.0 °Bé,调 pH 值至 4.2～4.4 接入酒母,在 30～33 ℃下进行酒精发酵 70 h,得到约含酒精 8.5% 的酒醪,酸度在 0.3%～0.4%。然后将酒醪送至醋酸发酵池。

⑤醋酸发酵　将酒醪与砻糠、麸皮及醋酸菌种拌和,送入有假底的发酵池,扒平盖严。进池品温 35～38 ℃为宜,而中层醋醅温度较低,入池 24 h 进行 1 次松醅,将上面和中间的醋醅尽可能疏松均匀,使温度一致。当品温升至 40 ℃时进行醋汁回流,即从假底放出部分醋液,再泼回醋醅表面,一般每天回流 6 次,发酵期间共回流 120～130 次,使醅温降低。醋酸发酵温度,前期可控制在 42～44 ℃,后期控制在 36～38 ℃。经 20～25 d 醋酸发酵,醋汁含酸量达 6.5%～7.0% 时,发酵基本结束。为避免醋酸被氧化成二氧化碳和水,应及时加入食盐以抑制醋酸菌的氧化作用。方法是将食盐置于醋醅的面层,用醋汁回流溶解食盐使其渗入到醋醅中。淋醋仍在醋酸发酵池内进行。再用二醋淋浇醋醅,池底继续收集醋汁,当收集到的醋汁含酸量降到 5% 时,停止淋醋。此前收集到的为头醋。然后在上面浇三醋,由池底收集二醋,最后上面加水,下面收集三醋。二醋和三醋供淋醋循环使用。

⑥灭菌与配兑　灭菌是通过加热的方法把陈醋或新淋醋中的微生物杀死,破坏残存的酶,使醋的成分基本固定下来。同时经过加热处理,醋的香气更浓,味道更和润。灭菌后的食醋应迅速冷却,并按照质量标准配兑。

(5)液体深层发酵制醋　液体深层发酵制醋是利用发酵罐通过液体深层发酵生产食醋的方法,通常是将淀粉质原料经液化、糖化后先制成酒醪或酒液,然后在发酵罐里完成醋酸发酵。液体深层发酵法制醋具有机械化程度高、操作卫生条件好、原料利用率高(可达 65%～70%)、生产周期短、产品的质量稳定等优点。缺点是醋的风味较差。

1)工艺流程

碎米→浸泡→磨浆→调浆→液化→糖化→酒精发酵→酒醪→醋酸发酵→醋醪→压滤→配兑→灭菌→陈醋→成品

2)操作要点　在液体深层发酵制醋过程中,到酒精发酵为止的工艺均与酶法液化通风回流制醋相同,不同的是醋酸发酵开始,采用较大的发酵罐进行液体深层发酵,并需通气搅拌,醋酸菌种子为液态,即醋母。

醋酸液体深层发酵温度为 32 ~ 35 ℃,通风量前期为 1 : 0.13 m³/(h·m³),中期为 1 : 0.17 m³/(h·m³),后期为 1 : 0.13 m³/(h·m³),罐压维持 0.03 MPa,连续搅拌,醋酸发酵周期为 65 ~ 72 h。经测定已无酒精,酸度不再增加说明醋酸发酵结束。

液体深层发酵制醋也可采用半连续法,即当醋酸发酵成熟时,取出 1/3 成熟醪,再加 1/3 酒醪继续发酵,如此每 20 ~ 22 h 重复 1 次。目前生产上多采用此法。

11.2.3　谷氨酸菌及味精生产

11.2.3.1　谷氨酸菌的主要种类

谷氨酸菌在细菌分类学中属于棒杆菌属(*Corynebacterium*)、短杆菌属 (*Brevibacterium*)、小杆菌属(*Microbacterium*)和节杆菌属(*Arthrobacter*)中的细菌。目前我国谷氨酸发酵最常见的生产菌种是北京棒杆菌 AS 1.299、北京棒杆菌 D 110、钝齿棒杆菌 AS 1.542、棒杆菌 S-914 和黄色短杆菌 T 6 ~ 13(*Brevibacterium flavum* T 6 ~ 13)等。在已报道的谷氨酸产生菌中,除芽孢杆菌外,虽然它们在分类学上属于不同的属种,但都有一些共同的特点,如菌体为球形、短杆至棒状、无鞭毛、不运动、不形成芽孢、呈革兰氏阳性、需要生物素、在通气条件下培养产生谷氨酸。

(1)北京棒杆菌 AS 1.299(*Corynebacterium pekinense* sp. AS 1.299)　细胞呈短杆或棒状,有时略呈弯曲状,两端钝圆,排列为单个、成对或 V 字形。革兰氏染色阳性。无芽孢,无鞭毛,不运动。细胞内有明显的横隔,在次极端有异染颗粒。普通肉汁固体平皿培养,菌落圆形,中间隆起,表面光滑湿润,边缘整齐,菌落颜色开始呈白色,直径 1 mm,随培养时间延长变为淡黄色,直径增大至 6 mm,不产水溶性色素。普通肉汁液体培养,稍混浊,有时表面呈微环状,管底有粒状沉淀。

化能异养型,能利用葡萄糖、果糖、甘露糖、麦芽糖、蔗糖以及乙酸、柠檬酸作为碳源迅速进行谷氨酸发酵,不分解淀粉、纤维素、油脂和明胶。铵盐和尿素均可作为氮源,能还原硝酸盐,不同化酪蛋白。要求多种无机离子,需要生物素作为生长因子,同时加入具有明显促生长作用的硫胺素。好氧或兼性厌氧,过氧化氢酶反应阳性。20 ℃生长缓慢,41 ℃生长微弱,最适生长温度 30 ~ 32 ℃,生长 pH 值范围为 5 ~ 11,最适生长 pH 值为 6.0 ~ 7.5,在含 7.5% NaCl 或 2.6% 尿素肉汁培养基中生长良好,10% 的 NaCl 或 3% 尿素生长受到抑制。

(2)钝齿棒杆菌 AS 1.542(*Corynebacterium crenatumn* sp. AS 1.542)　细胞呈短杆或棒状,两端钝圆,排列为单个、成对或 V 字形。革兰氏染色阳性。无芽孢,无鞭毛,不运动。细胞内次极端有异染颗粒并存在数个横隔。普通肉汁固体平皿培养,菌落扁平,呈草黄色,表面湿润无光泽,边缘较薄呈钝齿状,不产水溶性色素,直径 3 ~ 5 mm。普通肉汁液体培养混浊,表面有薄菌膜,管底有较多沉淀。

化能异养型,能利用葡萄糖、果糖、甘露糖、麦芽糖、蔗糖、水杨苷、七叶灵以及乙酸、柠檬酸、乳酸、葡萄糖酸、延胡羧酸等多种有机酸作为碳源迅速进行谷氨酸发酵,不分解淀粉、纤维素、油脂和明胶。铵盐和尿素均可作为氮源,能还原硝酸盐,不同化酪蛋白。要求多种无机离子,需要生物素作为生长因素。好氧或兼性厌氧,过氧化氢酶反应阳性。

37 ℃生长良好,39 ℃生长微弱,最适生长温度30 ℃。pH 值6~9 生长良好,pH 值10 生长减弱,pH 值4~5 不生长。在含7.5% NaCl 或2.5%尿素肉汁培养基中生长良好,10% NaCl 和3%尿素生长受到抑制。

11.2.3.2 谷氨酸发酵

（1）生产原料 发酵生产谷氨酸的原料:淀粉质原料有玉米、小麦、甘薯、大米、淀粉等,其中甘薯和淀粉最为常用;糖蜜原料有甘蔗糖蜜、甜菜糖蜜;氮源有尿素或氨水。

（2）工艺流程 味精生产全过程可分五个部分:淀粉水解糖的制取,谷氨酸生产菌种子的扩大培养,谷氨酸发酵,谷氨酸的提取与分离,由谷氨酸制成味精。

菌种的扩大培养

↓

淀粉质原料→糖化→中和、脱色、过滤→培养基调配→接种→发酵→提取(等电点法、离子交换法等)→谷氨酸→谷氨酸钠→脱色→过滤→干燥→成品

（3）发酵生产工艺

1）培养基成分

①碳源 碳源是构成菌体和合成谷氨酸碳架及能量的来源。由于谷氨酸产生菌是异养微生物,因此只能从有机物中获得碳素,而细胞进行合成反应所需能量也是从氧化分解有机物过程中得到的。实际生产中以糖质原料为主。培养基中糖浓度对谷氨酸发酵有密切的关系。在一定的范围内,谷氨酸产量随糖浓度的增加而增加。

②氮源 氮源是合成菌体蛋白质、核酸及谷氨酸的原料。碳氮比对谷氨酸发酵有很大影响。大约85%的氮源被用于合成谷氨酸,另外15%用于合成菌体。谷氨酸发酵需要的氮源比一般发酵工业多得多,一般发酵工业碳氮比为100:0.2~100:2.0,谷氨酸发酵的碳氮比为100:15~100:21。

③无机盐 是微生物维持生命活动不可缺少的物质,其主要功能:构成细胞的组成成分;作为酶的组成成分;激活或抑制酶的活力;调节培养基的渗透压;调节培养基的 pH 值;调节培养基的氧化还原电位。发酵时,使用的无机离子有 K^+、Mg^{2+}、Fe^{2+}、Mn^{2+} 等阳离子和 PO_4^{3-}、SO_4^{2-}、Cl^- 等阴离子,其用量如下:KH_2PO_4 0.05%~0.2%;K_2HPO_4 0.05%~0.2%;$MgSO_4 \cdot 7H_2O$ 0.005%~0.1%;$FeSO_4 \cdot 7H_2O$ 0.0005%~0.01%;$MnSO_4 \cdot 4H_2O$ 0.0005%~0.005%。

④生长因子 凡是微生物生命活动不可缺少,而微生物自身又不能合成的微量有机物质都称为生长因子。生长因子主要包括维生素、氨基酸和碱基(嘧啶和嘌呤)。生长因子的作用是影响代谢途径;影响细胞的渗透性。谷氨酸产生菌几乎都是生物素缺陷型,实际生产中通过添加玉米浆、麸皮、水解液、糖蜜等作为生长因子的来源,来满足谷氨酸产生菌必需的生长因子。

2）培养基

①斜面培养基 葡萄糖 0.1%、牛肉膏 1.0%、蛋白胨 1.0%、氯化钠 0.5%、琼脂 2.0%、pH 值7.0~7.2、121 ℃灭菌30 min(传代和保藏斜面不加葡萄糖)。

②一级种子、二级种子及发酵培养基

一级种子:葡萄糖2.5%、尿素0.6%、KH_2PO_4 0.1%、$MgSO_4 \cdot 7H_2O$ 0.04%、玉米浆 2.3~3.0 mL、pH 值7.0。

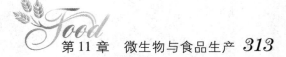

二级种子:水解糖 3.0%、尿素 0.6%、玉米浆 0.5~0.6 mL、KH_2PO_4 0.1%~0.2%、$MgSO_4 \cdot 7H_2O$ 0.04%、pH 值 7.0。

发酵培养基:水解糖 12%~14%、尿素 0.5%~0.8%、玉米浆 0.6 mL、$MgSO_4 \cdot 7H_2O$ 0.06%、KCl 0.05%、Na_2HPO_4 0.17%、pH 值 7.0。

3)发酵条件的控制

①温度　谷氨酸发酵前期(0~12 h)是菌体大量繁殖阶段,在此阶段菌体利用培养基中的营养物质来合成核酸、蛋白质等,供菌体繁殖用,此时的最适温度在 30~32 ℃。在发酵中后期,是谷氨酸大量积累的阶段,而催化谷氨酸合成的谷氨酸脱氢酶的最适温度在 32~36 ℃,故发酵中后期适当提高罐温对积累谷氨酸有利。

②pH 值　发酵液的 pH 值影响微生物的生长和代谢途径。发酵前期如果 pH 值偏低,则菌体生长旺盛,长菌而不产酸;如果 pH 值偏高,则菌体生长缓慢,发酵时间拉长。在发酵前期将 pH 值控制在 7.5~8.0 较为合适,而在发酵中后期将 pH 值控制在 7.0~7.6 对提高谷氨酸产量有利。

③通风　在谷氨酸发酵过程中,发酵前期以低通风量为宜,发酵中后期以高通风量为宜。实际生产上,以气体转子流量计来检查通气量,即以每分钟单位体积的通气量表示通风强度。另外发酵罐大小不同,所需搅拌转速与通风量也不同。

④泡沫的控制　在发酵过程中由于强烈的通风和菌体代谢产生的 CO_2,使培养液产生大量的泡沫,使氧在发酵液中的扩散受阻,影响菌体的呼吸和代谢,给发酵带来危害,必须加以消泡。消泡的方法有机械消泡(耙式、离心式、刮板式、蝶式消泡器)和化学消泡(天然油脂、聚酯类、醇类、硅酮等化学消泡剂)两种方法。

⑤发酵时间　不同的谷氨酸产生菌对糖的浓度要求不一样,其发酵时间也有所差异。一般低糖(10%~12%)发酵,时间为 36~38 h,中糖(14%)发酵,时间为 45 h。

11.2.4　纳豆菌与纳豆发酵

11.2.4.1　纳豆菌

纳豆菌属于枯草芽孢杆菌纳豆菌亚种(*Bacillus subtilis* sp. natto),革兰氏阳性菌,好氧,芽孢杆菌,极易成链状排列,有荚膜,有鞭毛,具有运动性,在肉汤中生长不混浊或极少混浊,表面有一层白色有皱褶菌膜。在营养琼脂培养基上生长的菌落为粗糙型,表面有皱褶,边缘不整齐,圆形或不规则形,易蔓延,能发酵葡萄糖、木糖、甘露醇产酸,不产气,在 7% NaCl 中仍能生长。菌体大小为(0.5~1.0) μm×(1.2~1.9) μm,在 0~100 ℃可存活,最适生长温度为 40~42 ℃,低于 10 ℃不能生长,50 ℃生长不好,30 ℃时的繁殖速率仅为 40 ℃时的一半。在纳豆生产过程中,要求相对湿度在 85% 以上,否则纳豆菌的生长受到抑制。纳豆菌在生长繁殖过程中,可产生淀粉酶、蛋白酶、脱氨酶和纳豆激酶等多种酶类。

11.2.4.2　纳豆发酵工艺

纳豆是日本民间传统发酵食品,以稻草包裹煮熟的大豆,经自然发酵而成。20 世纪 50 年代已实现工业化生产。其基本生产工艺流程:精选大豆→浸泡、沥干→蒸煮→冷却→接种纳豆菌→发酵→ 4 ℃放置 1 d→纳豆。

纳豆菌可杀死霍乱菌、伤寒菌、大肠杆菌等,起到抗生素的作用。纳豆菌还可以灭活葡萄球菌肠毒素,纳豆中含有 100 种以上的酶,特别是纳豆激酶(Nattokinase),具有很强的溶血栓作用。其溶栓能力远比尿激酶、蚓激酶强,且无任何毒副作用,体内半衰期长(6~8 h),可有效防止血栓、脑中风及心肌梗死等心脑血管疾病。纳豆菌可将大豆蛋白分解为小分子肽。目前已分离出降血压肽、抗氧化肽和红细胞增生因子等功能性肽。另外纳豆菌在发酵过程中能产生大量的黏性物质,主要成分是 γ-谷氨酸的聚合物(γ-PGA),可开发成新型的外科手术材料。纳豆中含有丰富的维生素 B_2、B_6、B_{12}、E、K 等多种营养物质。纳豆中还含有染料木素和染料木甙等抗癌的主要活性成分,因此常食纳豆可有效降低癌症的发生率。

11.3 真菌性发酵食品

11.3.1 食品工业中主要的酵母菌及其应用

11.3.1.1 啤酒酵母

啤酒酵母(*Saccharomyces cerevisiae*)属于典型的上面酵母,又称爱丁堡酵母。广泛应用于啤酒、白酒酿造和面包制作。

(1)啤酒酵母的形态特征 细胞呈圆形或短卵圆形,大小为(3~7)μm×(5~10)μm,通常聚集在一起,不运动。单倍体细胞或双倍体细胞都能以多边出芽方式进行无性繁殖,能形成有规则的假菌丝(芽簇),但无真菌丝。有性繁殖为 2 个单倍体细胞同宗或异宗接合或双倍体细胞直接进行减数分裂形成 1~4 个子囊孢子。细胞形态往往受培养条件的影响,但恢复原有的培养条件,细胞形态即可恢复原状。

(2)啤酒酵母的培养特征 麦芽汁固体培养,菌落呈乳白色,不透明,有光泽,表面光滑湿润,边缘略呈锯齿状,随培养时间延长,菌落颜色变暗,失去光泽。麦芽汁液体培养,表面产生泡沫,液体变混,培养后期菌体悬浮在液面上形成酵母泡盖,因而称上面酵母。

(3)啤酒酵母的生理生化特性 化能异养型,能发酵葡萄糖、果糖、半乳糖、蔗糖、麦芽糖和麦芽三糖以及 1/3 的棉籽糖,不发酵蜜二糖、乳糖和甘油醛,也不发酵淀粉、纤维素等多糖。不分解蛋白质,可同化氨基酸和氨态氮,不同化硝酸盐。需要 B 族维生素和磷、硫、钙、镁、钾、铁等无机元素。兼性厌氧,最适生长温度 25 ℃,最适发酵温度 10~25 ℃,最适发酵 pH 值为 4.5~6.5。真正发酵达 60%~65%。

11.3.1.2 葡萄酒酵母

葡萄酒酵母(*Saccharomyces ellipsoideus*)属于啤酒酵母的椭圆变种,简称椭圆酵母,常用于葡萄酒和果酒的酿造。

(1)葡萄酒酵母的形态特征 细胞呈椭圆形或长椭圆形,大小为(3~10)μm×(5~15)μm,不运动。单倍体细胞或双倍体细胞都能以多边出芽方式进行无性繁殖,形成有规则的假菌丝。在环境不利条件下进行有性繁殖,2 个单倍体细胞同宗或异宗接合或双倍体细胞直接进行减数分裂形成 1~4 个子囊孢子。细胞形态往往受培养条件的影响,但恢复原有的培养条件,细胞形态即可恢复原状。

(2)葡萄酒酵母的培养特征　葡萄汁固体培养,菌落呈乳黄色,不透明,有光泽,表面光滑湿润,边缘整齐。随培养时间延长,菌落颜色变暗。液体培养变浊,表面形成泡沫,凝聚性较强,培养后期菌体沉降于容器底部。

(3)葡萄酒酵母的生理生化特点　化能异养型,可发酵葡萄糖、果糖、半乳糖、蔗糖、麦芽糖、麦芽三糖以及 1/3 的棉籽糖,不发酵蜜二糖、乳糖和甘油醛,也不发酵淀粉、纤维素等多糖。不分解蛋白质,不还原硝酸盐,可同化氨基酸和氨态氮。需要 B 族维生素和磷、硫、钙、镁、钾、铁等无机元素。兼性厌氧,最适生长温度 25 ℃,葡萄酒发酵最适温度 15 ~ 25 ℃,最适发酵 pH 值为 3.3 ~ 3.5。耐酸、耐乙醇、耐高渗、耐二氧化硫能力强于啤酒酵母。

11.3.1.3　卡尔酵母

卡尔酵母(*Saccharomgces carlsbergensis*)属于典型的下面酵母,又称卡尔斯伯酵母或嘉士伯酵母。常用于啤酒酿造、药物提取以及维生素测定的菌种。

(1)卡尔酵母的形态特征　细胞呈椭圆形,大小(3 ~ 5) μm×(7 ~ 10) μm,通常分散独立存在,不运动。单倍体细胞或双倍体细胞大多都以单端出芽方式进行无性繁殖,能形成不规则的假菌丝,但无真菌丝。采用特殊方法培养才能进行有性生殖形成子囊孢子。

(2)卡尔酵母的培养特征　麦芽汁固体培养,菌落呈乳白色,不透明,有光泽,表面光滑湿润,边缘整齐,随培养时间延长,菌落颜色变暗,失去光泽。麦芽汁液体培养,表面产生泡沫,液体变混,培养后期菌体沉降于容器底部,因此又称下面酵母。

(3)卡尔酵母的生理生化特点　化能异养型,能发酵葡萄糖、果糖、半乳糖、蔗糖、麦芽糖、蜜二糖、麦芽三糖和甘油醛以及全部的棉籽糖,不发酵乳糖以及淀粉、纤维素等多糖。不分解蛋白质,不还原硝酸盐,可同化氨基酸和氨态氮。需要 B 族维生素以及磷、硫、钙、镁、钾、铁等无机离子。兼性厌氧,最适生长温度 25 ℃,啤酒发酵最适温度 5 ~ 10 ℃。最适发酵 pH 值为 4.5 ~ 6.5,真正发酵度为 55% ~ 60%。

11.3.1.4　产朊假丝酵母

产朊假丝酵母(*Candida utilis*)又称食用圆酵母,其蛋白质和维生素 B 含量均比啤酒酵母高,常作为生产食用或饲用单细胞蛋白(SCP)以及维生素 B 的菌株。

(1)产朊假丝酵母的形态特征　细胞呈圆形、椭圆形或腊肠形,大小(3.5 ~ 4.5) μm×(7.0 ~ 13.0) μm,以多边出芽方式进行无性繁殖,形成假菌丝。没有发现有性生殖和有性孢子,属于半知菌类酵母菌。

(2)产朊假丝酵母的培养特征　麦芽汁固体培养,菌落呈乳白色,表面光滑湿润,有光泽或无光泽,边缘整齐或菌丝状,玉米固体培养产生原始状假菌丝。葡萄糖酵母汁蛋白胨液体培养,表面无菌膜,液体混浊,管底有菌体沉淀。

(3)产朊假丝酵母的生理生化特点　化能异养型,能发酵葡萄糖、蔗糖和 1/3 的棉籽糖,不发酵半乳糖、麦芽糖、乳糖、蜜二糖。能同化尿素、铵盐和硝酸盐,不分解蛋白质和脂肪,在培养基中不需要加入任何生长因子即可生长。兼性厌氧,最适生长温度 25 ℃,最适生长 pH 值为 4.5 ~ 6.5。特别重要的是,它能利用五碳糖和六碳糖,既能利用造纸工业的亚硫酸废液,也能利用糖蜜、马铃薯淀粉废料、木材水解液等生产出人畜可食的蛋白质和维生素 B。

11.3.1.5 酵母菌在食品工业中的应用

（1）啤酒酿造 啤酒酿造是以大麦、水为主要原料,以大米或其他未发芽的谷物、酒花为辅助原料。大麦经过发芽产生多种水解酶,将淀粉和蛋白质等大分子物质分解为可溶性糖类、糊精以及氨基酸、肽、胨等低分子物质,通过酵母菌的发酵作用生成酒精和CO_2以及多种营养和风味物质,最后经过过滤、包装、杀菌等工艺制成CO_2含量丰富、酒精含量仅3%~6%、富含多种营养成分、酒花芳香、苦味爽口的饮料酒。

1）啤酒酵母的扩大培养

①工艺流程 斜面原种→活化(接5 mL麦汁,25 ℃ 1~2 d)→2个100 mL富氏瓶(扩培比1/10,25 ℃ 1~2 d)→2个1 000 mL巴氏瓶(扩培比1/10,25 ℃ 1~2 d)→2个10 L卡氏罐(扩培比1/10,25 ℃ 1~2 d)→200 L汉森氏种母罐(扩培比1/10,15 ℃ 1~2 d)→2 t扩大罐(扩培比1/10,10 ℃ 1~2 d)→10 t繁殖槽(扩培比1/10,8 ℃ 1~2 d)→主发酵。

②技术要点

温度控制:培养初期,采用酵母菌最适生长温度25 ℃培养,之后每扩大培养1次,温度均有所降低,使酵母菌逐步适应低温发酵的要求。

接种时间:每次扩大培养均采用对数生长期的种子液接种,一般泡沫达到最高将要回落时为对数生长期。

注意及时通风供氧:从斜面原种至卡氏罐为实验室扩大培养阶段,应注意每天定时摇动容器,达到供氧目的,从汉森罐至酵母繁殖槽为生产现场扩大培养阶段,应定时通入无菌压缩空气供氧。

2）啤酒酿造工艺

①工艺流程 原料大麦→清选→分级→浸渍→发芽→干燥→麦芽及辅料粉碎→糖化→过滤→麦汁煮沸→麦汁沉淀→麦汁冷却→接种→酵母繁殖→主发酵→后发酵→过滤→包装→杀菌→贴标→成品。

②操作要点

a.麦芽制备 麦芽制造的目的是使大麦产生各种水解酶并使胚乳细胞适当溶解,便于糖化时淀粉和蛋白质等大分子物质的分解。另外,麦芽经过干燥处理产生特有的色、香、味。大麦经过清选、分级后,进入浸麦槽进行浸麦,一般淡色麦芽的浸麦度达到43%~46%时进入发芽箱发芽。淡色麦芽的发芽温度为15 ℃,发芽6~8 d后,当根芽为麦粒的1~1.5倍,叶芽为麦粒的3/4倍时,发芽结束进行干燥。干燥期间,控制温度逐渐升高,麦芽的含水量合理下降,制造淡色麦芽时,当麦层温度达75 ℃时进入焙焦阶段。焙焦温度85 ℃,时间2.5~3.0 h后,干燥后经过除根处理即得成品麦芽。

b.糖化与麦芽汁制备 将粉碎的麦芽和未发芽的谷物原料与温水混合,借助麦芽各种水解酶将淀粉和蛋白质等不溶性的大分子物质分解为可溶性的糖类、糊精、氨基酸、肽、胨等低分子物质,为酵母菌的繁殖和发酵提供必需的营养物质,麦芽汁的制备过程也称为糖化。糖化方法分为浸出糖化法和煮出糖化法。目前国内外制造淡色啤酒普遍采用双醪二次煮出糖化法:将粉碎的辅助原料和部分麦芽粉放入糊化锅与50 ℃温水混合,保温15 min,煮沸30 min,使辅料糊化,同时,另一部分麦芽粉放入糖化锅与50 ℃温水混合,保温30~90 min,进行蛋白质分解,然后将这两部分糖化醪液在糖化锅内混合,63~

70 ℃保温糖化,待碘液反应完成,取部分糖化醪液在糊化锅内进行第二次煮沸,再打回糖化锅,使糖化醪升温至 75 ~ 78 ℃,继续糖化 30 min。然后过滤即为原麦芽汁,在原麦芽汁中添加 0.1% 酒花,煮沸 1.5 h,促进酒花有效物质的浸出和蛋白质凝固、析出,麦芽汁煮沸后,沉淀 30 ~ 60 min,除去酒花糟粕和蛋白质凝固物,冷却至接种温度 6 ~ 8 ℃,完成糖化和麦芽汁制备。

c. 接种与酵母增殖　冷却麦芽汁入酵母繁殖槽,接种 6 代以内回收的酵母泥 0.5%(或扩大培养的种子液),控制品温 6 ~ 8 ℃,好氧培养 12 ~ 24 h,待起发后入发酵池(罐)进行主发酵。

d. 主发酵　主发酵也称前发酵,可分为 4 个时期:入发酵池(罐)后 4 ~ 5 h,酵母菌产生的 CO_2 使麦芽汁饱和,在麦芽汁表面出现白色、乳脂状气泡,称为起泡期,此时不需人工降温,持续 2 ~ 3 d;随着发酵的进行,酵母菌厌氧代谢旺盛,使泡沫层加厚,温度升高,发酵进入高泡期,此时需开动冰水人工降温,最高发酵温度不超过 9 ℃,保持 2 ~ 3 d;发酵 5 ~ 6 d 后,泡沫开始回缩,颜色变深,称为落泡期,此时需开动冰水逐渐降温,维持 2 d;发酵 7 ~ 8 d 后,泡沫消退,形成泡盖(由酒花树脂、蛋白质多酚复合物、泡沫和死酵母构成),称为泡盖形成期,此时应急剧降温至 4 ~ 5 ℃,使酵母沉降,并打捞泡盖、回收酵母,结束主发酵。在主发酵过程中,酵母菌通过旺盛的厌氧代谢,大部分可发酵性糖转化为酒精和 CO_2,同时形成主要的代谢产物和风味物质。

e. 后发酵　后发酵的主要作用是使残糖继续发酵,促进 CO_2 在酒液中饱和,同时利用酶还原双乙酰,并且利用 CO_2 排除酒液中的生青物质(双乙酰、H_2S、乙醛),使啤酒成熟。后发酵前期:4 ~ 5 ℃敞口发酵 3 ~ 5 d,还原双乙酰,排出生青物质。后期:0 ~ 2 ℃、0.5 ~ 1.0 kg/cm² 加压发酵,饱和 CO_2,时间为 1 ~ 3 个月。

f. 啤酒过滤与包装　后发酵结束,还有少量悬浮的酵母及蛋白质等杂质,需要采取一定的手段将这些杂质除去。目前多数企业采用硅藻土过滤法、纸板过滤法、离心分离法和超滤。过滤的效果直接影响到啤酒的生物学稳定性和品质。酒液经过过滤、装瓶、热杀菌(60 ℃、30 min)处理,称为熟啤酒,而过滤后不经过热杀菌的啤酒称为鲜啤酒。包装是啤酒生产的最后一道工序,对保证成品的质量和外观十分重要。啤酒包装以瓶装和罐装为主。

(2)面包生产　面包是一种营养丰富、组织蓬松、易于消化的方便食品。它以面粉、糖、水为主要原料,面粉中淀粉经淀粉酶水解生成糖类物质,再经过酵母菌发酵作用产生醇、醛、酸类物质和 CO_2,同时环境中的一部分乳酸菌参与发酵作用形成醇、酸类物质,这些发酵产物构成了面包特有的风味,在高温焙烤过程中,CO_2 受热膨胀使面包成为多孔的海绵结构和松软的质地。

面包的种类很多,主要分为主食面包和点心面包。点心面包又根据配料不同,分为果子面包、鸡蛋面包、牛奶面包、蛋黄面包和维生素面包等。

1)菌种及发酵剂类型　早期面包制造主要利用自然发酵法生产,而现代面包制造大多采用纯种发酵剂发酵生产。面包发酵剂菌种是啤酒酵母,应选择发酵力强、风味良好、耐热、耐酒精的酵母菌株。面包发酵剂类型有压榨酵母(compressed yeast)和活性干酵母(active dry yeast)2 种。压榨酵母又称鲜酵母,是酵母菌经液体深层通气培养后再经压榨而制成,发酵活力高,使用方便,但不耐储藏。活性干酵母是压榨酵母经低温干燥或喷雾干燥或真空干燥而制成,便于储藏和运输,但活性有所减弱,需经活化后使用。国内以前大多使用压榨酵母,现在活性干酵母的应用越来越多。

2)活性干酵母面包发酵剂的制备

①活性干酵母面包发酵剂的制备工艺流程 糖蜜→澄清处理→添加氮源、磷源→灭菌→发酵培养基→接入种子液→液体深层通气培养→冷却→酵母分离→洗涤→压榨成形→干燥→成品。

②操作要点 包括培养基制备,接种与培养,酵母分离、压榨和干燥。

发酵培养基的制备:糖蜜经过热酸或热碱处理,除去杂质,使之澄清,补充3%~5%硫酸铵(氮源)和0.6%磷酸铵(磷源),pH值调至4.5,灭菌后制成发酵培养基。

接种与培养:将发酵培养基打入发酵罐,接入扩大培养的酵母种子液20%~25%,进行液体深层通气培养,培养温度25~30℃,pH值控制在4.2~4.8,通风量120~160 m³/(h·m³)培养基,采用每小时流加糖液的方法培养12 h左右,使残糖降至0.1~0.2 g/100 mL,终止培养。

酵母分离、压榨和干燥:培养后的发酵液经冷却降温,送入酵母分离机进行离心分离,得到的湿菌体用冷水洗涤后压榨成形,使压榨酵母的含水质量分数达65%~70%,最后,采用30℃低温将压榨酵母烘干至含水质量分数6%~8%制成活性干酵母。

3)面包生产工艺 目前我国面包生产多采用两次发酵法。

①两次发酵法面包生产工艺流程 配料→第一次发酵→面团→配料和面→第二次发酵→切块→揉搓→成形→放盘→醒发→烘烤→冷却→包装→成品。

②操作要点 包括配料、第一次发酵、配料和面、第二次发酵、整形、醒发、烘烤、冷却和包装。

配料:将一定量面粉与1%酵母活化液、60%水混合均匀,进行第一次发酵。

第一次发酵:温度27~29℃,相对湿度75%~80%,发酵4 h,形成面团。

配料和面:在第一次发酵后的面团中按质量分数计添加面粉30%~70%、砂糖5%~6%、食盐0.5%、油脂2%~3%、水60%,再次和成面团,进行第二次发酵。

第二次发酵:温度30℃,相对湿度75%~80%,发酵1 h。

整形:将第二次发酵后的面团进行切块、揉搓、装模成形,称为整形。整形后放入盘中开始饧皮。

醒发:温度38~40℃,相对湿度85%,饧皮1 h。

烘烤:初期控制上火温度120℃,下火温度250~260℃,保持2~3 min;中期控制温度270℃;后期控制上火温度180~200℃,下火温度140~160℃,烘烤时间视品种而定。

冷却、包装:烘烤后冷却至室温,然后包装制成成品。

11.3.2 食品工业中主要的霉菌及其应用

霉菌在食品加工工业中用途十分广泛,许多酿造食品、食品原料的制造,如豆腐乳、豆豉、酱、酱油、柠檬酸等都是在霉菌的参与下生产加工出来的。绝大多数霉菌能把加工原料中的淀粉、糖类等碳水化合物,蛋白质等含氮化合物及其他种类的化合物进行转化,制造出多种多样的食品、调味品及食品添加剂。不过,在许多食品制造中,除了利用霉菌以外,还要有细菌、酵母的共同作用。

11.3.2.1　食品工业中生产用霉菌菌种

淀粉的糖化、蛋白质的水解均是通过霉菌产生的淀粉酶和蛋白酶进行的。通常情况是先进行霉菌培养制曲。淀粉、蛋白质原料经过蒸煮糊化加入种曲,在一定温度下培养,曲中由霉菌产生的各种酶起作用,将淀粉、蛋白质分解成糖、氨基酸等水解产物。

根霉属中常用的有日本根霉(*Rhizopus japonicus*)、米根霉(*R. oryzae*)、华根霉(*R. chinensis*)等;曲霉属(*Aspergillus*)中常用的有黑曲霉(*A. niger*)、宇佐美曲霉(*A. usamii*)、米曲霉(*A. oryzae*)和泡盛曲霉(*A. awamori*)等;毛霉属中常用的有鲁氏毛霉(*Mucor rouxii*);红曲属(*Monascus*)中的紫红曲霉(*M. purpurens*)、安氏红曲霉(*M. anka*)、锈色红曲霉(*M. rubiginosusr*)、变红曲霉(*M. serorubescons*)等也是较好的糖化剂。

11.3.2.2　酱油生产

酱油是人们常用的一种食品调味品,营养丰富,味道鲜美,在我国已有两千多年的历史。它是用蛋白质原料(如豆饼、豆粕等)和淀粉质原料(如麸皮、面粉、小麦等),利用曲霉及其他微生物的共同发酵作用酿制而成的。

酱油生产中常用的霉菌有米曲霉、黄曲霉和黑曲霉等,应用于酱油生产的曲霉菌株应符合如下条件:不产黄曲霉毒素;蛋白酶、淀粉酶活力高,有谷氨酰胺酶活力;生长快速、培养条件粗放、抗杂菌能力强;不产生异味,制曲酿造的酱制品风味好。

(1)酱油生产用霉菌　酱油生产所用的霉菌主要是米曲霉(*A. oryzae*)。生产上常用的米曲霉菌株有 AS 3.951(沪酿 3.042)、UE 328、UE 336、AS 3.863、渝 3.811 等。

生产中常常是由两种以上菌复合使用,以提高原料蛋白质及碳水化合物的利用率,提高成品中还原糖、氨基酸、色素以及香味物质的水平。除曲霉外,还有酵母菌、乳酸菌参与发酵,它们对酱油香味的形成也起着十分重要的作用。

(2)种曲制备

1)工艺流程

一级种→二级种→三级种
↓
麸皮、面粉→加水混合→蒸料→过筛→冷却→接种→装匾→曲室培养→种曲

2)试管斜面菌种培养

①培养基　5 °Bé 豆饼汁 100 mL,MgSO₄ 0.05 g,NaH₂PO₄ 0.1 g,可溶性淀粉 2.0 g,琼脂 1.5 g,0.1 MPa 蒸汽灭菌 30 min,制成斜面试管。

②培养　将菌种接入斜面,置 30 ℃培养箱中培养 3 d,待长出茂盛的黄绿色孢子,并无杂菌,即可作为三角瓶菌种扩大培养。

3)三角瓶纯菌种扩大培养

①培养基　麸皮 80 g、面粉 20 g、水 80~90 mL,或麸皮 85 g、豆饼粉 15 g、水 95 mL。原料混合均匀分装入带棉塞的三角瓶中,瓶中料厚度 1 cm 左右,在 0.1 MPa 蒸汽压力下灭菌 30 min,灭菌后趁热摇松曲料。

②培养　曲料冷却后接入试管斜面菌种,摇匀,置 30 ℃培养箱内培养 18 h 左右,当瓶内曲料已发白结饼,摇瓶 1 次,将结块摇碎,继续培养 4 h,再摇瓶 1 次,经过 2 d 培养,把三角瓶倒置,以促进底部曲霉生长,继续培养 1 d,待全部长满黄绿色的孢子即可使用。若放置较长时间,应放置于阴凉处或冰箱中。

4）种曲培养

①曲料配比　目前一般采用的配比有两种：一种是麸皮 80 kg,面粉 20 kg,水 70 mL 左右；另一种是麸皮 100 kg,水 95~100 mL。加水量应视原料的性质而定。根据经验,使拌料后的原料能捏成团,触之即碎为宜。原料拌匀后过5.5目筛。堆积润水 1 h,0.1 MPa蒸汽压下蒸料 30 min,或常压蒸料 1 h再焖 30 min。要求熟料疏松,含水质量分数为 50%~54%。

②培养　待曲料品温降至 40 ℃左右即可接种,将三角瓶的种曲散布于曲料中,翻拌均匀,使米曲霉孢子与曲料充分混匀,接种量一般为 0.5%~1%。制种曲常用竹匾培养和曲盘培养两种方法。

竹匾培养是指接种完毕,曲料移入竹匾内摊平,厚度约 2 cm,种曲室温度控制在 28~30 ℃,培养 16 h左右,当曲料上出现白色菌丝,品温升高到 38 ℃左右时可进行翻曲。翻曲前调换曲室的空气,将曲块用手捏碎,用喷雾器补加 40 ℃左右的无菌水,补加水量 40%左右,喷水完毕,再过筛 1 次,使水分均匀。然后分匾摊平,厚度 1 cm,上盖湿纱布,以保持足够的湿度。翻曲后,室温控制在 26~28 ℃,4~6 h后,可见曲面上菌丝生长,这一阶段必须注意品温,随时调整竹匾上下位置及室温,务使品温不超过 38 ℃,并经常保持纱布潮湿,这是制好种曲的关键。若品温过高,会影响发芽率。再经过 10 h左右,曲料呈淡黄绿色,品温下降至 32~35 ℃。在室温 28~30 ℃下,继续培养 35 h左右,曲料上长满孢子,此时可以揭去纱布,开窗放出室内湿气,并控制室温略高于 30 ℃,以促进孢子完全成熟。整个培养时间需 68~72 h。

曲盘培养是指接种完毕,曲料装入曲盘内,将曲盘柱形堆叠于曲室内,室温 28~30 ℃,培养 16 h左右。当曲面面层稍有发白、结块,品温达到 40 ℃时,进行第 1 次翻曲。翻曲后,曲盘改为品字形堆叠,控制品温 28~30 ℃,4~6 h后品温上升到 36 ℃,即进行第 2 次翻曲。每翻毕一盘,盘上盖灭菌的草帘一张,控制品温 36 ℃,再培养 30h后揭去草帘,继续培养 24 h左右,种曲成熟。

（3）成曲生产

1）工艺流程

种曲
↓

原料→粉碎→润水→蒸料→冷却→接种→通风培养→成曲

2）操作要点

①原料的选择和配比　酱油生产是以酿制酱油的全部蛋白质原料和淀粉质原料制曲后,再经发酵而成的。所以制曲原料的选用,即要满足米曲霉正常生长繁殖和产酶,又要考虑到酱油本身质量的需要。脱脂大豆的蛋白质含量非常丰富,宜作原料；麸皮质地疏松,适合于米曲霉的生长和产酶,因此,可以作辅料。制曲的配比生产厂家不尽相同。酱油的鲜味主要来源于原料中的蛋白质分解产物氨基酸,而酱油的甜味则来源于原料中淀粉分解产物糖及发酵生成的醇、酯等物质。所以,若需酿制香甜味浓厚、体态黏稠的酱油,则在配比中要适当增加淀粉质原料。使用豆粕（豆饼）和麸皮为原料,常用的配比是 8:2、7:3、6:4 和 5:5。

②制曲原料的处理　制曲原料的处理包括原料粉碎、润水及蒸料。

原料粉碎及润水：豆饼粉碎使其有适当的粒度,便于润水和蒸煮。一般情况下,若原料颗粒小,则表面积大,米曲霉生长繁殖面积大,原料利用率高。粉碎后的豆饼与麸皮按一定的比例充分的拌匀后,即可进行润水。所谓润水,就是给原料加上适当的水分,并使原料均匀而完全地吸收水分的工艺。其目的在于使原料吸收一定量水分后膨胀、松软,在蒸煮时蛋白质容易达到适度的变性、淀粉充分的糊化、溶出曲霉生长所需的营养成分,也为曲霉生长提供了所需的水分。

原料蒸料:使原料中的淀粉和蛋白质适度糊化和变性,以利于糖化和蛋白质水解,并杀灭原料中的杂菌,减少制曲时的污染。蒸料要均匀并掌握蒸料的最适程度,达到原料蛋白质的适度变性。防止蒸料不透或不均匀而存在未变性的蛋白质,或蒸煮过度而过度变性使蛋白质发生褐变现象。目前国内蒸煮设备有三种类型,即常压蒸煮锅、加压蒸煮锅和连续管道蒸煮设备。国内酱油厂大多使用旋转式加压蒸煮锅。

③厚层通风制曲 国内大都采用厚层通风制曲。厚层通风制曲有许多优势,如成曲质量稳定,制曲设备占地面积少,管理集中、操作方便,减轻劳动强度,便于实现机械化,提高劳动生产率等。

原料经蒸熟出锅,在输送过程中打碎小团块,然后接入种曲。种曲在使用前可与适量新鲜麸皮(最好先经干热处理)充分拌匀,种曲用量为原料总重量的0.3%左右,接种温度以40 ℃左右(夏季35～40 ℃,冬季40～45 ℃)为好,并注意搞好卫生。

曲料接种后进入曲池,厚度一般为20～30 cm,堆积疏松平整,并及时检查通风,调节品温至28～30 ℃,静止培养6 h(其间隔1～2 h通风1～2 min,以利孢子发芽),品温升至37 ℃左右,开始通风降温,以后根据需要,间歇与持续通风,并采取循环通风或换气方式控制品温,使品温不高于35 ℃。入池11～12 h,品温上升很快,此时由于菌丝结块,通风阻力增大,料层温度出现下低上高现象,并有超过35 ℃的趋势,此时即应进行第一次翻曲。以后再隔4～5 h,根据品温上升及曲料收缩情况,进行第二次翻曲。此后继续保持品温在35 ℃左右,如曲料又收缩裂缝,品温相差悬殊时,还要采取1～2次铲曲措施(或以翻代铲)。入池18 h以后,曲料开始生孢子,仍应维持品温32～35 ℃,至孢子逐渐出现嫩黄绿色,即可出曲。如制曲温度掌握略低一点,制曲时间可延长至35～40 h,对提高酱油质量有好处。制曲过程中,要加强温度、湿度及通风管理,不断巡回观察,定时检记品温、室温、湿度及通风情况。

(4)酱油发酵 酱油发酵根据醪醅的状态,有稀醪发酵、固态发酵及固稀发酵之分;根据加盐量的多少,可分为高盐发酵、低盐发酵和无盐发酵三种;根据加温状况不同,又可分为日晒夜露与保温速酿两类。此处主要介绍固态低盐发酵工艺。

1)固态低盐发酵工艺流程 成曲→打碎→加盐水拌和(在12～13 °Bé,55 ℃左右的盐水,含水质量分数为50%～55%等条件下)→保温发酵(50～55 ℃,4～6 d)→成熟酱醅

2)固态低盐发酵工艺

①食盐水的配制 食盐溶解后,以波美计测定其浓度,并根据当时温度调整到规定的浓度。一般经验是100 mL水加盐1.5 kg左右得盐水10 °Bé,但往往因食盐质量不同及温度不同而需要增减用盐量。采用波美计检定盐水浓度一般是以20 ℃为标准温度,而实际生产上配制盐水时,往往高于或低于此温度,因此,必须换算成标准温度。

②发酵料的配制 先将已准备好的糖浆盐水加热到50～55 ℃(根据下池后发酵品温的要求,掌握糖浆盐水温度的高低),再将成曲通过制醅机的碎曲齿,由升高机的提升

斗,输入螺旋拌和器中与糖浆盐水一起拌和均匀,落入发酵池内。初开始时,池底 15 cm 左右的成曲拌糖浆盐水略少,以后用阀门掌握成曲与糖浆盐水的流速数量,使拌曲完毕后,多出 150 kg 左右的糖浆盐水,将此糖浆盐水浇于料面。待糖浆盐水全部吸入料内,最后面层加盖聚乙烯薄膜,四周加盐将膜压紧,并在指定的点上插入温度计,池面加盖。

如果不用酶法生产,即将淀粉质原料与豆饼一起混合,经过润水、蒸煮及制曲后,直接加入 12 ~ 18 °Bé 热盐水(55 ℃左右)。

③保温发酵及管理　保温发酵时温度与时间的掌握,各厂根据设备情况及要求的不同而各异。发酵时,成曲与糖浆盐水拌和入池后,酱醅品温要求在 42 ~ 46 ℃,保持 4 天,在此期间,品温基本稳定,夏天不需要开蒸气保温,冬天如醅温不足需要进行保温。从第 5 天起按每天开汽 3 次的办法使品温逐步上升,最后提高到 48 ~ 50 ℃。低盐发酵的时间一般为 10 天,酱醅已基本上成熟。但为了增加风味,往往延长发酵期 12 ~ 15 天,发酵温度前期为 42 ~ 44 ℃,中间为 44 ~ 46 ℃,后期为 46 ~ 48 ℃。有的厂还采用淋浇发酵的办法,酱醅面上不封盐,制醅后相隔 2 ~ 3 h 将酱汁(曲液水)先回浇一次于酱醅内,使酶和水分较为均匀。发酵温度 5 天内为 40 ~ 45 ℃,5 天后逐步提高品温至 45 ~ 48 ℃。前 4 天每天淋浇两次,4 天后每天淋浇一次。发酵期共为 10 天。淋浇对发酵是有好处的,使发酵温度均匀,酱汁中的酶充分利用,并且可以减少面层的氧化层,因而能提高酱油的风味。它的缺点是需要增加淋浇设备与淋浇操作,在工艺上带来不方便。

固态低盐发酵期间要有专人负责,按时测定酱醅温度,做好记录。冬天要防止四周及面层的酱醅温度过低。如发现不正常状况,必须及时采取适当的措施。

④浸出提油及成品配制

工艺流程:

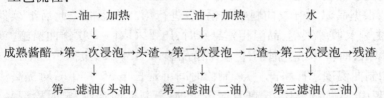

成品配制:以上提取的头油和二油并不是成品,必须按统一的质量标准或不同的食用用途进行配兑,调配好的酱油还须经灭菌、包装,并经检验合格后才能出厂。

11.3.2.3　柠檬酸发酵

柠檬酸分子式为 $C_6H_8O_7$。又名枸橼酸,外观为白色颗粒状或白色结晶粉末,无臭,具有令人愉快的强烈的酸味,相对密度为 1.655 0。柠檬酸易溶于水、酒精,不溶于醚、酯、氯仿等有机溶剂。商品柠檬酸主要是无水柠檬酸和一水柠檬酸,前者在高于 36.6 ℃的水溶液中结晶析出,后者在低于 36.6 ℃水溶液中结晶析出。它天然存在于果实中,其中以柑橘、菠萝、柠檬、无花果等含量较高。柠檬酸是生物体主要代谢产物之一。早期的柠檬酸生产是以柠檬、柑橘等天然果实为原料加工而成的。我国 1968 年用薯干为原料采用深层发酵法生产柠檬酸获得成功,由于工艺简单、原料丰富、发酵水平高,各地陆续办厂投产,至 20 世纪 70 年代中期,柠檬酸工业已初步形成了生产体系。

(1)柠檬酸发酵微生物　目前生产上常用产酸能力强的黑曲霉(*A. niger*)作为生产菌。在固体培养基上,菌落由白色逐渐变至棕色。孢子区域为黑色,菌落呈绒毛状,边缘

不整齐。菌丝有隔膜和分枝,是多细胞的菌丝体,无色或有色,有足细胞,顶囊生成一层或两层小梗,小梗顶端产生一串串分生孢子。

黑曲霉生产菌可在薯干粉、玉米粉、可溶性淀粉糖蜜、葡萄糖、麦芽糖、糊精、乳糖等培养基上生长、产酸。黑曲霉生长最适 pH 值因菌种而异,一般为 pH 值为 3～7,产酸最适 pH 值为 1.8～2.5。生长最适温度为 33～37 ℃,产酸最适温度在 28～37 ℃,温度过高易形成杂酸,斜面培养要求在麦芽汁 4 °Bé 左右的培养基上。黑曲霉以无性生殖的方式繁殖,具有多种活力较强的酶系,能利用淀粉类物质,并对蛋白质、单宁、纤维素、果胶等具有一定的分解能力。黑曲霉可以边长菌、边糖化、边发酵产酸。

(2)柠檬酸发酵机制　关于柠檬酸发酵的机制虽有多种理论,但目前大多数学者认为它与三羧酸循环有密切的关系。糖经糖酵解途径(EMP 途径)形成丙酮酸,丙酮酸羧化形成 C_4 化合物,丙酮酸脱羧形成 C_2 化合物,两者缩合形成柠檬酸。

(3)柠檬酸发酵的原料　柠檬酸发酵的原料有糖质原料(甘蔗废糖蜜、甜菜废糖蜜)、淀粉质原料(主要是番薯、马铃薯、木薯等)和正烷烃类原料三大类。

(4)柠檬酸发酵工艺

1)工艺流程

①以薯渣为原料的固体发酵工艺流程

试管斜面→三角瓶菌种→种曲
　　　　　　　　　　　　　↓
薯渣→粉碎→蒸煮→摊凉接种→装盘→发酵→出曲→提取→成品
　　　　　　↑
　　　　米糠

②以薯干粉为原料的液体深层发酵工艺流程

斜面菌种→麸曲瓶→种子罐
　　　　　　　　　　　　　　↓
薯干粉→调浆→灭菌(间歇或连续式)→冷却→发酵→发酵液→提取→成品
　　　　　　　　　　　　　　　　　　↑
　　　　　　　　　　　　　　无菌空气

2)固体发酵

①浅盘发酵　将曲置于曲室内培养,室温可按需要调节。在孢子发芽和菌丝生长期,由于产生的热量少,品温会逐渐下降,在入室后 18 h 内,应维持品温在 27～31 ℃。培养 18～48 h 期间,由于发酵热的大量释放,品温上升很快,应采取措施,不得让品温超过 43 ℃,因为菌体活力下降,所以品温会下降,此时应维持在 35 ℃左右,直至发酵结束。为了克服上下曲盘的温差,在发酵 40 h 左右时应将曲盘上下对调。整个发酵期间不必翻曲。曲室相对湿度在 85%～90%。发酵终点根据酸度来判定,从 48 h 开始测量酸度,以后每隔 12 h 测定 1 次,自 72 h 以后则每隔 4 h 测定 1 次,在酸度达到最高时即出料,否则时间延长,柠檬酸反而被菌体消化。

②厚层通风发酵　与浅盘发酵明显不同的是,在物料铺摊厚度上,厚层发酵的曲醅厚度在 50 cm 左右,比浅盘发酵的 15～20 cm 要大出许多。为了给曲霉菌提供氧,在培养过程中需要进行机械通风。培养过程中的温度控制与浅盘发酵的温度管理相似,但最高品温不能超过 40 ℃。温度和湿度主要靠通风来调节,因为物料厚度大,所以培养过程中

需要翻料。厚层发酵比浅盘发酵优越之处在于:占地面积少,污染杂菌可能性小,机械化程度高。

3)液体发酵

①不置换法 培养液1次加入,发酵结束后弃去菌盖,发酵液用来提取柠檬酸。具体操作:接种后,培养温度维持在35℃,这是黑曲霉的适宜生长温度,需维持72 h左右,以促进孢子发芽及菌体发育;当温度逐渐下降时,必须通入约50℃的空气以维持35℃的培养温度,通风量为(3~5) m³/(m³·h);接种后20 h左右可出现灰白色、很薄的菌膜,72 h时菌膜已完全形成,菌膜相当厚且有皱褶;48 h起由于菌体耗氧增加,可开动另一组风管向盘层之间通气,进气温度为40℃左右,通风量为7 m³/(m³·h),进气湿度为75%以上,以防培养液水分蒸发过快;自接种后72 h起进入产酸期,这时菌体代谢速率高,耗糖快,发酵液酸度急剧升高,并释放出大量的热,最高时可达1 000 kJ/(m²·h),此时应加强通风措施,严格将发酵温度控制在26~28℃,以利柠檬酸的形成,因此,一般在进入产酸期前8 h左右需增大通风量至15~18 m³/(m³·h),且使进气温度降低在25℃以下,湿度仍在75%以上;160 h以后发酵结束。

②置换法 置换法一般是采用糖浓度低而营养较丰富的培养液先培养菌盖,待菌盖形成之后再更换发酵培养基。可更换1次也可数次,发酵液用来提取柠檬酸。培养菌盖,一般使用5%的糖液,视糖蜜质量再补充少量 NH_4NO_3、K_2HPO_4 等盐类。接种孢子后,室温保持在34~36℃,培养液品温为32~34℃,使孢子发芽,正常情况下40 h即可形成紧密有皱的菌盖。菌盖形成后,放掉培养基,更换发酵培养基(即第1次置换),并将室温降至30~32℃,待发酵48~60 h后再放掉发酵液,加入新培养液即进行第2次置换。如此重复,一般可置换培养基8~10次,总发酵周期为14~20 d,收集起来的发酵液,用来提取柠檬酸。置换法的优点是节省了大量培菌时间,发酵速度快,而且原本不适宜长菌的原料却可用作发酵培养基。但为了保持菌盖的高活性,不能将发酵液残糖控制得很低,这样一来就造成替换出来的发酵液其残糖量较高,给后序提取柠檬酸工序带来困难。

③不置换法影响表面发酵的因素 包括培养液厚度、糖浓度、温度、pH值和通风等。

培养液层厚度的影响:培养液层厚度大,发酵产物总的生成量就大。如果原料质量好,预处理方法得当,曲霉菌丝体活力强,可适当增加液层厚度,相反,就应减少液层厚度。

糖浓度的影响:用于表面发酵的糖蜜浓度,质优的糖蜜浓度(以蔗糖浓度计)为18%~22%较适宜,而质劣的糖蜜一般为14%。在表面发酵中,大约80%的糖被用于合成柠檬酸,菌体生长增殖耗糖8%左右,菌体进行呼吸消耗的糖在10%左右,另有1%~2%的糖用于合成副产物。

温度的影响:黑曲霉适宜产酸温度是26~28℃,温度高,容易形成杂酸等副产物且菌体易衰老;温度低,发酵周期被延长。

pH值的影响:黑曲霉长菌的最适pH值为中性,而产酸的最适pH值在2.5~2.0。因此,应该注意的是,菌盖形成之后,只是在菌盖下面有一个低pH值区域,菌体合成柠檬酸的活动都是在这低pH值区域内进行的,所以不应该搅动发酵液,避免低值区域的pH值上升而长菌不产酸。

通风量的影响:表面发酵是气相传氧,因此传氧效率较高,所以只要保持发酵室内有

适当空气流通就可以满足霉菌对氧的需要。较高含量的 CO_2 会影响菌体的生长和降低产酸能力。一般将 CO_2 控制在 3% 以下即可。

11.3.2.4　苹果酸发酵

L-苹果酸广泛存在于生物体中,是生物体三羧酸循环的成员。苹果酸广泛应用于食品领域。因为苹果酸具有比柠檬酸柔和的酸味,滞留时间长和口味更好的优点,所以作为食品酸味剂更为理想。

许多微生物都能产生苹果酸,但能在培养液中积累苹果酸并适合于工业生产的,目前仅限于少数几种,如用于一步发酵法的黄曲霉、米曲霉、寄生曲霉,用于两步发酵法的华根霉、无根根霉、短乳杆菌、膜醭毕赤酵母,用于酶转化法的短乳杆菌、大肠杆菌、产氨短杆菌、黄色短杆菌。

(1) 直接发酵(一步法)生产 L-苹果酸　以糖类为发酵原料,用霉菌直接发酵生产 L-苹果酸的方法称为一步发酵法。

1) 菌种　一步发酵法采用黄曲霉 A-114 生产苹果酸。

2) 种子培养基组成　$C_6H_{12}O_6$ 3%,豆饼粉 1%,$FeSO_4$ 0.05%,K_2HPO_4 0.02%,NaCl 0.001%,$MgSO_4$ 0.01%,$CaCO_3$ 6%(单独灭菌)。

3) 种子培养　将保存在麦芽汁琼脂斜面上的黄曲霉孢子用无菌水洗下并移接到装有 100 mL 种子培养基的 500 mL 三角瓶中,在 33 ℃下静置培养 2~4 d,待长出大量孢子后,将其转入到种子罐扩大培养,接种量为 5%。种子罐的培养基与三角瓶培养基的组成相同,只是另外添加 0.4%(体积分数)泡敌。种子罐的装液量为 70%,罐压 0.1 MPa,培养温度 33~34 ℃,通风量 0.15~0.3 $m^3/(m^3 \cdot min)$,培养时间 18~20 h。

4) 发酵培养基组成　$C_6H_{12}O_6$ 7%~8%,其余成分及用量与种子罐培养基相同。

5) 发酵　发酵罐的装液量为 70%,接种量 10%,罐压 0.1 MPa,培养温度 33~34 ℃,通风量 0.7 $m^3/(m^3 \cdot min)$,搅拌转速 180 r/min,发酵时间 40 h 左右。发酵过程中由自动系统控制滴加泡敌,防止泡沫产生过多。当残糖在 1% 以下时,终止发酵,产苹果酸 7%。

(2) 混菌发酵(两步法)生产 L-苹果酸　两步发酵法是以糖类为原料,先由根霉菌发酵生成富马酸(延胡索酸)和苹果酸的混合物,然后接入酵母菌或细菌,将混合物中的富马酸转化为苹果酸。

1) 菌种　两步发酵法以华根霉 6508 为菌种生产苹果酸。

2) 斜面培养　华根霉 6508 于葡萄糖马铃薯汁琼脂斜面上,30 ℃培养 7 d,易于长出大量孢子。

3) 摇瓶发酵

① 培养基组成　$C_6H_{12}O_6$ 10%,$(NH_4)_2SO_4$ 0.5%,K_2HPO_4 0.1%,聚乙二醇 10%,$MgSO_4$ 0.05%,$FeCl_3$ 0.002%,$CaCO_3$ 5%(单独灭菌)。

② 富马酸发酵　在 500 mL 三角瓶中装入 50 mL 培养基,灭菌,冷却。接种华根霉孢子,置往复式摇床上,于 30 ℃下培养 4~5 d,发酵得到含富马酸和苹果酸的混合液。

③ 酶转换发酵　酶转化法是以富马酸盐为原料,利用微生物的富马酸酶转化成苹果酸(盐)。酶转化法是国外用来生产 L-苹果酸的主要方法,可分为游离细胞酶法和固定化细胞酶法。游离细胞酶转化法:在 pH 值 7.5 含 18% 富马酸的溶液中接入 2% 湿菌体,于 35 ℃、150 r/min 条件下转化 24~36 h,转化率达 90% 以上。固定化细胞酶转化法:目

前,研究得最多的是以产氨短杆菌或黄色短杆菌为菌种,将化学法合成的富马酸钠作为底物,进行固定化细胞生产苹果酸。使用固定化细胞易于生成与苹果酸难以分离的琥珀酸。因此,细胞被固定以后必须经化学试剂处理,以防止这种副反应的发生。采用固定化技术必须注意以下几个问题:细胞被固定前富马酸酶活力要高;使用的固定化方法对酶的损害较小,细胞被固定后能保持较高的酶活力;细胞被固定后不应引起副反应的发生;固定化细胞应有高度的操作稳定性。

(3)苹果酸的提取和精制

1)从发酵醪液中提取苹果酸

①工艺流程 发酵醪液→酸解→过滤→滤液→中和→过滤→沉淀→酸解→过滤→滤液→精制→浓缩→结晶→干燥→成品。

②操作方法 在发酵醪液中边搅拌边加入无砷硫酸,将 pH 值调节至 1.5 左右;过滤除去沉淀后,在滤液中加入碳酸钙,直到不再有 CO_2 放出,此时生成苹果酸钙;接着,用石灰乳将体系的 pH 值调至 7.5,静置 6~8 h。过滤,收集苹果酸钙沉淀,并用少量冷水洗去沉淀中的残糖和其他可溶性杂质;在苹果酸钙盐中加入近一倍量的温水,搅拌成悬浊液,接着加入无砷硫酸,使 pH 值达到 1.5 左右,继续搅拌 30 min,最后静置数小时,使石膏渣沉淀充分析出;过滤,制得粗制苹果酸溶液,其中含有微量富马酸、Fe^{2+}、Ca^{2+}、Mg^{2+} 和色素;从联合柱流出的高纯度苹果酸溶液,在 70 ℃下减压浓缩到苹果酸含量为 65%~80%,然后冷却至 20 ℃,添加晶种析晶;晶体于 40~50 ℃下真空干燥,得苹果酸成品。

2)从混杂富马酸发酵醪液中提取苹果酸

①工艺流程 发酵醪液→浓缩→析出富马酸结晶→过滤→滤液→浓缩→析出富马酸结晶→过滤→滤液→冷却→加晶种→苹果酸结晶→干燥→成品。

②操作方法 将发酵醪液浓缩到苹果酸浓度为 50% 并冷却至 20~30 ℃,使富马酸结晶析出;过滤除去富马酸后,母液在 70 ℃下减压浓缩到苹果酸含量为 65%~80%,再冷却至 20 ℃使富马酸结晶再次析出。为了防止苹果酸与富马酸同时析出,造成苹果酸提取率下降,结晶温度不宜低于 20 ℃;将过滤除去富马酸结晶后的苹果酸溶液冷却至 20 ℃,投入苹果酸晶种,缓慢搅拌,使苹果酸结晶徐徐析出。

3)从酶法转化液中提取苹果酸 从固定化细胞反应柱中流出的酶法转化液是清亮的,其中苹果酸盐含量为 12.5% 左右,富马酸盐含量为 3% 左右。在上述转化液中加入硫酸,使富马酸结晶析出,过滤后往滤液中添加碳酸钙,使苹果酸形成苹果酸钙沉淀析出。将苹果酸钙沉淀用硫酸酸解,酸解液经阴离子交换树脂处理后浓缩结晶,得苹果酸成品。游离细胞酶法转化液在除去细胞和其他不溶物后,按上述方法处理。

11.3.3 微生物发酵生产色素

食用色素有化学合成色素和天然色素两大类别。由于化学合成色素的安全性存在隐患,天然色素格外受到人们的重视。虽然大多数天然色素主要是从植物中抽提生产,但由于气候、产地及运输等种种原因限制,发展不够迅速。而由微生物生产的色素既无气候和产地的影响,又能随时随地大量生产,因而有后来居上之势。目前用微生物发酵生产色素的研究广泛开展,其中红曲色素和 β-胡萝卜素都已工业化发酵进行生产。

运用微生物发酵的方法从发酵液中提取色素,第一步是将菌种在合适的培养基中逐

级扩大培养,然后进行液体深层发酵,再用合适的溶剂对发酵产物进行浸取。例如红曲红色素是由红曲霉液体深层发酵后,再行浸提制得。

11.3.3.1　红曲红色素

红曲红色素是由红曲霉属(*Monascus*)菌种发酵生产的细胞外色素。用于生产色素的代表性菌株有紫红曲霉(*M. purpureus*)、安卡红曲霉(*M. anka*)和巴克红曲霉(*M. barkeri*)等。

(1)红曲红色素的发酵生产　红曲红色素的发酵生产路线主要有以下几种。

1)液体发酵法　液体发酵法生产红曲红色素的生产工艺流程主要包括菌种培养、发酵、色素提取、分离和干燥等。

①菌种培养　选取少量完整、红透的红曲米,用酒精消毒后,在无菌条件下研磨粉碎,加到盛有无菌水的小三角瓶中,用灭菌脱脂棉过滤,使滤液中的菌体在 20～32 ℃下活化 24 h。然后,取少量菌液稀释后涂平板,在 30～32 ℃下培养,使其形成单菌落。再将红曲霉菌移至斜面培养基上。斜面培养繁殖 7 d 后,再以无菌水加入斜面,将菌液移接于液体培养基中,在 30～32 ℃及 160～200 r/min 下旋转式摇瓶培养 72 h。以下各级培养基组成及操作条件可供参考。

斜面培养基:可溶性淀粉 3%,饴糖水 93%(6 °Bé),蛋白胨 2%,琼脂 3%,pH 值 5.5,压力 0.1 MPa,灭菌时间 20 min。

种子培养基:淀粉 3%,硝酸钠 0.3%,KH_2PO_4 0.15%,$MgSO_4 \cdot 7H_2O$ 0.10%,黄豆饼粉 0.5%,pH 值 5.5～6.0,压力 0.1 MPa,灭菌时间 30 min,温度 30～32 ℃,转速 160～200 r/min,培养时间 72 h。以下各级培养基组成及操作条件可供参考。

发酵摇瓶培养基:淀粉 3%,硝酸钾 0.15%,KH_2PO_4 0.15%,$MgSO_4 \cdot 7H_2O$ 0.10%,pH 值 5.5～6.0,压力 0.1 MPa,灭菌时间 30 min,温度 30～32 ℃,转速 160～200 r/min,培养时间 72 h。

②发酵　在发酵罐中进行液体发酵是生产色素的主要关键。在发酵罐中进行液体发酵是生产色素的主要关键。发酵周期一般为 50～60 h,总糖分为 4.5%～5.5%,残糖可控制在 0.13%～0.25%。淀粉质量分数为 5% 时所获得色素浓度最高,残糖量最低,菌体干物质最多。当淀粉质量分数为 5% 及含有 $NaNO_3$ 0.15% 时,菌体细胞生长极为旺盛,菌体细胞数量增多。但是淀粉质量分数超过菌体生长极限时,残糖量增加,不仅造成原料浪费、周期延长,而且会令色素提取困难。红曲霉菌是好气性菌株,其细胞的生长与色素的生成都需要足够的氧气。因此,提供足够的溶解氧是很重要的,但通气量不宜过大,以免动力消耗过大。重金属离子特别是铁离子对菌体细胞原生质有毒害作用,通常铁离子质量浓度在 μg/L 级时就可以大大降低色素的产量。

③色素的提取、分离与干燥　将发酵液先行压滤或离心分离,滤渣用 70%～80% 的乙醇进行多次浸提,所得滤液与发酵液分离后所得澄清滤液合并,回收酒精后喷雾干燥。在喷雾干燥时往往添加适量辅料用作色素载体,并有利于干燥操作的进行。

2)聚乙烯醇(PVA)固定化红曲霉发酵生产法　在无菌条件下先将红曲霉种子培养液与三倍体积的含 0.6% 海藻酸钠的 6% 聚乙烯醇溶液均匀混合,通过注射器注入含 1% $CaCl_2$ 的 5% 硼酸固定液中,制成直径 3 mm 的颗粒。浸泡 4 h 以上,滤出固定化颗粒,用生理盐水洗三次后将固定化颗粒转入含发酵培养基的三角摇瓶中,30 ℃,180 r/min 于旋转摇床上避光培养。采用 PVA 为载体的固定化细胞颗粒机械强度高,产色素高,尤其通过添加活性炭解除产物抑制作用后,固定化细胞发酵产色素比游离细胞提高 90.4%。

3)半连续发酵法 将在 30 ℃培养 6 d 的斜面红曲霉(*M. purpureus*)用无菌水制备菌悬液,然后接种摇瓶培养,在 30 ℃,180 r/min 的条件下,培养 48 h。培养液中的葡萄糖初始质量浓度 90 g/L,发酵 48 h 后流加 30 g/L 的葡萄糖母液,发酵时间共 72 h。流加发酵比不流加发酵对照工艺的色素质量分数增加 24.3%。

(2)红曲红色素的应用 自古以来,红曲红色素用于酿造红酒。但是随着科学研究的不断深入,红曲红色素可用于各种肉制品、水产品、奶制品、植物蛋白、果品的着色剂和质量改良剂,特别是具有保健功能的红曲素厚爱消费者的欢迎。一些肉制品加工企业选用红曲红色素在香肠、鸡肉肠、五香小肚等产品的腌制中代替亚硝酸钠,表现出更好的稳定性,效果也更显著。红曲红色素还可以抑制大肠杆菌、粪链球菌、枯草芽孢杆菌、金黄色葡萄球菌,抑制率均在 99% 左右。

11.3.3.2 β-胡萝卜素的生产

β-胡萝卜素是 500 多种胡萝卜素中的一种,是维生素 A 的前体,也称维生素 A 原。它广泛存在于植物、藻类和真菌中,动物和人体内不能合成,必须从外界摄入。β-胡萝卜素的生产方法有化学合成法、植物提取法和微生物发酵法三种。发达国家以化学合成法为主,技术复杂且产品售价远不如天然产品高。从植物中提取天然 β-胡萝卜素,受原料、气候、产地和运输等条件限制,难以大量生产。微生物发酵法生产天然 β-胡萝卜素是目前研究的热点。

(1)β-胡萝卜素的发酵生产 采用微生物发酵法生产 β-胡萝卜素的关键是选育产β-胡萝卜素较高的菌种,美国选育的菌种,产量可达 3 g/L。我国研制开发了利用三孢布拉霉(*Blakeslea trispora*)发酵生产天然 β-胡萝卜素,产量一般可达 1.4 g/L,最高可达 1.88 g/L。在真菌中还有黏红酵母和布拉克须霉具有生产 β-胡萝卜素的能力。我国目前所用菌种主要集中在三孢布拉霉和红酵母,特别是在利用三孢布拉霉的生产上已近产业化阶段,利用红酵母生产近几年也引起足够重视。发酵原料为淀粉、豆饼粉和植物油。植物油、部分表面活性剂及抗氧化剂等对胡萝卜素的产生具有促进作用。

红酵母 β-胡萝卜素是细胞内色素,一般提取过程是先经离心分离收集菌体细胞,用合适的方法破碎细胞壁,再用蒸馏水洗涤后送入浸提罐,采用 6 号溶剂油浸泡提取,反复提取 2~3 次,分离得到的提取液进入减压蒸馏装置,蒸馏以回收溶剂油,使其降到 500 mg/kg 以下,再进一步减压蒸馏,使残留溶剂含量小于 50 mg/kg。经脱胶工序脱去微生物代谢的胶状物。之后进行冷冻结晶、干燥、粉碎即可得到 β-胡萝卜素。

其中破壁效果是提取 β-胡萝卜素的关键。对于细胞壁坚韧的红酵母来说,光靠有机溶剂破壁还不够,我国杨文等采用酸-热结合处理法破壁,破碎效果一般较好且成本和能耗低,但是受容器材料限制,有一定的局限性。

红酵母 β-胡萝卜素是细胞内色素,一般提取过程是先经离心分离收集菌体细胞,用合适的方法破碎细胞壁,再用蒸馏水洗涤后送入浸提罐,采用 6 号溶剂油浸泡提取,反复提取 2~3 次,分离得到的提取液进入减压蒸馏装置,蒸馏以回收溶剂油,使其降到 500 mg/kg 以下,再进一步减压蒸馏,使残留溶剂含量小于 50 mg/kg。经脱胶工序脱去微生物代谢的胶状物。之后进行冷冻结晶、干燥、粉碎即可得到 β-胡萝卜素。

　　其中破壁效果是提取 β-胡萝卜素的关键。对于细胞壁坚韧的红酵母来说,光靠有机溶剂破壁还不够,我国杨文等采用酸-热结合处理法破壁,破碎效果一般较好且成本和能耗低,但是受容器材料限制,有一定的局限性。

　　利用红酵母生产 β-胡萝卜素,虽然目前色素发酵水平不如三孢布拉霉的高,但是红酵母具有营养要求简单粗放、生长周期短和菌体无毒、营养丰富等许多优点,具有很大的实用价值和开发前景。有学者对红酵母($R. glutinis$)在几种不同培养基上的生长及对不同碳源的利用情况做了研究,优化出以玉米浆 4% 和甘蔗汁 2% 为最适培养基,在此培养基上 28 ℃培养 84 h 红酵母生物量和 β-胡萝卜素产量分别可达 15.3 g/L 和 1 126 μg/L,在培养 60 h 后如转入蒸馏水中继续培养 84 h,产色素量则可以提高至 1 475 μg/L。

　　(2)β-胡萝卜素的应用　作为食品、化妆品用的天然色素,加有 β-胡萝卜素的食品色泽金灿诱人,销路好,加上它所具有的营养作用,国内外的许多食品都添加了 β-胡萝卜素。在口红、胭脂等化妆品中添加 β-胡萝卜素色泽丰满自然,又能保护皮肤,胡萝卜素护肤品已有市售。

　　作为维生素 A 的前体,用于治疗由于维生素 A 的缺乏引起的各种疾病,如上皮细胞角质化、皮肤干燥,表皮组织改变而受到的病菌侵袭,胃肠黏膜表皮受损引起的腹泻,泪腺分泌障碍引起的干眼病、夜盲症等。

　　近年来科学家揭示 β-胡萝卜素具有刺激免疫、预防癌变、防治心血管疾病的功能,在保健品中有极大的市场。

　　β-胡萝卜素已广泛用作着色剂以代替油溶性焦油系着色剂。常用于奶油、干酪、蛋黄酱、食用油脂、人造奶油、起酥油、糕点、面包等。用于油性食品时,常将其溶解于棉籽油之类的食用油或悬浮剂,经稀释即可使用。在果汁中与维生素 C 合用,可提高稳定性。为使其分散于水中,可采用羧甲基纤维素等作为保护胶体制成胶粒化制剂,而广泛用于橘汁等清凉饮料、糕点、冰激凌、干酪等。

11.4　微生物菌体食品

　　由于微生物的繁殖速度很快,而且可以工业化进行生产,因而可以在短时间内获得大量的菌体。这些菌体,有的含有丰富的营养物质,本身就是珍贵的食品;有的被利用来生产其他食品;有的被利用来生产其他的有用物质;有的则作为饲料的来源。

11.4.1　食用真菌

　　食用菌(edible fungi,edible mushroom)是指可被人类食用(或医用)的一类大型真菌,它具有肉质或胶质的子实体。这些菌类在现代生物分类学上属于真菌界的真菌门,而且又集中在真菌门中的子囊菌亚门和担子菌亚门。因为它们都是体形较大、肉眼可见的菌类,所以又称大型真菌或高等真菌。人们所熟悉的有香菇、蘑菇、平菇、草菇、木耳、银耳、茯苓、灵芝、羊肚菌、牛肝菌等。

11.4.1.1　食用菌的形态结构

　　在分类学上,食用菌是属于真菌门子囊菌亚门盘菌纲、担子菌亚门层菌纲和腹菌纲中的菌类。它的菌体一般较大,为(3~18)cm×(4~20)cm,比其他的真菌都大,因此称为大型真菌或担子菌。据统计,我国的食用菌至少有 350 种。

各种食用菌的形态多种多样,但以伞状为多。伞菌一般由菌盖、菌柄及菌丝体等部分组成。菌丝体呈须状,是营养器官。它的主要功能是分解基质,吸收营养,菌柄是菌盖的支持部分,菌盖是食用菌的主要繁殖器官,也是我们食用的主要部分。

11.4.1.2 食用菌的营养价值

食用菌之所以被称为珍贵食品,主要是因为食用菌含有丰富的蛋白质、氨基酸和维生素等营养成分,蛋白质含量比一般蔬菜、水果要高得多。鲜蘑菇中的蛋白质含量为3.5%,是大白菜的 3 倍多。故蘑菇在世界上被认为是"十分好的蛋白质来源",并有"素中之荤"的美称。表 11.2 列举了几种食用菌的营养成分,从表中可以看出,食用菌是高蛋白、低脂肪的食品。

表11.2　几种食用菌的营养成分

种类	样品	水分	粗蛋白	脂肪	糖类	纤维	灰分	能量/kJ
白蘑菇	鲜	89.5%	26.3%	1.8%	49.5%	10.4%	12.0%	1.38
密环菌(野生)	鲜	86.0%	11.4%	5.2%	70.1%	5.8%	7.5%	1.61
黑木耳	干	16.4%	8.1%	1.5%	74.1%	6.9%	9.4%	1.56
金针菇	鲜	89.2%	17.6%	1.9%	69.4%	3.7%	7.4%	1.59
滑菇	鲜	95.2%	20.8%	4.2%	60.4%	6.3%	8.3%	1.56
平菇	鲜	73.7%	10.5%	1.6%	74.3%	7.5%	6.1%	1.54
草菇	鲜	88.4%	30.1%	6.4%	39.0%	11.9%	12.6%	1.42

以上营养成分按 100 g 干物质质量计算(水分除外)

食用菌除了含有丰富的蛋白质、氨基酸外,有些食用菌还含有较多的维生素,如双孢蘑菇中含有硫胺素(B_1)、核黄素(B_2)、维生素 C、维生素 K、泛酸和叶酸等;香菇中维生素的含量则更多,除硫胺素、核黄素、烟酸、维生素 B_{12} 外,还含有丰富的维生素 D 原(麦角固醇)。此外,许多食用菌还具有药用价值,如调节人体机能,降低血液中胆固醇,增强人体免疫力,防癌抗癌等。比较突出的有木耳、银耳、猴头菌、牛肝菌、大马勃菌、香菇等。

11.4.1.3 食用菌的栽培技术

人工栽培食用菌生产原料来源广、投资少、收益大。目前采用的生产方式有两类:一是广大农村、城镇普遍采用的大面积子实体栽培;二是人工控制生产条件的工厂式生产。

(1)子实体栽培生产模式

1)常用培养基

①马铃薯葡萄糖琼脂培养基　马铃薯 200 g、葡萄糖(或蔗糖)20 g、琼脂 20 g、水1 000 mL。

②木屑米糠培养基　木屑(阔叶树)78 g、糠(或麦麸)20 g、葡萄糖1 g、石膏1 g、含水质量分数 60%～65%。

③棉籽壳培养基　棉籽壳 50 g、过磷酸钙1 g、含水质量分数 60%～65%。

④稻草麦麸培养基　稻草 50 g、麦麸(或米糠)1 g、尿素 0.1 g、石膏 0.25 g、草木灰 0.25 g、含水质量分数 60%~65%。

2)环境条件　食用菌生长的环境条件主要是温度、湿度、酸碱度、光线、空气等。

①温度　一般来讲,食用菌菌丝体比较耐低温,在 0 ℃ 以下冷冻不会死亡(仅高温型草菇除外)。子实体分化温度较菌丝体分化温度范围小,其生长温度略低,因此菌丝体培养好后,置于较低温度下或在合适季节,子实体便会顺利生成。

②水分和湿度　一般培养料中含水质量分数以 60%~65% 为宜,而空气湿度应控制在 60%~95%。菌丝体生长时空气湿度应在 60%~80%,而在子实体形成阶段则应适当提高空气湿度。

③空气(O_2 与 CO_2)　所有食用菌都是好氧性微生物,CO_2 浓度超过 0.1% 对食用菌子实体分化及质量不利,因此,要注意室内通风换气。

④酸碱度(pH 值)　不同种类的食用菌有其最适的 pH 值,多数喜欢微酸性环境,但在具体配料时,要考虑到原料发酵会产生有机酸,实际 pH 值可比理论值高一点。

⑤光线　多数食用菌菌丝体生长不需要光线,在无光线的条件菌丝体生长更快一点,但子实体分化及生长需要适当阳光。

3)栽培方法

①制种　一般制作三个层次的菌种:一级种是菌种,一般采用试管生产,用马铃薯葡萄糖琼脂培养基制作;二级种一般采用玻璃广口瓶生产,采用木屑米糠或棉籽壳培养基;三级种一般采用广口瓶,近年来大量使用塑料袋代替广口瓶生产三级种,可节约生产成本。

②制作菌棒(或菌袋)　将培育成熟、菌龄适宜的三级种接种于已准备好的段木或配制好的培养料上。接种后应注意堆码高度,控制温度 25 ℃ 左右,并注意控制湿度。

③子实体培育　当菌棒、菌袋长满菌丝后,就可控制温度、湿度(相对湿度达 80%~95%),加强光照(自然光线),促进子实体原基形成并长大。当子实体充分长大尚未弹射孢子或刚开始弹射孢子时即可采收、干制。

(2)菌丝体发酵生产模式

1)工艺路线　保藏菌株→斜面母种→摇瓶菌种→种子罐→发酵罐→提取及深加工→成品

2)工艺条件　以香菇菌丝体发酵法生产香菇多糖为例。将菌种接入马铃薯琼脂培养基,在 25 ℃ 条件下培养 10 天左右,接入摇瓶中培养。摇瓶培养基配方为蔗糖 4%,玉米淀粉 2%,NH_4NO_3 0.2%,KH_2PO_4 0.1%,$MgSO_4$ 0.05%,维生素 B_1 0.001%,pH 值 6.0,水 100 mL。在 25 ℃ 条件下培养 5~8 天,即可进入种子罐培养(种子罐培养液配方同摇瓶),接种量 10%,在 25 ℃ 下培养 5 天,再按 10% 的比例接入发酵罐(配方同种子罐),发酵温度 22~28 ℃,通气量一般前期 1:0.4,后期 1:0.6,发酵周期 5~7 天,罐压为 0.5~0.7 MPa。

放罐标准是发酵液 pH 值降至 3.5,镜检菌丝体开始老化,即部分菌丝体原生质出现凝聚现象,上清液由混浊变为澄清、透明的浅黄色,发酵液有悦人的清香,无杂菌污染。

放罐后的发酵液经离心分离,分成上清液和菌丝体,可以通过抽提、浓缩、透析、离心、沉淀、干燥等工艺过程分别提取胞外多糖和胞内多糖。同时还可做成各种口服液和其他保健食品。

11.4.2　单细胞蛋白

单细胞蛋白质(single cell protein,简称SCP)是指利用各种营养基质大规模培养单细胞的微生物(包括细菌、酵母菌、霉菌和单细胞藻类)所获得的菌体蛋白质。人类早已认识取代动植物蛋白质的微生物蛋白资源的重要性。常用于生产单细胞蛋白质的菌种和主要原料见表11.3。

表11.3　生产SCP常用菌种及其主要原料

菌种	学名	主要原料
产朊假丝酵母	*Candida utilis*	纸浆废液、木屑等
产朊假丝酵母大细胞变种	*Candida utilis va. major*	糖蜜
日本假丝酵母	*Mycotorula japonica*	纸浆废液
乳酒假丝酵母	*Candida kefyr*	乳清
细红酵母	*Rhodotorula gracilis*	水解糖液
野生食蕈	*Agaricus campestris*	水解糖液
热带假丝酵母	*Candida tropicalis*	短链烷烃
甲烷假单孢菌	*Pseudomonas methanica*	甲烷
毕赤氏酵母	*Pichia*	甲醇或乙醇
汉逊氏酵母	*Hansenula*	甲醇或乙醇
粉粒小球藻	*Chlorella pyrenoidosa*	CO_2和光能
普通小球藻	*Chlorella vulgaris*	CO_2和光能

11.4.2.1　单细胞蛋白质的优点

SCP具有多种动植物蛋白无法比拟的优点：①生长繁殖迅速,微生物的生长速度远较动物快,并且能在发酵罐中培养,生产能力可达$(2\sim6)$ kg/$(m^3\cdot h)$,因而可在短时间内,获得大量的菌体;②不受外界条件的影响,SCP的生产可以不受季节气候等及各种自然灾害的影响,且生产容易控制,适应性强,不占耕地面积,能够工业化生产;③营养价值高,SCP含有较高的蛋白质和种类齐全的氨基酸,例如,微生物细胞内蛋白质含量(占细胞干物质)为酵母菌40%~55%、细菌60%~80%、霉菌20%~50%、小球藻和螺旋蓝细菌50%~65%,而小麦仅含10%~12%、牛肉18%~22%、大豆35%~40%。此外,这些微生物细胞中还含有丰富的碳水化合物和维生素(B族维生素、β-胡萝卜素)、麦角甾醇、矿物质(如磷、钾、镁等)、各种酶和未知生长因子。

11.4.2.2　生产单细胞蛋白质的原料

生产SCP的原料有碳氢化合物和碳水化合物。

（1）碳氢化合物

1）石油原料　柴油、正烷烃、天然气等。

2）石油化工产物　甲烷、甲醇、乙醇、醋酸等。

（2）碳水化合物

1）淀粉质料　马铃薯、木薯、红薯与玉米淀粉等。

2）糖质原料　甘蔗或甜菜糖蜜、亚硫酸盐纸浆废液。

3）工农林业的废液、废渣和废料　酿酒厂、味精厂、淀粉厂、制糖厂、食品厂等的废液废渣，农作物的秸秆、向日葵壳、棉籽壳、稻壳等壳类，糖渣类、玉米芯、木屑、刨花、阔叶树等。由于以石油化工原料生产 SCP 成本高，以及 20 世纪 70 年代中后期的能源危机，故以石油等为原料生产 SCP 的厂家逐渐减少，而主要以廉价的粗粮淀粉或含糖、淀粉、纤维素的工业废渣、废液与农林业废弃物等可再生资源为原料生产 SCP，这成为当今世界生产 SCP 的主要发展方向。

11.4.2.3　生产单细胞蛋白质的微生物

良好的 SCP 必须具备无毒、蛋白质含量高、必需氨基酸含量丰富、核酸含量较低、易消化吸收、适口性好、制造容易和价格低廉等基本要求。目前用于生产 SCP 的微生物有酵母菌、非病原细菌、霉菌、单细胞藻类等。

（1）酵母菌　酵母菌细胞中含有蛋白质、脂肪、维生素和无机盐等。其中蛋白质含量占细胞干物质的 40%～55%。含有的糖类包括糖原、海藻糖、脱氧核糖、直链淀粉等。氨基酸组成齐全，尤其赖氨酸、苏氨酸、组氨酸、苯丙氨酸等含量高。维生素有 14 种以上。因此，酵母菌 SCP 具有较高的营养价值，是良好的食用和饲用蛋白质资源。

（2）细菌　常用细菌有嗜甲烷单孢菌（*Methanomonas methanica*）、甲烷假单孢菌（*Pseudomonas methanica*）、荚膜甲基球菌（*Methylococcus capsulatus*）等专性甲烷菌，可以甲烷为唯一碳源生产 SCP。此外，尚有甲醇菌（Methylotrophic bacteria）和纤维素单孢菌（*Cellulomonas*）能分别利用甲醇和纤维素生产 SCP，胶质红色假单孢菌（*Rhdopseudomonas gelatinosa*）多用于淀粉废水和豆制品废水的 SCP 生产。由于细菌菌体比酵母小，分离困难，菌体成分除蛋白质外比较复杂，且蛋白质不如酵母菌易消化，故目前我国大多用酵母菌生产 SCP。

（3）螺旋蓝细菌（*Spirulina*）　该菌隶属于蓝细菌（旧名蓝藻或蓝绿藻）中的螺旋蓝细菌属（*Spirulina*），旧称螺旋藻，被称为"21 世纪的食品"。螺旋蓝细菌外观为青绿色，呈螺旋状，由多细胞组成螺旋状盘曲的不分枝丝状体，繁殖力强，能利用阳光、CO_2 和其他矿物质合成有机物，放出 O_2，光合效率高。多数最适生长温度 25～36 ℃，最适 pH 值为 9～11。

螺旋蓝细菌的蛋白质含量 50%～65%（占干物质），由 18 种氨基酸组成，含有人体 8 种必需氨基酸。此外，还含有功能性的多肽（GFL），它是一种强烈刺激人体细胞增长的拟生长因子。藻胆蛋白（藻蓝蛋白）含量达干重的 18%，不仅是良好的天然蓝色素，而且有提高机体免疫力和抗癌功效。螺旋蓝细菌含有维生素 B_1、维生素 B_2、维生素 B_3、维生素 B_6、维生素 B_{12}、维生素 E、维生素 PP 及 β-胡萝卜素、叶酸、泛酸等多种维生素，尤其维生素 B_{12}、β-胡萝卜素和维生素 A 的含量高。β-胡萝卜素可降低肺癌、口腔癌的发病概率。螺旋蓝细菌 γ-亚麻酸（GLA）和不饱和脂肪酸含量为 1.7%，前者是人体前列腺素（PCEI）的前体，有降血脂、软化血管的功能，后者参与体内调节血压、胆固醇合成及细胞增生等重要生理过程。

　　螺旋蓝细菌还含有多种人体必需的微量元素,如铁、锌、铜、硒等,它们均与有机物结合而易被人体吸收,能有效调节机体平衡和酶的活性。螺旋蓝细菌产品对治疗和辅助治疗某些疾病有独特功效。例如,每天食用 4.2 g 的该产品可以降低高胆固醇、高血脂,有利于构建肠道内的乳酸菌群,提高铁的生物有效性,该产品还可作为缺铁性贫血的食物辅助治疗物。螺旋蓝细菌广泛应用于食品、饲料、精细化工、医药等领域,我国现已开发出多种螺旋蓝细菌保健食品。目前用于生产"螺旋藻"产品的菌种有盘状螺旋蓝细菌(*Spirulina platensis*)和最大螺旋蓝细菌(*S. maxima*)等。

　　(4)小球藻(*Chloellare*)　小球藻是一种单细胞绿藻,椭圆小球藻和粉粒小球藻在 CO_2 和阳光适宜条件下,以数倍于高等植物的速度生长。小球藻的营养价值很高,含有约 50% 的蛋白质、脂类、碳水化合物、维生素 A、维生素 B_1、维生素 B_2、维生素 C 等成分,含食物纤维、复合脂质(磷脂、糖脂)、糖蛋白、核酸等生物活性物质。此外,还含有未知生长因子,具有调节血脂,增强免疫力,抗肿瘤等保健功能,其所含小球藻生长因子(CGF)具有促进乳酸菌等生长的作用。小球藻可采用池塘培养、封闭式光照反应器培养,也可以采用发酵罐异养发酵生产。

　　(5)霉菌　生产饲用 SCP 常用的霉菌有白地霉、拟青霉、米曲霉、黑曲霉、康氏木霉、绿色木霉等。其中白地霉的蛋白质含量高,增殖速度快,以玉米浸泡液为原料生产饲用 SCP 可获得满意结果。此外,白地霉还可利用淀粉废水和豆制品废水生产 SCP。利用霉菌生产 SCP,具有生长快、耐酸、不易染杂菌、菌丝体大、易于筛滤收集、淀粉酶和纤维素酶活力高等特点,可直接利用淀粉和纤维素为碳源。霉菌可利用的原料有酒糟、豆制品和淀粉的废料,甘蔗和甜菜渣(含果胶、纤维素与半纤维素),玉米淀粉渣等。

11.4.2.4　单细胞蛋白质生产工艺

　　(1)用糖蜜为原料利用啤酒酵母液体深层通气法生产 SCP

　　1)培养基配方　生产 1 t 压榨酵母需要糖蜜(含糖质量分数 40%)1 600 kg,磷酸(质量分数 45%)36 kg,硫酸铵(含 N 质量分数 20%)40 kg,硫酸(质量分数 93%)7 kg,纯碱(质量分数 95%)50 kg,尿素(含 N 质量分数 46%)25 kg。

　　2)工艺流程　糖蜜→水解(加硫酸、水)→中和(石灰乳)→澄清→流加糖液(配入硫酸铁、尿素、磷酸、碱水)→发酵(酒母、通入空气)→分离(去废液)→洗涤(加水)→压榨→压条→沸腾干燥→活性干酵母

　　3)发酵条件　发酵时间为 12 h,温度 30~32 ℃,糖蜜浓度 1.5~5.5 °Bé,pH 值为 4.2~4.4,发酵残糖(0.1~0.2) g/100 mL,通风量(120~163) $m^3/(h \cdot m^3)$。将压榨酵母加入水、植物油拌和后,切块、包装即为鲜酵母;而将压榨酵母保温自溶、经离心喷雾干燥,可制成药用酵母粉。将压榨酵母压条后,经沸腾干燥,可制成活性干酵母粉。

　　(2)螺旋藻的生产　根据其营养和呼吸代谢特性,螺旋藻可分为四种类型。

　　1)光合自养型　在光照下生长,CO_2 作为唯一的碳源同化为细胞结构,生长所需能量仅来自光。

　　2)自养缺陷型　由于发生代谢障碍,生长时至少需要加入一种较低浓度的有机物,但这种有机物不是作为碳源和能源。

　　3)混合营养型　在光照和 CO_2 存在下生长,还必须加入至少一种有机底物,这种底

物能进行光合代谢。

4)异养型　能利用一种或多种有机物作为能源和碳源,能在黑暗中生长。

(3)光合自养型生长培养螺旋藻培养条件

1)pH 值　光合自养生长时,螺旋藻的最佳生长 pH 值范围为 8.3～11.0,最适 pH 值为 9.0±0.5。当 pH 值大于 11 时,不利于生长。

2)温度　螺旋藻的最适生长温度为 35～37 ℃,但是当温度升到 39 ℃并维持几个小时仍不影响其正常的代谢功能,这表明螺旋藻具有较好的耐热性。

3)氮源　螺旋藻除能利用无机氮外,还能利用铵盐和尿素。

4)光照　当营养和温度正常的情况下,光照就成为影响螺旋藻生长的一个重要因素。在室外培养,光源主要是太阳光,故受天气情况的影响,同时还与细胞密度及培养池的深浅等因素有关。实验室中,一般使用冷白光源如荧光灯作为光源,生长培养所需光照强度为 3 700～4 000 lx,维持培养时光照强度为 1 100 lx 左右。螺旋藻的生长不仅受光强度的影响,而且光质不同,反应各异。

(4)混合营养型高细胞密度培养螺旋藻　多年来,有关螺旋藻培养的研究都是局限于光合自养生长。螺旋藻的工业化规模培养都是以池养为主,其缺点是环境条件难控制,对天气的依赖性强,从而使螺旋藻的产率较低。

高细胞密度培养主要适用于异养生物培养,它能提高产率,降低成本,而且纯度高,特别适用于一些高产值产品的生产。高细胞密度培养反应器系统可分为分批流加培养和连续培养。

1)分批流加培养　分批流加培养的优点是通过限制底物浓度,消除了底物的抑制作用,从而使培养处于最佳生长状态。这种系统操作简便,在发酵工业中得到了广泛应用。分批流加培养存在的问题是:供氧不足、过热的排除和高黏度,使工业生产时细胞密度难以达到实验室水平。

2)连续培养　连续培养可用于异养型生物高细胞密度的培养,主要通过稀释度的控制来限制底物浓度,从而消除底物的抑制作用,使生长处于较佳状态。

(5)螺旋藻的分离　螺旋藻的分离可分为三个主要步骤,即初级分离、次级分离(脱水)及第三级分离(干燥)。初级分离的主要方法有过滤法、离心法和絮凝法,絮凝法是采用渗滤明矾、石灰或有机阳离子絮凝剂,使藻类悬浮无凝聚,该方法的优点是节省能量;次级分离主要方法有离心法、重力过滤法和沙床过滤,其中以沙床过滤法比较理想,它将干燥和脱水两个步骤结合在一起;第三级分离是通过机械(滚筒)干燥法或日晒干燥法将分离的浆液进行干燥,比较简单,但由于干燥速度较慢,藻体接触光的时间较长,维生素会遭到破坏。

11.4.3　微生态制剂

微生态制剂(microecologics)也称微生态调节剂(microecological modulator),是时代发展的科技产物,它是利用微生态学原理制成的含有大量有益活菌的制剂,有的还含有这些微生物的代谢产物。它具有维持宿主的微生态平衡、调整其微生态失调、提高其健康水平的功能。目前,国内外使用的微生态制剂有双歧杆菌、嗜酸乳杆菌、保加利亚乳杆菌、乳酸乳杆菌、大肠埃希菌、芽孢杆菌以及其他促进生长物质,其中芽孢杆菌、双歧杆菌、乳杆菌、肠球菌等使用最多。益生菌(probiotics),即狭义的微生态制剂,是应用一种至几种有益菌(通常是从相应微生态环境中分离出来的正常微生物菌群),经大量扩大培养增殖、浓缩干燥等制备过程而得到的微生物菌剂,如双歧杆菌、乳酸杆菌等活菌制剂产品。

11.4.3.1 微生态制剂的功能

微生态制剂是以活的有益微生物及其代谢产物为主要成分而制成的生物制品,其功能大致有以下几个方面。

(1)调整人体微生态平衡 人体的正常微生态的菌群组成是由年龄、生理状态及外环境而决定的,微生态制剂具有调整微生态失调作用,如乳酸杆菌和双歧杆菌制剂都能抑制肠道腐败菌和产尿素酶细菌的繁殖,恢复肠道微生态平衡,减少肠道中内毒素及尿素酶的含量,使血液中内毒素和氨的含量下降,还可以治疗肝昏迷等症。

(2)生物拮抗作用 微生物菌群具有定植性、排它性和繁殖性。微生态制剂中的活菌可成为肠道菌群中的一员,对病原微生物产生拮抗作用。如乳酸杆菌可黏附于肠道细胞上通过竞争作用,防止致病菌的定居,同时还有争夺营养,代谢产生抗生素和细菌素,抑制致病菌的活动、繁殖的作用。

(3)营养代谢作用 微生态制剂的代谢产物如乳酸、醋酸及其他有机酸等能改善人体肠道的内环境,从而有利于保持人体微生态平衡。

(4)免疫赋活作用 免疫赋活作用是间接促进免疫反应的一种作用,正常微生物群的某些成员有这些作用,主要是细菌或细胞壁刺激宿主免疫细胞,使其激活,产生促分裂分子,促进吞噬力或作为佐剂而发挥作用。双歧杆菌的免疫赋活作用最值得重视,双歧杆菌是一种无任何毒性的固有菌群,除了其活菌具有一系列生理作用外,其死菌还具有明显的抗肿瘤活性。

11.4.3.2 双歧杆菌

双歧杆菌是一种厌氧的革兰氏阳性无芽孢杆菌,形态不定,典型菌株常呈"Y"或"V"字形。双歧杆菌属包括33个种和亚种。而能人药和食用的有两歧双歧杆菌、婴儿双歧杆菌、青春双歧杆菌、长双歧杆菌和短双歧杆菌5种。这些双歧杆菌是典型的益生菌,它可促进消化吸收,合成多种维生素类,促进肠蠕动,分泌乳酸,抑制某些有害菌生成,防止便秘,增强人体免疫力。

(1)双歧杆菌的生理功能

1)生物屏障和生物拮抗作用 双歧杆菌和其他厌氧菌可黏附于肠黏膜上皮细胞上,通过自身及产生的代谢物和抑制物排斥致病菌,在肠道微环境下保持菌种优势,形成一个具有保护功能的生物屏障,并与肠道中其他菌群相互作用,调整菌群间的关系,以保证肠道菌群最佳组合,并维持肠道功能的平衡。

2)增强免疫和抗肿瘤作用 双歧杆菌细胞壁肽聚糖在适当条件下呈现免疫原性,增强了体液性免疫应答,提高了机体的抗体水平,激活了巨噬细胞活性,从而可抑制肿瘤细胞的增殖。

3)营养作用 双歧杆菌代谢产生的有机酸可促进维生素 D,钙和铁离子的吸收。双歧杆菌可合成多种维生素,如硫胺素、核黄素、尼克酸、吡哆醇、泛酸、叶酸和维生素 B_{12}

等。双歧杆菌还可以改善蛋白质代谢,它产生的磷蛋白磷酸酶可将乳中 α-酪蛋白降解,有益于乳蛋白的吸收。双歧杆菌在人体肠道内可产生 β-半乳糖苷酶,促进机体对乳糖的消化吸收。

4)抑制内毒素的产生 双歧杆菌可抑制肠道中腐败细菌的繁殖,从而减少肠道中内毒素和尿素酶的含量,使血液中内毒素和氨含量下降。

5)延缓机体衰老 双歧杆菌能使机体中某些具有抗衰老作用的酶活性升高,使致衰老的物质浓度降低。

(2)双歧因子 双歧因子通常是指蛋白经酶水解或温和酸水解所形成的短肽、酪蛋白水解物、肝浸汁、酵母提取物或自溶物以及低聚糖。它们对双歧杆菌的生长均有较好的促进作用。

(3)双歧型微生态制剂的制备工艺 双歧型微生态制剂一般选用两歧双歧杆菌或婴儿双歧杆菌,制备工艺为:将取用的双歧杆菌纯培养物进行反复接种培养以恢复其活力即菌种活化;活化后的菌种接种到以脱脂乳为主的菌种继代培养基中,依次进行三角瓶和种子罐培养,在培养基中可添加能促进双歧杆菌生长的物质,如酵母浸膏及其自溶物(0.2%~0.4%)、牛肉浸膏、蛋白胨、胰蛋白酶、番茄汁、大豆蛋白水解物、麦芽汁、葡萄糖(2.0%~5.0%)及维生素 C、半胱氨酸或胱氨酸(0.05%)等,然后将种子液按 5%~10% 的比例接种入灭菌的脱脂乳中,在 39~40 ℃的温度下进行厌氧发酵 4~5 h,达到所要求的酸度后,取出加入适量麦芽糊精并搅拌均匀,利用冻干机进行冷冻干燥,即得成品双歧杆菌微生态制剂。

11.4.3.3 乳酸菌

乳酸菌是一类利用碳水化合物发酵产生大量乳酸的细菌。乳酸菌能提高食品营养价值,改善食品风味,延长保存时间,对人体具有多方面的保健作用,如能调节肠道菌群,维持体内微生态平衡,抑制肠道内腐败菌生长繁殖,消除体内有毒物质的产生,改善便秘,降低胆固醇水平,改善肝功能,缓解乳糖不耐症,改善维生素代谢,增强免疫,抗肿瘤,抗突变等。

用作微生态制剂的乳酸菌必须满足:①菌体分离的对象应是健康的人或动物,人类使用的菌株最好来源于人;②能耐受人的胆酸盐和酸性环境;③具有适宜的免疫调节作用,不会引起炎症等不良反应。

乳酸菌和双歧杆菌是目前最重要的益生菌,这是因为乳酸菌被认为是人类肠道正常菌群的一部分(特别是新生婴儿),多年来,人们通过发酵食品能够安全地摄取这些乳酸菌。目前认为,作为益生菌的特殊乳酸菌菌株包括鼠李糖乳杆菌 GG、约氏乳杆菌 IJI、路氏乳杆菌(MM53)和双歧乳杆菌 Bb12(表 11.4)。

表 11.4　用作益生菌的乳酸菌

种属	菌株
乳杆菌	嗜酸乳杆菌、嗜淀粉乳杆菌、德氏乳杆菌保加利亚亚种、干酪乳杆菌、卷曲乳杆菌、鸡乳杆菌、加氏乳杆菌、约氏乳杆菌（Lal 菌株）、植物乳杆菌、路氏乳杆菌（MM53 菌株）、鼠李糖乳杆菌（GG 菌株）、唾液乳杆菌
双歧杆菌	青春双歧杆菌、动物双歧杆菌、双歧双歧杆菌、短双歧杆菌、婴儿双歧杆菌、长双歧杆菌、乳双歧杆菌（Bb12 菌株）
链球菌	嗜热链球菌、唾液链球菌
肠球菌	粪肠球菌

鼠李糖乳杆菌 GG 可能是研究最多的益生菌。已有证据表明鼠李糖乳杆菌 GG 定殖肠内，可减少腹泻，口服剂量要大于 10^9 cfu/d。许多市售的发酵乳制品都声称能促进健康（表 11.5）。一种干酪乳杆菌（*L. casei*）发酵的乳制品被称作"雅酷"（Yakult），估计每天有 10% 的日本人购买并食用。据保守推测，全世界每天有 3 000 万人食用这种产品。"雅酷"的制作过程：在脱脂牛奶中加入葡萄糖和绿藻（海藻）提取物，然后接种干酪乳杆菌，37 ℃发酵 4 天。

表 11.5　对健康有益的发酵乳品的微生物组成

产品	国别	微生物
雅酷（Yakult）	日本	干酪乳杆菌
密乳（Miru- Miru）	日本	嗜酸乳杆菌、干酪乳杆菌、短双歧杆菌
酸干酪	朝鲜	德氏乳杆菌、干酪乳杆菌、瑞士乳杆菌
AB-发酵乳	丹麦	嗜酸乳杆菌、两歧双歧乳杆菌
A-38 发酵乳	丹麦	嗜酸乳杆菌、嗜温乳杆菌
激活（read acticve）	英国	酸乳酪培养物、两歧双歧乳杆菌
嗜酸菌乳	美国	嗜酸乳杆菌

尽管益生菌对健康有很大的促进作用，益生菌细菌也可能会有一些潜在危害。最主要的是，如果病人患的是自体免疫系统疾病，则其免疫系统会受到无限制的刺激。

现在，正进行利用乳酸菌作为胃肠道载体疫苗的研究。一株携带有荧光素酶的德氏乳杆菌菌株已被用作胃肠道基因启动激活的研究模型，以作为预测异源蛋白在活体内表现的第一步。

11.5　微生物与生物活性物质

利用微生物产生的生物活性物质，可以生产功能食品也称保健食品（functional foods or health foods），这类食品不仅和普通食品一样，具有营养功能（第一功能）和感官功能

（第二功能），还具有特定调节人体某一特殊生理活动的功能，即所谓第三功能。例如，真菌多糖、功能性低聚糖、不饱和脂肪酸、吗啡肽等。

11.5.1 真菌多糖

真菌多糖是具有某种独特生理活性的多糖化合物，包括酵母菌多糖、霉菌多糖、真核藻类多糖和大型真菌多糖等。真菌多糖分为结构多糖（组成细胞壁的结构成分——几丁质）和活性多糖，它们都属于生物活性多糖。因为真菌多糖具有提高人体免疫功能、抗肿瘤、抗突变、降血糖、降血脂、抗衰老、预防糖尿病、抗菌和抗病毒等特殊的生理功能，所以它成为现今热门和活跃的研究领域。研究表明，香菇、金针菇、银耳、灵芝、蘑菇、黑木耳、茯苓、猴头菇和姬松茸中的多糖都是很重要的活性多糖。因此，真菌多糖是一种很重要的功能性食品基料。

11.5.1.1 生产方法

（1）从真菌子实体提取得到子实体多糖　子实体多糖来源于传统农业栽培的大型真菌子实体，其主要缺点是劳动强度大，占用场地大，子实体生产时间长，子实体成熟后由于木质化导致多糖提取率低等。

（2）通过液体深层发酵法制备胞内多糖　所谓深层发酵，就是使微生物细胞置于液体底物里面进行培养，以此跟表面培养形成对照。可通过调节培养基组成、发酵工艺条件等，在短时间内得到大量菌丝体和胞内外多糖。实践表明，深层发酵得到的胞内、外多糖无论是含量，还是生物活性功能都与子实体相似，甚至超过子实体，而其生产规模、产率和经济效益都是传统农业栽培所无法比拟的，因此，液体深层发酵培养技术是取代食用菌生产的有效途径，具有很大的发展前景。至今，已被研究过适合深层发酵的食用菌种类很多，但真正实现规模化生产的还很少。

11.5.1.2 深层发酵法制备真菌活性多糖的生产工艺

真菌多糖深层发酵法是对食用真菌的菌丝体在深层液体培养基中的生长和产物代谢的条件进行控制发酵，得到菌丝体胞内外真菌多糖。其基本工艺流程：

斜面菌种→摇瓶菌种→种子罐发酵→发酵罐深层发酵→分离→干燥→成品。

在深层发酵过程中，需要控制的工艺参数包括温度、压力、搅拌速度、空气流量、溶解氧、排气中氧及二氧化碳含量、pH 值、糖、氮及次生代谢产物的含量等参数，以及菌丝体形态和发酵液中菌体含量等生物参数。

大型食用真菌深层发酵技术沿用了传统的发酵生产工艺，如图 11.5 所示。摇瓶种子在适温下振荡培养 4～6 天后，经无菌检验以 2%～5% 的接种量接入种子罐中，其发酵过程对无菌操作有更高的要求。因此在罐的空消、实消以及接种、倒种方面应更加严格、仔细。通常发酵前期通风比为 1∶0.5，中后期可调至 1∶1。培养过程中搅拌可视具体菌种而定，一般采用通气搅拌方式比连续搅拌效果好。

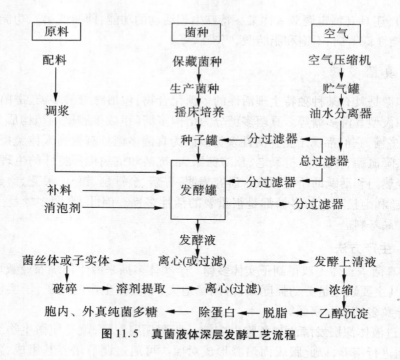

图 11.5　真菌液体深层发酵工艺流程

11.5.1.3　几种真菌活性多糖的生产技术

（1）香菇多糖的生产技术

1）提取法

①工艺流程　鲜香菇→捣碎→浸渍→过滤→浓缩→乙醇沉淀→乙醇、乙醚洗涤→干燥→成品

②操作要点　取香菇新鲜子实体,水洗干净,捣碎后加 5 倍量沸水浸渍 8 ~ 15 h,过滤,滤液减压浓缩。浓缩液加 1 倍量乙醇得沉淀物,过滤,滤液再加 3 倍量乙醇,得沉淀物。将沉淀加约 20 倍的水,搅拌均匀,在剧烈搅拌下,滴加 0.2 mol/L 氢氧化十六烷基三甲基胺水溶液,逐步调至 pH 值 12.8 时产生大量沉淀,离心分离,沉淀用乙醇洗涤收集沉淀。沉淀用氯仿、正丁醇去蛋白,水层加 3 倍量乙醇沉淀,收集沉淀。沉淀依次用甲醇、乙醚洗涤,置真空干燥器干燥,即为香菇多糖。

2）深层发酵法

①工艺流程

a. 深层发酵工艺流程　菌种→斜面培养→一级种子培养→二级种子培养→深层发酵→发酵液

b. 上清液胞外多糖的提取工艺流程　发酵液→离心→发酵上清液→浓缩→透析→浓缩→离心→上清液→乙醇沉淀→沉淀物→丙酮、乙醚洗涤→P_2O_5 干燥→胞外粗多糖

c. 菌丝体胞内多糖的提取工艺流程　离心→菌丝体→干燥→菌丝体干粉→抽提→浓缩→离心→上清液→透析→浓缩→离心→上清液→乙醇沉淀→沉淀物→丙酮、乙醚洗涤→P_2O_5 干燥→胞内粗多糖

②操作要点

a. 斜面培养　在土豆琼脂培养基接菌种,25 ℃培养 10 天左右,至白色菌丝体长满斜面,0~4 ℃冰箱保存备用。

b. 摇瓶培养　500 mL 三角瓶盛培养液 150 mL 左右,0.12 kPa 蒸汽压力下灭菌 45 min。当温度达到 30 ℃时,接斜面菌种,置旋转摇床(230 r/min),25 ℃培养 5~8 天。培养液配方为(100 mL):蔗糖 4 g、玉米淀粉 2 g、NH_4NO_3 0.2 g、KH_2PO_4 0.1 g、$MgSO_4$ 0.05 g、维生素 B_1 0.001 g。培养液的 pH 值为 6.0。

c. 种子罐培养　培养液同前,装量 70%,接入摇瓶菌种,菌种量 10%(体积分数),25 ℃,通气比 1∶0.5~1∶0.7(体积分数)培养 5~7 天。

d. 发酵罐培养　发酵罐先灭菌。罐内培养液配方同前。配料灭菌 0.12 kPa 下 50~60 min。冷却后,以压差法将二级菌种注入发酵罐,接种量 10%(体积分数),装液量 70%(体积分数)。发酵温度 22~29 ℃,通气比 1∶0.4~1∶0.6(体积分数),罐压 0.05~0.07 kPa,搅拌速度 70 r/min;发酵周期 5~7 天。放罐标准:发酵液 pH 值降至 3.5,镜检菌丝体开始老化,即部分菌丝体的原生质出现凝集现象,中有空泡,菌丝体开始自溶,也可发现有新生、完整的多分枝的菌丝;上清液由浑浊状变为澄清透明的淡黄色;发酵液有悦人的清香,无杂菌污染。

e. 发酵液中多糖的提取　香菇发酵液由菌丝体和上清液两部分组成,胞内多糖含于菌丝体,胞外多糖含于上清液。因此多糖提取要分上清液和菌丝体两部分来完成。

f. 上清液胞外多糖提取的操作步骤　离心沉淀,分离发酵液中菌丝体和上清液。上清液在不大于 90 ℃条件下浓缩至原体积的 1/5。上清浓缩液置透析袋中,于流水中透析至透析液无还原糖为止。透析液浓缩为原浓缩液体积,离心除去不溶物,将上清液冷却至室温。加 3 倍预冷至 5 ℃的 95% 乙醇,5~10 ℃下静置 12 h 以上,沉淀粗多糖。沉淀物分别用无水乙醇、丙酮、乙醚洗涤后,真空抽干,然后置 P_2O_5 干燥器中进一步干燥,得胞外粗多糖干品。

g. 菌丝体胞内多糖提取的操作步骤　将菌丝体在 60 ℃干燥,粉碎,过 80 目筛。菌丝体干粉水煮抽提 3 次,总水量与干粉质量比为 50∶1~100∶1。提取液在不大于 90 ℃下浓缩至原体积的 1/5。其余步骤同上清液胞外提取。

3)香菇营养面包生产工艺

①工艺流程　原辅料处理→调制面团→发酵→分块、称重→揉圆→醒发→烘烤→冷却→包装

②操作要点

a. 原辅料预处理　香菇子实体或菌丝体去杂,粉碎过 40 目筛。

b. 生产配方　面粉 85%、脱脂奶粉 4.0%、糖 10.8%、α-单甘酯 0.5%、盐 1.0%、色拉油 3.0%、即发型活性干酵母 8%、总含水量 51%、香菇粉 2.0%。

c. 发酵条件　发酵温度 30 ℃,相对湿度 75%,3~4 h。

d. 醒发条件　醒发温度 37 ℃,相对湿度 8%,1 h。

e. 烘烤时间　烘烤温度 200~230 ℃,18~30 min。

③产品质量标准　色泽棕黄色,表面光滑,表面可看到香菇沫,松软可口,有香菇特有香味。

（2）灵芝多糖的生产技术

1）灵芝菌的深层发酵

①工艺流程　斜面母种→一级摇瓶种子→二级摇瓶种子→种子罐→发酵罐

②斜面培养基组成　葡萄糖 4%、蛋白胨 1%、琼脂 2% 和 pH 值 7。

③摇瓶和种子罐培养基组成　蔗糖 2%、黄豆饼粉 1%、磷酸二氢钾 0.075%、七水硫酸镁 0.03%、消泡剂适量和 pH 值 6.5。

④发酵罐培养基组成　蔗糖 4%、黄豆饼粉 2%、磷酸二氢钾 0.15%、七水硫酸镁 0.075%、硫酸铵 0.05%、碳酸钙 0.1%、消泡剂适量和 pH 值 6.5。

灵芝菌丝液体培养最适碳源为葡萄糖和蔗糖，最适氮源为酵母粉、玉米粉及豆饼粉。发酵过程中 pH 值变化较大，由 5.0 下降至 2.5~3.0，此时最好用碳酸氢钠调 pH 值至 5.0。

当菌丝变细、少数菌丝自溶、菌丝含量为 15%~20% 及 pH 值降至 2.5~3.0 时，可以放罐。发酵液过滤浓缩后得稠膏状物，经烘干、粉碎成灵芝粉。每 30~50 g 灵芝粉，加入 2 g 的三氯蔗糖和 1 000 g 填充料，混合均匀即成为灵芝速溶茶。

2）灵芝多糖口服液生产工艺

①工艺流程　灵芝纯多糖→调配→均质→过滤→灌装→杀菌→成品

②操作要点

a. 生产配方　灵芝纯多糖 0.1%、蜂蜜 8%、山梨酸钾 0.02%、水 92.9%。用柠檬酸调制最佳糖酸比。

b. 均质　调配好的液体，均质机 30 MPa 下均质。

c. 过滤　先经过 0.45 μm 精密过滤器过滤，再经过截留分子量 20 万的超滤机过滤，取透过液灌装。

d. 灌装、杀菌　口服液瓶水洗后，用 200 mg/kg 的二氧化氯浸泡 10 min，无菌水清洗，捞起滤干、灌装、封口。杀菌条件为 120 ℃，30 min。

③产品质量标准　色泽淡黄或金黄色，无沉淀，酸甜适口，口感圆润，每支（10 mL）含纯灵芝多糖 10 mg。

11.5.2　功能性低聚糖

功能性低聚糖是一类不被人体所利用（因为没有相应的酶系统），但可被双歧杆菌所利用的寡糖，包括水苏糖、棉籽糖、帕拉金糖（palatinose）、乳酮糖、低聚果糖、低聚木糖、低聚半乳糖、低聚异麦芽糖、低聚乳果糖、低聚龙胆糖（gentiooligosaccharide）等。因为双歧杆菌是一类人体必需的生理性细菌，保持双歧杆菌在体内（尤其在肠道）的优势有益于人体健康长寿，因而功能性低聚糖愈加引起全世界的关注。

功能性低聚糖的生理功能：①很难被人体消化吸收的低能量寡糖，可最大限度满足那些喜爱甜食又担心发胖者的要求，还可供糖尿病人，肥胖病人和低血糖病人食用；②活化肠道内双歧杆菌并促进其生长繁殖，双歧杆菌是人体肠道内的有益菌，其菌数会随年龄的增大而逐渐减少，婴儿出生后 1 周肠道内双歧杆菌数占绝对优势（90% 以上），之后逐渐减少，因此，肠道内双歧杆菌数的多少成了衡量人体健康与否的指标之一，摄取双歧杆菌活菌制品固然简便可靠，但这类产品从生产到销售都受到许多条件的限制，而通过摄入功能性低聚糖来促使肠道内双歧杆菌自然增殖显得更切实可行,每天摄入2～10 g低聚糖,持续数周,肠道内双歧杆菌活菌数平均增加7.5倍;③不会引起牙齿龋变,有利于保持口腔卫生,龋齿是由于口腔微生物特别是突变链球菌(*Streptococcus mutans*)侵蚀而引起的,功能性低聚糖因不是这些口腔微生物的合适作用底物,因此不会引起牙齿龋变;④由于功能性低聚糖不被人体消化吸收,属于水溶性膳食纤维,具有膳食纤维的部分生理功能,如降低血清胆固醇和预防结肠癌等,但功能性低聚糖与高分子的膳食纤维不同,它属于小分子物质,添加到食品中基本上不会改变食品原有的组织结构及理化性质。

(1)低聚果糖 低聚果糖(fructooligosaccharide)是指在蔗糖分子的果糖残基上结合1～3个果糖的寡糖,在水果、蔬菜(如牛蒡、洋葱、大蒜等)中含有0.5%～3%的低聚果糖。

1)低聚果糖的物理化学性质 低聚果糖又称寡聚果糖或蔗果三糖,天然的和酶法得到的低聚果糖几乎都是直链状,在蔗糖分子上以$\beta(1\rightarrow2)$糖苷键与1～3个果糖分子结合形成蔗果三糖(GF_2)、蔗果四糖(GF_3)和蔗果五糖(GF_4),属于果糖和葡萄糖构成的直链杂低聚糖。它们的化学结构如图11.6所示。

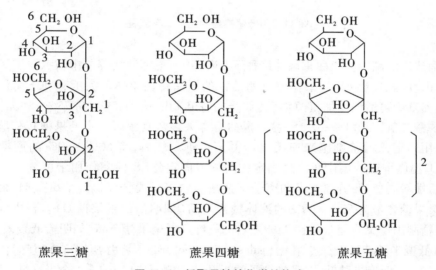

蔗果三糖　　　　　　蔗果四糖　　　　　　蔗果五糖

图11.6 低聚果糖的化学结构式

工业生产上一般采用黑曲霉(*A. niger*)等产生的果糖转移酶作用于高浓度(50%～60%)的蔗糖溶液而获得低聚果糖。日本明治制果公司开发了低聚果糖G和P两种低聚果糖,其甜度分别约为蔗糖的60%和30%,其中低聚果糖G的低聚果糖含量为55%,低聚果糖P的低聚果糖含量达95%。低聚果糖的黏度、保湿性及在中性条件下的热稳定性都接近于蔗糖,只是在pH值3～4的酸性条件下加热易分解。在食品中使用低聚果糖时,为防止其分解,需注意两点:①酸性条件下不要长时间加热;②酵母等产生的蔗糖酶会水解该糖。

2)低聚果糖的生理功能 低聚果糖具有以下生理功能:①该糖很难被人体消化吸收,能量值很低,摄入后不易致肥胖;②低聚果糖在肠道后部(小肠末端以下至结肠)被双歧杆菌利用,是双歧杆菌增殖因子,成人每天摄入5～8 g,两周后每克粪便中双歧杆菌数可增加10～100倍;③低聚果糖是一种水溶性膳食纤维,能降低血清胆固醇和甘油三酯含量,而且摄入后不会引起体内血糖值的大幅度升高,所以可作为高血压、糖尿病和肥胖症等患者食用的甜味剂;④低聚果糖不能被突变链球菌(*S. mutans*)作为发酵底物来生成不溶性葡聚糖,不提供口腔微生物沉积、产酸、腐蚀的场所(牙垢),是一种低腐蚀性的防龋齿甜味剂。

3)低聚果糖的生产　工业化生产低聚果糖是采用酶法处理高浓度蔗糖浆而获得,生产工艺流程见图 11.7。

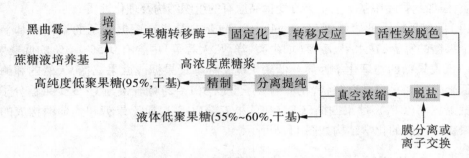

图 11.7　低聚果糖的生产工艺流程

将筛选出的高酶活黑曲霉菌株接种于 5% ~ 10% 蔗糖液培养基中,在 30 ℃下振摇培养 2 ~ 4 d,获得具有较高的果糖转移酶活性的黑曲霉菌丝体。为了有利于酶活性的提高,在培养基中可适当添加氮源物质(如蛋白胨和硝酸铵,0.5% ~ 0.75%)和无机盐(硫酸镁和磷酸二氢钾,0.1% ~ 0.15%)。黑曲霉等大多数真菌所产生的果糖转移酶属胞内酶,可采用固定化增殖细胞来连续生产低聚果糖。然后,将 50% ~ 60% 的蔗糖糖浆在 50 ~ 55 ℃温度下以一定速率流过固定化酶柱或固定化床,使酶作用于蔗糖发生转移反应。用活性炭脱色、膜分离技术和离子交换法脱盐等手段分离提纯低聚果糖,最后浓缩可得低聚果糖含量为 55% ~ 60% 的液体糖浆制品(如明治低聚果糖 G)。若进一步分离提纯,可精制出低聚果糖含量在 95% 左右的高纯度低聚果糖产品(如明治低聚果糖 P)。

(2)低聚半乳糖　低聚半乳糖(galactooligosaccharide)是由 β-半乳糖苷酶作用于乳糖而制得的 β-低聚半乳糖,在乳糖分子的半乳糖一侧再连接上 1 ~ 4 个半乳糖,属于葡萄糖和半乳糖组成的杂低聚糖。

低聚半乳糖的酸、热稳定性较好,也不被人体消化酶所消化,具有很好的双歧杆菌增殖活性。成人每天摄取 8 ~ 10 g,一周后其粪便中双歧杆菌数大大增加。

自然界许多霉菌和细菌都可产生 β-半乳糖苷酶,如嗜热链球菌(*Streptococcus thermophilus*)、黑曲霉(*A. niger*)和米曲霉(*A. oryzae*)。以高浓度的乳糖溶液为原料,β-半乳糖苷酶促使乳糖发生转移反应,再按常法脱色、过滤、脱盐、浓缩后即得低聚半乳糖浆,进一步分离精制可得含三糖以上的高纯度低聚半乳糖产品。日本的一种低聚半乳糖商品 SA 中的糖组成为(干基):葡萄糖 28.8%、半乳糖 8.9%、乳糖 4.5% 和低聚半乳糖 57.8%。该低聚糖的甜度约为蔗糖的 40%,而只含三糖以上的高纯度低聚半乳糖,其甜度仅为蔗糖的 20%。

最近,日本成功地研究开发出 α-低聚半乳糖,它是先将乳糖用 β-半乳糖苷酶水解获得葡萄糖和半乳糖的混合液,再以此混合液为底物通过 α-半乳糖苷酶进行缩合反应而生成。这种 α-低聚半乳糖的重要成分是蜜二糖,为半乳糖与葡萄糖以 α-1,6-糖苷键结合而成的双糖。蜜二糖不被人体消化吸收,也是双歧杆菌增殖因子。

(3)低聚木糖 低聚木糖(xylooligosaccharide)是由 2~7 个木糖以 β-1,4-糖苷键结合而成的低聚糖。它的甜度比蔗糖和葡萄糖均低,与麦芽糖差不多,约为蔗糖的 40%。低聚木糖的热稳定性较好,即使在酸性条件(pH 值 2.5~7)加热也基本不分解,所以较适合用在酸奶、乳酸菌饮料和碳酸饮料等酸性饮料中。

低聚木糖在人体内难以消化,肠道内残存率高,具有极好的双歧杆菌增殖活性,每天只需摄入少量(如 0.7 g)就有明显的效果。而且食用该低聚糖后不会使血浆中葡萄糖水平大幅度上升,所以也可作为糖尿病或肥胖症患者的甜味剂。

低聚木糖一般是以富含木聚糖(xylan)的植物(如玉米芯、蔗渣、棉子壳和麸皮等)为原料,通过木聚糖酶的水解作用然后分离精制而获得。自然界中很多霉菌和细菌能产生木聚糖酶,工业上多采用球毛壳霉(*Chaetomium gobosum*)产生内切型木聚糖酶进行木聚糖的水解,然后分离提纯而制得低聚木糖。

(4)低聚乳果糖(lactosucrose) 低聚乳果糖是以乳糖和蔗糖(1:1)为原料,在节杆菌的某些种(*Arthrobacter. sp*)产生的 β-呋喃果糖苷酶催化作用下,将蔗糖分解产生的果糖基转移至乳糖还原性末端的 C_1 位羟基上,生成半乳糖基蔗糖即低聚乳果糖,由 3 个单糖组成,化学结构如图 11.8 所示。

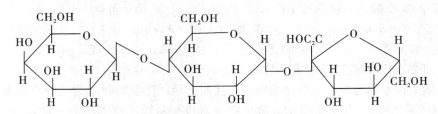

图 11.8 低聚乳果糖的化学结构

日本商业化生产的低聚乳果糖产品包含 37% 低聚乳果糖、28% 蔗糖、13% 乳糖、17% 的葡萄糖及果糖和 5% 其他糖,甜度约为蔗糖的 70%。

低聚乳果糖几乎不被人体消化吸收,摄入后不会引起体内血糖水平和血液胰岛素水平的波动,可供糖尿病人食用。该糖也是双歧杆菌增殖因子,每天摄入 5 g,一周后粪便中双歧杆菌数大幅度提高。与低聚半乳糖、低聚异麦芽糖等相比,低聚乳果糖的双歧杆菌增殖活性更高,甜味特性也更接近于蔗糖。该糖经日本的急性毒理试验和致突变试验等证实是安全无毒的。

(5)低聚异麦芽糖 低聚异麦芽糖(isomaltooligosaccharide),又称分枝低聚糖(branching oligosaccharide),是指由葡萄糖以 α-1,6-糖苷键结合而成的单糖数 2~5 不等的一类低聚糖。自然界中低聚异麦芽糖极少以游离状态存在,而作为支链淀粉、右旋糖和多糖等的组成部分,在某些发酵食品如酱油、酒或酶法葡萄糖浆中有少量存在。异麦芽糖具有甜味,异麦芽三糖、四糖、五糖等随聚合度的增加甜度降低甚至消失。低聚异麦芽糖具有良好的保湿性,能抑制食品中淀粉回生老化和糖结晶析出。低聚异麦芽糖也具有双歧杆菌增殖活性和低龋齿特性。低聚异麦芽糖的制取通常以高浓度葡萄糖浆为反应底物,通过葡糖基转移酶催化作用发生 α-葡萄糖基转移反应而制得。

11.5.3　多不饱和脂肪酸

多不饱和脂肪酸(polyunsaturated fatty acids,PUFAs)是指含有两个或两个以上双键,且碳链长为 16~22 个碳原子的直链脂肪酸,它主要包括 γ-亚麻酸(γ- Linolenic acid,简称 GLA)、花生四烯酸(arachidonic acid,简称 AA)、二十碳五烯酸(eicosapentaenoic acid,简称 EPA)、二十二碳六烯酸(decosahexaenoic acid,简称 DHA)等,属于人体的必需脂肪酸(essential fatty acid),是生物膜的重要组成成分,是生物活性物质的前体,对人体的健康具有重要意义。

微生物中多不饱和脂肪酸含量丰富。用于生产 PUFAs 的微生物主要是真菌、细菌和藻类。研究发现,细菌 PUFAs 的产量低于真菌和藻类。而且细菌多不饱和脂肪酸以磷脂或其他脂类形式存在于膜上,而不是常见的甘油三酯形式。

在各种藻类中,金藻纲、黄藻纲、硅藻纲、绿藻纲、隐藻纲的藻类都能产生高产量的EPA,甲藻纲中的藻类具有高含量的 DHA。真菌中高山被孢霉(*Moriterella alpina*)、长被孢霉(*Mortierella elongata*)、水霉(*Saprolegnia*)、轮枝霉(*Diasporangium*)、樟疫霉(*Phytophthora cinnamomi*)、毛霉(*Mucor*)、小克银汉霉(*Cunninghamella*)等含有 EPA 和AA。被孢霉(*Mortierella*)、卷枝毛霉(*Mucor circinelloides*)、鲁氏毛霉(*Mucor rouxianus*)等菌中含有 γ-亚麻酸。用被孢霉生产 GLA 的工艺已成熟,每年可生产几百吨。长被孢霉、畸雌腐霉(*Pythium irregulare*)、破囊壶菌(*Thraustochytrium*)、终极腐霉(*Pythium ultimum*)、头孢霉(*Cephalosporium*)等均含有 EPA、DHA。目前发现的能产 PUFAs 的细菌都是分布于深海和南极海域的嗜冷菌。

(1)微生物生物合成多不饱和脂肪酸的代谢途径　微生物利用葡萄糖合成多不饱和脂肪酸的代谢途径如图 11.9 所示。微生物通常也是从单不饱和脂肪酸油酸开始,用与高等生物同样的酶系合成多不饱和脂肪酸,在这个途径中主要有两种酶反应——链的延长和脱饱和,它们分别由相应的膜结合延长酶和脱饱和酶所催化,链的延长即从供体乙酰 CoA 或丙酰 CoA 引入两个 C 原子延长碳链;而脱饱和体系由微粒体膜结合的细胞色素 b_5,NADH-细胞色素 b_5 还原酶和脱饱和酶组成。这两种酶反应相结合,通过在油酸链上两个脱饱和反应引入两个双键后进一步的链延长和脱饱和产生多不饱和脂肪酸。

(2)影响多不饱和脂肪酸合成的因素　微生物的脂肪酸组成,无论从数量上还是从质量上都受环境的影响,对大多数微生物而言,影响不饱和脂肪酸生物合成和积累的主要参数有培养基组分、供氧、光强、明暗循环(对光合微生物而言)、温度、菌龄等因素。

1)培养基组分　在培养基中的氮含量影响绿藻、细菌、真菌中的饱和及不饱和脂肪酸之比。在氮含量低时,布朗葡萄藻(*Botryococcus brauni*)、巴氏杜氏藻(*Dunaliella bardawil*)和盐生杜氏藻(*D. salina*)合成的 EPA 含量增加;相反,小球藻属(*Chlorella*),栅藻属(*Scenedesmus*)在氮含量升高时多不饱和脂肪酸含量增加;对异养微生物而言,碳氮含量都影响脂肪酸的生成。随着培养基中 C 与 N 比例的增加,拉曼被孢霉(*Mortierella ramanniana*)菌体中的总脂含量增加,因此也影响了其多不饱和脂肪酸的含量。此外,氮源种类也是一个重要因素,拉曼被孢霉在用硫酸铵为氮源时脂含量最高。

金属离子可促进脂或脂肪酸在微生物中的合成,在培养海洋微生物时,天然海水是

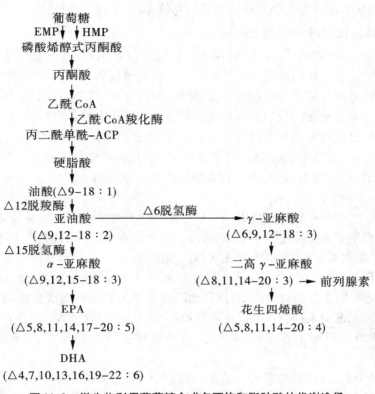

图 11.9 微生物利用葡萄糖合成多不饱和脂肪酸的代谢途径

必需的,除非基本培养基中含有足够的所有痕量元素。在不含硅的硅藻培养基中,隐秘小环藻(Cyclotella cryptica)总的脂含量有少许增加,但却抑制了 DHA 的合成。

2)供氧 很显然在生物合成 PUFAs 的途径中微生物的脱饱和机制需要分子氧,可以通过氧的供给量来确定脂肪酸的不饱和程度,在隐甲藻(Gyronidium cohnii)培养中增加氧的供给可增加 EPA 和 DHA 含量,纤细裸藻(Euglena gracilis)在厌氧的情况下生长只生成饱和脂肪酸。

3)光强与明暗循环 一般来说,降低光照强度利于提高许多硅藻中的 EPA 和 DHA 的形成与积累,如梅尼小环藻(Cyclotella menaghiniana)、新月菱形藻(Nitzschia closterium)和纤细裸藻(Euglena gracilis)。然而,对于绿藻(Cyclotella minutssima)和紫球藻(Porphyridium cruentum),光强的影响刚好相反。应当注意的是,在许多光合藻类中光的缺乏将提高 ω-6 脂肪酸的合成而降低其 ω-3 脂肪酸的合成。

4)温度 嗜冷性微生物在低于 20 ℃的最适温度下不饱和脂肪酸的含量要比中性微生物高,而嗜热菌几乎不含有 PUFAs。在大多数微生物的培养中可观察到低温可增加 EPA 和 DHA 的合成,这可能是由于低温增加了氧的溶解性,催化长链不饱和脂肪酸脱饱和的需氧酶将会获得大量的分子氧。对于生产率来说,尽管单个微生物在低温下 DHA 和 EPA 的含量有所提高,但生长速度和生物量均有所下降,因此总的产量反而会降低。

5)菌龄 随着菌龄的增加,许多微生物都有以脂的形式储存其能量的趋势,这种脂通常富含脂肪酸。一般认为在微生物中 PUFAs 的改变遵循 S 形曲线,EPA 和 DHA 的浓度在对数生长期后期或稳定期的初期达到最大值,随后呈现下降局势。

11.5.3.1 微生物发酵法生产亚麻酸

γ-亚麻酸(γ-linolenic acid,简称 GLA),其结构为 6,9,12-十八碳三烯酸,是人体的一种必需脂肪酸,在人体内由亚油酸转化而来。γ-亚麻酸作为人体合成前列腺素的前体物质,具有抗动脉粥样硬化、降低血清胆固醇浓度、降血压、抑制血小板凝集、增强免疫功能、保湿护肤等多种重要的生理活性作用。因此,γ-亚麻酸被认为是具有特殊医疗保健作用的营养素,已被世界上许多国家用于药品、保健食品和高级化妆品的生产。

自然界中,γ-亚麻酸以甘油酯的形式广泛存在,在孢子植物和被子植物中含量颇丰。20 世纪 80 年代末至 90 年代初,微生物发酵法生产 γ-亚麻酸进入工业化生产。

(1)发酵法生产 γ-亚麻酸

1)发酵法生产 γ-亚麻酸的优点 与从月见草等天然植物中提取 γ-亚麻酸的传统方法相比,采用微生物发酵法生产 γ-亚麻酸具有如下优点:①微生物繁殖能力强、生长快,菌丝体易于收集和提取;②生产不受原料和产地限制,不受季节和气候的影响,不占用大量土地,可长年工业化生产,生产周期短,生产过程可人为控制;③低等丝状真菌产生的油脂及 γ-亚麻酸的含量相对较高,而且其油脂成分与人乳的油脂成分接近,营养价值更高;④可以通过先进的生物技术手段大幅度提高 γ-亚麻酸的产量,降低生产成本。

2)生产用菌 发酵生产 γ-亚麻酸所用的菌种主要为被孢霉、少根根霉、鲁氏毛霉等。

3)培养基中氮、磷含量的影响 通常,油脂生产微生物在碳源丰富,氮、磷含量低的基质中培养,可获得相当高的油脂含量。所以,培养基中的碳、氮比值被认为对菌体油脂的合成量有决定性的影响,在一定范围内,碳、氮比值越高,越有利于油脂的合成;反之,则不利于油脂的合成。微生物油脂的发酵动态过程可以这样描述:在培养初期,氮源被大量用于菌体合成,细胞数量迅速增加,而油脂的合成量相对稳定。当氮源消耗至一定程度时,油脂的合成急剧加强;当氮源消耗殆尽时,油脂产量达到最大值。但是,如果培养基中氮源充足,碳源则首先用于细胞合成,因此,过量的氮源不利于油脂合成。所以,在确定培养基组成和培养条件时,既要保证菌体油脂含量及脂肪酸中的 γ-亚麻酸含量高,同时还要确保有足够的菌体生物量。培养基中磷的含量一般要求较低,有利于油脂的合成。

4)培养温度与 pH 值的影响 在微生物油脂生产菌的培养过程中,培养温度与 pH 值对油脂的合成有较大的影响,低于或高于最适温度、最适 pH 值时,油脂的合成和油脂的成分都会发生变化。因此,对于 γ-亚麻酸生产菌的培养,一定要确定最适培养温度和最适 pH 值。

5)通风量的影响 微生物油脂的合成强烈好氧,当呼吸过程受到抑制时,油脂的合成也相应受到抑制。因此,在强烈的通风培养条件下,可使微生物的油脂产量明显提高。此外,低等丝状真菌的菌体油脂组成也与细胞呼吸强度有密切关系,当供氧不足时,三酰甘油的合成会受到强烈抑制而引起磷脂和游离脂肪酸大量积累;而在强烈的通风条件下,可使油酸部分转化成带 2~3 个双键的脂肪酸,从而使脂肪酸的不饱和度增加。

(2)固态发酵法生产 γ-亚麻酸 固态发酵法生产 γ-亚麻酸油脂是一个比较新型的课题,固态发酵法与液态法相比有着明显的优点:固态法工艺设备要求比较简单,投资少,加工成本低,无废水、废气等环境污染,易大规模生产。可以预见,微生物固态发酵法生产 γ-亚麻酸油脂因其众多的突出优点是今后微生物油脂的一个发展方向。固态发酵生产 γ-亚麻酸的工艺流程如图 11.10 所示。

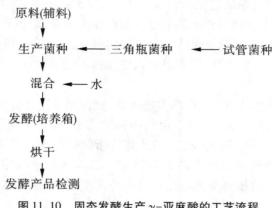

图 11.10　固态发酵生产 γ-亚麻酸的工艺流程

在这种工艺条件下,在发酵培养基中经 30 ℃生长两天后,当菌丝体已全部穿透培养基时,测定表明,实验各菌株的含油量和 γ-亚麻酸含量都有明显提高,含油量提高最大可从 5.1%提高到 11.6%,提高了 6.5%,同植物油厂的压榨饼含油量相当,可与油厂的浸出车间相配套,γ-亚麻酸酸含量也有较大程度的提高,提高较大的达到 3.5%。虽与月见草、醋栗相比还有一定差距,但因其工艺条件要求简单,成本低可以大规模获得。据资料报道和数据计算结果表明,利用微生物制 γ-亚麻酸,当工艺条件适合时,微生物菌体的油脂含量最高含量可达 40%,其典型值为 20%,γ-亚麻酸含量可达 12%,典型值为 8%。通过后续阶段菌株的筛选和最佳配方的探讨,是可以取得较好的结果的。

11.5.3.2　微生物发酵法生产花生四烯酸

花生四烯酸(arachidonic acid,简称 AA),是人体必需脂肪酸的一种,是人体内含量最为丰富的一种多不饱和脂肪酸,也是人体内最为重要的一种多不饱和脂肪酸。母乳中含有丰富的花生四烯酸,对婴儿的正常发育十分重要。在牛乳中,花生四烯酸的含量极少,远不能满足婴儿发育的正常需要,花生四烯酸在婴幼儿配方食品中的添加,对于不能获得足够母乳的婴幼儿具有极为重要的意义。

花生四烯酸广泛而少量地存在于动物油而不是植物油中,其工业化生产长期以来是一个有希望但又十分困难的目标。武汉烯王生物工程有限公司和中科院等离子体物理研究所合作利用生物工程技术选育的 AA 高产菌,在经过中试完善后,已实现其工业化生产,从而可以以较低的成本生产出高含量的花生四烯酸产品。

(1)菌种　AA 生产菌为高山被孢霉(*Mortierella alpina*),该菌株经离子束注入法诱变育种获得高产 AA 菌株,AA 产率由 2.7 g/L 提高到 4.66 g/L,菌油中 AA 含量达到 50%以上,达到国际领先水平。

(2)原材料　发酵采用的原料主要为葡萄糖、蛋白胨、酵母粉和花生粉。

(3)生产工艺　AA 高产菌经三级发酵罐放大培养(1 t→6 t→50 t),总发酵周期为 8～9 d,发酵在好氧条件下进行,通风量在不同时期有所不同,在对数生长期应保持足够的通风量,后期 AA 的积累过程中则应适当降低通风量,以提高 AA 含量及菌体含油量,减少 AA 的氧化分解。温度的控制对 AA 的产生有着重要的意义。一般来说,较高的温度有利于菌体的生长,但是不利于菌油的积累和 AA 含量的提高;而较低的温度是提高 AA 产率的重要条件,但是温度过低不利于菌体繁殖,从而降低 AA 的总收率。故一般采取分步控制的方法,即在前期以较高的温度尽快产生大量菌体,后期降温以利于 AA 的积累,从而得到较高的生物量和 AA 含量。在三级培养中,前二级主要是为了扩大生物量,其 AA 含量及含油量等为非控制指标,但进入主发酵的菌体的 AA 含量对主发酵控制有一定的影响。

培养基的碳氮比是影响 AA 产率的关键因素,氮源促进菌体的生长,发酵液中氮源的量应刚好满足菌体繁殖所需,在达到一定的菌体量之后,应使发酵液中的氮源处于较低的水平,同时维持适当含量的碳源(葡萄糖),作为脂肪酸合成的原料,以提高菌体的含油量,因此,在主发酵中必须进行碳源的流加补充。菌体含油量应控制在合适的水平(约30% 干重),但过高的含油量会降低油脂中 AA 的含量,不易获得高含量的 AA 油脂,AA 的总收率也会较低。

菌体发酵成熟后,经板框过滤、菌体洗涤,滤饼进行挤压造粒,经流化床低温干燥,得到含水量8%左右的干菌体;干菌体经过溶剂浸提得到菌油,菌油中 AA 含量在45%以上,过氧化值不大于 40 mmol/kg,酸价不大于7,为合格粗油。粗油需经过油脂精炼工艺,以降低油脂的色泽及过氧化值、酸价等指标,脱去不良气味,得到成品 AA 油脂。

11.5.3.3 微生物发酵法生产 EPA 和 DHA

(1)EPA 的发酵生产   在某些细菌中发现了大量的 EPA,Yazawa 等分离到一株专性好氧的细菌 SCRC-8132,在25 ℃下生长旺盛,4 ℃下合成最多的 EPA,在 PYM-葡萄糖培养基4 ℃培养5 d,EPA 产量达 26 mg/L,共占总脂肪酸的40%,有趣的是,此菌株只产生 EPA 而没有检测到其他的多不饱和脂肪酸。

在真菌中发现的脂肪酸与其他生物中的相似,有人对高山被孢霉(*Mortierella alpina*)等菌株作为 EPA 商业生产菌的可行性进行了研究,发现该菌生长在12 ℃(最适生长温度为20~28 ℃)下可积累大量的 EPA(8 mg/g_{干细胞});同时还发现被孢霉亚属的 AA(花生四烯酸)生产菌生长在低温下时在菌丝中特异性积累 EPA。采用无细胞抽提物进行实验证实了这个独特的现象,可能是由于参与 EPA 合成的酶在低温下被活化。采用中间补料工艺和变温培养可以有效促进菌体产量和减少培养期。高山被孢霉产生 EPA 的产量最高达到 490 mg/L。

对于藻类,Martek Bioscience 公司采用菱形藻(*Nitzschia alba*)异养培养生产 EPA,在机械搅拌罐培养64h 后,EPA 每天产量大约是 0.25 g/L。同时发现蒜头藻(*M. subterraneus*)(96.3 mg/L)、三角褐指藻(*P. tricomutum*)(43.4 mg/L)和微小小球藻(*C. minutessima*)(36.7 mg/L)的 EPA 产量也较高。

(2)DHA 的发酵生产   迄今为止 DHA 生产菌有希望的来源主要集中于破囊壶菌、繁殖壶菌等海生真菌和海生异养微藻,在它们体内 DHA 以甘油三酯形式存在,鱼油中的 DHA 完全一致。

破囊壶菌和裂殖壶菌均分离自海岸,是有色素和具光刺激生长特性的海生真菌。通常认为破囊壶菌在海洋珊瑚礁区域生态系统中起着重要作用,它的菌体与单中心的壶菌

相似,但大小和形状不一,营养体形成假根或外质网,游动孢子在孢子囊膜破裂后释出。破囊壶菌缺乏卵菌典型的鞭毛过渡区和细胞组成,同时在原生质膜外覆盖有一层鳞片。破囊壶菌与裂殖壶菌的主要区别在于裂殖壶菌营养细胞进行连续二均分裂。

在含 2.5% 淀粉的培养基上光照培养,金黄色破囊壶菌(*Thraustochytrium arueum* ATCC 34304)总脂肪酸中 50% 均为 DHA,产量可达 511 mg/L,细胞产量可达到 5.7 g/L。

也有研究者对各类微藻的脂质组成进行了分析,认为用于生产 DHA 的最好藻种是异养海藻隐甲藻(*Crypthecodinium cohnii*),该藻株具有高生物量、高生长速率、高 DHA 含量、不含 EPA 和异养生长好等特点。

(3)微藻的收集和多不饱和脂肪酸的提取加工　从生物体内提取脂肪酸,主要有预浓缩和分离制备两步。大规模培养生产多不饱和脂肪酸的最终微藻浓度较低,因此脱水是微藻收集的重要环节。微藻个体较小,一般的分离方法很难应用于微藻;另外,微藻细胞周围大多含有多糖,高细胞浓度时培养液非常黏稠,给收集工作带来很大麻烦。目前常用的方法有过滤法、沉淀法、低温结晶法、离心法和喷雾干燥法等。近年来又出现了超临界 CO_2 萃取、脂肪酶水解、膜分离和硝酸银硅胶柱色谱等方法。多不饱和脂肪酸的分离分析方法主要有薄层色谱、硅胶吸附柱色谱、DEAE 纤维素离子交换色谱、高压液相色谱和反相液相色谱等。

除细胞多糖等少数代谢产物外,微藻的有效活性成分多存在于细胞内。不饱和脂肪酸的提取工艺基本操作:藻体收集→冷冻干燥→脂肪酸萃取→分离→纯化。如 Martek 公司的工艺中,脂肪酸萃取主要是将藻粉与正己烷溶剂混合、粉碎,利用连续萃取的方法进行提取,萃取的油脂通过浓缩、分级,在真空条件下除去饱和脂肪酸;提取后的不固化成分经过精练、漂白和去臭,最后含 DHA 的多不饱和脂肪酸用月见草油进行稀释。

微藻的收集及多不饱和脂肪酸的提取和加工过程中,避免多不饱和脂肪酸的氧化,维持其稳定性是目前研究的热点。在选择收集和分离方法时,除考虑成本、效益等因素外,应以反应条件温和、不造成油脂氧化为原则,并避免使用有毒试剂。

🡆 思考题

1. 微生物在食品生产中的应用主要有哪几个方面?

2. 列举出五种发酵食品,说明其原料、使用的菌种、发酵的类型(需氧或厌氧发酵)及发酵前后的营养成分有哪些变化?

3. 发酵乳制品中主要的微生物有哪些? 各起什么作用?

4. 简述微生物生产单细胞蛋白质的工艺过程。

5. 微生物生物活性物质包括哪些? 发展前景如何?

第 12 章　微生物与食品腐败变质

　　微生物在自然界的分布极为广泛,食品原料及其收购、运输、加工和保藏等过程中,不可避免地会受到微生物的侵染。当环境条件适宜时,这些微生物就会迅速生长繁殖,引起食品的腐败变质,使食品失去原有的营养价值、组织性状以及色、香、味,成为不符合卫生要求的食品。因此,对食品进行合理保藏,控制食品的腐败变质,则显得非常重要。

12.1　食品的腐败变质

12.1.1　食品腐败变质的概念

　　食品腐败变质是食品受到各种内外因素的影响,造成其原有化学性质或物理性质发生变化,致使其营养价值和商品价值降低甚至失去的过程。食品的腐败变质不仅降低了食品的营养和卫生质量,甚至还可能产生有毒有害产物,危害人体健康。当然,对于发酵食品,是通过微生物的发酵作用而产生了新的营养成分或赋予食品新的特性,不存在有害物质,这种情况应与食品的腐败变质区分开来。

　　食品的腐败变质原因较多,其中由微生物所引起的食品腐败变质是最为重要和普遍的,故本章只讨论由微生物引起的食品腐败变质。

12.1.2　食品腐败变质的类型

　　食品腐败变质没有统一的分类标准,如按腐败变质食品的类型进行分类,可分为乳及乳制品的腐败变质、鱼类的腐败变质、肉及肉制品的腐败变质、禽蛋的腐败变质、果蔬及其制品的腐败变质、糕点的腐败变质和罐藏食品的腐败变质等;按引起食品腐败变质的原因进行分类,主要有物理因素、化学因素和生物性因素,如高温、高压和放射性污染,重金属盐类污染,动物、植物食品组织内酶的作用,昆虫、寄生虫以及微生物的污染等;按食品腐败变质的化学过程可分为食品中蛋白质的分解过程、食品中碳水化合物的分解过程、食品中脂肪的分解过程和有害物质的形成过程。

12.1.3　引起食品腐败变质的微生物来源

　　微生物在自然界中分布广泛,不同环境中存在的微生物类型和数量不尽相同,食品在生产、加工、运输、储藏、销售等各个环节,常会受到微生物的侵染,进而引起食品的微生物污染。凡是动植物体在生活过程中,由于本身带有的微生物而造成的食品污染,称之为内源性污染;食品原料在收获、加工、运输、储藏、销售过程中发生的污染称之为外源性污染。污染食品的微生物主要来源于土壤、空气、水、操作人员、动植物、加工设备、包装材料等。

12.1.3.1 土壤

土壤中微生物的种类很多,有细菌、放线菌、霉菌、酵母菌、藻类和原生动物,其中细菌的数量最多,分布最广,主要有腐生性的球菌、需氧性的芽孢杆菌(如枯草芽孢杆菌、蜡状芽孢杆菌、巨大芽孢杆菌)、厌氧性的芽孢杆菌(如肉毒梭状芽孢杆菌、腐化梭状芽孢杆菌)及非芽孢杆菌(如大肠杆菌属)等,其次为放线菌。不同土壤中微生物的种类和数量差异很大,通常土壤越肥沃,土壤中微生物的数量越多。不同土层中微生物的数量也存在很大差异,一般自地面向下 3~25 cm 范围内土层是微生物最活跃的场所。土壤中酵母菌、霉菌和大多数放线菌都生存在土壤的表层,酵母菌和霉菌在偏酸的土壤中生活较好。

12.1.3.2 空气

空气中的微生物主要来自土壤、水、人和动植物体表的脱落物以及呼吸道、消化道的排泄物。空气中的微生物主要为霉菌、放线菌的孢子、细菌的芽孢及酵母菌。不同空气环境中微生物的数量和种类有很大差异。公共场所、街道、畜舍、屠宰场、通气不良场所及靠近地面处等的空气中微生物数量和种类较多。空气中尘埃越多,所含微生物的数量越多。室内污染严重的空气中微生物数量可达 10^6 个/m^3。海洋、高山、乡村、森林等空气清新的地方微生物较少,下雨或下雪后,空气中的微生物数量就会显著降低。

12.1.3.3 水

江、河、湖、海等各种水域中都生存着相应的微生物。微生物在水中的分布受水域中有机物和无机物的种类、数量、温度、酸碱度、含盐量、溶解氧、深浅度、光照度等诸多因素的影响,因而其中微生物的种类和数量差别很大。但以有机物质的含量影响最大,一般水中的有机物质含量越高,微生物的数量越多。

淡水域中的微生物可分为两类:一类是清水型水生微生物,以自养型微生物为主,这类微生物主要生活在洁净的湖泊和水库中,如硫细菌、铁细菌及含有光合色素的蓝细菌等;另一类是腐败型水生微生物,主要是随土壤、污水及腐败的有机物进入水域,从而大量繁殖,易造成水体污染和疾病传播,其中数量最大的是 G^- 细菌,如变形杆菌属、大肠杆菌、产气肠杆菌和产碱杆菌属等,还有芽孢杆菌属、弧菌属和螺菌属中的一些种。

海水中生活的微生物主要是细菌,它们均具有嗜盐性。近海中常见的有假单胞菌、无色杆菌、黄杆菌、微球菌属、芽孢杆菌属和噬纤维菌属等,它们能引起海产动植物的腐败,有的是海产鱼类的病原菌。海水中还存在可引起人类食物中毒的病原菌,如副溶血性弧菌。

12.1.3.4 人及动物体

健康人体及各种动物的皮肤、毛发、口腔、消化道、呼吸道均带有大量的微生物,当人或动物感染了病原微生物后,体内将会出现大量的病原微生物,这些微生物可以通过直接接触或通过呼吸道和消化道排出体外而污染食品。蚊、蝇及蟑螂等昆虫也携带有大量的微生物,它们接触食品同样会造成微生物的污染。

12.1.3.5 其他

各种食品加工机械与设备本身不含微生物所需的营养物质,但在食品加工过程中,食品的汁液或颗粒往往黏附于机械设备表面,生产结束时机械设备如果不进行彻底灭菌,微生物会在其上面生长繁殖,成为危害食品的污染源。

各种包装材料如果处理不当也会带有微生物,通常一次性包装材料比循环使用的包装材料所带有的微生物数量要少。即使是无菌包装材料在储存、印刷等加工过程中也会重新被微生物污染。塑料包装材料由于带有电荷会吸附环境中灰尘及微生物。

食品加工的原料及辅料,如肉类、原料乳、蛋、面粉、淀粉、糖、佐料等,往往会带有大量微生物。这些微生物一是来自于原辅料体表和体内的微生物,二是在原辅料的生长、收获、运输、加工、储存等过程中的二次污染。

12.2 食品腐败变质的基本条件

食品在原料收购、运输、加工和储存等环节中不可避免地受到环境中微生物的污染。食品发生腐败变质与很多因素有关,如食品基质的性质、污染微生物的种类和数量,以及食品所处的外界环境条件等。一般来说,食品发生腐败变质与食品本身的特性和食品所处的环境条件密切相关,且它们之间是相互作用、相互影响的。

12.2.1 食品的基质特性

12.2.1.1 食品的营养成分

食品中含有蛋白质、糖类、脂肪、无机盐、维生素及水分等营养成分,是微生物生长的良好培养基,因而微生物污染食品后很易迅速生长繁殖,造成食品腐败变质。但在不同食品中,因其所含各种营养成分的数量和比例不相同,各种微生物分解各类营养物质的能力也不尽相同,因此引起不同食品腐败变质的微生物类群也不相同。如肉、鱼、蛋、乳制品等富含蛋白质,很易受到对蛋白质分解能力强的假单胞菌属、变形杆菌、青霉等微生物的污染而发生腐败;含糖较高的食品易受到对碳水化合物分解能力强的芽孢杆菌属、曲霉属、根霉属、乳酸菌、啤酒酵母等微生物的污染而变质;脂肪含量较高的食品,易受到黄曲霉和荧光假单胞菌等分解脂肪能力强的微生物的污染而发生酸败变质。

12.2.1.2 pH 值条件

各种食品都具有一定 pH 值。根据食品的 pH 值范围,可将食品划分为两类:酸性食品和非酸性食品。一般规定 pH 值>4.5 的食品称为非酸性食品;pH 值≤4.5 的食品称为酸性食品。几乎所有的蔬菜和动物性食品 pH 值在 5~7,它们一般为非酸性食品;绝大多数水果的 pH 值在 2~5,一般为酸性食品。

各类微生物都有其最适宜的 pH 值范围,其原因为食品中氢离子浓度可影响菌体细胞膜上所带电荷的性质,当微生物细胞膜上的电荷性质受到食品中氢离子浓度的影响而发生改变后,微生物对某些物质的吸收机制会随之发生改变,从而影响细胞正常的物质代谢活动和酶的作用。因此,食品 pH 值的高低是制约微生物生长、影响食品腐败变质的重要因素之一。

绝大多数微生物的生长 pH 值在 5~9,大多数细菌最适生长的 pH 值是 7.0 左右,酵母菌和霉菌生长的 pH 值范围较宽,因而非酸性食品适合于大多数细菌及酵母菌、霉菌的生长;食品 pH 值在 4.5 以下时,腐败细菌基本上被抑制,pH 值 3.3~4.0 以下时只有个别耐酸细菌，如乳杆菌属尚能生长，故酸性食品的腐败变质主要是酵母和霉菌的生长。

另外，食品本身的 pH 值也会因微生物的生长繁殖而发生改变，当微生物生长在含糖与蛋白质的食品基质中时，微生物分解糖产酸使食品的 pH 值下降，蛋白质被分解，pH 值又回升。可见，由于微生物的活动，可使食品基质 pH 值发生很大变化，当酸或碱积累到一定量时，又会抑制微生物的继续活动。

12.2.1.3　水分

水分是微生物生命活动的必要条件，但各类微生物生长繁殖所要求的水分含量不尽相同。因此，食品中的水分含量决定了生长微生物的数量和种类。一般来说，在含水分较多的食品中，细菌易生长繁殖；对于含水分较少的食品，霉菌和酵母菌则更容易繁殖。

12.2.1.4　渗透压

渗透压与微生物的生命活动密切相关。如将微生物置于低渗溶液中，菌体吸收水分发生膨胀，甚至破裂；若置于高渗溶液中，菌体则发生脱水，甚至死亡。一般来讲，微生物在低渗食品中有一定的抵抗力，而在高渗食品中，微生物常因脱水而死亡。

不同微生物种类对渗透压的耐受能力大不相同。绝大多数细菌不能在较高渗透压的食品中生长，如 10% 的食盐溶液对大部分细菌有抑制作用，只有少数种能在高渗环境中生长，如盐杆菌属中的一些种，在 20%~30% 的食盐溶液中能够生活。1%~5% 的糖溶液不会对微生物起抑制作用，50% 的糖溶液会抑制大多数细菌的生长，65% 的糖溶液可抑制酵母菌的生长，80% 的糖溶液才可抑制霉菌生长，肠膜明串珠菌能耐高浓度糖。酵母菌和霉菌一般能耐受较高的渗透压，如异常汉逊氏酵母、鲁氏酵母、膜醭毕赤酵母等能耐受高糖，常引起糖浆、果酱、果汁等高糖食品的变质。霉菌中比较突出的代表是灰绿曲霉、青霉属、芽枝霉属等。

食盐和糖是形成不同渗透压的主要物质。在食品中加入不同量的糖或盐，可以形成不同的渗透压。所加的糖或盐越多，渗透压越大，食品的水分活度值（A_w）就越小。食品加工中常用盐腌和糖渍的方法来保存食品。

12.2.2　环境因素

环境是引起食品腐败变质的重要因素之一，影响食品变质的环境因素和影响微生物生长繁殖的环境因素一样，也是多方面的。其中最重要的因素为温度、湿度和气体等。

12.2.2.1　温度

温度变化对微生物生长具有很大的影响。根据微生物对温度的适应性，可将微生物分为三个生理类群，即嗜冷、嗜温、嗜热三大类微生物。每一类群微生物都有最适宜生长的温度范围，但这三种类群微生物又都可以在 20~30 ℃生长繁殖，当食品处于这种温度的环境中，各种微生物都可生长繁殖，极易引起食品的腐败变质。

（1）低温对微生物生长的影响　低温对微生物生长极为不利，但由于微生物具有一定的适应性，在 5 ℃左右或更低的温度（甚至−20 ℃以下）下仍有少数微生物能生长繁殖，使食品发生腐败变质，这类微生物称为低温微生物或嗜冷微生物。低温微生物是引起冷藏、冷冻食品变质的主要微生物。在低温下生长的微生物主要有：假单胞杆菌属、黄色杆菌属、无色杆菌属等 G^- 无芽孢杆菌；小球菌属、乳杆菌属、小杆菌属、芽孢杆菌属和梭状芽孢杆菌属等 G⁺细菌;假丝酵母属、隐球酵母属、圆酵母属、丝孢酵母属等酵母菌;青霉属、芽枝霉属、葡萄孢属和毛霉属等霉菌。这些微生物虽然能在低温条件下生长,但其新陈代谢活动极为缓慢,生长繁殖的速度也非常迟缓,因而它们引起冷藏食品变质的速度也较慢。

一般认为,$-10\ ℃$基本可抑制细菌生长,$-12\ ℃$可抑制多数霉菌生长,$-15\ ℃$可抑制多数酵母菌生长,$-18\ ℃$可抑制所有霉菌和酵母菌生长。因此,食品的冻藏温度应在$-18\ ℃$以下。

(2)高温对微生物生长的影响　高温特别是在 $45\ ℃$以上,对微生物生长来讲,是十分不利的。在高温条件下,微生物体内的酶、蛋白质、脂质体很容易发生变性失活,细胞膜也易受到破坏,从而加速细胞的死亡。温度愈高,死亡率也愈高。

然而,在高温条件下,仍然有少数微生物能够生长。通常把能在 $45\ ℃$以上温度条件下进行代谢活动的微生物,称为高温微生物或嗜热微生物。嗜热微生物之所以能在高温环境中生长,是因为它们具有与其他微生物所不同的物质组成和结构特性。

在食品中生长的嗜热微生物,主要是嗜热细菌,如芽孢杆菌属中的嗜热脂肪芽孢杆菌、凝结芽孢杆菌;梭状芽孢杆菌属中的肉毒梭菌、热解糖梭状芽孢杆菌、致黑梭状芽孢杆菌;乳杆菌属和链球菌属中的嗜热链球菌、嗜热乳杆菌等。

在高温条件下,嗜热微生物的新陈代谢活动加快,所产生的酶对蛋白质和糖类等物质的分解速度也比其他微生物快,因而使食品发生变质的时间缩短。由于它们在食品中经过旺盛的生长繁殖后,很容易死亡,所以在实际中,若不及时进行分离培养,就会失去检出的机会。高温微生物造成的食品变质主要是酸败,是其分解糖类产酸而引起。

12.2.2.2　湿度

空气中的湿度对于微生物生长和食品变质起着重要的作用,尤其是未经包装的食品。例如把含水量少的脱水食品放在湿度大的环境中,食品则易吸潮,表面水分迅速增加,导致食品的水分活度值增大,物性改变,微生物繁殖加快,引起食品腐败变质。长江流域梅雨季节,粮食、物品容易发霉,就是因为空气湿度太大(相对湿度 70% 以上)的缘故。

12.2.2.3　气体

微生物与 O_2有着十分密切的关系,不同微生物对氧的需要程度不同。一般来讲,在有氧的环境中,霉菌、放线菌和绝大部分细菌都易于生长繁殖,微生物进行有氧呼吸,生长、代谢速度快,食品变质速度也快;缺氧条件下,由厌氧性微生物如酵母菌、厌氧和兼性厌氧细菌所引起的食品变质速度较慢。O_2存在与否决定着兼性厌氧微生物是否生长和生长速度的快慢。例如当水分活度值是 0.86 时,无氧存在情况下金黄色葡萄球菌不能生长或生长极其缓慢;而在有氧情况下则能良好生长。

新鲜食品原料中,由于组织内一般存在着还原性物质(如动物原料组织内的巯基、维生素 C、还原糖等),因而具有抗氧化能力。在食品原料内部生长的微生物绝大部分是厌氧性或兼性厌氧微生物;而在原料表面生长的则是需氧微生物。食品经过加工,物质结构改变,食品中的还原性物质破坏,需氧微生物能进入组织内部,食品更易发生变质。

另外,N_2和 CO_2等气体的存在,对微生物的生长也有一定的影响。实际生产中,可通过控制它们的浓度来防止食品变质,如对食品采用充氮气或气调包装等。

12.3　食品腐败变质机制

食品腐败变质的过程实质上是食品中的蛋白质、碳水化合物、脂肪等在污染微生物的分解代谢作用下或自身组织酶的作用下发生分解变化、产生有害物质的过程。例如,新鲜肉类、鱼类的后熟,粮食、水果收获后的呼吸等均引起食品成分的分解,食品组织溃破和细胞膜破裂,为微生物的广泛侵入与作用提供有利条件,结果导致食品的腐败变质。

12.3.1　食品中蛋白质的分解

肉、鱼、禽、蛋和豆制品等富含蛋白质的食品,其腐败变质的主要特征是蛋白质的分解。由微生物引起蛋白质食品发生的变质,通常称为腐败。

蛋白质在动物、植物组织酶以及微生物分泌的蛋白酶和肽链内切酶等的作用下,首先水解成多肽,进一步分解成各种氨基酸。氨基酸通过脱羧基、脱氨基、脱硫等作用产生相应的胺类、有机酸和各种碳氢化合物,食品即表现出腐败特征。

蛋白质分解后所产生的胺类是碱性含氮化合物,如胺、伯胺、仲胺及叔胺等具有挥发性和特异性的臭味。各种不同的氨基酸分解产生的腐败胺类和其他物质各不相同,甘氨酸产生甲胺、鸟氨酸产生腐胺、精氨酸产生色胺进而分解成吲哚,含硫氨基酸分解产生硫化氢、氨及乙硫醇等,这些成分都是蛋白质腐败产生的主要臭味物质。

12.3.2　食品中碳水化合物的分解

食品中的碳水化合物主要包括纤维素、半纤维素、淀粉、低聚糖、糖原以及双糖和单糖等。含这些成分较多的主要是植物性食品,如粮谷类、薯类、蔬菜、水果和糖类及其制品。在微生物及动植物组织中的各种酶及其他因素作用下,这些食品组成成分被分解成单糖、醇、醛、酮、羧酸、CO_2和水等简单产物。这种由微生物引起糖类物质发生的变质,习惯上称为发酵或酵解。

对于碳水化合物含量高的食品,其变质的主要特征为酸度升高,也随食品种类不同表现为糖、醇、醛、酮含量升高或产气(CO_2),有时还带有这些产物特有的滋味的气味。水果中的果胶可被微生物产生的果胶酶分解,从而使新鲜果蔬软化。

12.3.3　食品中脂肪的分解

虽然脂肪发生变质主要由化学作用所引起,但许多研究表明,它与微生物也有着密切关系。脂肪发生变质的特征是产生酸和刺激性的"哈喇"气味。人们一般把脂肪发生的变质称为酸败。

食品中油脂酸败的化学反应主要是油脂自身的氧化过程,其次是酶的水解作用。油脂的自身氧化是一种自由基的氧化反应,而水解则是在微生物或动植物组织中解脂酶的作用下,使食物中的中性脂肪分解成甘油和脂肪酸。油脂酸败的化学反应过程较为复杂,目前仍在研究中。

食品中脂肪及食用油脂的酸败程度受多种因素影响,主要包括脂肪的饱和度、紫外线、氧、水分、天然抗氧化剂以及铜、铁、镍等催化剂离子的作用。油脂中不饱和脂肪酸、氧、油料中含动植物残渣等,这些因素均有促进油脂酸败作用,而油脂中维生素 C、维生素 E 等天然抗氧化物质及芳香化合物含量高时,则可减慢油脂氧化和酸败。

12.3.4 有害物质的形成

腐败变质的食品不但表现出使人难以接受的感官性状,如异常颜色、刺激气味和酸臭味、组织溃烂、发黏等症状,而且营养物质分解、营养价值下降。同时食品的腐败变质还可产生对人体有害物质,如蛋白质类食品腐败生成的某些胺类物质及脂肪酸败的产物等都可使人产生不良反应或中毒。并且由于微生物的严重污染,也增加了致病菌和产毒菌存在的机会。微生物产生的毒素一般分为细菌毒素和真菌毒素,它们能引起人食物中毒,有些毒素还能引起人体器官病变及癌症。

12.4 主要食品的腐败变质

食品从原料到加工成产品,随时都有可能被微生物污染。这些污染微生物在适宜条件下即可生长繁殖,分解食品中的营养成分,使食品失去原有营养价值,成为不符合卫生和营养要求的食品。下面就各类主要食品的腐败变质逐一介绍。

12.4.1 鲜乳的腐败变质

不同来源的乳,如牛乳、羊乳、马乳等,其组成成分虽稍有差异,但均含有丰富的营养成分,且各种营养成分比例适当,易被消化吸收,因此,乳类不仅是人类的良好食品,也是微生物生长繁殖的良好基质。乳类一旦遭受微生物污染,在适宜条件下,微生物就会迅速繁殖引起乳的腐败变质而失去食用价值,甚至引起人食物中毒或疾病传播。

12.4.1.1 鲜乳与微生物污染

自然界多种微生物可以通过不同途径进入乳中,占优势的微生物主要是一些细菌、酵母菌和少数霉菌。

(1)乳酸菌 乳酸菌在鲜乳中普遍存在,能利用乳糖进行乳酸发酵,产生乳酸。乳酸菌种类也很多,有些还具有一定的分解蛋白质的能力,常见的有乳酸链球菌、乳脂链球菌、粪链球菌、液化链球菌、嗜热链球菌、嗜酸乳杆菌等。

(2)胨化细菌 胨化细菌可使不溶解状态的蛋白质消化成为溶解状态。乳由于乳酸菌产酸可使蛋白质凝固或由细菌凝乳酶作用使乳中酪蛋白凝固。而胨化细菌能产生蛋白酶,使凝固的蛋白质消化成为溶解状态。乳中常见的胨化细菌有枯草芽孢杆菌、地衣芽孢杆菌、蜡状芽孢杆菌、荧光假单胞菌、腐败假单胞菌等。

(3)脂肪分解菌 主要是一些 G^- 无芽孢杆菌,如假单胞菌属和无色杆菌属等。

(4)酪酸菌 是一类能分解碳水化合物产生酪酸、CO_2 和 H_2 的细菌。

(5)产气细菌 是一类能分解糖类产酸又产气的细菌,如大肠杆菌和产气杆菌。

(6)产碱菌 主要是 G^- 的需氧性细菌,如粪产碱杆菌、黏乳产碱杆菌。这类细菌能分解乳中的有机酸、碳酸盐和其他物质,产碱使鲜乳的 pH 值上升,还可使牛乳变得黏稠。

(7)酵母菌和霉菌 鲜乳中常见的酵母菌有脆壁酵母、霍尔姆球拟酵母、高加索酒球拟酵母等。常见的霉菌有乳卵孢霉、乳酪卵孢霉、黑念珠菌、变异念珠霉、蜡叶芽枝霉、乳酪青霉、灰绿青霉、灰绿曲霉和黑曲霉等。

（8）病原菌　鲜乳中有时会含有病原菌。患结核或布氏杆菌病的牛乳中会含有结核杆菌或布氏杆菌，患乳房炎的牛乳中会有金黄色葡萄球菌和病原性大肠杆菌等。

12.4.1.2　鲜乳微生物污染的途径

（1）乳房内微生物的污染　牛乳在乳房内不是无菌状态，即使严格遵守无菌操作挤出乳汁，也可能存在一些细菌。乳房中的正常菌群，主要是小球菌属、链球菌属和乳杆菌属。由于这些细菌能适应乳房的环境而生存，称为乳房细菌。当乳畜感染后，体内的致病微生物可通过乳房进入乳汁而引起人类的传染。常见的引起人畜共患疾病的致病微生物主要有结核分枝杆菌、布氏杆菌、炭疽杆菌、葡萄球菌、溶血性链球菌、沙门菌等。

（2）环境中的微生物　包括挤乳过程中细菌的污染和挤后食用前的一切环节中受到细菌的污染。污染的微生物的种类、数量直接受牛体表面卫生状况、牛舍的空气、挤奶用具、容器及操作人员的个人卫生等情况的影响。另外，挤出的乳在处理过程中，如不及时加工或冷藏，不仅会增加新的污染机会，而且会使原来存在于鲜乳内的微生物数量增多，很容易导致鲜乳变质。所以，挤乳后要尽快进行过滤、冷却等处理。

12.4.1.3　鲜乳腐败变质过程及现象

鲜乳及消毒乳都残留一定数量的微生物，特别是污染严重的鲜乳，消毒后残存的微生物还很多，常引起乳的酸败，这是乳发生变质的重要原因。

鲜乳中含有溶菌酶等抑菌物质，使乳汁本身具有抗菌特性。但这种特性延续时间的长短，随乳汁温度高低和细菌的污染程度而不同。通常新挤出的乳，迅速冷却到 0 ℃可保持 48 h，5 ℃可保持 36 h，10 ℃可保持 24 h，25 ℃可保持 6 h，30 ℃仅可保持 2 h。当乳的自身抑菌作用消失后，乳静置于室温下，可观察到乳所特有的菌群交替现象。这种有规律的交替现象导致鲜乳腐败，可分为以下几个阶段。

（1）抑制期　鲜乳中含有溶菌酶、凝集素、白细胞等抑菌物质，在常温下 24 h 左右能够抑制微生物大量繁殖。

（2）乳酸链球菌期　鲜乳中的抑菌物质减少或消失后，存在于乳中的微生物，如乳酸链球菌、乳酸杆菌、大肠杆菌和一些蛋白质分解菌等迅速繁殖，其中以乳酸链球菌生长繁殖居优势，分解乳糖产生乳酸，使乳的酸度不断增高。由于酸度的增高，抑制了腐败菌、产碱菌的生长。当 pH 值下降到 4.5 左右，乳酸链球菌本身的生长也受到抑制，数量开始减少，并有乳凝块出现。

（3）乳杆菌期　在 pH 值降至 6 左右时，乳酸杆菌的活动逐渐增强，当乳液的 pH 值下降至 4.5 时，乳酸链球菌的生长受到限制，而乳酸杆菌由于耐酸力较强，仍能继续繁殖并产酸。在此时期，乳中可出现大量乳凝块，并有大量乳清析出，这个时期约持续 2 天。

（4）真菌期　当酸度继续升高至 pH 值 3.0～3.5 时，绝大多数细菌生长受到抑制或死亡。而霉菌和酵母菌尚能适应高酸环境，并利用乳酸及其他有机酸作为营养来源而开始大量生长繁殖。由于酸被利用，乳的 pH 值回升，逐渐接近中性。

（5）腐败期（胨化期）　经过以上几个阶段，乳中的乳糖已基本上消耗掉，而蛋白质和脂肪含量相对较高。因此，此时蛋白分解菌和脂肪分解菌开始活跃，凝乳块逐渐被消化，乳的 pH 值不断上升,向碱性转化,同时伴随有芽孢杆菌属、假单胞杆菌属、变形杆菌属等腐败细菌的生长繁殖,于是牛奶出现腐败臭味。

在菌群交替现象结束时,乳已腐败,出现产气、发黏和变色等现象。气体是由细菌和少数酵母菌产生,主要是大肠杆菌群,其次为梭状芽孢杆菌属、芽孢杆菌属、异型发酵的乳酸菌类、丙酸细菌以及酵母菌,这些微生物分解乳中的糖类产酸并产生 CO_2 和 H_2。发黏是由具有荚膜的细菌生长造成的,主要是产碱杆菌属、肠杆菌属和乳酸菌中的某些种。变色主要是由假单胞菌属、黄色杆菌属和酵母菌中的一些种造成的。

12.4.1.4　防止鲜乳腐败变质的措施

防止鲜乳腐败变质的措施,主要是对鲜乳进行净化、消毒与灭菌。

(1)鲜乳的净化　除去鲜乳中被污染的非溶解性杂质,因杂质上常带有一定数量的微生物,杂质污染牛乳后,其上的微生物可扩散到乳中,净化可以减少微生物数量。净化的方法主要包括过滤法和离心法。过滤法的效果取决于过滤器孔隙大小,一般使用 3 ~ 4 层纱布过滤。无论哪种净乳方法都无法达到完全除菌程度,只能降低微生物含量。

(2)消毒与灭菌　鲜乳消毒和灭菌是为了杀灭致病菌和部分腐败菌,消毒的效果与鲜乳被污染的程度有关。鲜乳消毒既要保证最大限度地消灭微生物,又要考虑最高限度地保留乳的营养和风味,一般采用的方法有以下几种。

1)低温消毒法(LTLT 杀菌法,即巴氏消毒法)　将鲜牛乳加热至 62 ~ 63 ℃保温 30 min。此法由于消毒时间长,生产效率低,杀菌效果不太理想。

2)高温短时消毒法(HTST 杀菌法)　将牛乳加热至 72 ~ 95 ℃保持 15 ~ 30 s。用此法对牛乳消毒时,有利于牛奶的连续消毒,生产效率有所提高,但如果原料污染严重时,难以保证消毒的效果。

3)超高温瞬时灭菌法(UHT 杀菌法)　将鲜牛乳加热至 120 ~ 150 ℃的高温保持 1 ~ 3 s。该方法配合无菌包装,生产的液态奶可保存很长时间,但有时会出现褐变等不良现象,其最大的优点是生产效率显著提高,但成本也相应增加。

12.4.2　鱼类的腐败变质

鱼类死后会发生僵硬,随后又解僵,与此同时微生物开始进行生长繁殖,鱼体腐败逐渐加快。到僵硬期将要结束时,微生物的分解开始活跃起来,不久随着自溶作用的进行,水产品原有的形态和色泽发生劣变,并伴有异味,有时还会产生有毒物质。

12.4.2.1　鱼类与微生物污染

一般认为,新捕获的健康鱼类,其组织内部和血液中常常是无菌的,但在鱼体表面的黏液中、鱼鳃及其肠道内存在着微生物。

存在于海水鱼中并能引起鱼体腐败变质的细菌主要有假单胞菌属、无色杆菌属、黄杆菌属、摩氏杆菌属、弧菌属等。一般淡水鱼所带的细菌,常有产碱杆菌属、气单胞杆菌属和短杆菌属。另外,芽孢杆菌、大肠杆菌、棒状杆菌等也有报道。

12.4.2.2　鱼类微生物污染的途径

一般情况下,鱼类比肉类更易腐败。鱼类微生物污染的途径主要有 2 个方面:①获得水产品的方法,活鱼体液最初是无菌的,但与外界接触的部分,如体表、鳃、消化系统等已经存在着许多细菌,通常鱼类在捕获后,不是立即清洗处理,多数情况下是带着容易腐败的内脏和鳃一道进行运输,当鱼死亡后,这些细菌从鳃经血管侵入到肌肉内,同时也可从表皮和消化道通过皮肤和腹膜进入到肌肉内并开始繁殖;②鱼类本身的问题,鱼体本身含水量高(70%~80%),组织脆弱,鱼鳞容易脱落,细菌容易从受伤部位侵入,而鱼体表面的黏液又是细菌良好的培养基,再加上死后体内酶的作用,因而造成鱼类死后僵直持续时间短,很快就会发生腐败变质。

12.4.2.3 鱼类腐败变质过程及现象

鱼类等新鲜水产品,由刚死后的鲜度良好到腐败变质,大体上要经过僵直、自溶和腐败变质三个阶段。

(1)僵直 僵直鱼具有新鲜鱼的良好特征:手持鱼身时尾不下垂、手指按压肌肉不凹陷,口不张、鳃紧闭、体表有光泽、眼球闪亮等。

(2)自溶 鱼体的自溶是蛋白质分解的结果,可使肌肉逐渐变软、失去弹性。

(3)腐败变质 侵入鱼体的细菌在其产生的酶的作用下引起一系列的变化。主要表现在:体表结缔组织松软,鳞易脱落,黏液蛋白呈现浑浊,并有臭味;眼睛周围组织分解,眼球下陷,浑浊无光;鳃由鲜红色变为暗褐色,并有臭味;肠内微生物大量生长繁殖产气,腹部膨胀,肛管自肛门突出,放置水中,腹部向上露出水面;细菌侵入脊柱,使两旁大血管破裂,致周围组织发红。若微生物继续作用,即可导致肌肉脆裂并与鱼骨分离。此时,鱼体已达到严重腐败变质阶段。

12.4.2.4 防止鱼类腐败变质的措施

(1)冰藏 冰藏保鲜是历史最悠久的传统鱼类防腐保鲜方法,也是最接近鲜鱼生物特征的方法,冰藏保鲜在目前渔船作业中最为常用。具体操作是在容器或船舱底部铺上碎冰,壁部也垒起一定厚度的冰墙,将渔获物整齐、紧密地铺盖在冰层上,然后在鱼层上均匀地撒上一层碎冰,如此一层冰一层鱼一直铺到舱顶部,在最上面要铺得厚一些,这样处理的渔获物可被冷却到0~1℃,一般可保持7~10天。

(2)冷海水保藏 冷海水保藏是把渔获物保藏在-1~0℃的冷海水中,从而达到储藏保鲜目的,这种方法适合于围网作业捕捞所得的中上层鱼类,这些鱼大多是红肉鱼,活动能力较强,即使捕获后也活蹦乱跳,很难做到一层鱼一层冰地储藏,但若不立即将其冷却降温,其体内的酶就会很快作用,造成鲜度迅速下降。具体操作方法是将捕获物装入隔热舱内,加冰和盐,冰的用量与冰藏保鲜时一样,盐的作用是使冰点下降,用量为冰重的3%;待满舱时,注入海水,并启动制冷设备进一步降温和保温,使温度保持在-1~0℃,加入海水的量与捕获量之比为3∶7。此方法的优点是鱼体降温速度快,操作简单快速,劳动强度低,渔获物新鲜度好;不足之处是需要配备制冷装置并随着储藏时间(5天以上)的增加,鱼体开始逐渐膨胀、变咸和变色。

(3)微冻保鲜 微冻保鲜是一种将渔获物保藏在其细胞汁液冻结温度以下(-3℃左右)的轻度冷冻方法。在此温度下,微生物生长繁殖和酶活力能够得到有效抑制,鱼及微生物体内的部分水分均发生了冻结,从而改变了微生物细胞的生理生化反应,部分细菌开始死亡,其他细菌的活动也受到明显抑制,几乎不能进行繁殖,这就能使鱼体在较长的时间内保持鲜度而不发生腐败变质,可保鲜20~27天。

（4）冻结保藏 是将鱼体的温度降低到其冰点以下,温度越低,可储藏的时间就越长,在-18 ℃时可储存 23 个月,在-25～-30 ℃时可储存 1 年,储藏时间的长短也与原料的新鲜度、冻结方式、冻结速度、冻藏条件等有关。经过冻结,鱼体内的液体成分 90% 左右变成固体,水分活度降低,微生物本身产生生理干燥,造成不良的渗透条件,使微生物无法利用周围的营养物质,也无法排出代谢产物,而且鱼体内大部分生理生化反应不能正常进行,因此,冻结保鲜能维持较长的保鲜期。

（5）超冷保藏 将捕获后的鱼立即用-10 ℃的盐水处理,根据鱼体大小不同,可在 10～30 min 内使鱼体表面冻结而急速冷却,这样缓慢致死后的鱼处于鱼舱或集装箱内的冷水中,其体表解冻时要吸收热量,从而使鱼体内部初步冷却,然后再根据不同储藏目的及用途确定储藏温度。此方法通过超级快速冷却将鱼杀死,抑制了鱼体死后的生物化学变化,可最大限度地保持鱼体原本的鲜度和品质。

（6）气调保藏 气调保藏在水果中应用已经很多。但在鱼贝类的保藏相对较少。鱼贝类中含有的二十二碳六烯酸（DHA）和二十碳五烯酸（EPA）很容易被氧化,并产生令人生厌的酸臭味和哈喇味,这种不良的氧化作用可以采用气调包装（CO_2、N_2）或真空包装来避免,能够保持水产品颜色,防止脂肪氧化,抑制微生物,从而延长保藏时间。

（7）化学保藏 化学保藏就是在水产品中加入对人体无害的化学物质,以延长保鲜时间、保持品质的一种方法。用于化学保鲜的食品添加剂品种很多,它们的理化性质和保鲜机制也各不相同,主要有抑菌剂、抗氧化剂等。使用化学保鲜剂较为关注的问题是卫生安全性问题,在进行化学保鲜时,一定要选择符合国家卫生标准的化学保鲜剂,保证消费者安全。

12.4.3 肉及肉制品的腐败变质

各种肉及肉制品含有丰富的蛋白质和脂肪等,易受到微生物污染,引起食品腐败变质,还可导致人食物中毒,并引起传染病发生。

12.4.3.1 肉及肉制品中常见的微生物

参与肉类腐败过程的微生物很多,一般可将其分为两大类,即腐败菌和致病菌。腐败菌主要包括细菌、酵母菌和霉菌,它们有较强的分解蛋白质的能力,污染肉制品后能使其发生腐败变质。

细菌主要是需氧的 G^+ 菌,如蜡样芽孢杆菌、枯草芽孢杆菌和巨大芽孢杆菌等;需氧的 G^- 菌,如假单胞杆菌属、无色杆菌属、产碱杆菌属、黄色杆菌属、埃希杆菌属、变形杆菌属、芽孢杆菌属、乳杆菌属、链球菌属等;此外,还有腐败梭菌、溶组织梭菌和产气荚膜梭菌等厌氧梭状芽孢杆菌。

酵母菌主要有假丝酵母菌属、丝孢酵母属、球拟酵母菌属、红酵母属等。

霉菌主要有交链孢霉属、毛霉属、根霉属、青霉属、曲霉属和芽枝霉属等。

病畜、禽肉类可能带有各种病原菌,它们对肉的影响不仅在于使肉腐败变质,更严重的是传播疾病,造成食物中毒。如沙门菌、大肠杆菌、肉毒杆菌、葡萄球菌、结核杆菌等。

12.4.3.2 肉及肉制品微生物污染的途径

（1）屠宰前微生物污染 健康的畜禽在屠宰前有健全而完整的免疫系统,能有效地防御和阻止微生物的侵入及其在肌肉组织内扩散。所以正常机体组织内部(包括肌肉、脂肪、心、肝、肾等)一般是无菌的,而畜禽体表、被毛、上呼吸道、消化道等器官总是有微生物存在,例如,未经清洗的动物被毛、皮肤微生物数量达 $10^5 \sim 10^6$ 个$/cm^2$。如果被毛和皮肤污染了粪便,微生物的数量会更多,刚排出的家畜粪便微生物数量可多达 10^7 个$/g$。

患病的畜禽器官及组织内部可能会有微生物存在,如病牛体内可能带有结核杆菌、口蹄疫病毒等。这些微生物能够冲破机体的防御系统,扩散至机体的其他部位,多为致病菌。若动物皮肤发生刺伤、咬伤或化脓感染时,淋巴结会有细菌存在。其中一部分细菌会被机体的防御系统吞噬或消除,而另一部分细菌可能存留下来导致机体病变。畜禽感染病原菌后有的呈现临床症状,但也有相当一部分为无症状带菌者,这部分畜禽在运输和圈养过程中,由于拥挤、疲劳、饥饿、惊恐等刺激,机体免疫力下降而呈现临床症状,并向外界扩散病原菌,可导致畜禽相互感染。

(2)屠宰后微生物污染　屠宰后的畜禽由于丧失了先天的防御机能,微生物侵入组织后便迅速繁殖。屠宰过程中不注意卫生管理将造成微生物广泛污染机会。最初的微生物污染是在使用非灭菌的刀具放血时,将微生物引入血液中,随着血液短暂微弱的循环而扩散至机体的各个部位。随后,在畜禽的屠宰、分割、加工、储存和肉的配销过程中,都可能发生微生物的污染。

肉类一旦被微生物污染,微生物的生长繁殖很难被完全抑制。因此,限制微生物污染的最好方法是在严格的卫生管理条件下进行屠宰、加工、储存和运输,这也是获取高品质肉类及其制品的重要措施。对已遭受微生物污染的胴体,抑制微生物生长的最有效方法则是迅速冷却,及时冷藏。

12.4.3.3　肉类的腐败变质过程及现象

健康动物的血液、肌肉和内部组织器官一般是没有微生物存在的,但由于屠宰、运输、保藏和加工过程中的污染,致使肉体表面污染了一定数量的微生物。这时,肉体若能及时通风干燥,使肉体表面的肌膜和浆液凝固形成一层薄膜时,可固定和阻止微生物浸入内部,从而延缓肉的变质。

通常鲜肉保藏在 0 ℃左右的低温环境中,可存放 10 天左右而不变质。当保藏温度上升时,表面的微生物就能迅速繁殖,其中以细菌的繁殖速度最为显著,它沿着结缔组织、血管周围或骨与肌肉的间隙蔓延到组织的深部,最后使整个肉变质。宰后畜禽的肉体由于有酶的存在,使肉组织产生自溶作用,结果使蛋白质分解产生蛋白胨和氨基酸,这样更有利于微生物的生长。

随着保藏条件的变化与变质过程的发展,细菌由肉的表面逐渐向深部浸入,与此同时,细菌的种类也发生变化,呈现菌群交替现象。这种菌群交替现象一般分为 3 个时期,即需氧期、兼性厌氧繁殖期和厌氧菌繁殖期。

(1)需氧菌繁殖期　细菌分解前 3 ~ 4 天,细菌主要在表层蔓延,最初见到各种球菌,继而出现大肠杆菌、变形杆菌、枯草杆菌等。

(2)兼性厌氧菌期　腐败分解 3 ~ 4 天后,细菌已在肉的中层出现,能见到产气荚膜杆菌等。

(3)厌氧菌期　在腐败分解的 7 ~ 8 天以后,深层肉中已有细菌生长,主要是腐败杆菌。

值得注意的是这种菌群交替现象与肉的保藏温度有关,当肉的保藏温度较高时,杆菌的繁殖速度较球菌快。

肉类腐败变质时,往往在肉表面产生明显的感官变化,常见的有以下几种情况。

(1)发黏 微生物在肉表面大量繁殖后,使肉体表面有黏液状物质出现,这是微生物繁殖后所形成的菌落和微生物分解蛋白质的产物,主要由 G^- 菌、乳酸菌和酵母菌所产生。当肉的表面有发黏、拉丝现象时,其表面含菌数一般为 10^7 个/cm^2。

(2)变色 肉类发生腐败变质,常在肉的表面出现各种颜色变化。最常见的是绿色,这是由于微生物分解蛋白质产生的 H_2S 与肉中的血红蛋白结合形成硫化氢血红蛋白(H_2S-Hb)造成的,这种化合物积累于肌肉或脂肪表面,即呈现暗绿色斑点。另外,黏质赛杆菌在肉表面产生红色斑点,深蓝色假单胞杆菌产生蓝色,黄杆菌产生黄色。一些发磷光的细菌,如发磷光杆菌的许多种能产生磷光。有些酵母菌能产生白色、粉红色或灰色等斑点。

(3)霉斑 肉体表面有霉菌生长时,往往形成霉斑。尤其在一些干腌肉制品中更为多见。如美丽枝霉和刺枝霉在肉表面产生羽毛状菌丝,草酸青霉产生绿色霉斑,白色侧孢霉和白地霉产生白色霉斑,蜡叶芽枝霉在冷冻肉上产生黑色斑点。

(4)气味 肉体腐烂变质,除上述肉眼观察到的变化之外,由于脂肪酸败,通常还伴随一些不正常或难闻的气味释放,如微生物分解蛋白质产生氨、H_2S 等恶臭物质;乳酸菌和酵母菌的作用下会产生挥发性有机酸的酸味;霉菌生长繁殖产生的霉味;放线菌作用产生泥土味等。

12.4.3.4 防止肉及肉制品腐败变质的措施

肉含有丰富的营养成分,在室温下放置时间稍久,因微生物的感染,以及肉内自身酶的作用,会发生各种生理生化反应,以致腐败变质。因此,可以通过采取一些措施抑制微生物的生长繁殖,抑制酶的活性,延缓肉内部的化学变化,从而达到延长储藏期目的。

(1)冷藏 刚屠宰的胴体,其温度一般在 38~41 ℃,此温度范围正适合微生物的生长繁殖和肉中酶的活性,对肉的储藏保鲜极为不利。通常把肉温迅速冷却到 0 ℃左右,并在此温度下进行短期储藏,可以使微生物在肉表面的生长繁殖减弱到最低限度,并在肉表面形成一层皮膜,减弱酶活性,延缓肉的成熟时间,减少肉内水分蒸发,从而延长肉的保存时间。

(2)冷冻 将屠宰后的胴体进行深度冷冻,使肉温降到-18 ℃以下,肉中大部分水分(80%以上)冻结成冰,这种肉就叫作冷冻肉或冻结肉。由于肉中大部分水分变成冰晶,抑制了微生物生长繁殖和酶的活性,延缓了肉中各种生化反应,所以储藏时间较长。

(3)辐照杀菌 可分为辐照消毒杀菌和辐射完全杀菌。

1)辐照消毒杀菌 辐照消毒杀菌的作用是抑制或部分杀死腐败性和致病性微生物。又分为选择性消毒杀菌和针对性消毒杀菌。选择性消毒杀菌的剂量一般定为 5 000 Gy 以下,它的主要目的是抑制腐败性微生物生长繁殖,增加冷藏的期限;针对性消毒杀菌的剂量是 5 000 Gy,主要用于对禽畜的零售鲜肉和水产品沙门菌的杀灭。

2)辐射完全杀菌 是一种高剂量的辐照杀菌法,剂量范围为 10~60 kGy,可以杀灭肉类及其制品上的所有微生物,以达到商业灭菌目的。只要包装不破损,能在室温下储藏几年。缺点为所需剂量较大,加工费用高,但处理的猪肉、牛肉、鸡肉、香肠、鱼、虾等在常温下(21~38 ℃)可储藏 2 年以上,其质量仍很好,色、香、味都较满意。在低温无氧条件下照射的肉,储藏 3 年后仍和新鲜肉无显著区别。

(4)真空包装 在真空状态下,好气性微生物的生长繁殖减缓或受到抑制,从而减少蛋白质的降解和脂肪的氧化酸败,从而延长了产品的储藏期。

(5)鲜肉气调保鲜 鲜肉气调保鲜就是在包装容器内充入一定的气体,破坏或改变微生物赖以生存繁殖以及色变的条件,以达到防腐保鲜的目的,常用的气体为 CO_2、O_2 和 N_2,或是它们的各种组合,但每种气体对鲜肉的保鲜作用有所不同。

(6)化学保藏 主要是利用天然的或化学合成的防腐剂和抗氧化剂保鲜肉类,与其他保藏手段相结合,发挥着重要作用。常用的化学合成类防腐剂包括有机酸及其盐类(山梨酸及其钾盐、苯甲酸及其钠盐、对羟基苯甲酸酯类及其钠盐、乳酸及其钠盐、双乙酸钠、脱氢乙酸及其钠盐等),脂溶性抗氧化剂(丁基羟基茴香醚 BHA、二丁基羟基甲苯 BHT、特丁基对苯二酚 TBHQ、没食子酸丙酯 PG),水溶性抗氧化剂(抗坏血酸及其盐类)。

脂质氧化是鲜肉在储藏期间发生酸败、肉质变差的主要原因,往往导致异味,色泽和质构变差、汁液损失增加、营养价值下降,甚至产生有毒物质。通过添加化学合成的抗氧化剂虽然可以解决问题,但这些抗氧化剂往往具有毒副作用。因而,天然抗氧化剂,如 α-生育酚乙酯、茶多酚等是今后的发展方向。

12.4.4 果蔬的腐败变质

水果和蔬菜的共同特点是含水量高,蛋白质和脂肪含量低,含有较丰富的维生素 C、胡萝卜素、有机酸、芳香物、色素、纤维素和半纤维素等。水果的 pH 值大多数在 4.5 以下,而蔬菜的 pH 值一般在 5.0~7.0。

12.4.4.1 污染果蔬的微生物

果蔬表皮和表皮外覆盖着一层蜡质状物质,这种物质有防止微生物侵入的作用。因此,一般情况下,健康果蔬内部组织应是无菌的,但有时外观上正常的果蔬,其内部组织中也可能有微生物存在,例如,有人从苹果、樱桃等组织内部分离出酵母菌,从番茄组织中分离出酵母菌和假单胞菌属的细菌等。这些微生物是在果蔬开花期侵入并生存于果实内部的。此外,植物病原微生物可在果蔬的生长过程中通过根、茎、叶、花、果实等不同途径侵入组织内部,或在收获后的储藏期侵入组织内部。

果蔬表面直接与外界环境接触,因而在其表面附有大量的微生物,其中除大量的腐生微生物外,还有植物病原菌、来自人畜粪便的肠道致病菌和寄生虫卵。在果蔬的运输和加工过程中也会造成污染。现将一些引起果蔬变质的微生物列于表 12.1。

表 12.1 引起果蔬变质的微生物

微生物	学名	易感果蔬种类
指状青霉	*P. digitaum*	柑橘
扩张青霉	*P. expansum*	苹果、番茄
交链孢霉	*Alternaria*	柑橘、苹果
灰葡萄孢霉	*Botrytis cinerae*	梨、葡萄、苹果、草莓、甘蔗

微生物	学名	易感果蔬种类
串珠镰孢霉	*FuSaium moniliforme*	香蕉
梨轮纹病菌	*physalospora piricola*	梨
黑曲霉	*Aspergillus niger*	苹果、柑橘
苹果褐腐病核盘霉	*Sclertina frutigena*	桃、樱桃
苹果枯腐病霉	*Glomerella eingulata*	苹果、葡萄、梨
黑根霉	*Rhizopus niger*	桃、梨、番茄、草莓、番薯
马铃薯疫霉	*phytophthora infesians*	马铃薯、番茄、茄子
茄绵疫霉	*P. meongenae*	茄子、番茄
镰刀霉属	*Fusarium*	苹果、番茄、黄瓜、甜瓜、洋葱
番茄交链孢霉	*Alternaria tomato*	番茄
葱刺盘孢	*Colletotrichum circinans*	洋葱
软腐病欧文杆菌	*Erwinia aroideae*	马铃薯、洋葱
胡萝卜软腐病欧文杆菌	*Erwinia carotovora*	胡萝卜、白菜、番茄

12.4.4.2　果蔬及其制品的腐败变质现象

（1）果蔬的腐败变质　新鲜果蔬的表皮及表皮外覆盖的蜡质层可防止外界微生物的侵入，使果蔬在相当长的一段时间内免遭微生物的侵染，但当这层防护屏障受到机械损伤或昆虫刺伤时，微生物便会从伤口侵入其内进行生长繁殖，以致引起果蔬的腐烂变质。

霉菌或酵母菌首先在果蔬表皮损伤处，或由霉菌在表面有污染物黏附的部位生长繁殖。霉菌侵入果蔬组织后，细胞壁的纤维素首先被破坏，进一步分解细胞的果胶质、蛋白质、淀粉、有机酸、糖类等成分简单的物质，随后酵母菌和细菌开始大量生长繁殖，使果蔬内的营养物质进一步被分解、破坏。新鲜果蔬组织内的酶仍有活性，在此期间，这些酶以及其他环境因素对微生物所造成的果蔬变质有一定的协同作用。果蔬经微生物侵染分解后，外观上出现深色斑点、组织变软、发绵、变形、凹陷，并逐渐变成浆液状乃至水液状，并产生各种不同气味，如酸味、芳香味、酒味等。引起果蔬腐烂变质的微生物以霉菌最多，其中相当一部分是果蔬的病原菌，且它们各自有一定的易感范围。

果蔬变质的具体类型和现象与果蔬的种类和导致变质的微生物类型及其代谢方式有关。例如，苹果、梨、柑橘类水果可因污染青霉呈现软腐性变质，严重时则长有典型的绿色菌落；甘薯表面出现的黑斑则是因其感染黑斑病而产生；马铃薯可因镰刀霉菌的生长而发生腐烂。

果蔬在低温(0～10 ℃)的环境中储藏，可减缓酶的作用，对微生物活动也有一定的抑制作用，可有效地延长果蔬储藏时间。但通过温度调节只能减缓微生物生长速度，并不能完全控制微生物。因此，储藏温度、微生物污染程度、表皮损伤情况、果蔬种类和成熟度等是储藏的主要影响因素。气调、低温储藏效果较好。

（2）果蔬汁的腐败变质　果蔬汁是以新鲜水果或蔬菜为原料,经压榨或浸提等方法加工后制成的。由于果蔬原料本身带有微生物,而且在加工过程中还会不可避免地受到微生物的污染,所以制成的果蔬汁中必然存在许多微生物。微生物在果蔬汁中能否繁殖,主要取决于果蔬汁的 pH 值和糖分含量。果汁 pH 值一般在 2.4 ~ 4.2,糖含量高,因而在果汁中生长的微生物主要是酵母菌,其次是霉菌和极少数细菌。

不同果汁所含酵母菌的种类有一定的差异,如苹果汁中的主要酵母菌有假丝酵母属、圆酵母属、隐球酵母属和红酵母属,葡萄汁中酵母菌主要是柠檬形克勒克氏酵母、葡萄酒酵母、卵形酵母、路氏酵母等,柑橘汁中常见的酵母菌有越南酵母、葡萄酒酵母和圆酵母属等。浓缩果汁由于糖度高,细菌的生长受到抑制,只有一些耐渗酵母和霉菌生长,如鲁氏酵母和蜂蜜酵母等,这些酵母生长的最低水分活度（A_w）值为 0.65 ~ 0.70,比一般酵母的水分活度（A_w）值要低得多。由于这些酵母细胞相对密度小于它所生活的浓糖液,所以往往浮于浓糖液的表层,当果汁中糖被酵母转化后,相对密度下降,酵母就开始沉至下面。当浓缩果汁置于 4 ℃ 条件保藏时,酵母菌的发酵作用减弱甚至停止,可以防止浓缩果汁变质。

引起果蔬汁变质的细菌,主要是乳酸菌类微生物,如明串珠菌、植物乳杆菌等,其他细菌一般不容易在果蔬汁中生长。微生物引起果蔬汁变质的表现主要有以下几种。

1）浑浊　造成浑浊的原因除化学因素外,主要是酵母菌酒精发酵造成的,有时也可因霉菌生长造成,造成浑浊的霉菌如雪白丝衣霉（*Byssochlamys nivea*）、宛氏拟青霉（*Paecilomyces varioti*）等,当它们少量生长时,由于产生果胶酶,对果汁有澄清作用,但可使果汁风味变坏,当大量生长时就会使果汁浑浊。

2）产生酒精　引起果蔬汁产生酒精的主要是酵母菌,也有少数细菌和霉菌能引起果蔬汁产生酒精。如甘露醇杆菌可使 40% 的果糖转化为酒精,有些明串珠菌属可使葡萄糖转变成酒精。毛霉、镰刀霉、曲霉中的部分种在一定条件下也能利用糖类进行酒精发酵。

3）有机酸的变化　果汁中主要含有酒石酸、柠檬酸和苹果酸等有机酸,它们形成了果汁特有的风味。当微生物分解了这些有机酸或改变了它们的含量及比例后,就会使果汁原有风味遭到破坏,甚至产生不愉快的异味,如解酒石酸杆菌、琥珀酸杆菌、黑根霉、曲霉属、青霉属、毛霉属、葡萄孢霉属、丛霉属和镰刀霉属的菌都有这种作用。

4）颜色异变　是果蔬汁变质的另一种表现形式。如霉菌污染果蔬汁时,霉菌产生的色素可以扩散到果蔬汁中,从而掩饰果蔬汁的本色,有的微生物可将果蔬中的色素分解,使果蔬汁颜色消退。常见的色变有变白、变绿和变褐。

5）滋气味改变　滋气味是果蔬类制品的重要特征之一,而决定果蔬特征性滋气味的糖、有机酸和香气成分,在被微生物分解为具有刺激性的物质后,果蔬汁的滋气味就会产生异常变化。果蔬中的糖类物质经酵母菌的作用,可产生大量 CO_2 或醇类物质,也可以被细菌,尤其是乳酸菌、醋酸菌转化为乙醇、乳酸、醋酸等挥发性物质。酒石酸、柠檬酸、苹果酸被乳酸菌、霉菌和细菌分解利用,产生乳酸、醋酸和碳酸。

12.5 食品防腐保藏技术

12.5.1 食品防腐保藏常规技术

食品腐败变质主要是由食品中酶以及微生物使食品中的营养物质分解或氧化而引起的。食品防腐保藏技术就是要通过各种物理、化学和生物学单一或组合的方法,杀灭或抑制微生物的生长繁殖,延缓食品中酶的作用,达到延长食品货架期的目的。

12.5.1.1 食品低温保藏

温度对微生物的生长繁殖起着重要的作用,大多数病原菌和腐败菌为中温菌,其最适生长温度为20~40 ℃,在10 ℃以下大多数微生物便难以生长繁殖,-18 ℃以下则停止生长。故低温保藏是目前最常用的食品保藏方法之一。

食品的低温保藏,是借助于低温技术,降低食品的温度,并维持低温水平或冻结状态,以阻止或延缓其腐败变质的一种保藏方法。低温保藏不仅可以用于新鲜食品物料的储藏,也可以用于食品加工品、半成品的储藏。

低温保藏一般可分为冷藏和冷冻两种方式。前者无冻结过程,新鲜果蔬类和短期储藏的食品常用此法;后者要将保藏食品降温到冰点以下,使水部分或全部呈冻结状态,动物性食品常用此法。

(1)食品冷藏 冷藏是指在不冻结状态下的低温储藏。低温下不仅可以抑制微生物的生长,而且食品内原有的酶活性也会大大降低,大多数酶的适宜活动温度为30~40 ℃,温度维持在10 ℃以下,酶的活性将受到很大程度地抑制,因此冷藏可延缓食品的变质。冷藏的温度一般设定在-1~10 ℃范围内。

水果、蔬菜等植物性食品在储藏时,仍然是具有生命力的有机体。利用低温可以减弱它们的代谢活动,延缓其衰老进程。但是对新鲜的水果蔬菜来讲,如温度过低,则将引起果蔬的生理机能障碍而受到冷害(冻害)。因此应按其特性采用适当的低温,并且还应结合环境的湿度和空气成分进行调节。具体的储存期限,还与果蔬的卫生状况、种类、受损程度以及保存的温度、湿度、气体成分等因素有关。

冷鲜肉是指屠宰后的畜胴体在24 h内降为0~4 ℃,并在后续加工、流通和销售过程中始终保持0~4 ℃范围内的生肉。始终处于低温控制下,大多数微生物的生长繁殖被抑制,肉毒梭菌和金黄色葡萄球菌等病原菌分泌毒素的速度大大降低,这样既保持了肉质的鲜美,又保证了鲜肉的安全。

(2)食品的冷冻保藏 食品原料在冻结点以下的温度条件下储藏,称为冻藏。较之在冻结点以上的冷藏保藏期更长。

当食品在低温下发生冻结后,其水分结晶成冰,水分活度(A_w)值降低,渗透压提高,导致微生物细胞内细胞质因浓缩而增大黏性,引起 pH 值和胶体状态改变,从而使微生物活动受到抑制,甚至死亡。另外微生物细胞内的水结为冰晶,冰晶体对细胞也有机械损伤作用,也直接导致部分微生物的裂解死亡,因此在-10 ℃以下的低温条件,通常能引起食品腐败变质的腐败菌基本不能生长,仅有少数嗜冷性微生物还能活动,-18 ℃以下几乎所有的微生物不能活动,但如果食品在冻藏前已被微生物大量污染,或是冻藏条件不好,温度波动回升严重时,冻藏食品表面也会出现菌落。因此冻藏之前应严格控制原料的清洗,降低食品原始带菌数,冻藏过程中,保持稳定的低温非常重要。

目前最佳的食品低温储藏技术是食品快速冻结(速冻)。通常指的是食品在 30 min 内冻结到所设定的温度(-20 ℃),或以 30 min 左右通过最大冰晶生成带(-5 ~ -1 ℃)。以生成的冰晶大小为标准,生成的冰晶大小在 70 μm 以下者称为速冻,但目前还没有统一的标准。食品的速冻虽极大地延长了食品的保鲜期限,但能耗却是巨大的。

为了保证冷藏冷冻食品的质量,食品的流通领域要完善食品冷藏链,即易腐食品在生产、储藏、运输、销售,直至消费前的各个环节始终处于规定的低温环境下,以保证食品质量,减少食品损耗。

低温虽然可抑制微生物生长和促使部分微生物死亡,但在低温下,其死亡速度比在高温下要缓慢得多。一般认为,低温只是阻止微生物繁殖,不能彻底杀死微生物,如霉菌中的侧孢霉属(*Sportrichum*)、枝孢属(*Cladosporium*)在 -7 ℃ 以下还能生长,青霉属和丛梗孢霉属的最低生长温度为 4 ℃,细菌中假单孢菌属、无色杆菌属、产碱杆菌属、微球菌属等在 -4 ~ 7.5 ℃ 下能生长,酵母菌中一种红色酵母在 -34 ℃ 冰冻温度时仍能缓慢生长。因此,一旦温度升高,微生物的繁殖也逐渐恢复。另外低温也不能使食品中的酶完全失活,只能使其活力受到一定程度的抑制,长期冷冻储藏的食品品质也会下降,因此,食品冷冻保藏的时间也不宜过长,并要定期进行抽查。

12.5.1.2 食品干藏保藏

干藏保藏指在自然条件或人工控制条件下,降低食品中的水分,从而限制微生物活动、酶的活力以及化学反应的进行,达到长期保藏的目的。

各种微生物要求的最低水分活性值是不同的。一般细菌要求的最低 A_w 值较高,为 0.94 ~ 0.99,霉菌要求的最低 A_w 值为 0.73 ~ 0.94,酵母要求的最低 A_w 值为 0.88 ~ 0.94,但有些干性霉菌,如灰绿曲霉最低 A_w 值仅为 0.64 ~ 0.70(含水质量分数 16%)。食品 A_w 值为 0.70 ~ 0.73(含水质量分数 16%)时,曲霉和青霉即可生长,因此干燥食品的 A_w 值要达到 0.64 以下(含水质量分数 12% ~ 14%)才较为安全。

新鲜食品如乳、肉、鱼、蛋、水果、蔬菜等都有较高水分,其水分活度一般在 0.98 ~ 0.99,适合多种微生物的生长。目前干燥食品的水分一般在 3% ~ 25%,如水果干为 15% ~ 25%,蔬菜干为 4% 以下,肉类干制品为 5% ~ 10%,喷雾干燥乳粉为 2.5% ~ 3%,喷雾干燥蛋粉在 5% 以下。

食品脱水干燥方法目前主要有自然干燥和人工干燥。自然干燥包括晒干和风干;人工干燥方法很多,如烘干、隧道干燥、滚筒干燥、喷雾干燥、加压干燥以及冷冻干燥等。

干燥并不能将微生物全部杀死,只能抑制它们的活动,使微生物长期处于休眠状态,环境条件一旦适宜,微生物又会重新恢复活动,引起干制品的腐败变质。甚至有些病原菌还会在干燥食品上残存下来,导致食物中毒。最正确的控制方法是采用新鲜度高、污染少、质量高的原料,干燥前将原料巴氏杀菌,于清洁的工厂加工,将干燥过的食品在不受昆虫、鼠类及其他感染的情况下储藏。

12.5.1.3 食品罐藏

食品罐藏是将食品原料经预处理后密封在容器或包装袋中,通过杀菌工艺杀灭大部分微生物,在密闭和真空的条件下,室温长期保存食品的方法。

食品罐藏主要是创造一个不适合微生物生长繁殖及酶活动的基本条件,从而达到能在室温下长期保藏的目的。这个基本条件主要是通过排气、密封和杀菌来实现的。排气将罐内空气排除,降低了氧气含量,有效阻止了需氧菌特别是其芽孢的生长发育;杀菌即杀死食品所污染的致病菌、产毒菌、腐败菌;密封使罐内食品与罐外环境完全隔绝,不再受外界空气及微生物的污染而引起腐败。

食品的杀菌方法有多种,但热处理杀菌仍是食品罐藏工业最有效、最经济、最简便的方法。食品工业中的杀菌是指商业无菌,是通过适度加热杀灭在食品正常保质期内可导致食品腐败变质的微生物。一般认为,达到杀菌要求的热处理强度足以钝化食品中的酶活性。同时,热处理当然也造成食品的色香味、质构及营养成分等质量因素的不良变化。因此,热杀菌处理的程度既要达到杀菌及钝化酶活性的要求,又要尽可能保证食品的质量,这就必须研究微生物的耐热性,以及热量在食品中的传递情况。

影响微生物耐热性的因素包括污染微生物的种类和污染量、热处理温度、罐内食品成分等,其中食品的酸度是影响微生物耐热性的一个重要因素,大量试验证明,高酸度环境可以抑制乃至杀灭许多种类的嗜热或嗜温微生物,因此可以对不同 pH 值的食品物料采用不同强度的热杀菌处理,既可达到热杀菌的要求,又不致因过度加热而影响食品的质量。所有 pH 值>4.5 的食品都必须接受基于肉毒杆菌耐热性所要求的最低热处理量。而在 pH 值≤4.5 的酸性条件下,肉毒杆菌不能生长,其他多种产芽孢细菌、酵母菌及霉菌则可能造成食品的败坏。一般而言,这些微生物的耐热性远低于肉毒杆菌,不需要高强度的热处理过程。因而有些低酸性食品物料因为感官品质的需要,不宜进行高强度的加热,这时可以采取加入酸或酸性食品的办法使整罐产品的最终平衡 pH 值在 4.5 以下,这类产品称为"酸化食品"。酸化食品就可以按照酸性食品的杀菌要求来进行处理。

酸性食品通常采用常压杀菌(杀菌温度不超过 100 ℃),低酸性食品则采用高温高压杀菌(杀菌温度高于 100 ℃而低于 125 ℃)和超高温杀菌(杀菌温度在 125 ℃以上)。

12.5.1.4 食品腌渍保藏

将食盐或糖渗入食品组织内,降低其水分活度,提高其渗透压,从而有选择地控制微生物活动,抑制腐败菌生长,防止食品腐败变质,保持食品食用品质,或获得更好的感官品质,并延长保质期的储藏方法,称为腌渍保藏。

腌渍保藏是人类最早采用的一种行之有效的食品保藏方法。用该法加工的制品统称为腌渍食品,其中盐腌的过程称为盐制,其制品有腌菜、腌肉等。加糖腌制的过程称为糖渍或糖制,其制品有果脯、蜜饯等。

腐败菌在食品中大量生长繁殖,是造成食品腐败变质的主要原因。腌渍品之所以能抑制腐败菌的活动,延长食品的保质期,是因为食品在腌渍过程中,食盐或糖都会使食品组织内部的水渗出,食盐或糖溶液扩散渗透进入食品组织内,从而降低了其游离水分,提高了结合水分及其渗透压,正是在这种渗透压的影响下,抑制了微生物活动。加上辅料中酸及其他组分的杀(抑)菌作用,微生物的正常生理活动进一步受到抑制。溶液的浓度以及扩散和渗透的速度对食品腌渍有重要影响。

(1)盐渍保藏 各种微生物对不同盐液浓度的反应并不相同,蔬菜腌制中能抑制各种不同微生物生长活动的盐液浓度见表 12.2。

表 12.2　几种微生物能耐受的最高食盐浓度

微生物种类	食盐浓度	微生物种类	食盐浓度
醭酵母	10%	乳酸菌	12%～14%
黑曲霉	17%	变形杆菌	10%
腐败球菌	15%	青霉菌	20%
大肠杆菌	6%	肉毒杆菌	6%
丁酸菌	8%	酵母菌	25%

　　一般来说,盐液浓度在 1% 以下时,微生物生长活动不会受到任何影响。当浓度为 1%～3% 时,大多数微生物就会受到暂时性抑制;当浓度达到 6%～8% 时,大肠杆菌、沙门菌和肉毒杆菌停止生长;当浓度超过 10% 时,大多数杆菌不再生长;当浓度达到 15% 时,大多数球菌就会停止生长;当盐浓度达到 20%～25% 时,霉菌才能被抑制。因而一般认为这样的浓度基本上已能达到阻止微生物生长的目的。不过,有些微生物在 20% 盐液中尚能进行生长活动。

　　腌制品通常分为发酵性和非发酵性两大类,发酵性腌制品在腌制过程中,乳酸发酵作用积累的乳酸对有害微生物起抑制作用。而对非发酵性腌制品,可以通过添加酸味料(如柠檬酸、苹果酸、乳酸等)降低制品的 pH 值,抑制微生物的繁殖。例如,普通芽孢杆菌和马铃薯芽孢杆菌在 9% 盐液仍能生长,在 11% 盐液中生长缓慢,可是添加 0.2% 醋酸和 0.3% 乳酸就能很好抑制它们的生长。

　　(2)糖渍保藏　浓度为 1%～10% 的糖溶液会促进某些微生物的生长,当糖浓度达到 50% 时则阻止大多数细菌的生长,浓度达到 65%～75% 时抑制酵母菌和霉菌的生长。因此,为了达到保藏食品的目的,糖渍品的糖液浓度至少要达到 65%～75%,以 72%～75% 为最适宜。

　　一般酵母菌繁殖必需的水分活度为 0.85～0.95,而有些耐渗透压的酵母菌可以在水分活度为 0.65～0.70 的环境生长,相当于 80% 的糖液。糖液越稀,酵母菌繁殖速度越快。因此,高浓度糖液常因表面吸湿,在表面形成一薄层较低浓度的糖液层,而导致酵母菌大量繁殖。

　　食品中常见的霉菌如青霉属、交链孢霉属、芽枝霉属、葡萄孢属等,这些多数属于耐高渗透压的霉菌,对糖渍品的危害较大。仅靠增加糖浓度有一定的局限性,若添加少量酸,微生物的耐渗透性会显著下降。如果酱等原料果实中含有有机酸,在加工时又添加蔗糖,并经加热,在渗透压、酸和加热等多因子的联合作用下,可获得良好的保藏性。

12.5.1.5　食品化学保藏

　　化学保藏主要通过在食品中添加化学防腐剂和抗氧化剂来抑制微生物的生长和推迟化学反应的发生,它只在有限时间内才能保持食品原来的品质状态,属于暂时性保藏。

　　由于微生物的结构特点、代谢方式不同,因而同一种防腐剂对不同的微生物可能有不同的影响。

防腐剂抑制和杀死微生物的机制十分复杂,目前使用的防腐剂一般认为对微生物具有以下几方面的作用:①破坏微生物细胞膜的结构或者改变细胞膜的通透性;②使微生物体内的酶类和代谢产物逸出细胞外;③导致微生物正常的生理平衡被破坏;④防腐剂与微生物的酶作用,如与酶的巯基作用,破坏多种含硫蛋白酶的活性,干扰微生物的正常代谢,从而影响其生存和繁殖,通常防腐剂作用于微生物的呼吸酶系,如乙酰辅酶A、缩合酶、脱氢酶、电子传递酶系等;⑤另外防腐剂还可以作用于蛋白质,导致蛋白质部分变性、蛋白质交联等。

防腐剂按其来源和性质可分为化学合成防腐剂和天然防腐剂两大类。

(1)化学合成防腐剂 化学合成防腐剂包括无机防腐剂和有机防腐剂,种类较多,在食品中应用也很广泛。

1)SO_2 SO_2对微生物的作用与双硫键的还原、羰基化合物的形成、酮基团的反应和呼吸作用的抑制等有关。SO_2对霉菌及好气性细菌的抑制作用较为强烈,0.01%的SO_2溶液就可以抑制大肠杆菌的生长,0.1%~0.2%可以显示出防腐剂的保藏作用,但对酵母菌的作用稍差一些,浓度达到0.3%,酵母菌才受到抑制。通常采用SO_2熏蒸、浸渍或直接加入的方法处理,使用时一定要注意使用量。

2)CO_2 CO_2对微生物并无毒害影响,只是由于pH值的改变或缺氧环境的形成,才影响微生物的生长。高浓度CO_2对腐败微生物的生长抑制作用明显,可以用于肉类、鱼类的防腐保鲜。CO_2也常和冷藏结合在一起而形成气调保鲜。

3)硝酸盐和亚硝酸盐 在动物性食品加工和储存过程中应用较多,主要起到发色和防腐、抗氧化作用。亚硝酸与血红素反应,形成亚硝基肌红蛋白,使肉呈现鲜艳的红色。另外,亚硝酸盐可以抑制微生物的增殖,特别是肉毒杆菌的生长,同时还可抑制酶活性,减缓组织自身腐败,并降低细菌营养细胞的抗热性。

硝酸盐和亚硝酸盐主要是通过提高氧化还原电位干扰微生物的生长。两者都有延迟微生物生长的作用,对抑制梭状芽孢杆菌都有效。亚硝酸盐的有效浓度为0.02%。硝酸盐由于靠酶转化为亚硝酸盐而起作用,用量大一些,有效浓度为0.2%。

食品中残留过量的硝酸盐和亚硝酸盐,会对机体产生危害作用,主要由转化为具有致癌作用的亚硝胺引起。因此,在肉类加工中,应严格限制使用量。

4)苯甲酸及其钠盐和对羟基苯甲酸酯 苯甲酸又名安息香酸,在水中的溶解度小,故多使用其钠盐。苯甲酸钠为白色结晶,易溶于水和酒精。苯甲酸抑菌机制是能抑制微生物细胞呼吸酶的活性,特别是对乙酰辅酶缩合反应有很强的抑制作用。

苯甲酸及其盐类属于酸性防腐剂,食品的pH值越低效果越好。苯甲酸及苯甲酸钠适用于pH值在4.5~5.0以下,pH值为3.0时对细菌的抑制作用最强,对霉菌的抑制效果较弱。苯甲酸用于食品防腐对人体产生毒害作用很小,因为它和人体肾脏内甘氨酸反应能形成马尿酸,而马尿酸对人体无害,能从人体排掉。我国允许在酱油、酱菜、水果汁、果酱、琼脂软糖、汽水、蜜饯类、面酱类等食品中使用。根据食品的种类不同,最大使用量为0.2~2.0 g/kg。

对羟基苯甲酸酯是白色结晶状粉末,无臭味,易溶于酒精,其抑菌机制与苯甲酸相同,但防腐效果更好。研究表明,对大肠杆菌、肠炎沙门菌、枯草芽孢杆菌、金黄色葡萄球菌、啤酒酵母、热带假丝酵母、黑曲霉、黑根霉等都有明显的抑制作用。对羟基苯甲酸酯受 pH 值影响较小, pH 值在 4.5~8.0 范围内抑菌效果良好, 可用于中性食品。但由于其溶解度较低, 加之不良的气味和费用较高, 使其在食品的广泛应用受到限制。

5) 山梨酸及其钾盐　山梨酸化学名称为 2,4-己二烯酸, 又名花楸酸。山梨酸为无色针状结晶或白色粉末状结晶, 无臭或稍带刺激性气味, 耐光、耐热, 但在空气中长期放置易被氧化变色, 而降低防腐效果。微溶于水而溶于有机溶剂, 所以多用其钾盐。

山梨酸能与微生物酶系统中巯基结合, 从而破坏许多重要酶系, 达到抑制微生物增殖及防腐的目的。山梨酸对霉菌、酵母菌和好气性细菌均有抑制作用, 但对厌气性芽孢菌与嗜酸杆菌几乎无效。pH 值在 5.0~6.0 以下使用适宜, 防腐效果随 pH 值升高而降低。

山梨酸是一种不饱和脂肪酸, 在人体内正常地参加代谢作用, 氧化生成 CO_2 和 H_2O, 所以几乎无毒, 是目前各国普遍使用的一种较安全的防腐剂。使用领域比苯甲酸更广些, 因食品各类不同, 最大允许使用量以山梨酸计为 0.075~2.0 g/kg。

6) 丙酸盐　丙酸盐主要是指丙酸钙及丙酸钠, 丙酸盐多为白色颗粒或粉末, 无臭味, 溶于水。丙酸盐的有效成分是丙酸分子, 单体丙酸活性分子可在微生物细胞外形成高渗透压, 使细胞脱水, 还可穿透细胞壁, 抑制细胞内酶活性, 抑制微生物的繁殖。

丙酸盐的抑菌谱较窄, 主要作用于霉菌, 对细菌作用有限, 对酵母菌无作用。在同一剂量下丙酸钙抑制霉菌的效果比丙酸钠好, 但会影响面包的蓬松性, 实际常用钠盐。丙酸盐 pH 值越小抑菌效果越好, 一般 pH 值<5.5。

丙酸盐是谷物、饲料储藏最有效的有机酸类防腐剂。在美国, 被认为是安全的食品防腐剂, 广泛用于面包和干酪。在我国, 广泛用于糕点、饼干、面包等, 也可以用于包装材料表面, 以防止食品表面长霉。

7) 双乙酸钠　双乙酸钠为白色结晶, 略有醋酸气味, 易溶于水。其抗菌机制是双乙酸钠含有分子状态的乙酸, 可降低产品的 pH 值, 乙酸分子与类酯化合物溶解性较好, 而分子乙酸比离子化乙酸更能有效地渗透微生物的细胞壁, 干扰细胞间酶的相互作用, 使细胞内蛋白质变性, 从而起到有效的抗菌作用。双乙酸钠广泛应用于食品中, 可用于粮食、食品、饲料等防霉、防腐(一般用量为 1 g/kg), 还可以作为酸味剂和品质改良剂。

8) 脱氢乙酸及其钠盐　脱氢乙酸为无色片状或针状结晶或白色结晶性粉末, 无臭、无味, 无吸湿性。难溶于水, 溶于苛性碱的水溶液和苯。脱氢乙酸钠为白色的晶体粉末, 几乎无臭, 微有特殊味, 易溶于水、丙二醇和甘油, 微溶于乙醇和丙醇。其水溶液呈中性或微碱性, 对光、热较稳定。

脱氢乙酸是酸型防腐剂, 在水溶液中逐渐降解为醋酸, 其水溶液的稳定性和抗菌活性随 pH 值增高而下降。在酸性条件下, 脱氢乙酸的抗菌能力强, 有效浓度为 0.4% 即可抑制细菌的生命活动; 抗霉菌和酵母菌的能力更强, 为苯甲酸钠的 2~10 倍, 有效浓度为 0.1% 即可。脱氢乙酸钠的防霉作用很强, 对细菌、霉菌、酵母菌等, 特别是假单胞菌属、葡萄球菌属和大肠杆菌抑制作用明显。

(2) 天然防腐剂　天然防腐剂根据来源不同, 可分为微生物源防腐剂如乳酸链球菌素和溶菌酶, 动物源防腐剂如壳聚糖, 植物源防腐剂如天然香料、中草药等。

1) 乳酸链球菌肽 (Nisin)　乳酸链球菌肽, 又称乳酸链球菌素, 分子式为 $C_{143}H_{23}N_{42}O_{37}S_7$, 是由乳酸链球菌、嗜热链球菌、乳脂链球菌、酿脓链球菌等分泌的一种多肽类抗生素,由 34 个氨基酸残基组成,分子量为 $3.5×10^3$,活性分子常以二聚体或四聚体的形式出现,分子量分别为 $7×10^3$ 和 $1.4×10^4$。食用后在消化道中很快被蛋白水解酶分解成氨基酸,不会改变肠道内正常菌群,不会引起其他常用抗菌素所出现的抗药性,更不会与其他抗菌素出现交叉抗性。因此是一种高效、无毒、安全、无副作用的天然食品防腐剂。FAO 和 WHO 已于 1969 年给予认可,它是目前唯一被允许作为防腐剂在食品中使用的细菌素。

Nisin 的抑菌机制是作用于细菌细胞膜,抑制细菌细胞壁中肽聚糖的生物合成,使细胞膜和磷脂化合物的合成受阻,从而导致细胞内物质的外泄,甚至引起细胞裂解。也有的学者认为 Nisin 是一个疏水带正电荷的小肽,能与细胞膜结合形成管道结构,使小分子和离子通过管道流失,造成细胞膜渗漏。

Nisin 的作用范围相对较窄,仅对大多数革兰氏阳性菌具有抑制作用,如金黄色葡萄球菌、链球菌、乳酸杆菌、微球菌、单核细胞增生李斯特菌、丁酸梭菌等,且对芽孢杆菌、梭状芽孢杆菌孢子的萌发抑制作用比对营养细胞的作用更大。但 Nisin 对真菌和革兰氏阴性菌没有作用,因而只适用于 G^+ 菌引起的食品腐败的防腐。有研究报道,Nisin 与螯合剂 EDTA 联合作用可以抑制一些 G^- 菌,如抑制沙门菌(*Salmonella*)、志贺菌(*Shigella*)和大肠杆菌(*E. coli*)等细菌生长。Nisin 对酵母菌或霉菌没有效果,对啤酒中的乳杆菌、片球菌等,抑制作用明显。

Nisin 的溶解性随着 pH 值的下降而提高,在中性或碱性条件下溶解度较小,因此 Nisin 适用于酸性食品。Nisin 与热处理杀菌作用可以互相促进,加入少量 Nisin 可以大大提高腐败微生物的热敏感性。同样,热处理也提高了细菌对 Nisin 的热敏感性,因此在食品中添加本品,能降低食品灭菌温度和缩短食品灭菌时间,并能有效地延长食品保藏时间。另外,辐射处理和 Nisin 相结合,山梨酸与 Nisin 配合使用等可以弥补抗菌谱的缺点,发挥广泛的防腐作用。

2)溶菌酶　溶菌酶存在于人的唾液、眼泪,以及蛋清、哺乳动物乳汁、植物和微生物中。研究最多的鸡蛋清溶菌酶由 129 个氨基酸残基组成,具有 4 个二硫键,分子量为 $1.4×10^4$。溶菌酶对人体安全无毒,无副作用,且具多种营养与药理作用,所以是一种安全的天然防腐剂。溶菌酶专门作用于微生物的细胞壁,对革兰氏阳性菌、枯草杆菌、芽孢杆菌等有较好的溶菌作用。但对酵母菌和霉菌几乎无效。在 pH 值为 3.0 时能耐 100 ℃加热 40 min,在中性和碱性条件下耐热性较差,pH 值为 7.0 时 100 ℃处理 10 min 就失活。最适 pH 值为 6.0~7.0,最适温度为 50 ℃。目前溶菌酶已用于干酪及其再制品、发酵酒等食品的防腐保鲜。

3)壳聚糖　壳聚糖即脱乙酰甲壳素($C_3OH_5ON_4O_{19}$),是黏多糖之一,呈白色粉末状,不溶于水,溶于盐酸、醋酸。它对大肠杆菌、金黄色葡萄球菌、枯草芽孢杆菌等有很好的抑制作用,还能抑制生鲜食品的生理变化。

由于防腐剂只能延长细菌生长滞后期,因而只有未遭细菌严重污染的食品,利用化学防腐剂才有效。化学保藏并不能改善低质量食品的品质。

防腐保鲜技术是利用高温、冷冻、干燥、提高食品酸度、盐渍、糖渍、添加化学物质等手段控制微生物。在实际应用中,各种保藏方法应综合、有机地配合使用,以达到最佳储藏效果。

12.5.2　食品防腐保藏新技术

由于加热处理杀菌常会给食品品质带来一定的不利影响,如热敏性物质的破坏、颜色加深、风味和质地改变等。所以,研究和开发能最大限度地保持食品原有品质和营养价值的杀菌方法,成为世界各国食品行业追求的目标。因此,国内外对食品的非热杀菌技术进行了很多研究,开发了许多新的防腐保藏技术,在理论和实践方面取得了重大进展,有些已经应用于食品生产中。下面介绍几种研究较多的非热杀菌技术。

12.5.2.1　超高压杀菌技术

超高压杀菌技术又称高压技术,是在密闭的超高压容器内,用水或其他流体作为传压介质,对软包装食品等物料施以 100～1 000 MPa 的压力,从而达到杀菌、钝酶和加工食品的目的。

超高压对微生物的影响是多方面的。在高压下,微生物的形态和结构会发生不同的变化,如大肠杆菌在 27～40 MPa 压力下变成纤维状的细长形态,在 40 MPa 压力下大肠杆菌发生核糖体减少、细胞膜或壁部分细胞质内陷。超高压还会破坏细胞膜,通过高压改变细胞膜的通透性,从而抑制酶的活性和 DNA 等遗传物质的复制来实现杀菌。高压会对蛋白质造成不可逆变性,引起食品原料及所含微生物主要酶系的失活。由于超高压处理食品可以在室温甚至低温下进行,是一个纯物理过程,因此对食品的营养成分、天然风味以及色泽的影响极小,从而生产出高品质的产品。

在超高压杀菌过程中,由于食品成分和组织状态十分复杂,因此要根据不同的食品对象采取不同的处理条件。一般情况下,影响超高压杀菌的主要因素有压力大小、加压时间、加压温度、pH 值、水分活度、食品成分、微生物生长阶段和微生物种类等。

12.5.2.2　脉冲光杀菌技术

脉冲光杀菌技术是利用惰性气体制作的杀菌装置,可以在瞬间发出宽光谱、强能量的白色光(即脉冲光)来杀灭固体表面、气体和透明液体中的微生物。

脉冲光的光谱具有 200～1 000 nm 的波长,含有紫外至近红外线区域的光线,其光谱与太阳光十分相近,但强度比太阳光强数千倍至数万倍。在脉冲光的杀菌效果中,紫外线具有一定的作用,加上红外线区域光的作用,以及脉冲光具有的很强的能量,在三者的共同作用下,使得菌体细胞中的 DNA、细胞膜、蛋白质和其他大分子遭到破坏,微生物被照射后致死。因为脉冲光的波长较长,不会发生小分子电离,所以杀菌效果明显好于非脉冲光、连续波长的紫外线。

脉冲强光杀菌技术与传统的杀菌方法相比,具有杀菌处理时间短,一般处理时间是几秒到几十秒,同时具有残留少、对环境污染小,不用与物料和器械直接接触,操作容易控制等特点。由于紫外照射会破坏有机物分子结构,所以会给某些食品的加工带来不利的影响,特别是含脂肪和蛋白质丰富的食品经紫外线照射会促使脂肪氧化、产生异臭,蛋白质变性,食品变色等,作用范围受到一定的限制。但脉冲强光对食品中营养成分的影响很小,有研究表明,脉冲强光对油脂、L-酪氨酸、葡萄糖、淀粉及维生素 C 均不造成明显的破坏。

12.5.2.3　脉冲电场杀菌技术

脉冲电场杀菌一般是把液态食品作为电介质置于杀菌容器内,与容器绝缘的两个电极也置于其中,利用高压脉冲发生器产生的脉冲电场对食品进行间歇式杀菌,或者使液态食品流经脉冲电场进行连续杀菌。和传统的食品热杀菌技术相比,具有杀菌时间短、能耗低、能有效保存食品营养成分和天然色、香、味的特征等特点。

脉冲电场杀菌有一些研究人员先后提出了不同机制的假设,归纳起来主要有强电流通透杀菌效应、强烈冲击波杀菌效应、脉冲放电化学效应3个方面。

强电流通透杀菌效应又称细胞膜穿孔效应,由于微生物细胞膜是由镶嵌蛋白质的磷脂双分子层构成,它带有一定的电荷,具有一定的通透性和强度。膜的外表面与膜内表面之间具有一定的电势差。当细胞上加一个外加电场,这个电场将使膜内外电势差增大,细胞膜的通透性也随着增加,当电场强度增大到一个临界值时,细胞膜的通透性剧增,膜上出现许多小孔,使膜的强度降低。此外,当所加电场为一脉冲电场时,电压在瞬间剧烈波动,在膜上产生振荡效应。孔的加大和振荡效应的共同作用使细胞发生崩溃,从而达到杀菌目的。

强烈冲击波效应是当液态食品中产生脉冲放电时,蓄能系统(如蓄能电容器组)会把储存的大量能量在瞬间释放出来,使液体介质被击穿而形成放电通道,间隙电阻从绝缘状态迅速降到几分之一欧姆,放电通道内产生极大的脉冲冲击电流,放电通道内带电粒子(电子、正离子)高速运动相互碰撞也产生大量的热,使放电通道周围的液体瞬时汽化并形成气泡,产生一种高速剧烈的膨胀爆炸和强烈的冲击波,以高达 10^5 Pa 以上的压力作用在细胞上,使细菌细胞膜破裂、压碎。如果在杀菌室内不断施加脉冲放电,就会不断产生冲击波,细菌细胞就处于持续不断的、剧烈的强迫振动,从而加速细菌的死亡速度。

脉冲放电时,在液体物料中产生的化学效应也可起到加速细菌死亡的作用。由于脉冲放电的大电流及由此产生的强磁场作用和电解电离作用,使液体物料中产生许多等离子和基本粒子,如 H^+、OH^-、H_2O 离子团、O、H、O_2、H_2、臭氧分子、光子等,它们在强电流的作用下极为活跃,有些基本粒子还能穿过通透性增加的细胞膜,与细胞膜内的蛋白质、核糖核酸等生命物质结合,使之变性死亡。其中产生的有些粒子本身如臭氧分子就具有较强的杀菌能力。

脉冲放电杀菌的主要影响因素有微生物种类及数量、电场强度、脉冲频率、处理温度、处理时间、食品成分、食品的浓度与黏度、离子强度、介质电导率、介质 pH 值等。

12.5.2.4 脉冲磁场杀菌技术

脉冲磁场杀菌是利用脉冲磁场的生物学效应来杀菌保鲜。和脉冲电场杀菌基本相同,但脉冲磁场杀菌可避免电极与杀菌物料的直接接触,同时脉冲磁场杀菌装置的结构相对简单,易于工业化应用。利用脉冲磁场技术,食品的组织结构、营养成分、形状结构和颜色光泽均不遭破坏,因而具有很好的保鲜功能。

生物体在磁场作用下,会产生感应电流效应、洛仑兹力效应、振荡效应、电离效应。磁场的生物效应,可以表现为生物体内某些结构组织上的变化,也可以表现为生物体某些功能上的变化,而且磁场生物学效应的影响对同一生物体在不同发育阶段的影响也不一样。磁场杀菌机制主要是通过影响微生物体内的电子传递、自由基的活动、酶的活性、生物膜的透性等,对微生物的各种生命活动造成影响,导致细胞分裂、变异直至死亡。采用磁通密度7~12 T、频率6~8 kHz 的磁场,对牛奶、面包、啤酒、果汁等食品进行杀菌,杀菌效果比较明显,而且对食品的综合品质无明显影响。

12.5.2.5　超声波杀菌技术

超声波是频率大于 20 kHz 的声波,是在介质中传播的一种机械振动。由于其频率高、波长短,除了具有方向性好、功率大、穿透力强等特点以外,超声波还能引起空化作用和一系列的特殊效应,如力学效应、热学效应、化学效应和生物效应等。这些效应可以影响、改变甚至破坏物质的组织结构和状态。

一般认为,超声波所具有的杀菌效力主要由于超声波所产生的空化作用,使微生物细胞内容物受到强烈的震荡,使细胞破裂、死亡,从而达到杀菌的作用。所谓空化作用是当超声波作用在介质(液体物料)中,由于介质质点的振动,会产生空化现象,即液体中微小的空气泡核在超声波作用下被激活,表现为泡核的振荡、生长、压缩及崩溃等一系列动力学过程。利用超声波空化效应在液体中产生的局部瞬间高温及温度交变变化、局部瞬间高压和压力变化,使液体中某些微生物致死,病毒失活,甚至使体积较小的一些微生物的细胞壁破坏,从而延长保鲜期。生物效应主要表现在超声波使生物组织的结合状态发生改变,当这些改变为不可逆变化时,就会对生物组织造成损伤。

超声波的杀菌效果与超声波的强度、频率、处理时间,微生物的种类、数量,食品成分、pH 值等有关。不同微生物对超声波的抵抗力有差异,伤寒沙门菌在频率为 4.6 MHz 的超声波中可全部杀死,但葡萄球菌和链球菌只能部分受到伤害;个体大的细菌更易被破坏,杆菌比球菌更易被杀死,但芽孢不易被杀死。用超声波对牛乳消毒,经 15 ~ 16 s 消毒后,牛乳可以保持 5 天不发生变质;常规消毒乳再经超声波处理,冷藏条件下,保存 18 个月未发现变质。

12.6　食品保藏的栅栏技术

为了满足人们对新鲜、营养、安全食品的需求,食品研究人员开始采用温和的保藏技术,单一保藏技术很难达到令人满意的效果。人们对食品主要保藏因子(如温度、pH 值、水分活度、渗透压等)的作用原理以及它们相互作用影响有了更深刻的认识,将这些方法和理论结合起来,发展了栅栏技术和理论,在食品保藏中变得越来越流行。

12.6.1　栅栏因子和栅栏技术的定义

引起食品腐败变质的因素很多,如温度、pH 值、营养基质、水分活度、氧化还原值、气体成分、压力等,当这些因素适合于微生物生长繁殖或者有利于酶催化的生化反应发生时,食品就很容易腐败变质。当这些因子不适合微生物生长繁殖或者不利于酶催化反应发生时,这些因子在一定程度上就是阻碍食品发生腐败变质的一个个因子,类似于一个个栅栏,阻挡某些反应的发生或者微生物的生长繁殖,这些因子就可以称为栅栏因子(hurdle factor)。栅栏技术(hurdle technology,HT)又称复合保藏技术,根据食品内不同栅栏因子的协同作用或交互效应共同阻碍食品内微生物的生长繁殖或者酶反应的发生,使食品得以较长期保藏,并保持良好的品质。栅栏技术是多种技术的科学结合,这些技术共同使用,控制食品品质的劣变,将食品的危害性以及在加工和商业销售过程中品质的恶化降低到最低程度,有利于保持食品的安全、稳定、营养和风味。

12.6.2 栅栏技术的基本原理

食品防腐保鲜的关键是抑制微生物的生长繁殖。栅栏技术的基本原理就是在食品加工和储藏过程中利用多种防腐保藏技术的协同作用,抑制致病菌和腐败菌的生长。每一种保藏技术都可以看做是阻止微生物跨越的一个栅栏,通过增加栅栏的数量及高度(即保藏因子的种类和强度),使微生物无法逾越,达到确保食品中的微生物稳定性和卫生安全性的目的。同时,联合使用多种保藏因子,可以适当降低每个保藏因子的强度,对食品质量影响更小,且比单独使用一个高强度保藏因子更有效。在栅栏技术中,目标主要是阻止微生物的生长和繁殖,而不是杀灭它们,因此栅栏因子的使用不会对食品品质产生较大的影响。栅栏理论揭示了食品保藏的基本原理,并已被越来越多的食品保藏实践所证实。

12.6.3 栅栏因子

栅栏因子可能有以下几种:①物理栅栏包括温度(高温杀菌、烫漂、冷冻和冷藏等)、照射(紫外线、微波、电离辐射),电磁场能(高压脉冲、振动磁场脉冲),超声波,压力(高压、低压),气调包装(真空包装、充氮包装、CO_2 包装);②化学栅栏包括水分活度、pH 值、氧化还原电位、烟熏、防腐剂和抗氧化剂等;③微生物栅栏包括竞争性菌群、抗菌素和抗生素等;④其他栅栏包括游离脂肪酸、几丁质和氯化物等。

对于每一种质量稳定的食品来说,都有一套其固有的栅栏因子。设定栅栏因子除了要考虑其抑制微生物的作用效果,还要考虑到可能对食品品质产生的影响。例如,不合适的低温冷藏会对一些食品有害(冻伤),适宜的冷藏才有助于延长产品的货架期。发酵型香肠的 pH 值要足够低,这样才可以抑制致病性微生物,但是不能过低,否则会损坏风味。所以,在实际应用中,各种栅栏因子应科学合理地搭配组合,其强度应控制在一个最佳的范围。

栅栏因子的作用可能有以下几种情况:①如将所有的栅栏因子都设定成一样的强度,一些微生物能够克服一些栅栏因子,但是不能同时克服所有栅栏因子,因而在这些栅栏因子作用下,食品的质量是稳定和安全的,但是这只是理论上的情况,因为所有栅栏因子的作用强度不可能都相同;②更多情况下,栅栏因子的强度是不同的,如果最初食品中只存在数量很少的一些微生物,那么较少或者强度较低的栅栏因子就可以控制微生物的稳定性,相反,由于卫生环境恶劣、微生物数量多,那么普通的一套栅栏因子都不可能阻止食品腐败;③还有一种情况是,最初食品中的微生物不是很多,但是食品的营养丰富,可以使较少的微生物在短时间内快速繁殖(助长效应),同样普通的一套栅栏因子也不能阻止食品腐败变质,因而需要另外的或者更高强度的栅栏因子来确保产品的稳定性。

12.6.4 栅栏技术在食品保藏中的应用

栅栏技术在食品行业已经得到广泛应用,通过这种技术加工和储藏的食品也称为栅栏技术食品(HTF)。在拉丁美洲,栅栏技术食品在市场中占有很重要的位置。栅栏技术在美国、欧洲一些国家已有较大发展,近年来,在我国食品加工业中的应用也已兴起。

栅栏技术的应用步骤:①确定产品类型、感官特性及货架期;②制定工艺流程和工艺参数;③确定栅栏因子,主要包括水分活度(A_w)值、pH 值、防腐剂、处理温度等;④测定效果,对产品感官指标和微生物指标进行测定;⑤调整和改进,通过分析,调整栅栏因子及其强度;⑥工厂化试验,在生产条件下验证设计方案,并使方案切实可行。

栅栏技术与传统方法或高新技术相结合更能发挥其有效控制作用。在传统食品的现代化加工和新产品开发中,将栅栏技术与关键危害点控制技术(HACCP)和微生物预报技术(predictive microbiology)结合已经成为必然。可以有针对性地选择、调整栅栏因子,再利用 HACCP 的监控体系,保证产品的质量及安全性。HACCP 的引入,使得在选择、调整栅栏因子时有据可依,同时还可检测出所选的栅栏因子是否达到要求。应用栅栏技术进行食品设计和加工即可预估加工食品的可贮性和质量特性,也可以几个最重要的栅栏因子作为基础建立模式,较为可靠地预测出食品内微生物生存、死亡情况。基于计算机技术对食品中微生物的生长、残存、死亡进行数量化预测的微生物预报技术也是栅栏技术之一,可以快速对产品货架寿命进行分析预测,而不需要进行耗时的微生物分析检测。

思考题

1. 什么叫食品的腐败变质? 微生物引起食品腐败变质的基本原理是什么? 简述食品中蛋白质、碳水化合物、脂肪分解变质的主要化学过程。
2. 什么叫内源性污染和外源性污染?
3. 简述引起食品腐败变质的微生物来源。
4. 微生物引起食品腐败变质的条件有哪些? 研究这些有何意义?
5. 鲜乳中的微生物从何而来? 简述鲜乳中微生物的种类和特性。
6. 试述鲜乳腐败变质的过程及现象,防止鲜乳腐败变质的措施有哪些?
7. 试述鱼类微生物污染的途径及腐败变质过程和现象。
8. 简述防止鱼类腐败变质的措施。
9. 试述肉类的腐败变质过程及现象,防止肉类腐败变质的措施。
10. 鲜蛋本身有哪些固有的因素能够抵抗微生物的侵入和污染?
11. 试述鲜蛋的腐败变质过程及现象。
12. 引起果蔬腐败变质的微生物种类有哪些? 简述果蔬的腐败变质现象。
13. 引起果蔬汁腐败变质的微生物种类有哪些? 试述果蔬汁腐败变质的表现及原因。
14. 食品防腐保鲜技术主要有哪些? 各自的保藏原理是什么?
15. 食品防腐保藏新技术主要有哪些,它们的保藏原理分别是什么?
16. 什么是栅栏技术? 栅栏技术的原理是什么? 有哪些栅栏因子?

第 13 章　微生物与食品卫生

食品卫生是一个很宽泛的概念,既涉及食品的营养,又涉及食品的安全。我国制定的食品卫生标准主要包含 3 方面内容:①食品的感官指标,主要指色、香、味、型;②食品的理化指标,主要指食品所含的各种化学成分,包括营养成分和可能的有害成分,对于有害成分,特别要注意限量;③微生物指标,它不仅和食品的腐败变质有关,更重要的是直接关系到食品食用后是否安全。

13.1　食品卫生的微生物学标准

食品卫生是研究食品中可能存在的、威胁人体健康的有害因素及其预防措施,提高食品卫生质量,从而保护消费者的安全。

食品微生物学标准就是根据食品卫生的要求,从微生物学的角度,对不同食品提出具体指标要求。我国国家食品标准中,食品微生物指标主要有细菌总数、大肠菌群和致病菌三项,有些食品对霉菌和酵母菌也有具体要求。

13.1.1　菌落总数

菌落总数(aerobic plate count)是指食品检样经过处理,在一定条件下培养后所得 1 g 或 1 mL 检样中所含细菌菌落的总数。国家卫生新标准(GB 4789.2—2010,2010 年 3 月 26 日发布,6 月 1 日实施)检验程序和老标准一样,25 g 或 25 mL 样品稀释到 250 mL,然后 10 倍梯度稀释,在普通营养琼脂培养基,36 ℃±1 ℃温箱内倒置培养 48 h±2 h,水产品 30 ℃±1 ℃培养 72 h±3 h。菌落计数时应注意以下几点:①若所有稀释度的平板上菌落数均大于 300 cfu,则对稀释度最高的平板进行计数,其他平板可记录为多不可计,结果按平均菌落数乘以最高稀释倍数计算;②若所有稀释度的平板菌落数均小于 30 cfu,则应按稀释度最低的平均菌落数乘以稀释倍数计算;③若所有稀释度(包括液体样品原液)平板均无菌落生长,则以小于 1 乘以最低稀释倍数计算;④若所有稀释度的平板菌落数均不在 30~300 cfu,其中一部分小于 30 cfu 或大于 300 cfu 时,则以最接近 30 cfu 或 300 cfu 的平均菌落数乘以稀释倍数计算;⑤菌落数报告为 cfu/g 或 cfu/mL。

自然界细菌的种类很多,各种细菌的生理特性和所要求的生活条件不尽相同。如果要检验样品中所有种类的细菌,必须用不同的培养基及不同的培养条件,这样工作量将会很大。从实践中得知,尽管自然界细菌种类繁多,但异养、中温、好气性细菌占绝大多数,这些细菌基本代表了造成食品污染的主要细菌种类。因此,实际工作中,细菌总数就是指能在营养琼脂上生长、好氧性嗜温细菌的菌落总数。

检测食品中的细菌总数的卫生学意义:①细菌总数可以作为食品被污染程度的标志,许多实验结果表明,食品中细菌总数能够反映出食品的新鲜程度、是否变质以及生产过程的卫生状况等,一般来讲,食品中细菌总数越多,则表明该食品受污染程度越重,腐败变质的可能性越大;②它可以用来预测食品可能的存放期,因此菌落总数是判断食品卫生质量的重要依据之一。

13.1.2 大肠菌群

大肠菌群是指一群好氧和兼性厌氧、革兰氏染色阴性、能发酵乳糖产酸、产气、无芽孢的杆状细菌,通常于 36 ℃±1 ℃培养 48 h±2 h 能产酸产气。我国新版国家标准(GB 4789.3—2016)规定了新的大肠杆菌检验程序。

(1)大肠菌群 MPN 计数法 MPN 是英文 Most Probable Number 的缩写,意为最大可能数,是一种基于泊松分布的间接计数法。MPN 法是统计学和微生物学结合的一种定量检测法。待测样品经系列稀释并培养后,根据其未生长的最低稀释度与生长的最高稀释度,应用统计学概率论推算出待测样品中大肠菌群的最大可能数。大肠菌群 MPN 计数的检验程序见图 13.1,主要步骤如下:①样品稀释好后,匀液的 pH 值应在 6.5 ~ 7.5,必要时分别用 1 mol/L NaOH 或 1 mol/L HCl 调节,并制成 10 倍系列稀释液;②初发酵试验,每个样品,选择 3 个适宜的连续稀释度的样品匀液(液体样品可以选择原液),每个稀释度接种 3 管月桂基硫酸盐胰蛋白胨(Lauryl Sulfate Tryptose, LST)肉汤,每管接种 1 mL(如接种量超过 1 mL,则用双料 LST 肉汤),36 ℃±1 ℃培养 24 h± 2 h,观察导管内是否有气泡产生(接种前一定将导管里边的气排掉),24 h±2 h 产气者进行复发酵试验,如未产气则继续培养至 48 h±2 h,产气者进行复发酵试验,未产气者为大肠菌群阴性管;③复发酵试验,用接种环从产气的 LST 肉汤管中分别取培养物 1 环,移种于煌绿乳糖胆盐肉汤(brilliant

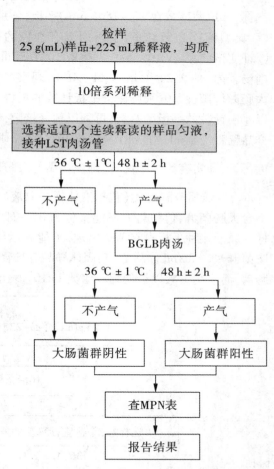

图 13.1 大肠菌群 MPN 计数法检验程序

green lactose bile, BGLB)管中,36 ℃±1 ℃培养 48 h±2 h,观察产气情况,产气者,计为大肠菌群阳性管;④大肠菌群最可能数(MPN)的报告,按确证的大肠菌群 LST 阳性管数,检索 MPN 表,报告 1 g(或 1 mL)样品中大肠菌群的 MPN 值。

(2)大肠菌群平板计数法 利用结晶紫中性红胆盐琼脂培养基(violet red bile agar,简称 VRBA)中的胆盐和结晶紫抑制革兰氏阳性菌,特别抑制革兰氏阳性杆菌和粪链球菌,将阴性菌和阳性菌予以区别,中性红为 pH 指示剂,观察培养过程是否有颜色变化来判定菌是否利用了乳糖。在此基础上,进行复发酵试验(证实试验),煌绿乳糖胆盐肉汤中的牛胆粉和煌绿抑制非肠杆菌科细菌。凡在煌绿乳糖胆盐肉汤管产气者,即可报告为大肠菌群阳性。大肠菌群平板计数法的检验程序见图13.2,主要步骤如下:①样品的稀释同上。②选取2~3个适宜的连续稀释度,每个稀释度先在空皿中倾入1 mL样品,同时取1 mL生理盐水加入无菌平皿作空白对照。③在已倾入样品和生理盐水的皿中倾注入约20 mL、冷至45 ℃的结晶紫中性红胆盐琼脂(用手触摸不很烫,否则就是温度太高,可能会使样品中的菌被杀死),小心旋转平皿,将培养基与样液充分混匀,待琼脂凝固后,再加3 ~4 mLVRBA覆盖平板表层。倒置于36 ℃±1 ℃培养18 ~24 h。④平板菌落数的选择,选取菌落数在15 ~150 cfu的平板,分别计数平板上出现的典型和可疑大肠菌群菌落,典型菌落为紫红色,菌落周围有红色的胆盐沉淀环,菌落直径为0.5 mm或更大。⑤证实试验,从VRBA平板上挑取10个不同类型的典型和可疑菌落,分别移种于BGLB肉汤管内,36 ℃±1 ℃培养24 ~48 h,观察产气情况。凡BGLB肉汤管产气,即可报告为大肠菌群阳性。⑥大肠菌群平板计数的报告,经最后证实为大肠菌群阳性的试管比例乘以④中计数的平板菌落数,再乘以稀释倍数,即为每g(mL)样品中大肠菌群数。例:10^{-3}样品稀释液1 mL,在VRBA平板上有80个典型和可疑菌落,挑取其中10个接种BGLB肉汤管,证实有5个阳性管,则该样品的大肠菌群数为:$80 \times \frac{5}{10} \times 10^3 / g(mL) = 4.0 \times 10^4$ cfu/g(mL)。若所有稀释度(包括液体样品原液)平板均无菌落出现,基本可以判定本样品中不含大肠菌群,但报告时不能报告为0,一般用1乘以最低稀释倍数计算。例如,某液体样品原液接种平板没有菌落出现,不能表示该样品不含大肠菌群,而应表示为该样品大肠菌群≤1 cfu/mL。再如,某固体样品各稀释度均无菌落出现,也不能表示该样品不含大肠菌,而应用1乘以最低稀释倍数1×10^1,表示为该样品大肠菌群≤10 cfu/g。

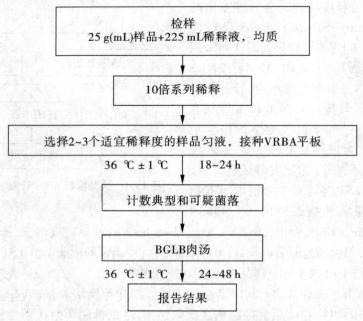

图13.2 大肠菌群平板计数法检验程度

大肠菌群包括大肠杆菌和产气杆菌的一些中间类型的细菌。这些细菌是寄居于人及温血动物肠道内的肠居菌,随大便排出体外。食品中如果大肠菌群数多,说明食品受粪便污染的可能性大。以大肠菌群作为粪便污染食品的卫生指标来评价食品的质量,具有广泛的意义:①大肠菌群在粪便中的数量最大,可作为粪便污染食品的指标菌;②大肠菌群在外界存活期与肠道致病菌存活期大致相同,可作为肠道致病菌污染食品的指标菌。如果食品中大肠菌群超过规定的限量,则表示该食品有被粪便污染的可能,粪便如果是来自肠道致病菌携带者或者腹泻患者,该食品即有可能被肠道致病菌污染。所以,凡是大肠菌群数超过规定限量的食品,即可确定其在卫生学上是不合格的,食用该食品存在安全风险。

13.1.3 致病菌

致病菌指能够引起人们发病的细菌。食品中不允许有致病性病原菌存在,这是食品卫生质量指标中必不可少的指标之一。

由于病原菌种类繁多,且食品的加工、储藏条件各异,因此被病原菌污染情况是不同的,一般根据不同食品可能被污染的情况来针对性的检测。如海产品以副溶血性弧菌作为参考菌群,禽、蛋、肉类食品必须作沙门菌的检查,酸度不高的罐头必须作肉毒梭菌及其毒素检测,当发生食物中毒时必须根据当时当地传染病的流行情况,对食品进行有关病原菌检测,如沙门菌、志贺菌、变形杆菌、副溶血性弧菌、金黄色葡萄球菌等,请参考 GB 4789—2010 有关部分。

13.1.4 霉菌及酵母菌

我国还没有制定出霉菌和酵母菌的具体指标,鉴于很多霉菌能够产生毒素,引起疾病,故应该对产毒霉菌进行检验,例如,曲霉属的黄曲霉、寄生曲霉等,青霉属的桔青霉、岛青霉等,镰刀霉属的串珠镰刀霉、禾谷镰刀霉等,请参考国标新标准(GB 4789.15—2010)。

13.1.5 其他指标

在一般食品标准中,并没有包括这些指标,但由这些微生物引起的食物中毒或传染病越来越多,特别是肉及其制品,如肝炎病毒、猪瘟病毒、鸡新城疫病毒、马立克氏病毒、口蹄疫病毒、狂犬病病毒、猪水泡病毒,还有一些寄生虫如旋毛虫、囊尾蚴、猪肉孢子虫、蛔虫、肺吸虫、螨、姜片吸虫等也应该引起重视,完善食品标准码,保障食品安全。

13.2 食品卫生的微生物学标准制定过程

微生物指标按照 GB 4789.1—2016 部分采样方案的要求进行,采样应遵循随机性、代表性的原则,采样过程遵循无菌操作程序,防止一切可能的外来污染。

采样方案分为二级和三级。二级采样方案设有 n、c 和 m 值,三级采样方案设有 n、c、m 和 M 值。n 表示同一批次产品应采集的样品件数;c 表示最大可允许超出 m 值的样品数;m 表示微生物指标可接受水平限量值(三级采样方案)或最高安全限量值(二级采样方案);*M* 表示微生物指标的最高安全限量值。例如,我们给某企业发酵配制酒制定的标准如表 13.1 所示。

表 13.1　某发酵配制酒的微生物限量指标

检测项目	采用方案及微生物限量[a]			
	n	*c*	*m*	*M*
沙门菌	5	0	0/25 mL	—
金黄色葡萄球菌	5	0	0/25 mL	—
菌落总数[b](≤cfu/mL)	5	2	10^3	10^6
大肠菌群[b](MPN/100 mL)	5	2	20	100

a:样品的分析及处理按 GB 4789.1—2016 执行。

b:参考 GB 2758—2012 食品安全国家标准发酵酒及其配制酒、GB 19297—2003 果蔬汁饮料卫生标准及我们企业多次实验结果,制定上述微生物指标。

—:不得检出

按照二级采样方案设定的指标,在 *n* 个样品中,允许有 ≤*c* 个样品其相应微生物指标检验值大于 *m* 值。

按照三级采样方案设定的指标,在 *n* 个样品中,允许全部样品中相应微生物指标检验值小于或等于 *m* 值;允许有 ≤*c* 个样品其相应微生物指标检验值在 *m* 值和 *M* 值之间;不允许有样品相应微生物指标检验值大于 *M* 值。例如:*n*=5,*c*=2,*m*=100 cfu/g,*M*=1 000 cfu/g。含义是从一批产品中采集 5 个样品,若 5 个样品的检验结果均小于或等于 *m* 值(≤100 cfu/g),则这种情况是允许的(产品合格);若 ≤2 个样品的结果(*X*)位于 *m* 值和 *M* 值之间(1 000 cfu/g)之间,则这种情况也是允许的(产品合格);若有 3 个及以上样品的检验结果位于 *m* 值和 *M* 值之间,则这种情况是不允许的(不合格);若有任一样品的检验结果大于 *M* 值(1 000 cfu/g),则这种情况也是不允许的(不合格)。

13.3　微生物污染与食物中毒

13.3.1　食物中毒的定义

食品在生产、加工、运输和储藏过程中均有可能受到不同种类微生物的污染,除了引起食品腐败变质、丧失食用价值外,有少数微生物还可对人和动物产生毒害作用,这类微生物被称为病原微生物或致病微生物。存在于食品中或以食品为传播媒介的病原微生物称为食源病原微生物。这类微生物污染食品后,可引起人类食物中毒、肠道传染病或人畜共患病。

2015 年 10 月 1 日实施的"中华人民共和国食品安全法"对食品安全监管、食品安全事故的处理都做出了详细的规定,之后不久,国家有关部门还提出了四个最"严"来监管食品生产与安全,即建立最严谨的标准,实施最严格的监管,执行最严厉的处罚和落实最严肃的问责,期望通过新法及具体措施的颁布、实施,为广大人民群众提供放心食用的食品和农产品。

传统食物中毒的定义:食用了被有毒有害物质污染的食品或者食用了含有毒有害物质的食品后出现的急性、亚急性疾病,属于食源性疾病的范畴。但是,食物中毒不包括因暴食暴饮而引起的急性胃肠炎、食源性肠道传染病(如伤寒)和寄生虫病(如囊虫病),也不包括因一次大量或者长期少量摄入某些有毒有害物质而引起的以慢性毒性为主要特征(如致畸、致癌、致突变)的疾病。本书也不涉及由化学物质引起的食物中毒。

13.3.2　食物中毒的特点及分类

从流行病学的调查结果来看,食物中毒的特点:①潜伏期短,一般由几分钟到几小时,食入"有毒食物"后于短时间内同时发病,呈爆发流行;②同起食物中毒病人的临床表现基本相似,最常见的症状是腹痛、腹泻、恶心、呕吐等胃肠道症状;③中毒病人在相近的时间内均食用过某种共同的可疑中毒食品,发病和食物有明显关系,未食用者不发病,停止食用该种食品后,发病很快停止;④发病率高,人与人之间不直接传染。

食物中毒按病原的不同性质可分为细菌性、真菌性、化学性、有毒动物性和有毒植物性 5 大类,其中细菌性和真菌性食物中毒在我国人群中最为常见,本书主要介绍由病原微生物引起的食物中毒。

13.4　细菌性食物中毒

13.4.1　细菌性食物中毒的定义

由细菌引起的食源性疾病习惯称为细菌性食物中毒,是指由于进食被大量细菌或细菌毒素所污染的食物而引起的急性中毒性疾病。据统计,细菌性食物中毒在国内外都是最常见的一类食物中毒,我国每年发生的细菌性食物中毒占各类食物中毒的50%左右。

13.4.2　细菌性食物中毒的特点

细菌性食物中毒具有以下特点:①有明显的季节性,多发生于气候炎热的季节,一般 7~9 月发病率最高;②各年龄组均可患病,病愈后不产生明显的免疫力;③动物性食品易引起细菌性食物中毒;④发病率高,病死率因中毒病原而异。沙门菌、变形杆菌、金黄色葡萄球菌等易引发食物中毒,它们是预防的重点,这几类菌引起的食物中毒特点是病程短、恢复快、病死率低,但李斯特菌和肉毒梭菌食物中毒的病死率分别为 20%~50% 和 34%~60%,且病程长,病情重,恢复慢。

13.4.3　细菌性食物中毒发生的原因及条件

发生细菌性食物中毒的原因主要是进食了被大量细菌或细菌毒素所污染的食物。食品原料或食品在生产、屠宰或收割、运输、储存、销售及烹调过程中可能受到致病菌的污染,被致病菌污染的食品在较高温度下存放,病原菌大量生长繁殖或产生毒素,在食用前对这些受到污染的食品未加热或者未彻底加热,煮熟的食物受到生熟交叉污染,食品从业人员中带菌者的污染,这些情况都易造成细菌性食物中毒。此外,细菌性食物中毒的发生也和食用者机体的防御机能下降、易感性增加有关。最易引起细菌性食物中毒的食品为动物性食品,如肉、鱼、奶和蛋,其中畜禽肉及其制品居首位。植物性食品如剩饭、米粉、米糕等易发生由金黄色葡萄球菌、蜡样芽孢杆菌等引起的食物中毒。

13.4.4　细菌性食物中毒发病机制及临床表现

引起细菌性食物中毒的病原菌致病强弱程度称为毒力,构成细菌毒力的要素是侵袭力和毒素。侵袭力是指病原菌突破宿主机体某些防御功能进入机体并在体内定居、繁殖和扩散的能力。决定病原菌侵袭力的因子主要有菌体表面结构(如纤毛、荚膜、黏液等)和侵袭性酶类(如透明质酸酶、DNA 酶等)。细菌毒素是病原菌致病的重要因素,可分为外毒素和内毒素两种。

外毒素的主要成分是蛋白类,一般由革兰氏阳性菌产生,大多数外毒素在菌体细胞内合成后分泌于胞外。不同种类细菌产生的外毒素对机体的组织器官有选择性作用,引起的病症各不相同。例如,肉毒梭菌产生的外毒素阻碍神经末梢释放乙酰胆碱,使眼及咽肌等麻痹,引起复视、斜视、吞咽困难等,严重者可因呼吸麻痹而死亡。

内毒素的主要成分是脂多糖,一般由革兰氏阴性菌产生,是细胞壁中的成分。只有当菌体死亡或用人工方法裂解细菌后才释放。内毒素耐热,必须在 160 ℃下加热 2 ~ 4 h 或用强碱、强酸或强氧化剂加温煮沸 30 min 才能灭活。内毒素具有多种生物活性,如发热反应、白细胞反应、内毒素毒血症、休克等。

细菌性食物中毒可分为感染型食物中毒、毒素型食物中毒和混合型食物中毒。

13.4.4.1　感染型

由细菌菌体引起的中毒称为感染型食物中毒。病原菌随食物进入肠道,在肠道内生长繁殖,附着在肠黏膜或侵入黏膜及黏膜下层,引起肠黏膜充血、白细胞浸润、水肿、渗出等炎性病理变化。某些病原菌,如沙门菌进入肠黏膜层后可被吞噬细胞吞噬或杀灭。病原菌菌体裂解后释放出内毒素,内毒素可作为致热源刺激体温调节中枢,引起体温升高,亦可协同致病菌作用于肠黏膜而引起腹泻等胃肠道症状。

13.4.4.2　毒素型

由细菌产生的毒素引起的中毒称为毒素型食物中毒。多数细菌能产生外毒素,尽管其分子量、结构和生物学性状不尽相同,但致病作用基本相似。由于外毒素刺激肠壁上皮细胞,激活其腺苷酸环化酶(adenylate cyclase),使细胞浆中的三磷酸腺苷脱去两分子磷酸,成为环磷酸腺苷(cAMP)。cAMP 浓度增高可促进胞浆内蛋白质磷酸化过程,并激活细胞内有关酶系统,改变细胞的分泌功能,促使 Cl^- 的分泌亢进,并抑制肠壁上皮细胞对 Na^+ 和水的吸收,导致腹泻。耐热肠毒素是通过激活肠黏膜细胞的鸟苷酸环化酶(guanylate cyclase),提高环磷酸鸟苷酸(cCMP)水平,引起肠隐窝细胞分泌增强和绒毛顶部细胞吸收能力降低,从而引起腹泻。

13.4.4.3　混合型

由于感染型和毒素型两种协同作用引起的中毒称为混合型食物中毒。副溶血性弧菌等病原菌进入肠道,除侵入黏膜引起肠黏膜的炎性反应外,还可以产生肠毒素引起急性胃肠道症状。这类病原菌引起的食物中毒是致病菌对肠道的侵入及其产生的肠毒素的协同作用引起的。

13.4.5　引起食品中毒的主要细菌种类

13.4.5.1　金黄色葡萄球菌食物中毒

（1）生物学特征　金黄色葡萄球菌（*S. aureus*）为革兰氏阳性球菌,直径为 0.5 ～ 1.5 μm,细菌繁殖时,呈多个平面的不规则分裂,堆积排列成葡萄串状,无芽孢、无鞭毛,大多数无荚膜,不能运动。需氧或兼性厌氧,最适生长温度 37 ℃,最适生长 pH 值为 7.4,可耐受较低的水分活度。该菌有高度的耐盐性,可在 10% ～ 15% NaCl 肉汤中生长,平板上菌落厚、有光泽、圆形凸起,直径 1 ～ 2 mm。致病性菌株多能产生脂溶性的黄色或柠檬黄色素,血平板菌落周围形成透明的溶血环,可分解葡萄糖、麦芽糖、乳糖、蔗糖,产酸不产气。

在无芽孢的细菌中,葡萄球菌的抵抗力最强,70 ℃、1 h 和 80 ℃、30 min 不被杀死,在干燥的脓汁中能存活数月,在 5% 石炭酸中 10 ～ 15 min 可致其死亡。该菌对某些染料极为敏感,尤其是龙胆紫,3∶100 000 ～ 3∶200 000 即可抑制其生长。1∶20 000 洗必泰、新洁尔灭在 5 s 内就可将其杀死。葡萄球菌对青霉素、金霉素等抗生素敏感,但由于近年来因广泛使用抗生素,耐药菌株逐年增多。

50% 以上的金黄色葡萄球菌可产生肠毒素,并且一个菌株能产生两种以上的肠毒素,能产生肠毒素的菌株凝固酶试验呈阳性（血浆凝固酶是指能使含有肝素等抗凝剂的人或兔血浆发生凝固的酶类,多数致病菌株能产生凝固酶,是鉴别葡萄球菌有无致病性的重要指标）。多数金黄色葡萄球菌肠毒素在 100 ℃、30 min 不被破坏,并能抵抗胃肠道中蛋白酶的水解作用。因此,若破坏食物中存在的金黄色葡萄球菌肠毒素需在 100 ℃ 加热食物 2 h。引起食物中毒的肠毒素是一组对热稳定的低分子量的可溶性蛋白质,分子量为 2.6×10^4 ～ 3.4×10^4。按其抗原性,可将肠毒素分为 A、B、C_1、C_2、C_3、D、E、F、H 共 9 个血清型,均能引起食物中毒,以 A、D 型较多见,E、C 型次之,其中,A 型毒力最强,毒素 1 μg 可引起中毒。

肠毒素的形成与温度、食品受污染的程度和食品的种类及性状有密切关系。一般来说,食物存放的温度越高,产生肠毒素需要的时间越短,在 20 ～ 37 ℃ 下经 4 ～ 8 h 即可产生毒素,而在 5 ～ 6 ℃ 下需经 18 d 才会产生毒素。食物受金黄色葡萄球菌污染的程度越严重,繁殖越快越易形成毒素。此外,含蛋白质丰富,水分充足,同时含一定量淀粉的食物,如奶油糕点、冰激凌、冰棒等或含油脂较多的食物,如油煎荷包蛋等受金黄色葡萄球菌污染后易形成毒素。

（2）食物中毒的原因及症状　金黄色葡萄球菌食物中毒是由于进食被金黄色葡萄球菌产生的肠毒素污染的食物引起的。摄入金黄色葡萄球菌活菌而无葡萄球菌肠毒素的食物不会引起食物中毒,只有摄入达到中毒剂量的肠毒素才会中毒。肠毒素作用于胃肠黏膜引起充血、水肿、甚至糜烂等炎症变化及水与电解质代谢紊乱,出现腹泻、呕吐等症状。

金黄色葡萄球菌肠毒素食物中毒潜伏期短,一般为 2 ～ 5 h,起病急骤,主要症状:恶心、呕吐、中上腹痛和腹泻,以呕吐最为显著,剧烈吐泻可导致虚脱、肌痉挛及严重失水等;呕吐物可呈胆汁性或含血及黏液;体温大多正常或略高;一般在数小时至 1 ～ 2 d 内恢复。儿童对肠毒素比成人更为敏感,故其发病率较成人高,病情也较严重。

（3）食品的污染途经　金黄色葡萄球菌广泛分布于空气、水、土壤、物品以及人和动物的鼻腔、咽、消化道。该菌是常见的化脓性球菌之一,人和动物的化脓性感染部位常成为污染源,如奶牛患化脓性乳腺炎时,乳汁中可能带有金黄色葡萄球菌,畜、禽肉体局部患化脓性感染时,感染部位的金黄色葡萄球菌可污染体内其他部位,上呼吸道被金黄色葡萄球菌感染的患者,其鼻腔带菌率为90%。由此可见食品被污染的机会很多,手或空气均可污染食品,且全年皆可发生,多见于夏秋季。引起中毒的食物种类很多,主要为肉、奶、鱼、蛋类及其制品等动物性食品,含淀粉较多的食物如糕、凉拌米粉、剩大米饭和米酒等也曾引起过中毒。国内报道引起食物中毒的食物以奶和奶制品以及用牛奶制作的冷饮(冰激凌、冰棍)和奶油糕点等最为常见。近年,由熟鸡、鸭制品污染引起的中毒病例增多。

（4）预防措施　金黄色葡萄球菌肠毒素食物中毒的预防包括防止金黄色葡萄球菌污染和防止其肠毒素形成两方面。

1)防止金黄色葡萄球菌污染食物　防止带菌人群对各种食物的污染:定期对生产加工人员进行健康检查,患局部化脓性感染(如疥疮、手指化脓等)、上呼吸道感染(如鼻窦炎、化脓性肺炎、口腔疾病等)的人员要暂时停止其工作或调换岗位。防止金黄色葡萄球菌对奶及其制品的污染:牛奶厂要定期检查奶牛的乳房,不能使用患化脓性乳腺炎的牛奶,鲜奶尽可能在1 h内迅速冷至10 ℃以下,以防细菌繁殖、毒素生成,奶制品要以消毒牛奶为原料,注意低温保存。对肉制品加工厂,患局部化脓感染的禽、畜尸体应除去病变部位,经高温处理后才进行加工生产。

2)防止肠毒素的形成　食物应在低温和通风良好的条件下储藏,以防肠毒素形成,在气温高的春夏季,食物置冷藏或通风阴凉地方不应超过6 h,食用前要彻底加热。

13.4.5.2　沙门菌食物中毒

（1）生物学特征　沙门菌属(*Salmonella*)是肠杆菌科中的一个重要菌属。沙门菌为革兰氏阴性菌,需氧或兼性厌氧,两端钝圆的短杆菌,菌体大小为$(0.6 \sim 1.0)\mu m \times (2 \sim 3)\mu m$,无芽孢、无荚膜,绝大部分具有周身鞭毛,能运动,最适生长温度为35 ~ 37 ℃,最适pH值为7.2 ~ 7.4。菌体在液体培养基中呈均匀浑浊生长,在麦康凯琼脂上,经37 ℃、24 h培养可形成直径2 ~ 4 mm的半透明菌落,耐受胆盐。沙门菌不发酵乳糖和蔗糖,不产生吲哚,不分解尿素,VP试验呈阴性,大多产生硫化氢,可以发酵葡萄糖、麦芽糖和甘露醇,除伤寒杆菌产酸不产气外,其他菌种均产酸产气。

沙门菌不能耐受较高盐浓度,盐浓度在9%以上会使沙门菌致死。沙门菌属在外界的生活力较强,在水中虽不易繁殖,但可生存2 ~ 3周,在粪便中可生存1 ~ 2个月,在土壤中可过冬,在咸肉、鸡和鸭中也可存活很长时间。水经氯化物处理5 min可杀灭其中的沙门菌。沙门菌属不耐热,55 ℃加热1 h和60 ℃加热15 ~ 30 min可被杀死,100 ℃立即死亡。

到目前为止,国际上发现的沙门菌血清型有3 000种以上,我国已发现200多种。已知的种型对人或对动物均有致病性。引起食物中毒次数最多的有鼠伤寒沙门菌(*S. typhimurium*)、猪霍乱沙门菌(*S. choleraesuis*)和肠炎沙门菌(*S. enteritidis*)。

（2）食物中毒的原因及症状　大多数沙门菌食物中毒是由沙门菌活菌对肠黏膜的侵袭而导致的感染型中毒。大量沙门菌进入人体后在肠道内繁殖,经淋巴系统进入血液引起全身感染。部分沙门菌在小肠淋巴结和单核细胞吞噬系统中裂解而释放出内毒素，活菌和内毒素共同作用于胃肠道，使黏膜发炎、水肿、充血或出血，刺激消化道蠕动增强而腹泻。内毒素不仅毒力较强，还是一种致热源，使体温升高。

沙门菌食物中毒按其临床特点分为 5 种类型：胃肠炎型、类霍乱型、类伤寒型、类感冒型和败血症型。其中胃肠炎型最为常见，类霍乱型、类感冒型次之，但多数病人以不典型的形式出现。

沙门菌食物中毒潜伏期短，一般 4～48 h，长者可达 72 h，潜伏期越短，病情越重。中毒初期表现为头痛、恶心、食欲不振，随后出现呕吐、腹泻、腹痛等症状。腹泻一日达数次至十余次，主要为水样便，少数带有黏液或血，伴有体温升高，一般为 38～40 ℃。轻者 3～4 d 症状消失，重症患者可出现脱水、休克及意识障碍，还可出现尿少、无尿、呼吸困难等症状，如不及时治疗可导致死亡。

（3）食品的污染途径　沙门菌属在自然界分布广泛，在人和动物中有广泛的宿主，健康家畜、家禽肠道沙门菌检出率为 15%，病猪肠道沙门菌检出率高达 70%。正常人粪便中沙门菌检出率为 0.2%，腹泻患者粪便沙门菌检出率为 20%。沙门菌污染动物性食品的概率很高，特别是畜肉类及其制品，其次为禽肉、鱼类、蛋类、乳类及其制品，豆制品和糕点有时也会引起沙门菌食物中毒。

沙门菌污染肉类可分为宰前感染和宰后污染。宰杀感染是肉类食品中沙门菌的主要来源。患病动物所带细菌进入动物的血液、内脏和肌肉，因此危害较大且发生食物中毒时症状也较严重。宰后污染是指在屠宰过程中或屠宰后肉类食品被含沙门菌的粪便、容器、污水等污染。在生产、屠宰到销售的各个环节都可能传播沙门菌。

患沙门菌病的奶牛可带菌，健康奶牛的乳亦可能受到外源沙门菌的污染。因此，鲜奶及其鲜奶制品未经过彻底的消毒也可能会引起沙门菌中毒。

禽类、蛋类及其制品污染沙门菌的机会较多，尤其是鸭、鹅等水禽及其蛋类，其带菌率一般在 30%～40%。家禽及其蛋类沙门菌除原发和继发性感染使卵巢、卵黄或全身带菌外，禽蛋在经泄殖腔排出时，蛋壳表面可在肛门腔里被粪便沙门菌污染，沙门菌可通过蛋壳气孔侵入蛋内。

（4）预防措施　同预防其他细菌性食物中毒的措施一样，防止污染、控制繁殖和杀灭病原菌是 3 个最主要的措施。

1）加强卫生管理，防止食品污染　加强对食品生产加工企业的卫生监督及家畜、家禽宰前和宰后兽医卫生检验，并按有关规定进行处理。屠宰过程中，要注意防止胃肠内容物、皮毛、容器等污染肉类。

食品加工、销售、集体食堂和饮食行业的从业人员，应严格遵守有关卫生制度，特别要防止交叉污染，如熟肉类制品被生肉或盛装的容器污染，切生肉和熟食品的刀、菜墩要分开，并对上述从业人员定期进行健康和带菌检查，如有肠道传染病患者及带菌者应及时调换工作。

2）控制食品中沙门菌的繁殖　低温储存食品是预防沙门菌食物中毒的一项重要措施。尽管沙门菌繁殖的最适温度是 37 ℃，但在 20 ℃ 以上就能大量繁殖。因此，在食品工业、食品销售网点、集体食堂均应有冷藏设备，并按照食品低温保藏的卫生要求储藏食品。食盐也可控制沙门菌的繁殖，动物性食品如肉、鱼等可加适当浓度的食盐保存，以控制沙门菌的繁殖。

3)彻底杀死沙门菌　对沙门菌污染的食品进行彻底加热灭菌,是预防沙门菌食物中毒的关键措施。加热灭菌的效果取决于加热方法、食品被污染的程度、食品体积的大小等诸多因素。为彻底杀灭肉类中可能存在的各种沙门菌、灭活毒素,肉块重量应在 1 kg以下,在敞开的容器煮时,必须达到有效温度,深部温度需达到 80 ℃ 15 min,蛋类煮沸8 ~ 10 min,即可杀灭沙门菌。加工后的熟肉制品应在 10 ℃ 以下低温储存,较长时间放置须再次加热后食用。熟食品必须与生食品分别储存,防止污染。

13.4.5.3　副溶血弧菌食物中毒

(1)生物学特征　副溶血性弧菌(*Vibrio Parahemolyticus*)为一种嗜盐菌,革兰氏阴性菌,兼性厌氧,呈弧状、杆状、丝状等多种形态,无芽孢、菌体偏端有一根鞭毛,运动活泼。该菌在无盐条件下不生长,故也称为嗜盐菌。在含 3% ~ 4% NaCl 培养基上生长良好,NaCl 含量超过 8% 不生长。该菌最适生长温度为 30 ~ 37 ℃,最适 pH 值为 7.4 ~ 8.2,在3.5% NaCl 蔗糖平板上生长菌落呈圆形,混浊不透明,表面光滑,较湿润,边缘不整齐,直径 2 ~ 4 mm,在血平板上生长可见溶血环。菌体不耐热,75 ℃ 加热 5 min 或 90 ℃ 加热1 min 可将其杀灭;对酸敏感,在 2% 醋酸或 50% 食醋中 1 min 即可致死;在淡水中生存期较短,而在海水中可生存 50 d 以上。

该菌具有耐热的菌体(O)抗原,有群特异性;在菌体抗原表面存在表面(K)抗原,不耐热,能阻止抗菌体血清与(O)抗原发生凝集;还有鞭毛(H)抗原,不耐热,经 100 ℃ 加热30 min 即被破坏,无特异性。

· (2)食物中毒的原因及症状　引起食物中毒的副溶血性弧菌 90% 神奈川试验为阳性,即在含高盐(70 g/L)甘露醇的 O 型人血或兔血琼脂平板上产生 β-溶血现象[副溶血性弧菌在普通血平板上不溶血或只产生 α-溶血。但在特定条件下,某些菌株在含高盐(70 g/L)的人 O 型血或兔血以及 D-甘露醇作为碳源的琼脂平板上可产生 β-溶血,称为神奈川现象。α-溶血,又称草绿色溶血,菌落周围培养基出现 1 ~ 2 mm 的草绿色环,为高铁血红蛋白所致,α-溶血环中的红细胞未完全溶解。可形成 α-溶血环的细菌如甲型溶血性链球菌、肺炎链球菌。形成该溶血环的细菌多为条件致病菌。β-溶血,细菌在血平板上培养时,菌落周围形成的宽大(2 ~ 4 mm)、界限分明、完全透明的溶血环。β-溶血环中的红细胞完全溶解,是细菌产生的溶血素使红细胞完全溶解所致,又称完全溶血。可形成 β-溶血环的细菌如乙型溶血性链球菌、金黄色葡萄球菌等]。神奈川试验阳性菌感染能力强,通常在感染人体后 12 h 内出现食物中毒症状。该菌进入肠道后,通过菌毛的黏附,产生 2 种致病因子:①耐热性溶血素(thermostable direct hemolysin,TDH),具有溶血作用,细胞、心脏和肝脏致毒性,100 ℃ 加热 10 min 不被破坏;②耐热相关溶血素(thermostable direct hemolysin-related hemolysin,TRH),其功能与 TDH 相似。

副溶血性弧菌食物中毒潜伏期为 2 ~ 40 h,多为 14 ~ 20 h。发病初期为腹部不适,尤其是上腹部疼痛或胃痉挛,腹痛、腹泻、呕吐和低热,体温一般为 37.7 ~ 39.5 ℃。发病5 ~ 6 h 后腹痛加剧,以脐部阵发性绞痛为本病特点。粪便多为水样、血样、黏液或脓血便。重症病人可出现脱水及意识障碍、血压下降等,病程 3 ~ 4 d,恢复期较短。

(3)食品污染的来源及传播途径　副溶血性弧菌广泛存在于海岸和海水中,海鱼、虾、蟹、蛤等海产品带菌率极高,被海水污染的食物、某些地区的淡水产品如鲫鱼、鲤鱼等及其他含盐量较高的食物如咸菜、咸肉、咸蛋亦可带菌。沿海地区餐饮从业人员及渔民副溶血性弧菌带菌率约为12%,有肠道病史者带菌率可高达35%,带菌人群可污染各类食物。被副溶血性弧菌污染的食物,在较高温度下存放,食用前加热不彻底或生吃会引发中毒。

(4)预防措施　在副溶血性弧菌食物中毒的预防措施中,控制繁殖和杀灭病原菌尤为重要。应采用低温储藏各种食品,尤其是海产品及各种熟制品。鱼、虾、蟹、贝类等海产品应煮透,蒸煮时需加热至100 ℃持续30 min。对凉拌食物要清洗干净后置于食醋中浸泡10 min 或在100 ℃沸水中漂烫数分钟,以杀灭副溶血性弧菌。

13.4.5.4　李斯特菌食物中毒

李斯特菌属(*Listeria*)有单核细胞增生李斯特菌(*L. monocytogenes*)、绵羊李斯特菌(*L. iuanuii*)、英诺克李斯特菌(*L. innocua*)、威尔斯李斯特菌(*L. innocua*)、西尔李斯特菌(*L. seeligeri*)、格氏李斯特菌(*L. grayi*)、默氏李斯特菌(*L. murrayi*)7 个种。引起食物中毒的主要是单核细胞增生李斯特菌(简称李斯特菌),该菌在4 ℃环境中仍可生长繁殖,是冷藏食品主要病原菌之一。

(1)生物学特征　李斯特菌的幼龄菌(培养16～24 h),革兰氏阳性菌,长0.5～2 μm,宽0.4～0.6 μm,直或稍弯,常呈V字形,成对排列,无芽孢,一般不形成荚膜,但在含血清的葡萄糖蛋白胨水中能形成黏多糖荚膜。菌体在22～25 ℃环境中形成4 根鞭毛,运动活泼,穿刺半固体培养基25 ℃下培养,2～5 d可见倒立伞状生长,在显微镜下观察该菌新鲜的室温肉汤培养物可见其翻筋斗运动。37 ℃时只有较少的鞭毛或1 根鞭毛,运动缓慢。在4 ℃低温条件下能生长是李斯特菌的特征,但最适宜温度为30～37 ℃,最适 pH 值为7.0～7.2。在普通培养基表面形成光滑、透明的圆形小菌落,绵羊血琼脂平板上,菌落呈灰白色、圆润,直径为1.0～1.5 mm,菌落周围有狭窄的 β-溶血环。

该菌对低温有较强的耐受性,−20 ℃ 低温仍可部分存活,并可抵抗反复冷冻。对热的抵抗力较弱,59 ℃加热10 min、85 ℃加热40 s即可全部灭活。耐酸,不耐碱,pH 值4.5～6.5生长活跃。对NaCl 抵抗力强,在含1%～4% NaCl 的培养基中生长良好,在含10% NaCl 的培养基中可以生长。对化学杀菌剂及紫外线照射均较敏感,75%酒精5 min,0.1%的新洁尔灭30 min,紫外线照射15 min,均可将该菌全部杀灭。

(2)食物中毒的原因及症状　李斯特菌是一种重要的食源性致病菌,从世界各地爆发的李斯特菌病来看,主要是因食用了被污染的农畜产品及水产品。该菌进入人体能否引起疾病与菌量和宿主的年龄、免疫状态有关,因为该菌是一种细胞内寄生菌,宿主对它的清除主要靠细胞免疫功能。被污染的食品中李斯特菌的含量达到10^6 cfu/g 可使人发病,健康人对李斯特菌有较强的抵抗力,少量的菌一般不致病,但免疫机能低下的高危人群则容易发病。

李斯特菌食物中毒潜伏期3～70 d,健康成人可出现轻微类似流感症状。易感人群如孕妇、婴儿、50 岁以上的人、因患其他疾病而身体虚弱者或处于免疫功能低下状态的人发病初期出现类似感冒的症状,发热、剧烈头痛、恶心、呕吐、腹泻等。中等程度患者的中毒表现是流感症状、败血症、脓肿、局部障碍或小肉芽瘤(在脾脏、胆囊、皮肤和淋巴结)及发热。怀孕3 个月以上的妇女感染此菌,可能会引起流产或死胎。幸存的婴儿也易患败血症或在新生期患脑膜炎。尽管李斯特菌食物中毒事件发生的较少,但其致死率较高,平均达33.3%。新生儿的死亡率约为30%,如果在出生4 d内被感染,则死亡率接近50%。

(3)食品污染的来源及传播途径 李斯特菌分布广泛,在土壤、健康带菌者和动物的粪便、江河水、污水、肉类、蛋类、禽类、海产品、蔬菜(叶菜)、青贮饲料及多种食品中可分离出该菌,并且它在土壤、污水、粪便、牛乳中存活的时间比沙门菌长。李斯特菌可通过水污染各类食品,一旦人们接触和食用污染食品,即可能发生感染,85%~90%的李斯特菌病是由被污染的食品引起的。主要食品有软奶酪、未充分加热的鸡肉、热狗、鲜牛奶、巴氏消毒奶、冰激凌、生牛肉、羊排、卷心菜色拉、芹菜、西红柿、法式馅饼等。

(4)预防措施

1)不食用生牛乳、生肉和由污染原料制成的食品 如牛肉、猪肉和家禽要彻底加热,蔬菜生食前要彻底清洗,已加工的食品和即食食品要分开,不食用未经巴氏消毒的或用生奶加工的食品。

2)食用前彻底加热 由于李斯特菌在4 ℃下仍然能生长繁殖,因此,冷藏对李斯特菌的控制不是一种理想方法。在食品加工中,中心温度必须达到70 ℃持续2 min以上,并且防止加工后的二次污染。

13.4.5.5 大肠杆菌食物中毒

(1)生物学特征 埃希菌属(*Escherichia*)俗称大肠杆菌属,为革兰氏阴性短杆菌,两端钝圆、大小为$(0.4 \sim 0.6) \mu m \times (2.0 \sim 3.0) \mu m$,多单独存在或成双存在,周生鞭毛,能运动,有的菌株有荚膜或微荚膜,不形成芽孢。该菌需氧或兼性厌氧,最适生长温度为37 ℃,最适pH值为7.2~7.4。在液体培养基中,混浊生长,形成菌膜,管底有黏性沉淀;在肉汤固体平板上,形成凸起、光滑、湿润、乳白色和边缘整齐的菌落;在伊红美蓝平板上,因发酵乳糖而形成带有金属光泽的紫黑色菌落。该菌能发酵乳糖及多种糖类,产酸产气。

大肠埃希菌具有较强的耐酸性,pH值为2.5~3.0,37 ℃可耐受5 h;耐低温,能在冰箱内长期生存,在自然界的水中可存活数周至数月,不耐热,60 ℃加热30 min即被灭活,对氯敏感,在0.5~1 mg/L的氯浓度的水中很快死亡,耐胆盐,在一定程度上能抵抗煌绿等染料的抑菌作用。

大肠埃希菌的抗原结构较复杂,包括菌体(O)抗原、鞭毛(H)抗原及被膜(K)抗原,K抗原又分为A、B、C三类,致病性大肠埃希菌的K抗原主要为B类。易引起食物中毒的致病性大肠埃希菌的血清型有$O_{157}:H_7$、$O_{111}:B_4$、$O_{55}:B_5$、$O_{26}:B_6$、$O_{86}:B_7$、$O_{124}:B_{17}$等。目前已知的致病性大肠埃希菌包括以下5种类型。

1)肠产毒性大肠埃希菌(ETEC) 是散发性或暴发性腹泻、婴幼儿和旅游者腹泻的病原菌,亦能从水或食物中分离到。ETEC的毒力因子包括菌毛和毒素,产生不耐热肠毒素和耐热肠毒素。细菌进入肠道后,首先依靠菌毛在肠上皮细胞定居,然后分泌毒素,造成液体蓄积,引起病变。只产毒素而无菌毛的细菌,由于不能在肠道定居,一般不引起腹泻,只有菌毛而不产毒素的细菌,可以在肠道定居引起轻度腹泻。与ETEC致病性有关的菌毛有多种,如表达K_{99}的ETEC菌株对牛、羊、猪致病,K_{88}引起猪致病,在人源性菌株中主要是CFAI、CFAⅡ,还有一些新发现的菌毛,但所占比重较小。

2)肠侵袭性大肠埃希菌(EIEC) 主要侵袭少儿和成人小肠黏膜上皮细胞,生长繁殖而导致发病。临床症状主要表现为出水样腹泻等,与志贺菌引起的细菌性痢疾相似。EIEC 不具有产生志贺样毒素的能力,不产生不耐热肠毒素和耐热肠毒素,不具有与致病性相关的菌毛。

3)肠致病性大肠埃希菌(EPEC)　是引起流行性婴儿腹泻的主要致病菌。EPEC 不产生肠毒素,不具有与致病性有关的菌毛。

4)肠出血性大肠埃希菌(EHEC)　是 1982 年首次在美国发现的引起出血性肠炎的病原菌,主要血清型是 $O_{157}:H_7$、$O_{26}:H_{11}$ 和 $O_{111}:MN$,其中大肠杆菌 $O_{157}:H_7$ 已被大量研究资料证实是引起人类肠出血性腹泻及肠外感染、溶血性尿毒综合征等的主要病原菌。EHEC 的毒力因子与 ETEC 不同,不产生不耐热肠毒素和耐热肠毒素,不具有 K_{88}、K_{99}、CFAI、CFA II 等黏附因子,不具有侵入细胞的能力,但可产生志贺样毒素,有极强的致病性,主要感染 5 岁以下儿童。临床特征是出血性结肠炎,剧烈腹痛和便血,严重者出现溶血性尿毒症。

5)肠道黏附性大肠埃希菌(EAEC)　该菌又称肠道凝集性大肠埃希菌,是引起婴儿持续性腹泻的病原菌,因能在 Hep-2 细胞上呈凝集性黏附,故而得名。

(2)食物中毒原因及症状　大肠杆菌食物中毒原因主要是受污染的食品食用前未经彻底加热。致病因素与产生的毒素有关,毒素包括内毒素、肠毒素及细胞毒素。

1)内毒素　内毒素由脂多糖与蛋白质复合而成,分子量为 1.0×10^5,耐热,加热至 160 ℃、2 ~ 4 h 才被破坏,毒性较小,能使人和小白鼠发热。

2)肠毒素　大肠埃希菌产生的肠毒素有两类:不耐热肠毒素和耐热肠毒素。不耐热肠毒素分子量为 8.0×10^4 ~ 8.65×10^4,不耐热,加热至 65 ℃、30 min 被破坏,增强小肠上皮细胞中的腺苷环化酶活性,从而增加细胞内 cAMP 水平,导致 Na^+、Cl^-、水在肠腔潴留而致腹泻。耐热肠毒素是相对相对分子质量小于 5.0×10^3 的多肽,耐热,加热至 100 ℃、30 min 不被破坏。耐热肠毒素对腺苷环化酶活性无影响,但能激活鸟苷环化酶,增加细胞内 cCMP 水平,导致液体平衡紊乱。

3)细胞毒素　毒性与痢疾性志贺菌毒素相似,故又称为志贺样毒素,不耐热,98 ℃加热 15 min 即被破坏,$O_{157}:H_7$ 能产生这种毒素。

大肠杆菌食物中毒引起的主要症状包括以下 3 种。

1)急性胃肠炎型　潜伏期 10 ~ 15 h,短者 6 h,长者 72 h。主要由 ETEC 引起,易感人群主要是婴幼儿和旅游者。临床症状为水样腹泻、上腹痛、恶心、呕吐、发热 38 ~ 40 ℃。

2)急性菌痢型　潜伏期为 48 ~ 72 h,由 EIEC 引起,主要表现为血便、脓性黏液血便、腹泻、腹痛、发热 38 ~ 40 ℃,病程 1 ~ 2 周。

3)出血性肠炎　潜伏期为 3 ~ 4 d,短者 1 d,长者 8 ~ 10 d,由 EHEC $O_{157}:H_7$ 引起,主要表现为突发性剧烈腹痛、腹泻、先水便后血便,老人、儿童多见。病程 10 d 左右,病死率 3% ~ 5%。

(3)食品污染途径　致病性大肠埃希菌存在于人和动物的肠道中,随粪便排出而污染水源、土壤。受污染的土壤、水、带菌者的手或被污染的器具均可污染食品。健康人肠道致病性大肠埃希菌带菌率一般为 2% ~ 8%。成人肠炎和婴儿腹泻患者的致病性大肠埃希菌带菌率较健康人高,为 29% ~ 52.1%。饮食行业、集体食堂的餐具、炊具易被大肠埃希菌污染,其检出率高达 50%,致病性大肠埃希菌检出率为 2% 以下。

引起中毒的食品基本与沙门菌相同。常见中毒食品为各类熟肉制品、牛肉、生牛奶、其次为蛋及蛋制品、乳酪及蔬菜、水果、饮料等食品。

（4）预防措施　对大肠埃希菌引起的食物中毒采取的预防措施与沙门菌食物中毒的预防措施类似。避免人类带菌者、带菌动物以及污水、容器和用具等污染动物性食品，防止生熟交叉污染和熟后污染，熟食制品应低温保藏。食源性 EHEC 感染控制的最主要方法是在屠宰和加工食用动物时，避免粪便污染肉类，动物性食品在食用前必须充分加热以彻底杀死该细菌。应注意不食用生的或半生的肉、禽和未经巴氏消毒的牛奶或果汁。

13.4.5.6　志贺菌食物中毒

志贺菌属（*Shigella*）隶属于肠杆菌科，本属包括痢疾志贺菌、福氏志贺菌、鲍氏志贺菌、宋内氏志贺菌 4 群，共 44 种血清型。在我国，由以福氏志贺菌和宋内氏志贺菌引起的食物中毒最常见。

（1）生物学特征　该属菌为革兰氏阴性菌，兼性厌氧菌，细胞呈短杆状，大小为(0.5～1.0)μm×(2.0～4.0)μm，无芽孢、无荚膜、无鞭毛、有菌毛。菌落无色半透明、圆形、边缘整齐，福氏志贺菌常形成光滑型菌落，但宋内志贺菌常形成粗糙型菌落。在肠道鉴别培养基上不发酵乳糖，形成无色透明或半透明的较小菌落。最适生长温度 37 ℃，最适 pH 值为 7.2～7.4。对各种糖的利用能力较差，一般不产生气体。

其抗原构造由菌体(O)抗原和表面(K)抗原两部分组成。根据生化反应和 O 抗原的不同，分为 4 个血清群(A、B、C、D 群)和 40 多个血清型。O 抗原是一种多糖复合物，耐热，100 ℃、60 min 不被破坏。K 抗原不耐热，100 ℃、60 min 可被破坏，该抗原存在时能阻断 O 抗原与相应抗血清的凝集作用。

志贺菌对各种消毒剂敏感，如在 1% 石炭酸、1% 漂白粉或苯扎溴铵中 15～30 min 能被有效杀死，一般加热 50 ℃经 15 min、60 ℃经 10 min 被杀死。对酸较敏感，在运送检样时须使用含有缓冲剂的培养基。对磺胺、四环素和氨苄青霉素等具有耐药性。在潮湿土壤中存活 1 个月，37 ℃水中存活 1 个月，粪便中存活 10 d 左右，在水果、蔬菜或咸菜上也能存活 10 d 左右。

（2）食物中毒原因及症状　该菌随食物进入胃肠后侵入肠黏膜组织，生长繁殖。当菌体破坏后，释放内毒素，作用于肠壁、肠黏膜和肠壁植物性神经，引起一系列症状。致病因素有 3 种：①侵袭力，菌毛使细菌黏附于肠黏膜上，并依靠位于大质粒上的基因，编码侵袭上皮细胞的蛋白，使细菌具有侵入肠道上皮细胞的能力，并在细胞间扩散，引起炎症反应；②内毒素，由于内毒素的释放而造成肠壁上皮细胞死亡和黏膜发炎与溃疡；③Vero 毒素，某些志贺菌能产生 Vero 细胞[Vero 细胞系由日本千叶大学的 Yasumura 和 Kawakita 于 1962 年 3 月 27 日扩增出来，该细胞系取自"Verda Reno"(世界语意为"绿色的肾脏")，简写为 Vero，主要用于检测大肠杆菌毒素，后来也被称为志贺菌素样毒素，因为它与在痢疾志贺菌中分离出来的志贺菌素很相似]毒素，称为 Vero 毒素(Vero toxin, VT)，具有肠毒素的作用。

志贺菌中毒的潜伏期为 6～24 h，主要症状为剧烈腹痛、呕吐、频繁水样腹泻、脓血和黏液便。还可引起毒血症，发热达 40 ℃以上，意识出现障碍，严重者会引起休克。

（3）食品污染的来源及传播途径　引起中毒的食品主要是水果、蔬菜、沙拉、凉拌菜、肉类、奶类及其熟食品。经粪口途径传播。病人和带菌者的粪便是污染源，从事餐饮业的人员中志贺菌携带者具有更大危害性。带菌的手、苍蝇、用具,以及沾有污水的食品容易传播志贺菌。食品被污染后,在较高温度下存放较长时间,菌体就会大量繁殖并产毒,经口进入消化道后,引起食物中毒。

（4）预防措施　加强食品卫生管理,严格执行卫生制度,加强食品从业人员的肠道带菌检查。

13.4.5.7　空肠弯曲菌食物中毒

（1）生物学特征　空肠弯曲菌（*Campylobacter jejuni*）属弯曲菌属（*Campylobacter*）,是引起人类腹泻最常见的病原菌之一,革兰氏阴性微需氧杆菌,菌体大小为$(1.5 \sim 5)$ μm×$(0.2 \sim 0.5)$ μm,呈弧形、S形或螺旋形,3～5个呈串或单个排列,菌体一端或两端有单根鞭毛,运动活泼,有荚膜,不形成芽孢,在含$2.5\% \sim 5\%$ O_2 和 10% CO_2 的环境中生长最好,最适温度为 $37 \sim 42$ ℃,营养要求严格,在普通培养基上难以生长,在凝固血清和血琼脂培养基上培养 36 h 可形成无色半透明毛玻璃样小菌落（不透明或半透明）,单个菌落呈中心凸起,周边不规则,无溶血现象。抵抗力不强,易被干燥、直射日光及弱消毒剂所杀灭,干燥环境中仅存活 3 h。对冷热均敏感,放置冰箱中很快死亡,56 ℃加热 5 min 即被杀死。

本属细菌有菌体(O)抗原、鞭毛(H)抗原及被膜(K)抗原。根据 O 抗原不同,可将空肠弯曲菌分为 45 种以上血清型。该菌某些种可产生热敏性肠毒素和细胞毒素。热敏性肠毒素不耐热,与大肠杆菌产生的肠毒素具有相似性质。

（2）食物中毒的原因及症状　引起食物中毒的主要原因是食入了含有空肠弯曲菌活菌及其肠毒素和细胞毒素的食品,属于混合型细菌性食物中毒。

该菌侵入机体肠黏膜或血液中,同时产生的肠毒素促进了食物中毒的发生。空肠弯曲菌食物中毒潜伏期一般为 3～5 d,短者 1 d,长者 10 d,主要临床症状表现为腹痛、腹泻、发热、头痛等。腹泻一般为水样便或黏液便至血便,发热 38～40 ℃。有时还会引起并发症,大约有 1/3 的患者在患空肠弯曲菌肠炎后 1～3 周内出现急性感染性多发性神经炎症状。

（3）食品的污染途径　该菌在自然界中分布广泛,主要存在于温血动物（禽鸟和家畜）的粪便中,以家禽粪便中含量最高。食品与受污染的水或带菌动物接触即受感染。引起中毒的食品主要是生的或未煮熟的家禽、家畜肉,原料牛乳,蛋,海产品。该菌可通过多种方式从动物宿主传播给人,如直接接触污染的动物胴体、摄入被污染的食物和水等。食物中毒多发生在 5～10 月,尤以夏季更多,患者多为 1～5 岁的婴幼儿。

（4）预防措施　预防措施与沙门菌食物中毒相同。加强食品卫生防疫及人畜粪便管理,注意饮食和饮水卫生,选用新鲜原料加工,在加工过程中,食品加工人员有良好的卫生操作规范,防止二次污染,在食用前,对肉类食品需经过科学烹调、蒸煮,牛乳严格经过巴氏消毒杀灭病原菌,避免食用未煮透或灭菌不充分的食品,尤其是乳制品和饮用水要加热杀菌充分。因该病多发生于婴幼儿,故对奶类、蛋类食品应加强卫生检验和卫生管理。

13.4.5.8　变形杆菌食物中毒

变形杆菌属（*Proteus*）包括四个种,即普通变形杆菌（*P. vulgaris*）、奇异变形杆菌

(*P. mirabilis*)、产黏变形杆菌(*P. myxofaciens*)和潘氏变性杆菌(*P. penneri*)。该属为肠道正常菌群,在一定条件下能引起各种感染,也是医源性感染的重要条件致病菌。

(1)生物学特征 变形杆菌为革兰氏阴性杆菌,两端钝圆,菌体大小(0.4~0.6)μm×(1.0~3.0)μm,有明显的多形性,有时呈球形、杆形、长而弯曲或长丝形。无芽孢、无荚膜,有周身鞭毛,运动活泼,需氧或兼性厌氧,生长温度为10~43 ℃,不耐热,60 ℃加热5~30 min即可杀死。可产生肠毒素,此肠毒素为蛋白质和碳水化合物的复合物,具抗原性。

(2)食物中毒的原因及症状 食物中毒的症状与摄入的细菌数量(一般认为达10^5 cfu/g以上)、产生的毒素以及人体防御功能等因素有关。变形杆菌的致病力主要取决于肠毒素。变形杆菌可产生一种细胞结合溶血因子(cell-bound hemolytic factor),对人类移行细胞(transitional cell,主要位于窦房结和房室结的周边及房室束,细胞结构介于起搏细胞和心肌纤维之间,比心肌纤维细而短,细胞质内肌原纤维较起搏细胞略多,起传导冲动的作用)具有很好的黏附力和较强侵袭力。有些菌株能产生 α 溶血素,具有细胞毒效应。变形杆菌还可产生组氨酸脱羧酶,可使肉类中的组氨酸脱去羧基成为组胺,组胺摄入量超过 100 mg 引起类似组胺中毒过敏症状。食物中毒症状分为两种。

1)胃肠炎型 潜伏期一般为 12~30 h,短者 1~3 h,长者 60 h。主要表现为腹痛、腹泻、恶心、呕吐、发冷、发热、头晕、头痛、全身无力、肌肉酸痛等,重者有脱水、酸中毒、血压下降、惊厥、昏迷。腹痛剧烈,多呈脐部周围剧烈绞痛或刀割样疼痛。腹泻多为水样便,一日数次至 10 余次。体温在 38~39 ℃。发病率较高,为 50%~80%。病程比较短,一般为 1~3 d,多数在 24 h 内恢复。

2)过敏型 潜伏期 0.5~2 h,表现为全身充血、颜面潮红、酒醉貌、周身痒感,胃肠症状轻。少数患者可出现荨麻疹。

(3)食品污染的来源及传播途径 变形杆菌为腐败菌,在自然界分布广泛,土壤、污水和动植物中均可检出。据调查,健康人有 10.4% 的肠道内带有此菌,其中奇异变杆菌带菌率最高,占 52%~76%,肠道病患者的带菌率较健康人带菌率更高,达 13.3%~52.0%。生肉类和内脏带菌率较高,是主要的污染源。另外,在烹调过程中,处理生熟食品的工具和容器未严格分开使用,造成生熟交叉污染。污染的熟食品在较高温度下存放时间较长,细菌大量繁殖,食用前不再回锅加热或加热不彻底,均会引起中毒。引起中毒的食品主要是动物性食品,如熟肉类、熟内脏、熟蛋品、水产品等,豆制品(如素鸡、豆腐干)、凉拌菜,剩饭和病死的家畜肉也引起过中毒。

(4)预防措施 变形杆菌食物中毒的预防和沙门菌食物中毒基本相同。预防的重点在于加强食品管理,注意饮食卫生,严格做好炊具、食具及食品的清洁卫生。注意控制人类带菌者对熟食品的污染及食品加工烹调中带菌生食物、容器、用具等对熟食品的污染。禁食变质食物,食物应充分加热,烹调后不宜放置过久,凉拌菜须严格卫生操作。

13.4.5.9 蜡样芽孢杆菌食物中毒

(1)生物学特性 蜡样芽孢杆菌(*Bacillus cereus*)为革兰氏阳性杆菌,菌体正直或稍弯曲,大小为(0.9~1.2)μm×(1.8~4.0)μm,两端较平整,呈短链或长链排列。产芽孢,周生鞭毛,能运动,不形成荚膜。兼性需氧菌,最适温度为 30~32 ℃。在肉汤中生长混浊,有菌膜或壁环,振摇易乳化。菌落较大,直径为 3~10 mm,灰白色、不透明、表面粗糙似毛玻璃状或融蜡状,故而得名。在血液琼脂生长迅速,呈草绿色溶血。于马铃薯斜面上呈奶油状生长,有时产生淡粉红色色素。

蜡样芽孢杆菌耐热,肉汤中细菌(2.4×10^7 cfu/mL)在 100 ℃下全部被杀死需 20 min,游离芽孢在 100 ℃下能耐受 30 min,而干热灭菌 120 ℃需 60 min 才能将其杀死。

蜡样芽孢杆菌产生耐热与不耐热肠毒素。不耐热肠毒素又称腹泻毒素,几乎所有蜡样芽孢杆菌在多种食品(包括米饭)中均能产生,该毒素为分子量 $5.5 \times 10^3 \sim 6.0 \times 10^3$ 的蛋白质,56 ℃加热 30 min 或 60 ℃加热 5 min 使之失活,并可用尿素、重金属盐类、甲醛等灭活,对胰蛋白酶敏感,其毒性作用类似肠毒素,能激活肠上皮细胞中的腺苷酸环化酶,使肠黏膜细胞分泌功能改变而引起腹泻。耐热性肠毒素又称呕吐毒素,有的蜡样芽孢杆菌可在米饭类食品中产生耐热性肠毒素,该毒素为分子量 5.0×10^3 的蛋白质,110 ℃经 5 min 毒性仍残存,对酸碱、胃蛋白酶、胰蛋白酶均耐受。该毒素不能激活肠黏膜细胞膜上的腺苷酸环化酶,其中毒机制可能与葡萄球菌肠毒素致呕吐相同。

(2)食物中毒的原因及症状　中毒原因是食入了含大量活菌和肠毒素的食品。食物中的活菌量越多,产生的肠毒素越多。一般认为食物中污染菌量大于 10^7 cfu/g 时,即可引起中毒症状。中毒症状分两种类型。

1)呕吐型　由耐热肠毒素引起,潜伏期较短,一般为 0.5 ~ 5 h,主要症状是恶心、呕吐,并有头晕、四肢无力、腹痛,仅有少数引起腹泻及体温升高。类似于葡萄球菌食物中毒,病程平均不超过 10 h。

2)腹泻型　由不耐热肠毒素引起,潜伏期较长,一般为 6 ~ 16 h,进食后发生胃肠炎症状,主要为腹痛、腹泻和水样便,偶有呕吐和发热。病程稍长,为 16 ~ 146 h。

(3)食品污染的来源及传播途径　本菌广泛分布于土壤、水、尘埃、淀粉制品、乳和乳制品等食品中,鼠类、苍蝇和不洁的烹调用具、容器皆能传播该菌。国外引起中毒的食品有乳及乳制品、畜禽肉类制品、蔬菜、马铃薯、豆芽、甜点心、调味汁、沙拉、米饭和油炒饭。国内引起中毒的食品有剩米饭、米粉、甜酒酿、剩菜、甜点心、乳、肉类食品,主要是剩饭,因为该菌极易在大米饭中繁殖,其次是小米饭、高粱米饭,个别还有米粉。污染该菌的剩饭、菜等储存于较高温度下较长时间,菌体大量繁殖产毒,或食品加热不彻底,残存芽孢萌发后大量繁殖,进食前又未充分加热而引起中毒。由于该菌繁殖和产毒一般不会导致食品腐败现象,除米饭有时稍有发黏、口味不爽或稍带异味外,大多数食品的感官性状正常,故夏季人们很易因误食此类食品而中毒。

(4)预防措施　食堂、食品企业必须严格执行食品卫生操作规范(GMP),做好防蝇、防鼠、防尘等各项卫生工作。因蜡样芽孢杆菌在 16 ~ 50 ℃均可生长繁殖,并产生毒素,奶类、肉类及米饭等食品只能在低温下短时间存放,剩饭及其他熟食品在食用前须彻底加热,一般应在 100 ℃加热 20 min。

13.4.5.10　肉毒梭菌食物中毒

(1)生物学特征　肉毒梭菌(*C. botalinum*)也称肉毒杆菌和肉毒梭状芽孢杆菌,属于厌氧性梭状芽孢杆菌属。革兰氏阳性菌,大小为 $(0.9 \sim 1.2) \mu m \times (4.0 \sim 6.0) \mu m$,两端钝圆,直杆状或稍弯曲,无荚膜,有 4 ~ 8 根周生鞭毛,运动迟缓,形成芽孢,芽孢比菌体宽,呈梭状,位于次极端,或偶有位于中央。最适生长温度为 25 ~ 35 ℃,在 20 ~ 25 ℃可形成椭圆形的芽孢。最适 pH 值为 6.0 ~ 8.2,当 pH 值低于 4.5 或大于 9.0 时,或当环境温度低于 15 ℃ 或高于 55 ℃ 时,肉毒梭菌不繁殖,也不产生毒素。菌落半透明、表面呈颗粒状、边缘不整齐、界线不明显、向外扩散呈绒毛网状,常常扩散成菌苔。在血平板上,出现与菌落等大的溶血环。在乳糖卵黄牛奶平板上,菌落下培养基乳浊,菌落表面及周围形成彩虹薄层,不分解乳糖,分解蛋白质的菌株,菌落周围出现透明环。

肉毒梭菌芽孢的抵抗力很强,可耐煮沸 1~6 h,高压蒸汽灭菌 121 ℃ 需 10~20 min 才被杀灭,干热灭菌 180 ℃ 需 5~15 min,10% 盐酸需 60 min 才能破坏芽孢;在酒精中可存活 2 个月。食盐能抑制肉毒梭菌芽孢的形成和毒素的产生,但不能破坏已形成的毒素。提高食品中的酸度能抑制肉毒梭菌的生长和毒素的形成。

肉毒梭菌食物中毒是由肉毒梭菌在食物中产生的可溶性外毒素,即肉毒毒素所引起。肉毒毒素是一种强烈的神经毒素,是目前已知的化学毒物和生物毒物中毒性最强的一种,其毒性比氰化钾强 10 000 倍,小鼠腹腔注射 LD_{50} 为 0.001 μg/kg,对人的致死量为 10^{-9} mg/kg。根据它们所产毒素的血清反应特异性,肉毒毒素分为 A、B、C_1、C_2、D、E、F、G 共八型。其中 A、B、E、F、G 型可引起人类中毒,C 型能导致家禽、家畜和其他动物发病。A 型毒素比 B 型或 E 型毒素致死能力更强。我国大多由 A 型引起,各型毒素的毒性只能被同型的抗毒素中和,且各型毒素的药理作用均相同。

肉毒毒素为高分子可溶性蛋白质,各型毒素(除 C_2)均由 1 条单一的多肽链组成,分子量相近,约 1.5×10^5。肉毒毒素对热不稳定,80 ℃ 经 20~30 min 或 90 ℃ 经 15 min 或 100 ℃ 经 4~10 min 可破坏毒性。该毒素对碱较敏感,pH 值为 8.5 时易失去毒性,但对酸和消化酶比较稳定,对胃和胰蛋白酶很稳定。肉毒毒素进入消化道后经蛋白酶(胰蛋白酶、细菌蛋白酶等)激活才呈现较强毒性。它具有良好的抗原性,经 0.3%~0.4% 甲醛脱毒变成类毒素后,仍保持良好的抗原性。可用类毒素制备特异性抗血清(即抗毒素),用于早期治疗,降低死亡率。

(2)食物中毒的原因及症状 肉毒梭菌食物中毒由肉毒毒素引起,与菌体本身及芽孢无直接关系。肉毒毒素经消化道吸收进入血液后主要作用于中枢神经系统的脑神经核、神经肌肉连接部位和自主神经末梢,抑制神经末梢神经传导递质——乙酰胆碱的释放,导致肌肉麻痹和神经功能障碍。

肉毒梭菌中毒的临床表现以运动神经麻痹症状为主,而胃肠道症状少见。潜伏期一般为 12~48 h,短者 5~6 h,长者 8~10 d,潜伏期越短,病死率越高,潜伏期长,病情进展缓慢。临床特征为对称性脑神经受损症状。早期表现为头痛、头晕、乏力、走路不稳、以后逐渐出现视力模糊、眼睑下垂、瞳孔散大等神经麻痹症状。重症患者先出现对光反射迟钝,逐渐发展为语言不清、张口、伸舌困难、声音嘶哑等,严重时出现呼吸困难,呼吸衰竭而死亡。病死率为 30%~70%,多发生在中毒后的 4~8 d。

(3)食品污染的来源及传播途径 食品中的肉毒梭菌主要来源于土壤、江河湖海的淤泥沉积物、尘土和动物粪便。其中,土壤是重要污染源,直接或间接地污染食品,包括粮食、蔬菜、水果、肉、鱼等。引起中毒的食品种类因地区和饮食习惯不同而异。国内以家庭自制植物性发酵食品居多,如臭豆腐、豆酱、面酱等,其他罐藏食品、腊肉、酱菜和凉拌菜等引起的中毒也有报道。在国外,日本 90% 以上的肉毒梭菌食物中毒是由家庭自制鱼和鱼类制品引起,欧洲各国肉毒梭菌中毒的食物多为火腿、腊肠及其他肉类制品,美国主要为家庭自制的蔬菜、水果罐头、水产品、肉、乳制品。这些被肉毒梭菌芽孢污染的食品原料在家庭自制发酵食品、罐头食品或其他加工食品时,加热的温度及压力未将肉毒梭菌的芽孢彻底杀死,适宜的条件,使芽孢萌发,并产生毒素。对于真空食品,加热温度和时间是两个必须慎重监测的参数。

(4)预防措施

1)防止食品原料被污染　对食品原料进行彻底清洁处理,以除去泥土和粪便。家庭制作发酵食品时还应彻底蒸煮原料,一般加热条件为100 ℃加热10～20 min,以破坏各型肉毒梭菌毒素。

2)避免毒素的产生　加工后的食品应迅速冷却并在低温下储存,避免再次污染,不宜在较高温度或缺氧条件下存放食品,应在通风和阴凉的地方保存,以防止毒素产生。食用前对可疑食物进行彻底加热,破坏各型毒素,是预防中毒发生的有效措施。

3)罐装食品要彻底灭菌　生产罐头等真空食品装罐后要彻底灭菌。在储藏过程中出现产气膨胀时,绝不能食用,并彻底灭菌以防再次污染。

13.5　真菌性食物中毒

13.5.1　真菌性食物中毒的定义

真菌性食物中毒是指人食入了含有真菌毒素的食物而引起的中毒现象。真菌毒素(mycotoxin)是产毒真菌在适宜条件下所产生的次级代谢产物,主要是在含碳水化合物的食品原料上繁殖而分泌的细胞外毒素。

13.5.2　真菌毒素产生的特点

产毒素的真菌主要以霉菌为主,目前已发现可产生毒素的霉菌主要有曲霉属(Aspergillus)、青霉属(Penicillium)、镰刀菌属(Fusarium)、交链孢霉属(Alternaria)中的一些霉菌。根据霉菌毒素作用于人体的靶器官不同,可分为心脏毒、肝脏毒、肾脏毒、胃肠毒、神经毒、造血器官毒、变态反应毒和其他毒素8种类型。真菌毒素能否产生与霉菌本身的遗传特性以及产毒条件有关。

13.5.2.1　菌种本身的遗传特性

霉菌中只有少数产毒,而产毒菌种仅限于部分菌株。产毒菌株的产毒能力还表现出可变性和易变性。产毒菌株经多代培养可完全失去产毒能力,而非产毒菌株在一定条件下也会出现产毒能力。一种菌种或菌株可产生几种不同的毒素,如岛青霉可以产生黄天精、环氯肽、岛青霉素、红天精4种不同的毒素,而同一种霉菌毒素也会由几种霉菌产生,如黄曲霉和寄生曲霉都能产生黄曲霉毒素等。

13.5.2.2　影响产毒的条件

毒素的产生取决于基质(食品)种类、水分、温度、相对湿度和通风条件等因素。

(1)基质种类　霉菌生长的营养素来源主要是碳源、少量氮源、无机盐,故易被霉菌污染并产毒的基质主要有大米、小麦面粉、玉米、花生、大豆及其副产品等。在天然食品上比人工合成培养基上更易繁殖和产毒。如黄曲霉最易污染花生、玉米,镰刀菌最易污染小麦、玉米,而青霉主要污染大米。

（2）基质水分 食品水分活度（A_w）值越小,越不利于霉菌繁殖。食品水分活度（A_w）值越大,产毒机会越大。当粮食和饲料水分为17%~19%,花生10%或更高时,最适合霉菌生长并产毒。而粮食水分达到13%~14%、花生为8%~9%、大豆11%以下,一般不会受到霉菌的污染而产毒。

（3）环境温度 多数霉菌在20~30℃生长,低于10℃和高于30℃时生长显著减弱,但有的镰刀菌、拟枝孢镰刀菌能耐受-20℃低温,三线镰刀菌可在低温下产毒。一般霉菌产毒的温度略低于最适宜生长温度,如黄曲霉最适生长温度30~33℃,而产毒则以24~30℃为宜。

（4）相对湿度 曲霉、青霉和镰刀菌繁殖和产毒的环境相对湿度为80%~90%,而在相对湿度降至70%~75%时则不产毒。

（5）通风条件 由于霉菌为专性好氧微生物,在粮食或油料作物储藏期,氧气的浓度对霉菌产毒影响很大。多数霉菌在有氧情况下产毒,无氧时不产毒。

13.5.3 真菌食物中毒的主要种类

13.5.3.1 黄曲霉毒素食物中毒

黄曲霉毒素（aflatoxin,简称AFT或AF或AT）是由黄曲霉、寄生曲霉中某些菌株产生的次级代谢产物。该毒素自1960年被发现以来引起人们高度重视,世界各国许多科学家对该毒素的产毒微生物、产毒条件、毒性、毒理作用、防止污染措施及去毒方法等进行了深入研究。迄今为止,该毒素在所有的真菌毒素中被研究得最多,也被了解得最为透彻。

黄曲霉的产毒菌株有60%~94%,寄生曲霉的产毒菌株可达100%。黄曲霉毒素主要污染粮食、油料作物的种子、饲料及其制品。黄曲霉最适生长温度为30~33℃,最低6~8℃,最高44~47℃,最适产毒素温度24~30℃,其中AFB于24℃产量最高。产毒最适的水分活度（A_w）值为0.93~0.98,黄曲霉在水分为18.5%的玉米、稻谷、小麦上生长时,第3天开始产生AF,第10天达到产毒最高峰,以后逐渐减少。菌体形成孢子时,菌丝体产生的毒素逐渐排出到基质中。

（1）黄曲霉毒素的结构 AF是一类结构相似的化合物,其基本化学结构都有二呋喃环和香豆素（氧杂萘邻酮）,前者为基本毒性结构,后者可能与致癌有关。目前已发现和分离出的AF有B_1、B_2、G_1、G_2、B_{2a}、G_{2a}、M_1、M_2、P_1等20余种。根据AF在紫外线（365 nm）照射下发出的荧光颜色可将其分为两大类:发蓝紫色荧光的为B族,发黄绿色荧光的为G族。食品中常见且危害性较大的AF有B_1、B_2、G_1、G_2、B_{2a}、G_{2a}、M_1、M_2等,其中M_1和M_2不是由黄曲霉等产毒真菌直接产生,而是由动物摄食含AF和AFB_1的食物后经过体内代谢产生的羟基化衍生物。例如,奶牛饲料中含有AFB_1就会在牛奶中检出AFM。

（2）黄曲霉毒素的特点 黄曲霉毒素对热非常稳定,裂解温度为280℃,100℃加热20 h不被破坏。因此,一般烹调加热温度难以破坏黄曲霉毒素。毒素纯品在高浓度下稳定,低浓度的纯毒素易被紫外线分解破坏。该毒素在水中的溶解度低,易溶于有机溶剂,如甲醇、氯仿、丙酮等,但不溶于乙醚、石油醚及正己烷。在中性和酸性溶液中稳定而对碱不稳定,在强酸性溶液中稍有分解,在 pH 值为 9~10 强碱性溶液中迅速分解,5% 的次氯酸钠溶液可破坏其毒性。

黄曲霉毒素的毒性强,并有致癌性。以雏鸭对不同 AF 的半数致死剂量为例,其中 AFB_1 的毒性最强,其毒性比氰化钾大 100 倍,仅次于肉毒毒素。在天然食品中 AFB_1 最多见,因此,在食品卫生指标中一般以 AFB_1 作为重点检查目标。

AF 对动物毒害作用的靶器官主要是肝脏,其中毒症状分为 2 种类型。

1)急性和亚急性中毒　黄曲霉毒素是一种毒性极强的化合物,AF 可使鸭、火鸡、猪、牛、狗、猫、大白鼠等多种动物发生急性中毒。其中最敏感的动物是雏鸭。人对 AFB_1 也较敏感,日摄入 AFB_1 2~6 mg 即可发生急性中毒甚至死亡。急性中毒症状主要表现为呕吐、厌食、发热、黄疸和腹水等肝炎症状。

2)致突变性、致癌和致畸性　黄曲霉毒素不仅能诱导各种实验动物产生肿瘤,而且其致癌强度也非常大,并诱导多种癌症。当饲料中的 AFB_1 含量低于 100 μg/kg 时,26 周即可使敏感生物如小鼠和鳟鱼出现肝癌,其诱导肝癌的能力比二甲基亚硝胺强 75 倍。AF 除可诱导肝癌外,还可诱导前胃癌、垂体腺癌等多种恶性肿瘤。有关 AF 的致癌机制目前仍未完全清楚,一般认为 AF 并非直接致癌,而是在动物体内经一定代谢活化后才有致癌作用,即在肝脏微粒体酶作用下进行环氧化反应,AF 的二呋喃末端双键的 2、3 位碳原子经酶催化生成 AF 的环氧化物,可与 DNA 中鸟嘌呤残基的第 7 位氮原子结合,引起 DNA 结构和功能上的某些改变。例如可诱发 DNA 中 G-C 碱基对换成 T-A,因而可能与动物机体癌变和细胞突变有关。

鉴于 AF 具有极强的致癌性,世界各国都对食物中的 AF 含量做出了严格的规定。FAO/WHO 规定,玉米和花生制品的黄曲霉毒素(以 AFB_1 表示)最大允许含量为 15 μg/kg,美国 FDA 规定牛奶中黄曲霉毒素的最高限量为 0.5 μg/kg,其他大多数食物为 20 μg/kg。

(3)去除黄曲霉毒素的方法　目前除毒方法主要有除去毒素和破坏毒素活性两类。除毒方法是指用物理筛选法、溶剂提取法、吸附法和生物法除去毒素。可用人工或机械拣出霉变花生粒,80% 的异丙醇和 90% 的丙酮溶剂提取含有黄曲霉毒素的花生油,应用活性炭、酸性白土吸附去毒,假丝酵母可在 20 d 内降解 80% 的黄曲霉毒素。破坏毒素的活性是指用物理或化学药物的方法破坏毒素的活性。目前使用最多的有加热处理和紫外线照射等方法,用紫外线照射含毒花生油可使含毒量降低 95% 或更多,花生在 150 ℃以下炒 0.5 h 约可除去 70% 的黄曲霉毒素,0.01 MPa 高压蒸煮 2 h 可以除去大部分黄曲霉毒素。用 2% 的甲醛、5% 的次氯酸钠、3% 的石灰乳、10% 的稀盐酸处理带毒粮食和食品,对黄曲霉毒素的去毒效果很好。但所用的化学药物等不能在食品中有残留,或破坏原有食品的营养素等。

13.5.3.2　其他曲霉毒素食物中毒

(1)镰刀菌毒素　根据联合国粮农组织(FAO)和世界卫生组织(WHO)联合召开的第三次食品添加剂和污染物会议,镰刀菌毒素同黄曲霉毒素一样被认为是自然发生的最危险的食品污染物。

有多种镰刀菌能产生对人畜健康威胁极大的镰刀菌毒素,现已发现有十几种,主要有伏马菌素、玉米赤霉烯酮、单端孢霉烯族化合物和丁烯酸内酯等。

1）伏马菌素（fumonisin） 伏马菌素是一组由多种镰刀菌产生的水溶性代谢产物，1988 年最早发现串珠镰刀菌产生此种毒素。伏马菌素的分布比 AF 更广泛，含量水平也远高于 AF，对人和动物危害极大。该毒素大多存在于玉米及其制品中，含量一般超过 1 mg/kg，在大米、面条、调味品、高粱、啤酒中也有较低量存在。

①伏马菌素的理化性质 目前已确定的伏马菌素有 11 种衍生物，分别为 FA_1、FA_2、FB_1、FB_2、FB_3、FB_4、FC_1、FC_2、FC_3、FC_4 和 FP_1，伏马菌素为水溶性霉菌毒素，对热稳定，煮沸 30 min 不易被破坏。

②伏马菌素的毒性 流行病学调查表明，食用被串珠镰刀菌污染的玉米可能是引起食管癌的主要原因，研究表明伏马菌素还具有生殖毒性、胚胎毒性等。

③伏马菌素的产毒条件 串珠镰刀菌等镰刀菌属霉菌的营养类型属于兼性寄生型，它可感染未成熟的谷物，是玉米等谷物中占优势的微生物类群之一。当玉米等谷物收获后，如不及时干燥处理，镰刀菌继续生长繁殖，造成谷物严重霉变。串珠镰刀菌的最适产毒素温度为 25 ℃，最适产毒素水分活度（A_w）值在 0.925 以上，最高产毒时间为 7 周。产毒菌在 25～30 ℃、pH 值为 3.0～9.5 的培养条件下生长良好。

2）玉米赤霉烯酮（zearalenone） 玉米赤霉烯酮是一类二羟基苯酸内酯化合物，具有雌性激素作用，主要由禾谷镰刀菌、黄色镰刀菌、粉红镰刀菌、三线镰刀菌、木贼镰刀菌等多种镰刀菌产生。玉米赤霉烯酮为白色结晶，熔点 164～165 ℃，分子量 318，不溶于水，溶于碱性水溶液、乙醚、氯仿、乙醇。耐热性较强，110 ℃经 1 h 才能被完全破坏。毒素在长波紫外线辐射下显蓝绿色荧光，在短波紫外线辐射下显绿色荧光。饲料中含有玉米赤霉烯酮在 1～5 mg/kg 时才出现症状，500 mg/kg 含量时出现明显症状。用含赤霉病麦面粉制成的各种面食，如毒素未被破坏，食入后可引起食物中毒。Ames 试验未发现玉米赤霉烯酮有致突变性能。

玉米赤霉烯酮主要污染玉米、小麦、大麦、燕麦和大米等粮食作物。将禾谷镰刀菌接种在玉米培养基上，25～28 ℃培养 14 d 后，再在 12 ℃下培养 8 周，可获得大量玉米赤霉烯酮。除玉米外，禾谷镰刀菌等病原菌侵染麦粒（小麦、大麦、燕麦）后，引起蛋白质分解，也可产生玉米赤霉烯酮毒素。玉米赤霉烯酮主要作用于生殖系统，猪对该毒素最敏感。

（2）黄变米毒素 黄变米毒素是 20 世纪 40 年代由日本学者在大米中发现的。由于稻谷储存时含水量过高（14.6%），被霉菌污染发生霉变，使米粒变黄，这类变质的大米称为"黄变米"。导致大米变黄的霉菌主要是青霉属中的一些种。黄变米中毒是指人们因食用"黄变米"而引起的食物中毒。污染米并使米变黄的真菌主要有三种：黄绿青霉、桔青霉和岛青霉。由这些真菌污染米后产生的毒素统称黄变米毒素，主要有三类，性质如下。

1）黄绿青霉毒素（citreoviridin） 黄绿青霉毒素由黄绿青霉产生，该菌常寄生于米粒胚部或破损部位。当大米含水量超过 14%～15%，在适宜温度下，就易受黄绿青霉侵染，导致米粒形成淡黄色病斑的黄变米，同时产生黄绿青霉毒素。

该毒素为橙黄色结晶，熔点为 107～110 ℃，不溶于水，可溶于丙酮、氯仿、冰醋酸、甲醇和乙醇。毒素在紫外光下发出闪烁的金黄色荧光，紫外线辐射 2 h 可被破坏，加热至 270 ℃失去毒性。该毒素毒性强，属于神经毒素，能侵害中枢神经，导致脊髓运动神经发生麻痹、智力迟钝、心力衰竭等。

2)橘青霉毒素(citrinin)　橘青霉毒素主要是橘青霉产生。一旦橘青霉感染了稻谷或大米,便迅速生长繁殖,使米粒表面到内部都呈黄色。现已从霉变的面包、小麦、燕麦等基质中发现该毒素。橘青霉菌产毒素能力较强,当水分、温度等条件适宜时,约 24 h 就可导致米粒变黄。除桔青霉产生桔青霉毒素外,暗蓝青霉、纯绿青霉、扩展青霉、点青霉、变灰青霉、土曲霉等也能产生这种毒素。

该毒素为柠檬色针状结晶,熔点为 172 ℃,分子量为 259,难溶于水,溶于无水乙醇、氯仿、乙醚,在紫外线下显柠檬黄色荧光。桔青霉素产生的温度一般为 20～30 ℃,10 ℃以下桔青霉等产毒菌生长受到抑制。该毒素为肾脏毒,引起肾慢性实质性病变,导致实验动物肾脏肿大、肾小管扩张和上皮细胞变性坏死,并且已被认为具有致癌性。

3)岛青霉毒素(island toxin)　岛青霉黄变米主要由岛青霉所致,主要在大米上繁殖,米粒被感染后变为黄色或黄褐色。岛青霉在 10～45 ℃ 都能繁殖,而产生毒素的最适宜温度为 33 ℃。岛青霉能产生七种色素且都有毒,其中毒性大、量多的有黄天精、环氯素、岛青霉素等。岛青霉素是白色晶状体,能造成各组织的病理损伤,使受试动物麻痹、昏迷甚至死亡。

(3)杂色曲霉毒素　杂色曲霉毒素(sterigmatocystin,ST)是由杂色曲霉(A. versicolor)、构巢曲霉(A. nidulans)和离蠕孢霉(A. bipolaris)等产生的代谢产物。杂色曲霉广泛存在于自然界,可污染大麦、小麦、玉米、花生、大豆、咖啡豆、火腿、奶酪等粮食、食品和饲草,尤其对小麦、玉米、花生等饲料和饲草污染严重。其中产毒量最高的是杂色曲霉,其次是构巢曲霉和离蠕孢霉,前者产生 ST 的量约为后者的 2 倍。

ST 是一类化学结构相似的有毒物质,其基本结构是由二呋喃环与氧杂蒽醌连接组成。ST 纯品为淡黄色针状结晶,熔点为 246 ℃,分子量为 324,不溶于水,易溶于氯仿、乙腈、苯和二甲基亚砜等有机溶剂。在紫外线(365 nm 波长)辐射下呈砖红色荧光。杂色曲霉素导致动物肝癌、肾癌、皮肤癌和肺癌,其致癌性仅次于黄曲霉毒素。由于杂色曲霉和构巢曲霉经常污染粮食和食品,而且有 80% 以上的菌株产毒,所以杂色曲霉毒素在肝癌病因学研究上很重要。糙米易污染杂色曲霉毒素,但经加工成标准二等大米后,毒素含量减少 90%。

(4)赭曲霉素　赭曲霉素(ochratoxin)也叫棕曲霉素,产毒菌株有赭曲霉(A. ochratoxin)和硫色曲霉(A. sulphureus)等。赭曲霉素的污染范围较广,几乎可污染玉米、小麦等所有的谷物,而且从样品检测来看,国内外均有污染。赭曲霉素的急性毒性较强,对雏鸭的经口 LD_{50} 仅为 0.5 mg/kg,与黄曲霉素相当,对大鼠的经口 LD_{50} 为 20 mg/kg。赭曲霉素的致死原因是肝、肾的坏死性病变。虽然已发现赭曲霉素具有致畸性,但到目前为止,未发现其具有致癌和致突变作用。在肝癌高发区的谷物中可分离出赭曲霉素,其与人类肝癌的关系尚待进一步研究。

(5)展青霉毒素　展青霉毒(patulin)也叫棒曲霉素,主要由扩展青霉(P. expansum)产生的。纯品展青霉素为无色针状结晶,分子量为 154,熔点为 100 ℃,溶于水、乙醇、氯仿,在碱性溶液中不稳定,易被破坏。污染展青霉毒素的饲料可引起牛中毒,发生心肌及肝脏变性。展青霉毒素对小白鼠的毒性表现为严重水肿。

扩展青霉产毒适宜基质是麦秆、水果、面包、香肠等。适宜产毒的水分活度(A_w)值在0.81 以上,最适产毒素温度为 21 ℃左右,最适产毒素的 pH 值范围为 3.0～6.5。扩展青霉是苹果储藏期导致腐烂的重要霉腐菌,以这种腐烂苹果为原料生产的苹果汁、苹果酒即含有展青霉毒素。如用腐烂达50%的苹果制成苹果汁,展青霉毒素可达20~40 μg/L。

(6)青霉酸 青霉酸(penicilic acid)是由软毛青霉、圆弧青霉、棕曲霉等多种霉菌产生的有毒代谢产物,极易溶于热水、乙醇。以1.0 mg青霉酸给大鼠皮下注射,每周2次,64~67周后,在注射局部发生纤维瘤,对小白鼠试验证明有致突变作用。在玉米、大麦、豆类、小麦、高粱、大米、苹果上均检出过青霉酸。青霉酸在20 ℃以下产生,所以低温储藏食品霉变可能污染青霉酸。

(7)交链孢霉毒素 交链孢霉毒素(alternaria toxin)是由交链孢霉产生的真菌毒素。交链孢霉是粮食、果蔬中常见的霉菌之一,可引起许多果蔬发生腐败变质。目前已发现该霉菌产生4种毒素:交链孢霉酚(alternariol,AOH)、交链孢霉甲基醚(alternariol methyl ether,AME)、交链孢霉烯(altenuene,ALT)、细偶氮酸(tenuazoni acid,TEA),其中AOH和AME在交链孢霉代谢物中含量最高,有致畸和致突变作用。但这两种毒素的急性毒性很弱,小鼠口服AOH和AME各400 mg/kg,才有中毒症状。给小鼠或大鼠口服50~398 mg/kg TEA钠盐,可导致胃肠道出血死亡。

13.5.4 真菌毒素食物中毒的预防与控制

真菌性食物中毒的预防与控制主要是指预防和控制霉菌造成的危害,应从以下2个环节加以控制。

(1)清除污染源,防止霉菌生长与产毒 在自然条件下,想要完全杜绝霉菌污染是不可能的,关键要防止和减少霉菌污染。对谷物粮食等植物性产品,只有在储藏过程中采取适当的措施,才能控制霉菌的生长和产毒。这些措施包括以下几种。

1)降低水分和湿度 农产品收割后迅速干燥至安全水分。控制水分和湿度,保持食品和储藏场所干燥,做好食品储藏所的防渗、常晾晒、风干、烘干或加吸湿剂、密封。

2)低温防霉 将食品储藏温度控制在霉菌生长产毒的温度以下。

3)使用防霉化学药剂 防霉化学药剂有熏蒸剂,如溴甲烷、二氯乙烷、环氧乙烷等,其中环氧乙烷熏蒸用于粮食防霉效果好。

4)气调防霉 运用封闭式气调技术,控制气体成分,降低氧浓度,以防止霉菌生长和产毒。例如,用聚氯乙烯薄膜袋储藏粮食,使氧浓度降低,9个月内基本能抑制霉菌生长,将花生或谷物置于含CO_2的塑料袋内,密封后,花生至少能保鲜8个月。

(2)加强监督检验工作

1)加强污染的检测,严格执行食品卫生标准,禁止出售和进口真菌毒素超过含量标准的粮食和饲料。

2)对将进入市场的食品应加强监督检验,凡超过国家食品卫生限量标准的一律不得投放市场,以保障人体健康。

13.5.5 毒蘑菇食物中毒

蘑菇又称蕈类(音,xùn,是指生长在树林里或草地上的某些高等菌类植物,伞状,种类很多,有的可食,有的有毒:如毒蝇蕈、香蕈、松蕈),属于大型真菌,具有独特风味和一定的营养价值。蘑菇在我国资源丰富,种类多,分布地域广。蘑菇中有一部分为毒蘑菇,

也称毒蕈,毒蘑菇中存在种类复杂的毒素,人体摄入这些毒蘑菇即可引起中毒。目前我国已鉴定的蘑菇品种有 300 多种,其中有毒蘑菇约 180 多种。

毒蘑菇种类繁多,所含的毒素十分复杂,主要分为胃肠毒素、神经毒素、血液毒素和原浆毒素,不同毒素引起的中毒临床表现也不同,一般可分为下列 5 种类型。

(1)胃肠毒型　由摄入含胃肠毒素的毒蘑菇引起。该型毒蘑菇有 30 种,最常见的有毒粉褶蕈、毒红菇、虎斑蘑、红网牛肝蕈及墨汁鬼伞等。中毒潜伏期比较短,一般为 0.5 ~ 6 h。主要症状为胃肠炎症状,剧烈腹泻、恶心、呕吐、阵发性腹痛,以上腹部和脐部疼痛为主,体温不高。病程短,一般 2 ~ 3 d,经过对症处理可迅速恢复,死亡率低。较重者可因剧烈呕吐、腹泻导致脱水、电解质紊乱、血压下降,甚至导致休克、昏迷或急性肾功能衰竭。

(2)神经毒型　导致此型中毒的毒蘑菇含有神经毒素,毒蝇伞、豹斑毒伞等可引起此类中毒。潜伏期一般为 0.5 ~ 6 h,最短可在食后 10 min 发病。除呕吐、腹泻等胃肠道症状,还有副交感神经兴奋症状和精神症状。副交感神经兴奋症状如流泪、大汗、瞳孔缩小、脉缓、血压下降、呼吸困难、急性肺水肿等,病死率低,偶见死于呼吸或循环衰竭的病例。当由于误食花褶伞、钟形花褶伞、橘黄裸伞等含有能引起幻觉等精神症状毒素的毒蘑菇引起中毒时,其临床表现为幻视、幻听、狂笑、动作不稳、唱歌、跳舞、意识障碍、昏迷等。

(3)溶血型　由鹿蕈素、马鞍蕈毒素等引起,潜伏期 6 ~ 12 h,先有恶心、呕吐、腹泻等胃肠道症状,发病 3 ~ 4 d 后出现贫血、黄疸、血尿、肝脾肿大等溶血症状,严重者可致死亡。

(4)肝肾损害型　误食含有毒肽类及毒伞肽类等原浆毒素的毒蘑菇而引起的中毒,如毒伞、白毒伞、鳞柄毒伞等。毒素的主要成分是毒伞七肽、毒伞十肽等,耐热、耐干燥,一般烹调加工不能破坏。毒素损害肝细胞,对肾也有损害。潜伏期 6 h 至数天,病程较长,临床经过可分为六期:潜伏期、胃肠炎期、假愈期、内脏损害期、精神症状期、恢复期。因原浆毒素为剧毒,此型中毒最严重,病情凶险,如不及时抢救,死亡率很高。

(5)光过敏性皮炎型　因误食胶陀螺(猪嘴蘑)引起,河北、吉林等地有报道。中毒症状为面部出现肿胀、疼痛,嘴唇肿胀外翻,而胃肠炎症状轻或无。

识别可食用蘑菇与有毒蘑菇是预防中毒的基本措施。虽说毒蘑菇形状、颜色各异,但一般来说还是有明显特征的,如色彩艳丽的、有疣、斑、裂沟的、有蕈环的、奇形怪状的、气味特别难闻的则有可能是有毒蘑菇,采集时要认真鉴别,对可疑品种不要采食。另外,要把好收购、加工及销售关,严防有毒蘑菇和不合格蘑菇进入市场。

13.6　食品介导的病毒感染

在大规模食源性中毒事件中,食品介导的病毒感染发生频率低于细菌和真菌感染,而且和细菌和真菌中毒不同,食品介导的病毒感染往往是一个长期的效应累积,和不良的饮食习惯有关,人们对食品介导的病毒感染的了解也相对较少。食源性病毒能抵抗抗生素等抗菌药物,除自身免疫外,目前还没有更好的对付病毒的方法,其危害性较大。

13.6.1 病毒污染来源与途径

食品携带病毒后,可以通过感染人体细胞而引起疾病。美国和英国的研究数据显示,约10%的食源性疾病与病毒有关,最常见的是甲肝和轮状病毒。

污染食品的病毒主要来源有3种:①环境,比较常见的是污水,污水处理不能消除病毒,病毒通过污水处理厂释放到周围环境中,一旦进入自然界,它们便与粪便类物质结合得到保护,生存在水、泥浆、土壤、贝壳类海产品以及通过食用循环污水灌溉的植被上,使一些动植物原料如肉类(尤其是牛肉)、牛奶、蔬菜和贝壳类被污染,尤其是贝壳类水产品,它们更容易被排放的污水影响并且使病毒富集,例如,在礁石、岛屿少的海洋中水生贝壳类动物带毒率为10%~40%,而在有较多礁石的海洋中水生贝壳类动物带毒率为13%~40%,病毒进入水生贝壳类动物体内只能延长生活周期,不能繁殖;②携带病毒的动物,如患狂犬病的狗或口蹄疫的牛;③带有病毒的食品加工人员,如乙肝患者,在甲型肝炎爆发的案例中,病毒通常来自食品操作者、受污染的生产用水、贝类。

病毒污染食品的方式很多,如动物屠宰或谷物收割时就污染有病毒,这种病毒污染被称为是原发性的,发生原发性病毒污染的食物有肉类(尤其是牛肉)、牛奶、蔬菜和贝壳类。本来不含病毒的食品原料在加工、储藏或销售期间,由于接触昆虫、污染物以及带有病毒的加工人员而被污染,则为继发性病毒污染。

病毒通过食品传播的主要途径是粪口模式,大多数病毒侵入肠黏膜,导致病毒性肠炎。这些病毒也能导致皮肤、眼睛和肺部感染,同样会引起脑膜炎(meningitis)、肝炎(hepatitis)、肠胃炎(gastroenteritis)等。

由于食品加工人员和污水是病毒污染的主要途径,所以严格食品加工用水管理和加强加工人员的卫生管理是预防病毒污染最有效的措施。

一般病毒在食品中不能繁殖,但食品却是病毒存留的良好环境。病毒污染食品的特点是:潜伏期不定,短的10~20 d,长的可达10~20年;污染和流行与季节关系密切;呈地方性流行,可散发性或大面积流行。

病毒能通过直接或间接的方式由排泄物传染到食品中。目前,常见的食源性病毒主要有禽流感病毒(AI)、疯牛病病毒(BSE)、甲型肝炎病毒(HAV)、诺沃克病毒(SRSV)、口蹄疫病毒(FMD)等。

13.6.2 禽流感病毒

禽流感病毒在分类上属于正黏病毒科,A型流感病毒属,可分为15个H型及9个N型。病毒颗粒呈球状、杆状或丝状。55 ℃加热60 min、60 ℃加热10 min失活,在干燥尘埃中可存活2周,冷冻禽肉中存活10个月。

感染者主要症状为发热、流涕、鼻塞、咳嗽、咽痛、头痛、全身不适,部分患者可有消化道症状。少数患者发展为肺出血、胸腔积液、肾衰竭、败血症休克等多种并发症而死亡。

禽流感病毒存在于病禽和感染禽的消化道、呼吸道和禽体脏器组织中,可随眼、鼻、口腔分泌物及粪便排出体外,健康禽可通过呼吸道和消化道感染,引起发病。禽流感病毒可以通过空气传播,候鸟的迁徙可将禽流感病毒从一个地方传播到另一个地方,通过污染的环境(如水源)等也可造成禽群的感染和发病。

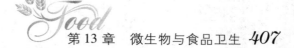

　　禽流感的传染源主要是鸡、鸭,特别是感染了 H5N1 病毒的鸡。因此,预防禽流感应尽量避免与禽类接触,鸡、鸭等食物应彻底煮熟后食用。平时还应加强锻炼,预防流感侵袭;保持室内空气流通;注意个人卫生,勤洗手,少到人群密集的地方。

13.6.3　疯牛病病毒

　　疯牛病病毒是 20 世纪 90 年代以来最大的食源性病毒,疯牛病是一种慢性进行性、致死性神经系统疾病,以大脑灰质出现海绵状病变为主要特征,潜伏期较长,10 ~ 20 年甚至30 年。早期主要表现为精神异常,包括焦虑、抑郁、孤僻、萎靡、记忆力减退、肢体及面部感觉障碍等,继而出现严重痴呆或精神错乱、肌肉收缩和不能随意运动,患者在出现临床症状后 1 ~ 2 年内死亡,死亡率 100%。

　　大多数文献普遍认为,疯牛病和人的新变异性克雅氏病等海绵状脑病,都是由存在于中枢神经系统中正常的朊蛋白发生变异,形成朊病毒引起的。朊病毒具有很强的生命力和感染力,耐受高热,一般煮沸不能破坏;耐受紫外线照射;对化学药物有抵抗性。疯牛病的传染源主要是疯牛,疯牛的脑及脊髓含有大量的致病因子,为主要传播因子,疯牛的其他组织器官如肝、淋巴结等为次要传播因子,如果人食用了携带疯牛病病毒的牛肉或其加工的产品,就有可能被感染。

　　人类至今还没有找到预防和治疗疯牛病的有效方法。目前,还没有科学家能在人或牛活着时确诊其是否得了疯牛病,只能在其死亡后检测其脑组织确诊。目前,能采取的预防和控制疯牛病病毒传播的方法是实施全程质量控制体系,杜绝其传播渠道,特别需要做好养殖场的卫生管理工作,病牛应全部安全处理掉,禁止用牛、羊反刍动物的机体组织加工饲料。

13.6.4　肝炎病毒

　　肝炎病毒具有传染性强、传播途径复杂、流行面广泛、发病率高等特点。按病毒的生物学特征,临床和流行病学特征,可将其分为甲(A)型、乙(B)型、丙(C)型、丁(D)型、戊(E)型肝炎。

　　与食品有关的肝炎病毒主要是甲(A)型肝炎病毒、戊(E)型肝炎病毒。甲型肝炎病毒属于小 RNA 病毒科,直径 27 nm,无包膜,外面为一独立外壳,内含一个单链 RNA 分子。甲型肝炎病毒比肠道病毒更耐热,60 ℃加热 1 h 不被灭活,100 ℃加热 5 min 可灭活。氯、紫外线、福尔马林处理均可破坏其传染性。潜伏期一般为 10 ~ 50 d,平均 28 ~30 d。甲型肝炎的症状可重可轻,有突感不适、恶心、黄疸、食欲减退、呕吐等。甲型肝炎主要发生在老年人和有潜在疾病的人身上,病程一般为 2 d 到几周,死亡率较低。

　　曾经发生过几十起大面积传染性肝炎事件,传染的媒介物有牛乳、面食糕点、蔬菜和肉类,最主要的是贝壳类,几乎每起事件都是由于生吃或进食未煮熟的食物而引起的。上海市 1988 年初爆发的 30 余万人的甲型肝炎,由毛蚶引起,英国约 25% 甲型肝炎与吃贝壳类动物有关,德国 19% 的传染性肝炎是由食用了污染的软体动物引起的。

　　甲肝患者污染水源、食物、海产品、食具等也是重要的传播途径,因此,可以针对其传播方式实施预防措施。关注员工的健康状况、保持良好的卫生操作环境、保证生产用水卫生、彻底加热水产品并防止其在加热后发生交叉污染等是预防甲肝传播的有效措施。

E 型肝炎病毒(HEV)是一种球形、无套膜、单链 RNA 病毒。在感染急性期的初期可在患者粪便中发现 32 nm 大小类似病毒状的粒子。E 型肝炎的感染及流行病学特征类似甲型肝炎,但在血清学上两种病毒不存在交叉。潜伏期 15~64 d,平均潜伏期 26~42 d。

E 型肝炎主要通过受污染的水传播,常见于卫生条件不好的热带、亚热带地区,水生贝壳类是主要受污染的食品。在印度、吉尔吉斯、缅甸、尼泊尔等曾发生过爆发流行,青壮年受其影响较大,孕妇死亡率高达 20%~39%。

对于肝炎病毒的检验,甲型肝炎可用核酸杂交、放射免疫斑点试验来检测,对 E 型肝炎目前无特异血清诊断,主要是排除诊断法。

➡ **思考题**

1. 细菌性食物中毒的中毒机制分为哪几类? 试举例说明。
2. 简述沙门菌的特点、引起中毒的原因和预防的措施。
3. 副溶血性弧菌可引起海产品中毒的原因、症状及污染途径,并简述该菌的特点。
4. 蜡样芽孢杆菌引起食物中毒的主要来源和途径是什么?
5. 为什么会发生李斯特菌食物中毒? 试结合污染源、污染途径来说明。
6. 致病性大肠埃希菌食物中毒的原因分为几种? 症状及污染途径?
7. 试比较细菌性食物中毒与真菌性食物中毒的差异。
8. 黄曲霉毒素的产生条件有哪些? 防毒和去毒的措施有哪些?
9. 污染食品的病毒主要来源和途径是什么?
10. 应采取哪些措施预防食源性病毒的危害?

第 14 章　食品中微生物生长模型的建立与食品安全预警技术

食品中微生物的生长受到食品营养基质、环境条件的影响,会表现出不同的生长代谢规律。食品科技人员希望针对不同食品的营养构成及其环境条件建立食品中微生物生长、代谢和存活规律的数学预测模型,从而对食品的保质期、保存期以及安全性进行预测。20 世纪 80 年代,Ross 等首次提出了"微生物预测技术"这一概念,从此预测微生物学便应运而生。预测微生物学是运用微生物学、工程数学以及统计学对食品微生物进行数学建模,建立信息库,从而对微生物在不同加工、储藏、流通等条件下的延迟、生长、残存和死亡进行定量分析。预测食品中微生物的动态变化不仅可以对食品安全做出快速评估和预测,而且可对食品货架期进行预测,在食品质量安全研究中具有重要意义。为了防止食品营养成分损失,许多食品仅仅进行消毒处理,没有进行完全灭菌,必然导致微生物存在。掌握食品中微生物的生长规律非常重要,有利于对食品加工进行全方位考虑,从而采取措施来控制食品的安全。随着研究技术、计算机技术和统计方法的发展,微生物的生长仿真、专家库系统等逐步成熟,大大推动了微生物生长模型的建立。目前食品中许多重要致病菌的风险分析模型已经建立,有些已应用于食品生产、加工、储存以及消费环节中。

食品安全预警技术是 20 世纪 90 年代后期发展起来的,主要是通过对食品生产、加工、储存、运输、销售等过程进行跟踪,获得一些关键数据,并基于一定的研究技术和统计方法,对食品中微生物(或其他有害物)或其代谢产物水平进行分析和评估,对其发展趋势进行预测,并在微生物或其代谢产物可能超过安全水平时发出预警,从而保证消费者的安全。要实施食品安全预警技术,从农田到餐桌进行全方位和全过程的跟踪和监督是一个不可缺少的环节,因此,地理信息系统(GIS)、遥感系统(RS)和全球定位系统(GPS)等技术都可能用到食品安全预警技术上。

14.1　微生物生长与微生物生长模型的建立

微生物生长繁殖是内外各种因素相互作用的综合反映,因此,生长繁殖情况是研究各种生理、生化和遗传等问题的重要指标,也是生产实践上合理利用各种有益微生物的重要前提。

利用图形、数学公式等方法来表述微生物的生长规律可以构建微生物的生长模型。微生物的生长繁殖由于受到营养条件和外界环境等因素的影响,微生物的生长并不恒定,因此生长模型也不尽相同。存在于特定食品中的微生物,由于该食品的营养条件相对固定,因此微生物生长模型主要与环境因素如温度、pH 值和氧气等有关。

14.1.1 微生物生长的数学模型

任何数学公式所表示的数学关系若能反映物质运动的客观规律,都可视其为数学模型,数学模型可以表示微生物系统的某些定量关系。现代生物学的特点之一是从定性逐步走向定量,用数学模型能较明确地表达生命现象的动态过程。数学模型在现代微生物中的应用越来越重要。

研究对数生长期微生物生长速率变化规律有助于推动微生物生理学与生态学的发展,解决工业发酵以及食品中微生物数量的预测等问题。对数生长期中微生物细胞数量呈对数增加,可用式(14-1)表示为

$$\frac{\mathrm{d}N}{\mathrm{d}t}=\mu N \tag{14-1}$$

式(14-1)中,N 代表每毫升培养液中细胞的数量,μ 代表比生长速率,即每单位细胞数在单位时间内增加的量,t 代表培养时间。

对 $\int_{t_0}^{t} \frac{\mathrm{d}N}{\mathrm{d}t}=\mu N$ 进行积分,并取对数,可得

$$\ln N_t - \ln N_0 = \mu(t-t_0) \tag{14-2}$$

即

$$\lg N_t - \lg N_0 = \frac{\mu(t-t_0)}{2.303} \tag{14-3}$$

式(14-2)和式(14-3)中,N_t 与 N_0 分别代表生长时间 t 和起始 t_0 时的细胞数量。

在细菌个体生长时,每个细菌分裂繁殖一代所需的时间称为代时,在群体生长时,细菌数量增加一倍所需要的时间称为倍增时间,代时通常以 G 表示。根据公式可以求出代时与比生长速率之间的关系。

因为:$G=t-t_0$ $N_t = 2N_0$

所以:$G = \frac{\ln N_t - \ln N_0}{\mu} = \frac{\ln 2}{\mu} = \frac{0.693}{\mu}$ \tag{14-4}

14.1.2 微生物生长的主要参数

微生物生长过程中,延滞时间、比生长速率和总生长量三个主要参数在生产实践中有着重要的参考意义。

14.1.2.1 延滞时间

延滞时间是指微生物在生长过程中,在实际条件下达到对数期所需时间。延滞时间长短客观反映了细菌对所处生长条件的适应程度。在发酵工业生产实践中,延滞时间越短越好,而在食品储存中,延滞时间越长越好。

14.1.2.2 比生长速率

比生长速率与微生物生长的基质浓度密切相关。目前用莫诺(Monod)经验公式表示比生长速率与生长基质浓度之间的关系。如式(14-5)所示

$$\mu = \mu_{\mathrm{m}} \cdot \left(\frac{S}{K_S + S}\right) \tag{14-5}$$

式(14-5)中,μ_m 代表最大比生长速率,S 代表生长的基质浓度,K_S 代表比生长速率,即最大生长速率一半时的基质浓度,在同种基质里它是一个常数。

但 Monod 方程式具有局限性,它只适用于单一基质为限制因素及不存在抑制物质的情况,也就是说,除了一种生长基质为限制因子外,其他生长基质必须都是过量的,而且这种过量不致引起对生长的抑制,在生长过程中也没有抑制性产物生成。

K_S 通常很小,根据莫诺经验公式,当基质浓度很高时,K_S 可以忽略不计,即 $K_S+S=S$。此时,$\mu=\mu_m$,细菌以最大比生长速率生长,对数生长期细菌的生长属于这种情况;当基质浓度很低时,$K_S+S=K_S$,则 $\mu=\dfrac{\mu_m}{K_S}\cdot S$,此时,比生长速率与基质浓度成正比,基质浓度变化引起比生长速率的迅速变化。

14.1.2.3 总生长量

总生长量代表在某一时间里,通过培养所获得的微生物总量与原来接种的微生物量之差值,总生长量大小客观上反映了培养基与生长条件是否适合菌的生长。

14.1.3 微生物生长预测模型的分类

在已经建立的微生物生长模型的基础上,通过将大量的模型进行分析总结,然后建立微生物生长的预测模型,并在此基础上,经过验证来对预测模型进行证实。一般认为,微生物生长预测模型有概率模型、动力模型和结合模型等,其中 Whiting 和 Buchanan 基于变量类型的分类方法最为普遍,Whiting 和 Buchanan 将微生物生长预测模型分为三个级别,即初级水平、次级水平和三级水平。

14.1.3.1 初级水平预测模型

初级水平(primary level)的微生物模型主要描述微生物数量与时间的函数关系,在此基础上可进一步计算出延滞期、生长速率以及最大菌数。模型也可以定量描述菌落形成单位(cfu/mL)、毒素的形成、底物水平、代谢产物等。

微生物的生长模型常以单细胞生物的细菌作为研究对象来阐述。初级微生物生长模型一般都是通过 S 形曲线来拟定,S 形曲线的模型有 Logistic 模型、Gompertz 模型、Baranyi 模型和 Roberts 模型等。

(1)Logistic 模型 通过对生长曲线的修正,形成了 Logistic 模型,该模型表示为

$$y=A/\{1+\exp[4\mu_m(\lambda-t)/A+2]\} \tag{14-6}$$

式(14-6)中,y 代表微生物在时间 t 时相对菌数的常用对数值,即 $\lg N_t/N_0$,A 代表相对最大菌浓度,即 $\lg N_{max}/N_0$,μ_m 代表最大比生长速率,λ 代表迟滞期。

(2)Gompertz 模型 Zwietering 等对微生物生长曲线的多种模型进行了比较,修改后的 Gompertz 方程能最充分地描述单细胞细菌的生长,而且易于使用。

Gompertz 方程是一个双指数函数,模型公式表示为

$$\lg N_t=A+C\times\exp\{-\exp[-B(t-M)]\} \tag{14-7}$$

式(14-7)中,$\lg N_t$ 代表微生物在时间 t 时细胞数的常用对数值,A 代表时间无限减小时渐进对数值(相当于初始菌数),C 代表随时间无限增加时菌增量的对数值,M 代表达到相对最大生长速率所需要的时间,B 代表时间 M 时相对最大生长速率。

（3）Baranyi 和 Roberts 模型　Baranyi 和 Roberts 模型（以下简称 Baranyi 模型）表示为

$$N_t = N_{min} + (N_0 - N_{min}) \exp\{-K_{max}[t - B(t)]\} \qquad (14-8)$$

式（14-8）中，N_t 代表时间 t 时微生物数量，N_0 代表时间 0 时微生物数量，N_{min} 代表最小微生物数量，K_{max} 代表最大相对死亡率。

根据一级模型，利用实验所测的各种条件下各种菌的特征参数，可以求出方程中各未知参数的值，进而可以进一步计算出最大生长速率、延滞期和最大菌数。

一级模型使用简单方便，但对微生物生长预测的准确性不高，适合在环境因素单一时使用。Logistic 模型和 Gompertz 模型比较适合描述适温条件下微生物的生长，这是因为早期的预测微生物学模型侧重于对食品中病原菌生长的研究。而 Baranyi 模型很好的协调了模型参数和准确性之间的关系，既能进行准确预测，又不需太多参数。因此 Baranyi 模型被广泛使用于预测食品微生物领域。

14.1.3.2　次级水平预测模型

次级水平（second level）的微生物模型主要描述初级模型的参数与单个或多个环境条件（如温度、pH 值、水分活度等）变量之间的函数关系。次级水平的微生物模型以平方根模型和 Arrhenius 方程模型等为主。

食品中微生物的生长受多种因素的影响，如温度、pH 值、水分活度、氧气浓度、二氧化碳浓度、氧化还原电位、营养物浓度和利用率以及防腐剂等。这些因素都会影响次级模型，其中温度是最重要的影响因素之一。温度对生长的影响，符合 Ratkowsky 提出的"平方根"方程。

（1）温度对于微生物生长的影响　温度是微生物生长最重要的控制因素，因此，对模型的大量研究都集中在温度上。在 0～40 ℃范围内，微生物生长速率或延滞期倒数的平方根与温度之间存在线性关系，Ratkowsky 等提出了一个简单的经验模型，称为"平方根"方程，关系式如式（14-9）所示

$$\sqrt{\mu_m} = b_1(T - T_{min}) \qquad (14-9)$$

该方程已经得到广泛的研究和使用，式（14-9）中，μ_m 是一级模型求出的生长速率，和 T 的平方呈线性关系，b_1、T_{min} 是模型待求的参数，b_1 是斜率，T_{min} 是理论上的最小生长温度，是微生物生长的特征温度。

$$\sqrt{1/\lambda} = b_1(T - T_{min}) \qquad (14-10)$$

式（14-10）中，λ 代表延滞期时间，b_1 代表系数，T 代表培养温度，T_{min} 代表最低生长温度。

T_{min} 是理想概念，指微生物刚好没有代谢活动时的最低温度，通过外推回归线与温度轴相交而得到。由于当培养温度超过微生物生长的理想温度时，蛋白质的变性和微生物失活将导致生长速率下降，所以式（14-9）和式（14-10）还不能恰当地描述微生物的生长，因此，Ratkowsky 又将式（14-9）进行了扩展，如式（14-11）所示

$$\mu_m = b_2(T - T_{min})\{1 - \exp[c_2(T - T_{max})]\} \qquad (14-11)$$

式（14-11）中，T_{max} 代表最高生长温度，c_2 代表系数。

T_{max} 也为理想概念，指微生物生长速率最快时的温度。式（14-11）能够描述全生长

温度范围内微生物的生长。许多研究已经证实,评价不同的恒定储藏温度对食品或模拟系统中多种微生物生长的影响,Ratkowsky 的经验方程都是有效的。

Zwietering 等分析评价了几种模型在描述温度对生长速率影响方面的效果,发现"平方根"方程的使用效果最好。但考虑到温度大于 T_{max} 时,λ 和 μ_m 会出现正值,因此建议将式(14-11)修改为

$$\mu_m = b_3^2 \ (T - T_{min})^2 \{1 - \exp[c_3(T - T_{max})]\} \tag{14-12}$$

式(14-12)中,b_3 代表系数,c_3 代表系数。

对于渐近线(A)与温度的函数表达,Zwietering 等选择了基于 Ratkowsky 模型的方程:

$$A = b_4\{1 - \exp[c_4 - (T - T_{A,max})]\} \tag{14-13}$$

式(14-13)中,b_4 代表在较低生长温度下最终达到的渐近线值,$T_{A,max}$ 代表被观察到的最大生长温度。

(2)pH 值对微生物生长的影响　Zwietering 等认为,pH 值对微生物生长速率的影响,也可用 Ratkowsky 的方程(14-11)修改后来描述,只不过用 pH 值替换 T,如式(14-14)所示

$$\sqrt{\mu_m} = b_5(\mathrm{pH} - \mathrm{pH}_{min})\{1 - \exp[c_5(\mathrm{pH} - \mathrm{pH}_{max})]\} \tag{14-14}$$

式(14-14)中,pH_{max} 代表微生物生长的最高 pH 值,pH_{min} 代表微生物生长的最低 pH 值,b_5、c_5 代表系数。

(3)多种环境因素对微生物生长的影响　在建立食品微生物生长速率的预测模型时,需要考虑多种环境因素的影响,因此,必须考虑环境因素的数目和环境因素之间的独立情况。McMeekin 研究水分活度与温度对葡萄球菌生长的联合影响时发现,当 T_{min} 保持固定,对于每一个 A_w 值,生长速率与温度之间的关系都可以用"平方根"模型来描述,两个变量的联合作用可以用修改的方程 $\sqrt{\mu_m} = b_1(T - T_{min})$ 来表示,如式(14-15)所示

$$\sqrt{\mu_m} = b_6(T - T_{min}) \sqrt{A_w - A_{w,min}} \tag{14-15}$$

式(14-15)中,$A_{w,min}$ 代表生长速率为 0 时的 A_w,b_6 代表系数。

Adams 等人研究 pH 值和非优化温度对小肠结肠炎耶尔森菌生长的联合作用时发现,两个变量之间是相互独立的,可将式(14-15)修改后来表示,如式(14-16)所示

$$\sqrt{\mu_m} = b_7(T - T_{min}) \sqrt{\mathrm{pH} - \mathrm{pH}_{min}} \tag{14-16}$$

式(14-16)中,pH_{min} 代表生长速率为零时的 pH 值,b_7 代表回归系数,不同的酸化剂有不同的 b_7 值。

Zwietering 等研究多种环境因素来预测微生物生长速率的方法,引入了生长因子的概念,如式(14-17)所示

$$\gamma = \frac{\mu}{\mu_{opt}} \tag{14-17}$$

式(14-17)中,μ 代表实际生长速率,μ_{opt} 代表理想条件下的生长速率,γ 代表实际生长因子。

生长因子在理想条件下的值为 1,在非理想条件下为 0~1。对于特定微生物,μ_{opt} 值为未知数,但可对其进行估计。一般细菌的 μ_{opt} 为 2 /h,酵母为 0.75 /h,霉菌为 0.25 /h。

若温度、pH 值、水分活度和氧气等环境因素可分别计算出对应的 $\gamma(X)$,它们对微生

物生长的联合作用可用式(14-18)计算

$$\gamma = \gamma(T) \times \gamma(pH) \times \gamma(A_w) \times \gamma(O_2) \qquad (14-18)$$

如果所有变量均为理想状态,那么实际生长速率将等于 μ_{opt}。如果其中某一变量低于最低值或高于最大值,其 $\gamma(X)$ 值将为 0,生长速率也将为 0。

当然,若使用该法,则需要先建立一个有关微生物的数据库,从微生物数据库中查到某微生物生长所需的最低、最高及最适温度后,就可以用修正后的 Ratkowsky 的方程(14-11)来计算每一个温度的生长因子,如式(14-19)所示

$$\gamma(T) = \frac{\mu}{\mu_{opt}} = \left(\frac{(T - T_{min})\{1 - \exp[c_2(T - T_{max})]\}}{(T_{opt} - T_{min})\{1 - \exp[c_2(T_{opt} - T_{max})]\}} \right)^2 \qquad (14-19)$$

其中,$T_{min} \leqslant T \leqslant T_{max}$

为了计算 c_2 的值,对方程(14-11)求微商,可得

$$1 - (c_2 T_{opt} - c_2 T_{min} + 1) \exp[c_2(T_{opt} - T_{max})] = 0 \qquad (14-20)$$

用式(14-20)即可计算得出 c_2,然后将 c_2 代入式(14-19)就可求出 $\gamma(T)$,用同样方法可求出 $\gamma(pH)$ 和 $\gamma(A_w)$。

由于多数微生物的生长速率与氧气的函数关系未知,食品中的氧气浓度也难以确定,所以,$\gamma(O_2)$ 就简单只取 0 或 1,根据微生物的需氧情况,取值依照表 14.1。

表 14.1　氧气对 $\gamma(O_2)$ 的影响

食品中含氧情况	微生物需氧类型		
	需氧的	兼性厌氧的	厌氧的
含氧丰富	1	1	0
含很少的氧	0	1	0
不含氧	0	1	1

首先分别计算出 $\gamma(T)$、$\gamma(pH)$、$\gamma(A_w)$、$\gamma(O_2)$,再以方程式(14-18)算出 γ,最后用方程(14-17)即可算出 4 种环境因素联合作用下某种微生物的实际生长速率。最后还需要指出,各环境因素在对微生物联合作用时,假设它们分别是独立的,相互没有影响。

(4)响应面模型　当多种因素共同影响生长时,响应面模型比平方根模型复杂但却更有效,响应面模型可描述所有影响因素和它们之间的相互作用。在响应面实验设计中,必须首先确定出温度范围、pH 值等其他必要参数,其次,超出实验设计之外的推衍都将会导致错误的预测,最后,在多于三个控制因素时,响应面模型会相对复杂。

一般而言,平方根模型使用简单,使用比较普遍。而响应面模型数据量大,处理分析复杂,但响应面模型具有更好的准确性。

(5)食品微生物生长的动力学模型　前面介绍的数学模型都是根据微生物在恒定温度下生长的数据建立的,而实际生长和配送系统中,食品微生物所处温度常波动,因此用以上模型难以进行预测。为了解决这个问题,Van lmpe 等于 1992 年提出了预测食品微生物生长的动力学模型,见图 14.1。

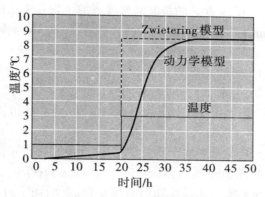

图 14.1　动力学模型中温度对时间变化的反应

1）动力学模型设计的要求　通过分析，已知恒温预测模型具有局限性，Van Impe 对设计动力学数学模型提出了如下要求：①应能连续处理随时间变化的温度，全部变量应在所有条件下具有实际可能的值；②应使用尽可能少的参数来模拟微生物的生长变化；③应将食品在试验之前的等温模型数据也考虑在内；④给定温度下，模型应能转化为一个已被证实清楚有效的现有模型；⑤应能满足数学计算方面的要求；⑥应该能易化一些非线性参数的估算和现代优化技术的应用。

2）动力学模型的建立　依据方程式（14-7），γ 对 t 求微商，可得

$$\frac{\mathrm{d}y}{\mathrm{d}t} = a \times \exp\left[-\exp(b - ct)\right]\left[-\exp(b - ct)\right](-c) \tag{14-21}$$

$$\frac{\mathrm{d}y}{\mathrm{d}t} = c \times \gamma \ln \frac{a}{y} \tag{14-22}$$

对于 $t = 0$，根据方程（14-7）和（14-9），则有

$$y(0) = a \times \exp\left\{\left[-\exp(b)\right]\right\} = A \times \exp\left[-\exp\left(\frac{\mu_{\mathrm{m}}\mathrm{e}}{A}\lambda + 1\right)\right] \tag{14-23}$$

也就是说，对于 $t = 0$，y 趋于 0。

14.1.3.3　三级水平预测模型

三级水平（tertiary level）的微生物模型主要指初级水平和次级水平模型的电脑软件程序，它是模型的最终形式，由一个或多个一级和二级模型组合而成。通过这些程序可以计算出条件变化与微生物变化之间的对应关系，从而比较不同条件对微生物的影响或对比相同条件下不同微生物的行为。

目前世界上已开发的三级水平预测软件多达十几种，其中以病原菌模拟程序（Pathogen Modeling Program，PMP）、生长预测模型（Growth Predictor）、海产食品腐败和安全预测（Seafood Spoilage and Safety Predictor，SSSP）及预测微生物数据库（ComBase）最为著名。

（1）PMP 模型　PMP 由美国农业部微生物食品安全研究机构开发包括 11 种微生物的 35 种模型。软件能够针对致病菌的生长或失活进行预测，预测包括一种或几种参数：恒定的温度、pH 值以及水分活度。另外微生物还有第四种参数引入，如有机酸的种类和

浓度、空气成分。但是 PMP 所缺乏的是波动温度下的生长和失活模型。

（2）Growth Predictor 模型　Growth Predictor 根据 Food MicroModel 预测模型,经过功能改进和数据扩增建立起来。Growth Predictor 的一级模型使用了 Baranyi 模型,此外 Growth Predictor 用初始生理状态参数 α_0 代替了延滞参数 λ。α_0 为介于 0 到 1 之间无量纲的数字,$\alpha_0 = 0$ 时代表没有生长,延滞时间为无穷,而 $\alpha_0 = 1$ 时则代表没有延滞,微生物立刻生长。由于使用者很难提供初始生理状态参数值,因此常将初始生理状态参数的经验值被设定为默认值。

（3）SSSP 模型　SSSP 由丹麦水产研究学院,水产品研究所和信息技术工程所联合开发。并在 1999 年海产食品腐败预测器(Seafood Spoilage Predictor, SSP)基础上进行了改进。SSSP 由相对腐败速率模型和微生物腐败模型构成,增强了对海产品安全性的监控。它可以对新鲜或初加工的不同水产品的货架期及微生物生长状况进行预测。

SSSP 功能包括:相对腐败速率模型,预测温度对货架期的影响;特定海产食品中腐败菌的生长模型;一般模型,改变模型中的参数,使其适用于不同类型的食品或细菌;实测货架期或细菌生长与 SSSP 预测结果比较模块;预测冷熏鲑鱼中单核细胞增生李斯特菌和腐败菌共同生长模型。此外,该软件还可预测恒温或波动温度下货架期和微生物生长。

（4）ComBase 模型　ComBase 由英国食品标准机构(Food Standards Agency)和食品研究协会(Institute of Food Reseach),美国农业部农业研究服务机构(USDA Agricultural Research Service)和下属的东部地区研究中心(Eastern Regional Research Center),以及澳大利亚食品安全中心(Australian Food Safety Centre of Excellence)联合开发。ComBase 建立的目的是通过网络提供微生物在食品环境中的响应预测。ComBase 数据库是由成千上万的微生物生长和存活率曲线组成的,这些曲线和数据来自于已经发表的文章和研究机构。根据这些微生物模型的数据,最终建立了 ComBase Predictor,它可以用于工业生产、学术研究和管理机构等领域。

ComBase 模型的主要功能:可以保证某种新开发食品的安全性;也可以用作教学和研究使用;还可以用于食品中微生物的风险评估或者食品产业建立新标准的评估。

14.1.4　微生物生长模型与食品质量控制

建立微生物生长预测模型的目的是通过摸清微生物的生长规律,控制食品中有害微生物的生长与繁殖,从而保障食品安全。

14.1.4.1　食品货架寿命的预测

通过大量试验数据建立数学模型并证明其有效后,就可以用极少的试验数据对微生物的数量进行预测。

以含有乳杆菌的冷冻沙拉为例,如果 pH 值、水分活度、防腐剂保持不变,研究微生物由于温度变化对沙拉腐败变质的影响,可使用 Ratkowsky 方程(14-11)。先测出 15 ℃、20 ℃ 和 25 ℃ 3 个温度点下的乳杆菌的生长速率,再以线性回归分析确定参数 b 和 T_{min}。试验数据及所得回归参数见表 14.2。

表 14.2　乳杆菌在沙拉上的生长

$T/℃$	μ_m/h^{-1}(测定值)	回归参数	μ_m/h^{-1}(测定值)
15	0.092	$b = 0.30$	0.086
20	0.177	$T_{min} = 5.25$	0.196
25	0.364		0.351

采用表 14.2 的数据获得回归方程为

$$\sqrt{\mu_m} = 0.03(T - 5.25) \tag{14-24}$$

假设乳杆菌在沙拉上的生长没有延滞期,且培养基是充足的,沙拉上也无乳杆菌抑制物,乳杆菌在沙拉上呈指数生长,则有

$$\ln \frac{N}{N_0} = \mu_m \times t \tag{14-25}$$

将方程式(14-24)代入方程式(14-25),得

$$\ln \frac{N}{N_0} = 0.0009(T - 5.25)^2 \times t \tag{14-26}$$

利用方程式(14-26)可以计算出 15 ~ 25 ℃条件下,任何时间内,沙拉上的乳杆菌数目,如果沙拉上初始微生物数目和质量允许最大微生物数目都已知,则沙拉在任何温度下的货架寿命则可以通过式(14-27)计算出来

$$\theta = \frac{\ln(N_e/N_0)}{\mu_m} \tag{14-27}$$

假定沙拉上乳杆菌的初始数为 10^2 cfu/g,质量允许最大乳杆菌数为 10^5 cfu/g,用式(14-27)则可计算出,在 20 ℃下沙拉货架寿命是 35 h。

如果食品含有多种微生物,则以繁殖最快的微生物作为预测货架寿命的参考。

14.1.4.2　估计微生物生长的决策系统

食品中微生物生长的控制是食品质量控制的重要内容。建立估计微生物生长的决策系统,预测微生物的生长速度,有利于控制有害微生物的生长,提高食品质量。

Zwietering 等人在食品生产和流通中细菌生长模型专家系统的基础上,发展了结合定量数据库和定性数据库的系统,使之能够预测食品可能发生的腐败类型和腐败动力学。目前已建立两个数据库:第一个数据库包括测定微生物生长时极其重要的物理参数如温度、水分活度、pH 值和可利用的氧气;第二个数据库中列出了某些腐败微生物及其生理特征,如温度、水分活度和 pH 值范围,以及最适生长条件和最快生长速度。为了进行预测,通过简单测定产品的物理变量是否在微生物的生长限制范围内来确定产品的物理性质是否与微生物的生理性质相匹配,这个过程称为"模式匹配"。对于那些希望生长的微生物,需参照第二个数据库中的模型,以物理变量为基础计算并估计生长速度。根据预测的生长速度将产品中能够生长的微生物进行分类。在系统中考虑的因素包括以下几方面:①微生物和产品特征之间的关系;②微生物之间的相互影响;③微生物之间的相互影响与产品的结合作用;④其他因素(如巴氏杀菌对潜在微生物的影响)。

采用该系统能够预测:①在产品中能够生长的所有微生物种类(根据产品的物理参

数确定);②可能导致产品腐败的微生物(根据定性规则确定)。图 14.2 所示为决策系统的结构。

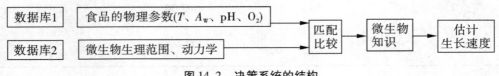

图 14.2　决策系统的结构

14.1.4.3　用于风险评估

当前用于危害分析与关键控制点(HACCP)中食品污染风险评估的方法为定性方法,易引起争议。预测食品微生物学可以为风险评估提供一种定量方法。如在肉制品中控制大肠杆菌 O157 的风险评估过程如下。

例如,某肉产品经 71 ℃加热处理 15 min,如果能在 120 min 内冷却到 4.4 ℃,那么可能幸存下来的大肠杆菌 O157 能否生长?

根据预测食品微生物学,已知在 120 min(t)内将肉产品从初始温度 71 ℃(T_0)降低到需求温度 4.4 ℃(T)时可用以下温度曲线表达。

$$T = T_0 e^{-at} \tag{14-28}$$

一般冷却常数 a 可假定为 0.007 7/min。大肠杆菌 O157 的最高生长温度为 45.6 ℃,根据上述公式可以计算出将肉产品从初始温度降低到 45.6 ℃需要 44 min,即残存的大肠杆菌 O157 在 44 min 后才有可能生长。大肠杆菌 O157 的最适生长温度为 36.7 ℃,而已知大肠杆菌最短的延滞期为 84 min。肉产品连续降温,在最适生长温度范围只停留几分钟,这样,当时间已过去 128 min 时,大肠杆菌 O157 尚未进行分裂,而肉产品的温度已降低为 15 ℃。大肠杆菌 O157 在 15 ℃的代时为 84 min,然而只需再冷却 25 min,肉产品的温度即可从 15 ℃降低至 10 ℃以下,而 10 ℃是大肠杆菌 O157 的最低生长温度。

因此,基于以上分析,大肠杆菌在整个降温过程中基本上不能生长,再结合一些经验常识,可得出结论:①71 ℃加热处理 15 min 至少杀死大肠杆菌 O157 的大多数细胞;②幸存细胞可能已严重损伤,需要长时间才能得以恢复;③热处理后的肉产品再污染大肠杆菌 O157 的机会不大,因此如果能在 120 min 内将 71 ℃的肉制品冷却至 4.4 ℃,即使幸存的大肠杆菌 O157 也无法生长,因而其导致肉制品成为不安全食品的可能性极低。

14.2　微生物的衰亡与致死模型的建立

食品中微生物的生长繁殖与代谢是自然发生的过程。食品或食品原料与周围环境形成特殊的"微环境系统","微环境系统"可以是开放的,如露天存放的食品或原料,也可能为密闭的,如包装食品。无论系统是开放的还是密闭的,食品中微生物的生长均遵循一定的规律,并与食品成分、环境因素密切相关。

微生物的衰亡也可以是自然发生的过程,如由于营养物消耗完毕而造成微生物的衰亡。另外人为干预,如灭菌也可以造成微生物的死亡。微生物的致死模型一般是指通过外界的人为干预造成微生物死亡的规律。

14.2.1　微生物的生长与衰亡

　　食品中的微生物如果没有人为的干预,其生长是一个自然的过程,主要经过延滞期、对数生长期、稳定期和衰亡期。若食品被污染的初始菌量不同、外界条件控制不同,则微生物的生长曲线会有一定的差异,图 14.3 为不同条件下微生物生长繁殖情况。由图 14.3 可知,不同的初始污染量以及不同的储藏条件对微生物的生长影响极大。食品储藏条件佳,则其中的微生物繁殖慢,延滞期长;反之,则微生物繁殖快,延滞期短。

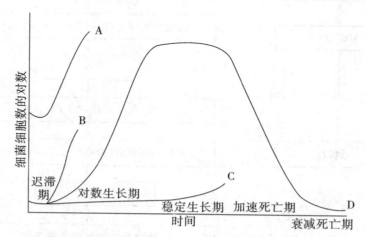

图 14.3　初始污染菌数与延滞期对微生物生长的影响

A 代表初始污染菌量较高、温度控制较差(延滞期短);

B 代表初始污染菌量较低、温度控制较差(延滞期短);

C 代表初始污染菌量较低、温度控制较好(延滞期长);

D 代表典型微生物生长曲线

14.2.2　食品杀菌条件的确定

　　食品杀菌是人为干预微生物生长的典型。为了确定食品的杀菌条件,必须考虑影响杀菌的各种因素。在各种杀菌手段中,热杀菌使用最普遍。食品热杀菌以杀死微生物和抑制酶活性为目的,应该根据食品中微生物和酶的耐热性,并结合热处理时的食品的传热性能,确定杀菌和抑酶的最小热处理程度。确定食品热杀菌条件往往需要考虑许多方面的因素,见图 14.4。

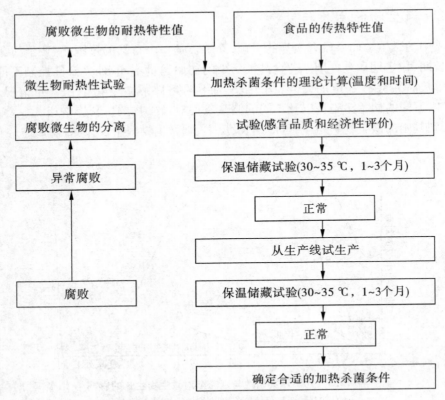

图 14.4 确定食品热杀菌条件的过程

14.2.3 微生物致死模型的建立

微生物的致死模型适用于预测加热处理时食品中微生物的存活和致死情况,以及冷冻食品和耐储藏食品在储藏期间微生物数量的变化情况。

14.2.3.1 线性模型

线性模型建立于对梭状芽孢杆菌芽孢热致死时间的研究,实验表明微生物的营养细胞与芽孢的致死曲线符合一级反应动力学,呈负增长。

$dM/dt=kM$,对其进行积分并取对数得

$$2.303 \lg M_0/M_F = kt \tag{14-29}$$

式(14-29)中,M_0代表初始微生物细胞群体数量,M_F代表最终微生物细胞群体数量,t代表加热时间,k代表反应速率常数。

D值为在特定温度下,微生物数量减少90%(即$M_0/M_t=10$或$\lg M_0/M_F=1$)所需的加热时间(min),即10倍减少时间,如式(14-30)所示

$$D = \frac{2.303}{k} \tag{14-30}$$

以D值对加热温度(上升)作图,它们之间的关系也为一级反应动力学的负增长模式。将D值变化10倍(D_2/D_1)即$\triangle D_{10}$或$\lg D_2/D_1=1$的温度差(T_2-T_1,$\triangle T$)定义为Z

值,即 D 值减少 10 倍所需要提高的温度。

$$\lg D_2 / D_1 = -(T_2 - T_1) / Z \tag{14-31}$$

在实践中,Z 值也通过实验求得。

14.2.3.2　Logistic 函数模型

对单核细胞增生李斯特菌的致死研究发现,上述的线性关系与实验结果并不相符,而微生物存活数的对数与时间对数的 logstic 函数与实验数据相符合如式(14-32)所示

$$N_t = a_1 + \{(a_2 - a_1) / [1 + \exp 4k(\tau - t) / (a_2 - a_1)]\} \tag{14-32}$$

式(14-32)中,N_t 代表微生物存活数的对数,a_1 代表 N_0 的上限,a_2 代表 N_0 的下限,N_0 代表初始微生物数的对数,τ 代表最大斜率时的时间,t 代表时间的对数,k 代表最大斜率。

14.3　预测食品微生物学

食品中的微生物是食品特性及所处环境中各种因素综合作用的结果。除了食品所处的外界环境之外,食品特性对微生物的影响也是预测食品的货架期和安全性的重要前提条件。食品特定的理化条件影响食品中微生物的生长和繁殖,反过来,食品中微生物的生长、繁殖会使其所处环境的某些物理、化学参数发生变化。如果能预先了解微生物的生长、繁殖与食品的物理、化学参数之间的关系,就可通过检测物理和化学参数的变化来推测微生物的生长、繁殖情况,间接监控微生物的生长与繁殖,从而可不通过培养微生物而直接得到有关微生物生长、繁殖或死亡的信息。众多科学家的相关研究工作为食品微生物学新领域——预测食品微生物学的出现奠定了基础。

预测食品微生物学(predictive food microbiology)是一门对食品中微生物的生长、残存、毒素产生和死亡进行量化预测的科学,它将食品微生物、统计学等学科结合在一起,建立环境因素(温度、pH 值、水分活度、防腐剂等)与食品中微生物之间数量关系的数学模型。

预测食品微生物学的理论基础是基于微生物的数量对环境响应的可重现性,通过有关环境因素的信息就可以从过去的观测中预测目前食品中微生物的数量。预测食品微生物学的目的是通过数学模型、计算机和配套软件,在不进行微生物检测的条件下,对残存的微生物可能的生命活动进行预测,从而快速地对食品货架期及安全性进行界定。

尽管许多食品体系具有一定的复杂性,但预测食品微生物的模型能够简化问题,从而做出有用的预测分析。

14.3.1　预测食品微生物学的发展

预测食品微生物学是在研究外界条件与食品中微生物数量关系时逐渐发展起来的。食品中微生物的生长、存活和毒素产生与食品的质量、安全性密切相关,因此研究较多。

预测食品微生物学起源于 1922 年 Esty 和 Meyer 描述的杀灭肉毒梭菌的热处理过程。1937 年,Scott 通过研究冷冻牛肉的腐败现象,发现测定不同温度下牛肉表面的微生物数量就可预测不同温度下微生物数量,而现代预测食品微生物学则起始于 20 世纪六七十年代,运动模型用于处理食品腐败问题和用概率模型描述病原菌的毒素产生问题成

为其标志。1964 年,英国 Olley 等建立了温度对鱼腐败速度的模型,Olley 发现许多腐败过程对温度的响应具有基本的相似性。

1983 年,食品微生物学小组应用直观预测的 Delphi 工艺,用计算机预测了食品货架期,开发了腐败菌生长的数据库。从此,预测食品微生物学正式拉开了序幕。同年,Stumb 等人建立了微生物受热破坏模型,并成功应用于食品工业。

1991 年,美国农业部微生物食品安全研究机构开发并发行了应用软件"pathogen modeling program",软件利用自动响应面模型评价大多数常用的防腐剂。1992 年,英国开发食品微生物咨询服务器"food micromodel",用于描述食品中致病菌的生长与环境因素之间的关系。1995 年,欧洲制定了"食品中微生物生长和残存的预测模型"的研究计划,希望建立更广泛的包括腐败菌、酵母菌、霉菌等与食品有关的微生物模型,主要包括:在欧洲主要的食品中确定微生物的预测模型;开发数据采集的方法;评估杂菌总数的重要性;在可靠的生物学基础上研究微生物残存模型。

2003 年,有关公司研发了一款名为 SymPrevius 的商业软件,用以模拟 6 种病原菌和 13 种腐败菌在动态和静态环境条件的生长和失活过程;2006 年,又研发一款名为 Prediction of Microbial Safety in Meat Products 的软件,用于预测肉制品中腐败菌的生长情况,借以预测肉品的质量;2013 年发布的 GroPIN 预测模型软件,模拟了 66 种微生物的行为过程,包括不同食品基质的病原菌和腐败菌,提供了预测模型所需的数据库,还可以在此基础上构建新模型。

目前,国内外对预测食品微生物学的研究工作十分重视,不断有新的预测模型和相关的数据库产生,用以预测和控制不同食品中的微生物。

14.3.2 预测食品微生物学的模型与预测

食品中微生物的生长、存活与毒素产生受到各种因素的影响,因而对其准确预测十分困难。但微生物的生长、存活与毒素产生是影响食品安全与质量的重要因素,因此建立相应的预测模型十分必要。目前使用的方法主要有以下三种。

(1)专家的判断 主要基于食品微生物学家的个人经验或其论著,这种方法比较快捷,但无法进行准确定量。

(2)采用模拟试验 利用大量食品材料上微生物的模拟试验数据对经过同样的加工、灭菌、储存、运输等环节后微生物的存活数量进行预测。通过模拟试验可以提供可信的数据,但试验费用大、耗时多,试验能够提供的预测价值有限,同时因条件(如加工、储存条件)的改变会导致现实与模拟试验数据之间的差异。

(3)使用数学模型 数学模型的使用越来越普遍,数学模型是一种用数学概念如自变量、因变量、函数、方程等建立起来的模型。

14.3.3 食品中微生物失活/存活的预测模型

微生物失活/存活模型已经应用多年。在罐头工业上通过 D 值来控制芽孢失活,根据梭状芽孢杆菌芽孢耐热性来确定低酸性罐头食品的最小加热程度。D 值和 Z 值是微生物致死的第一类动力模型。

在微生物失活/存活预测模型中用到大量的工程概念,如热穿透、稠度和温度等对于传热性能的影响以及食品几何形状的作用。由于不稳定态传热的热穿透数学模型已经取得进步,目前决定食品中微生物致死动力的各种方法被提出来,如 Bali 方程法、图形致死法及 Stumbo 法等。

食品微生物的预测模型已经发展了较长时间,模型的优点在于利用已有数据预测未来的发展趋势。

微生物的失活/存活模型适用于预测食品加热处理时微生物存活与致死数量以及冷冻食品和耐储藏食品在储藏期间微生物数量。

14.3.4　食品中微生物生长的预测模型

前面已经介绍了 Whiting 和 Buchanan 于 1993 年提出的三级水平的微生物生长预测模型。另外的分类方法把微生物学生长的预测模型分为概率模型、反应表面模型和运动模型。概率模型用于预测一些事件发生的可能性,如孢子的萌发或内毒素的形成及数量;反应表面模型是预测一个特定事件发生的模型,如微生物生长到一定水平所需要的时间或检测出毒素的时间;运动模型是建立有关微生物的生长与环境因素之间的数学模型。

14.3.4.1　概率模型

概率模型用于定量评估一定时间内特定的微生物事件出现的机会。该模型最适合于严重危害出现的可能。例如使用模型描述肉毒杆菌毒素形成的可能性。

肉毒杆菌毒素形成的概率 p(每一批食品中检出毒素样品的比例)以一个对数性的模型来描述毒素形成的可能性与目前变量/因素的水平之间的关系,任何减少比生长速率的因素均可减少毒素形成的可能性。

毒素形成的概率用式(14-33)表示

$$p = 1/(1+e^{-\mu}) \tag{14-33}$$

式(14-33)中,

$\mu = 4.679 - 1.47 \times N$ 　　　　　　　$N = \text{NaNO}_2$

　　$= 4.679 - 1.47 \times S$ 　　　　　　　$S = \text{NaCl}(水溶液)$

　　$= 4.679 + 0.129\,9 \times T$ 　　　　　　T 代表储存温度,℃

　　$= 4.679 - 6.238 + 0.826\,4 \times S$ 　　如果加入 1 000 μg/g 异抗坏血酸

　　$= 4.679 - 1.704\,9 + 0.398\,7 \times N$ 　　如果热处理强度大(81 ℃/7 min + 70 ℃/60 min)

　　$= 4.679 - 0.0197\,3 \times N \times T - 1.282\,4$ 　如果加入硝酸盐和聚磷酸盐

　　$= 4.679 + 0.99$ 　　　　　　　　如果加入硝酸盐并高强度热处理

使用的模型为一个回归方程,建立模型时使用两种可能来表示事件,即成功/失败,毒素形成/毒素未形成。

14.3.4.2　反应表面模型

概率模型的缺点之一是不能提供更多关于变化发生的速度。预测一个特定事件(如微生物生长到一定水平所需时间或检出毒素)的模型称为反应表面模型(response surface model)。例如,预测 *Yersinia enterolitina* 在非优化 pH 值、温度下生长的模型,用式(14-34)表示

$$LTG = 423.8 - 2.54T - 10.97 \times pH + 0.004\,1T^2 + 0.52 \times (pH)^2 + 0.012\,9T \times pH \qquad (14-34)$$

式(14-34)中,*LTG* 代表微生物数量增加 100 倍所需时间的对数,*T* 代表热力学温度,pH 值代表醋酸作酸化剂时的 pH 值。

模型来自分析不同已知条件下的微生物生长的数据,二次方程式效果较好。而在很多情况下,使用方程描述微生物生长的效果并不好,而三维反应表面的图解效果更好,图 14.5 描述温度、pH 值的联合作用对微生物增殖 100 倍所需时间的反应表面曲线图。

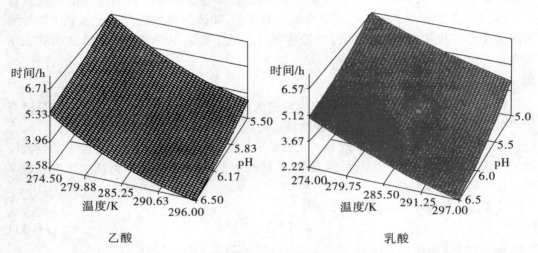

图 14.5　*Yersinia enterolitina* 在温度和 pH 值的联合作用下增殖 100 倍所需时间的反应表面曲线图

14.3.4.3　运动模型

运动模型是采集一些数据(如描述微生物在对数期持续时间、繁殖时间等参数)并将其作为因变量。这种方法比反应表面法更加准确,因为生长曲线的不同阶段可以因条件变化而不同。

实验中的生长数据取得的参数,结果一般与描述微生物生长曲线的数学方程符合。有人用对数方程描述,但更加常用的是 Gompertz 方程,如式(14-35)所示

$$y = a \times \exp[-\exp(b - ct)] \qquad (14-35)$$

式(14-35)中,*y* 代表细菌的浓度,*a*、*b*、*c* 代表常数,*t* 代表时间。

许多模型已开始尝试模拟温度对微生物生长的影响,经典的 Arrhenius 方程说明了化学反应速度常数 *k* 与绝对温度 *T* 的关系,如式(14-36)所示

$$k = A \times \exp(-E/RT) \qquad (14-36)$$

式(14-36)中,*E* 代表活化能,*A* 代表碰撞系数,*R* 代表气体常数。

如果假设微生物生长受单一的限制酶速度的控制,那么可以认为 *k* 是比生长速率常

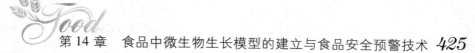

数, E 是温度特征量。如果这时 A 和 E 是关于温度的常数,那么一系列 $\ln k$ 对 $1/T$(T 为绝对温度)作图将是一条直线。实际上一条下凹的曲线表明活化能 E 随温度减少而增加。为了适应这种现象,Davey 将该方程修正为

$$\ln k = c_0 + c_1/T + c_2/T^2 \qquad (14-37)$$

这个方程可进一步修正成包含其他参数的方程,如 Schoolfield 方程,包含温度和水分活度两个参数如式(14-38)所示

$$\ln k = c_0 + c_1/T + c_2/T^2 + c_3 A_w + c_4 (A_w)^2 \qquad (14-38)$$

近年来,越来越多的微生物生长预测模型着重建立微生物生长和控制因素之间的数量关系。根据微生物生长与环境因素之间的联系,通过检测食品中微生物的生长环境,利用预测模型可以预测食品加工、销售、储存过程中微生物生长繁殖的状况。

14.4　预测食品微生物学与食品质量管理

预测食品微生物学是在探索控制食品安全与质量的过程中逐步发展起来的,已在食品的危害分析与关键控制点(HACCP)体系中得到应用,对食品的质量管理起到了十分重要的作用。

14.4.1　预测食品微生物学的作用

预测食品微生物学的作用包括:①预测食品的货架期与安全性;②缩小食品中有关微生物的选择范围,大大减少了产品开发的时间和资金消耗;③对食品加工工序和储藏控制中的失误引起的结果进行客观评估;④对新工艺和新产品的设计提供帮助,确保产品的微生物安全。

14.4.2　食品质量管理

预测食品微生物学在食品质量管理中已经起着极其重要的作用。

利用微生物的生长模型能准确地预测微生物生长速率与温度的关系,进而预测到食品在流通环节中由于温度变化导致微生物数量改变情况。如果知道一批产品在生产、流通及销售过程中各环节的不同温度及时间,那么就可以得到时间-温度的函数积分,温度波动会加速或减慢微生物的生长。微生物生长速率与各环节温度的关系与实验时温度对微生物的影响是一致的,这样根据温度变化情况即使不需要进行微生物检测也能知道微生物对产品造成的损失。

预测微生物学的数学模型在专家系统中起着举足轻重的作用。基于数学模型计算的结果,专家系统提出意见和建议,例如正在使用的由英国 Flour Milling 和 Baking Research Association 公司设计的专家系统,可以预测面包产品的无霉货架寿命。以前的储存实验已证明,对于面包的保鲜,温度和 A_w 是主要影响因素,结果表明在一定温度下面包产品的货架寿命(T_L)的对数与 A_w(以平均相对湿度表示,简写为 ERH)呈线性关系,如 27 ℃时可用式(14-39)表示

$$\lg T_L = 6.42 - (0.064\,7 \times ERH) \qquad (14-39)$$

根据该方程可以有一系列的菜单,如选择产品型号、配料成分及相对数量、加工的重

量损失和储存温度等,然后计算产品的 *ERH*,并给出产品的无霉货架寿命。

预测食品微生物学促使食品卫生和安全研究产生更加完善的方法,并已对食品生产的各个环节产生重要影响。

14.5　食品安全预警系统

食品供给的日趋复杂化和全球化在给公众带来消费满足和巨大便利的同时,也造成了食品不安全的隐患。食品的不安全因素不仅包括食品中危害因子数量的增多,发生频率的增高,发生范围的加大,而且包括危害发生的领域、时间及其后果具有高度的不确定性,因此,社会对危害的监控及对重大食品安全突发事件的应急处理难度增大,食品安全事件往往会带来公众的恐慌,使社会经济发展为此付出惨痛的代价,因此,需要建立食品安全预警系统,对食品安全可能发生的事件做出预测。

食品安全预警可解释为事先警告,提醒他人注意或警惕。而从危害管理角度看,可将预警定义为对某一警素的现状和未来进行测度,预报不正常状态的时空范围和危害程度,并提出相应的防范措施。建立食品安全预警系统首先需要提出食品安全监测的评价方法,并确定食品安全预警和快速反应方案。建立预警系统就是通过食品安全监测,对大量检测数据进行深度挖掘,及时把握食品安全状态,发现存在的主要问题,分析和预测其发展变化趋势,为政府及有关部门实施预防控制措施提供决策依据和技术支持。

食品安全预防和监控需要多方面的技术支撑:①需要分析和掌握污染物(微生物)在不同食品中发生的频率,并且掌握其变化趋势;②需要确定主要污染物(微生物)在食品安全预警系统中的阈值,一旦污染物超过阈值,就会自动报警;③需要对不同食品按类别进行风险评估,并按风险大小进行分级。

依据以上技术支撑,政府及有关部门就可以掌握食品中主要的不安全因素,制定合理有效的食品监督检验的策略和措施,建立食品安全预警系统。

14.5.1　食品安全监控数据的收集和积累

制定食品安全监督管理策略和具体措施的基础是对大量资料的分析和对风险进行评价,主要通过资料收集、统计后,利用数学模型对风险进行评价,并在一定时间后重复进行,以发现情况的不断变化,做出相应的响应。通过大量的数据收集与积累,建立完善的食品安全监控信息数据库,是建立食品安全预警系统的前提。

计算机技术的发展为建立完善的食品安全监控信息数据库提供了条件,采用数据库中的信息可以挖掘关于食品中危险微生物残留水平、地区分布、消费习惯、消费季节之间关系的模式和趋势,提出食品安全的预测方法,实现按照不同地区、时间、品种等预测食品安全状态的能力:①通过对不同食品进行分类研究,构建主要危害微生物及其毒素在不同种类食品中的安全预测模型;②通过聚类研究,寻找危害不同食品的微生物种类,并以此作为指导食品安全控制和调整监测方法的依据。

14.5.2　食品安全的风险分析

食品安全风险分析内容包括:风险评估、风险管理和风险信息交流,确保公众健康得到保护。风险评估确保以完善的科学知识建立有关食品安全的标准、指南和建议,加强对消费者的保护,并为国际贸易创造便利。在风险评估中,微生物风险评估过程应包括最大可能程度上的数据信息。由于微生物风险评估尚处于发展中,因此这些规范的执行还需要一段时间,而且还需要进行专门培训。

14.5.2.1 风险评估

风险评估是系统地采用一切科学技术及信息,在特定的条件下,对动植物、人类或环境暴露于某危害因素产生不良效应的可能性和严重性做出科学评价。食品风险评估利用现有的科学资料,对食品中某种生物、化学或物理因素的暴露对人体健康产生的不良后果进行识别、确认和定量。它分为四个阶段:危害识别、危害特征描述、暴露评估以及风险描述。

(1)危害识别 食品微生物危害识别的目的就是确认与食品安全相关的微生物及其毒素。危害识别主要由相关数据资料来进行定性分析。危害信息可以从科学文献以及食品工业、政府机构和相关国际组织的数据库中获得,也可以通过专家咨询得到。信息可以来自以下领域:临床数据、流行病研究与监视、动物实验数据、微生物习性特征、食物链中微生物与生存环境间的相互作用,其他领域研究中的相关微生物及其生存环境的研究数据。

(2)危害特征描述 摄入含微生物或其毒素的食品可能会造成副作用,危害特征描述包括有关副作用的严重性和持续时间的定量、定性描述,需要考虑几个重要的方面,它们不仅与微生物有关,也与作为寄主的人有关。危害特征描述期待建立理想的剂量–反应关系,并需要考虑到不同的方面,如是否被感染或处于患病期间。

同微生物相关的重要方面包括:①微生物是否具有继续生长繁殖能力;②微生物毒性和传染性与寄主和环境的相互作用;③外来基因物质的传递是否导致抗药性或毒性传递;④微生物的间接传染或第三方传染特性;⑤从接触病菌到临床症状出现的时间;⑥微生物在特定的寄主中是否长期存活,或由于微生物被排泄后造成传染扩散的危险;⑦少量微生物可能造成的严重副作用;⑧食品属性改变是否会影响微生物的致病性。

同寄主相关的重要方面包括:①个体基因因素,如人体白细胞抗原(HU)的类型;②个体的严重免疫力下降和病史;③特定寄主的特性,如年龄、怀孕、营养、健康和医疗状况;④其他感染影响;⑤全体人群的特性,如全体人群的免疫力、医疗水平以及对微生物的抵抗力。

(3)暴露评估 食品微生物暴露评估基于食品被某种微生物因子或其毒素污染的潜在程度以及有关的饮食信息。暴露评估应具体指明相关食品的单位量。

暴露评估必须考虑食品被微生物因子污染的频度,以及致病微生物因子随时间变化在食品中含量水平的变化。这些因素受到许多因素影响,如致病因子特性、食品微生物生态、食品原料的最初污染(包括对产品的地区差异和季节性差异的考虑)、卫生设施水平和加工进程控制、加工工艺、包装材料、食品的储存和销售以及任何食用前的处理(如对食品的烹饪)等。评估中还必须考虑食用方式,这与以下方面有关,如社会经济和文化背景、种族特性、季节性、年龄差异、地区差异以及消费者的个人喜好等。同时还需要考虑其他因素,如作为污染源之一的食品加工者的角色、产品的直接接触量、环境改变的时间/温度条件。

微生物致病菌的含量水平是动态变化的。因此,暴露量评估应该描述食品从生产到食用的整个途径,预测与食品接触的方式。这反映出加工对食品的影响,如卫生方案、净化和消毒,以及食品加工的时间/温度条件和其他条件,食品的处理和食用方式,调控和监视系统。

暴露量评估是各种不确定性条件下,微生物致病菌或微生物毒素的含量水平,及食用时它们出现的可能性。预测食品微生物学是暴露量评估的有用工具。

(4)风险描述　风险描述则是根据危害识别、危害特征描述和暴露评估的结论,对目标人群可能发生的不良后果进行估计。它提供对特定人群中发生副作用的可能性和副作用的严重性的定性、定量评估,也包括对这些评估相关的不确定性的描述。风险特征描述将前述步骤中的所有定量、定性信息综合起来,提供对给定人群的一个全面的风险估价。风险特征描述依赖于可获得的数据和专家的论断。

与公众健康有关的生物性危害包括致病细菌、病毒、蠕虫、原生动物、藻类和它们产生的某些毒素。目前全球最显著的食品安全危害是致病性细菌。就生物因素而言,目前尚未形成统一的科学的风险评估方法,因此一般认为,食品中的生物危害应该完全消除或者降低到一个直接接受的水平,国际食品法典委员会(CAC)认为危害分析和关键控制点(HACCP)体系是迄今为止控制食源性生物危害最为经济有效的手段。HACCP体系确定具体的危害,并制定控制这些危害的预防措施。在制定具体的HACCP计划时,必须确定所有潜在的危害,这需要包括建立在风险概念基础之上的危害评估。这种危害评估将找出一系列显著性危害,并在HACCP计划中得到反映。

风险评估必须使用严格的科学资料,在透明的条件下,采用科学的方法对这些资料加以分析。

14.5.2.2　风险管理

风险管理是根据风险评估的结果,同时考虑社会、经济等方面的有关因素,对各种管理措施的方案进行权衡,并且在需要时加以选择和实施。风险管理的首要目标是通过选择和实施适当的措施,尽可能有效地控制食品风险,从而保障公众健康。措施包括制定最高限量,制定食品标签标准,实施公众教育计划,通过使用其他物质或者改善农业或生产规范以减少风险涉入。

风险管理包括风险评价、风险管理选择评估、执行管理决定以及监控和审查。风险评价的基本内容包括确认食品安全问题、确定风险概况,对危害的风险评估和风险管理优先性进行排序,确立风险评估政策,进行风险评估,审议风险评估结果;风险管理选择评估包括确定有效的管理方案,对各种方案进行选择以及最终的管理决定;执行管理决定指通过对各种方案进行选择,做出最终管理决定,按照管理决定实施;监控和审查指对实施措施的有效性进行评估,以及对风险管理和风险评估进行审查。

14.5.2.3　风险信息交流

风险信息交流包括明确风险信息交流的主要内容,遵从风险交流的原则和风险评估的判定。

(1)明确风险信息交流的主要内容　风险信息交流的主要内容包括:危害的性质;危害的特点和重要性;危害程度和严重性;危害情况的紧迫性;风险暴露的分布;构成显著危险的暴露量;处于危险中的人群的特点和规模;风险评估的不确定性和风险管理的措施等内容。

（2）遵从风险交流的原则　风险交流的原则要求：认识交流对象；专家参与；建立交流的专门技能；确保信息来源可靠；分担责任；确保透明度。

（3）风险评估的判定　食品中风险评估的判定，针对有阈值物质：若高于 ADI,则具有风险；若低于 ADI,则不具风险。对于无阈值物质：风险＝暴露水平×作用强度。

14.5.3　食品安全状态评价

食品安全预警以风险分析为基础,建立一整套科学系统的食源性危害的评估和管理理论,成为制定统一协调的食品卫生标准体系的基础。风险分析贯穿整个食物生产链（原料生产、采购、产品加工、储藏运输、市场流通、消费者）,各环节的食源性危害均列入评估的内容,并考虑评估过程中的不确定性、普通人群和特殊人群的暴露量、权衡风险与管理措施的成本效益、连续监测管理措施（包括制定的标准法规）的效果并及时利用各种风险交流信息进行调整。风险分析实施者涉及科研、政府、消费者、企业以及媒体等有关各方,即学术界进行风险评估,政府在评估的基础上倾听各方意见、权衡各种影响因素并最终提出风险管理的决策。整个过程贯穿着学术界、政府与消费者组织、企业和媒体等的信息交流,它们相互关联且相对独立,各方的工作有机结合,避免部门割据造成主观片面的决策。图 14.6 所示为食品安全评价的流程。

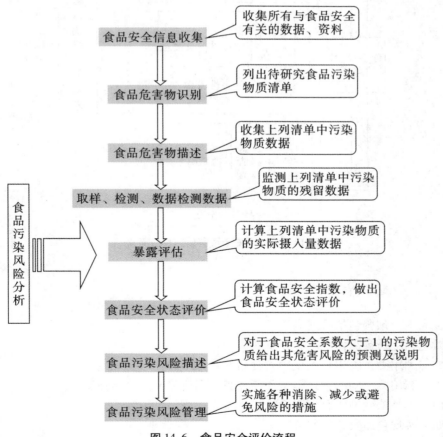

图 14.6　食品安全评价流程

14.5.4 食品安全预警快速反应系统构建

在比较完善的食品风险信息库、高效的管理措施和快速的信息交流环境的基础上，还要结合计算机网络、食品风险信息库和 3S 技术[地理信息系统(GIS)、遥感系统(RS)和全球定位系统(GPS)]，才能建立食品安全预警快速反应系统，见图 14.7。利用食品安全预警系统，政府及食品风险管理的有关部门可以快速地掌握食品风险信息，并预测风险发展的方向，向消费者传递危险信息和预防措施，作出及时的风险管理决策。

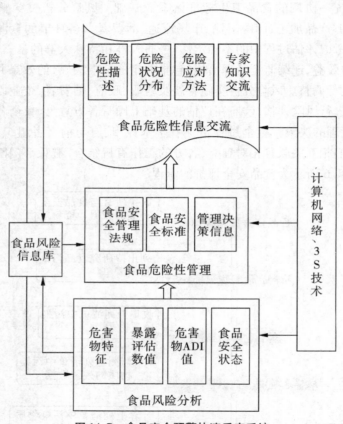

图 14.7　食品安全预警快速反应系统

⇨ 思考题

1. 食品安全预警包括哪些内容？

2. 微生物生长预测模型的类型有哪些？

3. 如何利用微生物生长模型预测食品的货架寿命？

4. 怎样利用微生物的致死模型预测食品杀菌所需要的杀菌强度？

5. 预测食品微生物学有何用途？

6. 如何实现食品安全的预警？

参考文献

[1]杨汝德.现代工业微生物学教程[M].北京:高等教育出版社,2006.

[2]何国庆,贾英民,丁立孝.食品微生物学[M].2版.北京:中国农业出版社,2009.

[3]吕嘉枥.食品微生物学[M].北京:化学工业出版社,2007.

[4]杨苏声,周俊初.微生物生物学[M].北京:科学出版社,2004.

[5]樊明涛,赵春燕,雷晓凌.食品微生物学[M].郑州:郑州大学出版社,2011.

[6]江汉湖.食品微生物学[M].2版.北京:中国农业出版社,2005.

[7]车振明.微生物学[M].武汉:华中科技大学出版社,2008.

[8]李莉.应用微生物学[M].武汉:武汉理工大学出版社,2006.

[9]周德庆.微生物学教程[M].3版.北京:高等教育出版社,2011.

[10]刘慧,张红星,李铁晶.现代食品微生物学[M].2版.北京:中国轻工业出版社,2013.

[11]张朝武,邱景富.卫生微生物学[M].5版.北京:人民卫生出版社,2012.

[12]谭龙飞,黄壮霞.食品安全与生物污染防治[M].北京:化学工业出版社,2007.

[13]沈萍,陈向东.微生物学[M].2版.北京:高等教育出版社,2006.

[14]刘志恒.现代微生物学[M].2版.北京:科学出版社,2003.

[15]王贺祥.农业微生物学[M].北京:中国农业大学出版社,2003.

[16]闵航.微生物学[M].杭州:浙江大学出版社,2005.

[17]孙军德,杨幼慧,赵春燕.微生物学[M].南京:东南大学出版社,2009.

[18]岑沛霖.工业微生物学[M].北京:化学工业出版社,2000.

[19]闵伟红.微生物工程实验指导[M].长春:吉林大学出版社,2009.

[20]沈萍.微生物学实验[M].4版.北京:高等教育出版社,2008.

[21]徐海宏,李满.环境工程微生物学[M].北京:煤炭工业出版社,2005.

[22]姜成林,徐丽华.微生物资源开发利用[M].北京:中国轻工业出版社,2001.

[23]唐欣韵.微生物学[M].北京:中国农业出版社,2009.

[24]和致中,彭谦,陈俊英.高温菌生物学[M].北京:科学出版社,2000.

[25]池振明.现代微生物生态学[M].北京:科学出版社,2005.

[26]陆承平.兽医微生物学[M].3版.北京:中国农业出版社,2005.

[27]诸葛健,李华钟.微生物学[M].北京:科学出版社,2004.

[28]张文治.新编食品微生物学[M].北京:中国轻工业出版社,2009.

[29]杨汉春.动物免疫学[M].北京:中国农业大学出版社,1996.

[30]何昭阳,胡桂学,王春凤.动物免疫学试验技术[M].长春:吉林科学技术出版社,2002.

[31]王世若,王兴龙,韩文瑜.现代动物免疫学[M].2版.长春:吉林科学技术出版社,2001.

[32]赵斌,陈雯莉,何绍江.微生物学[M].北京:高等教育出版社,2010.

[33]迟玉杰.食品添加剂[M].北京:中国轻工业出版社,2015.

[34]孟宪军.食品工艺学概论[M].北京:中国农业出版社,2006.

[35]李汴生,阮征.非热杀菌技术与应用[M].北京:化学工业出版社,2004.

[36]柳增善.食品病原微生物学[M].北京:中国轻工业出版社,2007.

[37]吴永宁.现代食品安全科学[M].北京:化学工业出版社,2003.

[38]曹放,金礼吉,徐永平,等.噬菌体在乳制品加工过程中的应用与防治[J].中国乳品工业,2014,42(6):30-33.

[39]丁淑燕,苗向阳,朱瑞良.噬菌体表面展示技术[J].中国生物工程杂志,2003,23(7):28-31.

[40]成军.噬菌体表面展示技术的新发展及在病毒性肝炎研究中的应用[J].解放军医学杂志,2004,29(1):4-7.

[41]吴丽金,陈宇光.噬菌体抗体库的优化[J].生物学杂志,2001,18(6):10-12.

[42]丁淑燕,苗向阳,朱瑞良.噬菌体抗体库技术[J].中国兽医杂志,2006,42(4):26-28.

[43]陈鸣.噬菌体抗体库技术—基因工程抗体的重大进展[J].国外医学临床生物化学与检验学分册,2006,22(3):146-148.

[44]赵玉梅,房师松,赵树进.噬菌体抗体库技术的发展及未来[J].卫生研究,2004,33(6):765-768.

[45]胡斌.噬菌体抗体库研究进展[J].生物学教学,2004,29(6):3-4.

[46]张晓,王永涛,李仁杰,等.我国食品超高压技术的研究进展[J].中国食品学报,2015,15(5):157-162.

[47]皮晓娟,李亮,刘雄.超高压杀菌技术研究进展[J].肉类研究,2010(12):19-13.

[48]孙学兵,方胜,陆守道.高压脉冲电场杀菌技术研究进展[J].食品科学,2001,22(8):84-86.

[49]骆新峥,马海乐,高梦祥.脉冲磁场杀菌机理分析[J].食品科技,2004(4):11-13.

[50]刘丽艳,张喜梅,李琳,等.超声波杀菌技术在食品中的应用[J].食品科学,2006,27(12):778-780.

[51]张嫚.食品中病毒及其控制[J].农产品加工,2007(9):56-59..

[52]陈骏,连宾,王斌,等.极端环境下的微生物及其生物地球化学作用[J].地学前缘,2006,13(6):199-207.

[53]Lanling M,Prescott.微生物学[M].北京:科学出版社,2003.

[54]Rothschild L J,Mancinelli R L. Life in extreme environments [J]. Nature,2001(409):1092-1101.

[55]Shinsuke Fujiwara. Extremophiles:Developments of their special functions and potential resources [J]. Journal of Bioscience and Bioengineering,2002,94(6):518-525.

[56]Gerard A S,Julian B C. Biocatalysis in organic media using enzymes from extremophiles [J]. Enzyme and Microbial Technology,1999(25):471-482.

[57]Nathalie W,Marie-Anne Cambon-Bonavita,Francoise L,et al. Diversity of anaerobic heterotrophic thermophiles isolated from deep-sea hydrothermal vents of the Mid-Atlantic Ridge [J]. FEMS Microbiology Ecology,2002(41):105-114.